# 노화의 생물학

## Biology of Aging

Roger B. McDornld

대표역자 장원구

공역자
김윤희 · 김은정 · 정남호 · 정병철

월드사이언스
WORLD SCIENCE
worldscience.co.kr

# 노화의 생물학

**인 쇄** | 2017년 12월 1일
**발 행** | 2017년 12월 10일

**저 자** | Roger B. McDonald
**공 역 자** | 장원구, 김윤희, 김은정, 정남호, 정병철

**발 행 인** | 박선진
**발 행 처** | (주)도서출판 월드사이언스

**주 소** | 서울특별시 서초구 도구로 115 (방배동, 월드빌딩 1층)
**등록일자** | 1988년 2월 12일
**등록번호** | 제 16-1601호

**대표전화** | (02) 581-5811~3
**팩 스** | (02) 521-6418
**E-mail** | worldscience@hanmail.net
**U R L** | http://www.worldscience.co.kr

**정 가** | **25,000원**
**I S B N** | 978-89-5881-267-8 93470



이 도서의 국립중앙도서관 출판시도서목록(CIP)은 서지정보유통지원시스템 홈페이지(http://seoji.nl.go.kr)와 국가자료공동목록시스템(http://www.nl.go.kr/kolisnet)에서 이용하실 수 있습니다. (CIP제어번호 : CIP2017026898)

# 서문

우리는 왜 늙는 것일까? 그리고 우리는—혹은 다른 종들은—얼마나 오래 살까? 생물학자이자 노벨상 수상자인 피터 메더워(Peter Medawar)는 1952년, 생물학적 노화는 해결되지 않은 굉장히 신비한 것들 중 하나이며 이 이해할 수 없는 신비가 해결되는 데 또 다시 40년은 걸릴 것이라고 주장했다. 우리는 이제 노화의 근본적인 이유와 어떤 종은 왜 그렇게 오래 사는지에 대해 알고 있다. 요약하자면, **노화**는 무작위적인 과정이다; 이것은 진화라는 과정은 포함하지 않고 있다. **수명**은 생식 성공을 촉진하는 유전자를 통해 진화하지 않는다. 노화와 수명 사이의 차이에 대한 더 나은 이해는 생물학적 노화에 대한 연구로 다르게 접근했다: 노인생물학의 과학. 이것은 노화와 수명의 기초가 되는 세포 및 분자 메커니즘에 대한 더 큰 이해를 제공하는 흥미롭고 새로운 연구를 이끌어냈다. *노화의 생물학*은 노화와 수명의 원인이 규명된 후 생물학적 노화를 주제로 하는 첫 번째 책이다.

지난 15~20년 동안, 노화와 수명에 관련된 기본적인 메커니즘에 대한 연구 결과들이 폭발적으로 늘어나면서, 우리가 왜 늙는지 그리고 왜 이렇게 우리가 현재 수명만큼 사는지에 대한 진화적인 설명이 과학자들 사이에서 생겨났다. 이러한 연구들의 결과는 주로 관찰에 의한 노인생물학과 생물의학이 일반생물학에서처럼 더 실험적이고 엄격한 규칙들로 전환되도록 하였다. 이러한 노인생물학의 새롭고 흥미로운 전개는 노화의 생물학 과정에 대한 필요성을 만들었다. 하지만 과정 발달의 속도는 생물의학적 접근보다 생물학적인 관점으로 노인생물학에 접근한 교재 부족으로 인해 방해를 받았다. *노화의 생물학*이 그 틈을 메울 수 있을 것이다. 이것은 생물학 학생을 위해 쓰여진 생물학 교재이다.

이 책에서 노화의 생물학적 과정을 완전히 이해하도록 도와주는 열쇠는 모든 생명과 모든 삶의 단계에 적용되는 생화학과 생리학의 기본 개념에 대한 이해를 기본 원리로 한다. 각 장은 비노화 시스템에 기본 생물학적 원리의 개요로 시작한다. 이러한 지식을 바탕으로, 학생들은 시간에 따라 분자적 그리고 세포적으로 노화가 어떻게 변화하는지에 대해 더 완벽하게 이해할 수 있게 될 것이다. 또한 기본 생물학의 틀 안에서 일어나는 일들이 어떻게 해서 노화 속도를 줄이고 수명을 연장시킬 수 있는지에 대한 필요 배경 지식을 학생들에게 제공한다.

각 장들의 순서는 기본 생물학 교재의 구성을 따르며, 다음 장을 이해하는 데 필요한 개념과 원리를 제공한다. 10개의 장은 크게 3개의 구성으로 나뉘어진다. 제1장과 제2장에서는 노인생물학의 실험 및 임상응용 모두에 공통적인 기본 개념을 제시한다. 제3장에서 제6장에서는 진화, 세포학 그리고 유전학적 생물노인학에서 우리가 왜, 그리고 어떻게 늙는지에 대한 현재의 이해를 이끌어낸 연구결과들을 논한다. 그리고 제7장에서 제10장까지의 주제는 이전 장들에서 서술한 기초과학이 인간의 노화와 수명에 어떻게 적용되는지에 대해 다루고 있다. 우리는 노화와 질환 간 관계를 확립하고 인간의 노화 속도를 늦추기 위해 어떻게 해야 하는지에 대해 논의한다.

제1장에 기술한 노화생물학의 기본 개념은, 뒤에 나오는 모든 장들에 기

본이 된다. 여기서는 노인생물학(생물노인학)의 용어를 소개하고 설명하며, 생물학 분야처럼 노인생물학의 부상을 논하고 연구자들이 노화와 수명에 대한 연구를 할 때 이용하는 모델 시스템의 종류들에 대해 설명한다. 제2장 생물학적 노화의 측정에서는, 노인생물학자들이 개인과 인구의 노화 속도를 측정하기 위해 사용하는 기본적인 방법들에 대해서 자세히 살펴본다. 수명의 발전을 이해하는 데 중요한 개념인 사망률의 측정은 생명표의 맥락에서 충분히 설명된다. 여기에서는, 인구통계학 분야를 배우게 되고, 노화와 수명의 속도에서 그 궤도를 예측하는 데 도움이 되는 인구통계학을 어떻게 공부할 것인가와 어떻게 그리고 왜 우리가 나이 먹는지를 잘 이해하기 위해서는 이러한 예측을 이용할 것인지에 대해 살펴본다.

제3장은 수명과 노화의 진화이론을 다루는데, 이는 책의 핵심이다. 단지 우리가 왜 늙는 지에 대한 이해는—즉, 노화와 진화에 이해—노인생물학자들이 어떻게 우리가 늙는지에 대한 더 정확한 구성과 가설검증을 가능하게 하였다. 제3장에서는 수명과 노화에서 수학적인 초기 관측 가정과 오늘날의 진화론자에서 실험실 실험을 기반으로 한 진화 이론의 발전의 자취를 확인한다.

제4장과 제5장은 우리가 어떻게 늙는 지를 보여주기 위한 기본적인 세포학적 그리고 유전적 연구결과들을 제공한다. 제4장 세포의 노화는, 모든 문제에 영향을 끼치는 우주의 기본적인 힘이 어떻게 노화의 기본 원리에 대한 설명을 또한 제공하는지를 설명한다. 여기서 우리는 열역학 법칙이 어떻게 세포 노화의 기본 원리에 대한 설명을 제공하는지에 대해 밝히고자 한다: 세포의 노화는 손상된 단백질의 축적을 반영한다. 우리는 생화학과 생리학에서 설명하는 산화적 손상과 telomere(텔로미어, 말단소체) 단축화의 두 가지 메커니즘이 손상된 단백질의 축적과 한정된 세포의 수명 뒤에 있음을 기술한다.

제5장 수명의 유전학은 제3장에서 보여주었던 종의 수명이 생식 성공을 위한 선택된 유전자와 관련이 있다는 개념에 대해 더 상세히 보여준다. 우리는 효모와 곤충에서 수명에 영향을 미치는 특정 유전자가 밝혀진 훌륭한 실험실 연구 결과에 대해 논한다. 이러한 유전자는 생쥐나 쥐와 같은 고등동물에서도 비슷한 영향이 있는 것으로 알려져 있기 때문에, 노인생물학이 노화와 수명의 속도 유전적 조작을 가능하게 할 중요한 발견 직전에 있다는 것을 짐작할 수 있게 될 것이다.

제6장 식물 노화에서는 이 책의 고유한 주제가 포함된다: 이 책은 인간이나 다른 동물의 노화만큼 중요한 식물의 노화를 논하는 첫 번째 노화생물학 책이다. 식물 과학은 생물학에서 중요한 부분이며, 식물 노화는 노화생물학의 중요한 한 부분이다.

제7장 인간 노화의 탐구에서는 노화나 수명 연구에 흥미진진하고 새로운 분야인 인간 수명에 대해 설명한다: 노인 생물인구통계학. 생물인구통계학은 생물학과 인구통계학이 결합한 계산과학이다. 이러한 새로운 분야의 결과는, 인간의 노화와 수명의 기원이 비인간 영장류를 포함한 다른 종과는 크게 다르다는 것에 대한 증거를 제공한다. 이 장의 후반에서는 20세기 동안 인간의 기대 수명의 전례 없는 증가에 대한 이유에 대해 알아본다.

제8장 인간 노화의 생리학 및 제9장 인간의 노화 관련 질환에서는, 중요한 생리학적 시스템의 시간에 따른 변화를 자세하게 제공한다: 일반적으로 생리학적 시스템의 노화 관련 변화는 질병의 위험성이나 사망 위험률을 증가시키고(제8장), 사망률 혹은 질병률의 증가로 이어지는 질환으로 발전할 가능성이 있다(제9장). 다른 장과 마찬가지로, 우리는 노화 관련 변화를 설명하기 전에 기본 생리학에 대해 이야기할 것이다.

이 책의 제10장에서는 인간의 노화와 수명의 변화에 대한 과학적 지식의 현재 상태에 대해 간략히 설명한다. 우리는 생물학적 노화의 조절이 가능하지 않은 이유에 대해 고민하기 시작했고, 노화률과 수명의 조절에 대한 가능성을 과학적으로 설명할 수 있는 두 가지에 대해 논의하였다: (1) 열량섭취의 감소와 (2) 생애 동안 신체 활동 유지. 이 장에서는 노화 중단 및/또는 인간 수명 연장이 가능한 영향에 대한 논의로 끝을 맺는다.

이 책은 생물노인학을 이해하기 쉽게 소개하고자 한다. 이러한 주제를 생물과학 교재에 있어서 필수적인 정확성을 잃지 않으면서 이야기처럼 매력적으로 보여주고자 하였다. 이해하기 쉬운 그림을 제공하고, 정보를 반복하는 대신 책의 내용을 보충하는 자세한 설명문을 덧붙였다. 각 장은 핵심 용어(책 전체에서 굵은 글씨)를 포함하며 이것은 책에서 광범위한 용어설명을 제공하고 있다. 상자 내 문장은 각 장의 주제에 대한 자세한 내용이나 흥미로운 내용을 제공한다; 각 장의 중요 포인트를 요약한 필수 개념; 공부하는 데에 도움이 될 토론 질문 그리고 자료 출처 목록이나 참고문헌은 각 장의 단원 제목별로 나누어진다. 생명표에 수학적으로 설명하는 부록은 제2장과 제7장을 이해하는 데 많은 도움을 될 것이다. 이 부록은 E. Arias 보고서(Natl Vital Stat. Rep. 58:1-40, 2010)에 2006년 미국 생명표들을 발췌한 것이다. 전체 보고서는 미국질병관리센터 웹사이트(www.cdcd.gov)에서 볼 수 있다.

생물노인학은 상대적으로 젊은 과학이다. 그리고 이것은 나이가 들어감에 따라 가능한 과정들에 대한 이해를 위해, 생물학적 연구나 교육 분야에서 과학, 건강 혹은 의학의 한 분야의 경력을 쌓거나 단순히 계획을 세우는 등에 있어서 우리에게 강한 관심을 가지게 하는 과학의 한 분야이다. 우리는 이 책이 생물학을 공부하는 학생들에게 도움을 주길 바라며, 학생과 강사들 모두의 의견을 기다리겠다.

## 온라인 자료 Online Resources

이 책은 교육 과정의 핵심 부분이지만, 우리는 교육과 학습과정을 지원하는 온라인 자료에 대한 접근 권한을 학생과 강사에게 제공한다. 학생과 강사 자료 웹사이트인 http://garlandscience.com/aging에 접근하여 제공되는 학습과 교육 도구들은 *노화생물학*을 위해 만들어졌다. 학생 자료 사이트는 모두에게 열려 있으며, 사용자는 북-마킹과 노트-테이킹 도구를 이용하기 위해 등록할 수 있다. 강사 자료 사이트는 등록이 필요하다: 책의 구입처를 밝힌 강사들은 접근 이용이 가능하며, 이메일 science@garland.com로 문의하면 된다. 다음은 책에 사용할 수 있는 자료의 개요이다. 자료는 각각의 장에 의해 탐색 가능하며, 거기에는 검색엔진이 있다.

## 학생용

- 이 책의 관련 개념을 보여주는 애니메이션과 동영상의 선택
- 문제들의 답은 각 장의 끝에 있다.
- 온라인 플래시 카드로 사용할 용어집의 용어

## 강사용

- 책의 모든 그림들은 두 개의 편리한 형식으로 제공된다: 마이크로소프트 파워포인트(Microsoft PowerPoint®)와 JPEG. 그림은 그림 번호와 그림 이름 혹은 책에 있는 그림 설명에 사용되는 핵심단어로 찾을 수 있다.
- 학생들이 사용할 수 있는 애니메이션과 동영상은 두 가지 형식의 강사 자료 사이트에서 사용할 수 있다. WMV-형태의 동영상은 Windows를 실행하는 컴퓨터의 파워포인트 프리젠테이션(PowerPoint presentations)에서 동영상을 사용하고자 하는 강사들을 위해 만들어졌다; QuickTime-형식의 동영상은 애플 컴퓨터(Apple computers)의 파워포인트(PowerPoint)나 키노트 프리젠테이션(keynote presentations) 사용자들이 이용할 수 있다. 동영상은 동영상 미리보기 페이지에서 "다운로드(download)" 버튼을 사용하여 개인 컴퓨터에 쉽게 내려 받을 수 있다.
- 문제들의 답은 각 장의 끝에 있다.
- 자격을 갖춘 강사는 다양한 선택과 개방형 질문이 있는 문제 은행에 접근이 가능하다.
- 강의 개요는 *노화의 생물학*에 적합한 과정으로 지원 가능하다.
- 모든 Garland Science textbooks의 자료에 접근할 수 있다.

# 감사의 글

나는 이 책이 세상에 나올 수 있도록 많은 노력을 한 세 사람에게 감사한다. Margy Kuntz, 당신은 2차선의 구불구불한 도로 같은 나의 글을 4차선의 고속도로로 만들어주고, 적당한 시간에 맞춰준 좋은 사람이다. 당신은 시간에 나에게 많은 것을 가르쳐 주었다. Janet Foltin, 이 프로젝트에 관한 당신의 지도력과 나에게 준 신뢰, 그리고 출판에 대한 지식은 정말 훌륭했다. Allie Bochicchio, 와우! 마지막 라운드에서 미지의 선수가 벤치에서 나와 군중을 현혹시켰다. 그것은 당신과 함께 일하는 영예와 특권이었다.

Garland Science는 매일 최전방에 있진 않았지만 이 책에 큰 영향을 미쳤다. Denise Schanck, 놀라운 그래픽 관리 업무능력을 가졌다. 당신은 우수성을 인정한 탁월한 전문가로 팀을 구성했다. Matthew McClements, 그래픽에 놀라운 재능. 나의 손그림을 가져 와서 그것을 Rembrandts로 만들어주어 감사하다. Linda Strange, 나는 당신이 그것을 어떻게 했는지는 모르지만, 당신은 나의 글을 진짜 영어로 바꾸어 주었다. Natasha Wolfe, 자신의 방식대로 제 시간에 맞춰 나를 계속 지탱해 줄 능력을 가진 사람은 별로 없다. 그리고 당신은 그렇게 품위 있고 우아했다. Georgina Lucas, Sally Livitt, Sheri Gilbert도 충분한 신뢰를 얻지 못하는 세부 작업을 해준 데 대해 감사하다. Adam Sendoff와 Lucy Brodie에게도 이 책이 존재함을 필요한 사람들에게 알려 주어서 감사하다. 끝으로, Michael Morales에게 내 사무실로 와 주어 감사하다고 말한다.

각 장을 검토해 준 사람들에게 감사의 인사를 전한다: Steven Bloomer, Ashok Upadhyaya, Olay Rueppell, Deborah Roach, Kenneth M. Crawford, Susheng Gan, Carol Itatani, Claudio Franceschi, Joel Parker 및 Suresh Rattan. 당신들의 주제에 관한 탁월한 지식들이 교재의 내용을 훌륭하게 만들어 주었다. 책을 완성하는 데 많은 도움을 주어 감사하다.

한 페이지도 작성하지 않았지만, 이 책을 만들면서 중추적인 역할을 한 것으로 인정되어야 할 한 문장을 작성하는 데 도움을 준 사람들이 있다. Jessica Coppola, 당신은 내 하루를 더 밝게 만들어 주고 있다. 아무리 어려워져도 내 얼굴이 미소를 머무르게 하는 무조건적인 사랑을 믿는다. Lisa Martinez, 우리가 자전거로 100마일을 타거나 우리 강아지를 그냥 걷게 하는 것처럼, 하루를 항상 더 잘 살 수 있게 만드는 좋은 것들을 알고 있다.

나의 대학원 학생인 Kristin, Lisa, Maria, Annette, Cynthia, Mary, Michelle, Carol와 David. 우리가 함께 지낸 훌륭한 시간들에 감사한다. 생물노화학에 대한 나의 여행은 당신들이 없었다면 불가능했을 것이다.

마지막으로 내가 하는 모든 일에 기반에 되는 사람들에게. Lois McDonald, 당신은 항상 어떤 일을 하든 장애물을 이겨내고 할 수 있다고 해주었다. 당신의 아기는 착하게 굴었다. Mike Muirhead, 당신은 나에게 기회를 주었고 모두에게 무언가를 제안해 주었다. Paul Saltman, 당신은 이 세상에 없지만 당신의 영혼은 내 안에 살아 있다. 나의 일상적인 영감을 받은 수 천명의 학부생들에게 나는 미래에 대한 큰 희망을 주고자 한다. 파티에 가자, Garth.

# 역자서문

노화는 시간의 흐름에 따라 달라지는 변화이며, 외부 자극에 대한 반응이 저하되고 항상성을 유지하는 능력이 감퇴되며 질병에 대한 감수성의 증가로 인해 만성질환으로 이환될 가능성이 높아지는 변화의 과정이다. 인간뿐만 아니라 다른 동물과 식물에서도 노화는 진행이 되며, 이러한 노화와 수명에 대한 기본 메커니즘 및 제어에 대한 관심이 증가하고 있다. 역자는 노화와 수명을 생물학적 관점으로 바라보며 세포 및 분자 메커니즘을 통해 이를 설명하는 이 책이 학생들에게 더 쉽고 깊이 있게 노화를 이해시킬 것이라 생각한다.

*노화의 생물학*은 총 10장으로 구성되어 있으며, 노화의 기본 개념에서부터 수명과 노화의 진화 이론, 노화와 수명의 세포 및 유전학적 연구결과의 소개, 노화 생리학과 노화 관련 질환에 관한 지식 및 식물의 노화에 이르기까지 체계적이고 함축적으로 기술되어 있다. 각 장마다 노화와 수명에 대해 생물학적의 개념을 충실히 담았으며 기본 개념부터 접근하기 쉽게 기술되어, 생물학 전공자들에게 매우 유익한 책으로 생각되어져서 국내에 소개하고자 번역을 하게 되었다. 본서의 가장 중요한 특징은 이해하기 쉬운 그림과 본문 내용을 보충하는 자세한 설명문을 덧붙였으며, 각 장의 중요한 내용을 필수 개념으로 요약하여 노화생물학의 중심적인 내용을 쉽게 이해할 수 있게 하였다는 것이다.

원서의 내용을 제대로 이해하기 위해서는 영문으로 된 원서를 읽는 것이 가장 바람직하겠으나, 외국어의 표현이 각양각색으로 학생들이 그 내용을 바르게 이해하는 데 많은 어려움이 있을 것이라 생각되어, 역자는 학생들의 쉽고 정확한 지식의 습득에 도움이 되고자 이 책을 번역하게 되었다. 번역은 해당 전공 분야에서 오랜 기간 연구와 강의를 해 오신 교수님들을 모셔서 함께 하였다. 번역에 참가하여 충실하게 번역하여 주시고 교정과 검토를 통해 책이 완성될 수 있도록 이끌어주신 교수님들의 노고에 감사드린다. 또한 꼼꼼한 편집과 교정을 통해 완성도 높은 책이 출간되도록 애써주신 편집부의 노고에 감사드린다.

2017년 10월

대표역자 장원구

# 차례

## 역자 소개


**대표역자**

**장원구**
대구대학교 생명공학과

**공동역자**

**김윤희**
대구대학교 식품영양학과

**김은정**
경북대학교 의과대학

**정남호**
대구가톨릭대학교 제약산업공학과

**정병철**
서남대학교 의과대학

# 노화생물학에 대한 기본 개념들

# 1

**"당신이 지금 얼마나 늙었는지 모른다면 앞으로 얼마나 늙게 될지 알 수 있을까?"**

**-사첼 페이지**[SATCHEL PAIGE(1906~1982), **농구선수**]

40억 년 전, 2개의 아미노산은 충돌하고 결합하여, 생명으로 될 수 있는 유기 분자를 형성하였다. 그 창조의 순간에 유기 분자는 주변 환경과 상호작용하기 시작하였으며, 시간의 경과에 따라 화학적 변화의 형태로 기록되었다. 그 창조의 순간부터 생명 분자는 항상 생물학적 변화 과정과 연관되어 살아간다. 즉, 노화가 시작된 것이다.

그렇다면 노화는 무엇을 의미할까? 어떻게 그리고 왜 사람을 포함한 유기체에게 노화가 일어나는 것일까? 어떻게 노화를 측정할 수 있을까? 다른 종에서도 노화의 이유는 같을까? 노화의 결과는 무엇일까? 우리는 그것에 대하여 무엇을 할 수 있을까? 이와 관련된 수 많은 질문들에 대한 해답이 이 책의 주제이다. 이 장에서, 우리는 노화의 원인과 발생 메커니즘에 대한 생물학적 메커니즘을 연구하는 학문인 **노화생물학**에 대하여 그 일반적 원리와 개념을 공부하게 될 것이다. 우리는 최근 일반생물학에서 하나의 독립적인 하위 분야로 다루고 있는 노화생물학의 역사를 추적함으로써 시작하고자 한다. 그 후, 노화의 근본 원인을 탐구하고 노화생물학자들이 노화를 어떻게 정의하는지 살펴볼 것이다. 마지막 두 절에서는 노화생물학자들의 실험동물을 활용한 인간노화 연구 및 야생동물의 관찰을 통한 노화 연구에 대하여 살펴 볼 것이다.

이 장에서...



## 노화생물학: 생물학적 노화의 연구

생명과학 분야의 모든 연구는 생명에 대해 "어떻게"와 "왜"에 대한 답을 찾으려고 한다. 노화생물학은 노화에 대한 원인과 방법에 초점이 맞춰져 있다. 비교적 새로운 분야에 해당하는 노화생물학은 생물물리학을 비롯하여 물리화학, 분자생물학, 신경생물학, 생화학, 유전학, 진화생물학, 의학, **노인학**(**gerontology**, 인간 노화와 노인문제에 대한 연구) 등 다양한 분야의 연구를 통합하며 나이가 들어감에 따라 생체 내부에서 발생되는 생물학적 변화 과정을 탐구한다. 이 분야는 매우 광범위하여 가장 작은 세포에서 발생하는 분자 단백질 손상에서부터 다 자란 성인의 동맥경화증에 이르기까지 모든 것을 포괄할 수 있다.

## 생물학자들은 인간 수명이 증가하면서부터 노화를 연구하기 시작했다

이 장의 서두에서, 우리는 삶과 노화가 동시에 발생한다고 제안했었다. 생명과학에 대한 진지한 연구는 400년 전으로 거슬러 올라 가지만, 노화에 대한 메커니즘 연구는 겨우 지난 50~60년에 불과하다. 왜 생명과학은 생물학적 노화와 **장수(longevity)**, 특정 종의 개체가 도달할 수 있는 잠재적인 최대 수명의 메커니즘에 관심을 두지 않았을까?

20세기 초반까지, 노화는 생물학자에게 중요하지 않은 문제였다. 왜냐하면 인간은 상대적으로 짧은 **수명(life spans**, 각 생물이 살아있는 연한)을 갖고 있었기 때문이다. 1500년에서 1900년 사이, 서유럽과 미국에 사는 사람들의 평균 수명은 35세에서 45세 정도였다(**그림 1.1**). 이 기간 동안 대부분의 인구에서 사망은 출생 시, 그리고 여성의 경우 출산 시 발생했다. 10세 미만의 어린이가 수백만 명이 사망하였고 인플루엔자 및 결핵과 같은 전염병은 모든 연령층에 영향을 미쳤다(**표 1.1**). 따라서, 극소수의 사람들에게만 해당이 되는 노화 현상에 대한 연구는 불필요하게 느껴졌다. 대신에, 생물학자들은 늙기도 전에 많은 수의 사람들을 사망하게 만드는 다양한 질병의 치료와 연구에 초점을 두었다. 그리고, 늙어가는 것에 대한 생각은 철학자들이나 신학자들에게 남겨졌다.

## 노화생물학은 1940년대에 독립적인 연구분야가 되었다

1900년대 초반, 과학적 그리고 기술적 발전은 수명을 현저히 증가시켰다. 하지만 생물학적 노화와 장수에 대한 연구는 여전히 소수의 과학자들의 몫으로 남아있었다. 그 결과로, 노화와 노화 관련 기능 장애에 대한 치료의 생물학적 기초 지식은 매우 낮은 수준이었다.

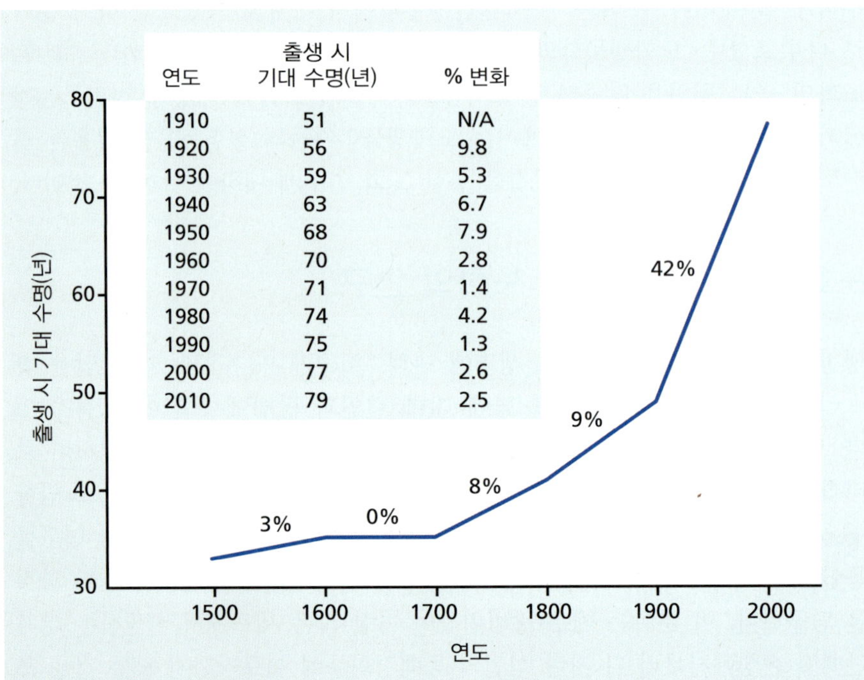


| 연도 | 출생 시 기대 수명(년) | % 변화 |
|---|---|---|
| 1910 | 51 | N/A |
| 1920 | 56 | 9.8 |
| 1930 | 59 | 5.3 |
| 1940 | 63 | 6.7 |
| 1950 | 68 | 7.9 |
| 1960 | 70 | 2.8 |
| 1970 | 71 | 1.4 |
| 1980 | 74 | 4.2 |
| 1990 | 75 | 1.3 |
| 2000 | 77 | 2.6 |
| 2010 | 79 | 2.5 |

**그림 1.1 서유럽과 미국에서의 출생 시 평균 기대 수명 (1500년–2000년).** 선 위에 있는 수치는 한 세기 동안 기대수명의 변화 비율이다. 그림 안의 표는 1910년 이후 10년 간격으로 미국의 변화된 기대 수명을 나타낸다. (자료는 Gy Acsadi와 J. Nemeskeri, 인간 수명과 죽음의 역사. K. Balas. Budapest 번역: Akademiai Kiado, 1970년, 시카고 대학출판부; E. Arias, 미국 생존율 표, 2006, Natl. Vital Stat. Rep. 58:1–40, 2010. 국립건강통계센터 등으로부터 발췌)

**표 1.1 1900년과 2005년의 미국의 주요 사망 원인**

| 1900 | (사망률(%)) | 2005 | (사망률(%)) |
|---|---|---|---|
| 인플루엔자 및 폐렴 | 12 | 심장 질환 | 31 |
| 결핵 | 11 | 암 | 26 |
| 설사병 | 8 | 뇌졸중 | 8 |
| 심장 질환 | 8 | COPD[1] | 6 |
| 뇌졸중 | 6 | 인플루엔자 및 폐렴 | 3 |
| 신장 질환 | 5 | 알츠하이머 질환 | 3 |
| 사고 | 4 | 당뇨병 | 3 |
| 암 | 4 | 신장 질환 | 2 |
| 노망[2] | 3 | 사고 | 2 |
| 디프테리아 | 2 | 패혈증 | 1 |

[1]COPD = 만성 폐쇄성 폐 질환
[2]Senility = 알츠하이머를 포함하는 모든 치매를 노망으로 표현함.

결과적으로, 노화의 생물학적 기초와 연령에 따른 기능장애에 대한 지식은 수명의 증가와 보조를 맞추지 못했다. 또한, 이 시기에 생리학, 화학 및 해부학과 같은 생물학 분야는 정부로부터 자금을 지원받아 정기학술대회 및 학술지 발간 등을 통한 전문적인 공동체를 가질 수 있었지만, 1930년대 중반까지도 노화 연구 분야는 이를 지원하기 위한 정부 기구조차 마련되지 않았다.

1937년에 메사추세츠 주의 우드 홀에서 노화 연구를 위한 과학자들의 첫 번째 모임이 개최되었다. 이 연구모임은 미국의 노인학회로 발전하게 되었으며, 1946년에 드디어 오직 노화에 초점을 맞춘 첫 번째 과학 학술지인 노인학 학술지를 출판하게 되었다. 이와 같은 시기에 의사들 역시 수명의 증가와 함께 노화 관련 질병들이 증가되는 것을 인지하고 1942년 미국 노인병학회를 설립하였다[**노인병학(geriatrics)**은 고령 및 고령화에 따른 질병과 고충 등을 다루는 의학분야이다]. 이러한 두 개의 전문 조직의 설립은 노화 연구 조직의 시작을 의미했다.

미국 노인학회와 미국 노인병학회는 노화와 관련된 생물학적이고 의학적 문제에 전문화된 연구 프로그램이 필요하다는 인식의 변화에 기여했다. 이러한 프로그램이 없었다면, 미국과 다른 선진국들은 다가오는 수십 년 내에 건강 위기에 직면하게 되었을 것이다. 이를 위해, 미국에서 의학과 생물학에 있어서 주된 연구기관인 국립보건원(National Institutes of Health (NIH))은 1957년에 노화연구센터를 설립했다. 이 프로그램은 향후 15년간 상당한 발전을 거두었고, 1974년에 노화국립기관(National Institute on Aging, NIA)이 국립보건원(NIH)의 독립된 기구로 설립되었다. 오늘날, 노화국립기관(NIA)은 생물학, 의학, 행동과학에 있어서 11억 달러가 넘는 예산과 연구비를 가지는 곳이 되었다.

### 현재 노화연구는 모든 사람의 건강을 고려한다

초기에 NIA와 노화연구센터에서의 연구 프로그램은 증가하는 노인 인구의 건강을 향상시키기 위한 메커니즘으로 생물학적 그리고 생물의학적 연구에 큰 관심을 가졌다. 하지만 곧 바로 노인 인구의 증가가 연구에서의 진척을 앞질렀고, 많은 사람들은 해결책 없이 나이와 관련된 기능장애를 경험하게 되었다. 수명보다는 수명의 질이 노인 인구에 있어서 중요한 건강 이슈가 되었다. 이에 대응하여 NIA는 생물학과 의학뿐만 아니라 노인 개인의 돌봄과 행복에 초점을 맞춘 심리학, 사회학, 간호학, 호스피스 관리와 같은 연구를 포함하는 프로그램을 시작하였다.

노화연구에 있어서 행동과학 및 고통 완화 치료를 포함하는 것이 다른 건강 관련 연구와의 차이점이라 하겠다. 이것은 노화와 죽음은 치유할 수 없고, 노화연구는 다른 어떤 연구분야보다도 전체론적인 접근방법을 가져야 한다는 것을 의미한다. 노화연구가 삶의 질을 향상시키고 수명을 연장시킨다고 하더라도 노화는 특정한 연령 관련 기능장애에 대한 성공적인 치료 없이 발생하며, 누구나 죽음을 맞이한다는 사실과 조화를 이루어야 한다. 따라서 노화생물학자들은 그들의 전문 분야에서 전문가가 되어야 할 뿐만 아니라 노인 인구의 향상된 건강의 심리적, 사회적, 경제적 결과에 대한 토론에 있어서도 적극적인 참여자가 되어야 한다.

### 인간 외의 종에서의 생물학적 노화는 인간 노화에서 관찰된 많은 특징을 공유한다

최근까지 다른 생물체에 있어서 생물학적 노화는 인간 노화에 비해 적은 관심을 받았다. 주된 이유는 대부분 과학자들이 포식자 때문에 적은 수의 야생동물만이 고령에 도달할 수 있었다는 전제를 받아들였기 때문이었다. 오늘날 과학자들은 야생에서 자연이 노화의 많은 보기를 제공한다는 것을 깨달았다. 게다가, 가장 간단한 단일 세포인 효모에서부터 가장 복잡한 생물체인 호모사피언스에 이르기까지 모든 **진핵 생물(eukaryotes**, 핵 안에 유전물질을 가지는)은 노화 과정의 일부분을 공유한다. 노화와 수명에 관한 예쁜꼬마선충(*Caenorhabditis elegans*)에 있어서의 발견은 생쥐 또는 다른 복잡한 생물체에 직접적으로 응용될 수 있는 단계에 있다. 야생에서의 노화가 어떻게 인간 노화의 단서를 제공하는지에 대해 다음 장에서 논의할 것이다.

### 노화 연구는 복잡한 과정이다

노화에 대한 체계적인 연구가 생물학 연구의 역사에서 매우 짧은 시간인 50~60년 동안 존재해 왔다는 것을 기억하자. 비록 노화생물학자들이 노화와 수명의 많은 원인에 대해 연구해 왔지만 그들은 또한 노화 연구는 복잡하고 조절하기 힘든 다양한 요인에 의해 영향을 받는다는 것을 발견했다. 예를 들어, 노화의 결과는 많은 부분이 우리를 둘러싼 환경과 상호작용한 일생의 결과이기 때문이다. 각각의 개인은 그들을 둘러싼 환경과 상호작용한다. 따라서 노화의 속도는 개인별로 차이가 있고 인구에 대한 평균을 비교한 조사에 의해서 결정될 수 없다. 비록 실험동물의 사용으로 환경적 요소를 조절할 수 있게 되었다 하더라도 종 안에서의 노화 속도의 변수는 여전히 남아있다. 이와 같이 개인의 특정한 게놈(genome) 사이의 차이가 개인 사이에서 노화 속도의 큰 차이를 야기할 수 있고, 그들이 유전적으로 동일한 동물을 설계하는 유전공학기술을 사용한다 하더라도 연구자들은 이러한 차이가 쉽게 제어될 수 없다는 것을 알게 되었다.

노화의 속도에 있어서 종 간의 차이는 노화와 장수에 대한 연구를 어렵게 만들기도 하고, 정확하게 노화를 정의하는 데 걸림돌이 되기도 한다. 예를 들면, 선진국에 사는 인간은 평균 70~80세까지 산다고 예상된다. 몇몇은 120세까지도 살수 있을지 모른다**(그림 1.2A)**. 암컷 하루살이(*Dolania Americana*)는 유충에서 벗어나, 단 5분 안에 알을 낳고, 죽는다(그림 1.2B). 식물에서 다양한 노화의 예는 그다지 화려하지 않다. 옥수수(*Zea saccharata*)는 4달 안에 싹이 트고, 성숙하고 죽는다(그림 1.2C). 동부 캘리포니아의 화이트 산맥으로 여행시, 5000년 이상 살아온 브리슬콘 소나무(*Pinus aristata*)를 만질 수 있다(그림 1.2D).

**그림 1.2 동물과 식물 수명의 다양성의 예.** (A) 최장수 기록을 가진 Jeanne Galment, 1997년 8월 4일 122세 나이로 세상을 떠났다. (B) 하루살이는 유충에서 태어난지 5분 안에 죽는다. (C) 옥수수의 생활주기는 길어야 4개월이다. (D) 브리슬콘 소나무는 5000년 이상 생존할 수 있다(A, Gobet/AFP/Getty Images 허가; B–D, Thinkstock 허가)

## 생물학적 노화의 정의

"생물학적 노화'는 어떻게 정의될 수 있을까? 현재까지 노화의 정확한 원인이 알려져 있지 않고 논란의 여지가 많기 때문에 노화는 정의하기가 어렵다. 결과적으로 수백 개의 정의가 제안되어 왔다. 현재는 노화의 원인에 대해 알고 조금 더 정확한 노화의 정의를 구상할 수 있다. 그럼에도 불구하고, 노화생물학은 매우 다른 분야를 포함하는 다양한 분야이다. 이 책에서 사용된 노화의 정의와 생물학자들이 사용하는 노화의 정의가 노화생물학의 넓은 분야에서 다른 부문과 관련이 없을지도 모른다(비록 노화 과정이 일치한다고 하더라도). 이것은 오로지 인간의 노화를 다루는 분야에서 특히나 그러하다.

우리는 여기에서 노화 정의의 발달과 역사에 대해 살펴보고 왜 이러한 정의들이 노화생물학의 일반적인 범위에서 특정한 영역과 관련되어 있는지에 대해 알아볼 것이다. 이 절은 노화의 정의로 끝맺을 것이고, 본서의 전체에서 여러분을 안내할 것이다.

### 생물학적 노화의 첫 정의는 사망률에 기초한다

많은 과학자들은 생물학적 노화가 **사망률(mortality)**이나 죽음의 위험이 증가하는 것이라고 정의했다. 예를 들어, 연령의 증가와 함께 나타나는 "생물학적 노화는 사망률의 증가", "나이가 듦에 따른 죽음에 대한 증가된 민감성, 활력의 감소"로 정의된다. 사망률에 기초한 정의는 노인인구통계학의 연구 분야에서 특히나 유용한데, 이는 인구 내에서 크기와 사망률 특성을 연구하는 통계과학이다. 노화를 설명하는 것으로써 사망률의 사용 가능성은 7장에서 생물개체군학을 통해 자세히 다룰 것이다. 생물개체군학은 인구에 있어서 노화의 패턴을 연구하는 진화적 이론과 전통적인 인구통계학을 통합한 분야이다.

사망률에 기초한 노화의 정의는 생물학적 사건을 개인에 있어서 노화의 결과와 연결시키려는 연구자들에게 유용하지 않다. 예를 들어, 80세의 가죽 같은 피부와 흰 머리카락은 그들의 10살 때와 비교해서 기능적으로 퇴화한 이들 조직의 생화학적 변화의 결과로 보여질 수 있다. 이러한 것들은 명백한 노화의 증거이다. 그러나, 피부와 머리카락의 변화가 사망률 위험을 유의적으로 증가시킨다고는 말하기 어렵다. 이러한 기관의 노화가 죽음과 동일시 되지 못한다. 이와 마찬가지로 사과나무에 열매가 맺히고, 성숙하여 죽게 되더라도 사과나무 전체의 사망에는 영향을 미치지 않는 것과 같다. 노화를 측정하는 수단으로써 죽음의 위험을 사용하는 것은 장수와 노화 사이를 구별하는 데 유용하지 못하다. 제3장에서 살펴보겠지만, 장수는 관찰자에 의해서 확립된 시간의 한 지점을 의미하는 반면에 노화는 시간을 통해 발생하는 변화를 반영한다.

몇몇 종에서 볼 수 있는 노화가 죽음을 의미하는 경우 사망률에 기초한 정의는 바람직하다 할 수 있다. 앞에서 언급한 것과 같이, 하루살이는 노화 속도를 측정하기 어려울 만큼 성충이 된 후 빠르게 죽음이 진행된다. 태평양 연안의 붉은연어(*Oncorhynchus nerka*) 또한 죽음과 노화가 같다는 것을 보여주는 좋은 예이다. 이 연어는 수명의 99%를 넓은 바다에서 보내며 그 시간 동안 측정할 만한 노화의 징후는 나타나지 않는다. 그러나 산란을 위해 담수로 돌아오면 즉각적인 기능의 저하 및 관찰 가능한 노화의 징후가 발견된다

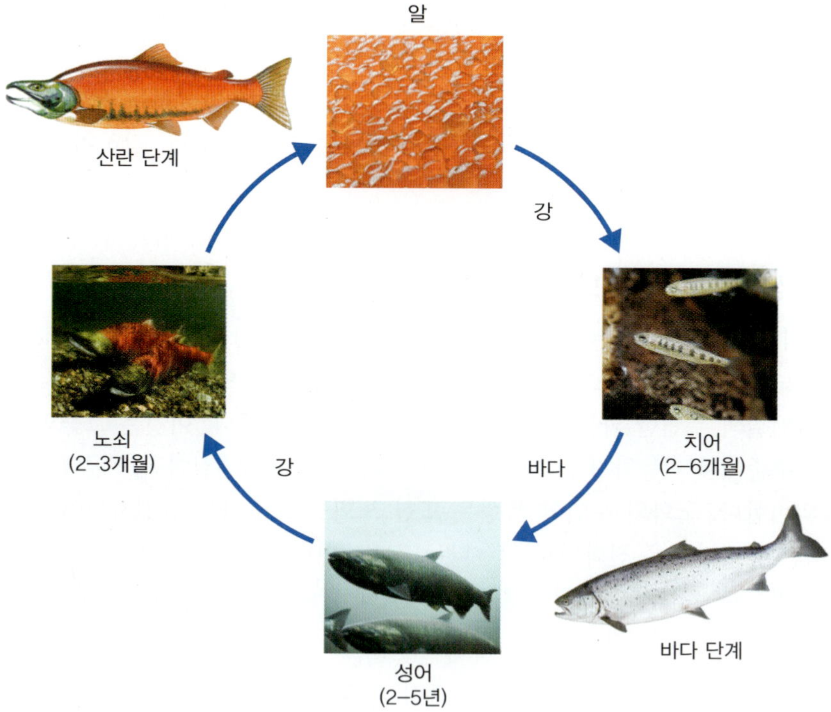


**그림 1.3 태평양의 붉은 연어(*Oncorhynchus nerka*)의 생활사와 노화 사이의 관계.** 태평양의 붉은 연어는 담수의 개울에서 그의 삶을 시작하고, 치어로 자라, 바다로 이동한다. 바다에서 더 성숙하지만 번식을 하지 않는다. 부화 뒤 2~5년간 자란 후에 그들이 태어난 담수 개울로 돌아와 산란을 시작한다. 이때 빠르게 나이가 들고, 특징적으로 구부러진 등과 갈고리 모양의 턱이 발달하며 산란 후 2주 안에 사망한다. (위에서부터 시계방향으로, A.Nakazawa/Gety Images 허가; Thinkstock 허가; Visual Photos 허가; Thinkstock 허가; Ocean/Corbis 허가; Ocean/Corbis 허가)

**(그림 1.3)**. 죽음은 산란기가 완료된 직후 발생한다. 하지만 다른 생물체에서는 죽음이 생물학적 노화와 동일시되지 않는다.

## 기능에 기초한 정의는 특정 기간 동안 생물학적 노화를 설명하는 데 도움이 된다

특정한 생물학적 사건을 노화의 속도와 연결하는 과학자들은 기능에 기초한 노화의 정의가 사망률에 기초한 정의보다 더 유용하다는 것을 발견한다. 이것은 크게 다음의 두 가지 정의를 포함하는데, (1) "노화는 시간의 경과와 함께 변화에 대한 취약성이 증가하고, 생물체가 생존하는 능력이 감소하는 등 퇴화하는 변화이다"(Masoro, 1995); (2) "노쇠(노화)는 주로 활력에 불리하게 작용하는 나이와 관련된 변화를 의미하고 사망률을 증가시키는 데 가장 중요하게 작용한다. 노화는 노쇠의 마지막 단계를 나타내고, 사망위험이 100%에 달한다"(Finch, 1990).

이러한 정의의 강점은 "변화에 대한 취약성의 증가"과 "활력과 기능에 불리하게 영향을 주는 변화"와 같이 시간의 경과에 따라 고령화와 관련된 과정을 확인한 것이다. 예를 들어, 근육 기능은 움직이거나 들어 올릴 때 사용하는 특정한 근육을 측정함으로써 그 질량을 쉽게 측정할 수 있다. 실제로 많은 연구는 근육 강도뿐만 아니라 많은 다른 생리적 기능이 성숙한 후에 감퇴한다는 것을 보여준다. 이러한 정의는 **후성숙(postmaturation)**이라는 특정한 기간을 명시하는데 이것은 기관이 완벽히 성장한 뒤에 나타나는 기간을 의미한다.

그러나 이러한 정의에는 제한점이 있다. 둘 다 유기체를 기본으로 한 것으로, 이러한 정의는 세포의 기능과 같이 낮은 수준에서의 노화보다는 전체 생물체의 노화를 다룬다. 또한, 성숙 후 삶에 직접적인 영향을 미칠 수 있는 발달과 성장 과정에서 일어날 수 있는 사건들에 대해서 다루지 않고 있다. 게다가, 기능에 기초한 정의는 언제 노화가 시작하는지 결정하는 것을 어렵게 만든다. 몇몇 생리학적 기능은 다른 것들이 여전히 발달하는 동안 감소하기 시작할 수도 있다. 예를 들어, 흉선은 14살에 위축되기 시작하며 그 때 뼈의 성장속도는 가장 빠르다.

## 노화 생물학에 의한 노화의 정의

노화의 정의를 규정짓는 데에는 여러 가지 요소가 관여하는데 1차적으로 세포의 노화이다. 세포 노화는 환경과 유기체의 상호작용으로부터 기인한 손상된 단백질의 우연한 확률적인(stochastic) 축적을 반영한다. 이것은 그들의 최적인 수준에서 기능하지 않거나 전혀 기능하지 않는 단백질이 축적된다는 것을 의미한다. 노화의 우연한 특성은 또한 노화를 조절하는 유전자들이 없고 이러한 유전자들은 진화되지 않는다는 것을 의미한다. 노화는 진화할 수 없다는 이유와 손상의 우연한 확률적인 축적에 관련된 메커니즘은 3, 4, 5장에서 자세히 다룰 것이다.

노화를 정의하는 데 중요한 세 가지 요소가 있다. (1) 생물학적 노화는 전체 생물체에 직접적으로 해당되지 않을지도 모르지만 생물학적 조직의 많은 수준에서 발생한다. (2) 퇴화를 이끄는 생화학적 생리학적 감소에 영향을 주는 요소는 생물 발달 초기에 시작할지 모른다. (3) 장수와 노화는 관련 있지만 독특한 과정이다. 이러한 요소들을 고려하여 노화를 다음과 같이 정의한다:

> 노화는 분자, 세포, 기관의 구조와 기능에 있어서 우연한 변화이고, 이러한 변화는 시간의 경과에 의해 영향을 받고 환경과 상호작용한다. 노화는 죽음의 가능성을 높인다.

분자의 구조적, 기능적 관계에서의 우연한 변화는 이 정의에 근간이 된다. 이 책을 통해 배우겠지만, 우연하게 발생하는 분자의 구조와 기능에서의 변경은 환경적 조건의 결과이고 노화 과정에서 중요한 영향을 가진다.

이 책에서 노화의 정의는 노화의 시작으로써 특정한 시간에 포함되어 있지 않고, 오직 노화가 시간의 경과에 따라 발생한다는 것을 제안한다. 이러한 접근은 중요한 증거가 축적되기 시작하여 노화 속도에서 개인의 궤적이 태아 발달 초기에 작동하는 환경 요인에 의해 영향을 받을 수 있음을 시사하기 때문에 취해진다.

## 발달, 성숙, 노쇠는 노화를 설명하는 데 사용되는 단계이다

여기에서 노화의 정의는 노화가 일어나기 쉬운 시기만을 명시하지 않는다. 그 정의는 생물학적 노화가 출생과 함께 시작하고 죽음으로 끝나는 지속적인 과정이라는 것을 나타낸다. 이러한 정의가 이론적 가치를 가진다고 하더라도, 사실상 그것은 수명에 따른 변화의 비교는 어렵게 만든다. 그래서, 우리는 전체 수명 내에서 생물학적 노화의 특정한 기간을 설명하는 특정한 사건과 관련된 지점을 설립할 필요가 있다. 여기에서는 생물학적 노화를 발달, 성숙, 노쇠로서 논의할 것이다.

**발달**(**development**)은 기능적 변화가 일반적으로 긍정적일 때의 수명 단계를 언급한다. 이 단계는 유충에서 번데기로의 이행, 성적 특성의 발현, mRNA 전사에서부터 단백질 합성 과정과 같은 과정을 포함한다. 발달적 기간은 생물체가 최대 성장에 도달하면 끝나는데 이 기간은 많은 생물체가 그들의 최적의 생식력을 경험하는 기간이다. 생체분자, 세포, 기관에서의 발달은 최적의 기능에 도달하면 끝난다. **성숙**(**maturity**)은 기능이 최적인 상태로 남아 있고 천천히 쇠퇴하는 과정이다. 성숙의 끝은 생물체 또는 분자 내에서 **엔트로피**(**entropy**, 우주에서 물질과 에너지가 비활성의 균일한 상태로 분해하는 것)에 저항하는 능력이 약해지기 시작했을 때 발생한다. 노화의 요소로서 엔트로피에 저항하는 능력은 제4장에서 자세히 설명할 것이다. **노쇠**(**senescence**) 또는 후생식 노화 과정은 일반적으로 활력과 기능에 있어서 감소를 나타낸다. 죽음은 노쇠의 마지막 단계이다.

**그림 1.4**에서 보여준 것과 같이, 이러한 각각의 단계들의 전체 수명에 대한 기간과 %는 생물 종에 따라 매우 다양하다. 예를 들어 인간의 생명 단계 곡선(그림 1.4A)은 발달과 성숙이 수명의 대부분을 차지한다. 일반적으로 이러한 노화 패턴에 해당하는 식물과 동물은 정해진 크기만큼 성장하고 일생에 한번 이상 생식을 할 수 있는 **반복생식**(**iteroparous**) 생물이다. 이러한 생물체들의 또 다른 특징은 생식이 끝난 후에 삶의 대부분을 가지며, 노쇠는 점진적인 경향이 있다.

그림 1.4B에서 보여진 것처럼, 매미(*Magicicada septendecim*)는 유충으로써 땅 속에서 16.5년 동안 살아가는 긴 발달시간을 가지는 예이다. 발달적 기간은 동물 에너지의 대부분이 번식에 집중되는 아주 짧은 성숙 단계로 이어진다. 빠른 노쇠 단계는 성숙 단계 다음에 즉시 일어난다. 이러한 생물기 곡선

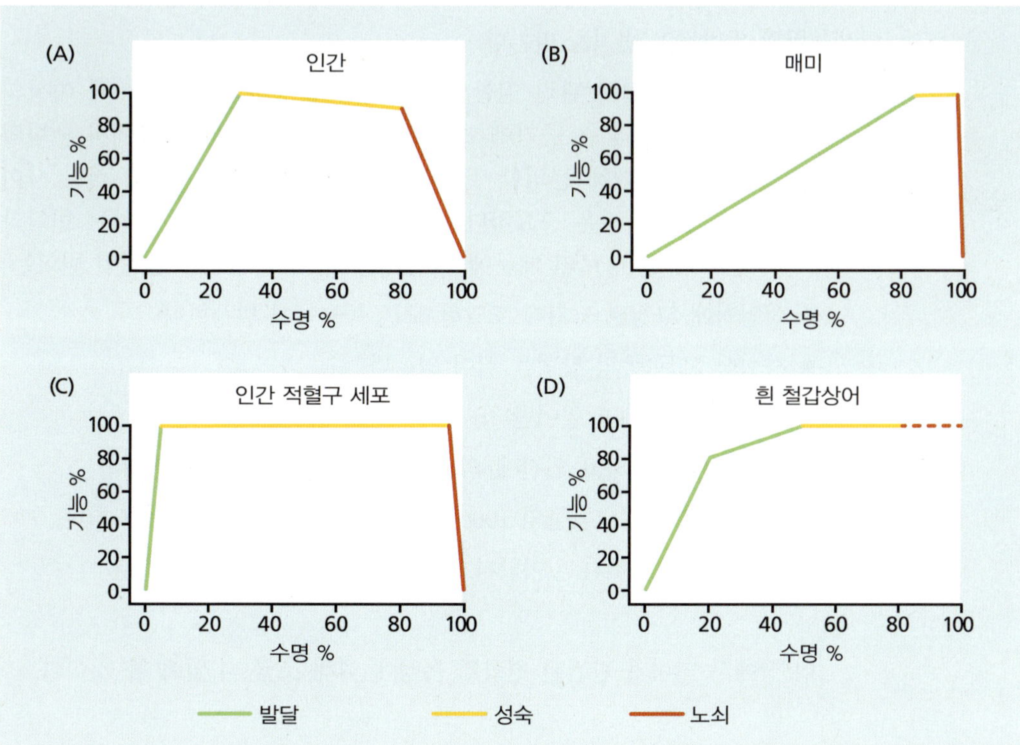


**그림 1.4 생물기 곡선은 생물체 종류에 따라 생물학적 노화의 세 가지 단계의 패턴을 보인다.** 각 생물체의 발달 단계는 녹색, 성숙 단계는 노란색, 노쇠 단계는 붉은색으로 나타낸다. (A) 사람의 경우 발달과 성숙이 수명의 대부분을 차지하는 전형적인 생물체이다. (B) 17년 주기의 매미(*Magicicada septendecim*)는 긴 발달 단계를 가진다. (C) 인간적혈구는 유기분자에서 노화를 나타낸다. (D) 철갑상어(*Acipenser transmontanus*)는 노쇠가 나타나지 않는 것 같다.

를 가지는 동물과 식물은 성숙기 다음에 후생식 수명을 가지지 않고 보통 한 시즌 안에 새끼(자손)를 낳는다.

인간 적혈구세포(그림 1.4C)의 생물기 곡선의 형태는 유기 분자에 있어서 노화의 특징이 된다. 짧고 빠른 발달 기간은 분자, 단백질, 또는 세포의 합성과 동일시되고 수초 또는 수일 이내에 측정될 수 있다. 성숙은 단백질의 전체 기능을 나타내는데 이 경우 헤모글로빈의 산소운반능력과 이산화탄소 운반능력을 의미한다. 노쇠는 복잡한 물질을 간단한 화합물로 분해하는 대사인 **이화작용**(**catabolism**)으로 표시된다.

그림 1.4D는 철갑상어(*Acipenser transmontanus*)의 생물기 곡선을 나타내는데 노쇠하지 않거나 무시해도 좋을 정도로 경미한 노쇠를 나타내는 생물의 일반적인 패턴을 나타낸다. 이 생물기 패턴은 4가지 패턴 중 가장 설명하기가 어려운데, 그 이유 중 일부는 이들 생물체에 대한 정확한 수명 데이터의 제한된 양 때문이다. 그럼에도 불구하고, 생물체 사이에 발달적 단계에 있어서 늦게까지 성장을 계속하거나 번식을 하고 반복생식을 포함하는 몇몇 공통점이 있다.

## 생물학적 노화는 노년의 질병과는 구별된다

생물학적 노화의 정의가 노년의 질병을 의미하는 것이 아니라는 것을 이미 알았을 것이다. 우리 관점에서 생물학적 노화의 메커니즘을 밝히기 위한 모델로써 노년의 질병의 사용은 생물학적 노화의 과정을 이해하는 데 유용하지 않다. 수두(chickenpox)에 대한 연구 결과를 조사하는 것이 발달적 생물학의 이해에 도움이 되지 않는 것과 같다. 질병은 동물 또는 식물 안에서 정상적인 기능을 손상시키는 과정이다. 대조적으로, 4장에서 알게 되겠지만 노화의 기능적 변화와 물리적 퇴화는 환경과 유기체의 상호작용에 의해 야기된 엔트로피에 대한 저항 감소 때문이다. 그것은 생물학적 노화의 과정이 물리학과 생물학의 일반적인 법칙을 따른다.

노화에 있어서 연령 관련 질환의 중요성은 분명하고, 특히 70세 이상의 선진국에서 인구 수의 큰 증가에 기여한다. 실제로 이 책의 9장에서 노화의 질환이라는 주제에 대해 논의할 것이다. 그렇기는 하지만 노화와 질병 사이에 차이를 인지하는 것은 중요하다. 노화는 어떤 질병에서 발생하는 변화와 아래와 같은 이유로 다르기 때문에 질병과는 다르다. 연령과 관련된 변화는

- 성인기에 고정된 크기에 도달한 모든 동물에서 발생한다;
- 사실상 모든 종의 장벽을 뛰어 넘는다;
- 성적 성숙 후에만 일어난다;
- 야생에서 제거되고 인간에 의해 보호받는 동물에서 발생한다;
- 노화가 발생하는 동물의 100%는 죽음에 대한 취약성이 증가한다;
- 생물과 무생물에서 일어난다.

이 장에서 연령과 관련된 변화의 특징에 대해 조금 더 알아 볼 것이다.

## 노화생물학자들은 어떻게 노화를 연구하는가: 인간 노화 연구에서 실험동물의 사용

윤리적, 실용적 고려는 인간에게서 행해질 수 있는 연구의 형태를 제한한다. 그래서 노화생물학자들은 노화의 기본 특성을 조사하기 위해 단일 세포에서부터 곤충을 포함한 무척추동물, 다양한 포유동물, 물고기, 새, 인간을 제외한 영장류뿐만 아니라 유전질환을 가진 인간까지 다양한 생물체를 사용한다. 이 절에서 인간 노화와 장수에 기저를 이루는 메커니즘 연구를 위한 실험 동물로써 **진핵(eukaryotic)** 세포와 생물체의 간단한 조사를 포함한다. 다음 절의 "노화생물학자들은 어떻게 노화를 연구하는가: 비교 노화생물학"에서, 우리는 인간 노화와 장수를 위한 모델로서 야생동물의 사용을 살펴본다.

사용되는 생물체의 종류와 상관없이, 연구는 모든 진핵 세포 사이에 계통발생학의 관계 때문에 인간 노화와 관련성을 가진다(BOX 1.1). **계통발생학(phylogenetics)**은 유전자 유사성에 기초한 생물체 사이의 관련성을 설명한다.

## BOX 1.1 삶의 계통발생수

20세기 이전에, 생물체의 다양성 분류와 서로 간의 관련성은 철학적, 신학적 가르침의 세기에 의해 크게 영향을 받는다. **분류학(taxonomy)**의 창시자는—John Ray(1627~1705)와 Carolus(Carl) Linnaeus(1707~1778)—창조의 신적 질서(Divine Order)를 반영하는 생물체 분류를 발달시켰다. 거의 200년 동안, Linnaeus 분류 체계는 생물체의 종류와 구조에 대한 **형태학(morphology)**을 사용했는데, 오로지 진화는 세균과 같이 가장 간단하고 초기의 생물 유형에서부터 가장 복잡하고 가장 최근에 진화한 인간에 이르기까지 더 복잡성을 향해 일어난다(그림 1.5).

멘델의 유전 법칙의 재발견과 이해 후에, 생물학자들은 진화가 실제로 낮은 수준에서 높은 수준으로 복잡하게 순서대로 일어나는 과정인지에 대해 의문을 가지기 시작했다. 분류를 위해 대체적인 유형을 사용하자는 압력이 DNA의 구조가 모든 생물체에서 동일하고, 낮은 수준에서 발견된 많은 유전자들이 고등생물에서 발견된 것들과 일치한다는 발견과 함께 더 강해졌다. 이러한 발견은 하나의 공통의 조상 또는 많아 봐야 몇 개의 공통 조상으로부터 내려왔다는 확실하고 결정적인 결론을 제공했다.

게다가, 진화학자들은 형태학적 복잡성이 종에 대한 진화적 역사의 잘못된 설명이라는 것을 발견했다. 종은 오직 그들의 환경에 적응을 위해 필요한 만큼

| | 인간 | 침팬지 | 고양이 |
|---|---|---|---|
| 역 | 진핵생물 | 진핵생물 | 진핵생물 |
| 계 | 동물계 | 동물계 | 동물계 |
| 문 | 척색동물문 | 척색동물문 | 척색동물문 |
| 강 | 포유류 | 포유류 | 포유류 |
| 목 | 영장류 | 영장류 | 육식류 |
| 과 | 사람과 | 성성이과 | 고양이과 |
| 속 | 사람속 | 침팬지속 | 고양이속 |
| 종 | 사람 | 침팬지 | 고양이 |

**그림 1.5 Linnaean 분류 체계.** Carolus Linnaeus의 분류 체계는 다른 생물체 유형에 대한 생물체의 유사성에 기초해 계급제도로 나열한 카테고리이다. 비록 형태학적 분류 체계가 계통발생학적 체계에 의해 교체되었다고 하더라도 Linnaeus에 의해 개발된 분류학의 명칭은 여전히 넓게 사용된다.

# BOX 1.1 삶의 계통발생수

만 복잡하다. 이처럼 복잡성은 인간을 정의하기 위한 목적보다 환경에서 살아남기 위한 종의 능력에 더 가깝게 관련되어 있다.

20세기 중 · 후반 동안 생명과학에서의 진보는 형태학보다는 계통발생론에 기초한 분류 체계의 발달을 이끌었다. **계통발생학(Phylogeny)**은 종이나 생물체 군의 발달과 관련된 사건의 진화적 결과이다. 현대의 계통발생학은 종 사이의 진화적인 관계를 설립하기 위한 요소와 기술의 조합을 사용한다. 이것들은 유전자 관련성을 예측하기 위해서 형태학적 특징, DNA 염기서열, 생태학적 정보, 수학적 알고리즘을 포함한다. 계통발생학은 다른 종보다 더 진보된 하나의 종을 고려하지 않는다. 그것은 단지 종이 그것의 환경에 대한 유전적 적응 때문에 이전의 군으로부터 진화된 것으로 생각한다.

계통발생학적 관련성은 **계통수(phylogenetic tree)**를 사용하여 가시화될 수 있는데 이는 다양한 종 사이에 추론된 진화적인 관계를 보여주는 분지 도표이다(**그림 1.6**). 계통수의 가지는 단일종족의 그룹에서 가계(혈통, 선조)와 자손의 관련성을 정의한다. **단일종족 그룹(monophyletic group)**은 공통 선조의 모든 자손을 포함한다. 계통수의 마디는 생물체, 종 또는 인구와 같은 단일 가지에 의해 연결되는 분류학적 단위를 나타낸다. 계통수의 위상기하학 또는 분지 패턴은 크기가 조정될 수도 조정되지 않을 수도 있다. 눈금 형태의 계통수는 분류학적 단위 사이에 발생하는 진화적 변화의 수에 비례하는 가지 길이를 사용한다. 눈금이 없는 계통수는 단지 관계를 연결하는 가지를 사용한다. 계통수는 뿌리를 가질 수도 있고 그렇지 않을 수도 있다. 뿌리가 있는 계통수는 그림 1.6과 같이 계통수에서 다른 종과 집단에 대한 공통 선조를 가진다. 뿌리가 없는 계통수는 공통 조상에 대한 언급 없이 단지 관계만 설명한다. 그러나 계통학은 단순히 분류체계 이상으로, 유용한 체계이다. 예를 들어, 분자적 계통학자에 의해 만들어진 유전자 염기서열 비교는 인간과 돼지 사이의 가까운 진화적 관련성(생리학에서 가까운 관계를 의미하는)을 설립하였다. 게다가, 돼지 심장은 구조와 기능에서 인간의 심장과 매우 유사하다. 의학 연구자들은 돼지에서 적출한 건강한 심장판막이 인간 심장으로 이식할 수 있는지를 점검하기 위해 이 정보를 사용했다. 그것이 검증되어감에 따라, 돼지 판막은 인간 판막과 거의 완벽히 일치함이 입증되었다. 오늘날 많은 사람들은 계통과학 덕분에 이식한 돼지 판막으로 잘 살아가고 있다.

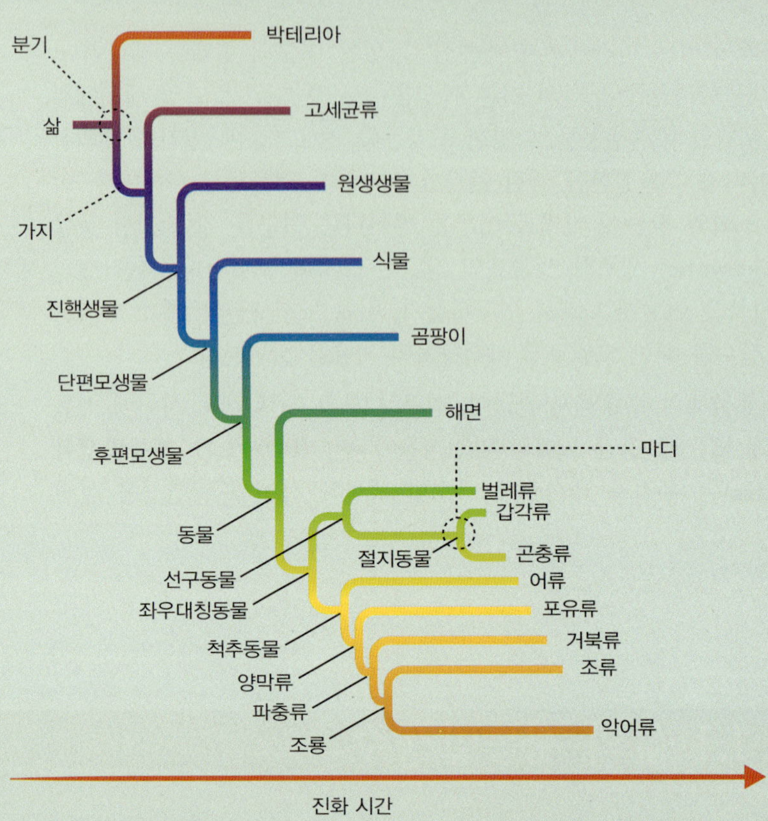


**그림 1.6 뿌리가 있는 계통수.** 계통수는 분류학적 단위(종, 인구, 개인)인 마디, 선조와 자손 사이의 관계를 정의하는 가지로 구성된다. 예를 들어, 절지동물은 곤충과 갑각류를 포함하는 단일계통이다. 계통수에서 절지동물은 마디에 나타나고, 곤충과 갑각류는 마디의 가지 끝에 나타난다.

여기에서 노화생물학의 실험에 일반적으로 사용되는 생물 종에 대해 소개한다. 다음 장에서 이들 실험모델의 특이적인 사용에 대해 자세하게 다루겠다. 식물과 관련해서는 제6장 식물 노화생물학에서 자세히 설명하도록 하겠다. 생물학적 노화를 연구하는데 한 가지 동물이나 식물의 완벽한 체계는 없다는 것을 기억하자. 대신, 실험을 위한 생물체의 선택은 노화의 속도, 수명, 생식법과 성공, 돌봄을 위한 비용과 생물체의 유지 등 무엇을 궁금해 하는가에 의존한다.

## 세포배양기술은 노화와 장수의 기초 생화학을 설명하는 데 사용된다

인간은 정교한 신경계, 혈관계, 내분비계를 가진 지구에서 가장 복잡한 유기체이다. 그럼에도 불구하고, 효과적으로 작동하기 위해서 이들 진보된 체계는 세포 간 생화학적 기능에 의존한다. 이것이 세포 기능과 시간에 따른 그것의 변화가 결국 인간이 어떻게 나이 들어가는지를 설명하는 이유이다. 노화생물학에서 세포 관점으로 노화를 연구하는 것은 1912년으로 거슬러 올라가야 할 만큼 오랜 역사를 가지고 있으며, 이때 처음으로 세포 배양이 성공적으로 개발되었다(제4장 참조). 이러한 초기 연구부터 노화생물학 연구에서 사용되는 4가지 기본 세포 시스템인 초대배양세포, 복제성 세포배양, 세포주, 줄기세포가 생겨났다.

**초대배양세포(primary cell culture)**는 *in vivo* 영역에서 직접적으로 제거되어 *in vitro* 환경에서 유지되는 **분화된 세포(differentiated cell)**이다**(그림 1.7)**. 노화생물학에서 초대배양세포는 전형적으로 후 분열세포이거나 제한된 증식 능력을 가진 세포, 매우 짧은 시간 며칠 동안만 살아있는 세포를 포함한다. 초대배양세포는 연구자들이 분화된 세포의 특정한 유형 사이에 차이를 비교하도록 한다. 예를 들어, 이것은 민무늬근세포의 수축성을 결정하는 데 이용된다. 이를 증명하기 위해 어린 동물과 늙은 동물 사이에서 민무늬근 세포를 제거하고, 배양해서 노화와 관련된 차이를 평가할 수 있다.

**복제성 세포배양(replicating cell culture)**은 노화생물학에서 가장 널리 사용되는 방법이다. 복제성 세포배양은 조직에서 추출하여 세포들이 다 찰 때까지 (세포배양접시에 경계까지 가득 찰 정도의 용량) 배양할 수 있는 섬유아세포(fibroblast)와 같은 분화되지 않은 유사분열 세포이다. 그러고 나서 세포는 다른 플라스크로 분리되어 다시 자라도록 하는데 이 과정은 **집단배가(population doubling)**로 알려져 있다. 포유류 세포는 죽기 전에 30~50회 분화될 수 있다. 다른 시간대에 배양한 세포를 얻음으로써, 노화생물학자들은 어린 세포와 늙은 세포를 비교할 수 있다. 이러한 방법은 일반적으로 유사분열기 세포가 *in vitro*에서 한정된 증식의 수명을 가지기 때문에 세포 노쇠와 죽음을 이끄는 요소를 평가하는 데 사용된다.

**세포주(Cell line)**는 한정된 수명을 가지지 않는 유사분열기세포이다. 이들 세포는 암 세포에서 유래했거나 그들을 죽지 않게 만든 것이다. 세포주는 일반적인 세포 생물학 연구에서 주요 요소이나 노화생물학에서 이들 세포는 노화하지 않고 정상세포에서 관찰되는 나이 관련 기능 손실이 나타나지 않기 때문에 널리 사용되지 않는다. 그러나 몇몇 연구자들은 노화와 암의 공통경로를 조사하기 위해 세포주를 사용하기도 한다.

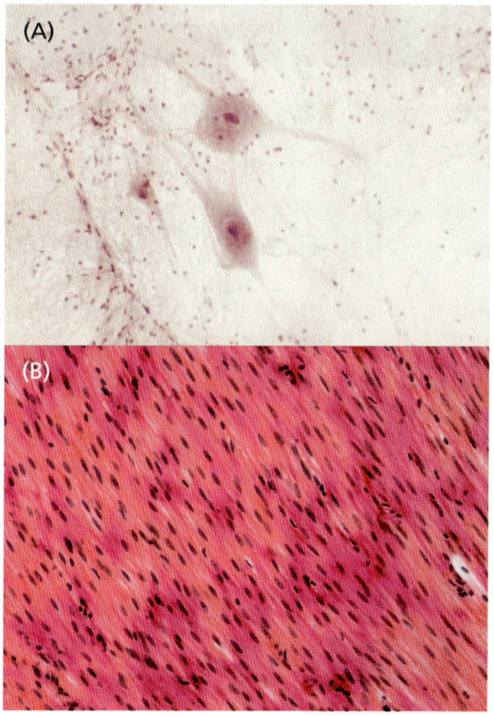


**그림 1.7 초대배양세포.** (A) 인간 신경세포 (B) 평활근 세포. (A, thinkstock 허가; B, S. Gschmeissner/Getty Images 허가)

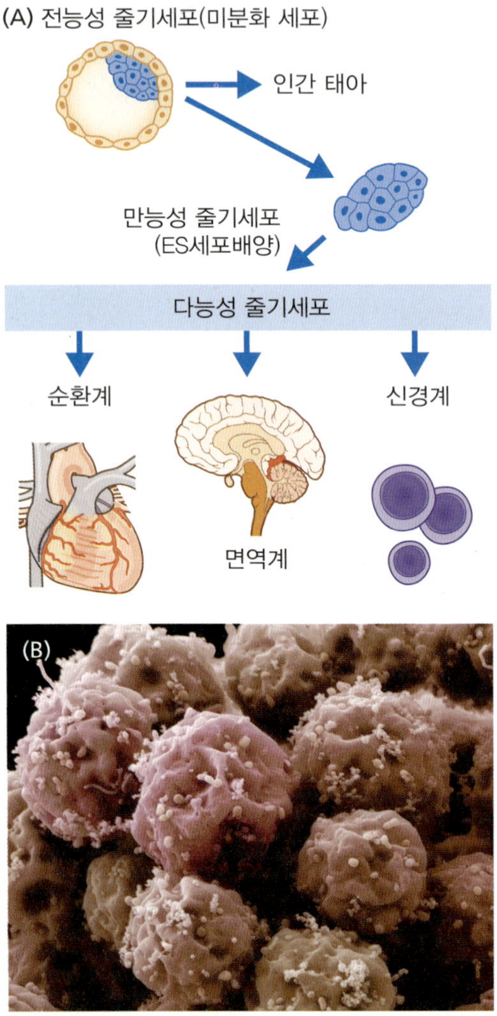


**그림 1.8 배아 줄기세포는 몸의 다른 세포 유형으로 분화될 수 있다.** (A) 배아 줄기세포는 배반포의 내부 세포덩어리로부터 채취한다. 이들 세포는 특정한 세포 유형으로 분화될 수 있다. (B) 배양 중인 배아세포 군집. 자기재생에 있어서 무한한 능력 때문에 배아 줄기세포는 노화나 노화 관련 질환에 의해 손상된 조직과 기관을 재생하는 메커니즘으로써 제안되어 왔다. (B, S. Gschmeissner/Science Photo Library/Getty Images 허가)

**줄기세포(stem cells)**는 무기한으로 그들 스스로 새로 교체하는 능력을 가진 미분화 세포로, 그들은 나뉘고 분화된 세포를 만든다. 줄기세포는 배아와 성인의 두 가지 형태가 존재한다. 배아의 줄기세포는 태반을 포함하는 유기체 전체를 발생시키는 능력을 가진 **전능성(totipotent)**이거나 내배엽, 외배엽과 중배엽의 세 가지 배엽으로부터 세포와 조직을 형성하는 능력을 가진 **만능성(pluripotent)**이다(그림 1.8). 성인 줄기세포는 **다능성(multipotent)**이며 그들이 추출된 조직을 형성한다: 간 줄기세포는 간 세포를 생산하고, 근육 줄기세포는 근육세포를 형성한다. 줄기세포는 노화 조직을 다시 젊게 하거나 교체하는 능력 때문에 노화생물학 연구에서 중요한 가치를 가진다. 예를 들어, 혈구세포를 생산하는 조혈모세포는 재생산 과정 속도를 높이고 감염의 위험을 감소시키기 위해 화학요법 후에 나이든 사람의 골수로 이식되고 있다.

## 균류(곰팡이류)는 노화와 장수에 영향을 주는 환경적 요소를 연구하는 데 좋은 모델이다

효모균과 균사체와 같은 균류는 세포 간의 신호를 어렵게 만드는 정교한 혈관계, 신경계, 내분비계를 가지지 않는다(세포-세포 의사소통은 세포벽의 틈이나 구멍을 통해 발생한다). 그들은 주변 환경을 느끼기 위해서 환경에 직접 접촉한다. 이러한 특성 때문에 균류는 노화에 영향을 주는 환경적 요소를 연구하는 데 훌륭한 개체이다. 게다가, 균류에서 노화연구는 몇몇 실용적 이점을 연구자들에게 제공한다. 첫 번째, 균류는 사실상 지구의 모든 환경에서 살고 있다(그림 1.9). 균종은 연구자가 노화에 영향을 준다고 가설을 세운 환경 조건과 일치하도록 선택된다. 두 번째, 균류의 핵과 미토콘드리아의 게놈은 촘촘하고 높은 암호화-조절 서열 비율(coding-to-regulatory sequence ratio)를 가지며, 비교적 배열 순서를 밝히기 쉽다. 제5장에서 볼 수 있듯이, 높은 암호화-조절 서열 비율은 연구자들이 어떤 유전자가 어떤 기능을 하는지 더 정확하게 결정하도록 한다. 세 번째, 균류는 며칠부터 8000년에 이르기까지 넓은 범위의 수명을 가진다. 네 번째, 연구실에서 적은 비용으로 각각의 균류를 대량으로 빠르게 얻을 수 있다.

## 원시의 무척추동물은 세포 생명, 세포 신호, 전신의 노화에 대한 많은 증거를 제시한다

원시의 무척추동물은 해면, 해파리, 말미잘, 산호, 벌레, 담륜충과 연체동물 등 다양한 군이 포함된다(그림 1.10). 많은 수중 무척추동물은 긴 수명을 가지며 최근에야 노화연구에서 관심을 받고 있다("노화생물학자들이 어떻게 노화를 연구하는가: 상대적 노화" 부분을 보라.)

벌레와 담균층은 실험실에서 키우기가 쉽고, 상대적으로 짧은 수명을 가진다. 비록 이들 유기체에서 세포와 조직의 분화는 고등동물에 비해 원시적이다 할지라도, 이들 종은 세포 틈을 통해 정교한 세포 내 소통 능력을 가진다. 이들 동물들은 또한 압축된 게놈을 가지기 때문에, 그들은 어떻게 세포 내 이벤트가 몸 전체의 노화와 연결하는지를 조사하기 위한 훌륭한 모델이다. 제5장은 예쁜꼬마선충(*C. elegans*)에 있어서 번식의 시작과 환경을 연결시키는 세포-신호 경로의 유전적 처리가 어떻게 장수를 조절하는 유전자의 발

**그림 1.9 균류의 발견.** 균류는 다양한 환경에서 살고 넓은 범위의 수명을 가진다. (A) 출아효모(*Saccharomyces cerevisiae*)는 배양에서 쉽게 자란다. (B) 꿀버섯[*Armillaria ostoyae*; 또는 신발끈 곰팡이(Shoe-string fungus)라고도 불림]은 지구에서 가장 오래된 생물체일지 모른다. Oregon 북동쪽의 Malheur 국립공원에서 발견된 단일 *A. ostoyae*는 8000년 정도되었을 것으로 예측된다. 열대 다우림에서 발견되는 (C) 술잔 곰팡이(붉은양주컵버섯; *Cookeina sulcipes*)와 툰드라 지역에서 자라는 (D) 순록이끼(*Rangifera*) 모두 가혹한 조건에서 살아 남을 수 있는 수명이 긴 진균류의 예이다. (A, S. Gschmeissner/Science Photo Library/Corbis 허가; B, Watson/moodboard/Corbis; C, M. Read/123RF; D, A. Romanov/123RF 허가)

견을 이끄는지에 대해 자세히 설명한다. 게다가, 이러한 유기체는 성숙에 도달했을 때 정해준 세포수를 가진다. 그들은 조직을 재생할 수 없기 때문에, 이들 종은 노화생물학자에게 확률적인 노화를 조사하기 위한 모델을 제공한다. 이는 제3장과 제4장에서 배우게 되는 전신 노화의 원리이다.

### 곤충은 전신과 세포 내 신호가 생활사에 어떻게 영향을 주는가에 대해 조사하기 위해 사용될 수 있다

곤충은 행성에서 단일의 가장 큰 강(class)인데, 300만의 알려진 종과 그 몇 배의 알려지지 않은 종이 있다. 짧은 수명과 극도로 높은 번식 능력이 짧은 시간 안에 여러 세대의 유전학을 조사하고 조정할 기회를 제공한다. 게다가, 곤충의 **생활사(life history)**(수명을 통해 유기체에서 발생하는 모든 생물학적 사건의 합)는 많은 다른 더 복잡한 동물들 보다 환경의 처리를 통해 더 쉽게 조정된다. 예를 들어, 곤충의 번식 능력과 그들의 수명은 하루에 있어서 온

**그림 1.10 장수하는 말미잘.** 이 큰 녹색 말미잘(*Anthopleura sola*)은 긴 수명과 무제한의 성장을 가지는 것으로 알려졌다. (altrendo nature/Thinkstock에서 허가)

도, 먹이 이용성, 빛의 양의 변화를 통해 변할 수 있다. 조정은 종종 신경내분비계의 신호 변화와 관련이 있다. 이와 같이, 연구자들은 곤충을 전신 그리고 세포 내 신호가 어떻게 유기체의 생활사에 영향을 주는지를 조사하기 위해 사용할 수 있다.

인간 노화연구를 위한 모델로써 곤충을 이용하는 것은 이익이 있지만, 단지 소수의 종이 주로 연구되어 왔다. 초파리(*Drosophila melanogaster*)는 노화 연구에 널리 사용되어 왔고, 그것의 수명이 정확하게 결정된 첫 번째 동물이다. 노화 연구에서 초파리(*D. melanogaster*)의 역할은 일차적으로 수명의 유전학 연구에 있고, 다음 장에서 자세히 다룰 것이다.

### 생쥐와 흰쥐는 영양적, 유전적, 생리학적 문제에 대한 조사에서 공통적인 연구 주제이다

노화생물학의 많은 연구는 유기체의 모델로서 흰쥐와 생쥐에서 수행되어 왔다. 설취류는 설취류와 인간 사이의 생리학 및 세포 기능의 유사성 때문에 특히 유용하다. 흰쥐와 생쥐는 비슷한 수명을 가진 다른 동물과 비교해서 사육하는 데 비교적 저렴하다. 인간과는 달리, 설취류의 식이와 환경은 엄격하게 제어될 수 있다. 게다가, 설취류는 쉽게 유전적으로 조종될 수 있고, 유전자 산물과 나이 관련 변화를 시험하기 용이하다. 그래서 현재 많은 연구가 이들 동물에서 수행되어 왔으며, 그들의 특이적 사용은 다음 장에서 자세히 다루겠다.

### 비인간 영장류는 인간과 마찬가지로 시간 경과에 따른 많은 변화를 나타낸다

비인간 영장류는 유전적으로 인간과 상당히 비슷하고, 인간 노화의 생물학적 기초를 조사하는 데 최적의 모델이다. 여우원숭이(lemurs), 마모셋(marmosets), 원숭이(monkey), 그리고 유인원(great apes)과 같은 비인간 영장류의 다양한 종들은 노화의 생물학을 연구하기 위해 사용되어 왔지만, 잘 제어된 실험 연구의 대다수는 붉은 털 원숭이(*rhesus macaque*; *Macaca mulatta*)와 관련된다. 붉은 털 원숭이가 나이 들어가면서 생리학적 감퇴가 나타나는데, 이는 사람에서 관찰되는 것이며 다른 종에서는 종종 관찰되지 않는다**(그림 1.11)**. 이것들은 시각적, 청각적 감퇴, 운동기능 감소, 골 미네랄 함량 손실, 암컷에서 폐경, 수컷에서 남성호르몬의 감소, 근육량 감소, 대사적 기능에서 일반적인 감소가 나타난다.

붉은 털 원숭이는 또한 제2형 당뇨병, 심혈관계 질환, 알츠하이머 치매, 파킨슨병과 같은 만성퇴행성 질환에 민감하다. 제2형 당뇨병과 심혈관계 질환의 원인은 붉은 털 원숭이와 인간이 동일한 것 같다.

비인간 영장류와 인간 사이에 시간의 경과에 따른 기능 손실과 질병에 있어서 유사성은 과학자들에게 약이나 다른 물리적 치료를 시험하기 위해서 반복된 비침입성의 또는 낮은 위험을 가진 침입성 절차를 수행하는 고도로 제어된 집단을 제공한다. 예를 들어, 현재 인간에게서 이용 가능한 많은 골다공증 약이나 골손실 예방약이 붉은 털 원숭이에서 그 효능이 검증되었다.

그러나 이들 종을 노화연구를 위한 모델로써 매력적으로 만드는 생리학

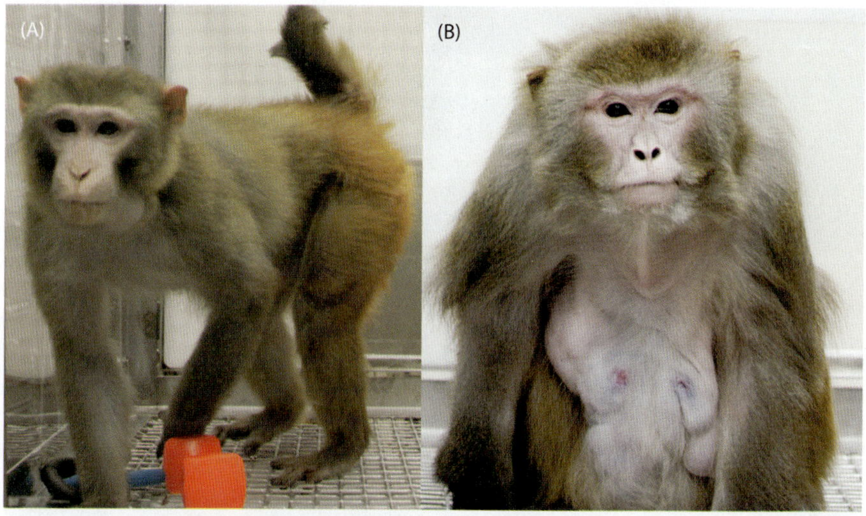


**그림 1.11 붉은 털 원숭이(Rhesus macaque).** 붉은 털 원숭이와 같은 비인간 영장류는 사람(*Homo sapiens*)과 유전적 유사성 때문에 인간 노화연구의 모델로 매우 유용하다. 여기에서 보여주는 것과 같이, 붉은 털 원숭이는 노화의 시각적 흔적을 보여준다: (A) 18개월된 원숭이; (B) 25살된 원숭이. 그들은 또한 인간에게 흔한 노인성 질환과 기능장애에 영향을 받기 쉽다. (A, J. Lenon 허가; B, J. Miller 허가)

적 유사성이 제한점이기도 하다. 인간과 유전적 유사성을 가지는 가까운 친척에게 침습성의 실험을 수행하는 것이 윤리적으로 옳은가에 대한 의문을 제기한다. 실험 동물의 인도적 처리를 보장하도록 책임지는 관리기관들은 비인간 영장류에서 수행될 수 있는 연구 유형을 제한함으로써 이러한 의문에 대응해 왔다. 일반적으로, 조사 절차는 비록 안전 기준이 더 낮을지 몰라도(예를 들어, X-ray 조사 제한은 인간 보다 원순이가 더 높다) 사람에게 허용되는 것들로 제한된다.

인간 노화연구를 위한 모델로서 비인간 영장류 사용의 주요한 또 다른 제한 점은 비용이다. 동물은 그들의 수명을 통해 고도로 제어된 환경에서 사육되어야 한다. 보증된 동물 사육시설에서 사육된 붉은 털 원숭이의 평균 수명은 거의 35년이고 최대 45년에 달한다. 붉은 털 원숭이를 사육하는 데 드는 평균 비용은 연구 기관에 따라 다양하지만 일반적으로 하루에 9달러에서 10달러이다. 이처럼 35년 동안 붉은 털 원숭이 한 마리를 사육하는 데 약 121,000 달러가 지출된다. 개인 연구자가 잘 제어된 노화연구를 완수하는 데 필요한 원숭이 수를 가지고 조사를 수행하기 위한 충분한 연구비를 받기는 쉽지 않다. 예를 들어, 노화국립기관(NIA)은 현재 단지 두 지역에서만 붉은 털 원숭이 연구를 지원하고 있다.

## 인간 조로증은 정상적인 인간 노화 모델로 사용될 수 있다

베르너 증후군(Werner syndrome)과 허친슨-길포드 조로증 증후군(Hutchinson-Gilford progeria syndrome)은 조기 노화와 관련된 질병이다 **(그림 1.12)**. **조로증(progeria)**은 느린 신체적 성장과 빠른 노화를 가지는 드문 유전적 상태이다. 허친슨-길포드 조로증 증후군(Hutchinson-Gilford progeria syndrome)은 출생과 신생아에게 영향을 주는 반면, 베르너 증후군(Werner syndrome)은 보통 2~30대에 발현하기 시작한다. 두 증후군 모두 퇴행성 질환에 위험성이 높으나 베르너 증후군(Werner syndrome)을 가진 환자는 암과 동맥경화로 죽는 경향이 높은 반면 허친슨-길포드 조로증 증후군(Hutchinson-Gilford progeria syndrome) 환자들은 심혈관계와 신경계 질환에 더 걸리기 쉽다.

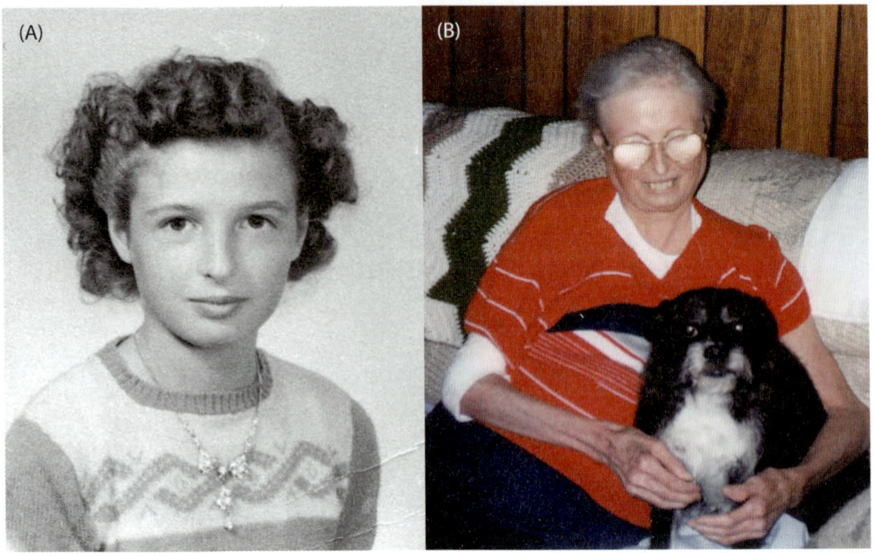


**그림 1.12 베르너 증후군(Werner syndrome)에 걸린 여성.** 여성은 (A) 13세와 (B) 56세로 보인다. (A, from F.M. Hisama, V.A. Bohr, and J. Oshima, Sci. Aging Knowl. Environ. 10:18, 2006. 과학의 발전을 위한 미국 협회의 허가와 함께. B., J. Oshima로부터 허가를 득함)

베르너 증후군(Werner syndrome)을 가진 사람은 허친슨-길포드 조로증 증후군(Hutchinson-Gilford progeria syndrome)을 가진 사람들 보다 더 오래 사는 경향(45~50세 vs 12~15세)이 있기 때문에, 베르너 증후군은 노화를 위한 더 좋은 모델로 여겨진다. 베르너 증후군을 가진 사람은 작은 키, 이른 새치와 탈모, 양쪽 눈의 백내장과 피부 경화증과 같은 피부 변화 등의 4가지 특징을 가진다. 또한 평발, 목소리의 변화, 그리고 생식 기능 저하증을 가지고 있다. 베르너 증후군을 가진 사람은 제2형 당뇨병, 동맥경화증, 관상동맥성 심장질환, 고혈압 및 골다공증으로 진행할 위험성이 높다. 외모에 있어서의 변화와 만성 퇴행성 질환의 증가 위험은 정상적인 노화를 겪는 사람들과 꽤 유사하다.

베르너 증후군은 *WRN* 유전자 변이에 의해 일어난다. 이 유전자는 WRN 단백질을 생산하는데 DNA의 유지와 수복에 있어서 중요한 역할을 하며, DNA 복제를 돕는다. WRN 단백질의 부족과 기능 저하는 제4장에서 논의되는 몇몇의 노화이론의 결과와 유사하다.

## 노화생물학자들은 어떻게 노화를 연구하는가: 비교 노화생물학

실험 종에 대한 연구가 노화의 기초적인 생물학적 메커니즘에 있어서 중요한 통찰력을 제공하여 왔고 앞으로도 제공하겠지만, 이들 종의 짧은 수명은 인간에서 관찰되는 예외적인 장수에 존재하는 메커니즘을 조사하기 위한 모델로써 덜 효과적이다. 몇몇 노화생물학자들은 **비교 노화생물학(comparative biogerontology)**이라고 불리는 노화생물학의 한 분야인 긴 수명을 가지는 야생동물을 관찰함으로써 장수를 연구한다. 비교 노화생물학은 노화에 저항하고 수명을 짧게 하기 쉬운 환경에서 긴 수명을 가지는 야생 종을 발견한다. 수명이 긴 종들은 감금하여 사육될 수 있고 그들의 연장된 수명에 관련된 유전적, 생화학적 메커니즘이 조사될 수 있다. 조기 사망에 대한 저항의 진화와 연장된 수명을 허락하는 메커니즘의 확인은 어떻게 연장된 수명이 인간과 관련되는지에 대한 단서들을 제공한다.

여기서 우리의 관심은 비교 노화생물학의 전반적인 개요에 있고, 야생동물에서 장수를 연장하기 위해 제안된 몇 가지 관계를 설명할 것이다. 우리는 또한 야생에서 긴 수명을 제공하는 진화적 적응과 늘어난 수명을 가진 몇몇 특정한 동물에 대해 설명할 것이다. 연장된 수명에 대한 진화적, 유전적, 생화학적 메커니즘은 제3, 4, 5장에서 논의할 것이다.

## 종의 몸 크기는 최대 수명과 관련이 있다

생쥐의 최대 수명은 토끼의 수명보다 훨씬 짧고, 토끼의 수명은 코끼리보다 훨씬 짧다. 큰 포유동물이 작은 동물들 보다 오래 산다는 것은 100년 전에 과학 문헌에 처음으로 게재되었고, 최근의 연구로 확인되었다**(그림 1.13)**. 몸의 크기(저체중 또는 과체중과 상관없이 전반적인 크기를 의미함)와 장수 사이의 관계는 온혈동물이 영장류, 유제류(발굽이 있는 동물), 육식동물, 설치류와 새강(avian class) 같은 분류군으로 나눠질 때 유지된다. 흥미롭게도 인간은 이 패턴에 맞지 않고 분명히 가장 큰 포유동물은 아니지만 어떤 포유동물보다도 가장 긴 수명을 가진다. 비인간 영장류 또한 다른 포유동물을 위해 설립된 신체 크기 대 수명 곡선의 관계를 벗어난다. 신체 크기와 수명 관계에서 호모사피언스를 포함한 영장류의 독특한 위치는 지능과 관련된 요소를 반영하는 것 같고, 이것은 제7장에서 자세히 논의할 것이다.

포유동물 사이에서 그들의 이례적인 장수와 함께 인간의 큰 뇌는 많은 과학자들에게 뇌 크기가 신체 크기와 수명의 관계를 설명하는 요소일지도 모른다는 것을 제안했다: 큰 동물일수록 더 크고 더 복잡한 뇌를 가지는 경향이 있다. 그러한 가설은 합리적일지 모르는데 이것은 더 큰 뇌가 더 지능적이고 **항상성(homeostasis**, 내부적 안정성을 유지하는 능력)을 유지하는 데 도움을 주는 생리적인 기능의 더 큰 조절을 제공하기 때문이다. 지능은 동물이 천적으로부터 탈출하게 돕고, 음식을 찾을 때 성공하도록 돕는다. 항상성의 우수

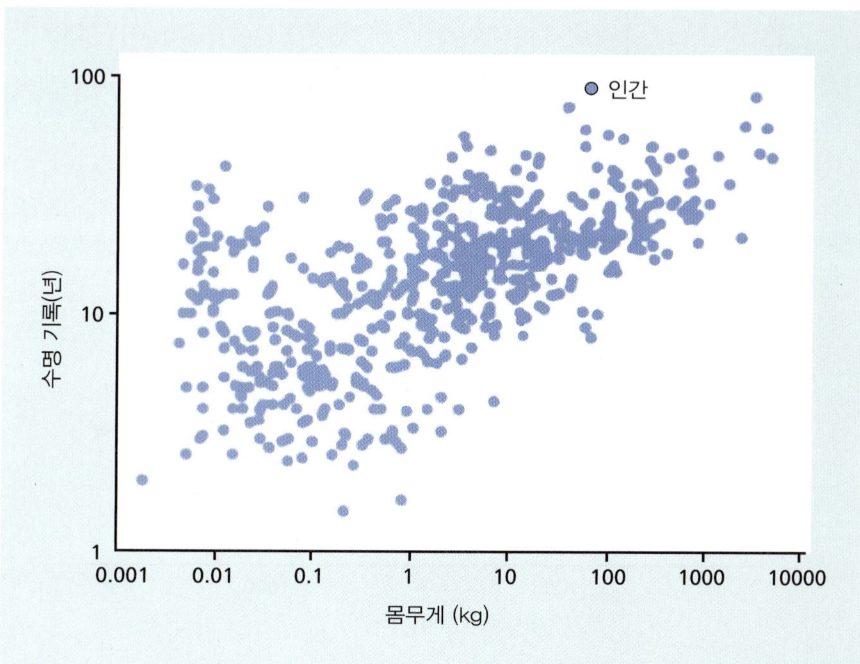


**그림 1.13 605종의 포유류 종에서 수명과 몸무게 간에 관계.** 다른 포유류보다 작은 몸무게를 가짐에도 불구하고 인간은 포유류 중 가장 긴 수명을 가진다. (노화의 비교생물학의 S. Austad 로부터 개작되었다.[N.S.Wolf, ed.], 뉴욕: Springer science, 2006)

한 제어는 동물들이 넓은 범위의 온도에서 존재할 수 있게 하고 다양한 환경적 상태에서 생존할 수 있도록 돕는다. 이러한 동물들은 음식을 발견하는 데 더 큰 범위를 가질 수 있고 이것은 생존의 기회를 증가시킨다.

비록 뇌-무게 가설이 몇몇 조사에서 지지를 받는다고 하더라도, 대다수의 조사는 뇌 무게가 유의적으로 신체 크기와 수명 관계를 설명하지는 않는다는 것이다. 게다가 간, 비장, 심장과 같은 기관의 크기가 뇌 크기보다 대부분 포유동물에서 수명의 더 좋은 예측 변수이다. 뇌 외에 대부분 내장의 크기가 신체의 전반적인 크기에 의해 결정되기 때문에, 내장의 크기가 신체 크기로서 수명의 좋은 예측 변수라는 것은 놀라운 사실이 아니다.

온혈동물의 생리학적 복잡성은 노화학자들이 크기의 단순한 측정보다는 어떤 요소가 장수와 신체 크기 사이의 관계에 더 가깝게 반영되는지를 조사하도록 이끌었다. 예를 들어, 20세기 초에 신체 크기와 장수 사이에 관계를 분석한 과학자들은 전체 체적당 하루의 에너지 소비를 측정함으로써 작은 동물일수록 큰 동물보다 더 빠른 대사율을 가진다는 것에 주목했다. 이것은 에너지 소비율이 크면 클수록 수명이 더 짧다는 "생애속도이론(rate-of-living theory)" 또는 "빠르게 살고, 일찍 죽는다"는 일반적인 이론을 이끌었다.

신체 크기와 수명 관계에 대한 전반적인 설명으로써 생애속도이론(rate-of-living theory)은 비록 비과학적 측면에서는 여전히 인기가 있지만 대규모의 그리고 철저한 과학적 실험에 있어서 이를 떠받힐 만한 지지를 받지 못한다. 새강(avian class)은 비슷한 체적을 가지는 포유류보다 2배의 대사율을 가진다(**그림 1.14**). 그러나 새는 그들의 체적과 일치하는 다른 포유동물들 보다 2~3배 더 오래 산다. **유대목(Maesupoals)**, 무태반 포유류[예를 들면, 캥거루, 주머니쥐(opossums)]는 동일한 크기의 **진수아류(eutherians)**보다 더 짧은 수

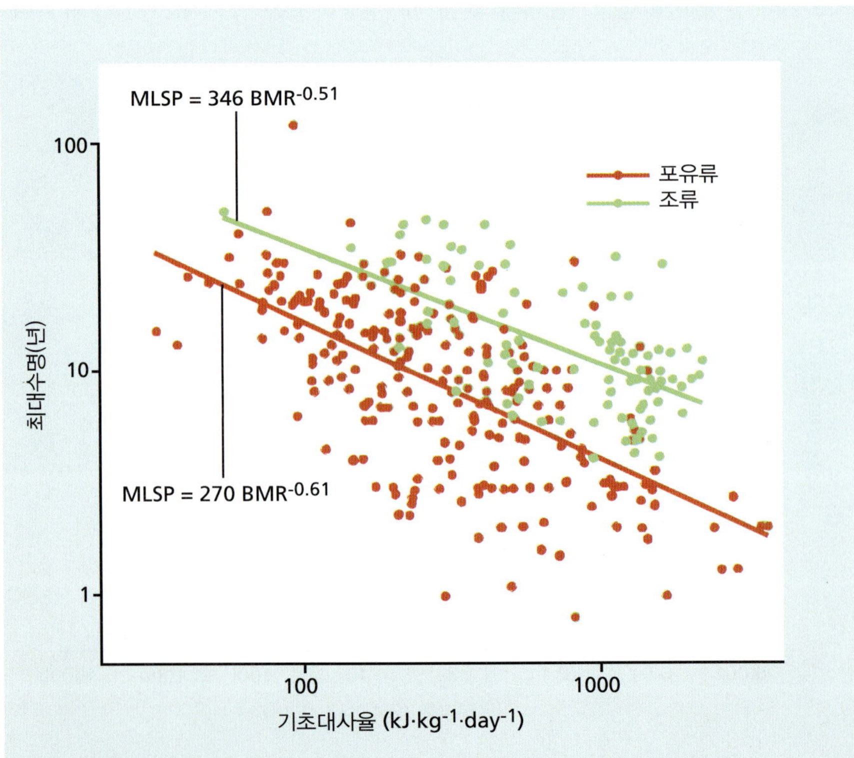


**그림 1.14 조류와 포유류의 기초대사율(BMR)과 잠재적 최대수명(MLSP) 사이의 관계.** 조류는 비슷한 신체 크기의 포유류보다 수명이 더 길고 신진 대사율이 더 크다. (A.J. Hulbert, R. Pamplona, R. Buffenstein, W.A. Buttemer, Physiol으로부터. Rev. 87:1175–1213, 2006. American Psychological Society에서 허가를 득함)

명과 느린 대사 속도를 가지고 있다.

### 외부 위험에 대해 취약성을 줄이는 것이 길어진 장수를 설명한다

관찰과 통계적 분석이 야생에서 신체 크기가 연장된 수명과 관계가 있음을 주장하더라도, 온혈 동물에서 많은 예외가 이러한 관계가 우연일지 모른다는 것이 발견되었다. 비록 아직 완전히 설명되지는 않지만 야생동물에서 연장된 장수를 가능하게 하는 요소는 그들의 환경에 적응하는 종의 능력이다. 큰 동물은 쉽게 장수할 수 있는데, 왜냐하면 그들의 신체 크기와 힘이 천적으로부터 그들을 보호하는 데 더 좋게 만들기 때문이다. 큰 동물은 또한 작은 동물보다 더 넓은 수렵 채집 영역을 가진다. 이것은 인구 밀도를 낮추고, 식이를 위한 경쟁을 감소시킨다. 진화적 시간을 넘어, 포식에 대한 방어 능력과 기아 위험을 감소시키는 능력은 생존을 증가시키고 장수 연장의 진화를 이끈다. 연장된 장수의 진화에 기저하는 메커니즘은 지연된 번식과 관련되며 이는 제 3장에서 자세히 논의될 것이다.

야생에서 긴 수명의 진화 동안 메커니즘으로써 포식에서 벗어나고 넓은 영역에서 먹이를 찾는 능력은 날 수 있는 동물에 의해서 설명될 수 있다. 닭처럼 날 수 없거나 날기 힘든 새는 멀리 나는 새보다 훨씬 짧은 수명을 가진다. 비행은 포식자로부터 도망갈 수 있는 효과적인 방법이고 다리를 사용하는 것보다 긴 거리를 여행하는 데 더 효과적인 방법이며, 이를 통해 더 넓은 먹이 영역을 제공한다. 게다가 박쥐는 크기에 비해 가장 오래 사는 포유류이다.

긴 수명을 가지는 날 수 없는 포유류와 냉혈동물은 포식으로부터 그들 스스로를 보호하는 능력을 가진다. 호저(porcupine)의 가시가 박쥐 다음으로 신체 크기에 비해 두 번째로 가장 오래 사는 것으로 생각되는 이유이다. 거북이의 몇몇 종은 150년 이상 사는 것으로 알려져 있다.

### 고도로 조직화된 사회 구조 또한 야생에서 장수를 연장한다

수의 우세 속에서 안전은 야생종에서 수명 연장의 또 다른 측면이다. 영장류와 무리를 짓는 동물과 같은 사회적 동물은 비사회적 동물보다 신체 크기에 대해 더 긴 수명을 가진다. 장수에서 사회적 영향의 좋은 예는 적도 아프리카(Equatorial Africa)의 벌거숭이 두더지 쥐(the naked mole rat)이다(**그림 1.15**). 벌거숭이 두더지 쥐는 생쥐 크기이고 완전히 지하에서 생활한다. 벌거숭이 두더지 쥐는 지상 세계의 위험에 결코 노출되지 않으며 큰 무리를 지어 산다. 결과적으로, 이들 동물은 20~30년 동안 사는데, 이는 비슷한 크기의 다른 포유류들 보다 2~3배 긴 시간이다.

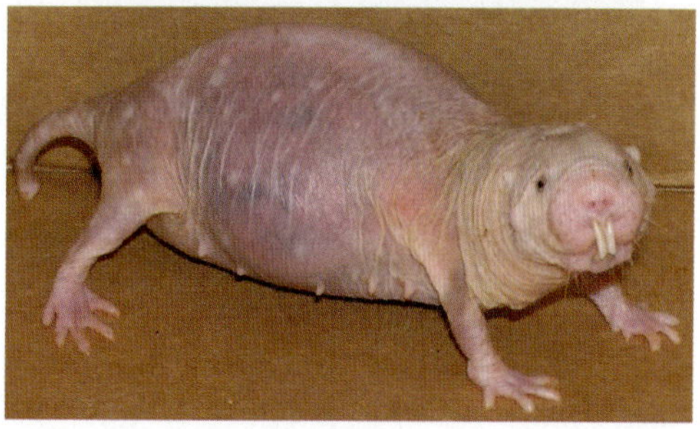

**그림 1.15 벌거숭이 두더지 쥐(*Heterocephalus glaber*).** 벌거숭이 두더지 쥐는 대부분의 삶을 지하에서 살면서 가혹한 환경에 노출되는 것을 줄인다. 이것은 그들의 신체 크기에 비해 상대적으로 높은 수명을 가지게 하는 인자일지 모른다. (From R. Buffenstein *J. Gerontol. A. Biol. Sci. Med. Sci.* 60:1369–1377, 2005. Oxford University Press에서 허가를 득함)

흰개미, 개미, 말벌, 꿀벌과 같은 사회적 곤충들은 긴 수명을 가지는 다른 동물들이다. 이들 곤충들의 사회적 측면은 **전사회성(eusociality)**으로 알려진 사회적 기구의 한 형태로, 번식기능에 기초한 노동 부분과 관련한다. 번식능력은 또한 곤충의 수명을 결정한다. 예를 들어, 꿀벌의 각 벌집은 오직 한 마리의 생식적으로 활발한 여왕벌을 가지며, 5~7년 살 수 있다. 여왕벌은 유충과 번데기를 돌보고 몇 달 동안만 사는 불임의 암컷 일벌 수천 마리와 유전적으로 동일하다. 암컷 일벌 중 일부는 약탈자로 전환되는데, 이들은 화분을 모으고 꿀을 만든다. 이들 암컷 약탈자는 30일 이하의 수명을 가진다. 여왕

**그림 1.16 꿀벌의 형태.** 꿀벌의 형태와 수명은 애벌레 단계에서 영양의 차이에 관련이 있을 것으로 보인다. (A) 여왕벌(중간에 큰 꿀벌)과 일꾼들(여왕벌 주변에 작은 벌들). (B) 숫벌. (A, angelshot/Shutterstock로부터 허가; B, alle/Shutterstock로부터 허가를 득함)

벌과 오직 짝짓기만 하는 수컷 벌은 한 시즌만 산다. 이처럼 벌 한 군집은 세 가지 다른 표현형과 수명을 가지는 유전적으로 동일한 암컷과 그들의 수명이 직접적으로 생식과 관련된 숫벌을 포함한다(**그림 1.16**). 게다가, 암컷을 구분 짓는 계급은 발달 동안 영양적 상태에 의해 제어되는 것으로 나타난다. 가장 영양상태가 좋은 유충이 여왕이 된다. 전사회적인 곤충의 독특한 특징은 노화생물학자들에게 수명을 쉽게 조정하는 방법과 영양과 장수 사이의 관계를 평가하는 방법을 제공한다.

## 몇몇 수생 동물은 긴 수명을 가진다

이 장의 앞에서 언급한 것처럼, 해면, 해파리, 말미잘, 조개 그리고 일부 물고기는 실험실에서 사육되지 않기 때문에 비록 정확한 나이를 추정하기 어렵더라도 꽤 긴 수명을 가지는 것으로 생각된다. 북미의 서쪽 해안에 사는 민물고기인 흰색 철갑상어(white sturgeon; *Acipenser transcmontanus*)는 200년 이상 사는 것으로 추정된다. 비공식적으로 말미잘은 어류 탱크에서 150년 이상 사는 것으로 알려져 있다. 최근에 비너스 백합(*Arctica islandica*) 조개가 긴 수명을 가지는 것이 문서화되었다. 방사성 탄소를 이용한 연대 측정에 의한 조개의 나이는 400년이고 다른 조개들은 100살로 확인되었다(**그림 1.17**).

이들 수생종에 있어서 긴 수명에 관한 생화학적, 유전적 메커니즘은 아직 확인되지 않았다. 그러나 이러한 긴 수명은 지속적인 성장과 관련이 있는 것 같다. 제3장에서 배우겠지만 성장과 발달은 생존을 증가시키는 많은 생물학적 기능과 관련한다. 오래 사는 조개는 노화와 관련된 기본 메커니즘인 세포 손상에 대한 강화된 저항을 보여준다. 해면과 해파리에서 그들의 긴 수명을 설명할지 모르는 독특한 메커니즘을 가진다. 해면과 해파리의 세포는 **체세포(somatic cells**; 유성생식에 관여하지 않는 세포)와 **생식세포(grem cells**; 유전 정보를 전환하는 다세포 생명체의 성기관이나 조직에 의해 생산되는 생식세포,) 간에 전환될 수 있다. 제4장에서 생식세포가 위험으로부터 스스로를 보호하는 데 효과적이며 무한한 수명을 가진다는 것을 알게 될 것이다

**그림 1.17 수생 동물의 극단적인 장수.** (A) 흰색 철갑상어(white sturgeon; *Acipenser transmontanus*)의 최대 수명은 잘 모르지만 200년에 가까운 것으로 추정된다. (B) 이 비너스 백합조개(*Arctica islandica*) 종의 조개는 탄소 연대 측정 결과 400살이었다. (A, Shutterstock 허가; B, Z. Ungvari et al., *J Gerontol. A Biol. Sci.Med. Sci.* 66:741–750. 2011. Oxford university press에서 허가를 득함)

## 필수 개념

- 노화생물학은 그들이 나이 들어 감에 따라 생물체 내에서 발생하는 생물학적 과정을 탐구하고 많은 다른 과학적 영역으로부터 연구를 통합한다.
- 노화생물학은 1940년대에 독립적인 연구 분야로 부상하였으며, 과학적, 기술적 진보는 인간의 평균 수명을 크게 증가시켰다.
- 노화연구는 노화와 죽음을 치료할 수 없다는 점에서 다른 건강 관련 연구와 차별화된다.
- 노화는 일생 동안의 환경과의 상호작용 결과를 반영하며, 이들 환경과의 상호작용은 사람마다 다르다.
- 종 내에서 또는 종 간의 노화 속도의 차이는 노화와 수명연장에 있어서 연구를 시작하게 했고, 노화의 정확한 정의에 대한 걸림돌을 제시했다.
- 노화는 노화 연구에 있어서 특정 영역에서 가지는 많은 다른 정의를 가진다. 본서에서 노화는 시간의 경과와 환경과의 상호작용에 따른 분자, 세포, 유기체의 구조와 기능에 있어서 우연한 변화로 정의된다. 노화는 죽음의 가능성을 높인다.
- 발달, 성숙, 노쇠는 수명에 따른 변화를 비교하도록 사용될 수 있는 생물학적 노화의 특정한 기간을 설명하는 특정한 사건 관련 지점 또는 단계이다.
- 노화와 질환은 별도의 독립체이다. 질환은 정상적인 기능이 손상되는 동물 또는 식물 내에서의 과정이다. 노화는 생물학의 정상적인 범위 내에서 발생한다.
- 윤리적, 실용적인 고려가 인간에서 행해질 수 있는 연구의 종류를 제한하기 때문에, 노화생물학자들은 인간 노화의 기본적인 본질을 이해하기 위해 단일세포 유기체로부터 곤충을 포함한 무척추동물, 포유류와 물고기, 새, 비인간 영장류와 같은 다양한 실험동물을 이용한다. 그러나 하나의 동물 또는 식물 모델이 생물학적 노화 연구에 대한 "완벽한" 시스템이 될 수 없다.
- 일부 야생동물의 예외적인 장수에 대한 조사는 인간 장수에 적용할지도 모르는 진화적 메커니즘을 제안하는 데 이용된다. 야생에서 노화 연구를 비교 노화생물학이라 부른다.

## 토론 질문

**Q1.1** 노화생물학적 연구가 왜 1940년대까지 조직화되지 못했는지에 대해 설명하시오.

**Q1.2** 조직화된 노인생물학적 연구 프로그램을 설립하는 데 있어서 미국노인학회와 미국노인병학회가 수행한 역할에 대해 간단히 논의하시오.

**Q1.3** 다음 문장을 고려해보자: "그들의 환경에 동일하게 상호작용을 하는 사람은 없다" 노화를 연구할 때 노화생물학자들이 이 문장을 왜 중요하게 생각하는가?

**Q1.4** 다음 노화의 정의를 고려해보자: "나이가 들어가는 과정인 노화는 세포와 구조적 요소에 의해 만들어지는 변화로부터 정상적인 기능의 점진적인 생물학적 장애로 정의된다." 이 정의의 장점과 단점은 무엇인가?

**Q1.5** 노화의 한 가지 정의가 왜 노화생물학의 모든 영역에 적용되지 않는가에 대해 설명하시오.

**Q1.6** **그림 1.18** 그래프에서 발달, 성숙, 노쇠의 삶의 단계를 확인하시오. 삶의 단계의 비슷한 패턴을 가지는 생물체의 특징을 간단하게 설명하시오.

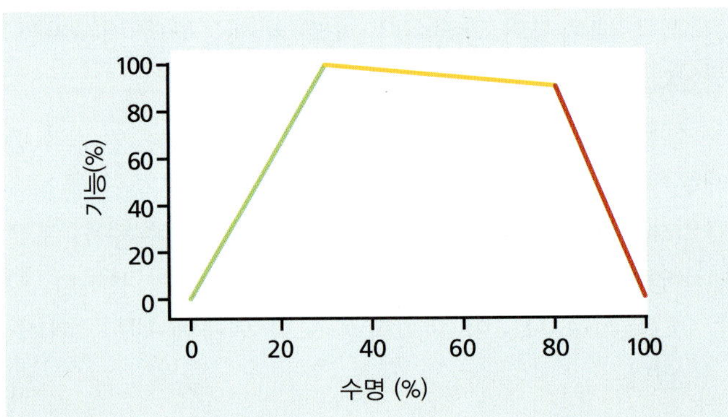


**그림 1.18**

**Q1.7** 많은 노화생물학자는 노화가 병이 아니라는 것에 동의한다. 이 믿음을 지지할 수 있는 증거는 무엇인가?

**Q1.8** 노화생물학자로써 당신은 특정한 유전자가 수명에 기여하는지, 환경 변화가 결과에 영향을 주는지에 대해 연구하고 싶을 것이다. 그러나 당신이 수행하는 연구는 생쥐를 장기간 사육할 수 없는 예산으로 행해져야 한다. 당신의 연구 의문에 답하기 위한 가장 적합한 실험 종은 무엇인가? 그 이유는 무엇인가?

**Q1.9** 왜 붉은 털 원숭이가 인간의 나이와 관련된 질병의 원인을 조사하기에 좋은 모델이 될 수 있는 이유에 대해 논의하시오.

**Q1.10** 왜 지상에서 이동하는 종보다 날 수 있는 종이 더 긴 수명을 가지는가?

# 추가 참고문헌


## 생물노인학: 생물학적 노화의 연구

American Aging Association. www.americanaging.org

American Federation for Aging Research (AFAR). www.afar.org

American Geriatrics Society. www.americangeriatrics.org

Gerontological Society of America. www.geron.org

National Institute on Aging. www.nia.nih.gov

Park HW (2008) Edmund Vincent Cowdry and the making of gerontology as a multidisciplinary scientifi c fi eld in the United States. *J Hist Biol* 41: 529–572.

Settersten RA, Flatt MA & Ponsaran RS (2008) From the lab to the front line: how individual biogerontologists navigate their contested fi eld. *J Aging Stud* 22: 304–312.

## 생물학적 노화의 정의

Finch CE (1990) Longevity, Senescence, and the Genome. Chicago: University of Chicago Press.

Hayfl ick L (2004) The not-so-close relationship between biological aging and age-associated pathologies in humans. *J Gerontol A Biol Sci Med Sci* 59:B547–550; discussion 551–553.

Hayfl ick L (2007) Entropy explains aging, genetic determinism explains longevity, and undefi ned terminology explains misunderstanding both. *PLoS Genet* 3:e220.

Masoro EJ (1995) Aging: current concepts. In Handbook of Physiology: Aging (EJ Masoro ed), pp 3–21. Oxford: Ox ford University Press.

Masoro EJ (2006) Are age-associated diseases an integral part of aging? In Handbook of the Biology of Aging, 6th ed (EJ Masoro, SN Austad eds), pp 43–62. New York: Elsevier.

## 생물노인학자들은 노화를 어떻게 연구하는가: 인간의 노화 연구에서 실험실 생물체의 사용

Conn PM (2006) Handbook of Models for Human Aging, p 1075. New York: Elsevier.

Cristofalo VJ, Beck J & Allen RG (2003) Cell senescence: an evaluation of replicative senescence in culture as a model for cell aging in situ. *J Gerontol A Biol Sci Med Sci* 58:B776–779; discussion 779–781.

Erwin JM & Hof PR (2002) Aging in Nonhuman Primates, vol 31, p 239. Basel: Karger.

Martin GM & Oshima J (2000) Lessons from human progeroid syndromes. Nature 408:263–266.

Nystrom T & Osiewacz HD (2004) Model Systems in Aging, p 301. New York: Springer

## 생물노인학자들은 노화를 어떻게 연구하는가: 비교 생물노인학

Austad SN (2009) Comparative biology of aging. *J Gerontol A Biol Sci Med Sci* 64:199 – 201.

Austad SN (2010) Methuselah's zoo: how nature provides us with clues for extending human health span. *J Comp Pathol* 142:S10 – 21.

Buffenstein R (2008) Negligible senescence in the longest living rodent, the naked mole-rat: insights from a successfully aging species. *J Comp Physiol B* 178:439 – 445.

Furness LJ & Speakman JR (2008) Energetics and longevity in birds. *Age (Dordr.)* 30:75 – 87.

Sacher GA (1959) Relation of lifespan to brain weight and body weight in mammals. In Life Span of Animals (GEO Wolstenholme & M O'Connor eds), pp 115 – 141. London: J. A. Churchill.

# 생물학적 노화 측정법

# 2

**"만약 당신이 100세까지 산다면, 당신이 이룰 건 다 이룬 것이다. 그 나이 넘게 사는 사람은 거의 없다"**

**–조지 번스[GEORGE BURNS(1896~1996), 배우]**

물리적 세계에서 어떤 사건을 설명하기 위해서는 관측을 표현하는 방법이 필요하다. 생물학자는 어떤 주어진 과정에 대해 전체 분야에서 이해될 수 있는 측정 표준 단위를 수립하기 위한 많은 노력을 기울이고 있다. 좋든 나쁘든, 노화생물학자들은 전통적으로 나이와 관련된 변화를 설명하기 위해 측정 표준 단위로서 시간의 경과를 사용해 왔다.

## 개인에서 생물학적 노화 측정법

초, 시간, 일, 또는 년에 따른 세포나 생물체의 변화를 설명하는 것은 쉽다. 간단하게 변수를 측정하고, 적당한 시간을 기다린 다음, 다시 그것을 측정한다. 변수에 있어서 어떠한 변화가 시간의 경과에 따른 차이로 표현된다. 어려운 점은 선택된 지점에서 관찰된 시간 관련 차이가 생물학적 노화에 대한 어떤 의미를 가지는지를 결정하려는 노력에서 발생한다. 예를 들면, 우리는 생쥐가 2~3개월이 되면 성적 성숙에 도달하고 다음 12~15개월 동안 생식적으로 활성 상태가 유지된다는 것을 관찰한다. 생쥐가 생식 수명의 끝에 이르게 되면 그 다음 4~6개월 동안 생리적 기능이 약간 저하된다. 그 다음, 22~28개월 사이에, 대부분의 생쥐는 죽기 전 1~2개월 사이에 노쇠를 경험한다. 이러한 시간 관련 표지자(time-related marker)는 노인생물학자들에게 일반적인 생쥐의 생활사와 비교를 위한 편리한 지점을 제공한다**(그림 2.1)**.

이러한 표지자들이 가치가 있을 수 있지만, 많은 질문들이 대답이 없는 채로 남아있다. 예를 들어, 생쥐의 생애의 절반이 끝날 때, 발달 및 성숙단계의 길이 또는 생의 전체의 길이가 우리에게 생쥐의 생리학적 변화에 대해 어떤 것을 말해줄 수 있는가? 모든 생쥐들은 22~28개월을 살거나 혹은 수명에 약간의 차이가 있는가? 만약 성적 발달이 3개월이 아니라 4개월 넘어서 발생했다면, 생쥐는 더 오랫동안 살수 있는가? 이 장에서, 우리는 비슷한 질문들을 조사하고, 노인생물학자들이 개인과 집단에서 생물학적 노화 속도를 측정하는 방법에 대해 설명할 것이다.

**이 장에서...**

**그림 2.1 체중은 생쥐에서 예측된 생리학적 기능에 대한 편리한 표지자이다.** 생후 50일과 100일 사이에 빠른 체중 증가는 세포분열을 통한 조직의 성장과 최적의 생리적 기능 발달을 반영한다. 생후 200~500일 사이에 느린 체중 증가 속도는 지방 축적의 증가와 생리적 기능이 안정화하거나 약간 감소한 것으로 인한 결과이다. 대략 생후 600일부터 생애 마지막까지, 동물의 체중은 생리학적 기능이 그러하듯이 감소한다. 그러나 늙은 동물의 체중 감소에서 발달과 성숙 동안 꾸준한 체중 증가와 비교해서 변동이 심한 패턴—큰 봉우리와 골짜기를 가지는 형태—에 주목하라. 이러한 변동성은 다른 동물이 성숙 단계에 남아있는 동안 몇몇 동물들이 노화에 들어가기 때문에 발생한다

우리의 대부분은 80세에 마라톤을 하는 어떤 사람과 70세에 장기 요양시설에서 지내는 다른 누군가를 생각할 수 있다**(그림 2.2)**. 이러한 예는 생물학적 노화의 속도가 지극히 개인적이며 달력을 참고해서 간단히 측정할 수 없음을 보여준다. 어떤 한 사람이 무너지는 것은 다른 사람의 노화에 영향을 받지 않을 수도 있다. 이것은 나이와 관련된 변화를 설명하는 인구의 평균이 일반적인 관점에서는 매우 흥미롭지만, 개인으로서 어떤 특정한 관련성을 주는 것은 아니라는 것을 의미한다. 우리 모두는, "평균적인" 사람에게서 무엇이 일어나는지 보다는 우리가 나이가 들어감에 따라 우리에게 어떤 일이 발생할 것인지를 정확하게 알기를 원한다. 만약 어떤 생리학적 시스템이 시간의 경과에 따라 감소하기 쉽다는 것을 알았다면, 우리는 나이로 인해 생기는 기능 저하를 예방하거나 치료하기 위한 조치를 취할 수 있었을 것이다. 각 개인에게서 정확하게 노화의 속도를 측정하는 이유가 노화생물학적 연구의 궁극적인 목표이기 때문이다.

개인의 노화 속도를 측정하려면 시간 경과에 따라 변화하는 생물학적 사건을 식별해야 한다. 미국 노화연구재단에 따르면, 다음의 기준이 유용하고 정확한 노화의 생물학적 표지자(age-related biological marker) 또는 노화의 **바이오마커(biomarker)**에 일치해야 한다:

**그림 2.2 비슷한 나이에 있는 이들 중 누가 인간의 노화 속도를 나타내는가?** (A, K. Cheernus/Getty Images 허가; B, S. Hix/Somos Images/Corbis 허가)

- 노화 속도를 예측해야 한다. 다시 말해, 표지자는 어떤 사람이 전체 수명에 있어서 어디에 있는지 정확하게 밝혀내야 한다. 이것은 연대적 연령보다 노화에 대한 더 좋은 예측변수여야 한다.
- 그것은 질환 영향이 아닌 노화 과정에 깔려 있는 기본적인 과정을 감시해야 한다.
- 그것은 혈액 검사나 영상 검사와 같이 사람에게 해를 끼치지 않고 반복적으로 시험할 수 있는 것이어야 한다.
- 그것은 인간에게 검증되기 전에 실험실 동물에게 시험 가능해야 하며, 사람과 생쥐와 같은 실험동물 모두에게 적용할 수 있는 과정이어야 한다.

이번 장에서는 개인의 수준에서 노화 측정법과 노화에 대한 바이오마커(biomarker)의 확인을 다루는 문제에 대해 알아보고자 한다. 우리는 환경과 생활방식의 상호작용이 어떻게 개인 수준에서 노화를 측정하는 것을 어렵게 만드는지에 대하여 논의함으로써 시작하고자 한다. 그런 다음 바이오마커를 확인하기 위한 과거의 시도를 살핀 후, 이런 방법들이 왜 생물학적 노화의 믿을 만한 지시자가 아닌지에 대해 논의할 것이다. 마지막으로 우리는 각 개인에 있어서 노화의 속도를 믿을 만하게 측정할 수 있는 메커니즘을 제공하는 데 잠재성을 가진 바이오마커 연구에 있어서 새로운 방향을 논의한다.

## 연령 관련 표현형의 차이는 개인의 노화 측정법에 영향을 미친다

우리는 유전적 패턴을 가지고 태어나는데 이는 우리 종에 특이적인 물리적인 속성으로 나타난다. 우리는 손과 손가락을 가지고 있고 새들은 날개와 발톱을 가지고 있다. 생물체의 유전적 구성은 **유전자형(genotype)**으로 알려져 있다. 이 책을 통해 보여주듯이, **노화의 내부 속도(intrinsic rate of aging)**로 알려진 유전형에 의해 야기되는 노화의 속도를 상당히 정확하게 측정될 수 있다. 태아의 발달과 수명의 전 기간 동안, 유전자형은 환경과 상호작용하며 **표현형(phenotype)**을 생성한다. 노화생물학자들은 **노화의 외부 속도(extrinsic rate of aging)**로서 나이와 관련된 표현형을 생산하는 데 있어서 유전형에 대한 환경의 영향을 언급한다. 어떤 두 사람(유전형)도 같은 기간 동안 동일한 표현형을 생산하기 위하여 동일한 환경에 노출되지 않는다; 나이 관련 표현형과 노화의 외부 속도는 매우 다양하다. 결과적으로, 개인에서 노화에 대한 외부 속도의 영향을 측정하는 것은 매우 어려울 수 있다.

환경이 표현형을 생산하는 유전형에 영향을 미치는 방법은 연령에 따라 달라진다. 태아 발달로부터 3살까지 우리의 면역계, 체온 조절 능력, 그리고 뇌는 여전히 발달하고 있다. 이런 기간 동안, 우리는 환경에 대해 다소 방어력이 없고, 살아남기 위해 부모님과 같은 다른 사람의 판단과 보살핌에 의존해야 한다. 유전학자들은 이 기간 동안 환경이 오랜 시간에 걸쳐 우리의 표현형 형성에 가장 큰 영향을 미쳐 왔다는 것을 잘 알고 있다. 인간의 태아 발달은 2개의 기간으로 나눠질 수 있다; 하나는 유전형에 의해 일차적으로 영향을 받을 때이며, 또 다른 하나는 표현형이 형성되기 시작하는 때이다. 태아 발달의 첫 8주는 우리를 종으로 구분하는 기본 조직, 기관 및 인체 계측학적 특성을 형성하는 것, 즉 유전형을 발현하는 데 전념한다. 이 단계에서 자궁 환경의 변화는 태아의 사망이나 출생했을 때에 유전적 결함을 나타낼 수 있다. 임신 9주부터 출산할 때까지가 빠르고 지속적인 세포 분열이 일어나는 엄청난 성장의 시기이다. 세포 분열과 성장 속도는 영양, 산소 공급 및 신진대사 폐기물의 제거와 같은 많은 비유전적 요인에 의존한다. 각 인간이 독특한 사람으로 형태를 갖추게 되는 단계이다.

최근 연구는 태아 발달과 표현형의 형성이 성인기 동안 생리적 기능과 질환에 중요한 영향을 미칠 수 있다는 것을 보여주고 있다. 1990년대에 데이비드 바커(Dr. Dabid Barker) 박사가 이끄는 영국의 과학자 그룹은 1910년에서 1930년 사이에 태어난 16,000명의 남성과 여성의 출생 체중과 성인병 발생 정도를 비교했다. 이 과학자들은 출생 시 저체중은 성인기에서 당뇨병 발생과 높은 상관관계가 있음을 확인하였다(**그림 2.3**). 이러한 상관관계는 연구자들이 통계적으로 이들 질병에 대해서 성인의 생활 방식의 영향을 제거한 후에도 유지되었다. 20년에 걸쳐 이루어진 동물실험은 태아와 초기 발달 동안의 영양부족이 성인기에 나쁜 건강 결과를 이끄는 표현형을 나타낸다는 것을 확인하였다. 이러한 사실은 노화의 바이오마커를 결정하는 것과 노화의 개별적인 속도를 결정하는 것이 노화의 외적 속도에 영향을 미치는 발달 중에 발생하는 요소를 알아내려는 노력을 포함할 것이라고 강하게 제안한다.

각 개인이 생존을 위한 충분한 육체적, 인지적 능력을 발달시키면, 생식 연령에 대한 생존과 생식선에서 시간의 경과를 결정하는 유전형이 우세하게 된다. 생물학적으로, 우리는 환경적 위험에 저항하는 데 매우 능숙해진다. 환경적 요소가 중요한 암, 심장 질환, 당뇨병 및 기타 잠재력으로 치명적인 질병의 발생 빈도는 사춘기 시작까지 매우 낮다. 비치명적인 위험 조차도 젊은 사람에게는 충격이 적다. 80살 보다 10살에서 부러진 팔의 회복력이 얼마나 좋을지 생각해 보라.

유전자형은 성장 및 발달하는 동안 환경적 위험에 저항하기 때문에, 개인 사이의 표현형의 차이는 매우 적다. 이것은 개별 아동의 생물학적 나이를 측정하는 것을 쉽고 정확하게 만든다. 소아과 의사는 적절한 성장과 발달에 대한 정확한 바이오마커를 제공하는 풍부한 데이터를 가지고 있다. 2세와 20세

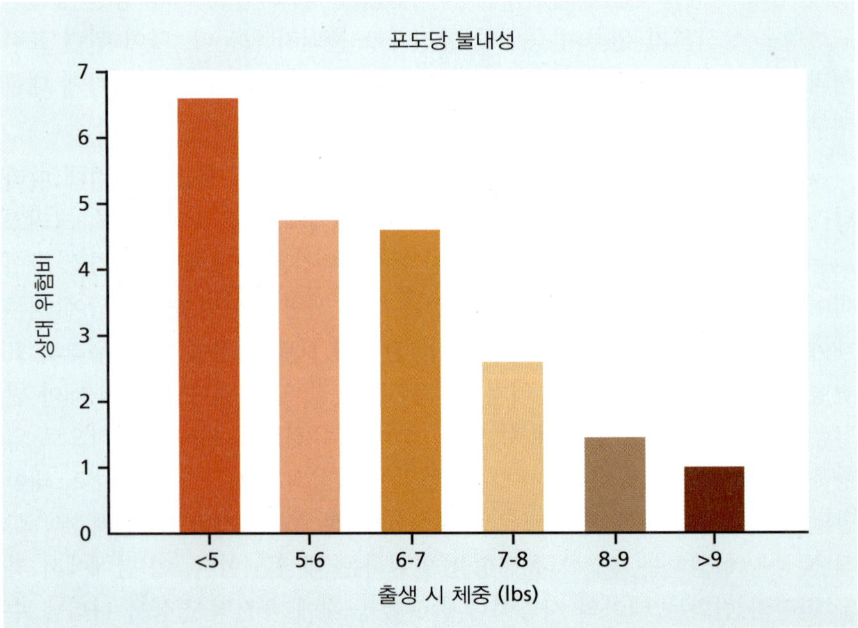


**그림 2.3 출생 시 체중과 성인질병의 발병 위험성 관계.** 출생 시 저체중은 성인에서 발병하는 제2형 당뇨병의 전조가 되는 포도당 불내성 발달의 큰 위험과 연관되어 있다. 상대적 위험비는 위험 요인인 출생 체중과 포도당 불내성 사이의 연관 강도에 대한 통계적 추정치이다. 숫자가 크면 클수록 질병 발달 위험이 더 크다. (C. N. Hales et.al., *BMJ* 303:1019–1022, 1991. British Medical journal에서 발췌)

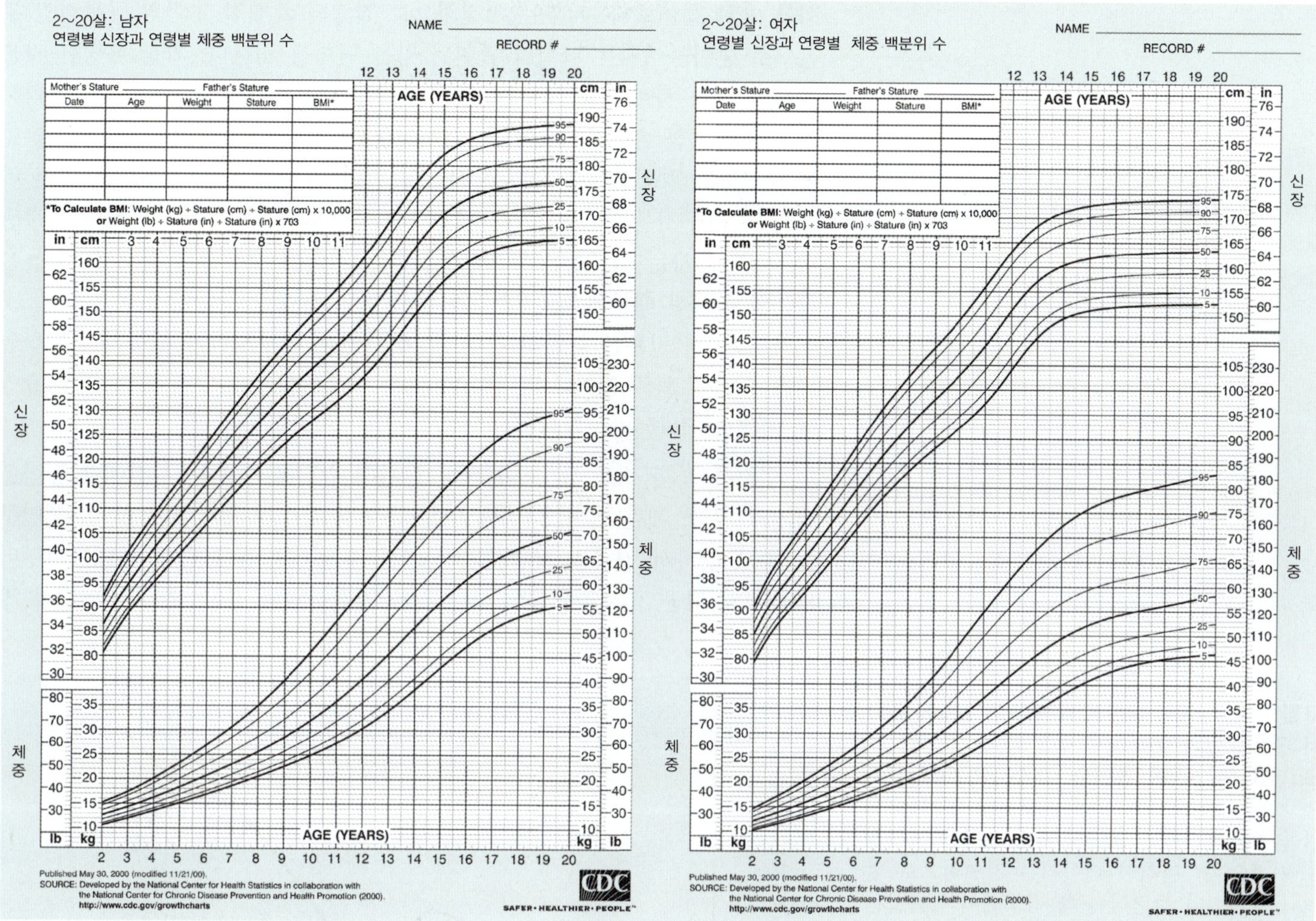


사이의 개인의 체중과 신장의 간단한 측정은 발달을 위한 훌륭한 바이오마커이다(**그림 2.4**). 몇 년 동안 각 개인에 있어서 실행된 이러한 측정들은 정확하게 연령별 생물학적 이정표를 설명해 주고, 아동의 성장과 발육이 궤도상에 있는지를 설명해 준다.

**그림 2.4** **임상적 성장 도표.** 이러한 신장과 체중 도표는 연령과 관련된 성장과 발달을 측정하기 위한 장치를 제공한다. 예를 들어, 2세 아이의 체중이 75번째 백분위 수라면, 남자나 여자가 20살이 되어도 그 백분위 수를 그대로 유지할 확률이 97.5%가 된다. 성장도표 상에서 어떤 심각한 편차는 건강 전문가들에게 성장과 발달에 있어서 가능한 문제에 대한 경각심을 불러일으킬 수 있다. (만성 질환 예방 및 건강 증진을 위한 국가 센터와 공동으로 건강 통계를 위한 국가 센터에서. 2000)

우리가 생식 가능 기간을 넘겨 나이가 들어감에 따라 환경적 위험에 대한 우리의 저항이 약해지기 시작한다. 면역계의 효율은 떨어지고, 치유 과정이 느려지며, 균형을 유지하는 것과 같이 우리를 위험에서 피하도록 돕는 뇌 제어부의 기능이 감소한다. 여기서 중요한 점은, 특정 세포, 조직 또는 기관에서의 노화 관련 변화 속도는 예측된 어떠한 노화 관련 패턴을 따르지 않는다는 것, 또는 적어도 노화생물학자들이 아직 어떤 것도 밝히지 못했다는 것이다. 게다가, 환경 피해에 대한 최소한의 저항을 가질 수 있는 생리학적 시스템은 사람마다 다르다. 다시 말해서, 우리가 나이가 들어감에 따라 표현형은 개인에 대한 고유성이 점점 더 증가하게 되고, 바이오마커를 발견하는 것을 힘들게 한다. 어떻게 서로 다른 환경이 노화의 속도에 영향을 주는지를 구분하는 것은 아직까지 바이오마커를 찾는 데 있어서 가장 큰 도전이다.

## 생활방식의 선택은 표현형에 큰 영향을 미친다

인간은 그들의 환경을 제어하는 고유한 능력을 가졌고, 이것은 나이 관련 표현형이 어떻게 발달되어 왔는지를 말해준다. 이것을 설명하기 위해 피부 노화를 예로 들어보자. 피부는 유전적으로 결정되고 내적 노화의 공통적인 부분으로 받아들여지는 나이와 관련된 많은 변화를 겪는다. 가장 유명한 것은 피부와 근육 사이의 지방층인 피하지방의 손실과 탄력성의 감소이다. 피하지방과 탄력성 손실은 주름으로 이어진다. 환경도 주름의 발달에 영향을 미칠 수 있다. 평균적으로 사막에 사는 사람의 피부는 많은 구름으로 덮인 비슷한 고도에 사는 비슷한 피부색을 가진 사람보다 더 많은 자외선에 노출된다. 사막에 사는 사람들은 햇빛을 덜 받는 지역에 사는 사람들보다 더 높은 수준의 복사선 때문에 피부 손상과 주름 발달에 대한 상당한 위험을 가질 것이다. 그래서 질문은 다음과 같다. 얼마나 많은 피부노화가 생물학적 노화인 내적 요인에 의해 일어나며, 얼마나 많은 피부노화가 환경적 또는 외적 요인에 의해 일어나는가?

인간은 노화 속도 및 노화 관련 질환의 발달을 늦추는 사전예방 능력을 가지고 있다. 예를 들어, 나이에 따른 근력의 감소를 평가하는 첫 번째 연구는 주로 앉아서 일하는 사람을 대상으로 수행되었고, 근력이 30대에서부터 80대까지 평균 30~50% 감소하는 것을 발견하였다. 후속 연구는 연령과 관

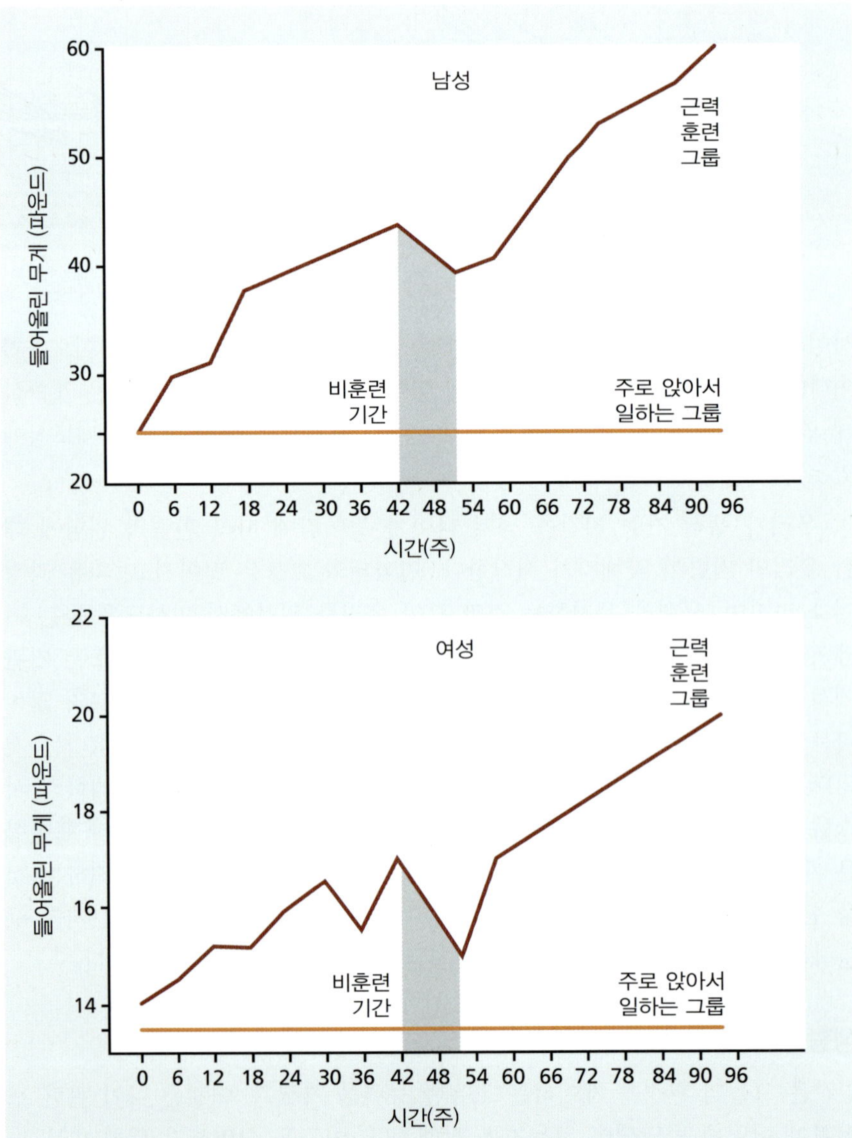


**그림 2.5 나이에 따른 근육 강도의 감소에 있어서 근력 훈련의 효과.** 2년 동안의 근력 훈련 프로그램(갈색 선)에 참여한 60세에서 80세 사이의 사람들은 비슷한 나이에 낮아서 일하는 사람들(주황색 선)의 강도에 비해 상당한 이득을 보여 주었다. 이러한 데이터는 자연적으로 일어나는 나이와 관련된 근육 강도에서의 손실은 외부 요소가 있음을 명확하게 보여준다. 42주와 52주 사이에는 훈련이 중단되었다. (N. Mc Cartney et.al., *J. Gerontol. Ser. A Boil. Sci. Med. Sci.* 51: B425-433, 1996. from Oxford University에서 허가를 득함)

련된 근력의 감소가 내적 요소를 가진다는 것을 보여주는 반면, 근력강화 훈련에 참가한 개개인들은 근력이 향상되는 것을 확인하였다(그림 2.5).

이것은 연령에 따른 근력의 감소가 우리의 생활 방식의 선택을 반영하는 것임을 말해준다. 운동과 적절한 식이조절은 심혈관계, 신경계와 골격계의 연령에 의한 기능 손실 속도를 느리게 할 뿐만 아니라 체중 조절에 영향을 준다. 운동과 식이조절을 통해 건강한 체중을 유지하는 것은 심장 질환, 당뇨병, 골다공증, 특정 암을 지연하거나 예방한다. 다시 말해, 노화생물학자들은 내재적 요인이 정상적인 노화에 어느 정도 영향을 주는지, 우리가 스스로 하는 것이 얼마나 영향을 주는지를 결정해야 하는 문제에 직면하게 되었다.

## 후성 유전체는 또한 노화의 속도와 장수에 영향을 미칠 수 있다

지금까지 우리는 게놈 DNA(염기쌍 서열)의 수준에서 유전자 발현의 조절을 고려함으로써 유전자형과 연령 관련 표현형의 원리를 소개해 왔다. **후성 유전체**(**epigenome**; *epi*-는 그리스어로 "위" 혹은 "추가로")로 알려진 특성 발달의 두 번째 단계 또한 표현형의 발달에 영향을 미치며, 이것은 노화의 속도와 수명에 영향을 줄 수 있다. 표현형의 결과로 생기는 것이 **후생 유전학적 특성**(**epigenetic trait**)이며, 이는 염기서열에서 변화 없이 염색체의 변화에 기인하는 표현형이다. 세포는 후성 유전체를 통해 유전자 발현을 조절하기 위해 여러 가지 방법을 사용한다. 가장 일반적인 두 가지는 DNA와 히스톤 메틸화(histone methylation) 그리고 히스톤 아세틸-탈아세틸화(histone acetylation-deacetylation)이다. DNA와 히스톤 메티화 과정은 동일한 메커니

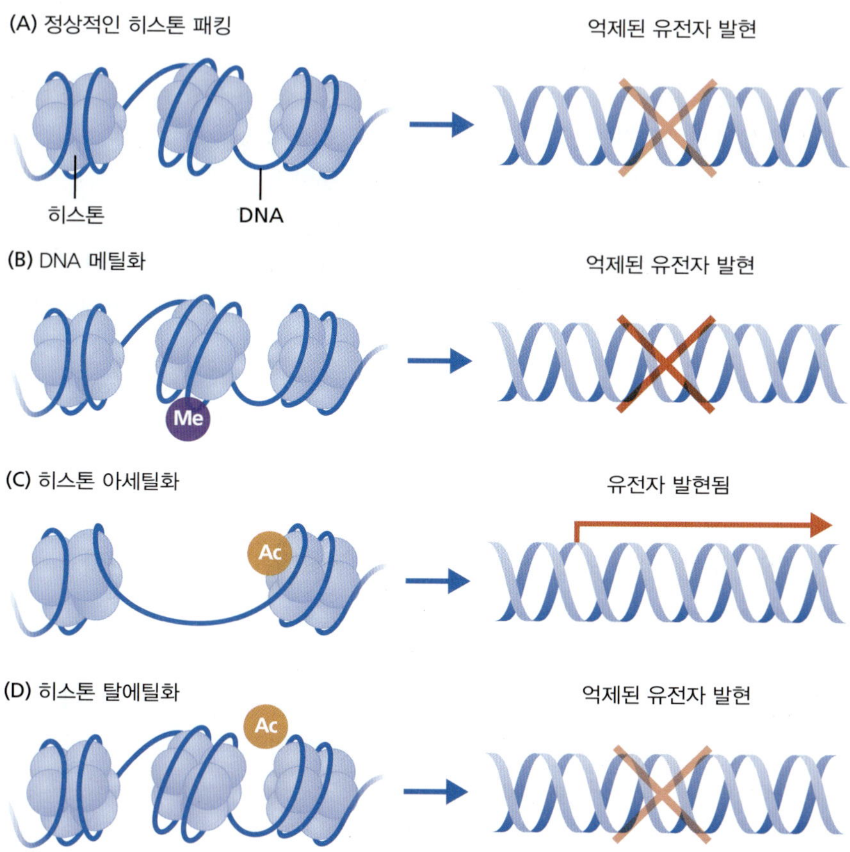


**그림 2.6 유전자 발현의 후생 유전학적 조절 메커니즘.** (A) 진핵 핵의 DNA는 히스톤 단백질이 주변을 감싸고 있다. DNA가 히스톤으로부터 분리될 때 유전자 발현이 발생한다. (B) 히스톤에서 DNA의 메틸화(methylation; Me)는 히스톤 단백질에서 DNA의 분리를 방지함으로써 특정 유전자에 대한 유전자 발현을 영구적으로 차단한다. (C) 히스톤 아세틸화(acetylation; Ac)–탈아세틸화는 히스톤에 DNA를 감기거나 풀리게 돕는 후생 유전학적 메커니즘이다. 아세틸화는 유전자 발현을 자극한다. (D) 탈아세틸화는 유전자 발현을 억제한다.

즘에 의해 작동하는데, 본서에서는 이것들을 모두 DNA 메틸화라고 칭한다. 히스톤은 DNA 이중가닥이 핵 속에 맞도록 이중가닥 DNA를 뭉치도록 도와주는 단백질이다(그림 2.6). 즉, 확장된 가닥 형태의 DNA는 너무 커서 핵 속에 들어가지 못한다. 히스톤 단백질로부터 DNA의 풀림이 어떻게 유전자의 발현을 조절하는지 제5장에서 살펴 볼 것이다. 간단히 말해, DNA는 유전자가 발현되기 전에 히스톤에서 풀려야 한다.

후성유전자의 약 90%는 태아의 발달 동안 발생하는 DNA 메틸화($CH_3$기 첨가)의 유전적 패턴으로 이루어진다. DNA 메틸화는 히스톤으로부터 DNA의 풀림을 방지함으로써 그 DNA 영역의 유전자 발현이 영구적으로 되지 않도록 하며, 이 메틸화는 비가역이다. DNA 메틸화는 태아 발달 동안의 세포분화에 있어서 매우 중요하며 주로 유사분열을 하지 않는 세포에서 일어난다. 예를 들어, 근육세포에서 DNA 메틸화는 다른 유형의 세포에서 사용되는 유전자들의 발현을 영구적으로 억제함으로써 오직 근육의 기능에 중요한 유전자들만 발현하도록 한다. 그러므로 근육세포에서 간 효소는 생성되지 않는다. 후생학적 특성을 이끄는 메틸화 패턴이 어떻게 유전되는지에 대한 메커니즘은 여전히 설명을 필요로 한다.

후생유전자의 다른 10%는 태아 발생을 포함한 수명 동안에 언젠가 후생유전학적 특성이 나타나도록 하며 이러한 특성들은 유전되지 않는다. 후생유전자의 이러한 부분은 환경적 조건에 의한 강하게 영향을 받는 것으로 보여진다. 후생유전학의 이 단계에서 히스톤 아세틸화가 아마도 가장 큰 영향을 가진다. 히스톤 단백질에 아세틸기($CH_3CO$)을 첨가하는 것은 DNA를 풀고 유전자 발현을 촉진한다. 히스톤 탈아세틸화로 알려진 아세틸기의 제거는 히스톤 단백질에 DNA가 되감기게 하고 유전자 발현을 억제한다(그림 2.6C, D). 히스톤을 아세틸화하고 탈아세틸화하는 능력은 유전자 발현을 조절하는 후생유전학적 메커니즘이 메틸화와 달리 가역적임을 의미한다.

표현형에 있어 후생유전학적 효과에 대한 연구는 거의 전적으로 태아 발달 동안 DNA 메틸화와 관련된 메커니즘으로 초점이 맞추어져 왔다. 최근에 들어서야 성인의 표현형에 영향을 주는 후생유전학적 효과에 초점을 둔 연구를 하고 있다. 더구나 노화 표현형에 대한 연구는 더욱 관심이 적었다. 후생유전학이 장수에 영향을 미친다는 몇 가지 증거가 있다. 제5장에서 배우겠지만, 출아 효모와 벌레 같은 간단한 생물에서 히스톤 아세틸화-탈아세틸화를 통한 유전자 발현의 억제는 수명에 영향을 줄 수 있다. 게다가, 이러한 후생유전학적 영향이 인구 밀도와 식품 이용가능성에 의해 직접적으로 영향을 받는다는 발견은 특정 환경적 조건이 노화 표현형의 발달에 있어서 중요하다는 것을 나타낸다.

### 횡단적 연구는 한 시점에서 다른 연령군 간의 변화를 비교한다

개인에게 있어서 생물학적 노화의 신뢰할 수 있는 마커를 확인하는 것은 종종 횡단적 조사를 이용함으로써 시작된다. **횡단적 연구(Cross-sectional studies)**는 한 시점에서 **코호트(cohorts)**라고 알려진, 둘 혹은 그 이상의 연령 집단에서 특정한 생리체계에서의 평균 변화율을 비교한다. 이러한 실험 설계는 노화생물학적 연구에 널리 사용된다. 횡단적 조사는 설계의 간단함(평이함), 저렴한 비용 등 여러 가지 이점을 가지며, 연령 관련 생물학적 현상의

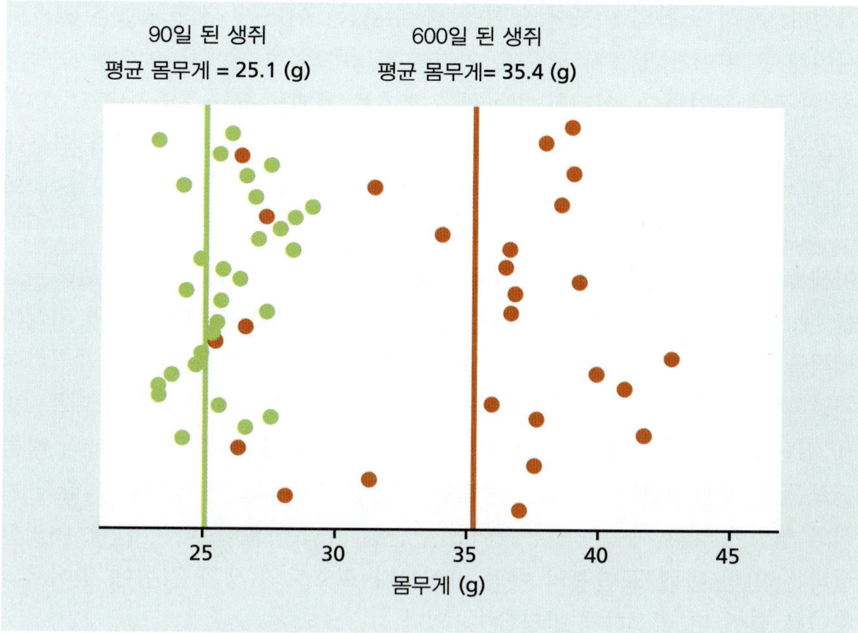


**그림 2.7 횡단적 연구는 평균의 비교를 반영하지만 개인에게 특정하지 않는다.** 여기서는 2개의 정보를 보여준다: 생후 90일된 30마리의 생쥐 체중(녹색 원)과 600일된 동일 생쥐의 체중(붉은색 원). 어린 생쥐와 비교하여, 나이 든 생쥐는 평균에 기여하는 값이 더 많이 분산되어 있다. (600일 이전에 3마리의 생쥐가 사망했다.)

좋은 일반적인 설명을 제공한다.

횡단적 연구를 통해서 생물학적 요인이 개인의 노화 속도에 영향을 미칠 수 있다는 사실을 알게 되었다. 그러나 횡단적 연구 결과는 평균치의 비교를 반영할 뿐이지 개인의 특징을 나타내지는 않는다(**그림 2.7**). 어떤 사람들은 평균에 매우 가까운 변수의 값을 가질 수 있는 반면, 다른 사람은 평균과 거리가 먼 값을 가질 수 있다. 게다가, 평균에 대해 넓게 퍼진 결과는 나이와 함께 더 커진다. 결과가 환경과 관련된 가변성을 제거한 상태에서 모아진 것일 때 조차도, 상당한 가변성이 남아있을 수 있다. 이러한 내적 가변성 때문에, 횡단적 연구는 노화의 바이오마커를 확인하는 데 제한된 정확성을 가진다.

정의에 의하면, 코호트는 일반적으로 유사한 생활 경험을 가지는 개인의 그룹으로 구성되어 있다. 즉, 코호트는 비슷한 나이의 사람보다 더 큰 의미를

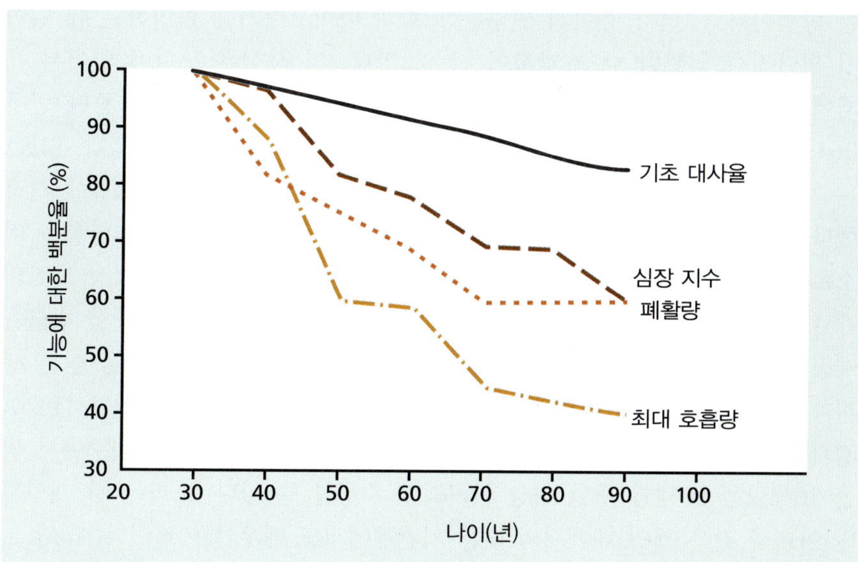


**그림 2.8 다른 연령 간의 생리 기능을 설명하는 1959년의 횡단적 조사.** 기초대사율, 심장지수(심장 기능의 척도), 폐활량(숨을 깊이 들이쉰 후 배출되는 공기의 최대량) 및 최대 폐활량(몇 초 동안 가능한 빠르고 깊게 들이쉴 때 몇 초간 들이쉬는 공기의 부피)은 30~90세 사이의 그룹에서 측정하였다(30세에서 측정된 기능의 백분율). 코호트 효과는 30~90세 사이에서 기능에 있어서 어떤 차이를 설명할 수 있다. (B. L. Strehler, *Q. Rev. Biol.* 34:117–142, 195에서 발췌. University of Chicago Press의 허가를 득함)

가진다. 특히 노화의 속도에 영향을 줄 수 있는 이러한 생활 경험은 코호트 사이에 큰 차이가 있을지 모르며, 이러한 환경은 쉽게 제어될 수 없는 변동성을 연구에 도입한다. 이러한 변동성을 **코호트 효과(cohort effect)**라고 한다. 코호트 효과를 설명하기 위해, **그림 2.8**에 나타낸 것과 같이 횡단적 연구에서 얻어진 데이터를 살펴보자. 이러한 데이터는 여러 생물학적 지표들에 의해 설명된 것처럼 생리적 기능이 30세에서 90세 사이에 감소함을 의미한다. 이제 각 코호트의 생활 경험을 고려해 보자. 1959년에 이들 결과가 발표되었을 때, 90세로 구성된 가장 나이가 많은 집단은 생애 대부분을 현대 의학의 혜택을 받지 못하고 보냈다. 예를 들어, 감염은 영향을 받은 조직을 제거하여 치료하였고, 전염병은 사람들로부터 개인을 격리시켜 치료하였다. 반대로, 30세 집단의 개인은 질병의 확산이 크게 감소되고 수명이 증가한 의학의 빠른 진보 동안에 태어났다. 이러한 두 집단의 연령 관련 표현형에 대한 의학적 지식의 영향에 대해 예측하거나 제어할 단순한 방법은 없다. 다시 말해, 이러한 결과는 연령 관련 표현형의 어떤 차이보다 코호트의 생활 경험에 있어서의 차이를 훨씬 더 밀접하게 반영할 수 있다.

마지막으로, 횡단적 분석에 기초한 결론은 **선택적인 사망자율(selective mortality)**의 효과에 의해 혼동을 일으킬지 모른다. 그것은 다른 유전자형 때문에 평균 인구와 다른 **사망률 속도(mortality rate**; 주어진 그룹 또는 주어진 원인에 의해 주어진 시간에 한 인구의 사망자)을 가질 수 있는 개인의 포함에 의해 기인한다. **그림 2.8**를 보면 60~90세에 포함되는 개인은 출생 시 기대수명이 40~45세였다. 이들은 측정시기에 이미 출생 코호트의 50%보다 더 오래 살았다. 90세 집단들은 자신들의 출생 코호트의 1% 미만을 나타냈다. 따라서, 이들 연령군은 전체 연령 집단의 대표 표본이 될 수 없으며, 이미 사망한 사람들에서 나타나지 않은 어떤 요소 때문에 그들의 동년배보다 오래 살고 있는지 모른다. 이들 횡단연구의 결과는 고령자들을 대표하는 강인한 개인을 선택함으로써 편향될 수 있다.

### 종단적 연구는 시간 경과에 따른 한 개인의 변화를 관찰한다

수년간 같은 사람의 데이터를 수집하는 것은 개인의 노화 속도를 보다 정확하게 측정하는 연구 계획인 **종단적 연구(longitudinal studies)**에서 사용하는 방법이다. 그러나 종단적 연구는 노화의 바이오마커를 확인하는 데 있어서 횡단적 분석보다 더 효과적이지는 않았다. 이 사실은 노화에 있어서 세계에서 가장 오래 지속되어 온 종단적 연구인 노화의 볼티모어 종단 연구(Baltimore Longitudinal Study of aging; BLSA)에 의해 잘 입증되었다. BLSA는 "정상적인" 인간의 노화를 설명하기 위한 특정 목적으로 1958년에 시작했다. 이것을 위하여, 주 연구자들은 노화의 속도에 대한 환경적 영향을 최소로 하기 위해 균일한 집단을 선택했다. 1984년에 연구자들은 정상 노화의 개념에 오류가 있다는 것을 밝혔다. 그들은 건강 관리의 정보에 대한 접근을 제공하는 교육과 소득이 있는 개인들 조차도 노화의 속도는 영향을 받는 생리학적 체계와 시기에 관해 무작위적이다는 것을 밝혔다. 연구자들은 "BLSA 결과는 노화가 매우 개인적인 과정인 것을 확인하였다..... 일부 변수에서 평균 50세만큼 80세인 개인 대상자들도 잘 수행할 수 있다. 노화는 각 개인뿐만 아니라 같은 개인 내에서의 다른 기관계에서도 매우 특이적이다(Shock et al. 1984)"라고 말하였다. BLSA의 결과는 너무 분명해서 BLSA를 포함하여 진행 중인 종단적 연구가 더 이상 정상적인 인간의 노화를 설명하려는 그들의 일차적인 목적을 달성하지 못한다. 오히려 진행 중인 종단 연구와 거기서 파생된 횡단 연구 결과는 고유한 특성을 공유하는 개인의 인구 집단에서 노화를 설명하는 데 초점이 맞춰져 있다(**표 2.1**). 이처럼 개인의 노화를 정의하기 위한 메커니즘으로 시작된 대규모의 종단적 연구가 비슷한 배경을 가진 개인 집단에서의 오랜 시간 동안의 변화를 설명하는 데 더 효과적인 것이게 되었다.

종단적 연구가 횡단적 연구보다 노화의 바이오마커를 식별하는 데 덜 효과적이다라고 하더라도, 그들은 노화의 연구에 계속 크게 기여하고 있다. 많은 종단적 연구의 중요한 용도는 인구에서 개인의 노화 경향을 연구하는 횡단적 연구보다 정확하다는 것을 증명해 왔다. 예를 들어, 그림 2.8에 나타낸 횡단적 연구 결과는 30세 이후 노화의 속도가 선형적으로 감소하는 것으로 보여준다. 하지만, **그림 2.9A**에서는 보여준 것처럼 종단 분석이 기능적 저하가 비선형적으로 발생하고 단순히 시간의 경과보다는 생식 수명의 끝과 밀접하게 관련되어 있음을 보여준다. 제3장에서는 종의 생식 시간표가 노화의 속도와 장수에 큰 영향을 미친다는 것을 배우게 될 것이다.

노화 연구의 전반적인 진전에 대한 종단적 연구의 또 다른 중요한 기여는 잘 문서화된 생활사를 가진 인간의 결과를 생성하고 유지하는 능력이다. 개체의 생활사를 아는 것은 질병, 신체 활동, 식이 등과 같은 환경적 요소의 확인을 가능하게 한다. 이들 환경적 요소는 사실상 변화가 환경적 요소에 의해 유도되었을 때 연구자들이 노화효과가 있다고 잘못 판단하도록 이끌 수 있다. 이러한 자세한 생활사 정보는 인간에 있어서 한 시점, 횡단적 조사에서 모을 수 없고, 이것은 인간 노화를 위한 모델로서 실험 동물을 사용할 때만 정상적으로 가능하다(**BOX 2.1**). 연구 대상에 대한 상세한 지식의 결과로, 코호트 효과 및 선택적 사망률은 종단 연구에서 참가자를 사용하는 횡단적 설계에서 제거된다. 즉, 횡단적 연구에서 나온 결과의 타당성과 신뢰도는 종단적 연구와 관련된 피험자를 이용하여 수행했을 때 훨씬 크게 향상된다(그림 2.9B).

**표 2.1 진행 중인 노화의 종단적 연구**

| 연구명 | 시작 연도 | 참가자 나이(년) | 참가자 수 | 성별 | 집단 특성 |
|---|---|---|---|---|---|
| 볼티모어 노화 종단적 연구 | 1958 | 20～100 | 3000 | 1958～1978: 남자만<br>현재: 남자와 여자 | 기존 코호트: 백인 중산층<br>현재: 유색인 포함 |
| 호놀룰루-아시아 노화연구 | 1991 | 71～93 | 3734 | 남자 | 치매와 파킨슨 질환에 초점을둔 일본 조상 |
| 아프리카 노화 종단적 연구 | 2004 | 50+ | 3500 | 남자와 여자 | 사하라 사막 이남에 노화: HIV/AIDS 진행에 영향 |
| 뉴멕시코 노화 과정 연구 | 1978 | 65～98 | 780 | 남자와 여자 | 현재: 히스패닉계의 노화 |
| 표준 노화 연구 | 1963 | 21～81 | 2280 | 남자 | 알츠하이머 질환의 95% |
| 수녀 연구 | 1991 | 75+ | 678 | 여자 | 알츠하이머 참가자들은 노트르담 자매학교의 구성원 |

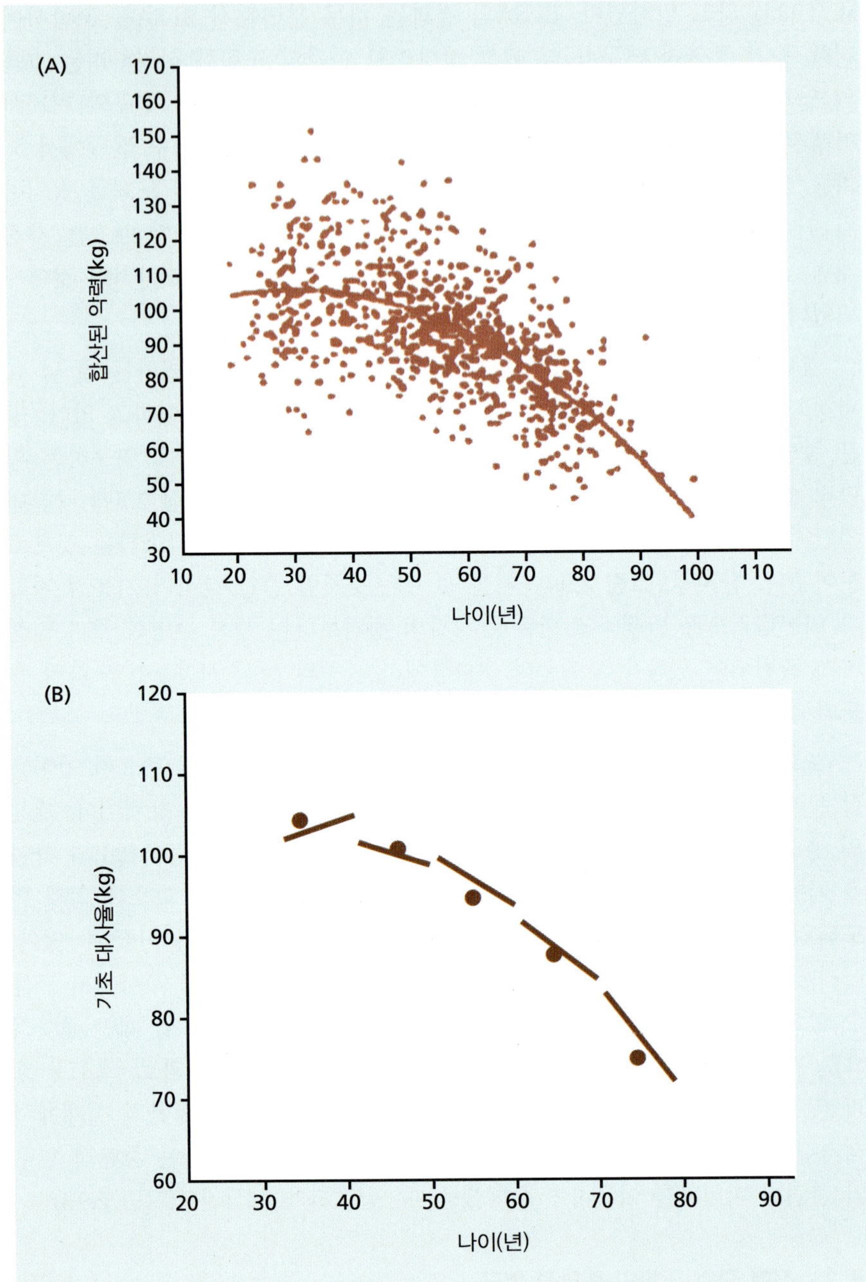


**그림 2.9 종단적 연구결과를 분석하는 두 가지 방법을 이용한 악력 연구.** (A) 노화의 속도가 비선형적임을 보여주는 종단적 결과. 개별 데이터 점의 퍼진 정도는 전체 인구를 이용함으로써 비선형 방정식에 맞춰졌다. 게다가 그래프는 시작 시간과 악력의 감소량이 매우 다양하다는 것을 명확히 보여준다. (B) 각 연령 집단 내에서 개인에 대해 복수의 측정으로부터 계산된 평균값을 이용한 횡단적 분석. 평균값은 선분의 중간 점으로 표현된다. 각 선분의 방향(왼쪽에서 오른쪽으로)은 그 연령 집단에 대한 시간의 경과에 따른 악력 강도의 소실과 획득을 나타낸다. 선분의 길이는 종단 연구 정보의 수집된 시간의 길이를 나타낸다. 그래프는 또한 생리적 감소율이 (A)의 종단적 연구 정보와 일치하여 시간에 대해 비선형인 것을 나타낸다. 이것은 종단 연구 설계의 틀 내에서 수행된 횡단적 연구가 이전에 수행된 횡단적 분석과 관련된 많은 문제들을 제거하는 것을 보여준다. (D.A. Kallmanet al., *J. Gerontol*. 45:M82–88, 1990에서. Oxford University Press의 허가를 득함)

## 개인 유전체학은 노화에 대한 바이오마커를 결정하고 적용하는 열쇠가 될 것이다

이 절의 도처에 우리는 노화의 속도는 각 개인에게 고유하며, 이 고유성이 노화에 대한 바이오마커를 확립하는 데 중요한 장애물일지 모른다는 점을 강조해 왔다. 가장 잘 설계된 종단 연구 조차도 노화의 "정상적인" 마커를 확인할 수 없었다. 우리는 노화의 속도가 태아 발달이 일어나는 동안 수명의 초기에 결정될 수 있다는 것에 주목했다. 그리고 우리는 성인 중에 발생하는 후생 유전학적 효과가 표현형에 어떻게 영향을 주는지에 대해 살펴보았다. 현재의 증거는 노화의 표현형이 태아 발달을 포함하여 수명 기간 동안 환경적 상호작용에 매우 영향을 잘 받는 유전자 또는 유전자군을 가장 밀접하게 반영할 수 있다는 일반적인 결론을 이끌어낸다. 제5장에서는 동물모델을 사

# BOX 2.1 동물에서 노화생물학적 연구의 평가

생물 과학으로써 노화생물학은 인간을 위한 모델로 동물을 자주 사용한다. 동물모델은 제어된 조건하에서 노화를 측정하고 생물학적 과정의 기본 메커니즘을 설립하는 체계를 제공한다. 이러한 연구의 유형들은 인간에 있어서 노화 연구에 대한 가설 및 연구 방법을 구성하는 데 중요하다. 이처럼 허용된 좋은 사례 내에서 실험동물에게 실험을 수행하는 것은 노화생물학 연구에 필수적이다. 노화생물학의 동물 연구에 이용된 몇 가지 좋은 예를 알고 있는 것은 당신이 연구 결과의 타당성을 해석하는 데 도움이 된다. 당신이 인간 노화의 모델로 사용되는 실험동물을 이용하는 노화 연구에 대해 읽을 때 명심해야 할 네 가지 사례를 여기에 요약하였다.

**일반적 실행 1: 연구자는 사용할 동물 모델의 생활사를 알아야 한다**

노화생물학자들은 생활사라고 불리는 해당 동물의 생애 전반에서 일어나는 일반적인 생물학적 사건에 대한 철저한 지식이 있어야 한다. 최소한 정확하게 알아야 할 3개의 중요한 생활사가 있다: (1) 종이 발달적 성장의 끝에 도달하는 대략적인 연령; (2) 평균 수명; (3) 최대 수명. 이 정보는 횡단적 조사를 수행하는 연구자들이 너무 어리거나 너무 나이 든 동물을 집단에 포함하지 않도록 한다. 너무 어린 동물을 포함하는 것은 관찰된 차이가 동물의 발달적 단계에서 독특한 요소일 때 노화 효과에 대한 결론에 영향을 줄 수 있다. 너무 나이 든 동물을 사용하는 것은 사실상 인구의 대다수에서 발견되지 않는 유전적 요소, 즉 선택적 사망률 때문에 노화에 도달하는 동물 집단에서만 정확하게 적용되는 노화에 대한 결론에 도달할 수 있다.

**일반적 실행 2: 연구자들은 동물모델의 생식 수명을 알아야 한다**

이 책의 전반에 걸쳐, 특히 3장에서는 생식시기에 생존을 위해 선택된 유전자들이 노화 속도와 종의 최대수명에 영향을 주는 것을 강조한다. 노화생물학 연구를 위한 동물모델을 선택하는 데 있어서 연구자들은 생식 연령까지의 발육에 영향을 미치는 요인을 신중하게 고려해야 하는데, 이러한 요소들은 노화의 속도와 장수에 큰 영향을 미칠 것이다. 반대로, 생식시기가 약해지기 시작할 때의 대략적인 나이를 아는 것은 연구자가 최대한의 노화 효과를 찾기 위한 적당한 연령대를 선택하는 데 도움을 줄 수 있다.

**일반적 실행 3: 연구자들은 동물을 키우는 사육 환경을 깨끗하게 유지하고 보고해야 한다**

이미 알다시피, 환경은 연령과 관련된 표현형과 외적 노화 속도에 영향을 줄 수 있다. 인간 노화의 모델로서 노화생물학자들이 동물을 사용하는 주요 이유중의 하나는 일반적으로 그들은 동물이 노출된 환경을 제어할 수 있기 때문이다. 이는 노화 속도에 있어서 외적인 요인들의 영향을 제한한다. 노화생물학 연구에 있어서 좋은 사례는 연구 동물이 외부 환경에 대해서 정압으로 흐르는 여과된 공기를 제공하는 장벽 뒤에서 유지할 것을 요구한다(**그림 2.10**). 이것은 오염된 공기가 동물이 생활하는 환경으로 유입되는 것을 막는다. 잠자리와 먹이를 살균하고 물을 약간 산성화시키고 염소 소독을 해야 한다. 동물의 사육장에 들어가는 모든 것들은 정기적으로 오염에 대한 검사가 필요하다. 마지막으로, 각 군집에는 센티넬(sentinel)이라고 알려진 전염성이 있는 병원균을 감시하는 데 사용되는 동물이 포함되어야 한다. 센티넬 동물은 실험동물들과 함께 사육되면서 같은 환경 조건에 노출되고 정기적으로 감염 인자에 대한 노출을 검사한다. 독자들은 이들 문제가 결과에 영향을 줄지를 결정하기 위해서 어떤 오염이든 기록되어야 한다.

**일반적 실행 4: 연구자들은 실험 동물에서 병리학 및 사망 원인을 평가해야 한다**

나이가 들어서 사망하는 생명체는 없다. 오히려 각각의 생명체는 특정한 원인이나 치명적인 병리학적 조합에 의해 죽는다. 연구원은 두 가지 이유로 각 동물의 죽음을 유도하는 생물학적 요인에 대한 명확한 이해가 있어야 한다. 첫째, 사망 원인이나 연령 관련 병리학은 연구자들에게 환경이 어떻게 그 동물모델에 영향을 주었는지에 대한 정보를 제공한다. 사망이나 노화 관련 병리의 원인이 동물에게 있어야 하며 환경 오염의 결과가 아니어야 한다. 둘째, 철저한 **부검(necropsy)** 및 조직화학적 분석을 수행하면 종 특이적 정상적인 연령 관련 병리현상을 설립하며 어떻든지 그러한 병리현상들은 인간에서도 볼 수 있어야 한다. 그러한 지식은 다른 연구자들이 실험에 대한 올바른 모델을 선택하는 데 도움이 된다.

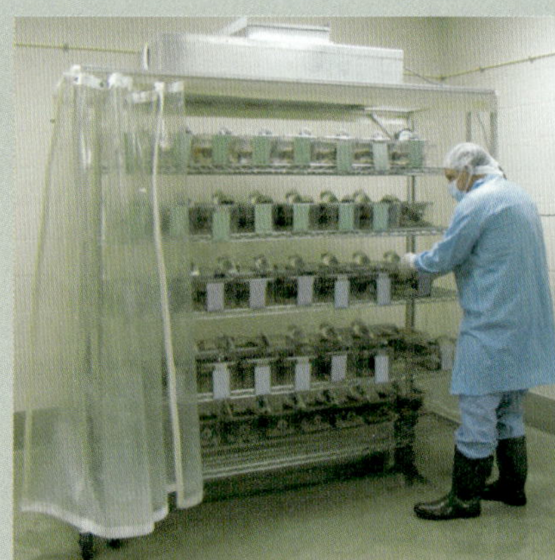

**그림 2.10 실험실 장벽 장치(Barrier units).** 장벽 장치는 공기전염 오염원이 동물사육 환경으로 들어가는 것을 막는 데 도움을 준다. (Jennifer Ruhe, Department of Nutrition, University of California 승인).

용하여 노화생물학자들이 태아와 초기 발달 과정에서 환경 변화에 대응하고 삶의 길이에 영향을 주는 유전자 및/또는 후생 유전학적 효과를 확인하기 시작했다는 내용을 다룰 것이다. 인간에서 **유전자 상동성(gene homologs**; 하나의 유전자 DNA 서열이 두 번째 유전자, 심지어 다른 종에 유전자와도 일치하는 것)이 확인되고 시험될 때까지 이것은 단순히 시간의 문제이다. 일단 노화 속도에 영향을 미칠 수 있는 유전자들이 확인되면 우리는 **개인 유전체학(personal genomics)**을 이용할 수 있다. 이는 노화의 속도 유전자들이나 그들 유전자들의 어떤 다형성이 존재하는지, 발현되거나 억제되는지를 확인하기 위한 개인의 유전자형 또는 후생 유전체학적 메커니즘에 대한 분석이다. 이러한 지식을 가짐으로써 건강 전문가가 노화의 속도를 늦추는 방법에 대해 개인 수준에서 권고를 할 수 있게 한다.

개인 유전체는 현재 치명적인 유전적 질환 발병 가능성을 결정하기 위해 사용되고 있다. 유전체 염기 서열 분석을 위한 비싼 가격($10,000~$20,000) 때문에 개인 유전체학의 사용은 제한적이다. 전문가들은 10~15년 안에 가격이 떨어져서 개인 유전체의 광범위한 사용이 가능하게 될 것으로 여기고 있다. 노화의 속도를 결정하는 요소에 대한 우리의 지식이 충분히 향상되어 개인의 노화를 측정할 수 있는 믿을 만한 마커의 현재 기술 식별을 사용함으로써 곧 성취될 수 있는 역사의 시점에 서 있다.

## 인구에서 생물학적 노화의 측정법

가장 바람직하고 잠재적으로 가장 정확한 측정법이라고 할지라도, 개인에서 생물학적 노화를 측정하는 것은 매우 가변적이며 성취하기가 어렵다. 반대로, 인구에서 노화의 속도를 예측하는 것은 비교적 쉽게 수행할 수 있으며, 변동성이 현저히 적다. 그러나 대개 노화 속도에 대한 설명은 나이가 증가함에 따른 인구에 있어서 사망률 속도의 변화이기 때문에 인구 노화는 정확성이 떨어진다. 비록 관련은 있지만 노화와 죽음의 위험이 특히 후생식 수명을 가진 종에서는 같지 않다는 것을 기억하자. 게다가, 생명체는 외상 또는 질병과 같은 비생물학적 노화 현상의 결과로 죽을 수 있지만, 이러한 죽음은 여전히 종의 수명에 대한 통계 계산에 사용된 데이터 세트에는 사망으로 기록된다.

인구 고령화의 척도로써 사망률의 사용과 관련된 문제가 생물학적 노화의 연구에서 그것의 사용이 틀렸음을 입증하는가? 조금도 그렇지 않다. 인구 사망률 속도는 생물체 수준의 노화를 설명하는 데 200년 이상 사용되어 왔다. 실제로, 인구의 가장 오래된 코호트에서 사망률 속도의 분석은 노화생물학자가 노화와 장수의 연구에 접근하는 방식을 변경시켰다(이 절의 끝 부분에 있는 설명을 참조). 많은 노화생물학자들은 집단 내 사망률 분석 결과를 사용하여 분자수준에서 노화나 개인의 노화를 예측할 수 있는 가설을 발달시키고 시험한다. 따라서 당신은 인구 내에서 노화를 설명하는 사망률 속도의 파생, 이용, 한계에 대한 기본적인 이해를 가져야 할 필요가 있다.

### 사망률 속도은 인구에서 사망자 수를 추정한다

나이와 관련 없이 전체 인구에서 사망 속도인 **조사망률(crude mortality)**을 결정하는 것은 꽤 간단한데, 인구 수와 사망자 수로 정확하게 계산하면 된다 (식 2.1).

사망률(Mortality), $M = \frac{D}{P}$

$D$ = 인구의 사망자 수

$P$ = 인구 규모

사망률 속도($M$)는 해석과 비교를 쉽게 하기 위해서 일반적으로 표준 척도로 변환된다—예를 들면, 한 해에 1,000명 또는 100,000명당 죽음.

법은 죽음의 공식 기록을 필요로 하기 때문에, 대부분의 국가에서 인구의 사망자 수를 측정하는 데는 몇 가지 문제를 야기한다. 그러나 특정 시간에서 인구의 크기는 가장 최근의 인구조사로부터 도출된 데이터를 이용하여 추정될 수 있다. 미국의 인구 조사는 10년마다 실시된다. 인구의 정확한 크기를 추정하는 데 관련된 오류를 줄이기 위해, 인간의 사망률 속도는 100,000명의 가상 인구수를 적용한 실제 사망률을 사용하여 통계적 확률로서 산출된다. 비록 인간 사망률 속도가 추정치로 간주되지만, 그것들은 꽤 정확하며 인구집단의 사망률에 대한 정확한 설명으로 받아들여져야 한다.

사망률 속도는 또한 비인간 집단을 위해 결정될 수도 있다. 실험적 조건에서 관찰되는 짧은 수명을 가진 종에서 개체 규모와 죽은 개체수를 측정하는 것은 꽤 정확할 수 있고 따라서 사망률 속도도 그러하다. 그러나 인구 규모와 사망은 수명이 긴 야생 개체에서 측정하기 어렵다. 미국에 사는 특정 박쥐 종(20년 가량 살 수 있음)의 개체군 규모와 죽은 개체 수를 계산하는 것을 상상해보라. 불가능한 과제다. 따라서, 야생 동물 개체 통계학자는 전형적으로 자신의 연구를 집단의 거주 밀도가 높은 2~3 acre(약 4,050m$^2$)인 작은 영역에 국한시키고 일반적인 집단 크기로 사망률을 추론한다.

## 생명표는 사망률, 기대 수명, 그리고 사망 확률에 대한 정보를 포함한다

**생명표(life table)**는 특정 연령이나 연령 사이에서 인구집단의 사망 특성을 설명한다. 생명표에는 두 가지 유형이 있다. **코호트 생명표(cohort life table)**는 수명 전반에 걸쳐 관찰될 수 있는 단일 출생 코호트 집단의 사망 특성을 따른다. 코호트 생명표는 정확한 출생 및 사망 기록을 가진 역사적인 인구집단이나 비교적 짧은 수명을 가진 종에 유용하다. 인간을 포함한 수명이 긴 종에서 수명 전반에 걸쳐 출생 코호트를 따르는 것은 실용적이지 않다. 이러한 경우, 현재 또는 주기 생명표가 사용된다. **현재 생명표(current life table)**는 일반적으로 100,000명당 가상적 출생 코호트에 대한 살아 있는 인간의 현재 사망 특성을 적용한다(**표 2.2**). 이들 값은 그 후 단일 시점에서 수집된 데이터에 기초하여, 실제 인구의 수명 동안 사망률 통계를 예측하는 데 사용된다. 어느 경우든, 코호트 혹은 현재 생명표에 주어진 값을 구성하는 방법은 동일하다. 생명표는 전체를 포함하거나 또는 축약될 수 있다. **전체 생명표(complete life table)**는 연령 간격이 1년인 것으로 정의된다. 모든 다른 연령 그룹을 사용하면 **표 2.2**에 제시된 생명표와 같이 요약된 생명표로 정의된다.

**표 2.2 미국 총 인구에 대한 생명표 요약, 2006**

| 1<br>나이 간격<br>($x$, $x + n$)[1] | 2<br>나이 간격 동안 사망 가능성<br>($q_x$) | 3<br>나이 $x$에 살아있는 사람의 수<br>($l_x$) | 4<br>나이 간격 동안 죽은 사람의 수<br>($d_x$) | 5<br>나이 간격 동안 살아있는 사람-연도<br>($L_x$) | 6<br>나이 간격 초기 후, 살아있는 전체 사람-연도($T_x$) | 7<br>기대 수명<br>($e_x$) |
|---|---|---|---|---|---|---|
| 0~1 | 0.006713 | 100,000 | 671 | 99,409 | 7,770,850 | 77.7 |
| 1~4 | 0.001138 | 99,329 | 113 | 397,045 | 7,671,441 | 77.2 |
| 5~9 | 0.000694 | 99,216 | 69 | 495,891 | 7,274,396 | 73.3 |
| 10~14 | 0.000822 | 99,147 | 81 | 495,587 | 6,778,505 | 68.4 |
| 15~19 | 0.003214 | 99,065 | 318 | 494,627 | 6,282,918 | 63.4 |
| 20~24 | 0.004998 | 98,747 | 494 | 492,532 | 5,788,291 | 58.6 |
| 25~29 | 0.005033 | 98,253 | 495 | 490,029 | 5,295,759 | 53.9 |
| 30~34 | 0.005583 | 97,759 | 546 | 487,470 | 4,805,730 | 49.2 |
| 35~39 | 0.007389 | 97,213 | 718 | 484,380 | 4,318,260 | 44.4 |
| 40~44 | 0.011381 | 96,495 | 1098 | 479,916 | 3,833,880 | 39.7 |
| 45~49 | 0.017264 | 95,397 | 1647 | 473,118 | 3,353,964 | 35.2 |
| 50~54 | 0.025576 | 93,750 | 2398 | 463,087 | 2,880,846 | 30.7 |
| 55~59 | 0.036064 | 91,352 | 3295 | 448,955 | 2,417,759 | 26.5 |
| 60~64 | 0.054578 | 88,057 | 4806 | 428,979 | 1,968,804 | 22.4 |
| 65~69 | 0.079166 | 83,251 | 6591 | 400,600 | 1,539,825 | 18.5 |
| 70~74 | 0.121699 | 76,661 | 9330 | 361,363 | 1,139,225 | 14.9 |
| 75~79 | 0.195009 | 67,331 | 13,130 | 305,372 | 777,862 | 11.6 |
| 80~84 | 0.302509 | 54,201 | 16,396 | 230,960 | 472,489 | 8.7 |
| 85~89 | 0.447212 | 37,805 | 16,907 | 146,101 | 241,530 | 6.4 |
| 90~94 | 0.617641 | 20,898 | 12,907 | 69,775 | 95,429 | 4.6 |
| 95~99 | 0.782678 | 7991 | 6254 | 21,745 | 25,654 | 3.2 |
| 100세 이상 | 1.000000 | 1737 | 1737 | 3909 | 3909 | 2.3 |

[1]n = 시간의 단일 단위

생명표는 7개의 열로 구성된다. 생명표는 인구 죽음의 속도를 추정하기 위한 일차적인 메커니즘으로서 전 세계적으로 사용되기 때문에, 열 이름 및 변수 지정은 표준화되어 있다. 제1열은 나이(전체 생명표의 경우) 혹은 나이 간격(요약된 생명표의 경우)을 포함한다. 0~1년 간격이 사용되어야 하는 인간 생명표의 첫 번째 나이 간격을 제외하고, 나이 또는 나이 간격의 선택은 표를 구성하는 통계학자의 재량이다. 인간 데이터를 비롯해 요약된 표에서는 5년 간격을 사용하는 것이 통상적이다. 제2열은 나이별 사망률로 알려진 사망 확률($q_x$)을 포함한다. 제3열은 연령 간격의 시작 시에 살아있는 가설적 코호트의 최초 100,000명으로부터의 사람 수($l_x$)를 나타낸다. 제4열은 각 간격에 대한 사망수($d_x$)를 보여준다. 제5열은 사람-살아온 년도($L_x$)인데 이는 각 나이 간격에서 인구에 대한 두 생일 사이에 살았던 전체 기간을 나타낸다. 제6열은 $x + n$에 대한 연령 간격 $x$의 시작 후에 살아온 사람-연령의 전체 수($T_x$)를 포함한다. 마지막으로, 제7열은 기대 수명($e_x$)를 제공한다. **기대 수명(life expectancy)**은 그 시대에 생존한 사람들에 의해 살아남은 년도의 평균수이다.

생명표에 포함된 정보는 인구 통계학자의 기본 도구이며 숙련된 전문가들이 많이 사용하고, 본서를 벗어난 분야에서도 잘 이용된다. 여기서 우리는 주로 사망률 속도($q_x$) 및 사망률 계산에서 얻은 곡선의 모양이 인구에서 노화를 설명하는 데 어떻게 도움이 되는지에 대하여 일차적으로 고려하고 있다. 부록은 더 정확한 정의와 각 변수를 계산하는 방법을 포함하여 어떻게 생명표가 구성되었는지에 대한 더 자세한 설명을 포함한다.

## 연령별 사망률 속도는 기하급수적으로 증가한다

**연령별 사망률 속도(age-specific mortality rate;** ($q_x$))는 노화 연구에 있어서 유용한 측정법이다(**식 2.2**). 다음과 같이 계산된다:

$$\text{연령별 사망률 속도, } q_x = \frac{d_x}{I_x} \quad (2.2)$$

$d_x$ = 지정된 기간 동안 인구에서 사망자 수

$I_x$ = 나이(x)에 대해 생존한 사람의 수

$x$ = 나이 혹은 나이 간격

연령별 사망률 속도는 단순하게 특정 나이 범위 내에서 죽을 수 있는 가능성을 나타낸다. 예를 들어, **표 2.2**는 40~44세 사이에서의 사망률 속도($q_x$)가 0.011임을 보여준다. 이것은 당신이 이 나이 사이에 죽을 확률이 1.1%임을 의미한다. 연령별 사망률을 그래프로 표현하는 것은 우리가 평생 동안의 속도를 시각화할 수 있도록 해준다. **그림 2.11**에서 볼 수 있듯이, 1세와 70세 사이의 사망 가능성은 천천히 증가한다. 70세 이후, 연령별 사망률은 증가하며, 전체 인구가 사망할 때까지 분명히 일정한 속도로 계속해서 증가하고 있다.

연령별 사망률 그래프의 형태는 지수 함수를 의미한다. 벤자민 곰퍼츠(Benjamin Gompertz)는 1825년에 이것에 주목했고 연령별 사망률 속도는 생식 연령에 존재하는 개인이 많은 인구에서 가속화된다는 것을 제안했다. 이처럼 인구에서 사망률 속도를 설명하는 함수를 그의 이름에서 따와 **곰퍼츠(Geompertz) 사망률 함수**라 한다(**식 2.3**).

$$\text{곰퍼츠 사망률 함수, } m(t) = q_x e^{G(t)} \quad (2.3)$$

$m(t)$: = 시간($t$)별 나이의 함수에 따른 사망률

$q_x$ = 연령별 특정 사망률

e = 수학 상수

$G(t)$ = 시간($t$)당 곰퍼츠 사망 상수

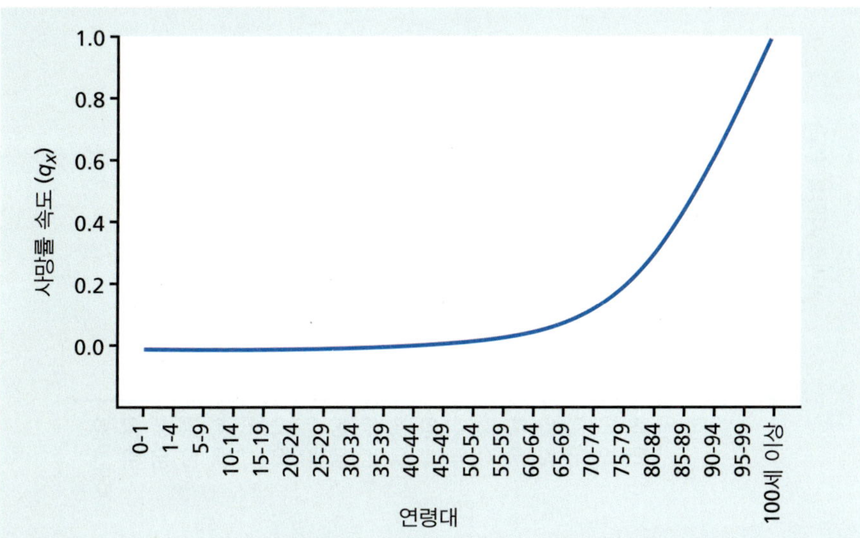


**그림 2.11** 2006년 미국 총 인구에 대한 연령별 사망률 속도($q_x$). (E. Arias, United States life tables, 2006, *Natl Vital Stat. Rep*, 58:1–40, 2010.의 결과. Natrional Center for Health Statics의 허가를 득함)

이 함수는 대수적으로 다시 쓸 수 있다:

$$\ln m(t) = \ln q_x + G(t) \tag{2.4}$$

**그림 2.12**에서 보다시피, 곰퍼츠 사망률 속도는 나이에 따른 사망률의 지속적인 증가를 설명하므로 발육기 이후 인구에서 생물학적 노화의 지표를 제공한다. 0~1세 사이의 사망률 속도가 다른 연령 집단을 특징짓는 지수적 증가에 따르지 않는다는 것에 주목하자. 인간에서, 출생부터 1세까지의 사망률은 **유아 사망률(infant mortality rate)**이라 정의하며, 출생 및 유아기의 고유한 위험성으로 인해 다른 유년 시절의 사망률보다 항상 현저히 높다. 노화에서 유아 사망률 속도의 영향은 다음 장에서 논의된다. 또한 10~15세와 15~20세 근처에서 발생한 사망률에서 약간 상승한다는 것에 주목해야 한다. 노화생물학자들은 이러한 상승을 죽음을 초래하는 위험한 행동에 도전하는 남성의 성향으로 인해 "나는 내가 불멸하다고 생각한다"와 같은 효과로 나타낸다. 이것은 또한 "어리석음 혹은 남성호르몬 분출"이라 알려져 있다.

## 연령 비의존적 사망률은 사망률 속도에 영향을 미칠 수 있다

곰퍼츠는 매우 어리더라도 모든 인구 구성원은 **연령 의존적 사망률(age-dependent mortality)**, 또는 생물학적 노화로 인해 자연적인 원인으로 사망한다고 주장했다. 그러나 죽음은 사고나 생물학적 노화의 영향을 받지 않는 감염과 같은 환경적으로 유도된 정신적인 외상의 결과로써 발생할 수 있다. 게다가, 연령 의존적 사망률의 현재적 이해는 대부분 사춘기 이전의 죽음을 포함하지 않는다. 생물학적 노화의 결과가 아닌 사망은 **연령 비의존적 사망률(age-independent mortality)**로 알려져 있으며, 곰퍼츠 사망률 함수에서 변수로 포함될 수 있다. 일반적으로, 연령 비의존적 사망률은 사망에 있어서 중요한 다른 환경적 영향(전쟁, 전염병 등)을 받는 종의 다른 인구집단의 사망률 속도를 비교할 때 곰퍼츠 사망률 함수 방정식에 포함된다(**그림 2.13**). 게다가, 대부분의 연구는 연령 비의존적 사망률은 사춘기 이전에 상당히 다양하며, 과도한 환경적 영향에 노출되지 않은 안정한 인구에서 일정하게 된다는 것을 보여준다(**그림 2.14**). 따라서, 곰퍼츠 사망률 함수(식 2.3)의 계산은 일반적으로 사춘기 이

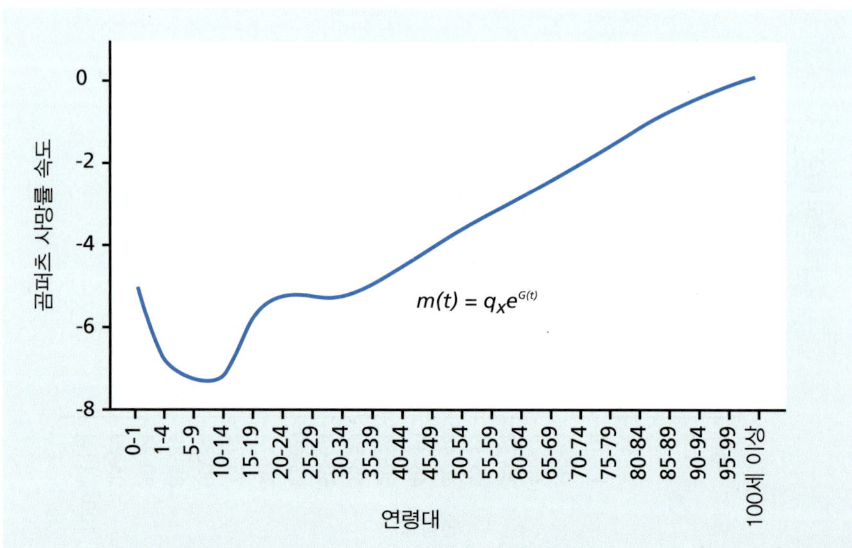


**그림 2.12** **2006년 미국 총 인구에 대한 곰퍼츠 사망률 속도(*mt*). (Gompertz mortality rate, m(t)), 2006.** (E. Arias, United States Life Tables, 2006, *Natl Vital Stat. Rep.* 58:1–40, 2010의 자료. National Center for Health Statistics의 허를 득함)

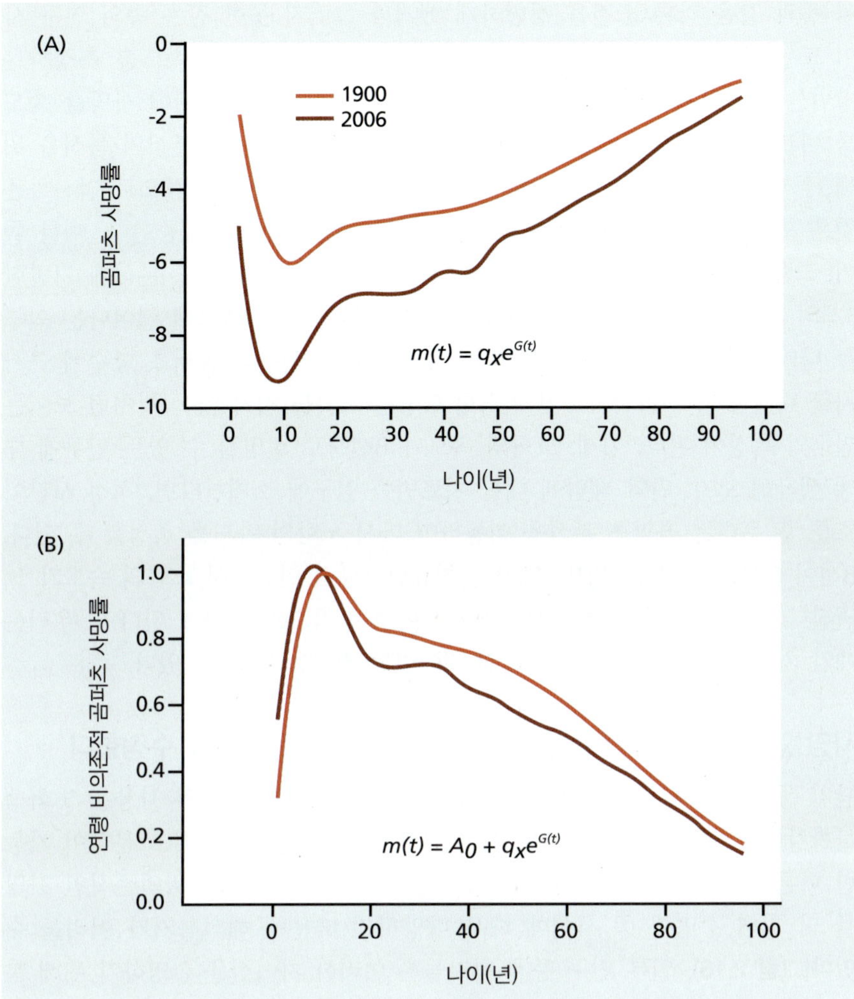


**그림 2.13 곰퍼츠 사망률 함수와 연령 비의존적 곰퍼츠 사망률 함수의 비교.** (A) 표준 곰퍼츠 사망률 함수 그래프와 (B) 연령 비의존적 사망률을 설명을 추가한 상수 $A_0$를 가지는 표준 곰퍼츠 사망률 그래프(각 인구당 최저 사망률은 연령 비의존적 사망률로 사용되었다)는 1900년과 2006년의 미국에서 사망률 속도를 보여준다. (A)에서 보여진 초기 사망률에서의 차이가 연령 비의존적 사망률을 교정하여 일부 제거되었다는 것에 주목하자. (F.C Bell and M.L. Miller, Life Tables United States Social Security Area 1900–2010, Pub. No. 11–11536, Washington, DC: Social Security Administration, 2005의 자료; E. Arias, United States life tables, 2006, *Natl Vital Stat. Rep.* 58:1–40, 2010의 자료. National Center for Health Statistics의 허가를 득함)

전의 연령별 사망률에 대한 정보를 포함하지 않을 것이다. 다시 말해, 그 함수의 계산은 대개 사춘기 즈음 가장 낮은 사망률 속도의 정보로부터 시작한다.

연령 의존적과 연령 비의존적 사망률은 수학적으로 정의되어 왔고 처리될 수 있기 때문에, 우리는 현재 사회 경제적인 상태, 질병의 치료 또는 처치, 오

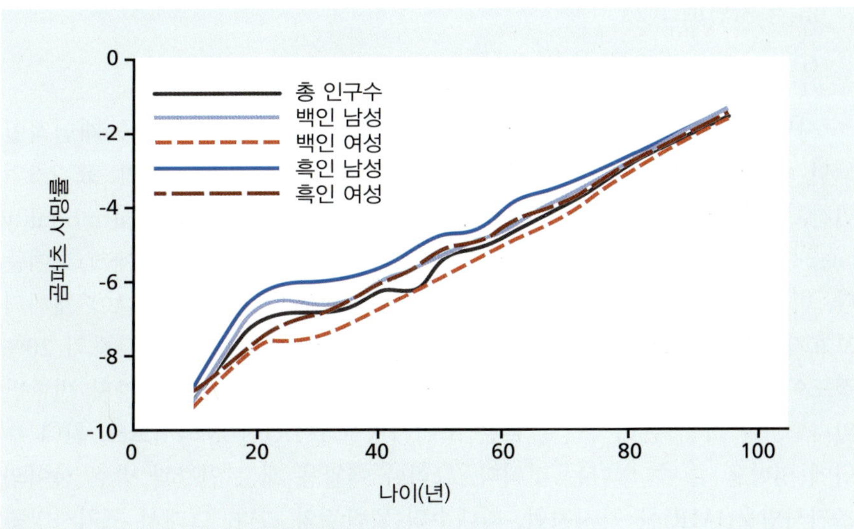


**그림 2.14 2006년 미국에서 인종별 성별 인구의 곰퍼츠 사망률 도표.** 모든 그룹에서 최저 사망률 속도는 10세 무렵에 발생한다. 비록 4개의 인구 집단에서 젊은 성인기 동안에는 사망률 속도가 다름에도 불구하고, 40세 이후에는 비슷해진다. (E. Arias, United States life tables 2006년의 자료, *Natl Vital Stat. Rep.* 58:1–40, 2010의 자료. National Center for Health Statistics의 허가를 득함)

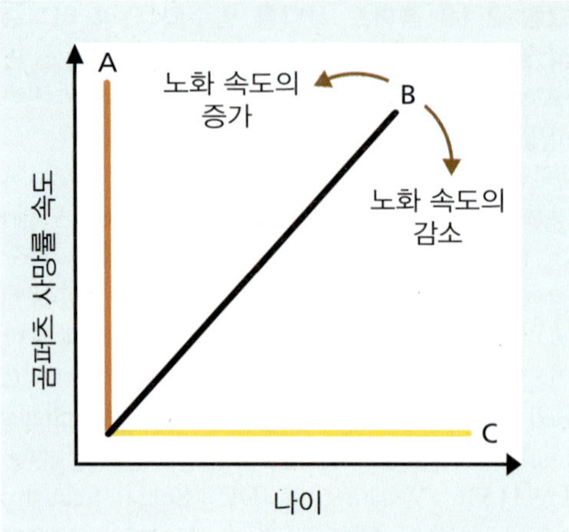


**그림 2.15 곰퍼츠 사망률 속도의 기울기 변화는 인구에서 노화의 속도 변화의 측정을 제공한다.** A선 쪽으로 기울기가 향하면, 노화의 속도는 증가한다. C선 쪽으로 기울기가 향하면, 노화의 속도는 감소한다.

염 등과 같은 다른 조건을 경험하게 했거나 그러지 못한 같은 종의 인구 사이 또는 내에서 곰퍼츠 사망률 함수를 사용함으로써 노화 속도를 측정하는 방법을 가지고 있다. 많은 통계학적 기법들이 다른 인구 사이에 사망률 속도를 비교하기 위한 **인구 통계학(demography)**에서 사용된다. 본서의 목적을 위해, 곰퍼츠 사망률 함수에 의해 생성된 선의 기울기를 시간적으로 검사하는 것은 노화 속도에서 가능한 변화를 결정하는 쉬운 방법을 제공한다. 예를 들어, **그림 2.15**에서 나타난 가상의 곰퍼츠 도표는 사망률 속도 분석에 기반한 3개의 다른 노화 속도를 나타낸다. A선은 노화가 매우 빠르게 일어나는 인구를 나타낸다. B선은 노화가 점진적으로 일어나는 인구의 곰퍼츠 함수에 근사치를 나타낸다. 기울기가 0인 편평한 C선은 노화를 겪지 않는 것처럼 보이는 인구의 특징이 된다. 이제, 노화의 속도가 B선으로 설명될 수 있는 인구에 대해 생각해 보자. 만약 폐암에 대한 치료법을 인구에 소개한다면, 적정 시간이 흐른 후 우리는 곰퍼츠 분석을 이용하여 다시 노화의 속도를 측정할 수 있다. B선이 C선으로 변경된다면, 폐암을 치료함으로써 인구에서 노화의 속도가 느려진다고 결론을 내릴 수 있다. 만약 선이 A선 쪽으로 향하게 된다면, 우리는 폐암 치료가 노화 속도를 증가시킨 것이라고 결론을 내릴 수 있다.

### 사망률 속도의 배가시간은 초기 사망률 속도의 차이를 수정한다

단일 종의 인구에서 노화의 속도 측정을 위한 곰퍼츠 분석의 사용은 노화생물학자들에게 매우 유용하다는 것이 입증되었다. 그러나 곰퍼츠 분석이 가능한 다른 종의 노화 속도 사이의 비교는 인구의 규모, 연령 비의존적인 사망률 및 최대 수명이 종 사이에 매우 다양하기 때문에 해석하기가 어려울 수 있다**(그림 2.16)**. 일부 인구 통계 학자들은 이러한 차이점을 설명하기 위해 복잡한 수학적 기법을 개발했지만 이러한 과정들은 모든 종에 쉽게 적용되지 않는 많은 가정과 기법이 포함된다. 칼렙 핀치 박사(Dr. Calab Finch)는 1990년에 종 간 비교를 위해 곰퍼츠 분석을 이용하는 것과 관련된 어려움이 **식 2.5**에서 주어진 **사망률 배가시간(mortality-rate-doubling time**; MRDT)의 간단한 계산이나 인구의 사망률이 두 배가 되는 데 필요한 시간에 의해 부분적으로 감소될 수 있다고 주장하였다.

$$\text{사망률 배가시간, } MRDT = \frac{\text{In}_2}{G} = \frac{0.693}{G} \tag{2.5}$$

$\text{In}_2$ = 자연로그 2

$G$ = 곰퍼츠 사망률 상수

사망률 배가시간(MRDT)를 포함하는 노화 속도 분석은 종종 개인적인 노화 속도에 대한 가설을 시험하기 위한 기초가 된다. 예를 들면, **표 2.3**의 인간, 개 그리고 박쥐로부터 데이터를 살펴보자. 초기사망률(initial mortality rate; IMR)은 인간이 삶의 초기에서 사망률이 낮다는 것을 우리에게 보여준다. 박쥐는 야생 동물이기 때문에 높은 IMR을 나타내는 바와 같이 새끼의 보호가 인간만큼 잘 되지 않는다. 게다가, 박쥐의 최대 수명은 사람의 20% 정도이다. 만약 인구에서 노화의 속도를 위한 지표가 이들 두 가지 변수만 있다면, 한 가지 논리적인 결론은 초기사망률(IMR)이 유의적으로 최대 수명에 영향을 줄 수 있다는 것이다. 그러나 애완용 개는 인간과 박쥐 사이의 초기사망률(IMR)를 가지지만, 최대수명은 박쥐와 같다. 그래서 초기사망률

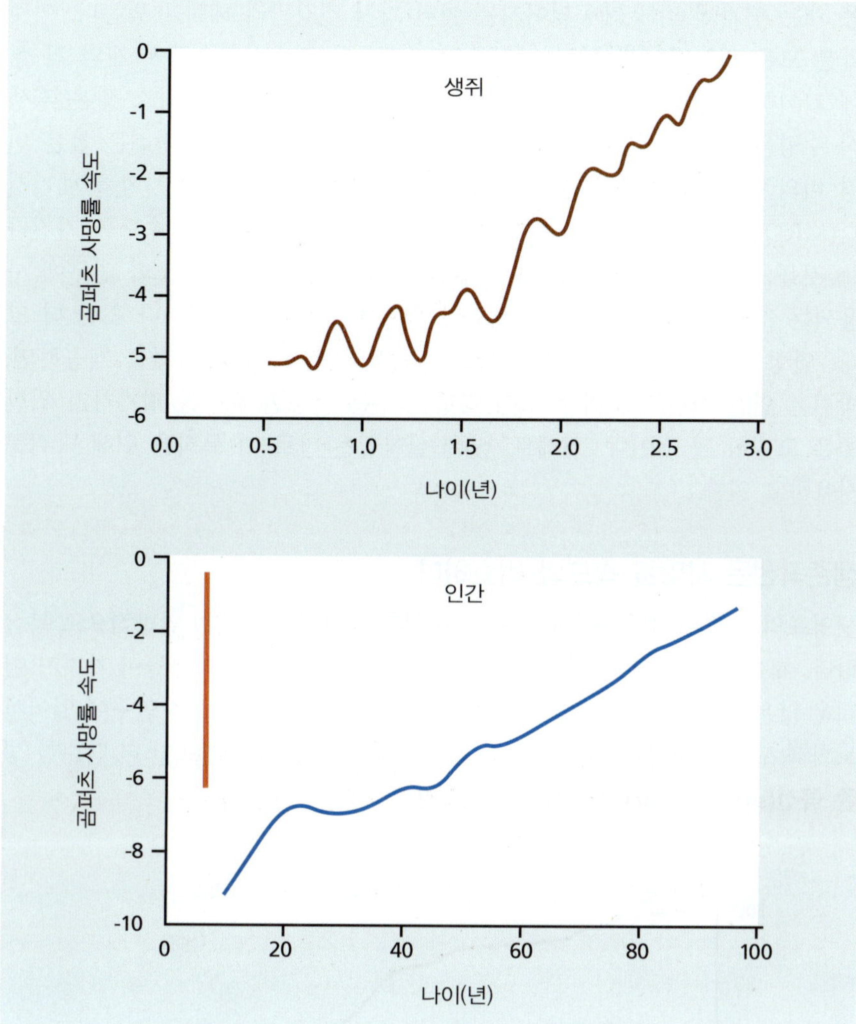


**그림 2.16 두 개의 다른 종에서 곰퍼츠 사망률 속도의 비교.** 이 그래프는 2006년 미국 총 인구와 생쥐의 곰퍼츠 사망률 도표를 보여준다. 생쥐 개체군의 작은 크기 때문에 데이터에서 큰 변동을 야기하지만, 특정 연령(1.5년된 생쥐, 인간에서는 25~30세)후 사망률의 패턴이 비슷하며 점진적인 노화 속도를 나타낸다는 것에 주목하자. 하지만, 연령 비의존적 사망률과 최대수명의 차이는 종들 간의 비교가 어려울 수 있다. 만약 인간의 데이터처럼 같은 x축에 생쥐 데이터를 둔다면 결과는 인간 도표에 빨간색 선이 될 것이다. (아래 데이터는 E. Arias, united states life tables, 2006, *Natl vital stat. rep* 58:1–40에서 온 것임. 국가건강통계센터의 허가를 득함)

(IMR)이 수명을 결정하는 것은 쉽지 않다. 우리는 왜 최대수명이 종마다 다른지에 대한 또 다른 답을 찾아야 한다. 사망률 배가시간(MRDT)을 추가하여 분석하면 일어날지도 모르는 일에 대한 통찰력을 얻을 수 있다.

비록 박쥐가 높은 초기사망률(IMR)을 가진다고 하더라도, 5년 간의 평균 사망률 배가시간(MRDT)은 3년 동안의 사망률배가시간(MRDT)을 가진 애완용 개에서 관찰된 것보다 더 느린 노화 속도를 보여준다. 그러나 애완

**표 2.3 다양한 종에서의 초기사망률(IMR), 사망률 배가시간(MRDT), 그리고 최대수명(년도)**

| 종 | IMR | MRDT(년도) | 최대수명(년도) |
|---|---|---|---|
| 인간 | 0.0002 | 8 | 120 |
| 개 | 0.02 | 3 | 10~20 |
| 실험용 생쥐 | 0.01 | 0.3 | 4~5 |
| 실험용 쥐 | 0.02 | 0.3 | 5~6 |
| 박쥐 | 0.36 | 3~8 | 11~25 |
| 재갈매기 | 0.2 | 6 | 49 |
| 칠면조 | 0.05 | 3.3 | 12.5 |
| 메추라기 | 0.07 | 1.2 | 5 |
| 초파리 | 1 | 0.02 | 0.3 |
| 선충 | 2 | 0.02 | 0.15 |
| 담륜충 | 6 | 0.005 | 0.10 |

용 개는 인간에 의해 제공되어지는 여러 가지 건강관리 혜택을 받는다. 이것들은 모든 가능성에서 연령 비의존적 사망률를 감소시킴으로써 개의 긴 삶에 기여하게 된다. 박쥐는 야생이며, 포식과 질병으로 인해 다소 짧은 후생식 수명을 가지는 경향이 있다. 다시 말해서, 개와 비교해서 박쥐는 높은 연령 비의존적 사망률을 가진다. 그럼에도 불구하고, 5년 간의 사망률 배가시간(MRDT)은 박쥐가 개보다 인간에 훨씬 더 가까운 노화의 속도를 가진다는 것을 보여준다. 또한 박쥐의 사망률 배가시간(MRDT)은 노화 연구에 사용되는 가장 일반적인 두 종인 생쥐와 흰쥐에서 보여지는 것보다 훨씬 더 크다. 연령 비의존적 사망률을 줄이도록 돕는 적절한 환경 조건을 제공하면, 박쥐는 인간 개인의 노화 속도에 영향을 주는 가능한 요소를 평가하기 위한 좋은 모델이 될 것이다. 실제로, 많은 실험실은 바로 이 목적을 위해 박쥐를 사육하고 있다.

## 생존곡선은 사망률 속도와 비슷하다

생명표의 구축과 사망률 속도의 분석은 시간이 많이 소요되며 일반적으로 복잡하다. 게다가, 사망률 속도의 정확한 결정은 대부분의 생물학자들이 가지기 어려운 많은 인구 표본을 필요로 한다. 따라서, 노화생물학자들은 인구에 있어서 노화 속도를 추정하기 위해 시간의 경과에 따른 생존의 그래프인 더 단순한 **생존 곡선(survival curve)**을 사용한다(**그림 2.17**).

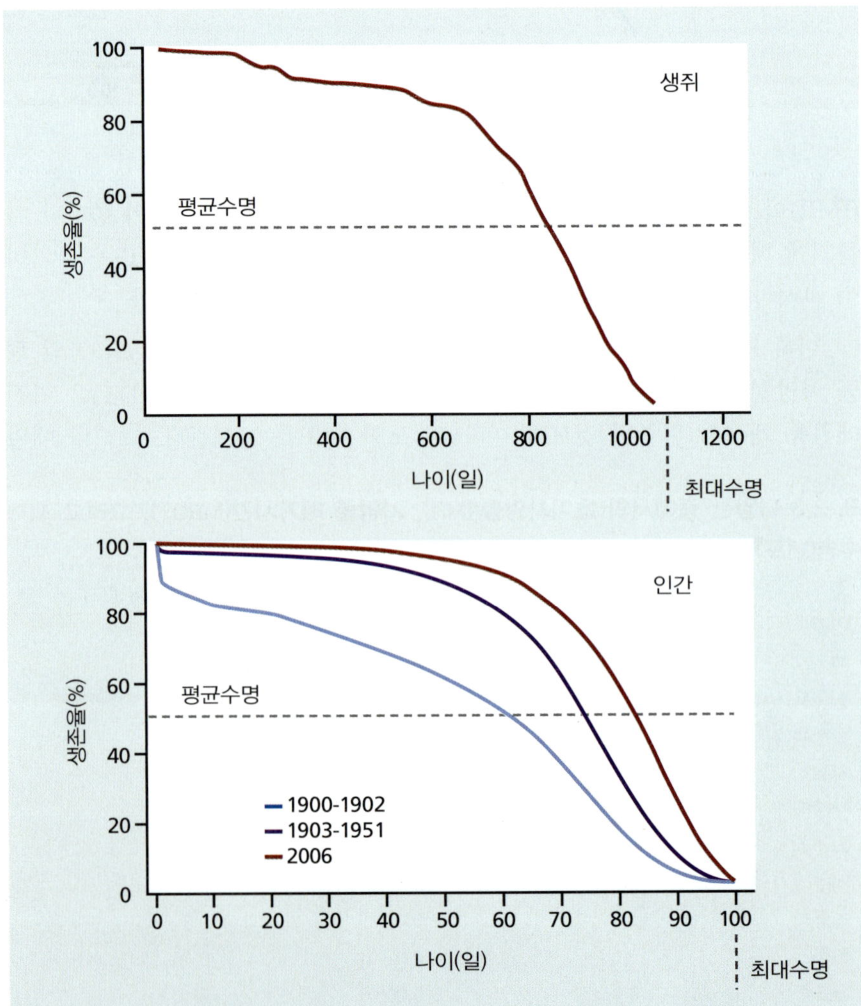


**그림 2.17 두 개의 다른 종의 생존 곡선 비교.** 생존 곡선은 생명표에서 파생된 것이다(표 2.2 참조). 1열(나이)은 3열(*lx*: 나이 x에서 생존하는 사람의 수)의 수명 백분율로 전환한 값에 대하여 도표로 나타내었다. 2006년에 생쥐 개체군과 사람의 생존의 패턴은 유사한데, 이는 적은 인구에서 생존 곡선은 실제 사망률 속도에 좋은 근사치임을 시사한다. (아래 데이터는 E. Arias, united states life tables, 2006, *Natl vital stat. rep* 58:1–40에서 온 것임. 국가건강통계센터의 허가를 득함)

생명표에 적용되는 노화의 속도에 관한 동일한 일반적인 가정은 생존 곡선에 대해서도 사용될 수 있다. 실제로, 곡선의 형태와 사망률 속도의 로그를 비교하는 것은 사망률의 특성이 변화함에 따라 생존 곡선의 형태도 변화한다는 것을 보여준다(**그림 2.18**).

생존 곡선을 구성하기 위해 사용되는 데이터는 노화생물학에서 광범위하게 사용되는 두 가지 중요한 변수인 평균수명 및 최대수명을 제공한다. **평균수명**(**Mean life span**)은 인구에서 수명의 산술적 평균에 해당한다. **최대수명**(**Maximum life span**)은 인구에서 가장 오래 생존한 개인의 사망한 나이를 반영한다. 노화생물학자들은 생존 곡선은 일반적으로 수적으로 적은 집단에서 생성되고 최대수명에 도달하는 인구는 매우 적기 때문에 그들의 최대수명의 지표로서 생존의 상위 10%를 사용한다. 평균수명과 최대수명 모두 생존 곡선의 형태를 반영하는 요소로서 특별한 의미를 가진다.

평균수명은 인구의 외적인 노화의 척도이다. 노화생물학자들은 외적 요소가 인구 노쇠 속도에 영향을 주는지를 결정하기 위해서 다른 환경 또는 실험적 처리에 노출된 단일 종에서 인구의 평균 수명을 비교한다. **그림 2.17**에서 서술된 인구의 처음 50%에서 사망은 긴 시간에 걸쳐 발생한다. 반면에, 두 번째 50%는 짧은 백분율 내에 죽는다. 이처럼, 평균수명은 발달과 성숙단계에서의 생존율과 노쇠에 이들 두 삶의 단계에 미치는 영향의 상대적인 값이

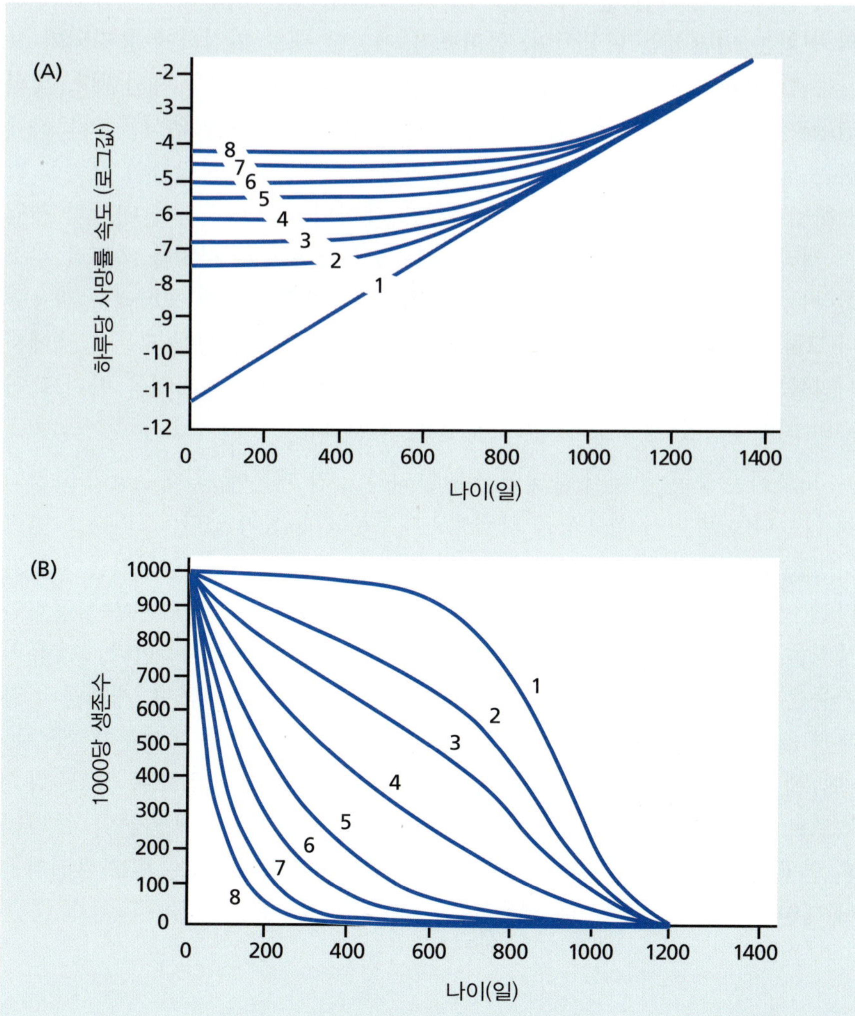


**그림 2.18 곰퍼츠 사망률 속도 도표와 생존 곡선의 비교.** (A) 곰퍼츠 도표. (B) 생존 곡선. 선 위의 숫자들은 양쪽 그래프에서 동일한 인구를 나타낸다. 예를 들어, 점진적인 노화 인구에 대해 예측한 사망률 속도인 (A)의 1번 선은 동일한 인구 집단에서 예측된 생존 곡선인 (B)의 선 1에 부합한다. 곰퍼츠 사망률 속도의 패턴이 변함에 따라, 생존 패턴도 변하며 이는 생존 곡선이 사망률 속도의 좋은 근사치라는 것을 의미한다. (G. A. Sacher in Handbook of the Biology of Aging[G. E. Finch and L. Hayflick, eds.], New York; van nostrand reinhold company, 1977의 자료, john wiley and sons의 허가를 득함)

다. 그림 2.17에서 보여진 인구의 초기 생존의 변화가 어떻게 평균 수명을 변화시키는지를 보자. 평균수명의 긍정적인 변화는 일부 외인성 개입이 외적인 노화의 속도를 늦추고 더 많은 비율의 인구가 노쇠에 들어가도록 허용한다는 것을 제안한다. 반대로, 평균수명의 부정적인 변화는 노화의 외적인 속도의 증가와 노화를 일으키는 개인의 감소를 나타낸다. 노화에 도달하는 개인이 적을수록 최대수명과 관련된 어떤 결론이 선택적 사망률에 의해 영향을 받을 가능성이 커진다.

최대수명은 노화생물학자들에게 노화의 유전적 또는 내재적 속도에 대한 몇 가지 정보를 제공한다. 비록 이러한 유전자가 아직 확인되지 않았다고 하더라도 수명 잠재성은 성공적인 번식을 위해 선택된 유전자들과 관련된다는 것을 뒤의 장에서 배울 것이다. 이처럼, 일부 처치나 실험적 절차에 따른 최대수명에서 어떤 변화는 대부분 유전인 내적인 노화의 근본적인 속성이 변경되었음을 의미한다. 그림 2.17의 3개의 인간 집단에서 최대수명은 생존 곡선의 모양이 다르더라도 동일하다는 것을 나타낸다. 즉, 최대수명은 노화의 외적인 속도에 의해 영향을 받지 않는다.

### 생애 마지막에서 사망률 속도의 감속은 장수 유전자의 가능성을 시사한다

그림 2.17에서 생존 곡선의 면밀한 검사는 생존율이 이들 인구에 있어서 수명의 끝을 향해 약간 증가한다는 것을 나타낸다. 생존 곡선의 꼬리에서 속도의 변화는 일반적인 현상이며, 곰퍼츠가 예상한 대로 일정하게 유지되기 보다는 만년(晩年)의 사망률 속도가 느려질지도 모른다는 것을 제안한다. 몇몇 연구자들은 이 가능성을 조사했고, 조사된 집단의 정확한 분석을 가능하게 하는 노년기 끝에 많은 수의 개인이 남아있을 때 노년기 사망률의 감속을 발견하였다. 이 현상을 처음 인식한 사람은 데이비스 캘리포니아 대학의 제임스 캐리 박사(Dr. James Carey)였다. 그는 노쇠한 파리의 사망률 속도가 감소한다는 것을 입증하기 위해 120만 마리가 넘는 지중해 열매 초파리를 사용했다**(그림 2.19)**. 이러한 연구 결과는 곰퍼츠 사망률 함수가 생애 모든 단계에서 사망률의 궤적을 정확히 설명할 수 없으며, 어떤 하나가 정확성을 가지고 인구의 최대수명을 예측할 수 없다는 것을 의미한다.

노화하는 모든 종에서 불멸성이 관찰되지 않기 때문에, 최대수명이 고정되지 않는다는 발견이 실용성을 가질까? 대부분 가능성이 없다. 그러나 노년기 사망률의 감소는 진화와 노화 유전학을 연구하는 노화생물학 연구자들에게 커다란 이론적 의미를 가지고 있다. 다음 장에서 배우겠지만, 진화론은 성공적인 생식을 위해 선택된 유전자로부터 장수가 생겨났다는 것을 예측한다. 즉, 유전자들은 장수를 결정한다. 초파리의 데이터는 진화론과 일치하며, 개체군의 일부가 개체군 대부분과 다른 장수 특성을 가지고 있다는 것을 보여준다. 장수는 게놈에 의해 결정되므로, 그것은 초파리가 그들을 더 오래 살도록 하고, 다른 속도로 늙게 하는 다른 유전자를 가지고 있어야 한다라는 것에 따른다. 초파리의 연구는 분자 생물학자 및 유전학자가 수명을 수정할 수 있는 후보 유전자들에 대한 가설을 검증하는 데 사용하는 이론적 근거를 제공한다.

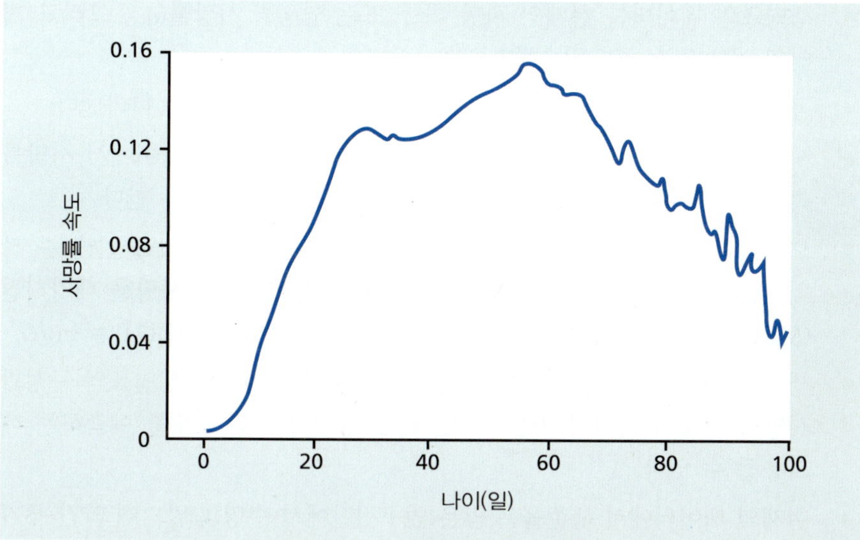


**그림 2.19 120만 마리의 초파리의 사망률 속도.** 0에서 20~30일까지, 사망률 속도는 실험실 조건하에서 유지되는 개체군에 대해 예상되는 전형적인 지수적인 증가를 보여주는데, 즉 연령 비의존적 사망률은 거의 없다. 그러나 초파리의 많은 개체군에 대한 분석은 곰퍼츠에 의해 예상되는 일정한 사망률 속도와는 달리 노년기에서 사망률이 느려지고 감속됨을 보여준다. (J.R. Carey, P. Liedo and J. W. Vaupel, *Exp. Gerontol.* 30:605–629, 1995의 자료. Elsevier의 허가를 득함)

## 필수 개념

- 노화생물학자들은 전통적으로 연령과 관련된 변화를 표현하기 위한 측정법의 표준 단위로서 시간의 경과를 사용해 왔다. 그러나 선택의 시점에서 관찰될 수 있는 가능한 시간 관련 차이가 생물학적 노화에 대한 어떤 의미를 가지는지를 결정하려는 노력은 어려울 수 있으며, 종종 대답되지 않은 많은 의문점을 남긴다.
- 환경과의 상호작용에 있어서의 차이 때문에, 생물학적 노화 속도는 매우 개별화된다.
- 내적인 노화 속도는 개인의 유전자형을 반영하며 매우 정확히 측정될 수 있다. 유전형과 환경적 상호작용의 결과(즉, 표현형)인 외적 노화 속도는 무한한 가능성을 가지며 측정하기 어려울 수 있다.
- 표현형으로 나타나는 유전자 발현의 조절은 후생 유전학에 의해 영향을 받을 수 있다.
- 개인의 표현형 간의 차이는 연령과 함께 증가한다. 우리가 나이가 들수록, 표현형은 점점 더 개인에게 고유해진다.
- 최근 연구는 노화 속도에서의 궤적은 태아 및 생애 초기 발달 동안 설정될 수 있음을 주장하고 있다.
- 횡단적 조사는 한 시점에서 다른 연령 그룹의 평균을 비교한다. 횡단적 연구는 내재적 변동성, 코호트 효과 및 선택적 사망률과 같은 요인으로 인해 정밀도가 제한된다.
- 종단적 연구는 연령별 생리적 기능 저하의 속도와 시기가 매우 가변적임을 보여준다. 종단적 연구는 또한 연령 관련 생리학적 감소가 시간에 대해 비선형적이라는 것을 보여준다.
- 개인 유전체학은 곧 "노화 속도" 유전자의 존재 여부와 어떻게 이러한 유전자들이 발현되는지를 확인하는 데 곧 사용될 수 있다.
- 노화생물학자는 사망률 속도를 계산하여 특정 인구의 노화 속도를 추정할 수 있다.

- 생명표의 데이터는 현재의 사망 확률 또는 연령별 사망률($q_x$), 그리고 개인의 기대수명($e_x$)과 비슷하다.
- 곰퍼츠 사망률 함수, $m(t) = q_x e^{G(t)}$는 인구의 사망률 속도를 나타낸다.
- 사망률에 영향을 주는 다른 환경적 조건을 가지는 인구 사이에서 사망률 속도의 비교는 연령 비의존적 사망률의 측정이 포함되어야 한다.
- 모집단의 크기, 초기 사망률 속도 및 최대수명에서의 차이로 인해 종 간의 비교에 대한 곰퍼츠 분석의 사용과 관련된 어려움은 사망률 배가시간(MRDT)을 계산함으로써 부분적으로 감소될 수 있다. MRDT = $\ln_2/G$.
- 생존 곡선은 시간 경과에 따른 생존의 도표적 표현이며 생명표의 구성과 사망률 속도의 분석이 비실용적일 때 인구에서 노화 속도를 예측하는 데 사용될 수 있다.
- 현재의 데이터에서 생존율은 많은 인구집단에서 수명의 말기에 약간 증가하는데, 이는 노년 사망률 속도가 느려질 수 있음을 시사한다.

## 토론 질문

**Q2.1** 유전자형과 표현형을 정의하라. 어떤 것이 노화의 내적 속도에 영향을 주는가? 무엇이 노화의 외적 속도에 가장 많은 영향을 미치는가?

**Q2.2** 인간 노화에 대한 바이오마커의 확인을 어렵게 만드는 몇 가지 요인들은 무엇인가?

**Q2.3** 노화가 어떻게 청력에 영향을 미칠 수 있는지에 대한 다음의 실험적 설계를 살펴보자. 20~49세, 50~69세, 70~90세의 세 연령 그룹은 서로 다른 수준의 소리에 노출될 것이며, 소리를 듣는 그들의 능력이 비교될 것이다. 이 예는 횡단적 또는 종단적 설계 중 어느 것인가? 어떻게 코호트 효과와 선택적 사망률이 결과와 결론에 영향을 미칠 것인지 설명하라.

**Q2.4** 인간 노화에 대한 종단적 분석은 노화의 바이오마커을 식별하는 데 횡단적 분석보다 더 효과적인가? 그 이유는 무엇인가? 왜 선택적 사망률과 코호트 효과의 영향이 종단적 분석에 참여한 피실험자에게 실시되는 횡단적 분석에서 감소하는가?

**Q2.5** 인간 노화에 대한 바이오마커가 왜 개인 유전체의 사용을 요구하는지를 설명하라. 개인 유전체는 노인 집단의 건강을 개선하는 데 어떻게 사용되는가?

**Q2.6** 인간 노화의 모델로 실험동물을 이용하는 노화생물학자들은 동물의 생식 수명에 관심을 가져야 하는 이유는 무엇인가?

**Q2.7** 곰퍼츠 모델을 사용할 때 사망률 속도의 종간 비교를 어렵게 만드는 세 가지 요인은 무엇인가?

**Q2.8** **그림 2.20**의 그래프는 생쥐의 두 그룹에 대한 생존 곡선을 보여준다. 어떤 그룹의 생쥐가 노화 속도가 느린가? 그 이유는 무엇인가? 각 그룹에 대한 대략적인 평균수명과 최대수명은 무엇인가?

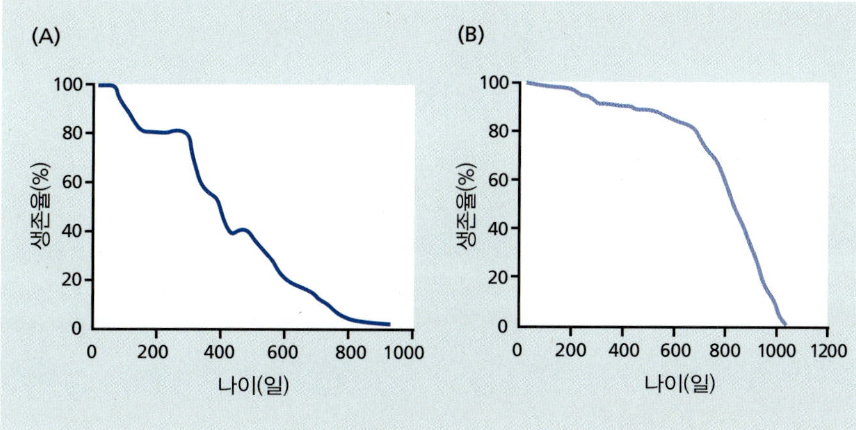


그림 2.20

**Q2.9** 평균수명 또는 최대수명 중 인간 노화의 외적인 속도의 좋은 방법은 무엇인가? 그 이유는?

**Q2.10** 인구의 사망률 속도가 노년기에서 감소하는 현상은 선택적 사망률의 개념을 어떻게 지지하는가?

# 추가 참고문헌

## 개인에서 생물학적 노화의 측정


American Federation of Aging Research. www.afar.org

Barker DJ, Godfrey KM, Fall C, et al. (1991) Relation of birth weight and childhood respiratory infection to adult lung function and death from chronic obstructive airways disease. *BMJ* 303:671–675.

Barker DJ, Winter PD, Osmond C, et al. (1989) Weight in infancy and death from ischaemic heart disease. *Lancet* 2:577–580.

Ferrucci L (2008) The Baltimore Longitudinal Study of Aging (BLSA): a 50-year-long journey and plans for the future. *J Gerontol A Biol Sci Med Sci* 63:1416–1419.

Johnson TE (2006) Recent results: biomarkers of aging. *Exp Gerontol* 41:1243–1246.

Khoury MJ, McBride CM, Schully SD, et al. (2009) The scientific foundation for personal genomics: recommendations from a National Institutes of Health–Centers for Disease Control and Prevention multidisciplinary workshop. *Genet Med* 11: 559–567.

McCartney N, Hicks AL, Martin J & Webber CE (1996) A longitudinaltrial of weight training in the elderly: continued improvements in year 2. *J Gerontol A Biol Sci Med Sci* 51: B425–433.

Miller RA (2006) Principles of animal use for gerontological research. In Handbook of Models for Human Aging (Conn PM ed), pp 21–31. New York: Elsevier.

Newman AB (2010) An overview of the design, implementation, and analyses of longitudinal studies on aging. *J Am Geriatr Soc* 58:S287–289.

Ruggiero C, Metter EJ, Melenovsky V, et al. (2008) High basal metabolic rate is a risk factor for mortality: the Baltimore Longitudinal Study of Aging. *J Gerontol A Biol Sci Med Sci* 63: 698–706.

Shock NW, Greulich RC, Andres R, et al. (1984) Normal human aging: the Baltimore Longitudinal Study of Aging. www.grc.nia.nih.gov/blsahistory/blsa_1984/index.htm

Strehler BL (1959) Origin and comparison of the effects of time and high-energy radiations on living systems. *Q Rev Biol* 34: 117–142.


## 인구에서 생물학적 노화의 측정


Arias E (2010) United States life tables, 2006. *Natl Vital Stat Rep* 58:1-40.

Carey JR (2003) Longevity: The Biology and Demography of Lifespan. Princeton: Princeton University Press.

Carey JR, Liedo P, Orozco D & Vaupel JW (1992) Slowing of mortality rates at older ages in large medfl y cohorts. *Science* 25:457 –461.

Chiang CL (1984) The Life Table and Its Applications. Malabar, FL: Robert E. Krieger Publishing Company.

Finch CE (1990) Longevity, Senescence, and the Genome. Chicago: University of Chicago Press.

Gavrilov LA & Gavrilov NS (1991) The Biology of Lifespan: A Quantitative Approach. Newark, NJ: Harwood Academic Publisher.

Gompertz B (1825) On the nature of the function expressive of the law of human mortality, and on the mode of determining the value of life contingencies. *Phil Trans R Soc* 115:513–585.

Motulsky HJ (2010) Comparing survival curves. In Intuitive Biostatistics. Oxford: Oxford University Press, pp 210–218.

# 장수와 노화의 진화론

# 3

**"생물학에서 진화의 빛 없이 설명할 수 있는 것은 아무것도 없다"**
**-테오도시우스 도브잔스키[THEODOSIUS DOBZHANSKY(1900~1975), 생물학자]**

찰스 다윈은 인류에게 삶의 관점을 영원히 바꿔 놓는 새로운 사고방식을 주었다. 다윈은 자연만이 지구상에서 발견되는 생명체의 엄청난 다양성에 책임이 있음을 제안했다. 자연적 선택에 의한 진화론은 현재까지 크게 변하지 않은 채 남아있고 생물학에서의 모든 발견의 지적 핵심이며, 심지어 이 이론이 1858년 7월 1일 영국 린리언 학회(Linnean Society of England)의 회의에서 처음 소개된 후 150년이 경과되었다.

다윈은 *종의 기원*(*On the Origin of Species*)에서 자연적 선택에 의한 진화에 대해 자신의 생각을 확장했다. 이 책에서 그는 종 내에서 개체의 특징에 있어서 차이가 어떻게 그 물질이 지구에서 생명체의 그러한 다양성에 대해 책임을 지도록 하는지에 대해 설명한다. 따라서 노화생물학자들이 연장된 생식 후 삶, 노화, 노쇠, 그리고 장수의 존재에 대한 생물학적 기초를 형성하기 위해 진화론을 고려해보는 것은 놀랄 일이 아니다.

이 장에서 우리는 진화론과 진화 생물학이 우리가 왜 늙고 어떻게 늙는지를 설명하기 위해 어떻게 사용되어 왔는지를 살펴보고자 한다. 우리는 장수 및 노화와 관련된 몇몇 역사적 진화론을 간단하게 살펴보고 그 후에 몇 가지 현재의 진화 모델을 보다 자세히 살펴보고자 한다.

**이 장에서...**



## 장수와 노화의 진화론에 대한 기초

장수와 노화에 대한 진화론은 진화적 생물학의 기초 개념에 그들의 뿌리가 단단히 뿌리 내려있다. 이 절에서 우리는 장수 및 노화와 관련된 진화 모델의 발달에 큰 영향을 미치는 일반적인 진화의 주제에 대해 간단하게 탐구한다.

### 바이스만은 체세포와 생식세포 사이의 분리를 정립했다

1882년 다윈이 죽었을 때, 자연적 선택에 의한 진화는 생물과학 단체에서 완전히 받아들여지지 않고 있었다. 비록 그 시대의 대부분의 생물학자들은 다윈이 의심의 여지없이 정확하다는 것에 동의했지만, 그 이론은 여전히 완전한 동의를 방해하는 많은 허점을 가지고 있었다. 그러한 문제 중 하나는 형질이 세대 간에 전달되는 메커니즘이었다. 다윈 시대의 대부분의 과학자들은 체세포가 **생식세포(gametes)**에 직접 유전적 특성을 전달했다고 믿었다. 위대한 독일의 이론가 아우구스트 바이스만(August Weismann, 1834~1914)이 체세포와 생식세포의 분열에 관한 우리의 현재 개념이 확립되었다는 것을 증명할 때까지는 아니었다. 이것은 노화이론에 대한 기초로 자리 잡았다. 하나의 실험에서 바이스만은 22세대 동안 가임기 전에 꼬리를 자른 생쥐를 교배시켰다. 각각의 교배된 쌍은 꼬리가 있는 쥐를 생산했다(그림 3.1). 이 실험은 체세포가 생식세포와 소통하지 않으며, 생식세포 단독으로 다음 세대로 유전물질을 계승한다는 것을 보여준다.

체세포와 생식세포 사이의 분리는 바이스만에게 개체 내에서 분업을 제안했다: 체세포는 유전물질을 넘겨주는 생식세포를 지지하기 위해서만 존재했다. 이 증거를 바탕으로 바이스만은 체세포의 역할은 생식을 위해 충분히 오래 살도록 하는 것이라고 주장했다. 이러한 역할이 잘 수행되었을 때, 더 이상 체세포는 필요가 없어지고 생물체에 노화와 죽음이 따른다. 이 장의 뒷부분에서 살펴보겠지만, 노화에 대한 바이스만의 생각은 나중에 **균형 가설(trade-off hypothesis)**이라고 불리는 기초를 형성하는데, 이는 성공적인 생식의 대가가 죽음이라는 것이다.

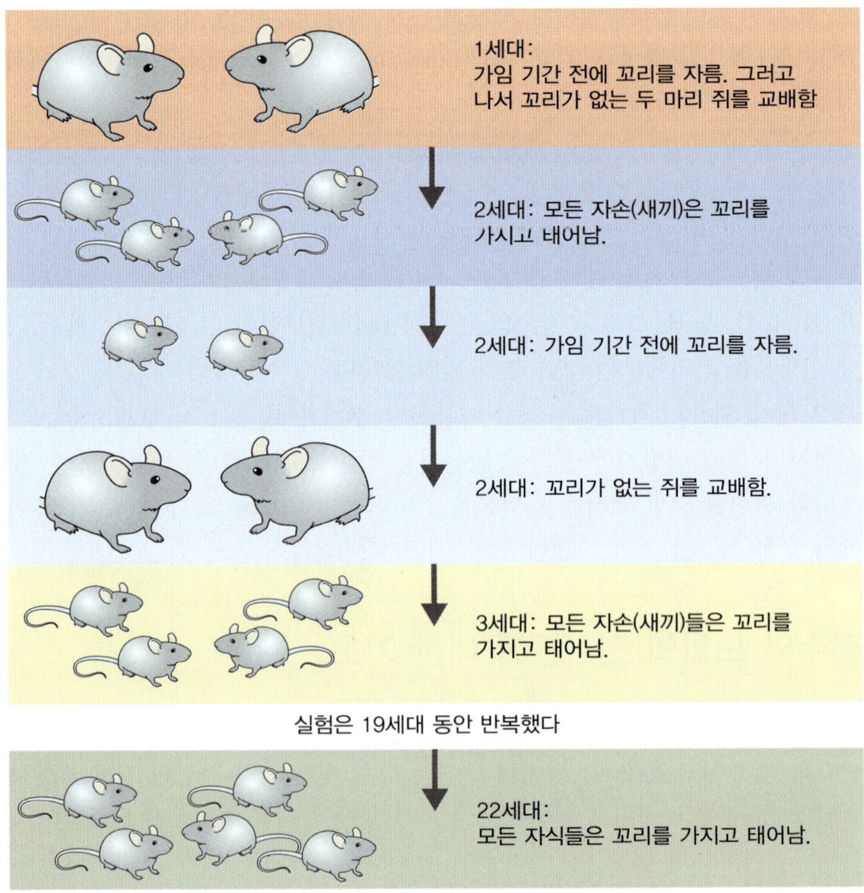


**그림 3.1 생식세포와 체세포 사이의 분리를 확립한 바이스만의 실험.** 바이스만은 번식 시작 전에 쥐의 꼬리를 제거하는 것이 세대에서 세대로 넘어가는 동안 자손의 꼬리 길이나 형태에 영향을 미치지 않는다는 것을 발견하였다.

### 바이스만은 노화는 비적응적 특성이라고 제안했다

진화와 노화를 주제로한 바이스만의 첫 번째 저서에서 그는 다음과 같이 말했다.

> … 삶의 지속을 조절하는 데 있어서 개인이 아니라 종에 대한 이점은 그 자체로 중요하다. 이것은 자연적 선택의 과정을 철저하게 심사 숙고하는 사람에게는 명백해야 한다. 개체가 오래 살든 짧게 살든 그것은 종에게 중요하지 않지만, 개체는 종의 유지를 가능하게 해야 한다. 이 일은 죽는 이들에 대한 종을 보상하기 위해 새로운 개체의 충분한 수를 형성하는 것이다. 개체가 이에 대한 자신의 역할을 수행하자마자, 종에 대한 어떤 가치가 중단되고, 의무를 다하게 되어 죽을 수 있다. (바이스만 1891)

바이스만에 의한 초기 기록은 노화가 **집단 선택(group selection)**으로 알려진 일반적인 개념인 종의 이익을 위해 일하는 긍정적 적응으로서 자연적 선택을 통해 일어난다고 제안했다. 즉, 선택은 개인보다는 집단 수준에서 일어난다. 바이스만은 원래 노화는 더 이상 생식을 할 수 없지만, 물과 음식과 같은 제한되고 귀중한 자원을 계속 사용하는 늙고 쓸모 없는 개인을 제거하기 위해 선택되는 것이라고 믿었다. 종의 지속에 기여하지 않는 생식력이 없는 성인 집단의 제거는 생식기능을 가지는 집단 구성원에게 우선적으로 자원을 할당하도록 하며, 남은 집단의 **건강(fitness)**을 증가시킨다.

늙고 생식기능이 없는 성인 구성원을 제거하는 데 있어서 집단 이익에 대한 바이스만의 논리는 분명히 매력적이지만 일반적인 오해가 남기도 한다. 분자적 진화에 대한 연구에서 얻은 증거에 따르면 결정적으로 개인 또는 더 정확하게 유전자가 다윈이 원래 믿고 있었던 것처럼 적응의 초점임을 확립했다. 오직 생식적으로 왕성한 개인만이 게놈의 구성에 영향을 미치며, 이 구성은 생식을 잘 해내고, 유전자를 전달하기 위한 개인의 요구에 의해 독점적으로 유도된다. 다시 말해서, 유전자는 나중에 집단에서 나이든 사람들을 제거해야 할 필요가 있는지를 알지 못한다는 것이다. 몇몇 증거가 폐경(생식적 노화)과 연장된 생식 후 수명이 건강을 증가시키는 적응일 수 있음을 제안하기 위해서 존재한다(BOX 3.1).

이윽고, 바이스만은 노화 이론에 대한 기초로서 집단 선택에 대한 그의 원래 견해가 자연적 선택이 종 내의 개체들 사이에서 변화를 개선하기 위해 몰두한다는 다윈의 제안과 충돌한다는 것을 인식했다. 바이스만은 다윈의 자연선택이론을 거부하거나 노화의 진화적 기초에 대한 자신의 견해를 수정해야 했다. 그는 후자를 선택했다. 바이스만은 특성이 개인에게 쓸모가 없어지는 대로 자연적 선택이 더 이상 특성을 유지하거나 제거하지 않는다는 생각에 기초하여 그의 새로운 이론을 정립했다. 바이스만이 생식 후 기간을 생명체에게 가치가 없다고 간주했다는 것을 기억하라. 노화의 신체적 문제의 대부분은 생식 후에 발생하기 때문에, 노화의 특성은 건강을 증가시키지도 감소시키지도 않으며, 노화 또는 노쇠는 자연선택의 힘에 중립적이다. 바이스만은 그러한 특성을 **비적응 형질(nonadaptive traits)**이라 불렀다. 노화의 중립성은 다윈주의의 엄격한 견해를 유지하는 동시에 바이스만이 다세포 생물체의 생식 후 기간은 불필요하다는 그의 제안을 유지하도록 해 주었다.

## BOX 3.1 할머니 가설과 여성 장수

역사의 도처에, 할머니는 그들의 손주에게 보살핌을 제공하는 친절하고 사랑스러운 대가족의 구성원으로 묘사되고 있다. 많은 문화 인류학자들은 할머니와 손주와 관계가 비인간 영장류를 포함해서 모두 다른 종들로부터 우리의 종을 분리한다고 믿는다. 몇몇 인류학자들은 현재 손주와 할머니 사이의 관계는 단순한 감정적 연결을 초월하고 장수의 진화적 발달에서 역할을 했을 것이라고 제안한다. **할머니 가설(grandmother hypothesis)**은 초기 사회에서 아이들에게 할머니로부터 주어진 보살핌이 그들의 딸로 하여금 더 많은 아이들을 가지게 하며 종을 위한 전반적인 건강을 증가시킨다는 것을 사실로 받아들인다. 할머니가 오래 살면 살수록, 그녀의 딸이 더 많은 아이들을 가질 수 있게 하고, 더 좋은 체력을 가질 수 있게 했다. 그것이 장수 또는 최소한 인간에서 관찰된 긴 생식 후 수명이며, 이는 번식 성공의 이익 때문에 선택되었다.

할머니 가설은 폐경이 종의 전반적인 건강을 증가시키려는 적응일 수 있다는 윌리엄 이론을 확장한 것이다. 윌리엄은 진화론적 역사에서 나이 많은 모체가 출산 중 사망할 위험이 더 크며, 이는 그들의 생존하는 아이들에게 돌봄을 제공할 수 없다는 것을 제안했다. 이러한 자손의 죽음은 종에 대한 체력 감소로 이어졌을 것이다. 그러나 만약 나이가 많은 여성이 폐경 때문에 생리학적으로 생식이 불가능하다면, 나이 많은 엄마들은 이미 존재하고 있는 아이들에게 자원을 제공하는 데 초점을 맞출 수 있을 것이다. 마찬가지로, 할머니 가설은 긴 생식 후 수명이 딸의 이전 자손들을 양육하는 데 할머니의 도움의 결과로 진화했다고 제안한다. 이것은 엄마들이 그녀에게 전적으로 의지하고 있는 어린 자녀들에게 더 많은 자원들을 제공하는 데 초점을 맞추게 한다. 할머니는 그녀의 손주들의 생존에 필수적이다. 따라서, 긴 생식 후 수명은 건강을 증가시켜 준다.

18세기와 19세기에 수집된 인구통계학적 데이터를 평가하는 연구는 일반적으로 할머니 가설을 지지하고 있다. 연구자들은 (1) 더 많은 자식들을 가진 엄마들, (2) 더 일찍, 더 자주 출산한 엄마들, 그리고 (3) 출생 사이 간격이 짧은 엄마들을 포함한 건강의 몇 가지 방법을 선택했다. 연구자들은 손주들의 수가 할머니의 수명과 직접적으로 관련이 있다는 것을 발견했고**(그림 3.2)**, 할머니의 나이가 많으면 많을수록 더 많은 손주를 가지는 것으로 나타났다. 연구자들은 또한 할머니가 가족에 포함되지 않은 것과 비교해서 할머니가 그녀의 딸과 같은 집에 살면서 손자에게 보호를 제공할 때 건강의 척도가 향상된다는 것을 발견했다.

이러한 발견에 기초하여, 저자들은 "우리의 결과가 연장된 여성의 생식 후 수명이 적응적이다라는 가설에 대한 강한 지지를 부여한다. 여성이 생식 연령

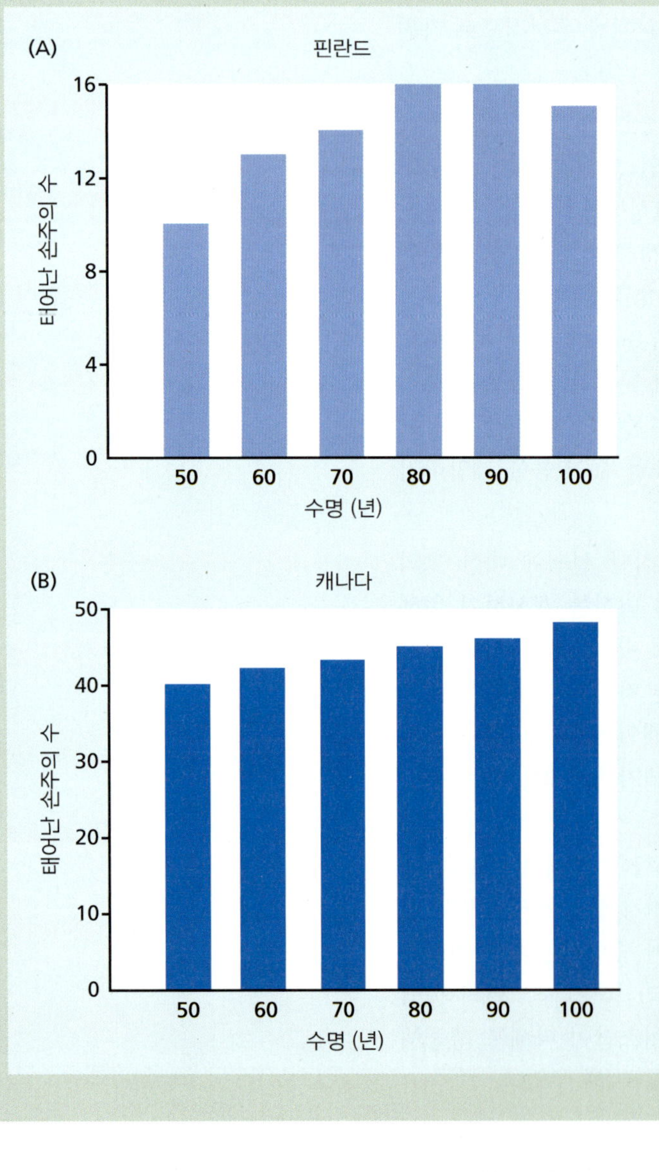


**그림 3.2 여성 수명과 손주의 총 수 사이의 관계는 다음 세대에 기여한다.** (A) 핀란드(1702~1823)와 (B) 캐나다(1950~1879)의 결과. 각 인구에서 기울기의 상승은 50세 이상 살아온 여성의 매 10년 동안 두 명 이상의 손주를 추가로 얻은 생식능력이 끝난 여성에 상응하는 것이다. (Lahdenpera M, et al., *Nature* 428:178–181, 2004. Nature Publishing Group의 허가를 득함).

## BOX 3.1 할머니 가설과 여성 장수

을 초월하여 생기는 실질적인 건강상의 이점을 처음으로 밝혀냈다."라는 결론을 내렸다.

다른 연구들은 종에 대한 건강에서 "할머니 이익"을 발견하지 못했지만, 외손주를 위한 보호자로써 할머니의 포함은 출생 간격을 감소시켰다고 증명하였다. 만약 할머니가 최근에 태어난 손주를 돌볼 수 있다면, 딸은 다음 출산을 더 빨리할 수 있고 할머니의 돌봄이 없는 여성에 비해 더 많은 아이들을 가질 수 있다. 더 많은 아이들은 더 좋은 건강을 의미하고 출산 사이의 간격이 짧아지면 빠르던 느리던 인구에서 우세하게 된다.

할머니 가설은 매우 흥미로울 수 있고 과학적으로 신뢰도를 가질 수 있다. 그럼에도 불구하고, 이 가설이 널리 받아들여지기 전에 답해줘야 할 몇 가지 질문이 있다. 첫 번째, 건강을 증가시키는 우리의 진화적 역사를 통해 생식 후 긴 수명을 가진 여성이 충분히 있는가? 대부분의 역사를 통해 평균수명은 35~40세를 맴돌았고, 인구의 2%만이 60년 이상 살았다는 2장의 내용을 상기해보라. 할머니가 없는 가족에서 태어난 아이들이 할머니가 있는 가족에서 태어난 아이들보다 압도적으로 많다. 이처럼, 수명이나 생식 후 수명을 길게 하는 유전자에 대한 **선택 압력(selection pressure)**은—개인의 유전적 구성을 조정하는 것(이 경우에는 보살핌을 제공하는 할머니)—유전자 선택에 영향을 줄 만큼 충분히 강하지 않다.

두 번째, 나이가 있는 형제, 자매가 동생들을 돌보는 데 기여하는 것이 가능할까? 예를 들어, 만약에 나이든 형제에 의해 돌봄이 주로 제공되었다면, 장수 유전자에 대한 선택 압력이 약할 뿐만 아니라 존재하지 않을 것이다. 선사시대의 인구에서 노인의 부족을 감안할 때, 그것은 부양 자녀의 보호는 할머니보다는 나이 많은 형제에게 부여될 가능성이 높아 보인다. 적어도, 부양 자녀를 돌보는 사람에는 상당한 변동성이 있다.

마지막으로, 가족 구조와 책임은 무엇인가? 초기 사회의 압도적 다수는 가부장제이었다. 그것은 여성이 아닌 남성이었고 이들은 부양할 자녀를 위해 음식을 채집하는 가장 중요한 일을 했다. 할머니는 부양자녀에게 분명히 중요한 일이지만 식품의 생물학적 필요에 비해 덜 중요한 정서적 간호 및 일시적인 돌봄을 제공한다. 가족에게 음식을 제공하는 남성 없이는 가설의 기초에 있는 할머니는 존재하지 않았을 것이다.

역사를 통해 손주들을 보호하는 데 있어서 할머니가 중요한 역할을 했다는 것은 의심의 여지가 없다. 진화적 역사 동안 할머니가 그녀들의 딸이 더 많은 수의 아이를 가질 수 있도록 아이를 양육하는 데 더 많은 기여를 했을 가능성도 있다. 더 많은 수의 아이들이 종의 건강을 증가시켰고 그것이 긴 생식 후 수명의 적응적 형질의 결과로 이어졌는지는 두고 볼 일이다. 할머니 가설을 지원하는 데이터는 광범위하지도 설득력이 있지도 않고, 전적으로 인과관계보다는 상호 관계에 의존하고 있다. 그러나 우리는 최소한 뒷받침하는 연구가 존재한다는 가설을 무시해서는 안 된다. 도움이 되는 수학적 모델과 고도로 제어된 실험적 연구로 우리는 할머니가 단지 근사한 저녁을 준비하는 것 보다 가족에게 더 중요한 존재라는 것을 알 수 있다.

변화, 건강 그리고 적응에 대한 다윈의 생각에 비추어 볼 때, 중립 또는 비적응적인 형질의 출현은 종종 혼란을 야기한다. 이러한 혼란은 의심의 여지 없이 진화의 유일한 힘인 자연적 선택에 대한 배타적인 초점의 결과로 발생한다. 그러나 다윈 조차도 특성들이 자연적 선택의 힘 없이 "고정" 될 수 있음을 인식했다:

> 생식에 유용하지 않거나 해롭지 않은 변이는 자연선택에 의해 영향을 받지 않을 것이다. 변이는 특정한 다형성 종에서 보여지는 변동 요소로 남게 되거나, 궁극적으로 고정될지 모른다... (다윈, 1859)

따라서, 노화는 생식에 영향을 받지 않고 일어날 수 있다. 당신이 알 수 있듯이, 비적응적인 노화에 대한 바이스만의 생각은 노화의 자연적 특성이 생식 이점을 위해 고정된 유전자의 부산물에 의한 것이거나 나이가 든 집단에서 유전자의 우연한 발현에 의한 것이라는 노화의 자연적인 특성을 예측하는 이론에 대한 기초를 세웠다.

## 인구 생물학자들은 인구 증가를 계산하는 로지스틱 방정식을 개발했다

멘델의 유전 법칙은 1900년대까지 진화론에 정식으로 소개되지 않았다. 그래서, 다윈도 바이스만도 그들의 이론에 멘델의 발견을 포함시킬 수 없었다. 멘델은 다윈의 자연선택의 근본 원리인 변이가 한 종에서 어떻게 발생하는지에 대한 질문에 답을 제공했다. 멘델에 따르면, 변이는 각각의 부모로부터 자손에게 전해지는 특별한 유전자에 대한 **대립유전자(alleles)**가 약간의 다른 형태를 형성할 수 있기 때문에 발생했다. 다음 질문은 "어떤 비율과 어떤 메커니즘이 인구에서 이러한 대립유전자가 우세할 수 있게 하는가?"로 이어졌다. 이러한 질문에 대한 연구자는 한 개체군에서 대립유전자의 변이의 기원 초점을 맞춘 **인구 유전체학(population genetics)**이라는 진화적 분석의 새로운 형태를 만들어냈다.

노화와 장수에 관한 진화론은 인구의 수명이 생식력을 증가시키는 대립유전자가 종의 게놈에 나타나는 빈도에 어떻게 영향을 받는지 더 잘 설명하기 위해서 기존 인구 유전체학의 기본 원리에 의존한다. 개체에서 대립유전자가 나타나는 비율을 결정하기 위해서는 최적의 조건에서 그것 스스로 생식할 수 있는 상대적인 능력인 **생식잠재력(reproductive potential)**과 인구 성장에 대한 기본적인 이해가 요구된다.

출아효모(*Saccharomyces cerevisiae*)와 같은 단세포 종; 꼬마선충(*Caenorhabditis elegans*)과 같은 단순한 다세포 개체; 그리고 배양물에서 자라는 다세포 종 모두 노화와 장수에 기저하는 기본적인 메커니즘을 이해하기 위해 사용되고 있다. 비록 출아효모, 꼬마선충, 배양세포가 다른 메커니즘에 의해 번식한다고 하더라도, 그들은 비슷한 성장 유형을 가지고 있다. 이러한 성장 유형은 인구의 수명에서 의미 있는 영향을 미친다.

단순한 생물체 집단에서의 성장속도는 출생률에서 사망률을 뺀 것을 반영하며, **자연증가의 고유 속도(intrinsic rate of natural increase, *r*)**라고 불린다. 그러나 단순한 종이든 복잡한 종이든 상관없이 모든 종에서 성장과 재생은 인구의 성장과 생식 가능성에 영향을 주는 음식, 공간, 온도와 같은 환경적 제약들과 요소에 의해 제한된다. 이러한 제약들과 그리고 다른 제약들은 총괄하여 **집단의 적재 능력(carrying capacity of a population, *K*)** 또는 환경적인 요인으로 인해 집단 크기에 대한 제약으로 알려져 있다. 이러한 개념은 고도로 조절된 조건하에서 유지되거나 이동성의 결여에 의해 제한되는 어떤 일부의 인구에 대한 인구 성장을 설명하는 **Verhulst-Pearl 로지스틱 방정식(Verhulst-Pearl logistic equation)**(**식 3.1**)으로 사용된다.

Verhulst-Pearl 로지스틱 방정식 (3.1)

$$\frac{dN}{dt} = rN\frac{(K-N)}{K}$$

$N$ = 집단 크기

$r$ = 자연 증가의 고유 속도

$K$ = 집단의 적재 능력

**그림 3.3**은 간단한 생물체에서 제약이 어떻게 성장과 생식에 그리고 유전자 선택에 영향을 미칠 수 있는지 보여준다. 배양 초기 동안 세포의 성장은

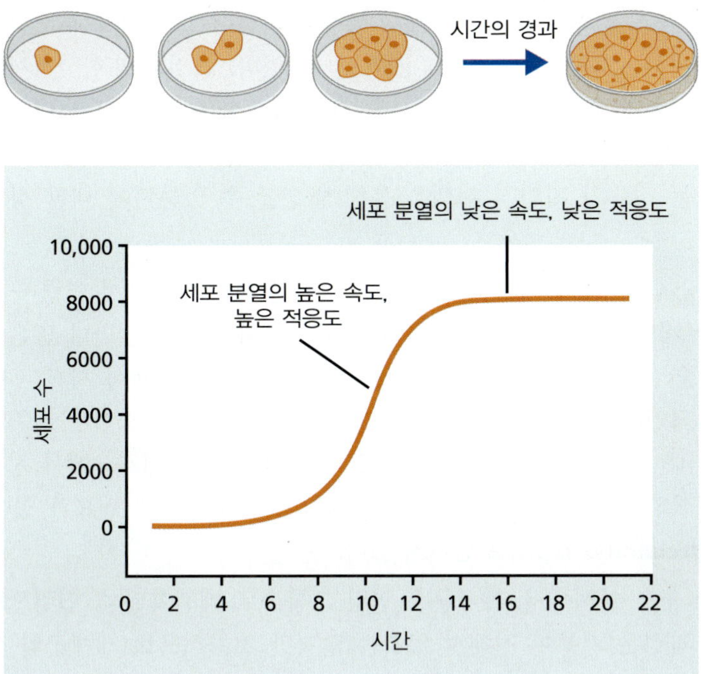


**그림 3.3 Verhulst-Pearl 로지스틱 방정식에 의해 설명된 가상 세포 집단의 인구 성장.** 이러한 세포 집단에서, 인구 성장에 대한 제약은 공간(용기의 크기)과 음식으로 나타난다. 적응도가 높은 시기는 배양 초기에 발생하며 세포 분열이 최대일 때이다. 적응도가 낮은 시기는 수명이 다할 때 발생하며, 세포의 성장이 둔화되고 정체된다.

모세포가 적기 때문에 느리다. 세포의 개체군이 증가할수록 자식을 생산하는 모세포가 더 많기 때문에 성장률도 증가한다. 이 기간 동안 집단의 성장은 음식과 공간이 풍부하기 때문에 자연 증가의 고유한 속도에 의해 거의 전적으로 일어난다. 음식 공급과 공간이 줄어들기 시작하면, 재생 속도가 느려지고 마찬가지로 인구 성장의 속도도 감소한다. 결국, 인구 크기를 유지는 데 필요한 공간과 음식이 모두 소진된다. 만약 더 많은 음식과 공간이 제공되지 않는다면, 세포는 노쇠하여 죽을 것이다. 인구 성장의 로지스틱 방정식은 제4장에서 복제적 노쇠를 논할 때 중요한 개념이 된다.

이 간단한 예는 노화와 장수의 진화에서 상당한 중요성을 가지는 인구 유전체학의 기본 원리를 보여준다: 빠른 속도로 생식이 일어나는 나이에 가장 높은 수준의 다윈 건강을 가지는데 이는 단순히 생식 가능한 개인의 수 때문이다. 생식 속도가 느려짐에 따라 건강도 감소한다. 이와 같이, 생존과 생식에 중요한 특성을 전달하는 대립유전자는 장수를 전하는 대립유전자를 통해 선택된다. 이러한 중요한 개념은 인구 유전체학자들이 생존을 위해 선택된 유전자들이 어떻게 삶의 길이를 결정하는지에 대한 이론을 형성하도록 돕는다.

## 개체군의 연령 구조는 복잡한 진핵 생물에서 다윈 적응도를 설명한다

더 진화된 진핵 생물은 기존의 예에서 설명된 것과 같은 정도의 환경조건에 의해 제한되지 않는다. 복잡한 진핵 생물의 이동성은 동물들이 먹이와 물을 찾게 하고, 더운 날 그늘을 찾게 하며, 추운 날 따뜻한 곳으로 이동하게 한다. 그래서, 복잡한 진핵 생물에서 이동성은 환경적 제약 또는 $K$ 요소가 가변적이라는 것을 의미한다. 다양한 $K$ 요소를 가지는 복잡한 진핵 생물에서 어떤 대립유전자가 고정되는지에 대한 속도를 결정하는 것은 단순한 개체에서 사용되는 로지스틱 방정식보다 더 복잡한 방정식을 필요로 한다. 이 방정식은 수명 동안 주어진 시간에 다음 세대 또는 종 건강에 대한 인구의 생식 기여를 설명하며, **연령-구조 분석(age-structure analysis)**으로 알려진 방법을 구성한다.

연령-구조 분석은 개체군 내에서 특정 연령층이 그 개체군에서 자연적 선택에 기여하는지를 결정하는 데 사용될 수 있다. 그것은 또한 "개체가 어떤 나이에서 종의 생존에 이로운 특성을 전달하기 쉬운가?"에 대해 답하는데 사용될 수 있다. 특정한 대립유전자가 선택되기 쉽다는 것을 아는 것은 노화, 노쇠 또는 장수가 자연적 선택을 통해 발생할 수 있는지에 대한 정보를 제공한다.

제2장에서 생명표의 변수로 사용하는 생존($l_x$)의 계산에서 연령-구조 분석에 대한 개념을 소개했다. 건강의 구성 요소로서 생존은 얼마나 많은 개체가 특정한 연령에서 생식이 가능한지를 예상한다. 생존이 생식 시작 후에 각각의 연속적인 연령과 함께 감소하기 때문에, 건강 또한 감소하는 것처럼 보인다. 그러나 생존은 잠재적 건강의 지표로만 제공한다. 개체군에서 정확한 건강을 계산하기 위해서, 우리는 생식 속도의 측정을 포함할 필요가 있다. 이는 **생식력(fecundity, $m_x$)**으로 알려져 있다.

연령-구조 분석에서, 개체군은 연령 그룹으로 계층화된다. 연령으로 그룹화하는 과정은 기준이 정해져 있지는 않지만 일차적으로 개체군의 생식 특성을 반영한다. 대부분의 조류와 파충류와 같이 한 계절에 오직 한번만 번식하는 주기적-번식 개체군은 전형적으로 번식기의 수로 그룹화된다. 대부분의 포유류와 같이 지속적으로 생식이 발생하는 개체군에서는 일반적으로 일, 월, 연도의 편한 주기에 의해 그룹화된다.

## 생식 속도는 개체군을 번식하는 데 있어서 연령별 건강을 설명한다

주기적-번식 개체군에서 연령-구조 분석은 번식기에 정기적인 간격으로 새끼가 태어난다는 사실에 의해 단순화된다. 대수 방정식은 전체 개체군과 번식기별 생식 속도 둘 모두를 계산하는 데 이용할 수 있다. 이러한 방정식의 수치적 결과를 **순 생식 속도(net reproduction rate)**라고 한다**(식 3.2)**. 인구에 대한 순 생식 속도($R_0$)는 번식 특이적 생식력($m_x$)과 번식기별 생존률($l_x$)의 곱을 모두 합한 것이다.

$$\text{순 생식 속도, } R_0 = \sum_{X=0}^{X=\infty} l_x m_x \tag{3.2}$$

$R_0$ = 그 수명을 통한 신생아에 의해 생산되는 잠재적 자손의 수

$l_x$ = 생명표로부터 계산된 생존자

$m_x$ = 생식력

순 생식 속도는 생식력의 척도, 즉 건강을 제공한다. 그것은 주기적 번식 인구의 분석에 있어 가장 자주 사용된다. 순 생식 속도가 번식기에 있는 동물에게 적용될 때, 그것은 **번식기별 생식 속도(breeding season-specific reproduction rate)**로 불리고, 어떤 그룹이 성장과 건강에 가장 영향력을 가지는지를 나타낸다. 예를 들어, **그림 3.4**에서 보듯이 가상적 계절별 번식 개체군을 살펴보자. 포식과 환경적 어려움은 생존권이 각각의 연속적인 번식기에서 감소하도록 한다. 그러나 인구 내에서 개개인의 성적 발달의 다른 속도는 생식력이 처음 몇 번의 번식기 동안 증가하도록 야기한다. 개체군의 생활사 초기에 생식력의 증가는 생존의 감소를 앞지를 것이다. 처음 몇 번의 번

| 생존자 ($l$) | 생식력 ($m$) | 번식기 | 번식 기간별 번식 속도 |
|---|---|---|---|
| 16% | 0 | 6 | 0 |
| 33% | 30% | 5 | 0.1 |
| 50% | 40% | 4 | 0.2 |
| 67% | 75% | 3 | 0.5 |
| 83% | 24% | 2 | 0.2 |
| 100% | 0 | 1 | 0 |

$$R_0 = \sum_{x=0}^{x=\infty} l_x m_x = 1$$

**그림 3.4 평형상태에서 가상적 기간별 번식 개체에 있어서 순생식률을 이용한 연령 구조 분석** **($R_0$=1).** 음영 블록은 개체군의 크기를 나타낸다. 가장 높은 번식기의 번식 속도는 0.5, 생식력의 증가를 반영하는 번식기는 3이다. 가장 어릴 때(번식 기간 1)와 가장 오래 산 개체(번식 기간 6)에서 번식 속도는 0이다. 즉, 적응도는 나이가 어린 개체군에서 가장 높고 나이가 많은 개체군에서 가장 낮다.

식기 동안 생존과 생식력 사이의 반비례 관계는 번식기별 생식 속도의 증가를 초래한다. 각각의 연속적인 번식기 동안 생존, 생식력 그리고 생식 속도가 감소함에 따라, 인구는 결국 번식하지 못하는 장수한 개체들의 작은 그룹으로 남게 된다. 다시 한번 말해서, 자연적 선택은 종의 수명을 연장하는 특성보다는 생식 가능한 세대의 생존을 강화하는 대립 유전자를 선호한다.

지속적으로 생식하는 종의 개체수를 설명하는 방정식은 성장률을 결정하기 위해 통합을 요구한다. 개체군을 지속적으로 번식하는 데 있어서 개체군의 성장을 설명하는 방정식은 18세기 스위스 수학자 레온하르트 오일러(Leonhard Euler)의 연구에 기반하여 통계학자 알프레드 로트카(Alfred Lotka)에 의해 제안되었다. 따라서 그 방정식은 그들 모두의 이름을 가진다**(식 3.3)**. 방정식 3.3은 단순하게 방정식 3.2의 적분으로, 이것은 생식 잠재력과 건강에 대한 동일한 기본 정보를 부여한다.

인구 성장의 오일러-로트카(Euler-Lotka) 방정식의 일반적인 형태:

$$1 = \int_0^\infty e^{-rt}\, l_{(x)} m_{(x)} \qquad (3.3)$$

여기에

$e$ = 수학적 상수

$r$ = 시간($t$)에서 인구 성장의 내적 속도

$l_{(x)}$ = 시간($x$)에서 생존자

$m_{(x)}$ = 시간($x$)에서 생식력

## 피셔(Fisher)는 인구에서 생식 잠재력과 다윈 적응도 사이의 관계를 설명한다

**오일러-로트카식(Euler-Lotka equation)**은 노화와 장수의 진화이론에 적용될 수 있는 수학적 모델인 피셔(R.A. Fisher)의 발달에 대한 기초를 세웠다. 피셔(1890~1962)는 방정식 3.3에서 자연적 증가의 내적 속도인 $r$을 푸는 것이 인구에서 개인에 대한 건강의 척도를 제공한다고 제안했던 첫 번째 사람이다. 피셔의 주요 관심은 예측 가능한 통계 분석이었기 때문에, 현재의 인구 증가가 어떻게 미래에 개인의 생식력 및 건강을 예측할 수 있는지에 더 관심이 있었다. 이를 위해, 피셔는 전체 인구의 생식 결과에 있어서 각 개인이 미래 생식에 어느 정도 기여하는지를 보여주는 **생식값(reproductive value, $V_x$)**를 척도로 유도했다(**식 3.4**).

$$\text{생식값 } V_x = \frac{e^{rx}}{l_x}\int_0^{\infty} e^{-rt}\, l(t)m(t) \tag{3.4}$$

$V_x$ = 시간($x$)에서 개인의 생식값

$e$ = 수학적 상수

$r$ = 인구 성장의 내적 속도

$l_x$ = 생존자

$l(t)$ = 시간($t$)에서 남아있는 인구의 전체 생존자

$m(t)$ = 시간($t$)에서 남아있는 인구의 생식력

피셔에 따르면, $V_x$는 "지속적으로 번식하는 개체군에서 개체는 몇 세에 가장 건강한가?"라는 질문에 대한 답에 있어서 통찰력을 제공했다. **그림 3.5**에서와 같이, 생식값은 특정 연령 그룹의 미래 생식 기여도를 추정함으로써 잠재적인 건강의 척도를 제공한다.

비록 피셔가 노화와 장수의 진화 모델에 대한 기초를 확립하는 데 도움을 주었지만, 생식값과 노화 사이의 관계에 대한 그의 유일한 암시는 사망률이 증가와 동시에 $V_x$가 감소한다는 관찰로부터 비롯됐다(**그림 3.6**). 그는 처음으로 장수가 가임기에 생존을 위해 고정된 대립 유전자의 부산물일 수도 있다는 것을 제안하였다. 장수의 진화에 대한 피셔의 연령-구조 분석의 좀 더 형식적인 적용은 아래에 기술하겠지만 수학자인 해밀턴(W. D. Hamilton)과 피터 메더워(Peter Medawar) 경의 언어적 가정까지 기다려야 했다.

## 진화와 장수

### 노화의 외부 속도는 자연선택력의 감소로 이어진다

바이스만과 피셔의 장수에 대한 가설의 첫 번째 진지한 적용은 피터 메다워(Perter Medawar, 1915~1987) 경으로부터 왔다. 메다워는 무기체와 유기체

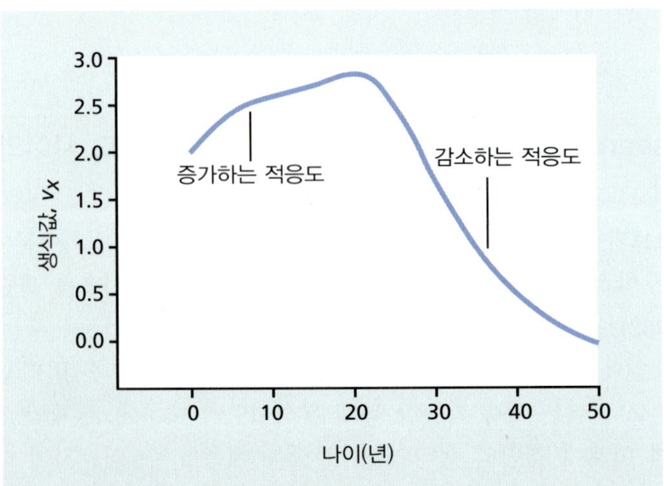


**그림 3.5 1911년 호주의 커먼웰스에서 여성의 생식값($V_x$).** 이 그래프는 식 3.4에 출생률과 사망률을 삽입함으로써 만들어졌다. 예상한 대로 생식값은 젊은 연령에서 가장 높았고 인구가 연령이 들수록 그리고 생식 수명의 끝에 가까워질수록 감소하였다. $V_x$에서 증가는 적응도에서 증가를 나타내고, 감소는 적응도의 감소를 나타낸다. (피셔의 자연선택의 유전학적 이론, Oxford : Clarendon Press, 1930에서 인용)

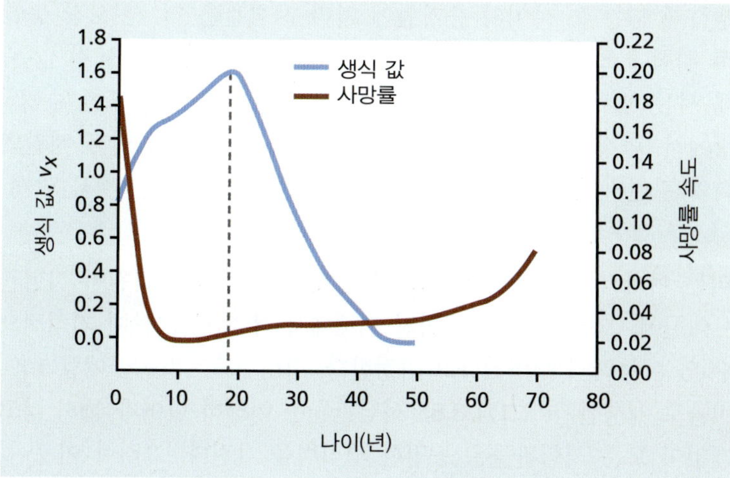


**그림 3.6 1906년 대만 여성의 생식값과 사망률 속도.** 사망률 속도는 점선으로 표시한 점에서처럼 급하게 증가하기 시작하는데, 같은 시기에 생식값 ($V_x$)는 감소하기 시작한다. (피셔의 자연선택의 유전학적 이론, Oxford: Clarendon Press, 1930에서 인용)

의 모든 물질 수명이 외부적 요인으로부터 기인한다는 것을 설립하기 위해 단순화된 형태의 연령-구조 분석을 이용하였다. 게다가, 환경적 위험 요소로 인한 개체군에서의 노화의 속도인, **노화의 외적 속도(extrinsic rate of aging)** 의 증명은 많은 사람들이 수명의 진화적 기초에 깔려있는 기초적인 원리임을 믿는다는 것을 수립했다. **자연선택력(natural selection)**은 나이와 함께 감소한다.

1951년에 메다워는 이 원리를 증명하는 사고 실험을 제안했다. 1,000개의 시험관으로 이루어진 착수 실험실을 상상해보라. 이 시험관은 늙진 않지만, 외부적 환경적 요소인 우연한 사고로 매달 정확하게 10%의 시험관이 부서진다. 실험실에 있는 사람은 깨진 시험관을 매달 초에 항상 1,000개가 되도록 교체한다. 즉, 시험관의 전체 수는 동일하다. 그리고 모든 시험관에 실험실에 입고된 날짜를 표시했다. **그림 3.7**에 제시한 대로 원래 시험관 수인 1,000가지에 달하는 생활사가 나타나는 것을 확인할 수 있다.

**그림 3.7**에 도식화된 연령-구조 분포는 어떤 그룹의 생존자가 항상 다음 연령 그룹의 생존자 수보다 많다는 것을 보여준다. 이 개체군에서, 다음 집단과 비교했을 때 한 그룹의 시험관에서 더 큰 생존력은 깨지기 쉬운 성질이 증가했기 때문일 리가 없다. 왜냐하면 거기에는 노화가 없기 때문이다. 즉, 죽음의 가능성을 증가시키는 내적 인자가 없기 때문이다. 죽음은 단순하

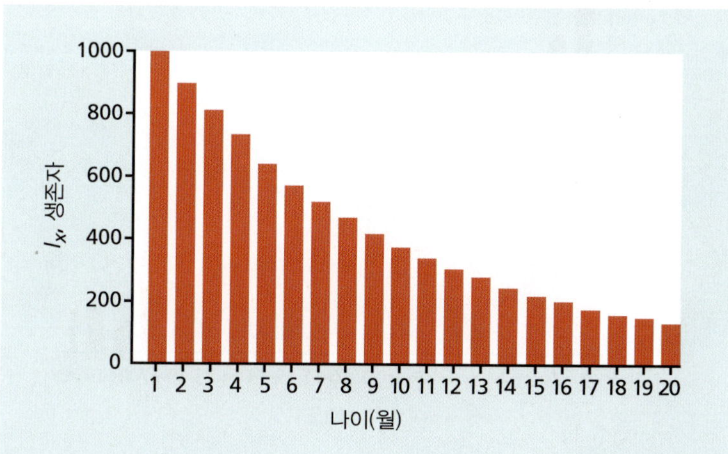


**그림 3.7 메다워의 사고실험에서 시험관 인구의 생활사.** 이 그래프는 매달 10%의 고정된 사망 가능성으로부터 추정한 1,000개의 기존의 시험관으로부터 생존한 시험관 수(생존력, $l_x$)를 보여준다. (메다워의 풀리지 않는 생물학의 문제, 런던 H.K. Lewis & Company, 1952에서 인용)

게 발생하게 되는데, 나이가 증가함에 따라 시험관은 더 긴 시간 동안 환경의 외적 위험에 노출되며, 이것은 깨질 위험을 증가시킨다. 늙지 않는, 극도로 오래 사는 개체의 정의를 통해 메다워는 노화의 외부 속도를 수립하였다. 다음 장에서, 환경의 외부적 위험요소에 대한 노출 증가와 함께 시간의 경과가 노화와 관련된 생리학적 감소에 대한 기초를 형성한다는 것을 알게 될 것이다.

우리는 여기서 변수를 조금 변화시킬 것이다. 실험실 직원이 시험관을 교체하는 대신에, 그림 3.7에서 설명된 개체에서 각 연령 그룹이 기적적으로 재생할 수 있는 능력이 주어졌다고 가정한다. 다행히도, 그들은 매달 10%의 일정한 비율로 재생산된다**(그림 3.8)**. 시험관들은 여전히 나이가 들지 않고 연령과 관계없이 모든 시험관들은 동일한 생식력을 가진다. 그러나 이것이 각 연령 그룹이 전체 인구의 재생에 동등하게 기여할 것이라는 의미는 아니다. 분명히, 1~2개월된 그룹(900의 10%)의 시험관 수가 13~14개월된 그룹(273의 10%)의 시험관 수보다 훨씬 더 많다. 이처럼, 젊은 개체가 개체군을 대체하는 데 더 많은 기여를 하는데, 이는 그들이 더 왕성해서가 아니라 단순하게 나이든 개체만큼 길게 환경적 위험에 노출되지 않았기 때문이다.

이 증명의 다음 단계에서, 시험관은 더 이상 노화에 대해 본질적으로 면역되지 않는다는 것이다. 몇몇 연령에서 그들은 약해지고, 자가 생식에 대한 능력이 떨어진다. 생식이 약해지기 시작하는 나이가 시험관의 생존에 문제가 되는가? 그것은 확실하다. 생식의 감소가 수명의 초기인 2~3개월에 나타난다고 상상해보라. 결과는 종의 지속에 치명적이며 시험관은 실험실에서 곧 사라질 것이다. 그러나 만약에 노화 및 생식의 감소가 15~16개월에 발생한다면, 그 결과는 자손의 수를 감소시키겠지만 종의 지속에 중요한 결과를 가려오지 않을 것이다. 다시 말해서, 나이가 많은 연령 그룹이 유전자 풀에 기여하는지 여부와는 부관해진다. 자연적 선택력은 건강이 0에 가까워질 때까지 감소한다.

## 메다워는 노화가 유전적 부동의 결과로 발생한다는 이론을 세웠다

노화 및/또는 수명이 생물체에서 고정된 진화 과정이라는 메다워의 설명은 바이스만을 괴롭혔던 것과 같은 역설을 가졌다. 즉, 자연선택력이 나이와 함

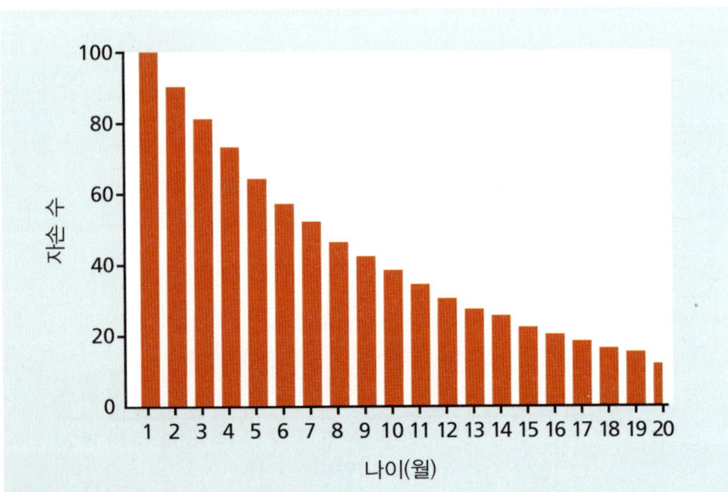


**그림 3.8 자손의 수와 메다워의 시험관 나이 사이의 관계.** 시험관이 매달 10%의 일정한 속도로 재생하고 죽음의 가능성도 10%로 고정되었다고 가정하면, 젊은 시험관은 나이 많은 그룹보다 더 많은 자손을 만들어낼 것이다. 왜냐하면 오래된 시험관보다 새로운 시험관이 더 많기 때문이다. 메다워에 의한 이 단순한 관찰은 나이에 의한 자연선택력이 약해지는 것에 대한 이유를 설명한다. (메다워의 풀리지 않는 생물학의 문제, 런던 H.K. Lewis & Company, 1952에서 인용)

께 감소하고, 노화가 생식의 시작 후에 발생한다면, 어떻게 노화와 관련된 생리학적 약화가 생물체의 유전적 구성의 일부가 되었는가? 바이스만이 노화는 생식의 측면에서 중립적이라고 제안함으로써 그 역설을 풀었다는 것을 기억하라. 왜냐하면 바이스만의 생각은 멘델의 유전원리가 알려지기 전에 개발되었기 때문에, 그는 고전 유전학적인 관점에서 그의 추리를 설명할 수 없었다. 다른 한편으로는 메다워는 유전 원리가 확고하게 확립된 때에 살았고, 대부분의 과학자들이 유전자들은 자연선택과 특정한 생물학적 과정에 의해 선택된다는 **유전 결정론(genetic determinism)**을 믿고 있었다. (우리는 이제 유전자를 선택하는 데 다른 메커니즘이 있다는 것과 하나의 유전자가 몇 가지 관련되지만 분리된 과정들이 관여될 수 있음을 알고 있다). 따라서, 메다워는 생존과 생식에 반대적인 과정인 노화가 어떻게 발생하고 자연적 선택의 부재에 의해 유전자들이 어떻게 조절될 수 있는지에 대해 설명할 수 있는 이론이 필요했다. 그는 노화 출현에 대한 그의 설명을 유전자들이 **감수분열(meiosis)** 할 때에 대립유전자들의 우연한 분류의 결과로서 작은 개체에 고정되는 과정인 **유전적 부동(genetic drift)**에 두었다. 노화의 진화에 대한 메다워의 이론은 **노화의 돌연변이 축적이론(mutation accumulation theory of senescence)** 으로써 알려지게 되었다.

예를 들어, 작고 나이든 개체가 짧은 생식 후 수명을 야기하는 우성 대립유전자(*SL*)와 더 긴 생식 후 수명을 야기하는 열성 대립유전자(*ll*)인 두 개의 대립유전자를 가진다고 해보자. **그림 3.9**에 나타난 것처럼, 이 작고 나이든 개체는 유전적으로 고전적 멘델의 분포인 $^1/_4$ 열성과 $^3/_4$ 우성($^1/_4$. *llll*, $^1/_2$ *SLl l*, $^1/_4$ *SLSL*)으로 분리된다. 나이든 개체에 있어서 노화의 높은 외부 속도와 건강 악화 때문에, 오직 두 개의 교배쌍(4개체)만이 번식할 능력을 가진다. 이러한 교배쌍은 순수하게 우연히 발생한다. *ll* 대립유전자의 고정을 이끌어가는 경로(그림 3.9의 왼쪽 경로)에서 하나의 교배쌍의 두 개체는 열성 대립유전자의 두 개의 복사본을 포함하고, 다른 쌍의 두 개체는 *ll*과 *SL* 대립유전자 각각의 한 가지 복사본을 포함한다. 완전한 열성 교배쌍(*llll*)은 자식 또한 완전한 열성이다. 또한, 혼합 대립유전자를 가지는 교배쌍은 감수분열 시 대립유전자의 무작위 분류로 인해 완전한 열성인 자손을 생산하는 것도 가능하다. 따라서, 완전히 우연히, 그럼에도 불구하고 실제로 열성 대립유전자(*ll*)는 우성 유전자(*LLLL*)가 된다. 비슷한 통계학적 전략이 *ll* 대립유전자의 제거에 대해 입증할 수 있다(그림 3.9 오른쪽 경로).

### 메다워는 노화와 장수는 생식 후 개체에서 개별적으로 발생한다고 제안했다

메다워가 유전자 결정론이 완전히 허용될 때 살았었다는 것을 기억하라. 만약 생물학적 사건이 관찰되었고, 노화가 생물학적 사건으로써 관찰된다면, 그 과정을 조절하는 유전자가 있었을 것이다. 그래서, 메다워는 생식 후 기간 동안 기능에 있어서 서서히 감소하는 노화가 어떻게 조절되는지를 유전적 용어로 설명할 필요가 있었다. 그는 엄청나게 해로운 효과를 가진 단일 유전자가 게놈으로부터 결국 제거될 것이기 때문에 한 가지 유전자가 노화를 일으킬 수 없다고 추론했다. 오히려, 노화는 작고 치명적이지 않지만 부정적인 영향을 가지는 수천 개의 유전자가 아닌 수백 개의 고정을 좀 더 가깝

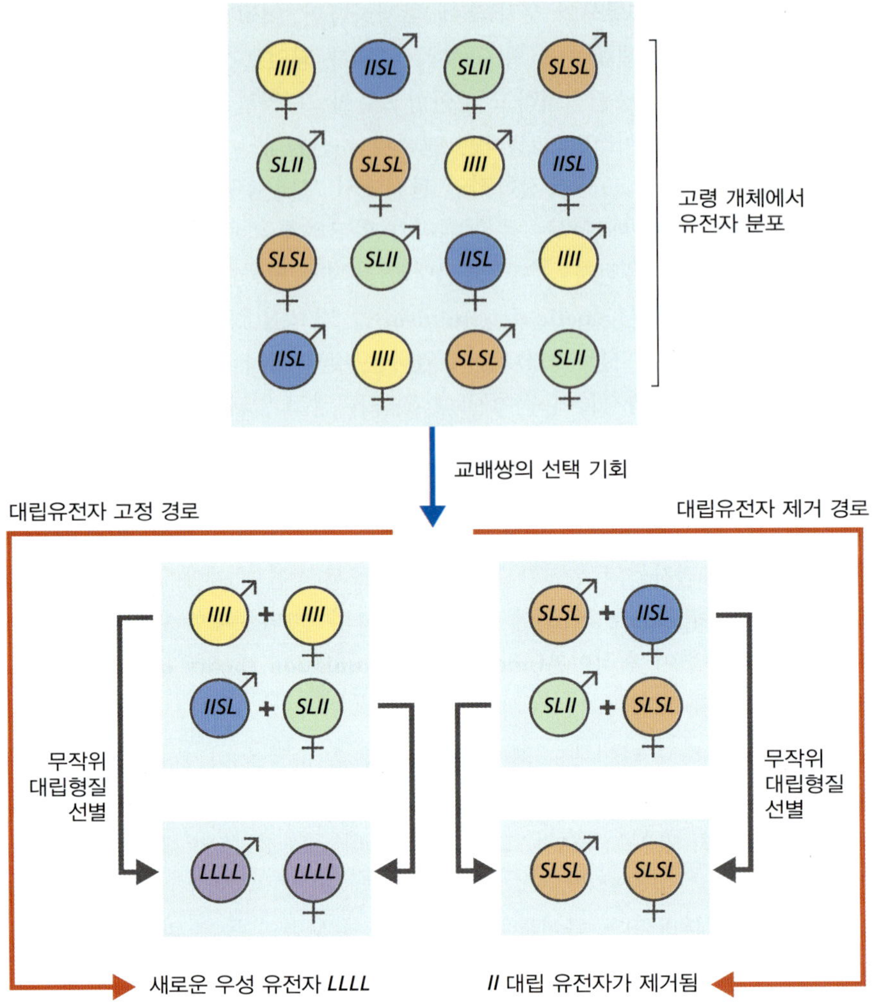


**그림 3.9 유전적 부동과 돌연변이 축적으로 인한 유전자 고정.** 이러한 개체에서, *SL*은 짧은 생식 후 수명을 일으키는 우성 대립유전자이고 *ll*는 긴 생식 후 수명을 일으키는 열성 대립유전자이다. 왼쪽 경로는 짝짓기 기회와 대립유전자의 우연한 분류가 어떻게 우성적인 *ll* 대립유전자가 우성 유전자 *LLLL*이 되도록 할 수 있는지를 보여준다. 오른쪽 경로는 열성 대립형질 *ll*이 인구에서 제거될 수 있는지를 보여준다.

게 반영했다. 노화의 진화적 기초에 있어서 메다워의 생각은 헌팅턴 무도병(Huntington's chorea)의 예로부터 발생했다. 헌팅턴 무도병은 중년(30대 후반에서 40대 중반)에 발현되고 항상 치명적인 열성 돌연변이로 인한 신경학적 장애이다. 그러므로, 만약 하나의 유전자가 노화에 책임이 있다면, 헌팅턴 무도병 유전자를 운반하는 유전자들은 유전적 이동(drift)이 게놈에서 유전자를 고정하기 전에, 개체로부터 제거될지도 모른다. 다시 말해서, 비치명적인 해로운 유전자들은 (1) 유전자를 넘겨주는 데 관련된 개체가 적기 때문에 이들 유전자들에 대한 선택 압력이 낮을지 모르며, (2) 유전적 부동 때문에 고정될 수 있었다.

메다워의 저술은 분자적 구조의 붕괴를 이끄는 외부적인 요소가 유기체의 노화를 야기할 수 있다는 것을 이해했는지 여부에 대해 명확히 하지 못한다. 아마도, 그 시대의 과학과 어울려, 메다워는 유기체는 무기체가 노화를 일으키는 동일한 물리적 힘의 영향을 받지 않을 것이라고 생각했을 것이다. 우리는 지금 엔트로피를 포함하는 열역학적 힘은 유기체에 적용된다는 것을 알고 있다(제4장 참조). 그러나 메다워는 노화가 열역학적 힘으로부터 기인하는 확률적인 과정으로써 발생하는 반면에, 장수는 생식 시기에 생존하는 데 중요한 유전자들의 부산물로서 자연선택과 관련이 있다는 이론에 대한 기초를 수립했다.

## 사망률에 있어서 해밀턴의 자연선택력은 메다워의 이론을 개선했다

돌연변이 축적의 기반은 생식력과 사망률 사이에 균형이 존재한다는 관찰에 있다; 가장 높은 생식력과 체력은 동시에 가장 낮은 사망률로 발생한다. 돌연변이의 축적 가능성을 제시하면서, 메다워는 건강의 척도로써 피셔의 변수 ($r$), 그것의 유도체인 생식력값($V_x$)에 의존했다. 그러나 메다워는 그의 이론을 이론적 진화 생물학에서 중요한 단계인 수학적으로 명쾌한 용어로 설명하지 않았다. 장수의 진화에 있어서 과학적 설명의 다음 단계는 W.D. 해밀턴 (1936~2000)에 의해 해석된다.

해밀턴은 전체 수명에 걸쳐 생식 잠재력을 통합하는 것은 건강을 측정하는 부정확한 방법이라는 것을 인식했다. 연령에 따른 사망률에 따라 모든 연령대, 심지어 안정한 개체에서도 크기가 변할 수 있다는 가설을 세웠다. 피셔의 생산값에 의해 제안된 것처럼, 건강은 수명을 통한 전체 통합적 가치보다는 특정 나이에서 생식적 잠재력을 반영하기 쉬웠다.

자연선택력을 정량화하기 위해서, 해밀턴은 연령별 사망률에 있어서 건강 변화에 대한 식을 유도했다. 피셔의 생식값($V_x$)과 같이, 사망률에 대한 해밀턴의 자연선택력($S_x$)은 생식의 시작 후에 감소한다**(그림 3.10A)**. 그러나 $V_x$

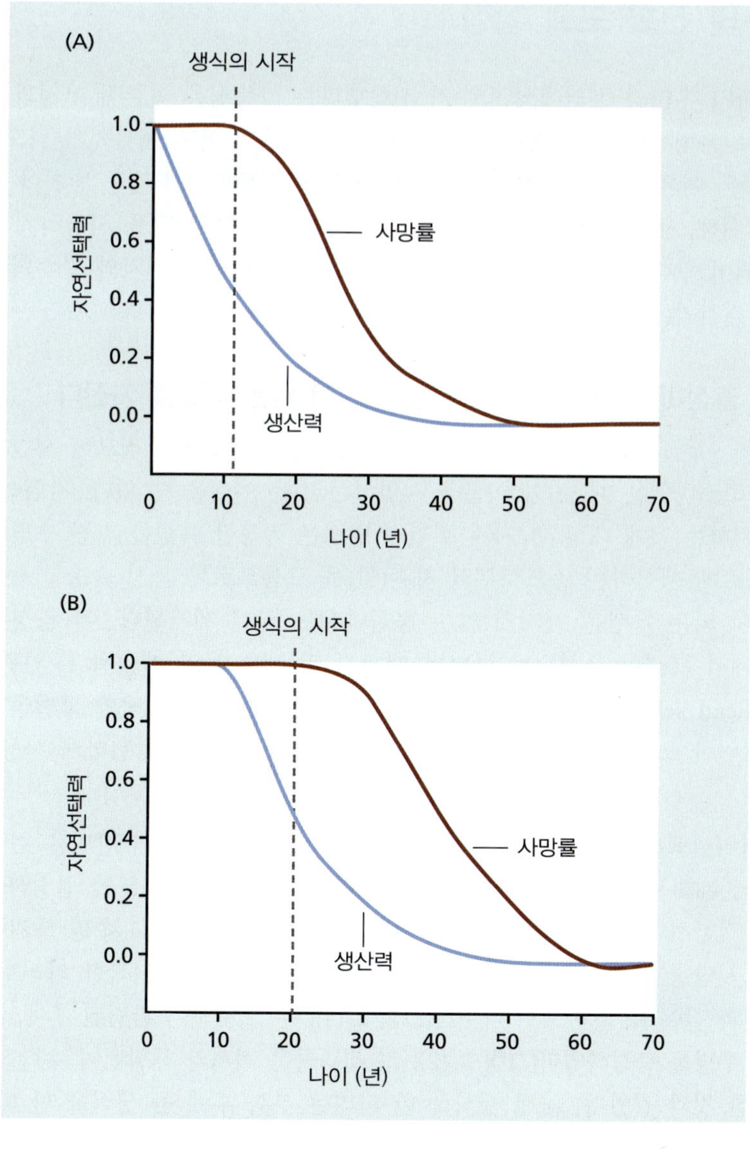


**그림 3.10 사망률과 생식력에서 자연선택의 해밀턴 힘.** (A) 사망률의 자연선택력($S_x$)은 가상의 개체 집단에서 작용한다. 사망률(갈색선)은 생식이 시작되기 전(점선으로 표시)에 가장 높다. (B) 동일 개체군의 작은 집단은 후기 번식(생식)을 암호화한 유전자를 가진다. 이러한 개체군의 작은 집합에서 번식은 전체 개체군에서 관찰되는 것보다 나중에 시작하기 때문에 사망률에서 자연선택력은 지연된다.(W.D. Hamilton, J. Theoret. Biol. 12:12–45, 1966에 의해 번안, Elsevier로부터 허가를 득함)

와 달리, $S_x$는 안정하고 생식 이전에 가장 높다. 왜냐하면 외부 요인들이 생식 전에 사망률에 있어서 자연선택력을 가장 높게 만들기 때문이다. 이에 따라 진화는 생식 시기의 생존을 위해 필요한 유전자들을 선택하도록 해 왔다. 노화와 장수를 평가하는 해밀턴의 방법은 선택 압력이 노화나 장수를 조절했던 유전자들에게 극도로 약할지도 모른다는 것을 지시하는 기존의 연구에 동의했다. 그래서, 만약 유전자들이 장수와 노화를 위해 존재했다면, 그들은 생식 시기의 생존을 위해 선택된 유전자들과 관련이 있어야만 한다.

해밀턴의 장수에 대한 수학적 이론은 노화가 아닌 수명이 어떻게 진화하는지를 이해하는 데 기념비적인 돌파구였다. 예를 들어, 작은 인구 내에서 몇몇의 개인이 늦은 나이에 생식을 할 수 있도록 유전자가 암호화되어 있다고 상상해 보자(그림 3.10B). 사망률에 대한 자연선택력은 수명에서 나중에 시작할지 모른다. 이론적 관점에서, 만약 생식이 없다면 생식력과 사망률 사이의 균형은 있을 수 없다. 생식을 통해 주어진 나이 동안, 작은 그룹은 나이든 연령에서 더 높은 생산력을 가진다. 진화적 시간의 경과로 유전적 부동 때문에 긴 수명을 주는 유전자들은 게놈 내에서 고정되었을 수도 있다. 해밀턴은 장수가 진화되어 왔다는 것을 제안하는 수학적 이론을 제공했다.

## 장수의 진화 모델 실험

이제까지 우리의 논의에서 장수가 진화했다는 가능성은 이론적 가정과 수학적으로 분명한 계산에 의해 증명되어 왔다. 아무리 어떤 이야기가 나오더라도, 모든 이론은 완전한 수용이 가능하기 전에 실생활에서 검증 받아야 한다. 이를 위해, 몇몇 실험적 조사가 수명 진화의 수학적 모델을 시험하기 위해 수행되어 왔다. 이 절에서, 우리는 생존을 위해 선택된 유전자와 장수의 진화를 연결시키는 몇 가지 연구 결과를 논의한다.

### 늦게 출산하는 개체는 내적 사망률의 더 낮은 속도를 가진다

진화의 이론을 시험하는 것은 적응을 유발하는 자연선택에 필요한 시간의 길이를 고려하였을 때, 진화 이론을 시험하는 것은 어려울 수 있다. 자연선택을 모델링하는 것에 대한 한 가지 실험적 방법은 특정한 특성을 가진 수명이 짧고 빠르게 생식하는 종으로부터 자손(알)을 모음으로써 과정 속도를 높인다. 관심이 되는 특성을 가지지 않는 동물에서는 알이 제거된다. 이 과정은 개체군에서 특성이 우성으로 나타날 때까지 몇 세대 동안 계속된다. **인위선택(artificial selection)**이라고 불리는 이 시험과정은 장수의 진화 모델을 시험하기 위한 초파리 (*Drosophila melanogaster*) 실험에서 광범위하게 사용되어 왔다.

인위선택은 종종 환경 조작을 포함하지 않기 때문에, 이 방법은 현재 게놈에 존재하는 유전자들에 의해 야기되는 사망률의 내적 속도를 결정하는 데 가장 적합하다. 그러한 실험 중 하나로, 알을 모은 후에, (1) 수명 초기에 번식을 시작한 파리로부터의 알과 (2) 수명 후기에 번식을 시작한 파리로부터의 알과 같이 두 그룹으로 나눴다**(그림 3.11)**. 두 개체군이 확립된 후에, 각 그룹의 수명을 측정하였다**(그림 3.12)**. 그 결과들은 피셔와 해밀턴이 수학적으로 예측한 것과 같았다: 늦게 생식을 한 파리는 부화 후에 곧 생식을 한 파리보

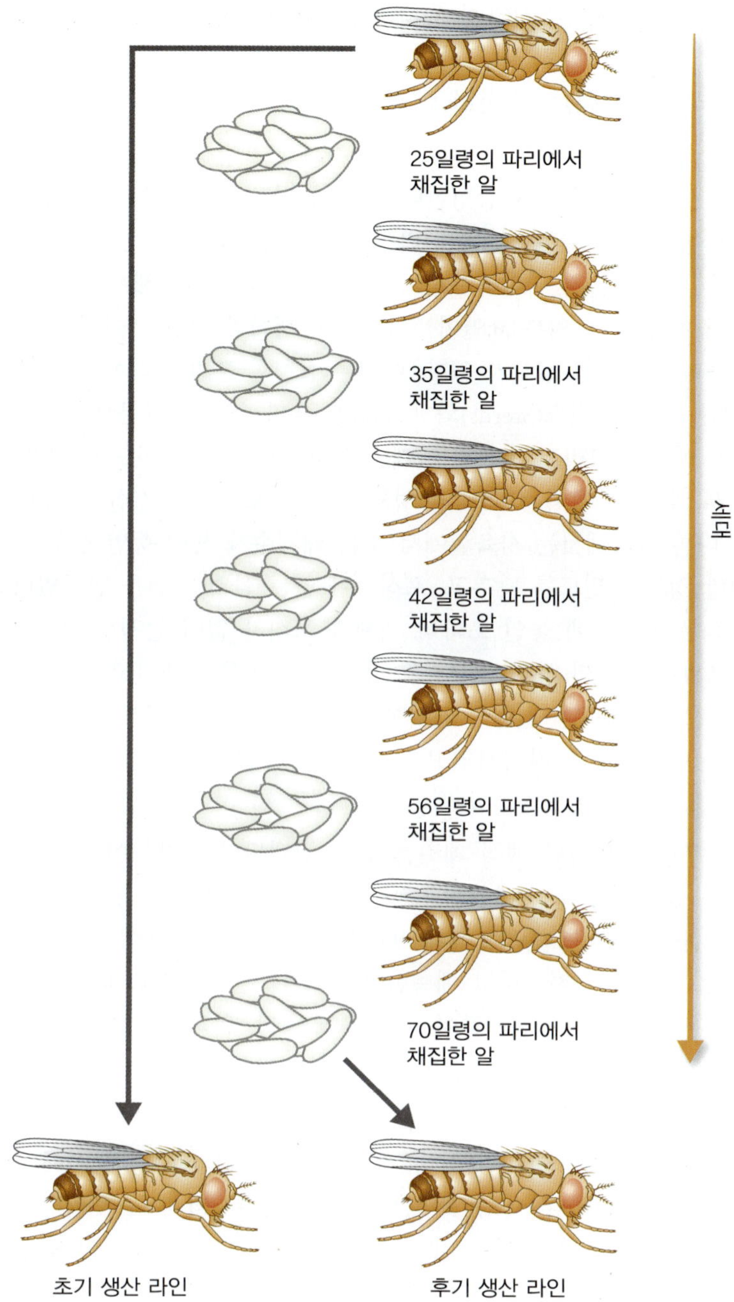


**그림 3.11 초파리(*D. melanogaster*)에서 초기 생식과 후기 생식을 만드는 인공 선택의 사용.** 알은 모아서 두 그룹으로 분리하였다: 수명 초기에 번식을 시작한 파리의 알과 수명 후기에 번식을 시작한 파리의 알. 두 그룹의 알들이 부화되고, 미성숙한 시기를 거쳐, 성체가 되고, 번식을 시작하도록 하였다. 이 과정은 파리의 두 개의 뚜렷한 개체군이 형성될 때까지 계속되었으며, 거의 3년이 걸렸다.

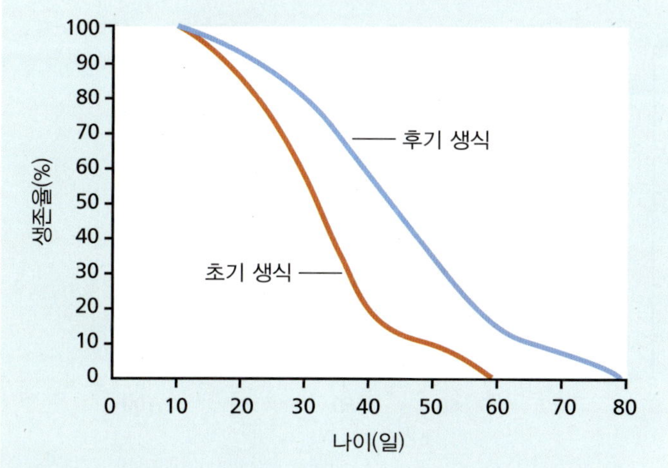


**그림 3.12 초기 생식과 후기 생식을 위해 인위적으로 선택된 암컷 초파리(*D. melanogaster*)의 생존곡선.** 초기 생식선(빨간색)은 4~5일 때 가장 높은 생산량을 가지고, 후기 생식선(파란색)은 8~12일 때 가장 높은 생산량을 가진다. 이러한 결과들은 번식의 시작 지점에서 선택된 유전자들이 수명의 길이에 영향을 미친다는 것을 증명한다. (M.R. Rose, *Evolution* 35:1004−1010, 1984. Wiley−Blackwell의 허가를 득함).

다 훨씬 더 오래 살았다. 실제로, 생식력과 수명 사이의 균형이 나타났다.

## 유전적 부동은 수명을 생식과 연결한다

앞에서 언급한 인공 선택 실험은 수명이 진화했고 번식에 대해 선택된 유전자들이 연결된다는 것을 잘 증명한다. 그러나 인공 선택은 환경적 상태가 어떻든지 간에 주된 강력한 자연선택력이 수명을 연장하는 유전자들을 고정하도록 작동할 수 있는지 시험하지 않는다. 이를 증명하기 위해서, 우리는 포식과 기아의 차이 같은 외부 요인이 도입될 때, 생식과 수명 사이에 비슷한 균형이 있는지를 확인할 필요가 있다. 이것은 실험실 조건들 하에서 실험될 수 있다. 예를 들면, 스턴스(Sterns)와 동료들은 초파리의 두 그룹으로부터 알을 부화하고, 애벌레 그리고 번데기 단계를 지나 성체로 성장하도록 하였다. 번식에 앞서, 한 그룹에서는 90%의 성체가 높은 포식을 가정한 방법에 의해 죽었다. 다른 그룹에서는 사육실에서 모든 개체수가 생식 동안 충분한 음식을 섭취할 정도로 밀도를 낮추고, 포식자가 없는 환경 조건을 만들었다. 진화론은 높은 포식자에 놓인 초파리 개체가 포식자 없이 안정한 개체군에서 길러진 초파리보다 더 빨리 생식하고 더 많은 자손을 가진다고 예측한다. 그리고 실제로, 이 예측은 실험적 결과에 의해 지지되었다. 다시 말해서, 이 실험 방법은 자연선택을 자극하였고, 높거나 낮은 포식에 노출된 초파리들은 그들의 환경에 적응했다.

물론, 우리는 특정한 생식 계획을 위해 선택된 유전자들이 삶의 길이를 결정할 수 있는지에 대해 관심이 있다. 장수의 진화 모델은 빨리 생식을 경험한 파리(높은 포식 그룹)가 늦게 생식을 한 파리(낮은 포식, 안정된 그룹)보다 사망 속도가 더 빠르다고 예측한다. 이 예측은 한 번 더 데이터에 의해 지지되었다**(그림 3.13)**. 이와 같이, 사망률의 내적, 외적 속도가 생식 시기와 연결되고, 이는 차례로 수명의 길이를 결정한다. 피셔, 메다워 그리고 해밀딘의 수학적, 언어적 예측이 지지되었다.

실험실 연구에서가 아니라 야생 개체군에서 생식과 수명 사이에 균형을 증명하는 것은 중요하다. 야생 개체군에서 조사는 두 가지 다른 환경에 사는 단일 종의 생식 일정과 수명을 비교한다. 예를 들어, 포식 위험이 낮은 섬에 살고 있는 거북이들은 포식 위험이 높은 본토에서 살아가는 같은 종과 비교

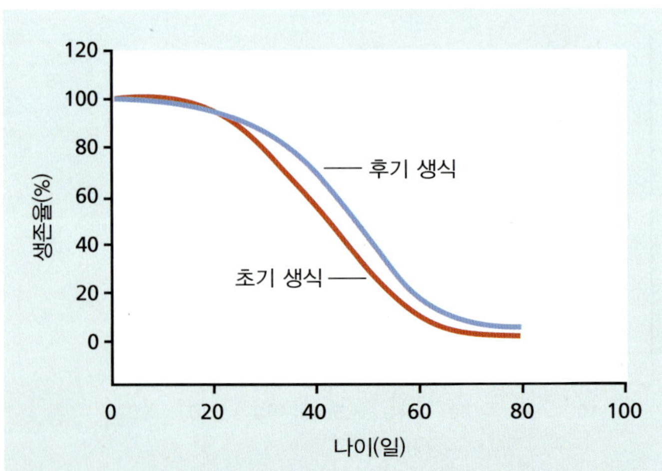


**그림 3.13 외인성 사망률 속도와 수명기간 사이의 관계.** 본문에 설명된 대로, 초파리는 통제된 환경적 조건의 영향을 받는다. 포식의 위험이 높을 때는 초기에 생식하는 초파리의 발달을 이끄는 반면, 포식이 낮거나 없을 때는 후기 생식을 가지는 초파리를 만들어낸다. 실험으로부터 수집된 결과는 후기 생식 초파리는 평균수명과 최대수명이 약간 더 길다는 것을 보여준다.

될 수 있다. 대부분의 경우, 높은 포식(높은 외부적 사망률)을 가지는 개체군은 낮은 포식(낮은 외부적 사망률)을 가지는 지역에서 살고 있는 같은 종의 개체군보다 훨씬 수명이 짧다. 이 발견은 조류, 포유류, 파충류 등 여러 가지 다른 육상 동물족에서 간주되어 왔다. 그러나 어류에서의 비슷한 연구는 균형 가설을 지지하지 않았다. 어류와 육상 동물 문에서의 다른 결과가 실험실 실험에서 확인된 반면, 이론들이 야생에서 항상 예측을 따르지 않는다는 것을 증명한다. 그럼에도 불구하고, 야생 개체군의 연구로부터 장수의 진화적 기초를 일반적으로 지원하는 충분한 증거가 있다.

### 장수의 진화론을 실험한 결과는 노화생물학에서의 연구를 변화시켰다

장수의 진화론을 조사하는 실험 전에, 노화생물학은 노화와 장수의 명확하고 정확한 정의가 부족한 관찰적 과학이었다(1장 토의 참고). 이러한 비판적인 정의 없이, 노화와 장수의 생물학적 메커니즘의 규명은 연구원들이 가설에 맞추기 위해 노화와 수명을 정의하기 때문에 어려웠다. 게다가, 노인생물학은 연구의 방향에 관한 합의가 부족했다. 여기에서 설명된 장수의 진화에 있어서 실험실적 실험의 결과로부터 노화와 수명의 생물학적 과정을 분리했고, 지금은 더 정확한 정의가 가능해졌다. 게다가, 유전자들을 통해 진화된 장수가 생식적 성공을 선택했고, 노화가 잘 조절되지 않은 우연한 확률적인 메커니즘이라는 이해는 노인생물학을 위한 훨씬 더 분명한 연구 방향으로 이끌었다.

노인생물학자들은 이제 종의 수명이 전체적인 생활사의 일부가 된 방법에 대한 정확한 설명을 바탕으로 가설을 수립할 수 있었다. 이를 위해, 수명에 영향을 미치는 유전자들을 찾는 유전학자들은 종의 복제 일정에서 수명을 연장하는 유전자에 대한 탐색을 제한할 수 있었다. 제5장에서 생식 성공을 위해 선택되었지만 장수에도 영향을 주는 두 가지 효과를 가진다고 알려진 많은 유전자에 대해서 알아볼 것이다. 그리고 제7장에서 당신은 장수의 진화론에 대한 실험 결과가 인간의수명과 생존에 대한 인구 통계학적 연구와 생물학적 지식을 통합하는 과학인 **노인학적 생물개체군학(gerontological biodemography)**에 대한 견고한 토대를 확립해 주고, 그것을 통해 도움을 얻게 되었다는 것을 알게 될 것이다.

## 진화와 노화

우리가 살펴보았듯이, 종의 장수는 생식 연령에 생존을 위해 선택된 유전자들과 밀접하게 연결된다. 장수는 진화하고 있다. 반대로 메다워, 피셔 그리고 해밀턴의 연구는 노화인 생리학적 기능의 느린 감소가 자연선택을 통해 발생할 수 없었다는 것을 설명했다. 노화는 진화하지 않았다. 노화 과정에서 유전자가 아무런 역할을 하지 않는다는 의미는 아니다. 그것은 단순히 세포, 조직, 장기 또는 개체의 노화 관련 유전자들이 특정 목적을 위한 진화의 힘을 받지 않았음을 의미한다.

메다워의 돌연변이 축적 이론은 진화적 관점에서 노화를 설명하기 위해서 자연선택보다는 유전적 부동에 의한 진화에 의존한다는 것을 떠올리자. 그의 이론은 어떤 유전자들이 노화의 특정 목적을 위해 존재한다는 것을 예측했다. 우리는 지금 노화가 유전적 결정론에 기초를 가지지 않고, 우연한 확률적 메커니즘을 반영한다는 것을 알고 있다(제4장 참고). 이 절에서 우리는 생리학적, 생물학적 기능의 연령에 따른 쇠퇴를 진화적으로 설명하는 길항적 다면발현성과 일회용 체세포 이론, 두 가지 노화 이론을 탐구할 것이다.

## 길항적 다면발현은 일반적인 다면발현의 특별한 경우이다

**다면발현(Pleiotropy)**은 하나의 유전자가 하나 이상의 형질을 발현하는 유전적 메커니즘이다. 예를 들어, 야생형 초파리(*D. melanogaster*)는 가슴에 부드러운 곡선의 털을 가지는 반면에, 한 곳의 돌연변이로 인해 결과적으로 짧고 꼬여있는 털을 가진다. 게다가, 암컷 돌연변이체는 불임이고 모양이 갖추어지지 않은 부화할 수 없는 알(야생형과 비교하여)을 낳는다. 그러므로, 초파리에서 한 가지 유전자의 발현 결함은 두 가지 표현형이 나타난다.

윌리엄스는 유전자들이 생식 성공을 위해 선택된 집단에서 노쇠가 일어날 수 있는 메커니즘을 제안하기 위해 다면발현의 일반적 개념과 메다워의 자연선택의 감소력을 결합했다. 이 **길항적 다면발현 이론(antagonistic pleiotropy)**은 비록 삶의 후기에 건강에 대해서 이롭지 않더라도 삶의 초기의 건강에 대해 이점을 수여하는 유전자들이 선택될 것이라고 예측한다.

윌리엄스는 다음과 같이 길항적 다면발현을 요약했다:

> 유전자의 선택 가치는 전체 수명에 걸쳐서 전체 생식확률에 얼마나 영향을 미치는가에 따라 달라진다. 한 나이에는 이점을, 다른 나이에는 불리함을 주는 유전자를 선택하는 것은 영향 자체의 크기뿐만 아니라 영향을 미치는 시간에도 의존할 것이다. 최대 생식 가능 기간 동안 이점은 총생식 확률을 비례하여 비슷한 불이익보다 더 많이 증가시키면 나중에 그것을 감소시킨다는 것을 의미한다. 따라서 자연선택은 나중에 활력을 희생하면서 젊음에서 활력을 극대화하여 감소하는 활력을 일으킬 것이다(윌리엄스, 1957).

윌리엄스는 노화의 기초로서 자연선택의 감소하는 힘의 중요성을 재확인했고, 그 효과의 타이밍을 가장 중요하게 생각했다. 지금까지 보았듯이, 생식 수명의 초기에 발생하는 효과는 생식에 관련된 많은 수의 개인 때문에 강하게 선택된다. 만약 그 동일한 유전자가 수명이 다한 후에 부정적인 특성을 전달한다면, 선택 압력(종의 생존 가능한 생식 구성원의 수가 제한적이기 때문에)의 부재는 유전자가 발현되게 할 것이고, 모든 의도와 목적을 위해 선택적으로 중립적일 것이다. 이 유전자는 개인의 유전자에 대한 손실이 수명 초기에 제공되는 이익보다 훨씬 더 큰 경우에도, 높은 적합성의 기간에 이익이 발생하기 때문에 유전자가 선택될 것이다. 다시 말해, 다발성 유전자의 이익과 손실 사이의 균형은 그것이 생식 기간의 적절한 시기에 일어난다면 항상 이익을 선호할 것이다.

적어도 두 가지 예는 자연에서 길항적 다면발현의 가능성을 제시한다. 첫 번째, 태아와 어린 시절 발달 동안 뼈의 석회화는 내부 장기의 보호, 신체 안정성 등 생식 이점과 높은 건강을 부여한다. 수백 가지의 유전자를 포함하는 여러 가지 유전적 메커니즘은 적당한 뼈 석회화를 보장하도록 선택되어 왔다. 그러나 이들 동일한 유전자들은 생식 후 기간 동안 동맥의 석회화를 일으켜 관상동맥 질환과 심근경색을 발생시킬 수 있기에 삶의 후기에 해로울 수 있다. 두 번째, 이 장의 초기에 설명했던 초파리 실험 또한 길항적 다면발현의 증거를 제공한다. 두 실험에서, 장수한 파리는 수명이 짧은 파리와 비교해서 더 적은 알을 가지며 알은 기형이었다. 따라서, 정상적인 알 생산과 단명한 파리에서 발달을 조절하는 유전적 메커니즘은 반드시 장수한 파리에서 알과 관련된 문제를 발생시켰다.

## 일회용 체세포 이론은 한정된 자원의 할당에 기초한다

아우구스트 바이스만은 진화적 시간의 경과에 따라 체세포가 불멸의 생식세포를 지원하기 위해서 죽게 되었다고 이론화했다는 것을 기억하라. 체세포와 생식세포 사이의 균형에 대한 근본적인 메커니즘을 설명하기 위해서 과학자들이 바이스만의 이론을 이해하고 가설을 발달시킨 것은 1980년대 초기였다. 토마스 커크우드(Thomas Kirkwood)에 의해 처음으로 개발된 이 가설은 **일회용 체세포 이론(disposable soma theory)**으로 알려져 있다.

일회용 체세포 이론은 모든 환경이 한정된 자원을 가지고 있으며, 개체는 그 자원을 두고 경쟁한다는 진화적 원리에 기초한다. 이용 가능한 자원을 사용하는 데 있어서 가장 효율적인 생물체는 살아남을 것이고, 비효율적인 생물체는 하나하나씩 죽어갈 것이다. 예를 들어, **원생 생물**(**protozoa**, 단세포 생물)이 **후생 생물**(**metazoan**, 다세포 생물)로 진화하기 시작했던 때를 상상해 보라. 이것이 나타나기 시작한 시기는 후생 동물의 유형에서 큰 변화의 시간이었을 것이다. 선택 압력은 먹이와 같이 제한된 자원이 고갈되었을 때, 더 강력해졌을 것이다. 자원을 가장 효율적으로 사용한 후생 동물 종은 생존하고, 그들의 유전 물질을 다음 세대로 전달했을 것이다.

그렇다면 가장 효율적인 자원의 사용은 무엇인가? 일회용 체세포 이론은 자원의 최적의 활용이 이른바 세포 생식 또는 생식세포인 종의 연속성에 책임이 있는 세포에게 가장 높은 우선순위를 준다고 제안한다. 생식세포를 지원하는 세포인 체세포들은 생식 시점에 생식세포의 생존을 지원하는, 일차적 업무를 수행하는 데 충분한 자원을 필요로 한다. 즉, 체세포는 생식이 일어난 후 폐기될 수 있다.

그러면 그 자원들이 어디에서 어떻게 사용되고 있을까? 생식세포의 생산은 간 세포 생산보다는 아니지만 분명히 에너지 측면에서 비용이 든다. 오히려, 일회용 체세포 이론은 초기의 후생 동물이 생식세포에서 DNA의 수복 메커니즘을 유지하기 위해 이용 가능한 자원을 우선적으로 사용했다고 예측한다. 이러한 제안은 DNA 서열이 수정되는 데는 많은 에너지가 든다는 현재의 관찰로부터 발생한다. 그래서 생물체가 생식세포의 DNA에서 정확성 또는 체세포의 몇몇 기능 사이의 "진화적 선택"을 해야 한다고 가정한다면, 생식 세포의 DNA를 유지하는 것이 종의 생존을 위한 최선의 선택일 것이다.

길항적 다면발현성과 달리, 일회성 체세포 이론은 실험적으로 시험되지 않았다. 오히려 일회용 체세포 이론은 그것이 설립된 일반적인 진화론과 얼마나 잘 맞는지를 설명함으로써 이론적으로 가능하다고 입증되어 왔다. 특히, 이 이론은 존 메이너드 스미스(John Maynard Smith)의 최적성 이론의 특별한 경우로 볼 수 있다. **최적성 이론(optimality theory)**은 그 행동과 관련된 비용이 현장 환경에 따라 최소화되기 위해서 개체가 행동을 최적화할 것이라고 예측한다.

최적성 이론은 포식에 노출된 알을 낳는 종에 의해 묘사될 수 있다. 이들 종에 대한 문제는 생식 과정에서 환경이 허락하는 것보다 더 많은 에너지를 투자하지 않고 부화하여 생존하는 알의 수를 최대화하는 방법이다. 너무 적은 알은 모두 포식자에 의해 손실될 수 있고, 너무 많은 알은 알 생산을 지원하기에 불충분한 영양으로 인해 "나쁜" 알이 될 수 있다. 각 개체는 그의 자손의 생존을 최적화하기 위한 절충안에 도달해야 한다.

노화와 관련하여, 진화론적 시기의 어떤 시점에서 개체는 번식에 얼마나 많은 에너지를 줄지, 체세포를 유지하는 데 얼마나 많은 에너지를 쓸지를 결정해야 했다. 다음 세대로 게놈의 정확한 전달에 너무 많은 에너지를 사용하는 것은 체세포를 유지하는 데 충분한 에너지를 갖지 못하게 한다. 그 개체는 번식을 성공적으로 할 수 있을 정도로 오래 살지 못할 것이다. 체세포 유지에 과한 에너지가 주어지면 개체는 아마 영원히 살겠지만 게놈의 정확성이 제대로 발휘되지 못하고 결국에는 종의 멸종을 야기할 것이다. 일회용 체세포 이론은 체세포의 유지에 사용하고 남은 자원을 가지고 생식세포의 DNA에서 높은 충실도를 가지기 위해 개체가 자원을 최적화할 것이라고 예측한다. 생식 후 기간 동안 어떤 시점에서 외적 노화는 체세포에서 발생하는 사고를 일으키는 원인이 된다. 그 체세포는 기능을 회복하기에 필요한 자원을 가지지 않을 것이고 노화는 일어날 것이다.

## 필수 개념

- 아우구스트 바이스만은 체세포가 생식 연령까지 생존할 수 있을 만큼 오래 살 필요가 있다고 제안했다. 해당 작업이 끝나면, 더 이상 체세포에 대한 필요성이 없어지고 노화가 뒤따른다.
- 바이스만은 노화의 악영향이 생식의 시작 후에 발생했기 때문에 선택 압력과 관련하여 중립적이라고 믿었다. 즉, 노화는 건강을 증가시키지도 감소시키지도 않는다고 생각했다.
- 인구 유전학은 인구의 성장에 영향을 주는 두 가지 원리인 (1) 내적 자연 증가율 ($r$), (2) 인구의 전달능력 ($K$)으로 정의한다.
- $r$과 $K$의 값은 인구 성장을 설명하기 위해 Verhulst-Pearl 논리 방정식 $\frac{dN}{dt} = rN\frac{(K-N)}{K}$에서 사용된다.
- 많은 종은 다양한 $K$ 인자를 가진다. $K$ 변수가 가변적인 개체군의 경우 연령-구조 분석이 개체 성장과 건강에 미치는 영향을 결정하기 위해 사용된다.
- 논리방정식과 연령-구조 분석은 종의 적응이 개체 증가율이 가장 클 때 큰 속도의 시간에서 가장 높다는 것을 보여준다. 이것은 생식기에 이르기까지 생존에 중요한 형질을 제공하는 대립유전자가 수명이나 노화에 특성을 나타내는 대립유전자보다 많이 선택될 것이라는 것을 의미한다.
- 피터 메다워 경은 자연선택의 힘은 나이에 따라 감소한다고 주장했다.

- 유전적 부동은 자연선택력에 중성인 유전자들이 감수분열 시 대립유전자의 우연한 분류의 결과로 개체에 고정될 수 있다는 것을 예측한다. 메다워는 유전적 부동이 노화에 대한 유전자들을 선택하기 위해 작용할 수 있다고 제안했다.
- 해밀턴은 장수의 진화론을 위해 사망률에서 자연선택의 힘으로 불리는 가치($S_x$)를 사용함으로써 수학적 기초를 수립했다. 그는 개체의 장수에 전반적으로 영향을 주는 유전자는 생식 시기에 생존하도록 선택된 유전자들과 관련되어야 한다고 제안했다.
- 실험실적 실험의 결과는 피셔, 메다워, 그리고 해밀턴의 수학적 및 언어적 예측을 지지하며, 내적, 외적인 노화 속도 모두 생식 시기와 연결되고 그것은 차례로 수명의 길이를 결정한다는 결론을 이끈다.
- G.C. 윌리엄스의 길항적 다면발현의 이론은 삶의 초기 건강에 이점을 주는 유전자들은 삶의 후기에 불이익을 주더라도 선택될 것으로 예측한다.
- T.B. 커크우드의 일회용 체세포 이론은 모든 환경이 유한한 자원을 가지고 있으며, 생물체는 그 자원들에 대해 경쟁한다는 진화적 원리에 기초한다. 이용 가능한 자원을 사용하는 데 있어서 가장 효율적인 생물체는 생존할 것이다.

## 토론 질문

**Q3.1** 아우구스트 바이스만은 체세포와 생식세포 사이의 분리의 원리를 제안했다. 또한 노화는 비적응적 특성이라고 제안했다. 왜 이 두 원리가 장수와 노화의 진화에서 현재의 사고의 이론적 기초를 수립하였는지 토의하라.

**Q3.2** **그림 3.14**에 나타난 인구 분포의 두 그래프를 생각해보자. 그림 3.14A는 세포의 대수 성장을 나타내고 그림 3.14B는 낳은 알이 번식기 3에서 시작하는 오리 개체의 분포를 나타낸다. 이들 결과가 나타내는 진화와 장수에 중요한 기본 원칙에 대해 논의하라.

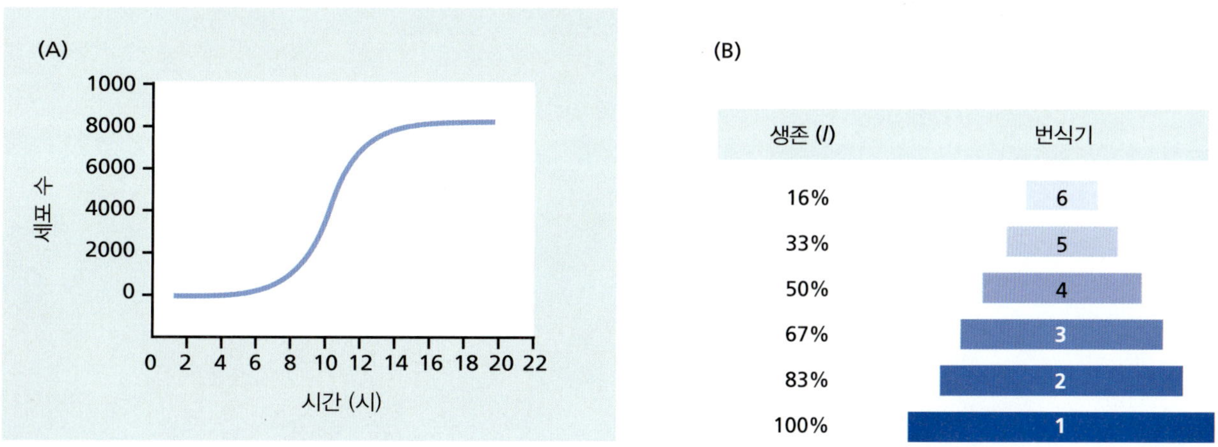


**그림 3.14**

**Q3.3** 메다워와 해밀턴이 제시한 진화적 예측에 대해 피셔가 제안한 것과 같이 생식값의 중요성에 대해 토의하라.

**Q3.4** 메다워의 시험관 예제가 왜 자연선택이 나이가 들면서 감소한다는 중요한 원리를 수립한 이유에 대해 설명하라.

**Q3.5** 유전적 부동의 기본 과정과 어떻게 유전적 부동이 노화와 장수에 영향을 미치는가에 대해 토의하라.

**Q3.6** 사망률에서 자연선택의 힘이 왜 항상 생식 시작 전에 가장 높은지 설명하라. 또한 사망률에서 자연선택의 힘이 왜 생식 시기의 생존을 위해 선택된 유전자와 장수의 유전적 기초 사이의 관계를 증명하는 데 사용될 수 있는지 설명하라.

**Q3.7** 인공적 선택이 어떻게 노화의 내적 속도가 생식 시기와 연결되는지를 경험적으로 시험하는 데 사용되었는지 토의하라.

**Q3.8** 윌리엄스는 "자연선택은 종종 활력을 희생하여 젊을 때 활기를 극대화하게 할 것이고 그렇게 함으로써 나중에 감소한 활기를 생산한다"고 추측했다. 윌리엄스가 추측했던 노화의 진화론에 대하여 서술하라.

**Q3.9** 노화의 일회용 체세포 이론 관점에서, "생식세포의 불멸에 대한 비용은 체세포의 사망률이다"라는 진술을 토의하라.

**Q3.10** 장수와 노화의 진화에 대한 현재의 이해는 생물학적 현상에 대한 진실을 찾을 때 과학자들이 그들의 전임자에게 어떻게 의존하는지를 입증한다. 다윈 찰스를 시작으로, 장수와 노화의 진화에 대한 현재의 이해를 이끄는 중요한 개념에 관련된 사람들과 주요한 사건의 정확한 연대표를 그려라.

# 추가 참고문헌

## 수명과 노화의 진화론의 기초


Darwin C (1958 [1859]) On the Origin of Species, p 495. New York: Signet Classic.

Dawkins R (1989) The Selfi sh Gene, p 352. Oxford: Oxford University Press.

Fisher RA (1930) The Genetical Theory of Natural Selection, p 272. Oxford: Clarendon Press.

Haldane JBS (1942) New Paths in Genetics, p 206. New York: Harper and Brothers.

Hawkes K (2004) Human longevity: the grandmother effect. *Nature* 428:128 –129.

Lahdenpera M, Lummaa V, Helle S, et al. (2004) Fitness benefits of prolonged post-reproductive lifespan in women. *Nature* 428:178–181.

Lotka AJ (1956) Elements of Mathematical Biology, p 465. Mineola, NY: Dover Publications.

Weismann A (1891) Essays upon Heredity and Kindred Biological Problems, p 471. Oxford: Clarendon Press.


## 진화와 수명


Burke MK & Rose MR (2009) Experimental evolution with Drosophila. *Am J Physiol Regul Integr Comp Physiol* 296: R1847–1854.

Charlesworth B (1970) Selection in populations with overlapping generations: I. The use of Malthusian parameters in population genetics. *Theor Popul Biol* 1:352–370.

Hamilton WD (1966) The moulding of senescence by natural selection. J Theor Biol 12:12 –45.

Medawar PB (1952) An Unsolved Problem of Biology, p 24. London: H.K. Lewis and Company.

Reznick DN, Bryant MJ, Roff D, et al. (2004) Effect of extrinsic mortality on the evolution of senescence in guppies. *Nature* 413:1095–1099.


## 진화 모델의 장수 실험


Stearns SC, Ackermann M, Doebeli M & Kaiser M (2000) Experimental evolution of aging, growth, and reproduction in fruitfl ies. *Proc Natl Acad Sci USA* 97:3309–3313.


## 진화와 노화


Kirkwood TB (1977) Evolution of ageing. *Nature* 270: 301–304.

Kirkwood TB (2002) Evolution of ageing. *Mech Ageing Dev* 123:737–745.

Kirkwood TB & Holliday R (1979) The evolution of ageing and longevity. *Proc R Soc Lond B Biol Sci* 205:531–546.

Partridge L & Barton NH (1993) Optimality, mutation and the evolution of ageing. *Nature* 362:305–311.

Rose MR (1984) Laboratory evolution of postponed senescence in *Drosophila melanogaster*. *Evolution* 38:1004–1010.

Rose MR (1991) Evolutionary Biology of Aging. Oxford: Oxford University Press.

Rose MR, Burke MK, Shahrestani P & Mueller LD (2008) Evolution of ageing since Darwin. *J Genet* 87: 363–371.

Rose M & Charlesworth B (1980) A test of evolutionary theories of senescence. *Nature* 287:141–142.

Williams GC ( 1957) Pleiotropy, natural selection and the evolution of senescence. *Evolution* 11:398–411.

# 세포 노화

# 4

**"모든 노인의 내면에는 무슨 일인지 궁금해 하는 젊은 사람이 있다"**

**-제니퍼 얀[Jennifer Yane(1854~1900), 예술가]**

세포는 생명의 기본 단위이다. 모든 살아있는 생명체는 하나의 세포로부터 시작된다. 지구상에서 가장 복잡한 생명체 중 하나인 여러분도 어머니에 의해 생산된 난자와 또 다른 하나의 세포인 정자에 의해 수정된 단일 세포로부터 시작되었다. 몸에 있는 다른 모든 세포들 또한 이 하나의 수정란에서 발생되었다. 세포 기능의 연구는—세포생물학—삶의 기원과 삶의 지속적 유지를 위한 메커니즘을 설명하는 근본적인 개념을 제공한다. 우리는 세포의 연구로부터 우리가 왜 그리고 어떻게 노화되는지에 대한 궁극적 개념을 찾을 수 있다.

이 장에서는 우리는 세포 수준에서 노화를 논의할 것이다. 우리는 생명체의 수명을 결정하고 기능의 감소를 가져오는 세포 노화의 근본적인 메커니즘을 탐색한다. 세포 노화와 관련된 세포 생물학에서 필수적인 개념을 간단히 살펴보는 것으로 시작한다.

## 세포주기 및 세포분열

진핵세포는 세포주기로 알려진 질서 있는 연속적 사건을 통해 복제되고 분열된다. 이 절에서, 우리는 **세포주기(cell cycle)**의 기본개념에 대해 살펴본다; 다음 절에서, 세포주기 조절에 관여하는 몇 가지 메커니즘을 살펴 볼 것이다.

### 세포주기는 4단계 더하기 1단계로 구성된다

진핵성 세포주기는 4개의 뚜렷한 시기로 구성된다. **그림 4.1**에서처럼: **$G_1$기**(gap 1), **S기(합성 단계)**, **$G_2$기**(gap 2) 그리고 **M기**. 추가적인 단계인 **$G_0$**기는 세포가 주기에서 벗어났음을 나타낸다. $G_1$, S, 그리고 $G_2$ 단계는 합쳐서 **간기(interphase)**라고 알려져 있다. 일반적으로 유사분열 세포의 대부분은 $G_1$기에서 보낸다.

$G_1$기 동안 세포는 염색체 복제에 필수적인 효소 및 단백질의 농도를 증가시킴으로써 DNA 복제를 준비한다. 또한, $G_1$기는 복제 조건이 최적인지 확인하기 위해 세포의 검문소 역할을 하는 시기이다. S기는 DNA 복제가 일어나는 시기이며, $G_2$기는 **유사분열(mitosis)**의 경우 다음 단계에 필요한 단백질을 준비하거나 세포가 다음 단계로 진행할지 여부를 결정한다는 점에서 $G_1$기

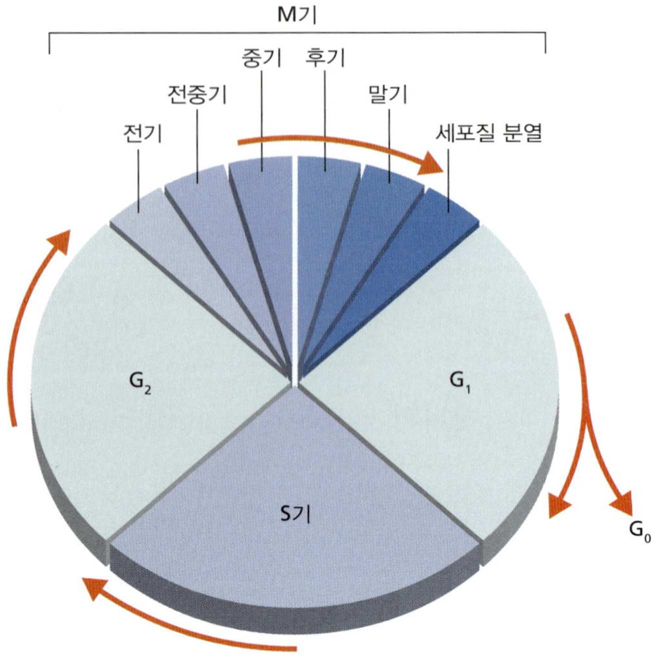


**그림 4.1 세포주기.** 세포주기는 4단계로 구성된다: $G_1$, S, $G_2$ (통합해서 간기) 그리고 M기. $G_0$기는 세포주기를 벗어났음을 나타낸다.

와 유사하다. M기는 하나의 세포가 두 개로 분리되는 마지막 단계이다. $G_0$기에서 세포는 대사적으로 활성화되어 있지만 세포 분열은 하지 않는 상태이다.

## DNA 복제는 S기 동안 일어난다

DNA는 세포 분열이 일어나기 전에 복제가 되어야 한다. 이 복제 과정은 세포의 S기 동안에 일어난다. 진핵세포에서 DNA 염기쌍은 염색체 내에 길고 선모양의 이중 나선 가닥으로 존재한다. 이중 나선은 수소 결합을 통해 개별적으로는 미약하지만 집단적으로는 강하게 결합되어 있다. 따라서, DNA 복제를 위한 이중 가닥을 단일 가닥으로 분해하기 위해서는 상당한 양의 에너지가 필요하고, 이는 단일 에너지 효소 반응과 연관된 에너지의 양보다 커야 한다. 진핵세포는 **복제 원점(replication origins)**이라고 불리는 DNA의 복제 부위로부터 시작하는 가닥 분리 과정을 수천 개의 개별 반응으로 분리시켜 에너지의 문제를 해결해 왔다**(그림 4.2)**. 복제 원점은 여러 개의 A–T 염기쌍 서열과 함께하는 경향이 있다(A–T의 결합은 G–C의 결합보다 약하다).

이중 가닥 DNA의 복제 원점은 **기원인식 복합체(origin recognition complexes, ORC)**라는 특별한 단백질을 모집한다. 이중 가닥 DNA에 기원인식 복합체의 결합은 $G_1$기의 끝과 S기의 시작을 표시한다. ORCs 내에서 단백질의 인산화는 복합체에서 유리되고 복제 원점에서 DNA 가닥 분리의 원인이 된다. DNA는 지금 복제할 준비가 되어 있다.

## 세포 분열은 M기 동안 일어난다

일단 $G_2$기의 세포-분열 조절 단백질은 적절한 세포 내 신호를 전달받으면, 세포들은 M기로 진행하여 두 개의 새로운 세포를 만드는 과정을 완성한다. M기는 6개의 단계로 구분된다**(그림 4.3)**. 처음 다섯 단계는 통상적으로 유사분열(mitosis)로 알려져 있으며, 마지막 단계인 **세포질 분열(cytokinesis)**을 통해 하나가 2개의 세포로 되는 시기이다. 유사분열의 첫 번째 단계인 **전기(prophase)**에 각각의 **중심체(centrosomes)**는 분리되고 **방추극(spindle poles)**

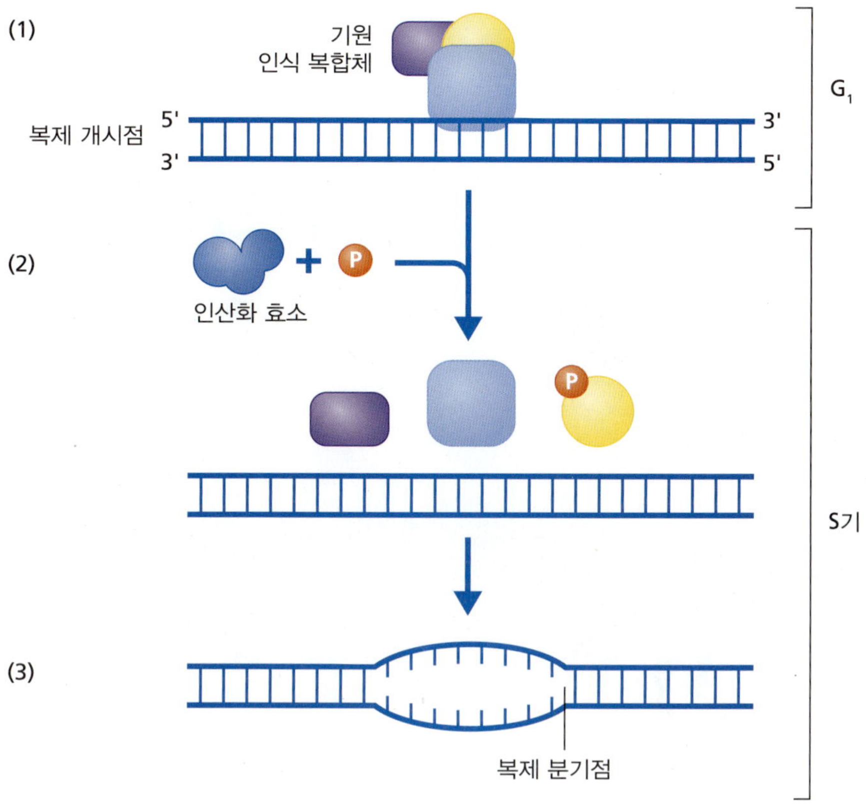


**그림 4.2** **S기 동안 복제를 위한 DNA 준비.** (1) 기원인식 복합체는 $G_1$기 동안 이중-가닥 DNA의 복제 원점에 결합한다. (2) 인산화 효소는 기원인식 복합체를 인산화시켜 복합체의 분해와 DNA 가닥의 분리를 일으킨다. (3) DNA 가닥의 분리는 복제 원점에서 복제 분기점을 형성한다.

을 형성하여 핵막의 반대편으로 이동을 시작한다. 두 중심체가 떨어져 이동함으로써 **유사분열 방추사(mitotic spindle)**는 여러 방향으로 성장하기 시작한다. 단백질 복합체인 **콘덴신(condensing)**은 이 단계 동안에 염색체를 응축하기 시작한다. 다음으로 핵막이 분해되기 시작하고, 방추사는 유사분열의 두 번째 단계인 **전중기(prometaphase)** 동안 **자매 염색분체(sister chromatids)**에 결합된다.

전기와 전중기는 분리를 위해 자매 염색분체를 준비한다. 염색체 분리를 위한 최종 준비는 두 방추극 사이의 중간부위 적도에 염색분체가 배열되는 **중기(metaphase)**에서 시작된다. 동시에 방추극은 자신을 향해 자매 염색분체를 당겨 줄다리기를 시작한다. 염색체의 실질적 분리는 **후기 촉진 복합체(anaphase promoting complex, APC)**가 염색분체를 보유한 콘덴신 결합의 파괴를 표적으로 하는 표적 단백질 분해 효소를 분비하는 **후기(anaphase)**에 일어난다. 콘덴신 결합의 분해로 인해 결과적으로 염색체 분리가 일어나고 2개의 새로운 염색체 세트가 방추극을 향해 이동한다. 다음 단계인 **말기(telophase)** 동안 핵막은 새로운 염색체 세트를 둘러 쌓고 확장한다. 염색체는 탈응축되고 핵과 세포질 단백질의 유전자 전사를 시작한다.

마지막 단계인 세포질 분열은 분리된 세포의 중심부에서 **액틴(actin)**과 **미오신(myosin)**(수축 단백질은 골격근에서도 발견된다)으로 구성된 수축환을 형성하며 시작된다. 수축환은 고랑이 방추사에 수직으로 형성되도록 해준다. 액틴과 마이오신은 상당한 힘을 생성할 수 있다; 이것은 2개의 새로운 세포의 고랑과 분리의 "순치기(pinching)"에 의해 생성된다. 각각의 새로운 세포는 염색체와 세포 기관의 완전한 보체를 포함한다.

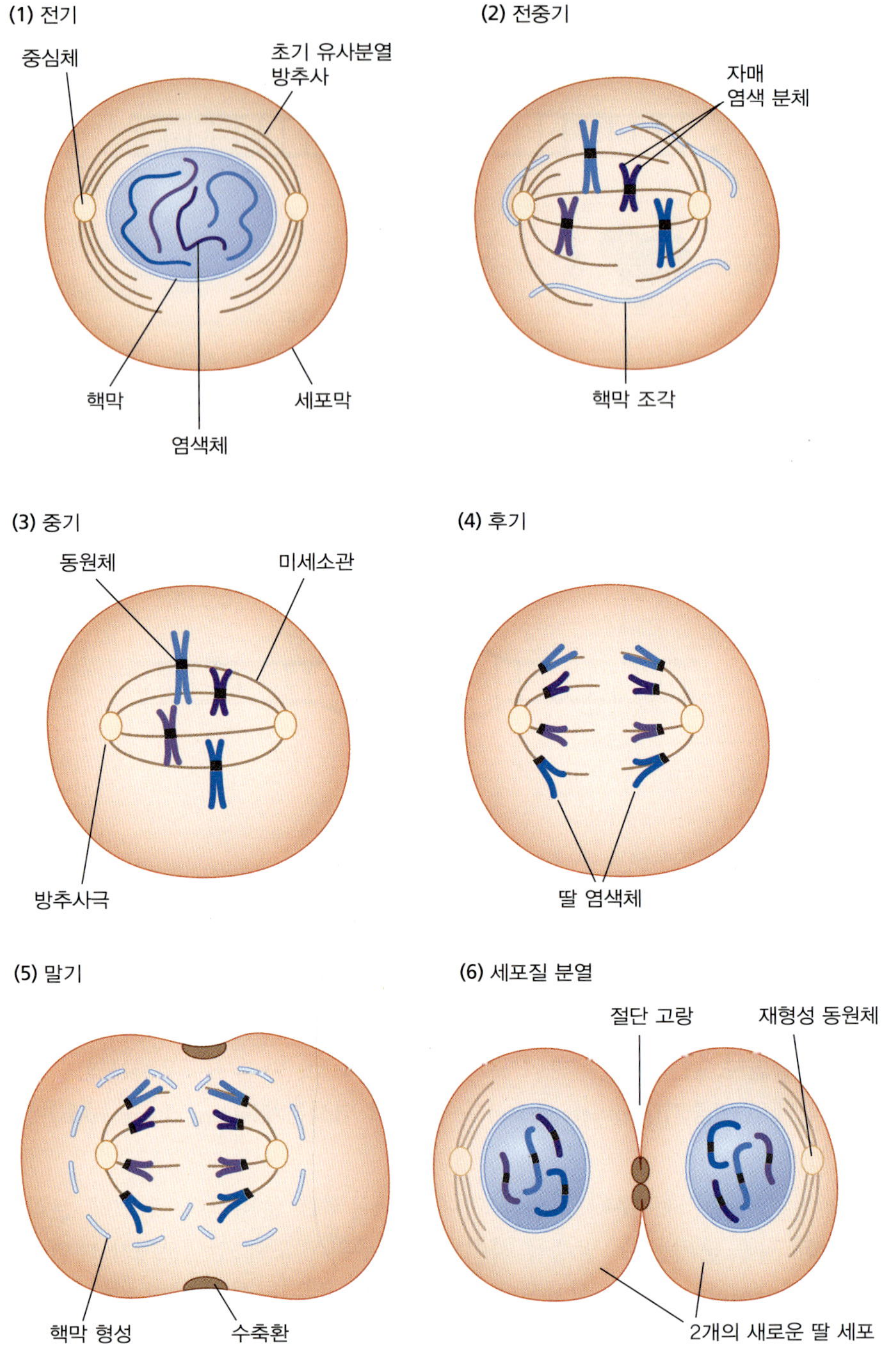


**그림 4.3 M기의 6단계.** (1) 전기: 2개의 동원체가 분리되고 유사분열 방추사가 확장하기 시작한다. (2) 전중기: 핵막의 분해가 시작되고, 방추사가 동원체에 부착된다. (3) 중기: 자매 염색분체는 방추사의 적도면에 정렬되고 방추사가 응축하기 시작한다. (4) 후기: 자매 염색분체는 2개의 새로운 딸 염색체 형성을 위해 분리되고, 유사분열극으로 떨어져 이동한다. (5) 말기: 세포의 중심부에 수축환이 형성되고 새로운 두 개의 딸 염색체 세트 주위에 각각의 핵막이 형성된다. (6) 세포질 분열: 수축환은 두 개의 새로운 딸 세포를 "순치기(pinching)"한다.

## 세포주기 조절

생명체에서 정확한 DNA 복제와 정확한 세포 분열보다 더 중요한 것은 없다. 부정확성은 세포 기능의 변형을 가져오고 일부 경우에는 암과 같은 질병을 유도할 수 있다. 진핵세포는 DNA의 정확한 복제를 보장하기 위해서 복잡한 조절 시스템을 발달시켰다. 이 조절 과정은 다음 단계로 진행할 것인지의 여부를 평가하기 위한 다양한 "검문지점"을 포함한다. 만약 조절 시스템이 정확하게 기능하고 DNA에서 오류를 발견하면, DNA에서 오류가 수선될 때까지 염색체의 형성과 세포분열은 중지된다. 이 검문지점 조절에 의한 DNA 복제의 일시중지는 때로는 **분자 브레이크(molecular brakers)**라고 불려진다.

이 절에서 세포주기 조절 시스템이라고 불리는 과정, 즉 세포주기 조절의 기저를 이루는 분자 메커니즘에 대하여 간단히 논의하였다. 우리는 세포 주기를 개시하는 세포 외 신호에서부터 세포질 분열 동안 딸 세포의 분리에 이르기까지 세포주기와 동일한 순서로 이러한 조절에 대해 논의할 것이다.

## S-사이클린 및 사이클린 의존성 인산화 효소는 DNA 복제를 개시한다

DNA 복제는 **사이클린(cyclin)**으로 알려진 핵 단백질의 발현에 의해 개시된다. 성장호르몬과 같은 인자에 의한 세포 외 유사분열 신호는 핵 유사분열 신호 단백질의 합성을 유도하여 세포주기를 개시한다. 핵 유사분열 신호 단백질의 유형은 세포 외 분열 신호의 형태에 의존하여 다양하게 나타난다. 즉, 다양한 형태의 S-사이클린 단백질로 발현될 수 있다. 핵 유사분열 신호단백질들은 S-사이클린 단백질의 발현을 유도하는 유전자를 "Turn on(켬)"할 수 있는 DNA의 **프로모터 부위(promoter region)**에 결합한다(그림 4.4). S-사이클린은 핵에 항상 존재하는 인산화 효소인 **사이클린-의존성 인산화효소(Cdk, cyclin-dependent kinase)**와 결합한다. 사이클린-CDK 복합체는 S기로의 진행과 DNA 복제를 시작하기 위해 핵에 신호를 보내는 다른 단백질들의 인산화를 촉진한다. 단백질의 인산화는 진핵생물에서 세포의 신호를 전달하는 일반적 방법이다. 벌레의 세포에서 발견된 그러한 신호전달 경로는 수명 및 연장과 생식과 연관된다는 것을 밝인 최초의 생화학적 메커니즘이며 다음 장에서 충분히 논의될 것이다.

일단 세포가 S기에 진입하면, DNA의 복제는 Cdk에 결합된 사이클린의

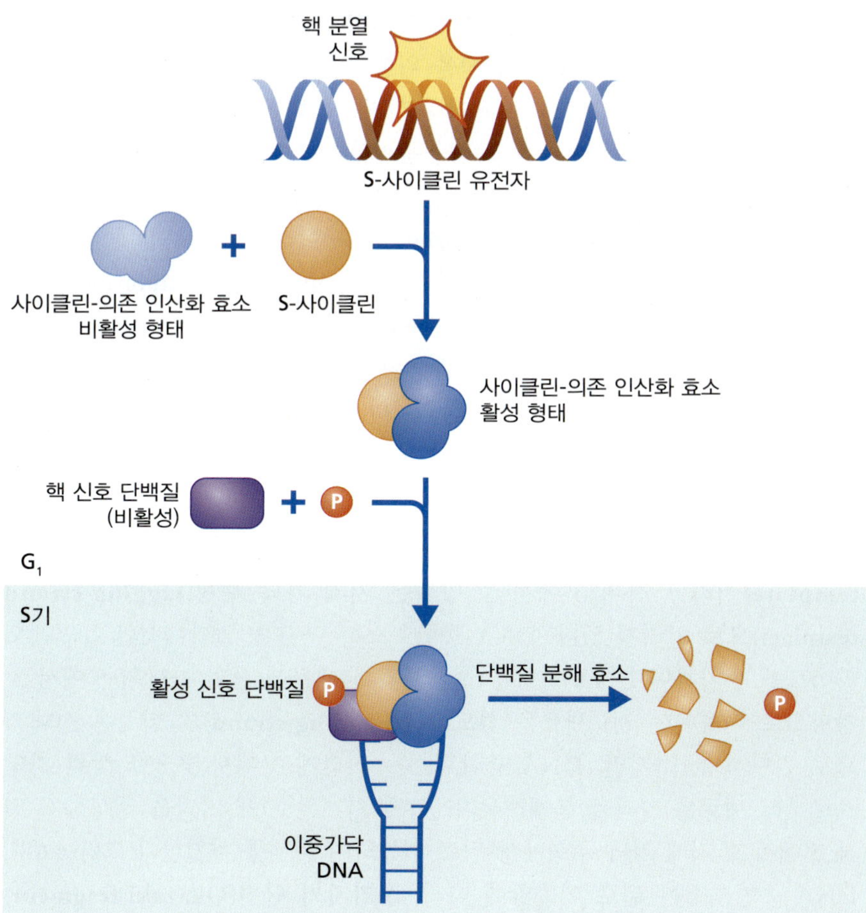


**그림 4.4 사이클린은 DNA 복제를 개시한다.** 세포 외 유사분열 신호들은 세포에 결합하면 S-사이클린의 발현을 유도하는 핵 유사분열 신호를 생성한다. S-사이클린의 사이클린 의존 인산화 효소(Cdk)와의 결합은 이 효소를 활성화시키고 세포를 S단계로 진입시켜 DNA의 복제를 개시하는 다른 단백질의 인산화를 유도한다. 일단 DNA 복제가 시작되면, Cdk 단백질은 S-사이클린의 단백질 분해에 의해 불활성화된다.

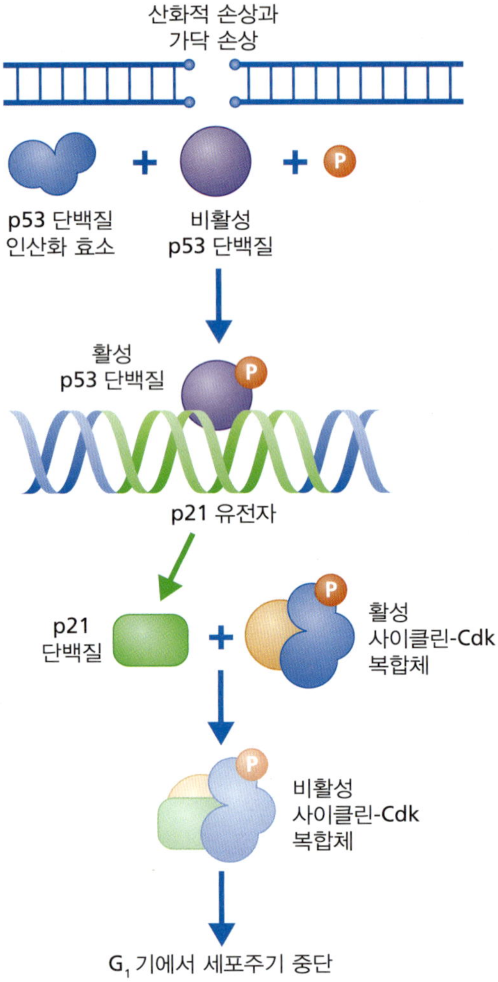


**그림 4.5 G1기의 p53의 검문지점.** 슈퍼옥사이드 라디칼($•O_2^-$)에 의한 손상처럼 DNA가 손상이 감지되면 복구 메커니즘은 p53의 단백질 인산화효소를 활성화시킨다. 인산화된 p53의 단백질은 p21 단백질의 발현을 자극하기 위해 p21 유전자의 조절영역에 결합한다. 차례로, p21 단백질은 사이클린-CDK 복합체에 결합하여 효소를 비활성화시키고 일시적으로 세포주기는 $G_1$기에서 정지된다. DNA가 수선되면, 프로테아제가 p21 단백질을 분해하고 세포는 S기로 이동한다.

분리와 분해를 담당하는 프로테아제(protease)라고 불리는 효소의 발현을 자극한다. 이러한 마지막 단계는 세포주기 동안 DNA 복제가 오직 한 번만 일어나도록 한다.

## p53 경로는 $G_1$-S기 전이단계에서 DNA 복제를 방해한다

세포주기의 다른 단계와 같이, 검문지점은 합성과정에서도 DNA가 정확하게 복제되는 것을 확인한다. 그러한 검문지점 중 하나인 **p53의 경로**는 손상된 DNA가 복제되는 것을 방지하는 데 도움을 준다. 예를 들어, 자유 라디칼의 공격에 의해 DNA의 한 부분에서 손상이 발생할 수 있음을 가정하자(자유라디칼은 이 장의 뒷부분에서 설명한다). DNA 복구 메커니즘은 오류를 감지하여 손상 부분을 복구하기 시작하고, p53 핵 단백질을 인산화시키는 단백질 인산화 효소를 활성화시킨다. p53의 활성화는 또 다른 단백질인 p21 유전자의 프로모터 부분에 결합을 한다. p21 단백질은 네거티브 억제와 일시적인 세포주기 중지를 통해 사이클린-Cdk 복합체를 불활성화시킨다(**그림 4.5**). 수선이 완성되면, 단백질 분해효소는 사이클린-Cdk 복합체로부터 p21의 분리를 위해 활성화되고 세포주기는 S기로 진행된다. p53 경로는 텔로미어 단축과의 상호 작용을 통해 세포 노화에 역할을 가지고 있음을 의미한다(아래 참조).

## 많은 단백질들은 DNA 복제에 관여한다

DNA 정확성에 대한 점검이 완료되고 사이클린-Cdk 복합체가 활성화되면, DNA의 복제는 시작할 수 있다. DNA의 복제는 염색체 복제를 위해 특정한 순서대로 작동하는 다양한 단백질이 관여한다(**그림 4.6A**). 그러한 단백질 중 하나인 **헬리케이즈(helicase)**는 합성을 위한 주형으로 사용되는 단일 가닥으로 DNA를 분리하기 위해 ATP의 가수분해를 통해 방출된 에너지를 사용한다. 단일 가닥 결합단백질은 두 가닥의 분리를 유지시킨다. 또 다른 단백질인 **프리메이즈(primase)**는 복제 과정에 필요한 짧은 RNA 서열을 생성한다. 헬리케이즈와 프리메이즈는 **프리모좀(primosome)**이라는 복제복합체를 구성한다. DNA 가닥이 분리되고 RNA가 준비되면, DNA 중합효소(polymerase)는 새로운 가닥의 3′ 말단에 **뉴클레오티드(nucleotides)**를 첨가하여 새로운 DNA의 합성을 시작한다. 새로운 가닥의 합성은 항상 5′ → 3′ 방향으로 진행하며 DNA 중합효소가 이동하는 유일한 방법이다.

DNA 복제는 복제 기원에서 양쪽 방향으로 이동한다. 따라서 프리모좀은 5′에서 3′ 방향과 3′에서 5′ 방향 양쪽에서 향하도록 DNA 단일 가닥 주형을 생성한다(그림 4.6). 5′에서 3′ 방향은 **선도 가닥 주형(leading strand template)**이라고 하며 3′에서 5′ 방향은 **지체 가닥 주형(lagging strand template)**으로 알려져 있다. DNA 중합효소는 단지 3′ 말단에서만 뉴클레오타이드를 추가하여 DNA 가닥을 성장시키기 때문에(상위 가닥의 5′에서 3′ 방향으로 이동하는 것) 새로운 **선도 가닥(leading strand)**의 합성은 상대적으로 간단하다. 하지만, DNA 중합효소는 어떻게 3′에서 5′으로 상위 가닥으로부터 새로운 가닥을 복제하는가? 복제 기계는 지체 가닥을 생성하기 위해 5′에서 3′ 지체 가닥 주형에서 뒤로 이동하여 문제를 해결한다(그림 4.6B). DNA 중합효소는 뒤로 이동함에 따라, **오카자키 단편(Okazaki fragment)**

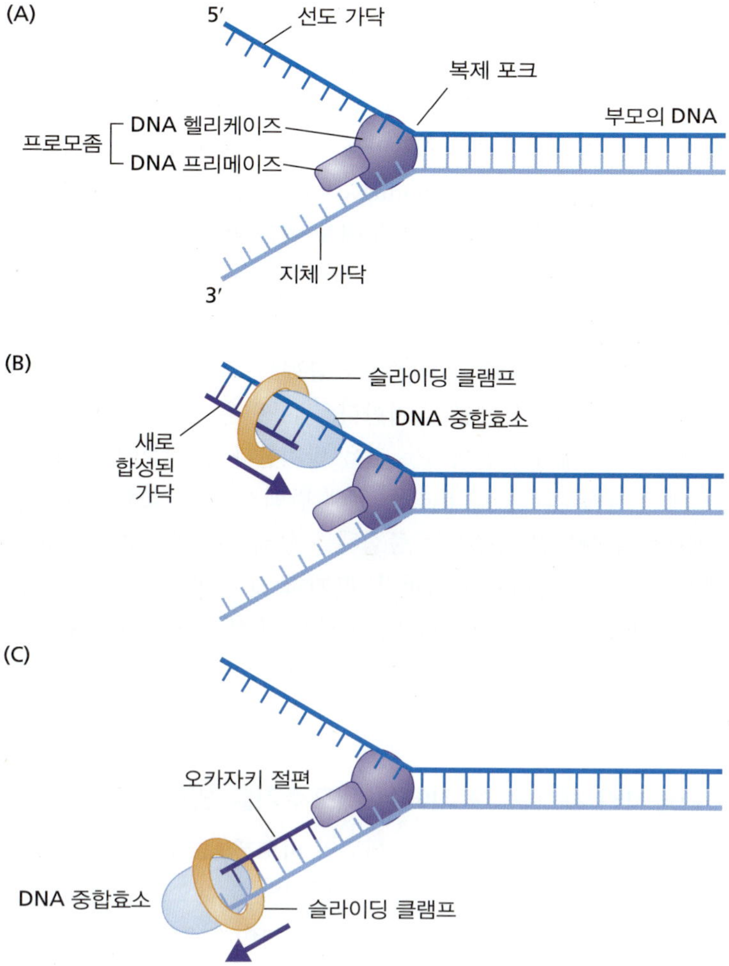


**그림 4.6** **DNA 복제.** (A) 헬리케이즈는 DNA의 이중 나선을 단일 가닥으로 분리한다. DNA 프리마제는 복제 과정을 시작하기 위해 필요한 RNA 프라이머를 준비한다. (B) 선도 가닥 주형에서 DNA 중합효소는 5′ → 3′ 방향의 새로운 가닥을 합성하고, 이 과정의 시작을 위해 단지 하나의 프라이머를 필요로 한다. (C) 지체 가닥에서 DNA 중합효소는 오카자키 단편이라는 작은 DNA 조각을 생산함으로써 뒤로 이동한다. 오카자키 절편은 새로운 DNA 가닥을 완성하기 위해 함께 "박음질(backstitched)"된다. 슬라이딩 클램프는 주형을 따라 이동하도록 모체 가닥에 DNA 중합효소를 유지한다.

이라 불리는 작은 DNA 조각을 생성한다(그림 4.6C). 이 과정은 반복적인 RNA 프라이밍을 필요로 한다. 오카자키 단편은 **DNA 라이가제(DNA ligase)**에 의해 연속적인 가닥을 생성한다.

## 코헤신과 콘덴신은 염색체 분리의 조절에 도움을 준다

S기의 종료시 자매 염색분체로 알려진 2개의 새로운 염색체는 **코헤신(cohesins)**으로 알려진 단백질에 의해 서로 단단히 결합되었다(**그림 4.7**). 하지만, 자매 염색분체는 크고 상대적으로 비조직화되어, 효율적으로 분리를 억제하는 물리적 조건을 가진다. **콘덴신(condensins)**으로 알려진 단백질은 $G_2$기에서 조립되고 염색분체의 크기를 감소시키며 가닥 분리과정을 향상시키기 위해 M기에서 사용된다. 염색체의 적절한 분리를 위한 중요한 다른 단백질은 **동원체(centromere)**이다. 동원체는 두 개의 염색분체를 서로 유지하고 유사분열의 방추사에 동원체가 부착되는 구조로 **방추사 부착점(kinetochore)**을 형성하는 위치이다.

## 중기에서 후기 전환은 세포 주기의 최종 검문지점을 표시

$G_2$와 M기 사이에서 진행의 조절은 사이클린-Cdk 복합체를 통해 일어난다. 이 과정은 그림 4.4에서 설명한 것과 유사하다; 그러나 S-사이클린보다는 M-사이클린이 발현된다. 일단 세포주기 조절지점을 통과하면 M기가 시작되고

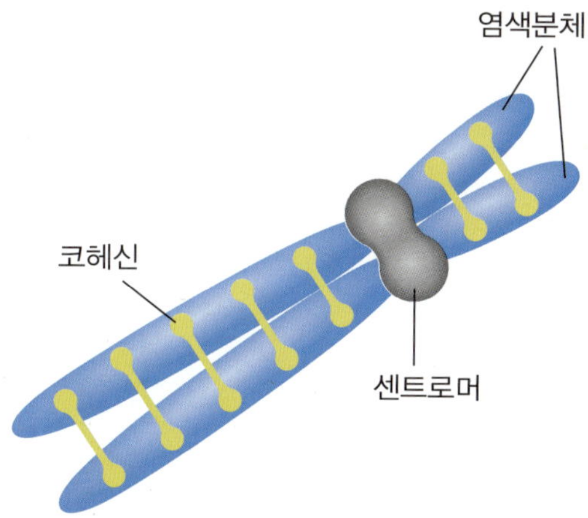


**그림 4.7** **자매 분체는 S기의 마지막에 나타난다.** 동원체가 두 자매 염색분체를 함께 보유하고 있다. 코헤신이 또한 염색분체를 함께 유지하는데 도움을 준다.

세포주기에서의 최종 조절 단계는 중기에서 후기로의 전환에서 일어난다. 사이클린-Cdk 복합체는 인산화-탈인산화 조절 시스템을 사용하는 반면 중기에서 후기의 전환은 **단백질 분해 과정(proteolytic process)**을 포함한다. 이 과정의 주요한 단백질은 **유비퀴틴 리가아제(ubiquitin ligase)** 효소계열의 일원인 후기-촉진 복합체(anphase-promoting complex, APC)이다. 이 계열의 많은 효소들은 부적절하게 접힌 단백질의 분해를 위해 표시하는 반응에 관여한다. 제9장에서 설명되지만, 유비퀴틴 리가아제는 알츠하이머와 파킨슨 질환의 발생에서 중요한 역할을 가질 수 있다.

후기-촉진 복합체는 자매 염색분체를 함께 유지하는 코헤신과 결합하는 단백질 **세큐린(securin)** 분해를 표지한다. 세큐린은 중기 전에 단백질 분해 효소가 자매 염색분체에서 떨어지는 것을 방지한다. 코헤신에서 세큐린의 제거는 세포에서 자매 염색분체 분리를 위해 단백질 분해 효소의 존재를 허용한다. 차례대로 유사분열 방추사는 중심체를 향해 수축하기 시작하고, 독립된 염색분체가 떨어져 이동하기 시작한다. 후기-촉진 복합체는 여분의 사이클린의 파괴를 방지하며, 다시 한번 DNA 복제가 한 번만 발생하도록 보장한다. 세포 주기가 말기와 세포질 분열을 통해 방해받지 않고 진행되어 2개의 새롭고 동일한 세포를 생성한다.

## 완전히 기능적인 세포는 $G_0$기에서 세포주기를 벗어난다

다세포 생물에서 세포주기의 시작은 세포의 **미토겐(mitogens)**이라 불리는 물질로부터 세포 외 신호를 수신할 때에만 발생하는 것으로 보인다. 미토겐은 호르몬, 신경 펩타이드 및 스테로이드를 포함하여 다양한 형태로 구성되며, 세포나 주변 세포에 의해 분비되는 인자로서 또는 해부학적으로 세포로부터 떨어진 위치에서도 발생한다. 세포가 유사분열 신호를 적절한 시간에 수신하지 않을 경우, 미토겐은 세포주기를 조절하는 메커니즘을 해체하고 $G_0$기로 알려진 $G_1$기의 수정된 시기로 진행된다. $G_0$기는 세포가 세포분열을 위한 에너지의 전환 없이 생리학적 역할을 수행할 수 있다. 적절한 유사분열 신호가 주어지면 일부 성체 세포는 $G_1$기를 재진입할 수 있다. 인간의 장 세포(3~4일의 회전율)에서 관찰된 바와 같이 $G_0$와 $G_1$ 사이의 전환은 신속하고 지속적으로 일어나지만 다른 세포 유형은 $G_0$기에서 대부분 남아있고 자주 분열하지 않는다(간세포는 단지 일년에 한 번만 분열할 수 있다). 완전히 분열된 세

**표 4.1 완전히 유사분열, 반 유사분열의 예제 및 분열하지 않는 포유동물 세포**

| 완전한 유사분열 세포 | 반 유사분열 세포 | 분열하지 않는 세포 |
|---|---|---|
| 섬유아세포 | 간세포 | 심장세포 |
| 신경아교세포 | 혈관세포 | 골격근세포 |
| 표피세포 | 모낭 | 뇌세포 |
| 혈관평활근세포 | | |
| 렌즈 세포 | | |
| 내피 세포 | | |
| 림프구 | | |
| 장세포 | | |
| 미생물 세포 | | |
| 줄기세포 | | |

포 형태는 분열하지 않은 세포 형태보다 수적으로 우세하지만 $G_0$기에(즉, 유사분열)에 영구적으로 남아있는 다세포 생물의 절대적인 많은 수의 세포는 훨씬 더 많다.

**표 4.1**은 $G_0$에서 유지의 다양한 길이와 세포 유형의 예시를 제공한다. 완전한 유사분열 세포는 성인의 수명 기간 동안 복제할 수 있다. 반 유사분열 세포는 드물게 세포 분열한다; 그리고 분열하지 않은 세포는 성인에서 복제되지 않는다. $G_1$ 및 $G_0$ 사이의 변이의 기초가 되는 메커니즘은 잘 이해되지 않지만 복제 노화에 중요한 역할을 하는 것으로 생각된다.

## 복제 노화

세포 노화 이론은 변화된 세포 기능이 생명체의 노화를 조절하거나 "촉진"한다고 예측한다. 생명체의 노화는 생식 기간 후 기능의 점진적인 쇠퇴를 반영하기 때문에, 세포 분열의 감소와 최종적인 손실은 일반적으로 **복제 노화(replicative senescence)**로 알려진 기간인 세포 노화를 특징적으로 보여준다. 이 장에서, 우리는 세포가 한정된 수명을 고려하는지 만약 그렇다면 이것이 전체 생명체의 노화나 수명에 영향을 어떻게 미치는지 설명한다.

### 실수는 50년 동안 세포 노화의 발견을 지연시켰다

1912년 알렉시스 캐럴(Alexis Carrel)은 닭의 심장 조직의 조각을 꺼내어 닭 혈장과 액화된 닭 배아 조직의 혼합물 용기에 넣었다. 혈장은 세포가 성장할 수 있는 기질을 형성하는 단백질을 포함한다. 액체 성분의 정확한 특성은 알려지지 않았지만 액화된 배아 조직은 성장에 필수적인 영양분을 제공했다. 며칠 후, 새로운 세포가 닭의 심장 조각에서 나타났다. 몬트로스 버러우(Montrose Burrows)의 도움으로 캐럴은 동물의 몸 밖에서 보통 세포를 성공적으로 성장시킨 첫 번째 사람이 되었다.

다음 며칠이 지난 뒤, 액화된 닭 배아 조직이 소모되고, 세포 공간이 부족했을 때 배양의 성장은 느려지고 그 이후 멈추었다. 캐럴은 세포의 일부를 제거하고 새로운 용기에 배치한 후 신선한 닭 배아 조직과 혈청을 추가했다. 이전처럼, 새로운 배양에서 세포는 용기 용량에 도달할 때까지 분열하였다. 1912년에 시작된 세포 배양은 1946년에 캐럴이 사망할 때까지 지속적으로 배양되었고 세포는 죽지 않는다는 이론을 이끌었다. 하지만, 과학자들은 닭 배아 조직을 액화시킨 캐럴의 방법이 혈청에서 살아 있는 모든 세포를 제거하지 않았음을 확인하였다. 즉, 세포 배양은 불멸이 아니다; 그것은 각각 영양분 함께 새로운 세포를 추가하는 단순한 배양이다. 이러한 사실에도 불구하고, 시험관 상(*in vitro*)에서 배양되는 세포는 불멸이다라는 이론은 광범위하게 받아들여졌고 거의 50년 동안 도전 받지 않았다. 실제로, 배양에서 자란 세포는 불멸이다라는 믿음은 너무 강해서 다른 사람들에 의해 제안된 증거들은 기술적 오류의 결과로 보였고 보편적인 인간의 실수에 의한 것으로 간주되었다. 그래서, 1961년 필라델피아에 있는 위스타 연구소에서 근무한 헤이플릭(Leonard Hayflick)과 무어헤드(Paul Moorhead)가 인간 배아 섬유아세포가 시험관 상 배양에서 여러 군집 배증 이후 죽는다는 연구 결과를 보고하는 데 있어서 주의를 기울인 부분은 이해가 된다.

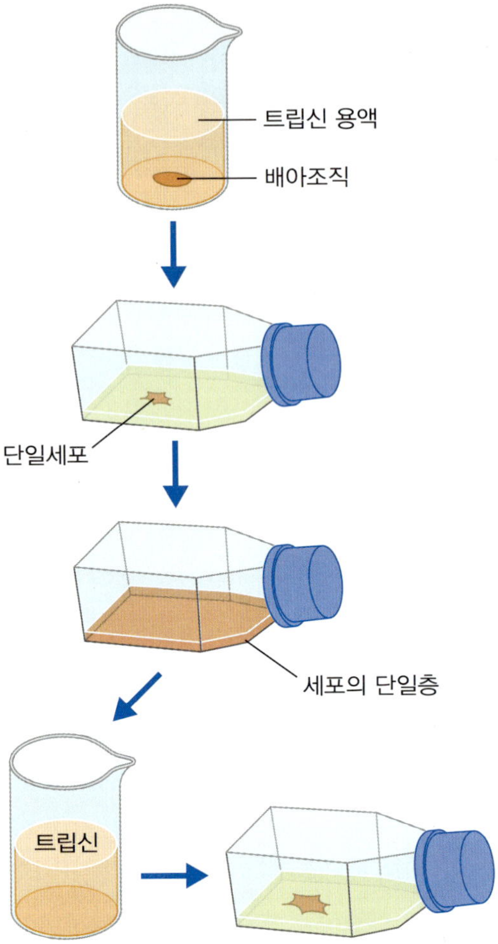


**그림 4.8 배양에서 세포의 수명을 결정하는 데 사용된 방법.** 섬유아세포를 트립신 분해에 의해 개별 세포로 분리한다. 그리고 세포를 무-세포 태아 혈청을 포함하는 배양 용기에 접종시킨다. 세포가 완선히 용기 내의 배지를 덮고 더 이상 성장할 공간이 없을 때(융합), 이들을 다시 트립신으로 분해하고 분리된 세포의 일부는 다시 접종시킨다. 트립신 분해로부터 세포가 융합에 이르는 계대배양을 군집배증이라고 한다.

## 헤이플릭과 무어헤드의 연구 결과는 세포노인학 분야를 생성시켰다

헤이플릭과 무어헤드는 정상 세포들이 악성, 암 종양으로 전환되는 생화학적 메커니즘에 관심을 가졌다. 그들의 추론으로는 인간 배아 섬유아세포가 암 발생에 관여하는 내재적 생물학적 메커니즘을 혼란스럽게 할 수 있는 중요한 환경적 노출이 없기 때문에 인간 배아 섬유아세포(1961년에는 합법적이었음)를 연구재료로 선택하였다. 그들은 캐럴이 한 것처럼 조직을 잘게 자른 조각에서 직접 세포를 성장시키지 않았다. 대신, 배아 조직으로부터 세포를 분리하고 배양 용기 안에 성장 배양액을 넣었다(**그림 4.8**). 그 이후 세포를 필수 영양분과 세포 성장인자를 함유한 배양액에 현탁시켰다.

실험 작업 몇 달 후, 그리고 여러 번 군집배증 이후 헤이플릭과 무어헤드는 세포의 일부가 더 이상 분열하지 않는 것을 발견하였다. 섬세한 관찰은 계대 배양이 40~60회 군집배증 이후 분열이 중단하는 것으로 보여졌다. 이후 몇 년 동안, 세포 집단분열의 유한한 개수는 **헤이플릭의 한계(Hayflick limit)**라고 알려지게 되었다. 하지만, 세포는 불멸하다라는 이론은 과학자들의 생각에 뿌리깊게 각인되어 있는 과학계는 유한한 군집 배증의 첫 번째 실험적 증거를 받아들이지 않았다. 헤이플릭과 무어헤드는 분야 전문가들로부터 세포 배양이 세포 군집의 죽음을 일으키는 염색체 손상을 일으킬 수 있고 이 손상은 다른 쪽보다 한쪽 성별에서 더 크게 나타날 수도 있음을 제시하였으나 비평을 받았다. 이 비평에 대한 응답으로 헤이플릭과 무어헤드는 추가 실험을 수행하였고, 양성으로부터 염색체의 구조적 완전성과 성별이 생존에 영향을 미치는지 여부를 평가하였다(**그림 4.9**).

헤이플릭이 자신의 저술을 통해, 그들이 무엇을 하였는지 적고 있다.

> … 우리는 10회째 계대 배양 수준(젊은 세포)의 인간의 여성 세포(성 염색체 분석에 의해 측정된)와 40회째 계대 배양 수준(늙은 세포)의 인간의 남성 세포를 동일한 개수로 혼합하였다. 우리는 또한 각 성별의 혼합되지 않은 세포의 계대 배양을 지속하였다. … 약 30회 이상의 계대 배양 후 우리는 세 가지 모든 배양을 관찰하였다. 혼합배양에서 우리는 단지 여성 세포만이 존재하고 있음을 발견하였다. 혼합배양에서 남성 세포는 최대치인 50회 계대 배양에 도착하기 수주 전에 죽

**그림 4.9 배양에서 자란 세포가 한정된 수명을 갖는지 확인하기 위한 헤이플릭과 무어헤드의 실험.** 헤이플릭과 무어헤드는 세 가지 다른 배양을 시험했다. (A) 40번째 군집배증된 사람의 남성 세포(파랑)와 10번째 군집배증된 사람의 여성 세포(빨강)의 동일한 수로의 혼합. 추가적인 30회의 군집배증후 단지 여성 세포만 분열이 지속된다. (B) 여성 세포는 10회째 군집배증에서 시작하고 추가적인 30회 군집배증을 유지한다. 여성 세포는 여전히 40회 군집배증 이후에도 분열된다. (C) 남성 세포는 40회째 군집배증에서 시작했다. 추가적인 30회 군집배증 이후 생존한 남성 세포는 남아 있지 않았다.

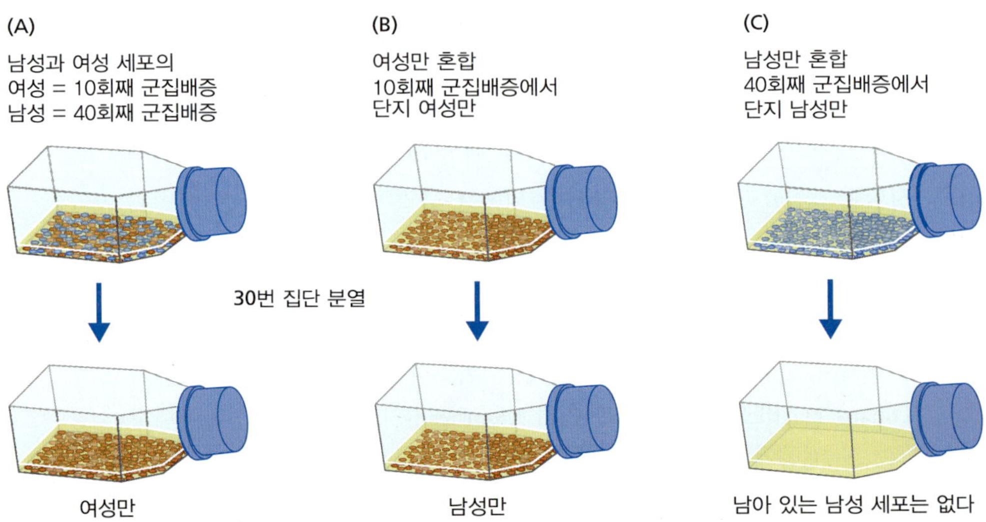

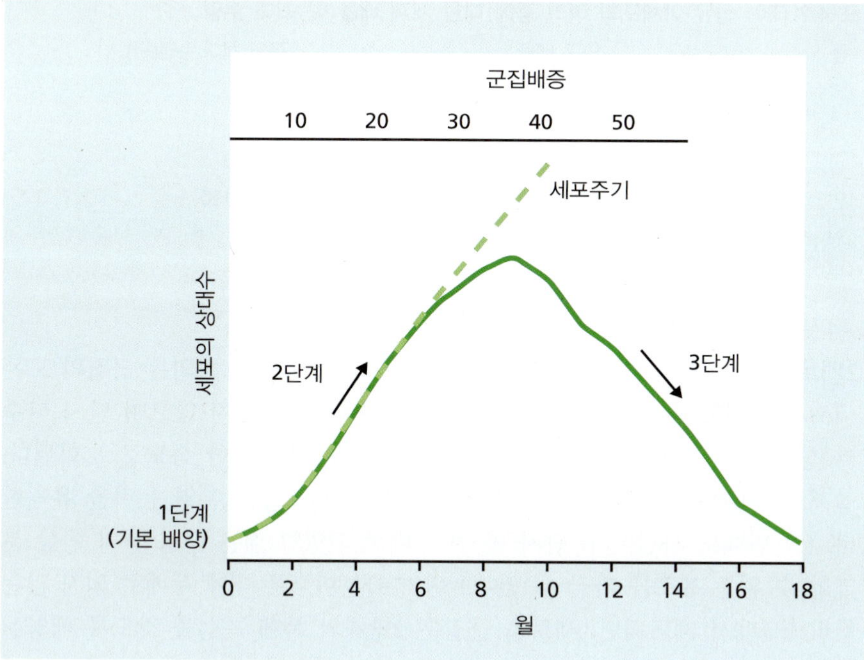


**그림 4.10 헤이플릭과 무어헤드에 의해 처음 설명된 배양되는 유사분열 세포의 생활사.** 1단계는 일차 배양으로 시작하고 증식과 군집배증의 느린 속도에 의해 특징되어진다. 2단계의 세포는 최대 군집배증의 약 75%의 고점으로 빠르게 성장한다. 2단계의 세포는 자발적으로 또는 간섭을 통해 불멸할 수 있고 세포주가 된다. 3단계에서 군집배증 시간의 증가와 배양의 죽음이 일어난다. (L. Haylick and P.S. Moorhead, Exp. *Cell Res*에서 발췌, 25:585-621, 1961, Elsevier의 허가를 득함)

> 었다. 순수한 남성 세포 배양은 우리가 혼합물을 관찰하기로 결정하기 몇 주 전에 죽었다. 순수한 여성 세포 배양은 혼합배양에서 여성 세포처럼 여전히 무성하였다. (헤이플릭 & 무어헤드, 1961)

시험관 상에서 성장한 세포가 실제로 유한한 수명을 가지고 있는지에 대해 의심의 여지는 남는다. 세포는 유한한 수명을 가진 노화에 대한 진화론의 예측은 적어도 배양된 세포에서는 정확하다. 세포 노화에 대한 새로운 연구분야—**세포노인학**—가 탄생한 결과는 매우 중요하다.

## 배양되는 세포는 성장의 3단계를 가진다

헤이플릭과 무어헤드 실험은 세포는 죽는다는 것을 증명할 뿐 아니라 배양에서 세포의 수명에 관한 특성을 처음으로 확인하였다. **그림 4.10**에서 보여지듯이, 동종 배아 세포의 작은 군집에서 유래된 세포 배양은 세 가지 뚜렷한 단계로 성장한다. 1단계는 세포가 공여자로부터 제거되고 첫 성장 배양액에 부착된 직후의 비교적 느린 성장 기간에 의해 특징지어진다. 이 느린 성장은 첫 10~12 군집배증이 일어날 수 있는 동안 2~3개월 동안 지속될 수 있다. 1단계는 주로 새로운 시험관 환경에 대한 세포의 적응 기간을 반영한다. 1단계의 느린 성장은 2단계의 신속하고 지속적인 증식 속도에 방법을 제공하고 추가로 8~9개월의 세포 분열을 지속할 수 있게 한다(30~40회 군집배증). 2단계 동안, 돌연변이는 한정된 수명에서 무한한 수명을 가진 배양으로의 변경을 위해 도입될 수 있다. 마지막으로 세포 배양은 세포 분열의 손실이 종료하여 세포 증식 속도가 감소하는 시기인 3단계로 들어간다. 처음에 헤이플릭과 무어헤드는 3단계는 약 12개월 정도의 배양에서 증식이 손실되면서 끝난다고 제안한다. 연속적인 연구에서 세포의 아군집은 복제를 중단할지 모르지만 장기간 생리학적으로 생존이 가능함을 발견하였다.

배양에서 세포 집단의 복제 수명의 종료에 대한 기준은 군집이 4주 내에

**표 4.2 태아 섬유 아세포의 여러 종에 대한 개체 배율 및 최대 수명**

| 종 | 인구 배율 | 종의 최대 수명(년) |
|---|---|---|
| 박쥐 | 16~29 | 3~10 |
| 닭 | 35~40 | 6~10 |
| 말 | 30~40 | 35~40 |
| 인간 | 45~60 | 115~120 |
| 쥐 | 12~15 | 4~5 |
| 토끼 | 21~27 | 10~15 |

2배로 늘지 못하는 것으로 널리 받아 들여지고 있다. 이 정의는 군집의 모든 세포가 분열할 수 있는 능력을 상실했다는 것을 의미하지 않으며 단지 다수가 상실했다는 것이다. 전체 생명체처럼 세포는 비균등한 속도로 노화된다. 실제로, 비-배증되는 군집에서도 많은 개개의 세포들은 분열 능력을 유지한다. (그 반대도 사실이다: 단지 몇 번 두배로 되었던 젊은 군집이 더 이상 분열할 수 없는 세포를 가질 수 있다.) 만약 클론이 4주 내에 두배로 되지 않는 플라스크에서 제거되면, 새로운 군집은 2단계의 복제 특성을 갖도록 배양될 수 있다. 즉, 증식 수명의 끝에 도달한 것으로 정의된 세포 군집은 여전히 분열할 수 있는 개개의 세포를 포함할 수 있다. 사실, 일부 클론은 그들의 유래된 군집과 동일한 증식 수명을 가진 군집을 시작할 것이다. 마치 인간 군집의 수명 특성처럼 세포 군집은 개개의 수명과 노화 속도에서 상당히 다양하다.

두 종 간의 비교는 군집배증 속도가 종에 따라 다양하는 것을 제시한다 **(표 4.2)**. 더욱이, 군집배증 속도는 일생의 길이와는 깊은 상관 관계가 나타나지 않는다. 일반적인 실험실 마우스는 평균 3~4년을 살고 섬유아세포는 약 15회에 두 배로 된다. 인간은 115~120년의 최대수명을 가지고 있으며, 태아의 섬유아세포는 45~60회에 두 배로 된다**(그림 4.11)**. 하지만, 6~10년의 최대수명을 가진 닭은 수명이 짧은 마우스보다 수명이 긴 인간과 군십배증 속도가 가깝다.

모든 세포 형태가 유한한 군집배증 속도를 가지는 것은 아니다. 일부 마우스 조직에서 추출된 섬유아세포는 2단계 성장 동안 무한한 군집배증을 보이며, 이는 자발적인 불멸화로 알려져 있다. 영장류와 조류 세포는 배양에서 거의 자발적으로 불멸할 수 없지만 그들은 게놈의 조작을 통해 불멸화 될 수 있다. 예를 들어, 유인원 바이러스 40(SV40) T 항원 유전자에 의한 인간 또는 다른 영장류 섬유아세포의 형질전환(바이러스 또는 다른 종의 세포로부터 얻은 DNA를 다른 종의 세포에 도입)은 군집의 불멸화를 유도한다. **Box 4.1**에서 논의한 것처럼, 암 세포 또한 무한한 군집배증을 겪는다. 불멸하는 세포는 **세포 라인(cell lines)**으로 불려지고 손쉬운 복제 및 균일한 유전적 구성 때문에 생물학에서 광범위하게 사용된다.

## 노화 세포는 여러 가지 공통된 특징을 지닌다

복제 중지는 후기-통과 세포의 주요한 특징이다—헤이플릭 한계에 근접한 군집의 일부인 세포—그러나 형태학적 변화, 세포기능 변경, 세포 분열의 정지, 그리고 면역-관련 기능을 포함하는 여러 다른 특징들 또한 일반적으로 노화 세포 군집에서 발견된다**(표 4.3)**. 노화 세포는 전형적으로 핵의 크기 및 다핵성 세포의 증가를 포함하는 세포 거대화를 보인다. 더욱이, 세포 사이의 거리

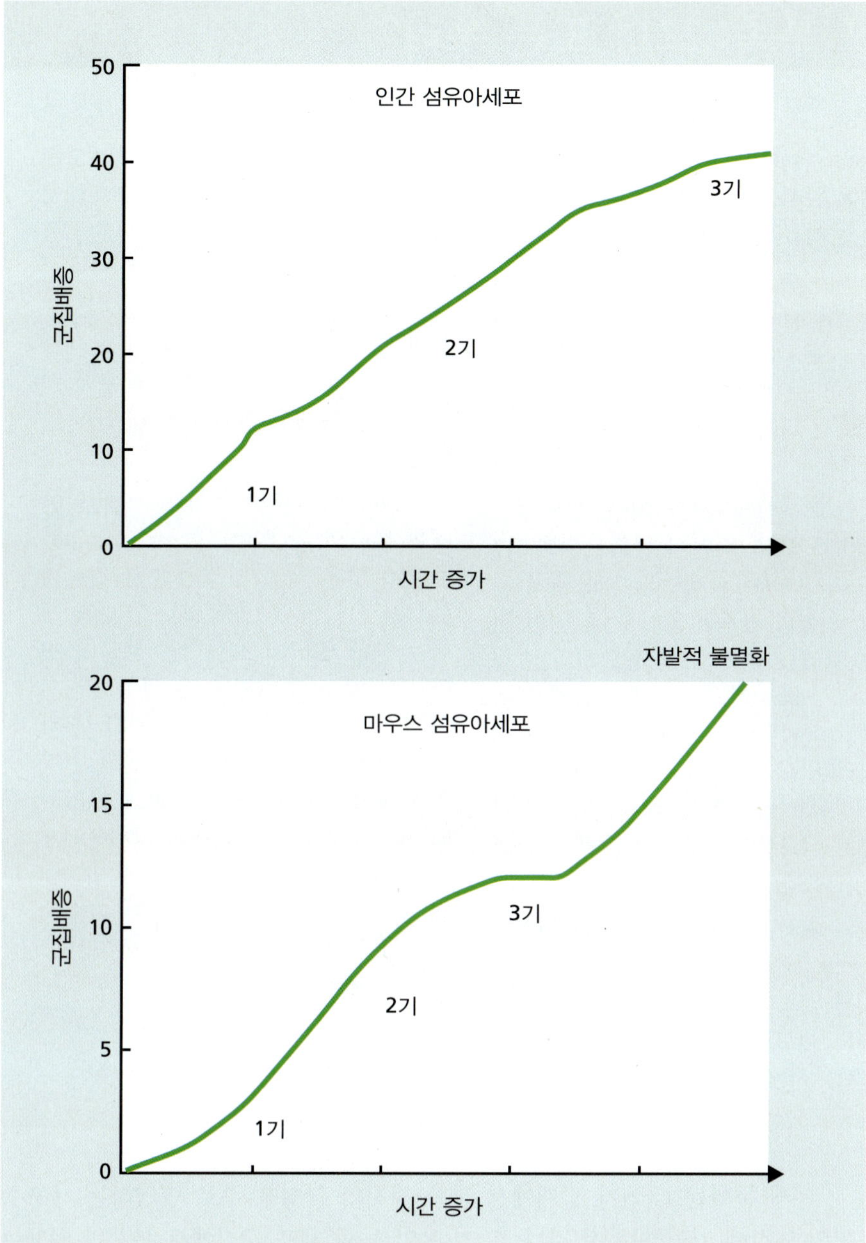


**그림 4.11 인간 및 마우스 세포의 가설군집에서 태아 섬유아세포의 배증 시간.** 인간 섬유아세포의 배양은 최대 40~50회 배증된다. 반대로, 마우스 섬유아세포에서 세포 분열의 속도는 15~20회 배증 이후 느려지고 세포는 자주 자발적으로 불멸화된다.

**표 4.3 노화 세포 집단의 표현형**

| | |
|---|---|
| 세포 분열에 정지 | 세포주기의 장기화<br>분자량 브레이크 $G_1$-S기<br>세포는 세포 분열 촉진 신호에 응답을 유지한다. |
| 세포의 기능 변화 | DNA 복제와 관련된 단백질 단백질 감소<br>RNA 합성 및 관련 단백질 감소<br>단백질 합성의 전반적인 속도 감소 |
| 면역 관련된 기능 | 세포 "쓰레기"에 증가 – 비기능성 단백질의 잔해<br>세포 대사 기계의 일반적인 기능 감소<br>염증성 사이토카인의 분비 증가 |
| 형태학적 변화 | 세포를 확대<br>다핵세포<br>세포 외 기질의 분해 |

는 세포 외 기질 단백질 분해효소 및 콜라게네이즈의 세포 분비 증가로 인해 더 커진다. 다양한 세포 외 기질 단백질의 감소는 세포 자체를 고정할 수 있는 충분한 물질을 갖지 못함으로써 복제 둔화의 원인이 될 수 있다.

## BOX 4.1 헨리에타의 세포 부족: 그녀 또는 우리?

현대 분자세포생물학자들에 의해 사용되는 기술은 생각할 수 있는 모든 연구에 대한 불멸의 세포주를 제공하고 있다. 악성 종양으로부터 유래되거나 유전자 공학적으로 제작된 세포주들은 상업적 또는 정부에 의해 유지된 세포주 저장소를 통해 얻을 수 있다. 하지만, 그러한 세포주가 존재하지 않는 시기가 있었다. 1951년 겨울 어느 날 모든 것이 변했다..

헨리에타 렉(Henrietta Lack, 34)은 악성 자궁경부 종양에 대한 방사선 치료를 시작하기 위해 1951년 2월 9일 볼티모어 병원에 도착했다. 병원 레지던트인 의사 조지 게이(Georgy Gey)가 라듐으로 종양을 치료하기 전에 종양의 작은 시료를 요청하였다. 게이는 어떻게 암세포가 성장하는지에 관심을 가졌지만 다른 종양 형태로부터 장기간 세포 군락을 배양할 수 없었다. 헨리에타 렉의 자궁경부 종양세포는 달랐다. 세포를 성장 배양액에 놓은 후 수 시간 내에 성장을 시작했다. 게이는 곧 이들 세포가 무한으로 배양될 수 있음을 발견했고, 그는 다른 과학자들에게 헨리에타 렉을 위해 명명한 HeLa라는 이름으로 계대배양을 제공하기 시작했다. 실제로, 조나스 솔크(jonas salk)는 HeLa 세포를 인간의 시험에 앞서 소아마비 백신을 시험하는데 사용하였다.

헨리에타 렉은 1951년 10월 4일 사망하였지만 HeLa 세포는 세계에서 가장 널리 사용되는 세포주로 남아 있고 특정 연구 문제에 대한 신뢰할 수 있는 도구로서 과학자들에 계속 제공되어 지고 있다.

하지만 이상하게도 헨리에타 렉의 남편 데이비드 렉과 나머지 가족은 1975년이 되어서야 HeLa 세포에 대해 알게 되었다. 확실히 가족이 알아 낸 유일한 이유는 렉 집안의 DNA가 필요하다는 것이었다. HeLa 세포는 광범위하게 사용되었고 다른 세포주들을 오염시키기 시작하였다. 이에 연구진은 다른 세포주로부터 HeLa 세포를 구별하기 위해서 가까운 친척으로부터 헨리에타 렉의 DNA가 필요했다.

의심의 여지없이 많은 사람들과 기업들은 HeLa 세포의 사용 및/또는 판매에서 이익을 얻었다. 하지만 렉의 집안은 헨리에타 세포로부터 한 푼도 얻지 못했고 그럴 가능성도 없었다. 미국 대법원은 개인에서 유래된 세포는 더 이상 개인의 재산이 아니라고 판결했다. 오히려, 세포 및/또는 조직은 세포의 제거를 담당한 사람에게 귀속된다고 판결했다. 조직의 판매로 누가 이익을 얻는지에 관한 세부 사항은 반드시 동의를 구할 때 명시되어야 한다. 헨리에타 세포가 제거될 때 동의가 없었기 때문에 렉의 집안은 보상을 받을 자격이 되지 않았다.

헨리에타 렉의 세포는 세포 생물학에 대한 우리의 이해에 대한 수많은 믿음을 부여했다. 게다가, 그녀의 세포는 기증자가 사망한 후 조직의 소유자에 대한 논쟁에 있어서 직접적인 책임이 있다. 여전히 진행 중인 이 논쟁은 기증자의 권리에 관한 규정을 만들었다. 환자와 기증자의 권리는 이제 과학적 연구 영역의 필수불가결한 부분이고 우리는 그것에 대해 헨리에타 렉의 암세포에게 감사해야 한다. 조직과 세포의 윤리적인 처리에 대한 논의는 유전공학 기술이 인간 복제의 최종 지점으로 진행되면서 더욱 중요하게 될 것이다

복제 둔화는 $G_1$-S기 경계에서 분자 정지의 활성을 주로 반영하는 세포주기의 연장에 기인하는 것 같다. $G_1$기 동안 노화 세포 군집에서 복제의 억제는 세포 내 분열 신호가 세포 외 분열에 반응성이 남아있는 관찰에 의해 지지된다. 이러한 관찰은 비록 이 이론을 뒷받침하는 일관된 자료를 아직 얻지는 못했지만 세포 노화가 복제 메커니즘의 오류에 의해 야기될 수 있음을 제시한다.

노화 군집에서 세포는 DNA, RNA 그리고 단백질의 합성 속도의 감소를 포함한 기능에 있어서 일반적인 감소를 겪는다. 이들 필수 세포 구성성분의 합성 속도가 일반적으로 세포의 전반적 기능을 조절하는 것임을 고려하면 노화 세포 군집에서 생리적 기능에서의 일반적인 감소의 발견은 그리 놀라운 일은 아니다. 더욱이, 노화 세포 군집은 세포 내 "가짜(junk)"의 증가를 특징으로 한다. 소위 가짜는 비기능적 단백질을 분해하고 대사하는 노쇠 세포의 능력 감소를 반영한다. 마지막으로, 노화 세포는 손상된 세포에서 일반적으로 발견되는 염증성 사이토카인과 같은 단백질 분비의 증가를 보인다.

### 복제적 노쇠는 생물학적 노화를 설명하는 데 사용될 수 있다

헤이플릭과 무어헤드에 의해 제안된 세포 노화의 첫 번째 설명에서, 많은 과

학자들은 전체 생명체에서 노화의 적절한 설명자로서 시험관 모델의 가치에 의문을 제기했다. 생명체의 노화가 세포 기능 장애를 반영해야 한다는 것은 거의 의심의 여지가 없지만, 사실 성체 진핵 생물의 대부분 세포는 감수분열 이후로 남아 있다. 따라서, 세포 분열의 중단에 기초한 노화의 모델이 어떻게 세포 분열이 없을 때 주로 발생하는 과정에 대한 유용한 정보를 추가하는지 명확하지 않다. 비록 복제 노화를 주장하는 사람들은 군집배증 속도가 종의 수명과 상관 관계가 있다는 사실을 자주 지적하지만, 이러한 상관성은 약하며 모든 종에서 발생하지 않는다. 게다가, 늙은 개체에서 추출한 유사분열 체세포는 자주 급격한 군집배증 속도를 보일 수 있다.

대부분의 생물노인학자들은 세포의 복제 노화 자체가 주로 감수분열 이후인 생물체의 노화를 직접적으로 일으키지 않는다는 사실에 동의한다. 하지만 세포의 복제 노화와 생명체의 노화 사이의 관계를 평가하는 것이 세포 배양을 노화의 모델로 사용하는 유일한 가치는 아니다. 오히려 세포 배양은 군집의 복제 기록과 직접 관련이 없는 세포 수준에서 다양한 노화의 현상를 기술하는 고도로 제어가 가능하고 예측 가능한 환경을 연구자에 제공할 수 있다. 우리는 이제 수명보다는 세포막 기능의 변화, 미토콘드리아 손상 그리고 노화의 속도와 연관된 다른 현상을 평가하기 위해 세포의 복제 노화 모델을 사 사용하여 연구한 결과를 보기 시작했다. 복제 노화가 중요한 가치를 제공할 수 있는 잠재력을 지닌 연구 분야 중 하나는 노화와 질병 사이의 연관성이다. 최근에 시작된 이러한 연구는 "정상적인 기능과 질병의 위험을 증가시키는 생리학적 상태 사이에서 세포의 전환에 기저를 이루는 분자적 메커니즘은 무엇인가?"라는 중요한 질문을 던진다.

## 세포 노화의 원인: 손상된 생체 분자의 축적

복제 노화의 근간을 이루는 메커니즘은 아직 알려져 있지 않고 이론적 수준으로 남아있다. 과정에 따라 두 가지 종류로 복제 노화의 과정에 설명을 제공하는 이론들은 기술되는 과정과 그 메커니즘을 뒷받침하는 진화론적 증거에 따라 두가지 범주로 나뉜다. 만약 나이가 듦에 따라 기능의 상실로 이어지는 메커니즘이 주요 관심사인 경우, 복제 노화는 무작위 또는 확률론적 사건에 의해 기술될 수 있다. 만약 세포의 수명이 주요 관심사인 경우, 세포의 죽음을 이끄는 유전적 또는 계획된 메커니즘일 것이다. 이 절 후반부에, 우리는 무작위-사건 메커니즘("산화 스트레스와 세포 노화")과 복제 노화의 계획된 이론("텔로미어 단축 및 복제 노화")을 탐색한다.

대부분의 생물노화학자는 한 가지 관점에 동의한다: 세포의 노화는 손상된 단백질의 세포 내 축적의 결과이다. 따라서, 이 절에서 어떻게 그리고 왜 생체 분자의 손상된 축적이 발생하고 이 손상이 왜 노화 속도의 변경을 이끌어 내는지 제시한다.

### 생체 분자는 열역학의 법칙이 적용된다

우주의 모든 물질처럼 생체 분자는 **열역학의 법칙**과 일, 에너지 그리고 열 사이의 관계를 지배하는 물리 법칙이 적용된다. **열역학 제1법칙**은 한 형태에서 다른 형태로의 에너지의 전환에 적용된다. 한 형태에서 다른 형태로 에너지가 전환될 때, 전환 전후 시스템의 총 에너지는 동일하다. 즉, 에너지는 생성 되거나 파괴되지 않는다. 한 가지 형태에서 다른 형태로의 에너지 전환에서, 우리는 열역학의 두 번째 법칙에 맞서 싸운다: 한 형태에서 다른 형태로의 에너지 전송은 100% 효율적이지 않으며, 에너지의 일부는 사용할 수 없게 된다. 시스템이 열로 손실되어 사용할 수 없는 에너지의 양을 대체할 수 있는 새로운 사용 가능한 에너지의 입력을 받지 않으면, 시스템은 무작위로 재배열될 것이다. 즉, 무질서한 방향으로 이동할 것이다(엔트로피). 이것은 노화를 초래하는 손상된 단백질 축적의 원인인 엔트로피를 높이기 위한 움직임이다.

생물학적 과정의 총 에너지는 **엔탈피(enthalpy, *H*)**라고 부르고, 사용 가능한 에너지(**자유 에너지, free energy, *G***) 더하기 사용 불가능한 에너지(**엔트로피, entropy, *S***)와 같다. 이 관계를 **식 4.1**로 설명된다.

시스템의 총 에너지, $H = G + TS$ (4.1)

$H$ = 엔탈피, 시스템에서 총 에너지

$G$ = 사용 가능한 에너지, 또는 자유 에너지

$S$ = 사용 불가능한 에너지, 또는 엔트로피

$T$ = 시스템의 온도

에너지는 분자 결합에 있기 때문에, $H$, $G$ 그리고 $S$는 살아 있는 생물학적 시스템에서 직접 측정할 수 없다. 하지만 우리가 반응이 일어나는 온도를 안다면, 각각의 양에서 델타(Δ)로 표시되는 변화를 측정할 수 있다. 우리는 반응이 자유에너지를 방출하는지 또는 소비하는지 결정하여 시작한다. 즉, $\Delta G = G_{products} - G_{reactants}$. 만약 반응이 자유 에너지를 증가시키면 $\Delta G$의 부호는 양수이다; 반응이 자유 에너지를 감소하면, ΔG의 부호는 음수이다. 제1법칙은 반응의 총 에너지는 변하지 않는 것을 우리에게 알려주기 때문에, $G$의 어떤 변화는 $H$와 $S$의 동등하고 반대되는 변화가 수반해야 되지만 $H$는 측정할 수 없다. 따라서, 우리는 $\Delta G$와 $\Delta S$를 측정할 수 있고 $\Delta H$를 풀 수 있다**(식 4.2)**.

화학 반응의 가능한 에너지의 변화,

$\Delta G = \Delta H - T\Delta S$ (4.2)

$\Delta G$ = 반응의 자유 에너지의 변화 ($G_{products} - G_{reactants}$)

$\Delta H$ = 에너지의 총 양은 첨가되거나 시스템에 의해 방출

$\Delta S$ = 엔트로피에서 변화

$T$ = 시스템의 온도

## 생명은 질서와 자유 에너지의 지속적인 유지가 필요하다

생물학적 과정은 생명체의 생산성, 성장 그리고 수선의 결과인 반응에서 중요한 자유 에너지(높은 반응)와 분자를 사용한다. 이들 반응에서, 제2법칙 때문에, 사용 불가능한 에너지는 방출되고, 생명을 유지하기 위한 추가적인 생화학적 반응을 수행하기 위해 필요한 자유 에너지의 양을 낮춘다. 자유 에너지가 감소하면, 시스템의 엔트로피와 무질서(또는 사용 불가능한 에너지)는 제1법칙에 따라 증가해야 한다. 질서를 회복하고, 그래서 생명을 유지하기 위

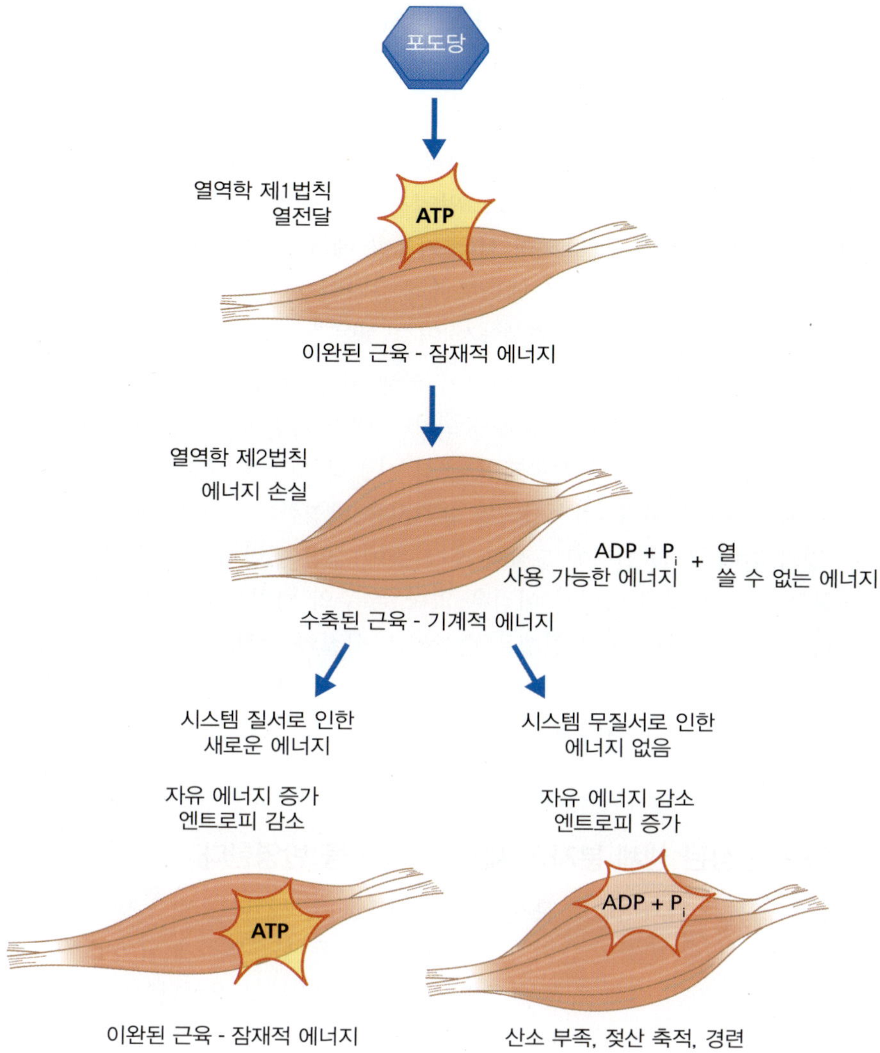


**그림 4.12 열역학 제1 그리고 제2법칙은 근육 세포에 적용된다.** 열역학 제1법칙에 의해 지시된 것처럼 근육세포는 수축을 위한 준비에서 포도당 에너지를 ATP 에너지로 전환한다. ATP에서 ADP + Pi의 전환은 수축을 촉진하는 사용 가능한 에너지를 방출한다. 열역학 제2법칙 때문에 열 또한 방출한다. 만약 더 많은 포도당이 시스템에 들어오면, 수축을 위해 손실된 에너지를 대체하고 근육은 다음 수축 준비를 위해 이완된다. 만약 ATP의 전환을 위한 포도당의 사용이 더 이상 없으면 근육은 수축된 상태로 남아 있는다.

해 생명체는 지속적으로 엔트로피 손실을 대체할 새로운 자유 에너지를 제공해야만 한다. 생물학적 과정에 열역학의 이러한 원리를 설명하기 위해 근육의 수축을 사용하여 보자.

근육 세포 (근섬유)가 **아데노신 삼인산(adenosine triphosphate, ATP)**의 화학 에너지를 수축이라는 기계적 에너지로 변환한다**(그림 4.12)**. ATP의 ADP(아데노신 이인산) + Pi(무기인산염)로 변환은 수축을 일으키는 자유 에너지를 방출한다. 열역학 제2법칙 때문에, 열의 형태로 사용 불가능한 에너지가 또한 방출된다. 사실, 인산 결합의 파괴로 인한 에너지의 80%는 열로 방출된다; 엔트로피와 무질서는 증가하고 자유 에너지는 근섬유의 모든 수축과 함께 감소한다. 만약 시스템이 엔트로피에 손실된 자유 에너지를 대체할 수 있는 메커니즘을 제공하면 근육은 다음 수축에 대비하여 이완될 수 있다. 즉, 그림 4.12에서 보듯이, 엔트로피에 손실된 질서는 ATP의 ADP로 변환과 함께 복원된다 (즉, 더 많은 결합, 더 많은 자유 에너지, 더 많은 질서). 반대로, 만약 엔트로피에 손실된 에너지를 복원하지 못하면, 근섬유는 수축된 상태로 남게 되어 산소 결핍의 결과를 가져오고 세포는 죽기 시작한다. 만약 추가적인 자유 에너지가 제공되지 않을 경우—즉, 우리가 죽으면—열역학의 법칙은 완성되어 근섬유는 에너지 균형을 달성한다.

### 노화의 기저를 구성하는 메커니즘 분자 정확도의 손실이다

분자의 원자 구조가 그 기능을 결정함을 상기하자. 우리는 구조-기능의 연관성으로 이 원리를 알고 있다. 만약 단백질에서 단지 하나의 아미노산이 적절한 순서로 나타나지 않으면, 그 단백질의 생물학적 활성은 감소될 수 있다. **분자 정확도(molecular fidelity)**로 알려진 분자의 적절한 구조의 유지는 생명체의 생존에 있어서 중요하며 사용 가능한 에너지의 일정한 입력을 요구한다. 즉, 생명체는 지속적으로 엔트로피의 증가와 경쟁하고, 성공적인 생명체는 분자 정확도를 유지하여 경쟁에서 이길 것이다.

엔트로피를 잃고 질서를 유지하기 위해 자유 에너지를 복원하는 기능은 생식 연령에 생존을 위해 생명체에 의한 거대한 자원의 투자를 필요로 한다. 아주 기본적인 수준에서 성공적인 생식 연령의 생존은 단순히 단백질의 분자 정확도를 유지하기 위해 선택된 유전자를 반영한다. 그러나 제3장에서 배운 것과 같이, 생식 연령에 도달한 후 자원에 대한 이런 높은 수준 투자를 유지하는 것은 생식에 있어서 이점은 없다. 우주의 법칙은 결국은 규칙적이고 에너지 평형을 향한 느린 진행은 손상된 단백질의 축적으로 인한 분자 정확도의 감소, 세포의 무질서 그리고 세포 기능의 감소를 일으킨다. 세포 노화는 우주의 기본 법칙에 의한 손상된 단백질의 축적을 반영한다—증가하는 엔트로피의 무질서.

### 노화는 손상된 생체 분자의 세포 내 축적을 반영한다

시간의 흐름은 결과적으로 분자 구조의 변화를 일으킨다는 것은 명백한 증거가 있다. 이러한 변화의 근거가 되는 메커니즘은 불분명하게 남아있지만 손상된 생체 분자의 세포 축적이 성적 성숙 이후 "속도를 올린다"고 확신할 수 있다. 구조가 기능을 결정하기 때문에 세포는 늙을수록 정상적 작동을 수행하는 데 덜 효율적이다. 우리는 체세포 노화를 분자 정확도(질서)와 엔트로피(무질서)의 유지 사이의 균형 관점에서 생각할 수 있다(**그림 4.13**). 자연선택의 힘 때문에, 유전자는 고도로 기능적인 세포가 중요한 기간인 발생 동안 분자 정확도를 유지하기 위해 선택되어져야 한다. 시간의 경과와 함께, 일회용 체세포 이론에 따르면(제3장), 외인성 노화 속도는 생체 분자의 손상을 일으킨다. 분자 정확도를 유지를 돕는 단백질은 또한 제2법칙이 적용되기 때문에, 손상된 생체 분자를 수선하거나 대체하는 능력은 감소하여 시간이 지남에 따라 결과적으로 손상된 생체 분자는 세포 내에 축적된다. 엔트로피가 분자 정확도의 유지보수를 능가하기 시작하면, 세포는 더 이상 정상적인 기능을 유지할 수 없고, 세포 사멸이 발생한다.

우리는 세포 노화를 일으키는 분자 정확도의 원인이 될 수 있는 정확한 유형의 손상에 대해 의도적으로 회피했다. 그 이유는 세포에 발생하는 손상의 정확한 유형은 대부분 노화의 과정에서 중요하지 않았기 때문이다. 손상의 유형 및 양은 세포 형태들 사이에 상당히 다양하여 손상 과정의 한 가지 유형이 세포 노화의 주요 원인으로 생각될 수 없다. 예를 들어, 이 장에서 우리는 손상의 축적과 노화의 출현을 초래하는 정상적 대사에서 무작위적 사건을 설명하기 위해 산소-중심 활성산소에 의한 손상을 사용하였다. 다른 장에서는 **당화(glycosylation)**로 알려진 단백질에 포도당의 추가가 어떻게 단백질의 구조를 변성시키고 손상의 축적으로 이끄는지 설명한다. 제9장에서, 여

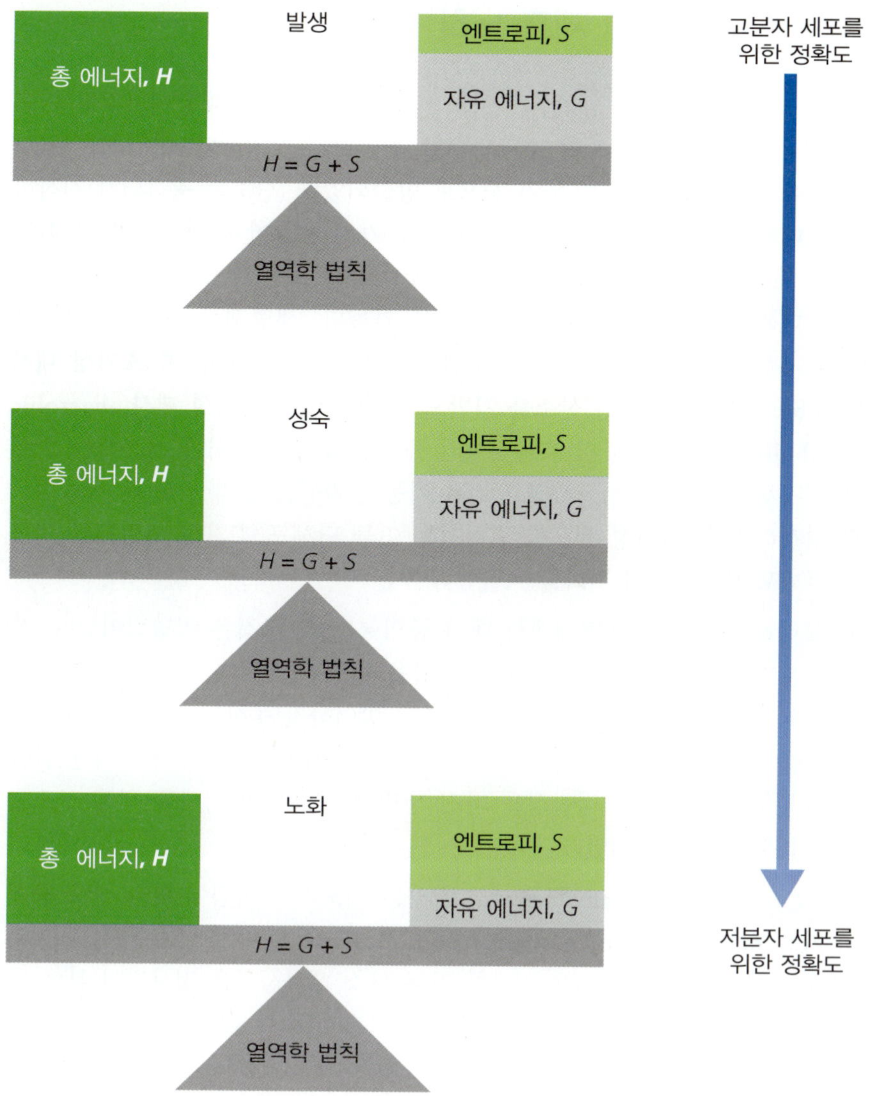


**그림 4.13 수명 동안 분자 정확도와 에너지의 균형.** 분자 정확도 및 세포 질서는 생식 연령까지 유지된다(발생). 사용 가능한 에너지의 교체는 엔트로피에 손실된 양을 초월한다. 우리가 번식의 시작을 넘어 나이를 먹을수록(성숙) 증가되는 엔트로피는 분자 정확도의 손실과 손상된 단백질의 축적을 일으킨다—세포 무질서. 노화는 엔트로피가 새로운 사용가능 에너지의 도입보다 다 빠르게 증가함으로써 낮은 분자 정확도와 증가된 세포 무질서로 특징지어진다.

러분은 단백질의 잘못 접힘은 불용성 응집체를 만들고 이는 신경 질환의 전구 물질이 될 수 있다는 점을 알게 된다. 산소-중심 활성산소에 의해 일어나는 나이와 관련된 손상이 당화된 단백질 또는 불용성 응집체보다 노화 과정에 더욱 중요하다고 설명하기는 어렵다.

손상 축적 원인에 대한 이 논의에서 벗어나는 중요한 메시지는 어떤 종류의 손상이 축적되는 것이 아니라 우주의 기본 법칙에 따라 세포 손상이 발생한다는 것이다. 따라서 우리는 물리적인 세계에서의 다른 어떤 대상과 비교하여 인체 내 노화의 악화되는 영향을 더 이상 제어할 수 없다. 우리는 한 종류의 손상을 막을 수 있으며, 다른 유형이 시작되었음을 알 수 있다. 이것은 세포가 제2법칙에 굴복할 때까지 지속된다. 생명체의 죽음은 특정 조직의 충분한 세포 또는 조직들이 분자 부정의 결과로 기능이 멈추면 발생한다. 우리는 제10장에서 노화의 속도를 늦추고, 오래, 그리고 건강하게 살 수 있는 방법을 알게 될 것이다. 그러나 노화는 결국 우세할 것이고 우주는 우리에게 이를 주장할 것이다.

## 산화 스트레스 및 세포 노화

25억~30억 년 전쯤에 남조류(시아노 박테리아) 세포는 태양에너지를 이용하여 대기 중 이산화탄소를 포도당으로 변환하기 시작했다. 광합성으로 알려진 이 과정 동안 산소는 대기 중으로 방출되었다. 산소는 축적되기 시작하였고 더욱 커다란 삶의 다양성을 이끌 두 가지 중요한 사건이 일어나게 되었다. 첫 번째, 태양 복사 에너지가 산소($O_2$)를 오존($O_3$)으로 전환시켜 상층부 대기에 축적되어 유해한 자외선을 가렸다. 생명체는 바다를 떠나 육지에 거주할 수 있었다. 두 번째, 산소를 기반으로 한 대사, 즉 **호기성 대사**(**aerobic metabolism**)는 산소를 기반으로 하지 않는 **혐기성 대사**(**anaerobic metabolism**)보다 훨씬 더 효율적이기 때문에 호기성 대사를 사용하는 단세포 생명체는 더 크게 성장하였고 이용 가능한 자원을 얻기 위해 더 성공적으로 경쟁하였다. 혐기성 세포를 넘어서는 이들 단세포 호기성 생명체의 성공은 다세포 생명체로의 진화를 이끌었다.

불행히도 다수의 생명체에서 대기 중의 산소의 축적은 치명적이었다. 산소의 분자 구조는 호기성 대사의 부산물을 물로 안전하게 감소시킬 수 없는 생명체에 극도로 독성을 준다. 산화로부터 방어하지 못하는 생명체들은 곧바로 죽을 것이고 단지 해로운 산소의 영향을 방어할 수 있는 생명체만 남을 것이다. 즉, 가장 높은 적합성을 가진 생명체는 그들의 이익을 위해 산소를 사용할 수 있는 생명체였다.

1956년 하만(Denham Harman) 박사는 세포가 노화됨에 따라 **산소 중심의 자유 라디칼**(**oxygen-centered free radicals**)로 알려진 산소 대사의 일부 부산물, 하나 이상의 비공유 전자를 갖는 산소 대사산물은 정상적인 분해 경로를 빠져 나가 생체 분자에 손상을 입힌다고 이론화 했다. 결국 이런 손상된 분자들은 세포에 축적되고 세포 노화를 일으킨다. 그의 **산화적 스트레스 이론**(**oxidative stress theory**)은 한때 노화의 주요 메커니즘으로 생각되었다. 우리는 이제 산화 스트레스는 연령-관련 기능 장애를 통해 세포의 손상을 일으키는 많은 메커니즘 중 하나임을 알지만, 산화 스트레스로 인한 손상은 생물 노화학에서 가장 많이 연구되는 분야 중 하나이다. 산소 스트레스에 의한 손상에 관한 방대한 양의 정보 때문에, 우리는 이 과정을 세포 손상의 축적으로 이끄는 무작위 사건의 한 예로 사용하고 있다. 이 과정을 노화를 일으키는 세포 손상의 주요한 또는 유일한 원인으로 보아서는 안 된다.

### 산화 대사는 활성산소종을 생성한다

산소 중심 라디칼의 특성을 설명하기 전에 간단히 유기 연료를 세포 에너지로 변환시키는 산화-환원 반응을 간단히 살펴보는 것이 도움이 될 것이다. 한 화합물로부터 다음 화합물로의 전자 흐름은 우리가 어떻게 소화하는 영양분—지방, **탄수화물**, 단백질—으로부터 유용한 세포 에너지를 만들어내는지의 근거를 형성한다. 물질은 하나 이상의 전자를 잃으면 산화된다: 하나 이상의 전자를 얻으면 환원된다. 두 물질 사이의 전자 흐름에 관여하는 어느 반응에도 산화와 환원은 함께 작동한다. 하나의 물질이 전자를 잃을 때(산화), 다른 물질은 전자를 얻는다(환원). 산화된 화합물은 전자 구성의 안정화를 위해 다른 화합물로부터 전자를 찾기 때문에 반응성이 높게 나타나는 경향이

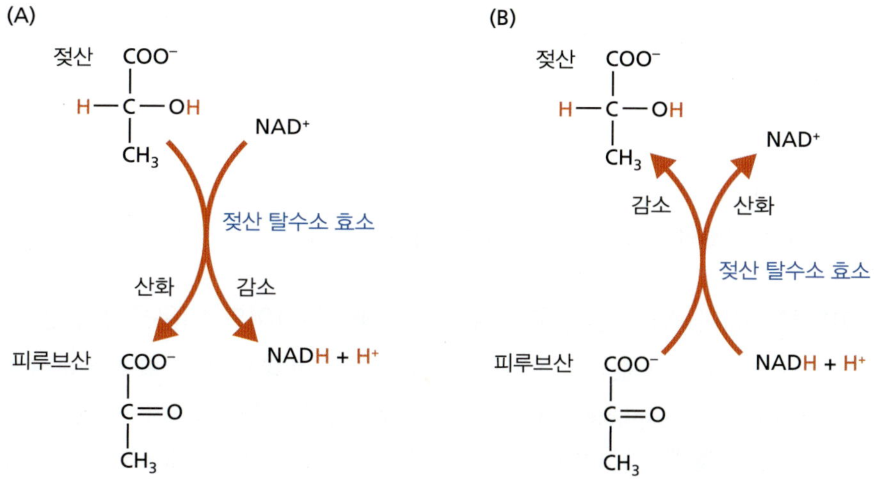


**그림 4.14 피루브산 및 젖산에 관여하는 결합된 산화-환원 반응.** (A) 젖산의 피루브산으로 산화에 의해 젖산의 2개 수소는 니코틴아마이드 아데닌 디뉴클레오티드($NAD^+$)의 산화된 형태 NADH + $H^+$를 만들고 제거된다. (B) 반대로, 피루브산은 NADH + $H^+$에서 $NAD^+$로의 산화에 관여하는 작용에서 2개의 수소를 첨가하여 젖산으로 환원된다.

있다. 환원된 화합물은 산화된 화합물보다 전자 구성이 기저 상태에 더 가깝기 때문에 안정되는 경향이 있다.

생물학적 과정에서 산화-환원은 산소 및 수소의 획득 또는 손실에 의해 특징지어질 수 있다. 만약 화합물이 산소를 얻거나 수소를 잃으면, **산화(oxidize)**되었다고 하고 산소를 잃거나 수소를 얻으면 **환원(reduction)**되었다고 한다. 생화학에서, 화합물의 산화-환원은 결합 산화-환원 반응으로 알려진 과정에서 일반적으로 제3의 분자와 연관된다. **그림 4.14**는 피루브산 및 젖산에 관여하는 결합 산화-환원을 나타낸다. 젖산은 **니코틴아마이드 아데닌 디뉴클레오타이드(nicotinamide adenine dinucleotide, $NAD^+$)**의 NADH + $H^+$로의 환원(수소 손실)을 통해 피루브산을 형성하여 산화(수소 잃음)된다. 반대로, 피루브산은 NADH + $H^+$에서 $NAD^+$로 산화될 때 젖산으로 환원된다.

이러한 산화-환원 반응의 간단한 설명은 라디칼 화학에서 중요한 어떻게 항산화가 작용하는지 이해하는 데 도움이 될 수 있다. 산화된 화합물이 환원된 화합물보다 더 적은 수의 전자를 갖고 있으며 더 활성적임을 기억하자. 항산화제는 더 환원시키고 덜 반응하게 유도하기 위해 산화된 분자에 전자를 공여하는 화합물이다. 여러분은 카탈라아제, 비타민 E, 비타민 C와 같은 항산화제가 산화 화합물 및 라디칼부터 세포를 어떻게 보호하는지 이 장에서 알게 될 것이다.

일반적으로 **활성산소종(reactive oxygen species, ROS)**으로 알려진 산소-중심 자유 라디칼은 **슈퍼옥사이드 라디칼(superoxide radical)**($^{\bullet}O_2^-$)과 과산화수소($H_2O_2$) 그리고 하이드록시 라디칼을 포함한다. 비록 이원자 산소($O_2$)의 기저 상태가 라디칼 종으로 분류되지만, 그것은 단지 온화하게 반응한다. 산소는 쌍으로 회전하는 서로 다른 궤도에 두 개의 비공유 전자를 가지고 있다. 따라서, 자연에서 드물게 발생하지만 산소는 비공유 산소 전자와 반 평행으로 회전하는 2개의 비공유 전자를 가진 다른 원자하고만 반응할 수 있다. 결과적으로, 호기성 대사에서 중요한 과정인 $O_2$의 **환원**은 한 번에 하나의 전자를 발생한다. 산소의 하나의-전자 환원은 단일 비공유 전자를 갖는 매우 반응

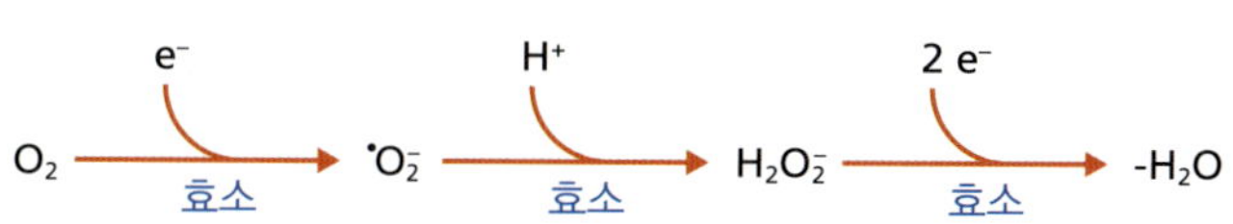


**그림 4.15 산소에서 물로의 효소적 환원의 일반적 방식.** 정상적 호기성 대사 동안 산소는 슈퍼옥사이드 라디칼 ($^{\bullet}O_2^-$)을 형성하는 하나의 전자에 의해 환원된다. 거의 동시에, 효소는 과산화 수소($H_2O_2$)로 ($^{\bullet}O_2^-$)의 환원을 촉진한다. 차례로, 다른 효소는 $H_2O$를 형성하기 위해 $H_2O_2$의 두-전자 환원을 촉진한다.

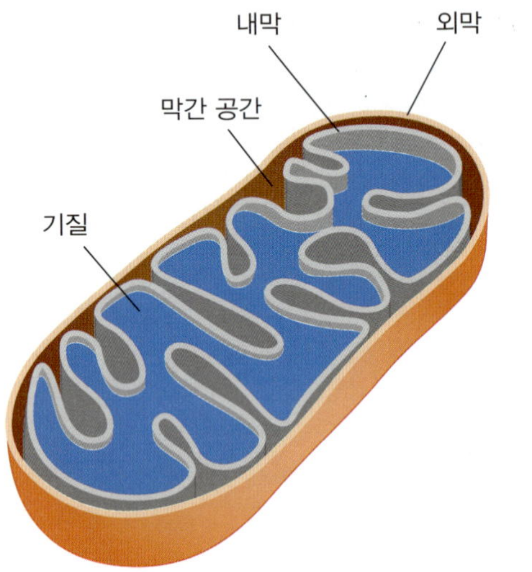


**그림 4.16 미토콘드리아.** 외막은 세포질에서 미토콘드리아를 분리하고 지방 대사와 관련된 효소를 포함한다. 내막은 전자전달 및 ATP 합성과 관련된 반응을 위한 표면적을 증가시키기 위해 접혀 있다. 기질은 미토콘드리아 DNA뿐만 아니라 산화적 인산화를 위한 효소를 포함한다. 막간 공간은 미토콘드리아 바깥으로 ATP의 수송에 필요한 효소를 포함한다.

성의 종인 슈퍼옥사이드 라디칼($^{\bullet}O_2^-$)을 생성한다(전자의 손실과 반응에 대해 위에서 읽은 것을 기억하라); 슈퍼옥사이드 라디칼의 추가적인 하나의-전자 감소는 동등하게 파괴된 과산화 수소 분자를 만든다. 호기성 생물은 물과 같은 무해한 화합물로 산소의 완전한 환원를 위해 효소 메커니즘을 발전시켰다**(그림 4.15)**. 산소 활성종과 그들의 환원 반응은 미토콘드리아, 핵, 세포질을 포함하는 세포의 다양한 부분에서 발생할 수 있다.

## 미토콘드리아 ATP 합성은 대부분의 슈퍼 옥사이드 이온을 생성한다

호기성 생물의 미토콘드리아**(그림 4.16)**는 **아데노신 트리포스페이트(adenosine triphosphate, ATP)**를 합성을 위해 신체에서 소비되는 모든 산소의 95%를 사용한다. **그림 4.17**에서 보여주듯이, 이 분자는 세포 반응에 대한 화학 에너지를 공급하는 주요 분자이다. 가장 간단한 형태로 산화적 대사는 에너지 영양소—탄수화물과 지방(단백질은 거의 호기성 생물의 에너지로 사용되지 않는다)—의 탄소-탄소 결합에 저장된 에너지를 ATP 형태의 잠재적 사용 에너지로 전환시킨다. ATP의 **아데노신 이인산(adenosine diphosphate, ADP)**으로의 전환은 많은 생화학 반응을 일으키는 에너지를 방출한다. 영양소기질로부터 ATP로의 에너지 전송은 미토콘드리아 내에서 두 개의 뚜렷하지만 결합된 시스템으로 일어난다. 제1시스템은 크렙스 회로 그리고 시트르산 회로라고도 알려진 **트리카르복실산 회로(tricarboxylic acid cycle, TCA cycle)**의 일부분으로서 연속되는 산화-환원 반응을 통해 전자를 생산한다. TCA 회로는 미토콘드리아의 기질에 위치한다. TCA 회로는 효소-촉매 산화 반응 단계를 통하여 탄소-탄소 결합으로부터 전자를 방출한다. 이들 전자는 이후 미토콘드리아의 내막에 있는 **전자전달계(electron transfer system, ETS)**의 두 번째 시스템으로 "순환"한다. ETS는 ATP 합성에 필요한 에너지를 제공하기 위해 일련의 효소-촉매 작용을 통해 이들 전자를 사용한다**(그림 4.18)**. 이러한 전체 과정은 **산화적 인산화(oxidative phosphorylation)**라고 불린다.

**그림 4.19**에서처럼, 산화적 인산화는 영양소 기질인 탄수화물과 지방이 **아세틸-CoA(acetyl-CoA)** 분자를 생성하기 위해 사용될 때 시작된다. TCA 회로의 특정 지점에서, 니코틴 아마이드 아데닌 디뉴클레오티드($NAD^+$) 및 플라빈 아데닌 디뉴클레오티드(FAD)와 같은 전자 (에너지) 전달체 또는 환원 등가물로 불리우는 화합물은 산화 반응에서 방출된 전자를 "픽업"한다. 이들 전자 전달체는 ETS에 전자를 제공한다.

ETS가 ATP의 합성에 어떻게 도움을 주는지에 대한 이해를 위해 물리학

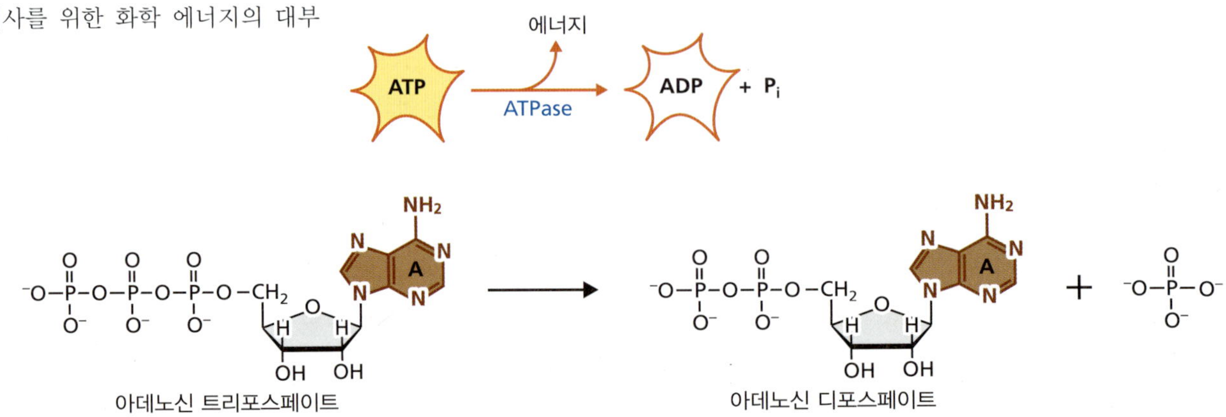


**그림 4.17 아데노신 삼인산(ATP)과 아데노신 디포스페이트(ADP)의 구조.** ATP의 ADP로 전환에서 하나의 인산 결합의 파괴로부터 에너지의 방출은 세포 대사를 위한 화학 에너지의 대부분을 공급한다.

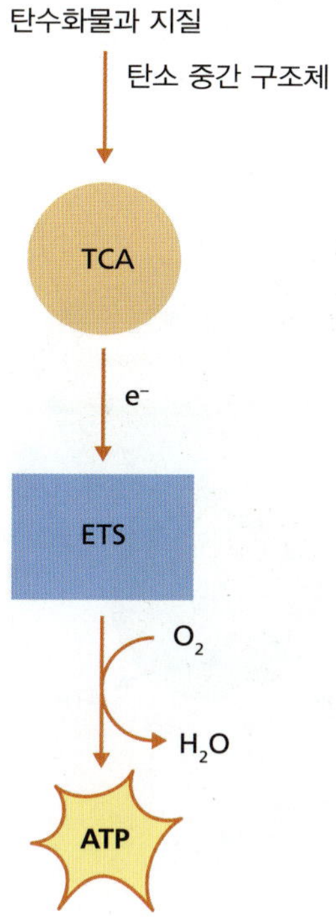


**그림 4.18 음식 에너지(탄수화물과 지질)에서 세포의 에너지 (ATP) 생산.** 탄수화물 및 지질의 탄소-탄소 결합의 잠재적인 에너지는 세포에 의해 직접적으로 사용될 수 없다. 오히려 트리 카르복시산(TCA) 회로에서 탄소-함유 중간체의 환원을 통해 전자가 방출되고, 아데노신 삼인산(ATP)의 합성과 전자 전달계(ETS)의 산소와 반응한다.

의 관점에서 생각하고 세 가지 중요한 점을 기억하는 것이 도움이 될 수 있다: (1) 자유 에너지는 시스템 구동을 위해 전자와 관련된다; (2) 양성자($H^+$) 농도 구배는 미토콘드리아 기질과 막간 공간 사이에 확립되어야 한다; (3) 막간 공간에서 양성자 농도는 기질 내의 양성자 농도보다 커야 한다. TCA 회로에서 생성된 전자는 환원 등가물(NADH + $H^+$와 $FADH_2$)에 의해 ETS로 왕복되고 산화 반응을 통해 방출된다**(그림 4.20)**. 이들 반응에서 나온 양성자는 특화 단백질에 의해 내막을 통해 막간 공간으로 "펌핑"된다. 내막은 양성자에 불투과성이기 때문에 이 특화 단백질의 사용이 필요하다. 내막의 불투과성은 양성자 기울기의 설정을 필요로 한다. 전자는 펌프를 움직이기 위한 자유 에너지를 제공한다. 전자가 자유 에너지를 포기하면 양성자 기울기는

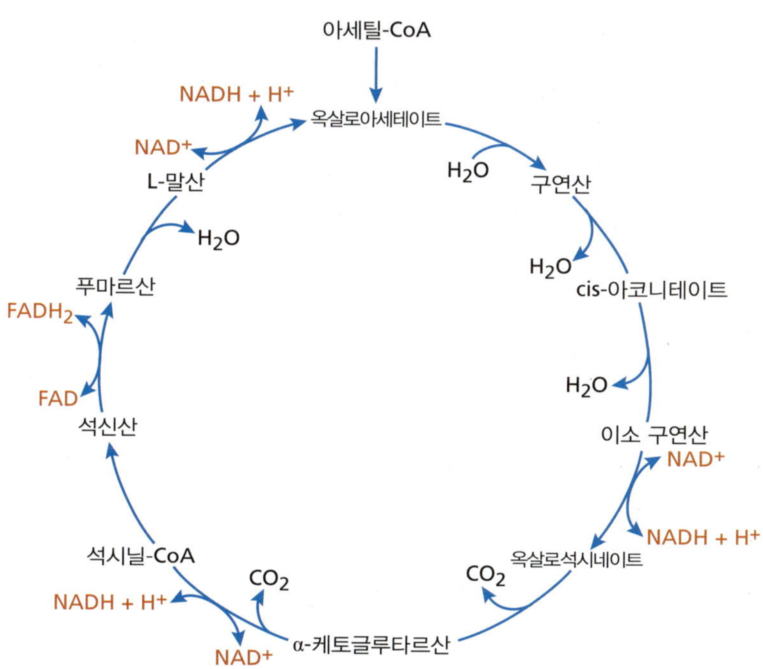


**그림 4.19 트리카르복시산(TCA) 회로.** 음식 기질(탄수화물과 지방)은 아세틸-CoA로 산화되어 TCA 회로로 들어간다. 연속된 산화-환원(redox) 반응에서 전자가 생성되고 전자 전달자인 NADH + $H^+$와 $FADH_2$ (빨간색 부분)에 의해 전자 전달 시스템(그림 4.20)을 왕복한다.

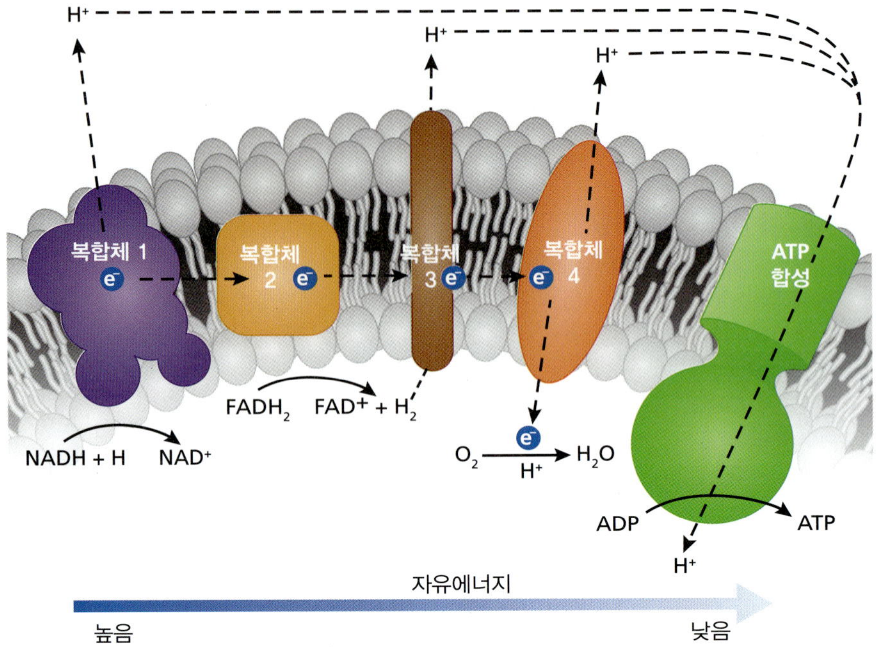


**그림 4.20 전자전달계(ETS)와 ATP합성의 단순화된 버전.** 전자의 높은 에너지가 막간 공간으로 세 호흡 복합체에 의해 양성자 펌프를 유도하여 양성자 농도구배를 만든다. 이 과정에서 자유 에너지는 감소하고 양성자($H^+$)는 ATP 합성을 통해 되돌아 가서 ATP 합성에 필요한 에너지를 제공한다. 산소가 물을 생성하는 반응에서 전자와 양성자를 수용할 때 ATP 합성 후 남아있는 자유에너지는 소모된다.

더 커진다. 전자가 ETS 안으로 전달되어, 기울기를 유지하는 자유 에너지는 감소하고 전자는 기질로 다시 흐른다. 그러나 이 흐름은 ATP를 생성하는 반응을 촉매하는 ATP 합성 효소 장소인 막의 한 부위에서만 일어날 수 있다.

모든 시스템의 에너지 상태는 평형에 도달하기 위해 힘쓴다. 그러므로, 심지어 미토콘드리아 기질의 낮은 자유-에너지 상태도 소멸되어야 한다. 여기에서는 산소가 그 역할을 갖는다. 산소는 물을 생산하여, 전자와 양성자를 형성하는 자유 에너지의 최종 인수자로 작용한다. 이 시스템은 산소가 물로 완전히 환원된다는 측면에서 매우 효율적인 반면, 일부 산소는 하나의 전자에 의해 환원되고 활성산소가 생성될 것이다.

ETS에 TCA 회로의 연결은 ATP 합성 동안 최종 전자 인수자로서 산소의 이용에 관해 매우 효율적이다. 즉, TCA 회로가 활성화되면 활성산소가 생성이 있다고 하더라도 매우 적다. 하지만, ATP 합성 비율은 ATP-ADP 비율이 미토콘트리아 기질에서 상당 기간 동안 낮으면 ETS의 상태는 활성산소, $^{\bullet}O_2^-$의 생성에 유리하다 **(그림 4.21)**. 미토콘드리아 기질에서 높은 ATP-ADP 비율은 TCA 회로를 억제하고, 전자는 ETS로 왕복되지 않는다. 양성자는 ATP 합성효소를 통해 흐르지 않고, 그래서 $O_2$는 물로 환원되지 않는다. 기질에서의 낮은 농도의 양성자 환원된 산소로부터 물의 생성을 억제한다. 그래서 활성산소를 형성하는 풍부한-전자(환원된) ETS 복합체에서 제공된 하나의 전자에 의해 환원될 수 있다. 추정치에 따르면 모든 세포의 산소 소비량의 1~2%는 활성산소일 것으로 여겨진다.

## 효소는 물에서 활성산소의 환원을 촉매한다

위에서 서술한 바와 같이, $^{\bullet}O_2^-$는 정상적인 호기성 대사 중에 생성될 수 있다. 방치되어진 라디칼들은 다른 원자들과 빠르게 반응하여 세포 손상의 가능성을 가져온다. 운이 좋게도 호기성 생물체는 미토콘드리아가 물로 $^{\bullet}O_2^-$의 환원을 촉매하는 두 가지 효소를 포함하고 있다: **슈퍼옥사이드 디스뮤타제(Superoxide dismutase, SOD)**와 **카탈라제(catalase)**. 슈퍼옥사이드 디스뮤

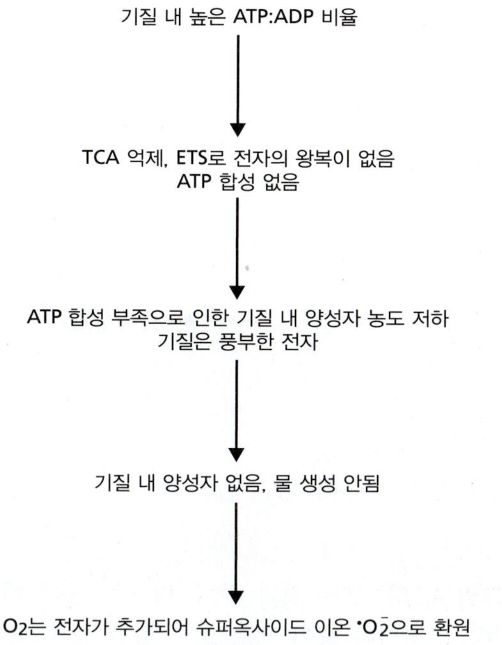


**그림 4.21 미토콘드리아에서 슈퍼옥사이드 라디칼 ($\bullet O_2^-$)의 생성 단계.**

타제는 $\bullet O_2^-$에 대해 매우 높은 친화성을 가지므로 이 라디칼은 $H_2O_2$로 즉각적으로 환원된다**(그림 4.22)**. 하지만 $H_2O_2$는 또한 세포에 심각한 유해를 일으킨다. 환원 연쇄반응의 두 번째 효소인 카탈라제는 $H_2O_2$의 두 전자를 환원시켜 $H_2O$를 생성한다.

## 세포질 환원 또한 활성산소를 생성한다

세포질 내의 산소 농도는 미토콘드리아에서 보다 상당히 낮지만, 슈퍼옥사이드 이온은 단일-전자 환원으로부터 여전히 생성될 수 있다. 이러한 경우가 발생하면, 세포질 $\bullet O_2^-$는 슈퍼옥사이드 디스뮤타제 및 카탈라제에 의해 물로 환원되며, 이 반응은 미토콘드리아에서 발생하는 것과 유사하다(그림 4.22 참고). 세포질의 과산화수소는 **글로타티온 퍼옥시다제(glutathione peroxidase)** 효소의 도움으로 물로 환원될 수 있다**(그림 4.23)**. 하지만 특정 세포질 조건에서, 과산화수소는 고도의 높은 반응성의 $\bullet OH$ 하이드록실 라디칼로 전환된다. 이 전환은 (1) **펜톤 반응(Fenton reaction)**으로 알려진 제2철 이온 또는 구리 ($Fe^{2+}$ 또는 $Cu^{2+}$) 그리고 과산화수소가 함께 세포질에 존재할 때**(그림 4.24A)**; (2) **하버-와이즈 반응(Haber-Weiss reaction)**으로 알려진 과정인 $Fe^{2+}$, 과산화수소 및 $\bullet O_2^-$가 함께 세포질에 존재할 때(그림 4.24B)에 비효소적으로 발생한다.

## 산소-중심의 자유 라디칼은 손상된 생체 분자의 축적으로 이어진다

라디칼은 높은 반응성을 가지며 핵산, 지질 그리고 단백질과 같은 많은 생체 분자의 구조에 중요한 변화를 야기한다. 차례로, 구조의 변경은 분자의 생물학적 활성의 감소로 이어진다. 이러한 손상은 세포 조직의 모든 수준에서 관

$$2\bullet O_2^- + 2H^+ \xrightarrow{\text{SOD}} H_2O_2 + O_2 \xrightarrow{\text{카탈라제}} 2H_2O + O_2$$

**그림 4.22 미토콘드리아에서 물로 슈퍼옥사이드 라디칼의 환원.** 슈퍼옥사이드 디스뮤테이즈(SOD)는 과산화수소($H_2O_2$)에 2개의 슈퍼옥사이드 라디칼을 환원한다. 그리고 카탈라제는 과산화수소를 물에 환원한다.

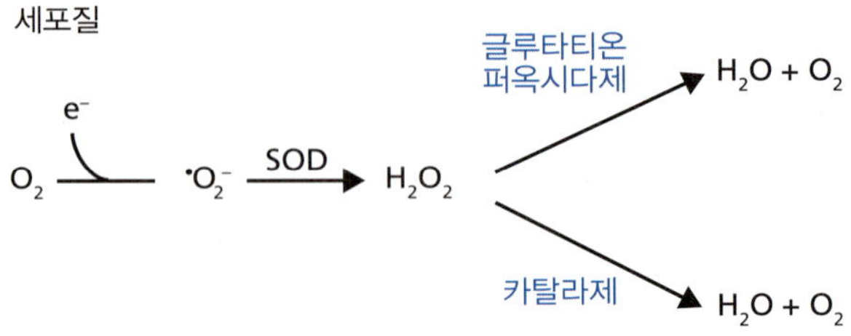


**그림 4.23 물로의 슈퍼옥사이드 이온의 세포질 환원.** $\cdot O_2^-$에 $O_2$의 환원은 세포질 SOD에 의한 과산화수소의 슈퍼옥사이드의 환원에 따른다. 그리고 과산화수소는 카탈라제 또는 글루티타온 퍼옥시다제에 의해 $H_2O$ 및 $O_2$로 환원된다.

(A) 펜톤 반응

$$(Fe^{2+} \text{ or } Cu^{2+}) + H_2O_2 \longrightarrow (Fe^{3+} \text{ or } Cu^{3+}) + \cdot OH + OH^-$$

(B) 하버-와이즈 반응

$$O_2 + H_2O_2 \xrightarrow{Fe^{2+} \; Fe^{3+}} O_2 + OH^- + OH^-$$

**그림 4.24 세포질에서 하이드록실 라디칼 ($\cdot$OH)의 생성.** 과산화수소는 (A) 펜톤 반응과 (B) 하버-와이즈 반응에서 높은 활성의 하이드록실 라디칼($\cdot$OH)로 전환될 수 있다. 두 반응은 비효소적으로 진행된다.

찰될 수 있다(**그림 4.25**). 보는 것과 같이, 막 인지질에 지질 과산화물의 축적은 세포 및 미토콘드리아 막이 세포 외 구획과 세포 내 구획 사이의 장벽을 유지하는 데 있어 비효율적이다. 용질과 물의 농도에 민감한 화학 반응에 영향을 차례로 받는다. DNA 전사 및 번역 과정의 구성요소에 대한 산화적 손상은 변화된 아미노산 서열을 갖는 단백질을 만든다. 더욱이, ROS 또한 DNA 복구 메커니즘의 단백질에 영향을 미칠 수 있기 때문에, 부적절한 염기-쌍 치환이 제거되지 못하고 적절한 염기로 대체되지 않을 수 있다. 세포에서 손상된 단백질을 제거하는 데 관여하는 단백질도 또한 ROS의 영향을 받다. 즉, 손상된 단백질의 축적은 세포에 의한 노폐물 제거 기능의 저하에 의해 악화된다.

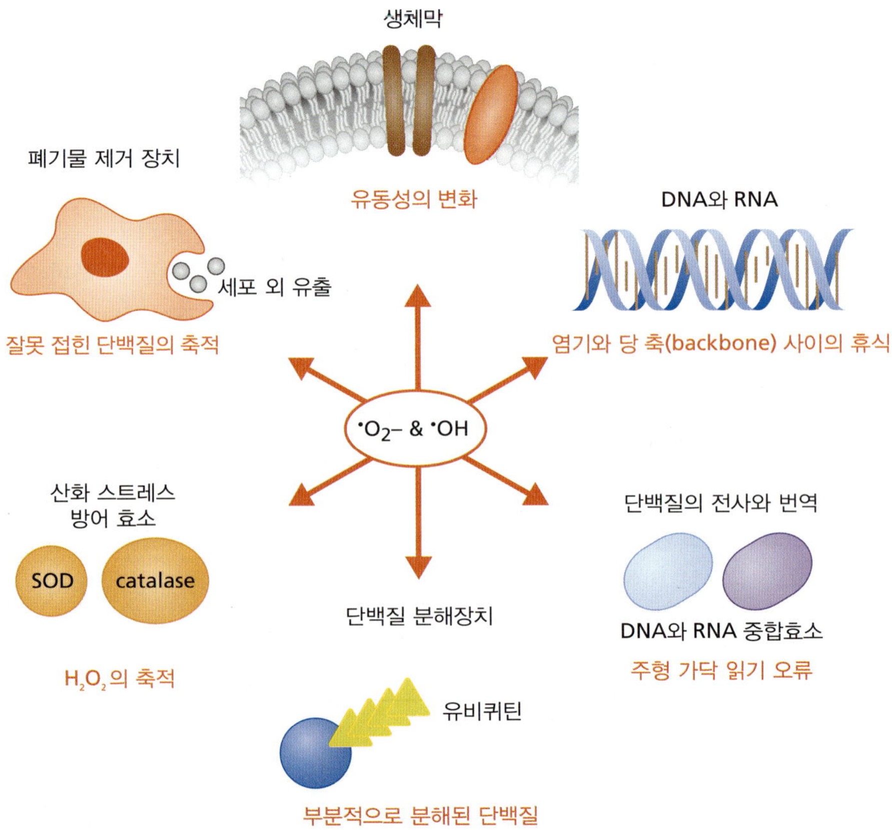


**그림 4.25 활성산소는 세포 조직의 모든 수준에서 손상된 생체 분자의 세포 축적을 일으킨다.**

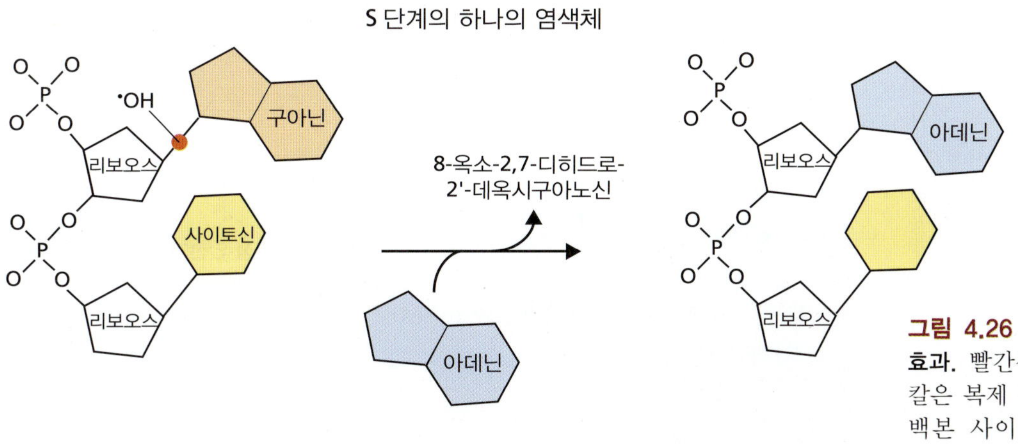


**그림 4.26 DNA에서 하이드록실 라디칼(•OH)의 효과.** 빨간색 점으로 표시된 하이드록실 라디칼은 복제 동안 DNA의 구아닌과 축(backbone) 백본 사이의 결합을 파괴할 수 있다. 만약 DNA의 복구 메커니즘이 치환을 인식하지 못하면, 복제된 DNA는 서열이 벗어날 것이다. 염기쌍 정지의 산물인 8-옥소-2,7-디하이드로-2′-데옥시구아노신은 DNA 손상의 척도로서 사용될 수 있다.

비록 미토콘드리아가 $•O_2^-$로 세포 ROS를 대부분을 생성하지만, 미토콘드리아 항산화 시스템(SOD 및 카탈라제)의 효율은 결과적으로 슈퍼옥사이드 이온으로 인해 손상을 일으킨다. 오히려, RO는 전체 세포 ROS의 15%만을 차지하지만, 세포질($H_2O_2$와 •OH)의 자유 라디칼에 의한 세포 손상의 대부분에 책임이 있다. 이는 •OH가 세포 전체에서 발견되지만 주로 생체막에서 발견되는 화합물인 고도 불포화 지방과 매우 빠르게—$1 \times 10^{-12}$초—반응한다는 사실을 반영한다(아래 설명 참조).

산소 중심 라디칼은 DNA 염기쌍 서열의 변형을 일으킨다. 노화 세포에서 발견되어지는 대부분의 연구에서 라디칼에 의한 손상으로 인한 DNA 오류는 드물지만, 하이드록시 라디칼(•OH)은 DNA와 당 축(backbone)과 구아닌 사이의 결합에 대한 높은 친화성을 가지고 있다(**그림 4.26**). 예를 들어, 만약 복제 과정 동안 오류가 발생하면 아데닌은 구아닌으로 치환될 수 있다. 구아닌에 대한 아데닌의 치환은 DNA 복제 동안 G-C쌍보다는 A-T쌍을 유도할 것이다. 따라서, 결과적으로 생성된 단백질은 생물학적 활성이 감소되거나 손상된 단백질의 축적을 일으키는 부정확한 아미노산 서열로 조립될 수 있다

## 세포막은 활성산소종에 의한 손상에 취약하다

세포막은 세포 내 구획과 세포 외 구획 사이에 매우 효율적인 장벽을 유지하면서 동시에 세포 기능에 필수적인 분자의 교환을 가능하게 한다. 세포막의 고유한 특성은 **지방산(지질)**과 막에 존재하는 다양한 분자의 화학 구조와 물리적 배열에 기인한다. 막 지질은 하나의 수용성 인산염 머리와 2개의 불용성 지방산 꼬리를 포함하기 때문에 **인지질(phospholipid)**로 알려져 있다(**그림 4.27**). 인지질은 이중층으로 배열되어 한 층의 인지질의 인산염 말단은 세포 외 공간을 향하고, 다른 층의 인산염 말단은 세포 내 공간을 향하기 때문에 세포막은 또한 **지질 이중층(lipid bilayers)**으로도 알려져 있다. 인지질의 지질 성분은 막의 내부에서 서로를 향하고 있다. 이러한 배열은 물과 수용성 분자가 세포의 적절한 화학적 평형을 유지하기 중요한 성질로, 세포 외 및 세포 내 공간 사이를 자유롭게 통과하지 못하도록 한다. 수용성 분자는 막에 내장된 특수한 구조에 의해 세포 안 또는 밖으로 운반된다.

고도로 기능적인 세포막은 인지질과 세포막에 내장된 구조물과의 물리적 배열에 크게 의존한다. 만약 막 내의 구조와 인지질 사이의 부착이 너무 단단하면 불수용성 분자는 막을 자유롭게 통과할 수 없다. 만약 부착이 너무 느슨

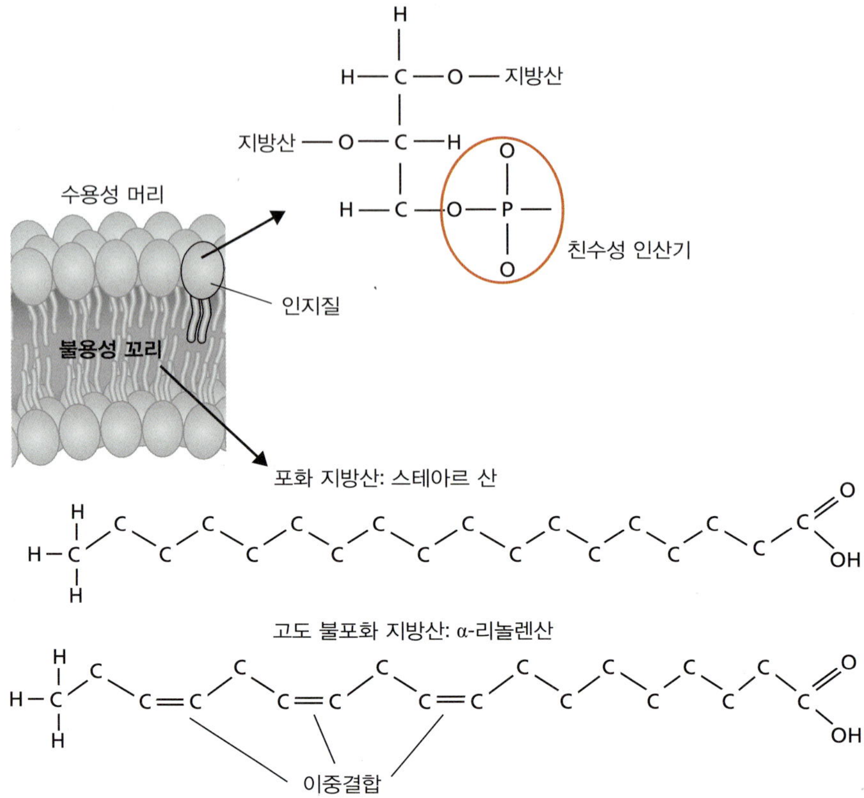


**그림 4.27 세포막에서 발견되는 인지질의 구조.** 인지질 머리의 극성 인산기는 수용성 또는 친수성이다. 지방산 꼬리는 불수용성 또는 소수성이다. 인지질은 두 개의 포화 지방산, 두 개의 불포화 지방산 또는 각각의 하나를 포함할 수 있다. 생물학적 막에서 발견되는 대부분의 인지질은 포화 및 불포화 지방산 중 하나를 가지고 있다.

하면 부적절한 양의 물과 수용성 분자가 들어오거나 세포에서 나갈 수 있다. 따라서 이중층 세포막은 진화했고 정확한 세포막 구조에 적합한 전기 화학적 조성을 획득하도록 지질과 단백질이 완벽하게 균형을 이루고 있다. 균형에 있어서의 변화는 막 기능을 변화시켜 세포의 기능을 변형시킬 것이다. RO에 의한 생체막의 변화는 막 투과성의 붕괴, 전해질 구배의 불균형, 정상적인 막 단백질 이동성의 억제 그리고 정상적인 세포 활성에 중요한 다른 다양한 기능의 손상을 초래할 수 있다.

세포막의 유동성은 대부분 인지질에 포함된 지방산의 결합 특성을 반영한다. 인지질은 막에 특정한 점도를 제공하기 의해 결합된 **포화(saturated)** 및 **포화 지방산(unsaturated fatty acids)**의 혼합물이다. 포화 지방산은 불포화 지방산보다 체온에서 더 큰 점도를 가진다. 따라서 두 가지를 인지질로 합치면 막에 유동성이 부여되어 최적의 기능을 발휘한다.

세포막의 지질 성분에서 발견되는 고도 불포화 지방의 이중-결합 구조는 •OH에 의한 “공격”에 특히 민감하다. 고도 불포화 지방에 대한 •OH 공격은 추가적으로 자유 라디칼을 전파시키는 연쇄 반응을 일으키고 고도 불포화 지방을 변형시켜 새로운 분자 지질 과산화물을 생성한다. **그림 4.28**에서 처럼, •OH는 자신의 비공유 전자를 다중 불포화 지방(LH)의 이중결합에 전달하여 지질 라디칼(L•)과 물을 생성한다. 이 반응은 자유-라디칼 연쇄 반응의 개시 단계를 표지한다. 세포질 $O_2$는 L•에 의해 환원되어 지질 퍼옥실 라디칼(LOO•)을 생성하며, 이는 차례로 다른 LH를 공격하여 결과적으로 L• 및 과산화물(LOOH) 그리고 추가적인 LOO•, LOOH 및 L•을 생성한다.

만약 지질 과산화물을 생성하는 지질-라디칼 반응이 조절되지 않을 경우에 세포 기능이 완전히 정지되지 않는 상태에서는 크게 방해 받게 된다. 다

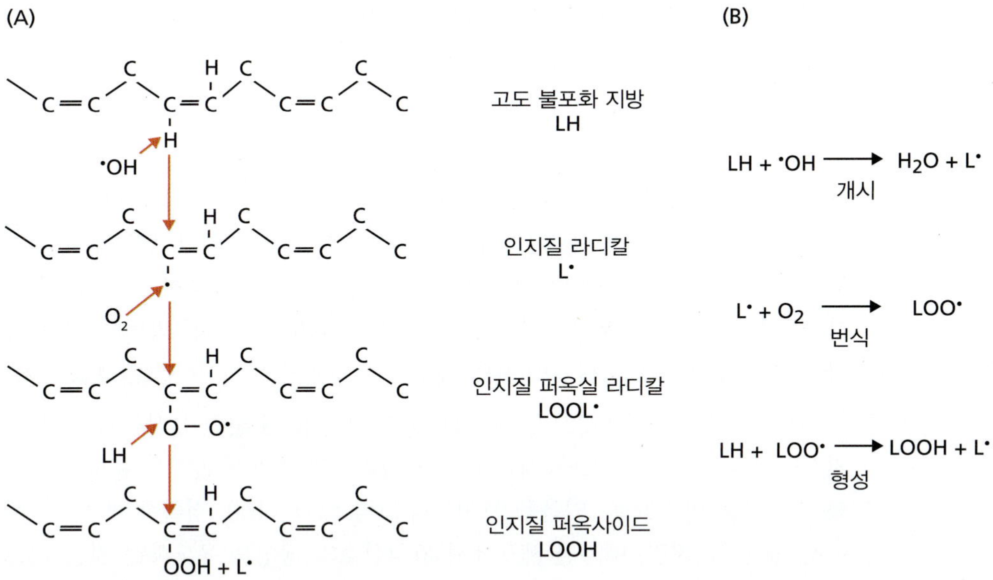


**그림 4.28 지질 과산화물의 형성.** (A) 하이드록실 라디칼은 이중 결합의 다중불포화 지방(LH)을 "공격"하여 지질 라디칼(L•)의 형성한다. 세포질 $O_2$는 차례로 지질 라디칼의 비공유전자와 반응하여 지질 퍼옥실 라디칼(LOO•)을 형성한다. 지질 퍼옥실 라디칼은 다른 불포화 지방을 공격하여 지질 과산화물 분자(LOOH)와 새로운 지질 라디칼 등등을 형성한다. (B) 자유 라디칼 연쇄 반응의 전파는 지질 과산화물의 형성을 일으킨다.

행히, 세포의 비타민 E(토코페롤) 및 비타민 C(아스코빅산)에 관여하는 지질 과산화물의 형성을 방지하기 위해 위한 메커니즘이 발달되어 있다. 비타민 E는 세포의 세포막 내에 또는 가까이에 존재하고 막 불포화 지방의 이중 결합보다 하이드록시 라디칼 및 지질 라디칼에 대해 상당히 더 커다란 친화성을 갖는다. **그림 4.29**에서처럼, 지질 퍼옥실 라디칼은 α-토코페롤을 α-토코페롤 라디칼로 환원시킴으로써 LOOH로 산화되어 지질 과산화 연쇄 반응을 종결시킨다. 하지만 α-토코페롤 라디칼은 환원된 α-토코페롤로 다시 산화될 필요가 있다. 이것은 비타민 C(아스코빅산), 글루타치온 그리고 $NAD^+$를 포함하는 다-단계 과정을 통해 획득된다.

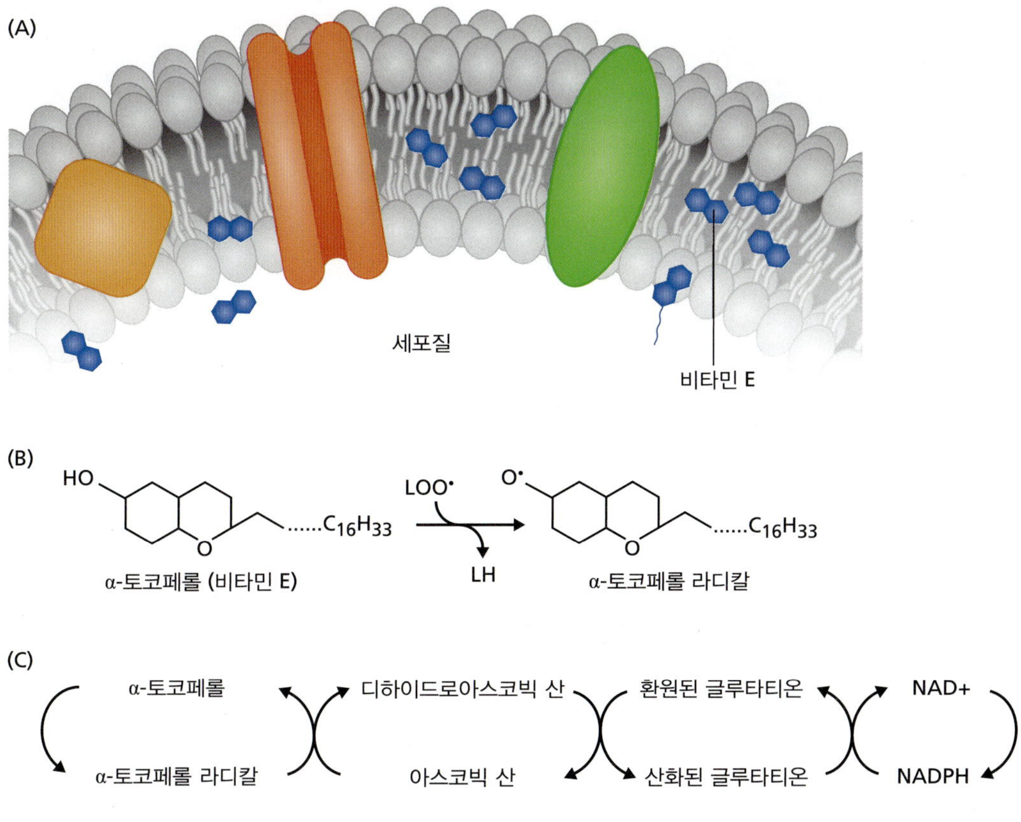


**그림 4.29 비타민 E에 의한 자유 라디칼의 연쇄 반응의 종료(α-토코페롤).** (A) 비타민 E는 세포막 또는 근처에 위치한다. (B) 만약 자유 라디칼이 발생하는 경우, 비타민 E는 지질 퍼옥실 라디칼의 산화 동안 α-토코페롤 라디칼로 환원된다. (C) α-토코페롤은 아스코르브산, 글루타티온 및 $NAD^+$를 포함하는 여러-단계 과정에서 재산화된다.

### 활성산소종은 유익한 효과를 가질 수 있다

지금까지 우리의 논의는 ROS의 상당히 황폐한 그림을 그렸다. 하지만, ROS는 또한 호기성 생물체에 유익한 효과를 가질 수 있다. 가장 널리 알려진 유익한 효과는 면역계에서 발견된다. 박테리아와 같은 외래 침입자가 혈액이나 조직으로 들어오면, 면역계는 침입자를 공격하고 파괴하기 위해 림프절에서 수 많은 세포를 방출한다. 이러한 세포 유형 중 하나는 침투 생물체의 세포 구조를 분해하도록 고안되어 효소적으로 생산된 분자를 방출하는 대식세포이다. 이러한 분자들에 포함되어 있는 것은 $^{\bullet}O_2^-$ 분자이고 주된 작업은 지질 과산화 부분의 생성을 통해 침입자의 세포막을 파괴하는 것이다(**그림 4.30, 위**).

최근 연구는 또한 ROS 및/또는 $H_2O_2$와 같은 ROS 환원 부산물이 산화 방지제인 슈퍼옥사이드 디스뮤테아제 및 카탈라제의 추가적 발현을 유도하여 산화적 손상을 방지할 수 있음을 보여준다(**그림 4.30, 아래**). 정확한 메커니즘은 아직 불분명하지만, 배양된 세포에서 활성산소의 생성을 유도하는 것은 디스뮤테아제 및 카탈라제의 유전자의 프로모터 영역을 활성화시키는 것 같다.

## 텔로미어 단축 및 복제 노화

이전 절에서, 우리는 산화적 손상의 무작위 또는 확률적 현상이 세포 노화를 유도하는 분자적 손상의 축적을 가져오는 메커니즘을 논의했다. 우리는 이제 더 계획된 접근법—텔로미어 단축 이론—을 포함하는 세포 수명 이론으로 주의를 돌릴 것이다. **텔로미어 단축 이론(telomere-shortening theory)**은 반복

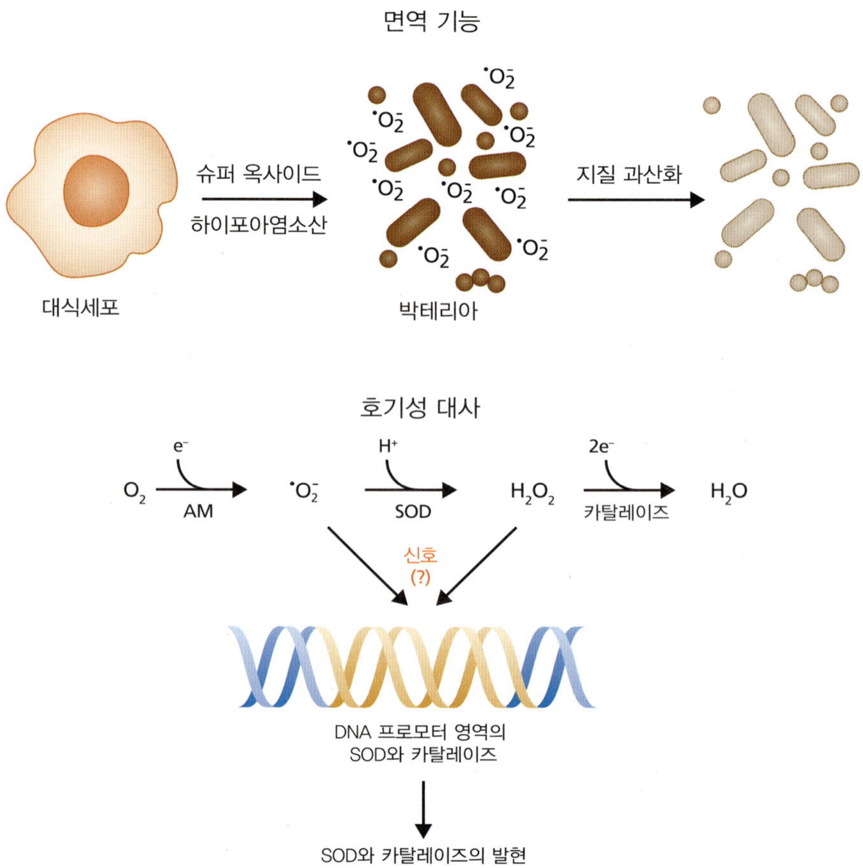


**그림 4.30** ROS가 생명체에 유익한 두 가지 예. 면역기능 (위) : 대식세포로 알려진 면역계의 세포는 생물체에 반응하여, 슈퍼옥사이드 라디칼및 염소산 같은 독성 화학물질을 분비한다. 슈퍼옥사이드 이온은 지질 과산화 경로를 통해 세균 세포막의 파괴를 돕는다. 호기성 대사 (아래) : 정확한 메커니즘은 불분명하지만 정상적인 호기성 대사(AM) 동안 ROS의 생성은 또한, 슈퍼옥사이드 디스뮤타제(SOD) 및 카탈라제의 발현을 자극할 수 있다.

되는 염색체의 복제가 **텔로미어**(각 염색체의 끝에서 반복적이고 비암호화된 염기쌍)가 DNA의 코딩 서열에 영향을 미치지 않고 더 이상 복제가 일어나지 않는 지점까지 단축된다고 예측한다. 이 이론에 따르면, DNA 복구 메커니즘은 텔로미어와 암호화 서열 간의 차이를 "인식"하고, 만약 유전 정보가 RNA 프라이머를 합성하려고 하면 $G_1$에서 S로 전환하기 전에 세포 분열을 정지시킨다. 즉, 텔로미어는 세포 복제 횟수를 계산하는 일종의 생물학적 시계이다.

## 텔로미어는 지연 가닥이 필수적인 DNA 서열을 제거하는 것을 방해한다

진핵생물의 선형 DNA의 복제는 복제 원점으로부터 양방향으로 발생하며, 원래 DNA의 각 가닥은 새로운 복제물의 주형으로 사용된다. DNA 중합효소는 단지 5′→3′ 방향으로만 새로운 가닥을 합성할 수 있기 때문에, 지연 가닥의 주형은 오카자키 단편에 박음질 기동을 사용하여 염색체의 복제를 완성한다. 이 메커니즘은 각각 새로운 오카자키 단편이 형성될 때마다 RNA 프라이머 합성을 필요로 한다. 따라서, RNA 중합효소가 염색체의 끝에 도달하면, 지연 가닥 주형에서 최종 RNA 프라이머를 개시하기 위해 이용할 만한 DNA가 충분하지 않을 수도 있다. 이는 일반적으로 "최종 복제문제"라고 불린다.

유사분열 진핵세포에서 텔로미어는 최종 복제문제를 해결한다. 티민(T)과 구아닌(G)이 풍부한 텔로미어는 진핵 생물계 전역에서 고도로 보존되어 있으며 새롭게 복제된 DNA는 5,000~10,000 염기쌍의 길이를 가지고 있다. DNA 중합효소가 지연 가닥 주형의 암호화 서열 끝에 도달하면, 텔로미어를 최종 오키자키 단편을 개시하기 위해 필요한 RNA 프라이머의 주형으로 사용한다**(그림 4.31)**. 하지만 박음질 메커니즘의 결과로 적은 수(10~50)의 텔로

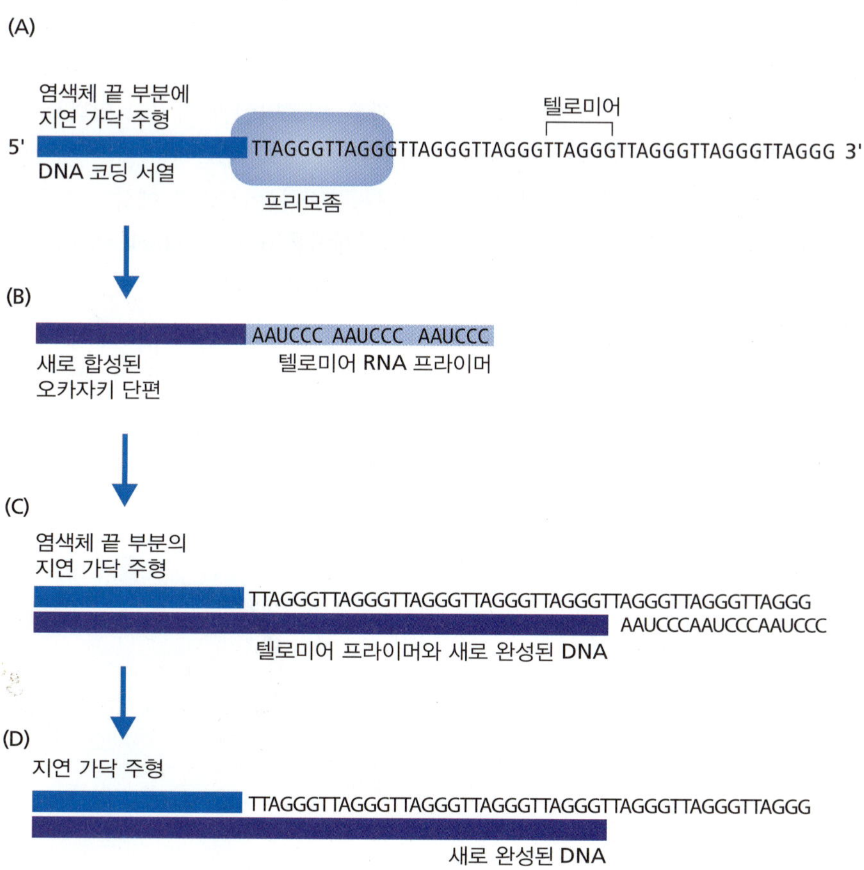


**그림 4.31 텔로미어의 존재가 최종 복제 문제를 해결하는 방법.** (A) 프리모좀은 염색체 끝부위의 지연가닥 주형의 텔로미어 서열을 판독하고, (B) 다음 오카자키 단편을 위한 RNA 프라이머를 만든다. (C) 그리고 새로 합성된 오카자키 단편은 새로운 DNA의 끝에 합류된다. (D) 마지막으로, 텔로미어에서 만들어진 RNA 프라이머를 제거되고, DNA의 새로운 가닥이 완성된다.

미어의 염기쌍이 손실된다. 복제 동안 텔로미어 서열의 작은 손실은 복제 시 염색체 끝부분의 유전물질의 손실을 방지한다.

지연 가닥 주형에서의 복제는 텔로미어의 짧은 부분이 손실을 가져오기 때문에 반복되는 세포 분열은 결과적으로 텔로미어가 완전히 손실될 수 있다. 하지만, 텔로미어 길이는 **텔로머라제(telomerase)** 효소의 작용을 통해 유지된다. 텔로머라제는 RNA 단위체와 단백질 촉매 단위체를 모두 포함하는 독특한 구조를 가지고 있다(그림 4.32). 즉, 텔로머라제는 자신의 RNA 서열 주위로 전달하는 효소이다. 텔로머라제의 RNA 단위체는 그 종에 대한 텔로미어의 서열을 포함한다. 인간의 경우, 반복 서열 AAUCCC(DNA 서열, TTAGGG)로 약 450 뉴클레오타이드 길이이다. 촉매 단위체는 **역전사 효소(reverse transcriptase**; 텔로머라제 역전사 효소, TERT)이며, 주형으로 RNA 서열을 읽고 상보적인 DNA 서열을 합성하는 효소이다.

텔로미어의 신장 메커니즘은 적절한 지연 가닥 복제에 필요한 조건인 3′ 말단이 5′ 말단보다 길게 되는 것을 보장한다. 하지만 3′ 말단을 그대로 두면 DNA 복구 메커니즘은 3′ 말단에서 이중-가닥이 끊어짐에 따라 연장된 길이를 읽을 수 있다. 텔로미어는 최종 캡핑으로 알려진 절차인 3′ 말단에 t-루프라 불리는 고리를 형성하여 이 문제를 해결하며, 따라서 DNA 복구 메커니즘을 이중나선을 읽는 것으로 "속일 수" 있다(그림 4.33).

### 텔로미어의 단축은 체세포 노화의 원인이 될 수 있다

텔로머라제에 의한 텔로미어의 신장은 복제기간 동안 높은 정확도를 필요로 하는 세포에서 발현된다. 즉, 텔로머라제는 생식세포 및 줄기세포를 포함하는 세포에서만 제한된 숫자로 발현된다. 대부분의 체세포는 일반적으로 텔로머라제를 발현하지 않기 때문에 텔로미어의 단축은 이들 세포 유형의 각각의 복제에서 일어난다. 시험관 실험은 노화 세포의 염색체가 실제로 노화-이전 세포의 염색체에서 관찰된 것보다 더 짧은 텔로미어를 가지고 있다는 것을 보여주었다. 체세포에서 텔로머라제의 부족과 노화 세포에서 짧은 텔로미어의 발견은 오래된 세포가 짧은 텔로미어를 감지하는 것으로 예상하여 차례로 세포주기 정지를 일으킨다는 **유사분열 시계이론(mitotic clock theory)**이 복제 노화의 이론으로 널리 받아지게 되었다(그림 4.34).

유사분열 시계이론의 기초가 되는 메커니즘은 아직 설명되지 않았지만, 현재의 연구는 짧은 또는 캡핑되지 않은 텔로미어가 세포주기의 억제를 유도하는 것으로 생각한다. 억제는 p53 단백질이 노화 세포에서 발현이 증가함으로써 정상적인 세포 검사를 수행하는 것 같다. 노화가 어떻게 $G_1$기 동안 짧

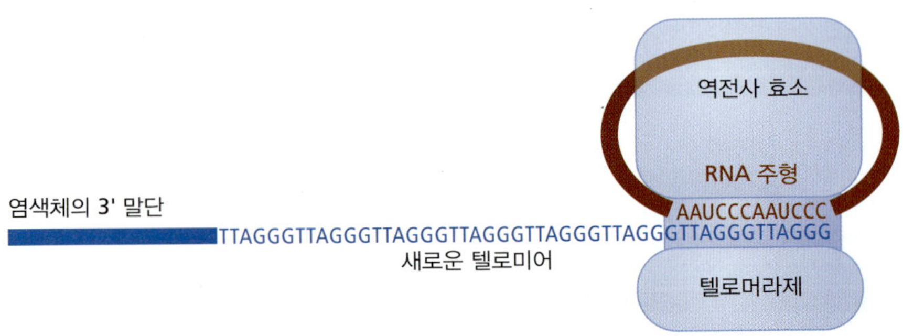


**그림 4.32 텔로머라제와 텔로미어의 신장.** S기 동안 DNA의 복제 이전에, 텔로머라제는 지연 가닥 주형의 3′ 말단으로 끌어당겨진다. 텔로머라제는 역전사 효소, RNA에서 DNA를 만드는 촉매 장치(RNA는 일반적으로 DNA에서 만들어지기 때문에 "역전사"로 지명된) 및 DNA 합성에 필요한 RNA 주형이 포함한다.

은 또는 캡핑되지 않은 텔로미어의 결과로서 일어날 수 있는가에 대한 예를 그림 4.35에서 보인다. DNA의 손상 및 복구 메커니즘은 다양한 신호 그리고 p53 단백질의 인산화를 통해 DNA 가닥의 휴식과 개시를 함으로써 텔로미어를 읽는다. 그리고 사이클린-CDK 복합체의 억제는 $G_1$기에서 세포주기를 중지한다. 텔로미어를 캡핑하거나 신장시키는 복구 메커니즘이 없기 때문에—즉, 텔로머라제가 없다—세포는 영구적으로 $G_0$기로 들어가고 결과적으로 복제 노화 상태가 된다.

유사분열 시계이론은 또한 세포 노화에 대한 노화와 수명의 진화론적 근거에 대한 예측을 묶을 수도 있다.

제3장에서 수명의 진화론적 이론에서 체세포의 사망률은 체세포와 생식세포 라인의DNA 복구 시스템 사이에서 에너지 자원을 사용하는 것에 대한 절충의 결과로 나타났다는 점을 상기하자. 신체의 세포 노화와 생식선에서 텔로미어의 유지를 일으키는 텔로미어의 단축이 그러한 모델의 범위 내에서 어떻게 맞는지를 쉽게 알 수 있다. 즉, 생식선은 텔로미어의 유지를 위한 텔로머라제와 다음 세대로의 유전자 전달을 위해 필요한 DNA 복제의 높은 정확도를 위해 상당한 양의 에너지를 투자한다. 반면 체세포는 텔로머라제를 발현하지 않아서 텔로미어 길이에는 자원을 투자하지 않는다. 신체는 성공적인 번식을 뒷받침할 만큼만 충분히 오래 살 필요가 있다는 것을 기억해야 한다. 비록 아직 입증은 되지 않았지만 텔로미어는 세포에게 그들이 충분히 오래 살았다는 것을 알려주는 것으로 여겨진다.

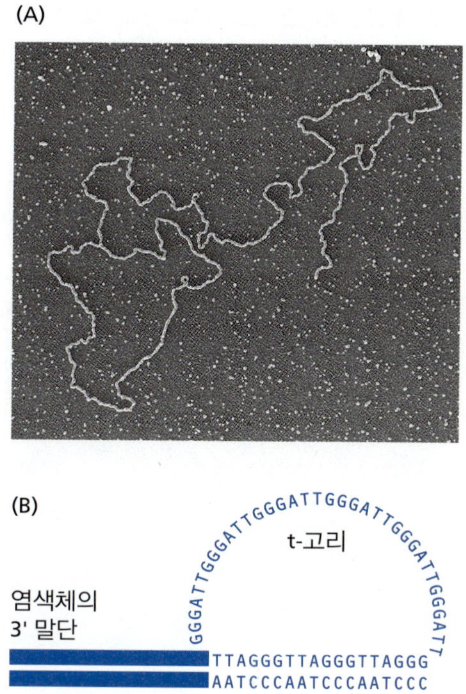


**그림 4.33 텔로미어 t-고리.** (A) 염색체의 끝의 t-고리의 전자현미경 사진. (B) DNA 이중-가닥 브레이크처럼 3′ 신장의 가능한 판독을 방지하는 텔로미어에 의해 사용되는 절차인 텔로미어 말단-캡핑의 예. (J.D. Griffity 등, *Cell* 97:503-514, 1999에서 발췌. Elsevier의 허가를 득함)

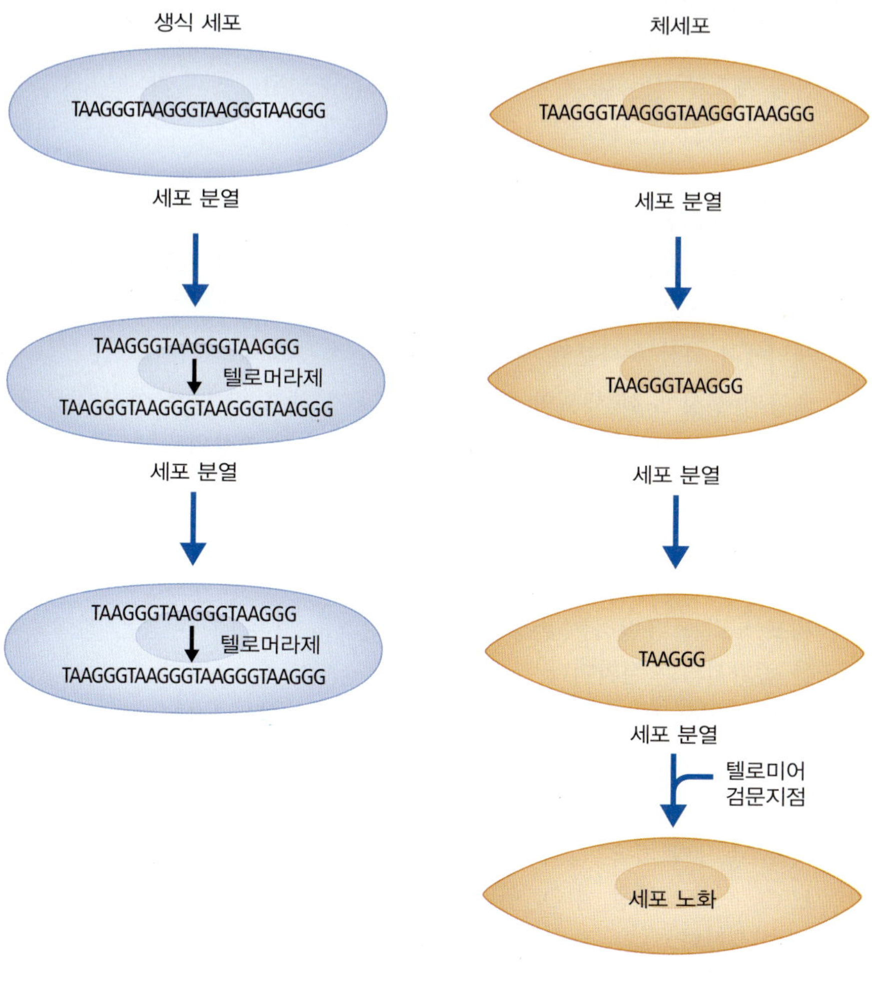


**그림 4.34 세포 노화의 유사분열 시계이론.** 생식세포 및 체세포 모두에서 세포 분열 이후 텔러미어는 짧아진다. 생식 세포에서 텔로머라제는 세포 복제 동안 손실된 텔로미어를 대체한다. 체세포는 텔로머라제가 없어서 지연 가닥에서 손실된 텔러미어는 대체되지 않는다. 잘 이해되지 않는 메커니즘이지만 텔로미어 검문지점이 치명적으로 짧은 텔로미어를 인식할 때 세포는 노화된다.

**그림 4.35 제시된 세포 노화의 p53 메커니즘.** 충분한 시간과 충분한 수의 세포 분열이 주어지면 체세포의 텔로미어(텔로머라제가 없는)는 짧아지거나 캡핑되지 않을것이다. 짧은 또는 캡핑되지 않은 텔로미어는 DNA 복구 메커니즘에 의해 가닥 분해로 읽힌다. 차례로 신호는 p53 단백질 연쇄반응으로 전달되고, 세포주기는 $G_1$기에서 정지되고 세포는 $G_0$기에 영구적으로 진입한다.

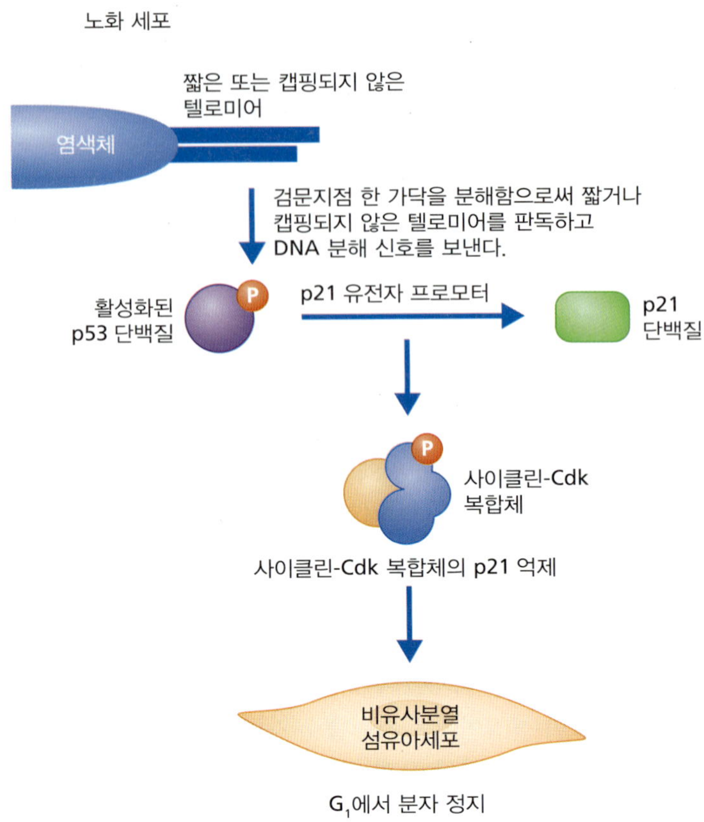


## 필수 개념

- 진핵 세포주기는 네 가지 뚜렷한 단계로 구성된다 : $G_1$기, S기, $G_2$기, 그리고 M기. 추가적인 단계 $G_0$기는 세포가 주기에서 벗어났음을 나타낸다.
- 세포가 정확한 시간에 분열, 분열 신호를 수신하지 못하면 세포주기 제어 메커니즘을 해체하고 $G_0$기로 알려진 $G_1$기 단계의 변형된 버전이 입력된다.
- 체외에서 성장 유사분열 세포의 집단은 한정된 수명을 가지고 있다.
- 배양된 성장 노화 세포의 핵의 크기가 증가 세포 확대 등 여러 공통 특징을 가지고, 다핵 세포, DNA, RNA 및 단백질 합성의 감소 및 염증성 사이토카인의 분비를 증가한다.
- 집단이 2배가 되는 속도는 종에 따라 다양하고 생명체의 삶의 길이와 밀접한 관계가 없다.
- 세포 노화를 유발하는 손상된 단백질 축적의 기본 메커니즘은 엔트로피를 증가시키는 질환이다.
- 세포 노화의 산화 스트레스 이론에서 손상된 생체 분자의 세포 내 누적이 산소 중심의 자유 라디칼을 포함하는 반응으로부터 일어난다고 예측한다.
- 산소 중심의 자유 라디칼 및 활성산소종(ROS)—$^{\bullet}O_2^-$, $^{\bullet}OH$, 그리고 $H_2O_2$—ATP 합성 시 $O_2$ 한 전자 환원의 결과로서 정상 호기성 대사 중에 발생한다.

- 세포막의 지질 성분이 있는 불포화 지방의 이중 결합 구조는 하이드록실 라디칼에 의한 "공격"에 특히 민감하다. 이 "공격"은 추가로 자유 라디칼을 전파하고 새로운 분자 지질과 산화물을 형성하는 불포화 지방 구조를 변화시키는 연쇄 반응을 일으킨다.
- ROS는 호기성 미생물에 대한 효능을 가질 수 있다. 면역 시스템의 대식세포는 박테리아 세포막을 분해하기 위해 ROS를 사용한다. 산화대사 동안 생성된 ROS는 또한 SOD와 카탈레이즈와 같은 세포 항산화제의 발현을 유도할 수 있다.
- 텔로미어를 단축시키는 이론은 염색체의 반복적 복제가 텔로미어를 DNA의 코딩 서열에 영향을 미치지 않으면서 더 이상의 복제가 일어나지 않는 지점까지 단축시킨다는 것을 예언하고 있다.
- 염색체의 말단에 있는 텔로미어의 반복서열 최종 복제 문제를 해결한다.
- 고도의 유사분열 세포에서, 텔로미어 길이는 효소 텔로머라제에 의해 유지된다.
- 유사분열 시계이론은 세포 분열이 오래된 유사분열 세포가 짧은 텔로미어를 감지하면 차례로 $G_1$-S기 전이에서 세포주기를 정지시킬 때 발생한다고 예상된다.

## 토론 질문

**Q4.1** 배양의 유사분열 세포의 세 가지 성장 단계를 그리고 설명하라. 배양과 세포주에서 세포 사이의 차이점에 대하여 설명하라. 제3장에서 얻은 지식으로부터, 어떤 단계가 가장 적당할 것이라고 생각하는가? 왜 그렇게 생각하는가?

**Q4.2** 자신의 복제 수명의 끝과 가까운 노화 세포에서 관찰된 몇 가지 일반적인 생물학적 기능을 나열하라.

**Q4.3** 배양된 세포 집단의 복제성 수명은 "집단이 4주 내에 2배로 늘어나지 못한다."는 것이 널리 받아들여졌다. 이것이 모든 세포가 유사분열 기능을 잃는 것을 나타내는가에 대하여 설명하라.

**Q4.4** 노화와 관련된 엔트로피의 증가가 세포에서 손상된 단백질의 축적을 유도하는 이유를 설명하라.

**Q4.5** 호기성 대사 동안 물에서 $O_2$의 감소는 ATP 합성에 있어서 매우 중요한 과정이다. $O_2$ 중심의 활성산소가 산소의 환원 시 발생하는 방법에 대해 설명하라.

**Q4.6** ROS에 의한 단백질의 구조-기능 관계의 변화가 세포 노화로 이어질 수 있는 방법에 대하여 간단히 설명하라.

**Q4.7** •OH 하이드록실 라디칼은 세포에 상당한 손상을 일으킬 수 있다. 어떤 세포 구조가 하이드록실 라디칼의 공격에 특히 취약한가? 이러한 구조의 손상은 어떻게 세포 기능 장애 및 노화로 이어지는가? 세포는 하이드록실 라디칼에 의한 손상으로부터 자신을 어떻게 보호하는가?

**Q4.8** 활성산소종의 유익한 기능은 알려지지 않았다. 진실인지 거짓인지에 대하여 설명하라.

**Q4.9** 최종 복제 문제란 무엇이고, 텔로미어는 이 문제를 어떻게 해결하는가?

**Q4.10** 세포 노화의 유사분열 시계이론을 설명하고 노화의 진화 이론을 어떻게 뒷받침하는지 설명하라. 전체 생명체의 노화 모델로 세포 노화의 유사분열 시계이론에 대한 주요 논쟁은 무엇인가?

## 추가 참고문헌

### 세포주기 및 세포 분열과 세포주기 조절


Alberts B, Bray D, Hopkins K, et al. (2010) The Cell Division Cycle. In Essential Cell Biology, pp 609-650. New York: Garland Science.

Sadava D, Heller HC, Orians GH, et al. (2007) Chromosomes, the cell cycle, and cell division. In Life: The Science of Biology, p 180. Sinauer Associates.


### 복제 노화


Campisi J (2005) Senescent cells, tumor suppression, and organismal aging: good citizens, bad neighbors. *Cell* 120:513–522.

Carrel A & Ebeling A (1921) Age and muliplication of fi broblasts. *J Exp Med* 34:599–623.

Cristofalo VJ, Lorenzini A, Allen RG, et al. (2004) Replicative senescence: a critical review. *Mech Ageing Dev* 125:827–848.

Hayfl ick L & Moorhead PS (1961) The serial cultivation of human diploid cell strains. *Exp Cell Res* 25:585–621.

Rodier F & Campisi J (2011) Four faces of cellular senescence. *J Cell Biol* 192:547–556.

Witkowski JA (1980) Dr. Carrel' s immortal cells. *Med Hist* 24:129–142.


### 헨리에타 랙스의 세포: 그녀의 것 또는 우리의 것?


Skloot R (2010) The Immortal Life of Henrietta Lacks, p 369.

New York: Crown Publishers.


### 세포 노화의 원인: 손상된 생체 분자 축적


Hayfl ick L (2007) Biological aging is no longer an unsolved problem. *Ann NY Acad Sci* 1100:1–13.

Hayfl ick L (2007) Entropy explains aging, genetic determinism explains longevity, and undefi ned terminology explains misunderstanding both. *PLoS Genet* 3:e220.

Lambert FL (2007) A student' s approach to the second law and entropy. http//entropysite.oxy.edu/students_approach.html

Mitteldorf J (2010) Aging is not a process of wear and tear. *Rejuvenation Res* 13:322-326.

Toussaint O, Raes M & Remacle J (1991) Aging as a multi-step process characterized by a lowering of entropy production

leading the cell to a sequence of defi ned stages. *Mech Ageing* Dev 61:45–64.


### 산화 스트레스 및 세포 노화


Alberts B, Bray D, Hopkins K, et al. (2010) Essential Cell Biology, pp 81–117, 425–452. New York: Garland Science.

Beckman KB & Ames BN (1998) The free radical theory of aging matures. *Physiol Rev* 78:547–581.

Brand MD, Affourtit C, Esteves TC, et al. (2004) Mitochondrial superoxide: production, biological effects, and activation of uncoupling proteins. *Free Radic Biol Med* 37:755–767.

Harman D (1956) Aging: a theory based on free radical and radiation chemistry. *J Gerontol* 11:298–300.

Jang YC, Perez VI, Song W, et al. (2009) Overexpression of Mn superoxide dismutase does not increase lifespan in mice. *J Gerontol A Biol Sci Med Sci* 64:1114–1125.

Landis GN & Tower J (2005) Superoxide dismutase evolution and life span regulation. *Mech Ageing Dev* 126:365–379.

Lu T & Finkel T (2008) Free radicals and senescence. *Exp Cell Res* 314:1918–1922.

Pamplona R (2008) Membrane phospholipids, lipoxidative damage and molecular integrity: a causal role in aging and longevity. *Biochim Biophys Acta* 1777:1249–1262.

Yu BP (2005) Membrane alteration as a basis of aging and the protective effects of calorie restriction. *Mech Ageing Dev* 126:1003–1010.


### 텔로미어 단축 및 노화 복제


Beliveau A, Bassett E, Lo AT, et al. (2007) p53-dependent integration of telomere and growth factor deprivation signals. *Proc Natl Acad Sci USA* 104:4431–4436.

Delany ME, Daniels LM, Swanberg SE & Taylor HA (2003) Telomeres in the chicken: genome stability and chromosome ends. *Poult Sci* 82:917–926.

Harley CB, Futcher AB & Greider CW (1990) Telomeres shorten during ageing of human fi broblasts. *Nature* 345:458–460.

Mather KA, Jorm AF, Parslow RA & Christensen H (2011) Is telomere length a biomarker of aging? A review. *J Gerontol A Biol Sci Med Sci* 66:202–213.

# 수명의 유전학

# 5

**노화는 한 소프트웨어의 최신 버전과 같다 –훌륭한 새로운 기능을 가지지만 기존의 좋은 기능은 모두 잃어버린다.**

**–캘리 라테트(CARRIE LATET)**

제3장에서, 우리는 생식 연령(즉, 적응성)이 생존에 미치는 영향에 대해 선택된 유전자가 어떻게 수명을 결정하는지에 관한 이론적 근거를 설립하였고 수학적 이론과 실제 실험실 연구가 수명을 증가시키는 번식의 시작을 지연시키는 유전자를 어떻게 "고정"하는지 보였다. 하지만 우리는 어떤 유전자 또는 신호전달 경로가 수명을 증가시키는지는 논의하지 않았다. 이 장에서 우리는 수명을 바꿀 수 있는 특정 유전자와 신호전달 경로를 좀 더 자세히 살펴볼 것이다.

수명의 유전적 기초에 대한 우리의 연구는 반복적인 실험을 통해 일반적인 이론으로 확립되어진 유전자와 신호 경로에 주로 초점을 맞추고 있다. 이 장을 통해 읽는, 우리의 지식 대부분은 3개의 단순하고 수명이 짧은 생물—효모, 벌레, 파리—연구에서 시작되며, 이러한 연구는 고도로 통제된 실험실 환경 하에 제기되고 연구되어졌다는 것을 명심해야 한다.

비록 적어도 200개의 유전자들이 노화와 수명의 속도에 일부 영향을 미치는 것으로 확인되었지만, 이들 중 일부만이 여기에 제시될 만큼 충분하고 상세히 연구되어졌다. 비록 우리는 특정 유전자 조작이 수명에 영향을 준다고 증명한다 하더라도 모든 유전자는 수명이 아닌 생존률을 높이기 위해 생식 연령을 선택하였다는 점을 기억하는 것이 중요하다. 즉, 유전자는 종의 수명을 증가시키기 위해서가 아니라 번식의 이점을 제공하기 위해 고정된다. 우리는 먼저 진핵생물에서의 유전자 발현과 조절에 대하여 복습한 다음, 유전자 발현 분석을 위한 몇 가지 방법을 설명할 것이다. 우리는 *Saccharomyces Cerevisiae*(효모), *Caenorhabditis elegans*(회충), *Drosophilla melanogaster*(초파리), *Mus musculus*(마우스)의 수명에 영향을 주는 몇 가지 특정한 유전자와 신호전달 경로를 살펴볼 것이다.

이 장에서...



## 진핵생물에서 유전자 발현의 개요

19세기 중반에 다윈을 시작으로 1940년대 중반까지 많은 생물학자들의 공동

연구 노력으로 생명체를 유지하기 위한 지침서 역할을 하는 유전자가 진핵세포의 핵 내의 염색체에 존재한다는 사실을 발견하게 되었다. 하지만 그 유전자가 세포의 **데옥시리보핵산(deoxyribonucleic acid, DNA)** 또는 단백질의 일부분인지와 같은 몇 가지 논란이 존재했다. 이 논란은 1940년대 후기에 DNA 구조가 명확해지면서 일단락되었다. DNA의 **X-ray 결정학(X-ray crystallography**, 한 분자에서 원자의 배열을 보는 방법)은 프랭클린(Rosalind Franklin)와 윌킨스(Maurice Wilkins)에 의해 수행되었고 왓슨(James Watson)과 크릭(Francis Crick)이 DNA 구조를 더 명확하게 규명하고 DNA는 쉽게 재배열될 수 있으며 유전자에 위치에 있어야 된다고 제안하는 데 도움을 주었다. 1953년 4월과 5월에 왓슨과 크릭은 DNA 구조와 4개의 **뉴클레오티드 염기쌍**, **아데닌(adenine, A)**과 **티민(thymine, T)**, **구아닌(guanine, G)**과 **시토신(cytosine, C)**이 어떻게 단백질 구성을 위한 지침을 형성하는지 설명하는 두 편의 논문을 발행했다.

왓슨과 크릭의 DNA 구조에 관한 1953년 논문은 생물학의 혁명이었다. 그들의 발견이 있고서 60년이 흐른 후, DNA의 정보가 어떻게 단백질의 아미노산 서열로 옮겨지는지에 대한 기본적인 메커니즘이 완전히 밝혀졌다. 이 장의 첫 번째 절에서 우리는 이런 과정을 탐색할 것이다.

## DNA의 전사는 상보적 RNA를 만든다

유전자 발현은 **전사(transcription)**라 부르는 DNA가 정보를 **리보핵산(ribonucleic acid, RNA)**으로 전달함으로써 시작된다(그림 5.1). 제4장에서 논의한 바와 같이, DNA 주형으로부터 RNA 합성은 DNA 복제과정과 매우 유사하다. 이중-가닥, 이중-나선 DNA는 염기쌍을 노출시키기 위해 열리고 풀려야 한다. 그 후 DNA 나선 하나(단지 하나)는 RNA 분자를 위한 주형으로 사용되고 DNA 복제처럼 염기는 하나당 하나씩 추가된다. 즉, RNA는 DNA에 상보적이다. 하지만 DNA 복제와 RNA 전사에 몇 가지 중요한 차이점이 있다. DNA에서 아데닌은 티민과 쌍을 이루는 데, RNA에서는 티민이 아닌 **우라실(uracil, U)**과 쌍을 이룬다(그림 5.2). 즉, RNA에서 네 가지의 염기는 아데닌, 우라실, 시토신, 구아닌이다. **RNA 전사체(RNA transcript)**로 불리는 완성된 RNA 분자는 단일-가닥 분자이다. DNA 복제와 RNA 전사 사이의 또 다른 중요한 차이점은 과정을 완성하는 데 필요한 시간과 생산되는 데 필요한 분자의 개수다. 중간 크기 염색체에서 발견되는 2억 5천만 개의 DNA 염기쌍과 비교하여 RNA 분자는 일반적으로 불과 수천 개의 뉴클레오티드로 이루어진다.

DNA 복제는 시간의 관점에서 논의되지만, RNA 전사는 몇 분만에 이루어진다. 전사를 수행하는 효소인 여러 **RNA 중합효소(RNA polymerase)**들은 동시에 동일 유전자에 작용할 수 있다. 하나의 RNA 중합효소가 전사를 끝내면 다시 RNA 중합효소가 시작을 한다. 이것은 비교적 짧은 시간 안에 여러 개의 RNA 전사가 일어날 수 있게 하여 단백질의 합성을 빠르게 일어날 수 있게 한다. RNA 중합효소는 DNA에서 RNA 합성의 시작점을 나타내는 특정 뉴클레오티드 서열인 **프로모터 부분(promoter region)**을 인식하면 과정을 시작한다(그림 5.3). 하나의 RNA 중합효소는 RNA 전사체를 만드는 데 여러 가지 기능을 한다. 먼저 염기를 노출시키기 위해 이중-가닥 DNA를 푼다. 그

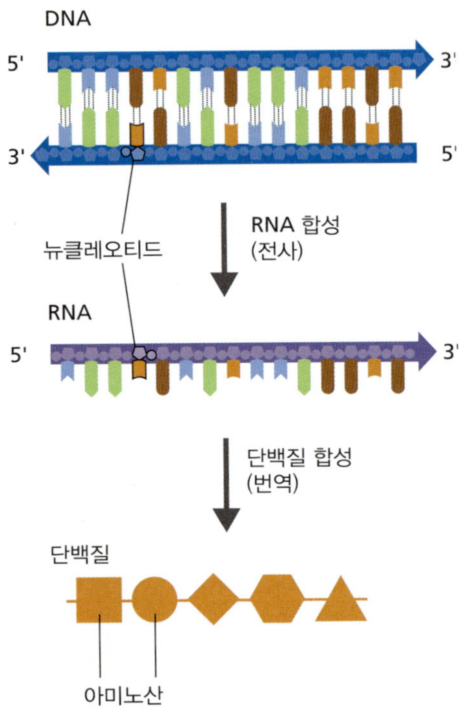


그림 5.1 DNA에서 단백질로의 유전 정보의 전달.

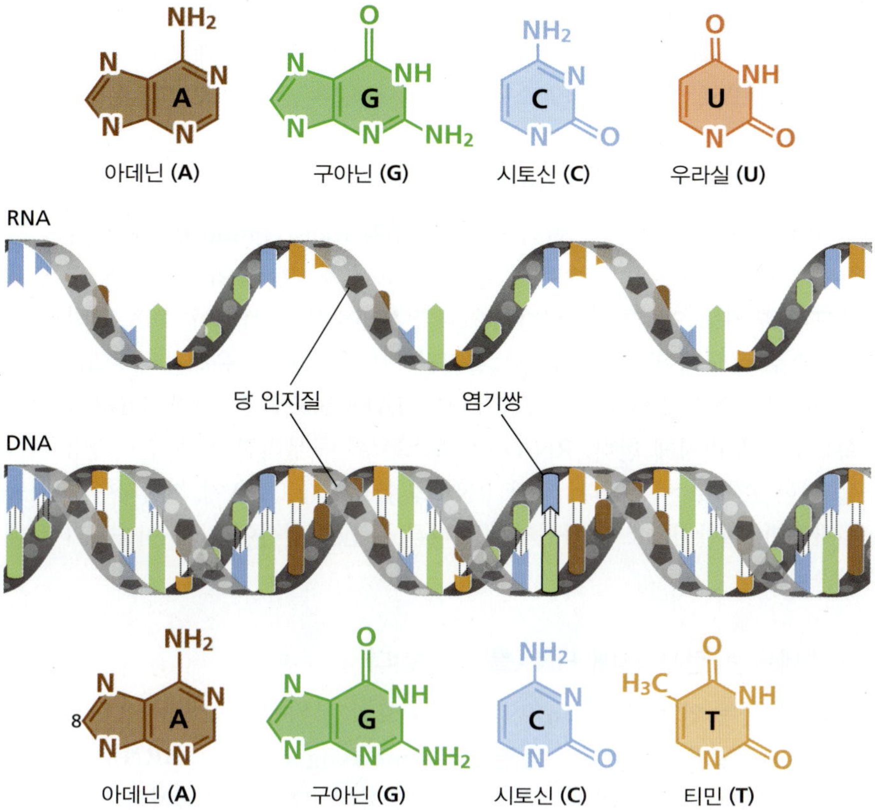


**그림 5.2** RNA와 DNA. RNA (위)와 DNA (아래)는 긴 사슬 뉴클레오티드로 이루어지며 각 뉴클레오티드는 질소성 염기, 당, 인산기로 구성된다. DNA의 염기 4개는 아데닌, 구아닌, 시토신, 티민이다. RNA은 티민 대신에 우라실을 포함한다.

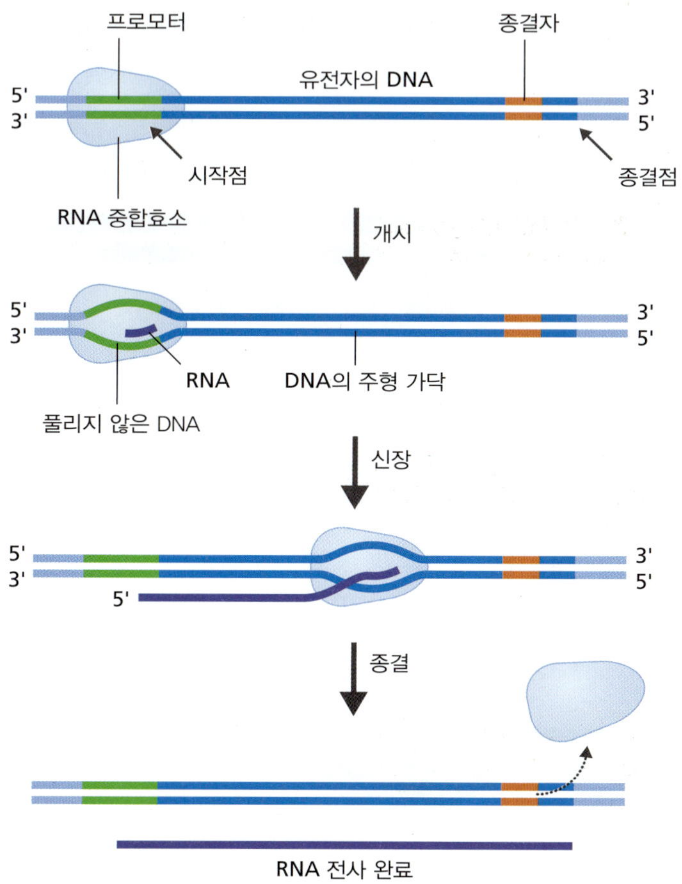


**그림 5.3** DNA 전사. RNA 중합효소는 DNA 프로모터 부위에 결합한다. 개시 단계에서 RNA 중합효소는 2개의 DNA 가닥을 풀고 RNA 합성을 시작한다. 신장 단계에서, 중합효소는 DNA 주형 가닥의 뉴클레오티드 서열에 상보적으로 RNA 분자 구성을 계속한다. RNA 중합효소가 DNA의 종결부위에 도달하면 DNA 주형으로부터 떨어지고 새로 합성된 RNA 전사체는 방출된다.

리고 효소의 활성부분이 DNA 주형의 뉴클레오티드에 상보적으로 RNA에 뉴클레오티드를 추가한다—5′→3′ 방향으로 하나씩 뉴클레오티드를 추가한다. 마지막으로, RNA 중합효소는 DNA를 이중-나선 구조로 되감는다. RNA 전사의 신장은 RNA 중합효소가 DNA 상의 또 다른 뉴클레오티드 특정 서열인 **종결부위**(**termination site**)를 만날 때까지 지속된다.

RNA 중합효소들은 일반적으로 **전사인자**(**transcription factor**)로 불리는 특정 단백질이 프로모터 부위에 결합함으로써 형성된 특이적 형태에 의해 프로모터 부위를 인식한다. 일반적으로 전사인자들은 서열이 주로 티민과 아데닌으로 구성되어 **TATA box**로 알려진 서열을 찾아서 유전자의 프로모터를 인식한다. RNA 중합효소가 프로모터의 TATA box에 결합하면 DNA를 바깥쪽으로 구부러지게 한다. RNA 중합효소는 이 구부러진 곳을 전사과정 시작을 위한 표지로 사용한다. 일단 RNA 중합효소가 DNA에 결합하여 전사를 시작하면, 일반적으로 전사인자들은 다른 유전자 전사에 다시 이용되기 위해 방출된다.

## 진핵세포는 전사 후에 RNA를 수정한다

RNA 전사는 **인트론**(**intron**)이라는 비암호화 부위를 포함하여 유전자의 전체 염기-서열을 포함한다. **전령 RNA**(**messenger RNA**, **mRNA**)로 불리는 RNA 전사로부터 만들어진 또 다른 종류의 RNA는 세포에서 단백질 합성을 위한 주형으로 사용되는 것이다. 전령 RNA는 유전자의 암호화 부위인 **엑손**(**exon**)만을 포함한다. 따라서 인트론은 분자가 핵에서 떠나기 전에 RNA 전사체로부터 제거되어야 한다. 인트론을 제거하는 메커니즘은 **RNA 스플라이싱**(**RNA splicing**)으로 불리고 **small nuclear RNAs**(**snRNAs**)라는 다른 RNA 분자에 의해 진행된다(**그림 5.5**). snRNA는 **small nuclear ribonucleoproteins**(**snRNPs**, "snurups"로 발음)를 형성하기 위해 다른 단백질

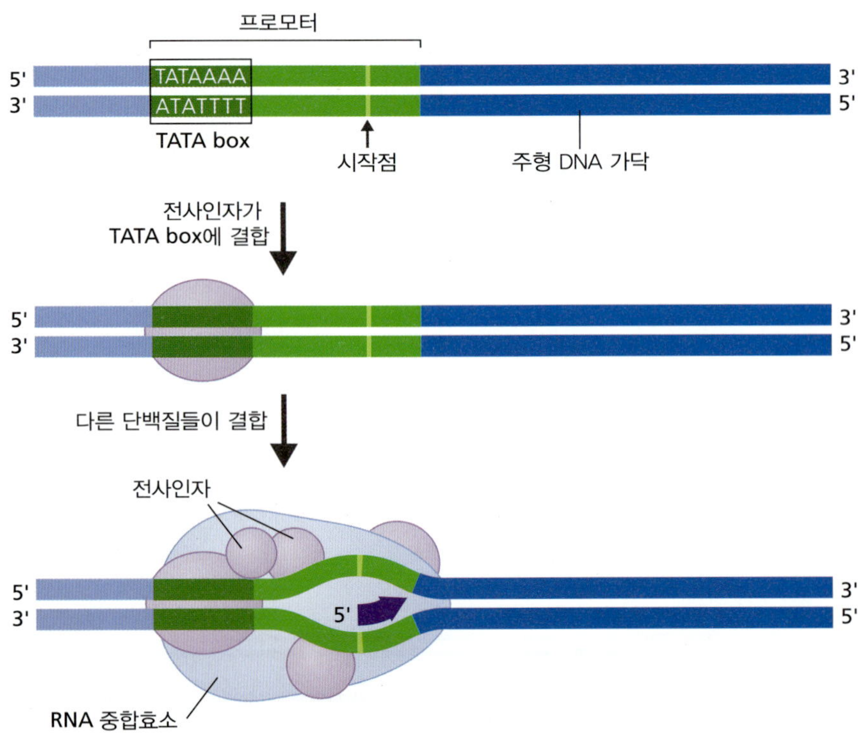


**그림 5.4 전사인자와 전사개시 복합체.** 전사인자 단백질은 프로모터 부위의 TATA box에 결합한다. 전사인자는 RNA 중합효소의 결합과 전사의 개시를 조절한다.

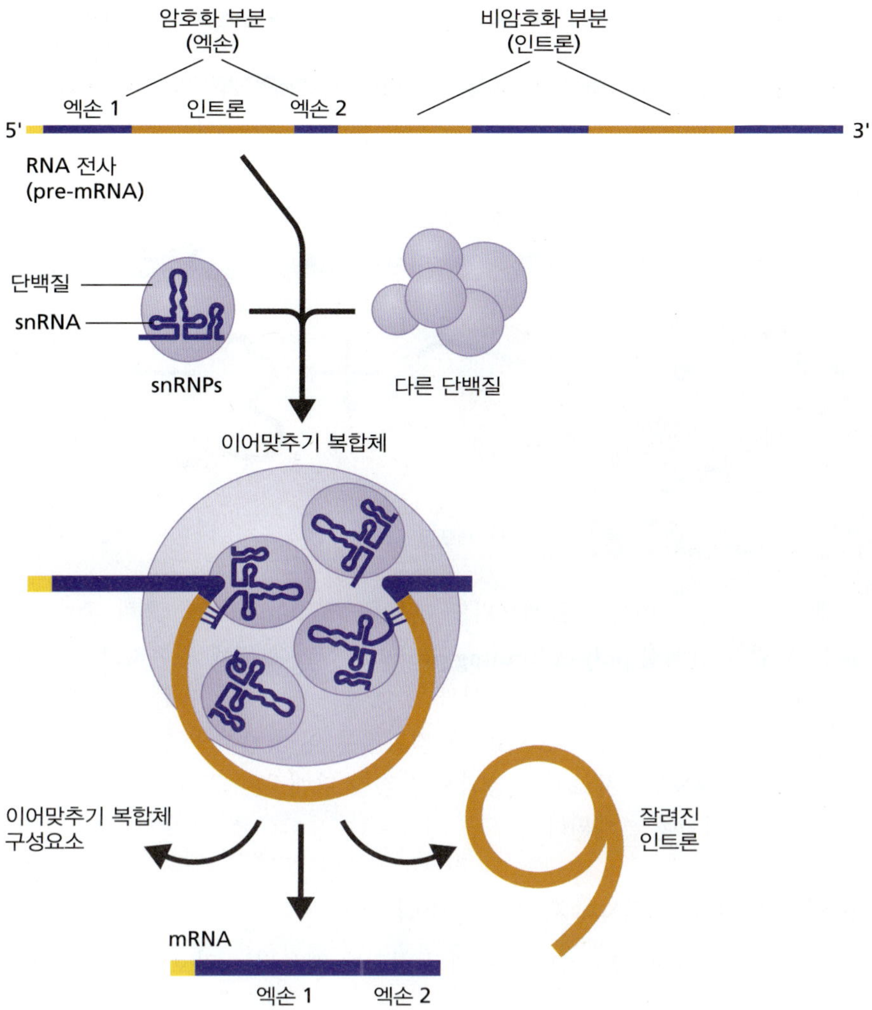


**그림 5.5** **RNA 스플라이싱.** RNA 전사체는 spliceosome을 형성하기 위해 small nuclear ribonucleoproteins(snRNPs)와 다른 단백질들과 결합한다. spliceosome은 각 인트론 서열의 말단을 잘라서 전사체로부터 제거한다. 엑손끼리 서로 이어맞추어지고 전령 RNA(mRNA)를 형성한다.

들과 함께 구성되어 있다. snRNP는 RNA 스플라이싱을 수행하는 구조체인 이어맞추기 복합체(spliceosome)를 형성하기 위해 다른 단백질들과 결합한다. 이어맞추기 복합체는 대부분의 인트론에서 공통적인 짧은 뉴클레오티드 서열을 인식하여 인트론의 5′ 말단부위에서 전사체(또는 pre-mRNA)를 자른다. 이후 snRNA는 인트론의 3′ 말단에서 독특한 뉴클레오티드 서열을 가진 또 다른 세트를 찾을 때까지 RNA를 타고서 미끄러져 내려간 후 여기에서 다른 조각을 만들어 RNA로부터 인트론을 풀어준다. 엑손의 말단은 이 후에 함께 봉인된다. 이 과정은 RNA에서 모든 인트론이 제거될 때까지 계속되어 pre-mRNA는 mRNA가 된다.

mRNA의 합성은 핵에서 일어나는 반면에 mRNA의 주된 목적인 **번역**(DNA에 의해 암호화된 단백질의 합성)은 세포질에서 일어난다. 따라서 mRNA는 핵 바깥으로 이동되어야 한다. mRNA의 세포질로의 이동은 스플라이싱 완료 후 핵에 존재하는 잘려진 인트론 같은 RNA 조각들 때문에 세포에 잠재적인 문제이다. 다시 말해서, 핵은 어떻게 mRNA만을 인식해서 이 분자만 핵 바깥으로 이동시키는 것일까?

핵막은 **핵공 복합체**(**nuclear pore complexe**)로 불리는 통로를 가지고 있다(**그림 5.6**). 이들 구멍은 mRNA에 특이적인 결합 단백질에 의해 만들어지는 특이적 구조를 가진 분자가 이동할 수 있다. 예를 들어, 완성되고 활성화된 mRNA는 **poly-A 꼬리화**(**poly-A tail**)로 불리는 아데닌 염기의 나열에

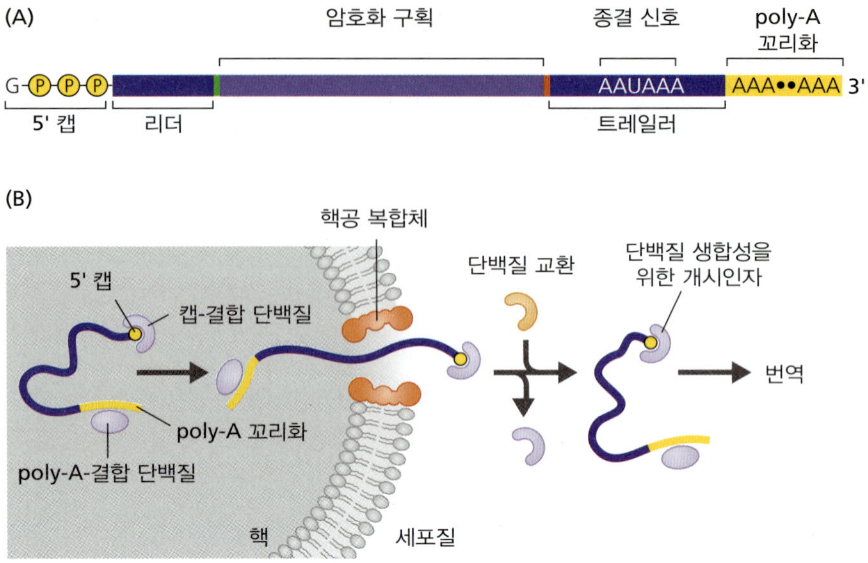


**그림 5.6 RNA 수정은 번역 후 일어난다.** (A) 효소는 5′ 말단에 구아노신 캡, 3′ 말단에 poly-A 꼬리의 추가를 통해서 mRNA 분자의 말단을 변경한다. (B) 두 가지 단백질—poly-A 꼬리 결합 단백질과 5′ 말단에 결합한 캡핑 단백질—은 RNA 단편과 mRNA를 사이를 구별하는 핵공 복합체를 허용하여 완성된 mRNA 분자와 함께 복합체를 형성한다. 일단 세포질에서 캡핑 단백질을 단백질 합성 개시인자로 교환된다.

의해 특징되는 독특한 뉴클레오티드 부분을 가진다. 핵에서 흔히 존재하는 **poly-A 결합 단백질(poly-A-binding protein)**이 이 부위에 결합하고 핵공 복합체는 이 복합체를 mRNA로 인식한다. 핵에서 발견되는 Poly-A 결합 단백질은 완성되고 활성화된 mRNA에만 결합하는 여러 종류의 단백질 중 하나이다. 일단 mRNA가 세포질로 통과하면 결합 단백질은 핵에 남아있는 RNA 조각처럼 제거되어 분해된다.

## 번역은 단백질의 RNA-지시 합성이다

mRNA의 뉴클레오티드 서열은 단백질 합성에 사용되는 암호이다. 뉴클레오

**표 5.1 유전 암호**

| 아미노산 | 약어 | | 코돈 | | | | | |
|---|---|---|---|---|---|---|---|---|
| Alanine(알라닌) | Ala | A | GCU | GCC | GCA | GCG | CGA | CGG |
| Arginine(아르기닌) | Arg | R | AGA | AGG | CGU | CGC | | |
| Asparagine(아스파라긴) | Asn | N | AAU | AAC | | | | |
| Aspartate(아스팔트산) | Asp | D | GAU | GAC | | | | |
| Cysteine(시스테인) | Cys | S | UGU | UGC | | | | |
| Glutamate(글루탐산) | Glu | E | GAA | GAG | | | | |
| Glutamine(글루타민) | Gln | Q | CAA | CAG | | | | |
| Glycine(글리신) | Gly | G | GGA | GGC | GGG | GGU | | |
| Histidine(히스티딘) | His | H | CAU | CAC | | | | |
| Isoleucine(이소류신) | Ile | I | AUU | AUC | AUA | | | |
| Leucine(류신) | Leu | L | UUA | UUG | CUU | CUC | CUA | CUG |
| Lysine(리신) | Lys | K | AAA | AAG | | | | |
| Methionine(메티오닌) | Met | M | AUG[1] | | | | | |
| Phenylalanine(페닐알라닌) | Phe | F | UUU | UUC | | | | |
| Proline(프롤린) | Pro | P | CCU | CCC | CCA | CCG | | |
| Serine(세린) | Ser | S | AGU | AGC | UCU | UCC | UCA | UCG |
| Threonine(트레오닌) | Thr | T | ACU | ACA | ACC | ACG | | |
| Tryptophan(트립토판) | Trp | W | UGG | | | | | |
| Tyrosine(티로신) | try | Y | UAU | UAC | | | | |
| Valine(발린) | Val | V | GUU | GUC | GUA | GUG | | |
| Stop(종결) | | | UAA | UAG | UGA | | | |

[1] 이것은 또한 개시코돈으로도 작용한다.

티드는 **코돈(codon)**으로 불리는 3개의 그룹으로 읽혀지고 3개의 각 그룹은 특이적인 아미노산과 대응되는데, 이러한 코돈과 아미노산 사이의 대응은 **유전암호(genetic code)**로 알려져 있다(**표 5.1**). 하나의 아미노산은 하나 이상의 코돈을 가질 수 있다; 예를 들어, 코돈 GCU, GCC, GCA, GCG 모두는 아미노산 알라닌(Ala)을 암호화한다. 코돈 AUG는 메티오닌을 암호화하여 단백질-암호화 메시지를 시작하고, 3개의 코돈 UAA, UAG, UGA는 단백질-암호화 메시지의 끝을 의미하는 **종결코돈(stop codon)**으로 알려져 있다.

mRNA는 아미노산에 직접 결합하지 않는다. 대신, 어댑터로 알려진 2 개의 특별한 분자—**전달 RNA(transfer RNA, tRNA)**와 **아미노아실-tRNA 합성효소(aminoacyl-tRNA synthetase)**—가 mRNA의 뉴클레오티드 메시지를 단백질의 정확한 아미노산 서열로 번역하는 과정을 담당한다. tRNA는 약 80개 뉴클레오티드 길이의 작은 분자다. tRNA는 mRNA의 코돈과 연계하는 부분과 아미노산에 대응하는 독특한 부분을 갖는다(**그림 5.7**). 아미노아실-tRNA 합성효소는 대응하는 아미노산을 tRNA에 공유 결합을 시키는 효소다. 아미노산이 연결된 tRNA를 **충전 tRNA(charged tRNA)**라고 한다.

지금까지 우리는 mRNA가 단백질 합성을 위한 유전적 암호를 포함하고 있는 것과 아미노아실-tRNA 합성효소와 함께 tRNA가 아미노산을 mRNA에 옮겨주는 것을 알아 보았다. 단백질을 형성하기 위해 아미노산이 서로 결합하는 실질적인 과정은 50~80개의 다른 단백질들과 효소 그리고 다른 단백질들을 포함하는 모든 다양한 분자들을 함께 유지하는 물리적 장소를 필요로 하는 더욱 더 복잡한 과정이다. 이들 모든 단백질을 수용하고 과정을 위한 장소를 제공하는 단백질-제조 복합체를 **리보솜(ribosome)**이라고 한다. 각 세포는 수백 만 개의 리보솜을 가지고 있으므로 많은 다양한 단백질 또는 같은 단백질의 여러 사본들이 동시에 그리고 매우 빠르게 합성될 수 있다(**그림 5.8**).

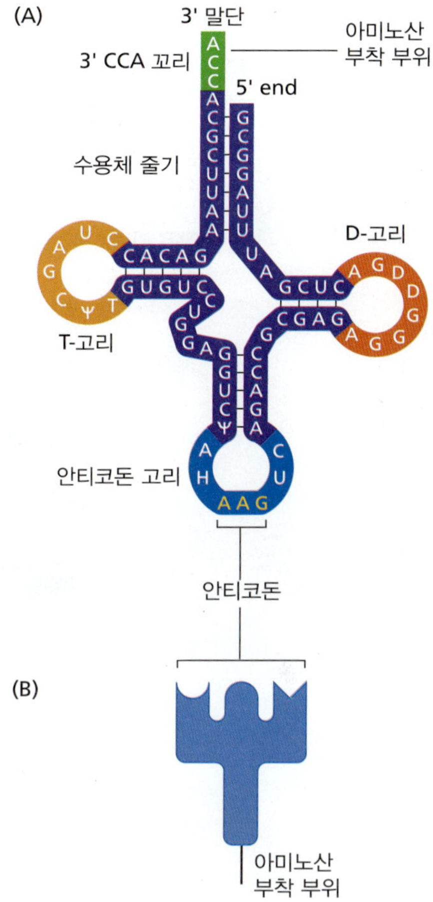


**그림 5.7** **tRNA의 구조.** (A) tRNA는 RNA 염기쌍의 어느 부분에 서로 여러 이중 가닥 영역을 형성하는 RNA의 단일 가닥으로 구성된다. 분자의 말단에 있는 단일 가닥 루프는 안티코돈이라고 불리는 염기 세 쌍을 포함한다. 반대쪽 끝부분에 있는 짧은 단일 가닥은 충전된 tRNA를 형성하기 위해 아미노산을 부착하는 위치이다. (B) tRNA 분자의 도식 표현.

## 단백질은 번역 후에 수정되거나 분해될 수 있다

리보솜이 완성된 단백질을 방출할 때, 단백질의 아미노산 간의 비공유 상호작용은 단백질의 **3차 구조**를 형성하기 위해 단백질 자체를 접히도록 유도한다. 3차 구조는 단백질의 활성 상태를 위해 필수적이다. 일부 단백질들은 번역 과정 후 완전히 활성화되기 전에 변형을 필요로 한다. 여러 형태의 번역후-수정이 있지만 가장 일반적인 두 가지는 인산기를 추가하는 **인산화(phosphorylation)**와 포도당 분자를 첨가하는 **글리코실화(glycosylation)**이다. 일반적으로, 단백질은 번역후-수정을 세포 내의 메신저와 신호로 이용한다. 즉, 단백질에 결합된 비아미노산 분자들의 존재 유무에 따라 다른 단백질이 무엇을 할지 신호를 보낸다. 이 장의 후반부에서 다루겠지만, DAF-16로 알려진 단백질의 번역후-수정 상태는 예쁜꼬마선충의 수명 특성에서 중요한 역할을 한다.

적절히, 효율적으로 기능하는 세포는 구성 단백질의 양과 구조를 조절하는 능력에 크게 달려있다. 진핵생물은 잘못 접히거나 손상된 단백질을 제거하고 각각의 단백질 농도가 최적의 수준을 유지하도록 복잡한 메커니즘이 진화하여 왔다. 이런 메커니즘은 수백 가지의 생화학 과정에 관여하는 수천 개의 단백질들이 관여한다. 여기서 우리는 주요한 단백질-분해 과정의 일반적인 몇 가지 보편적인 내용을 간략히 설명한다(**그림 5.9**).

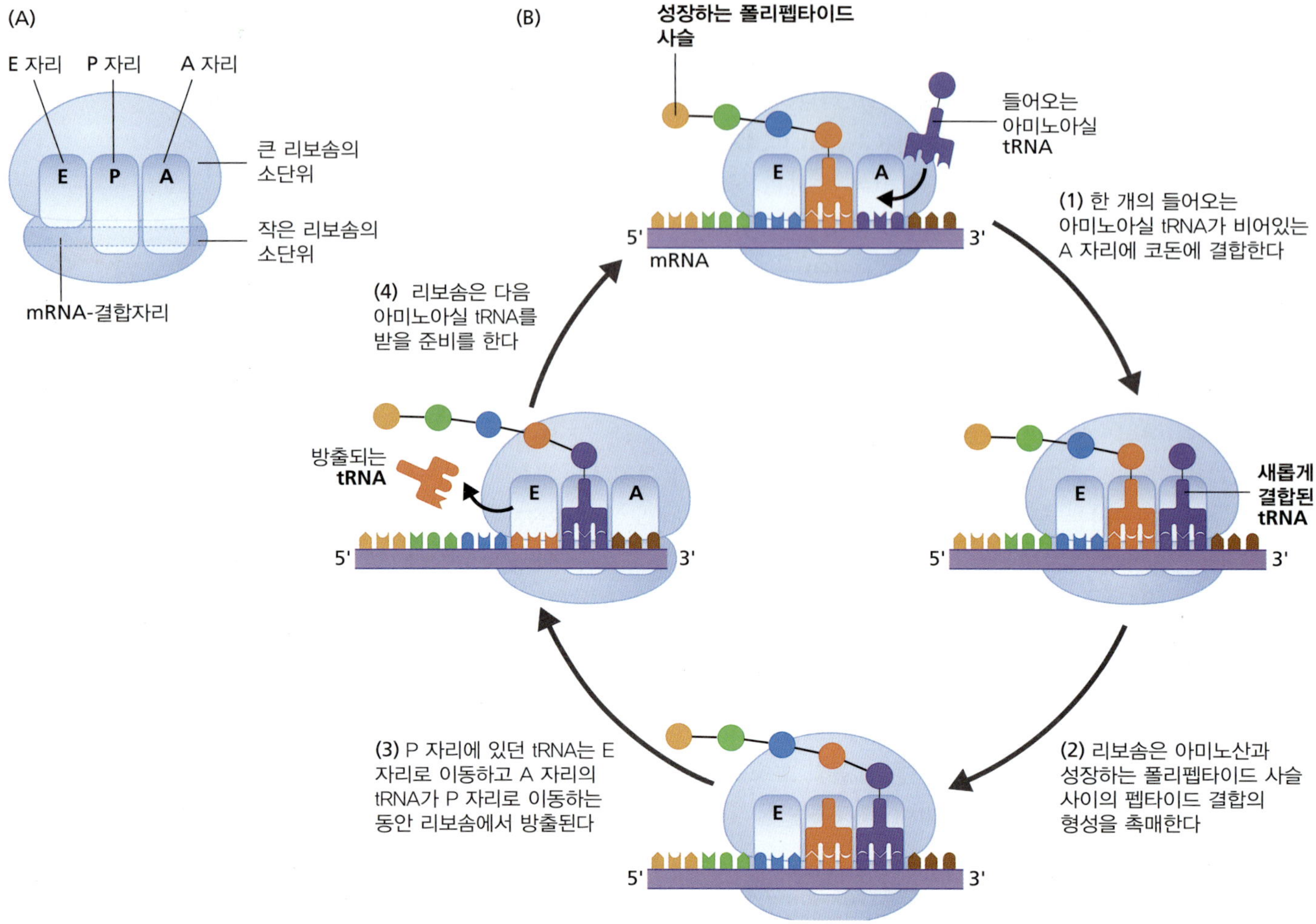


**그림 5.8 리보솜에서 단백질의 합성.** (A) 리보솜은 2개의 소단위로 구성된다—큰 소단위와 작은 소단위. 리보솜은 mRNA 결합 부위와 P, A, 그리고 E 자리로 알려진 3개의 tRNA 결합부위를 가지고 있다. (B) 번역은 네 단계의 순환으로 이루어진다. (1) 들어오는 충전된 tRNA의 안티코돈은 리보솜의 A 자리에 있는 mRNA 코돈과 짝을 이룬다. (2) 충전된 tRNA는 충전과정 동안 생성된 고에너지 결합 에너지를 이용해 성장하는 단백질에 아미노산을 제공한다. (3) 큰 소단위는 tRNA를 P, A 자리에서 E, P 자리로 각각 이동시키고 남은 A 자리는 다음 충전된 tRNA를 위해 열어 놓는다. E 자리의 tRNA는 리보솜에서 효소에 의해 제거된다. 작은 소단위는 큰 소단위에 맞춰 이동하고 mRNA와 끌어당긴다. (4) 리보솜은 다음 충전된 tRNA를 A 자리에 받을 준비가 되고 1단계부터 다시 시작한다. 이 주기는 리보솜이 mRNA의 종결코돈과 마주칠 때까지 계속되고 완성된 단백질은 리보솜으로부터 방출된다.

단백질의 정확한 3차 구조의 유지—단백질의 활성 형태—는 **샤페론(chaperone)**으로 불리는 규제 세포질 단백질 그룹의 도움을 받는다. 샤페론은 두 가지 주요 기능을 수행한다: (1) 단백질이 정확하게 접히도록 도와준다. (2) 단백질이 정확히 접히지 않았거나 손상되었을 경우, 분해를 위해 **유비퀴틴(ubiquitin)**으로 불리는 또 다른 단백질로 표지된다. 효소와 다른 단백질들의 거대한 복합체인 **프로테아좀(proteasome)**이 유비퀴틴-표지 단백질을 인식한다. 원통 모양의 프로테아좀은 단백질의 아미노산 사이의 펩티드 결합을 파괴하는 **프로테아제(protease)**로 불리는 효소를 포함한다. 이러한 분해를 통해 방출된 아미노산은 또 다른 단백질 합성에 사용되기 위해 세포 내의 아미노산 풀로 돌아온다. 제9장에서 알츠하이머와 파킨슨병의 근본적인 생화학 원인일지도 모르는 샤페론과 유비퀴틴이 관여하는 단백질-분해 경로에서의 기능 장애에 대해 다룰 것이다.

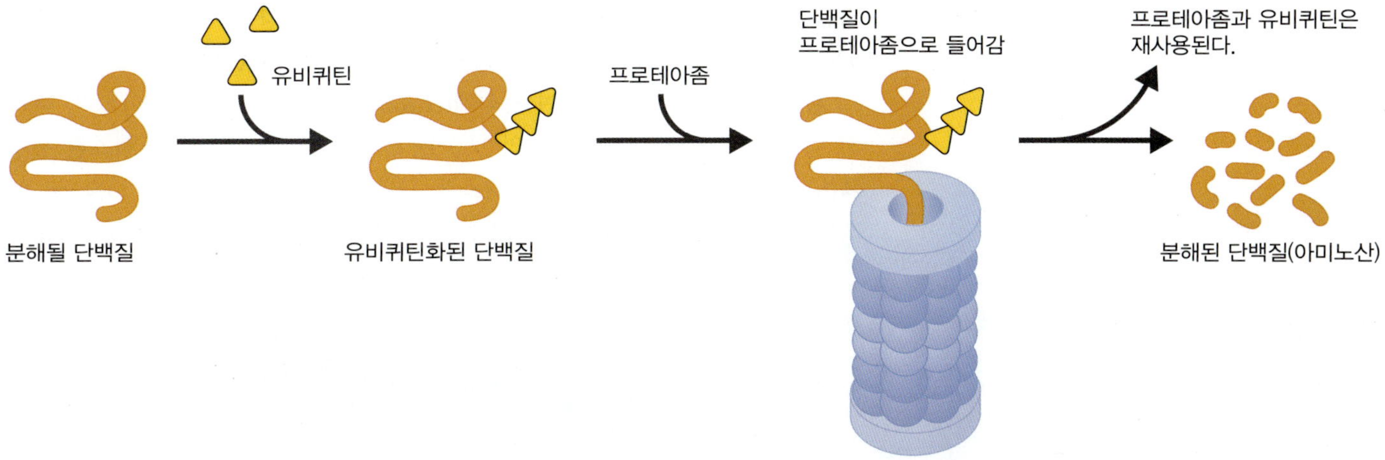


**그림 5.9 프로테아좀에 의한 단백질 분해.** 작은 유비퀴틴 단백질이 부착되면 단백질은 분해된다. 프로테아좀은 유비퀴틴-부착 단백질을 인식하여 그것을 펴고 중심 공간에 저장한다. 프로테아좀 내의 효소는 단백질을 적은 펩티드와 아미노산으로 분리하고 세포질로 다시 돌려보낸다.

## 유전자 발현의 조절

정확한 시기에 정확한 양으로 정확하게 이루어지는 유전자의 발현은 세포가 정상적인 기능을 하기 위해 중요하다. 유전자 발현 조절의 실패는 세포 내에 심각한 기능장애와 대사 상태의 변화를 일으키고 결국 생명체의 수명에 영향을 미치게 된다. 수명에 영향을 미치는 인간 게놈의 24,000개 유전자 중 어느 것이 수명에 영향을 미치는지를 결정해야 하는 노화생물학자에게 직면한 문제는 세포 종류에 따라 세포에서 유전자 발현의 유형이 다르다는 것이다. 비록 각 세포가 동일한 서열의 유전체 DNA를 가지고 있고 DNA의 유전암호를 단백질로 변환하기 위한 동일한 전사, 번역 과정을 사용함에도 불구하고 간 세포와 심근세포(심장세포)는 근본적으로 다른 기능을 하기 위해 철저히 다른 유전자 발현을 가진다. 그럼에도 불구하고, 이전 장에서 알아 보았듯이 두 종류의 세포는 모두 체세포이며 모두 죽는다. 이 두 가지 사실—다른 세포에서 유전자 발현의 차이와 체세포의 보편적 사망—은 많은 노화생물학자가 단일 유전자 또는 유전자 집단에서의 차이를 반영하는 것이 얼마나 희박한지를 보여 주었다. 오히려, 지금 많은 노화생물학자들은 수명이 유전자 발현 간의 복잡한 상호작용과 유전자 발현 또는 유전자 결핍을 조절하는 과정을 반영한다고 생각한다.

이 절에서, 유전자 발현을 조절하는 기본적인 메커니즘을 설명한다. 유전자를 결정하는 과정은 유전적 암호를 기능적인 단백질로 변환하는 거의 모든 단계에서 발생한다. 그러나 수명의 유전적 제어 연구는 시작한지 얼마되지 않았으며 유전자 발현의 몇 가지 조절 경로에 대해 충분히 논의할 수 있도록 상세하게 규명하는 시간이 있었다. 이런 연구들은 전사적 조절에 초점을 맞추고 있다. RNA 중합효소가 유전자의 프로모터에 결합한 후에 일어나는 조절 과정인 전사 후 조절은 노화의 속도와 수명에 미치는 영향의 관점에 있어서 부족하게 설명되었다. 그러므로 우리는 전사 조절에 대한 설명을 시작한 후에, 수명조절에 있어서의 이들의 역할을 설명하기 위해 이제 막 시작되거나 아직 더 연구해야 할 전사 후 메커니즘에 대한 간략한 개요를 제공할 것이다.

### 유전자 발현은 뉴클레오솜의 구조변화에 의해 조절될 수 있다

진핵생물에서 효율적인 조직은 엄청난 크기의 DNA를 취급하기 위해 진화해 왔다; 선형 형태로 남아 있었다면, DNA는 세포의 전체 부피를 쉽게 차지했을 것이다(그림 5.10). DNA, RNA 그리고 다양한 단백질들은 **염색질**(**chromatin**)으로 불리는 물질을 구성한다. 그리고 DNA는 **히스톤**(**histone**)으로 불리는 단백질에 결합하여 **염색체**(**chromosome**)로 더욱 조직화된다. 풀려진 염색질은 실에 꿰어진 구슬의 모습을 하고 있다. 각 "구슬"은 **히스톤 팔량체**(**histone octomer**)로 불리는 히스톤 단백질 주위에 감겨 있는 DNA로 구성되어 있다. 감싸진 DNA와 히스톤 단백질은 함께 **뉴클레오솜**(**nucleosome**)

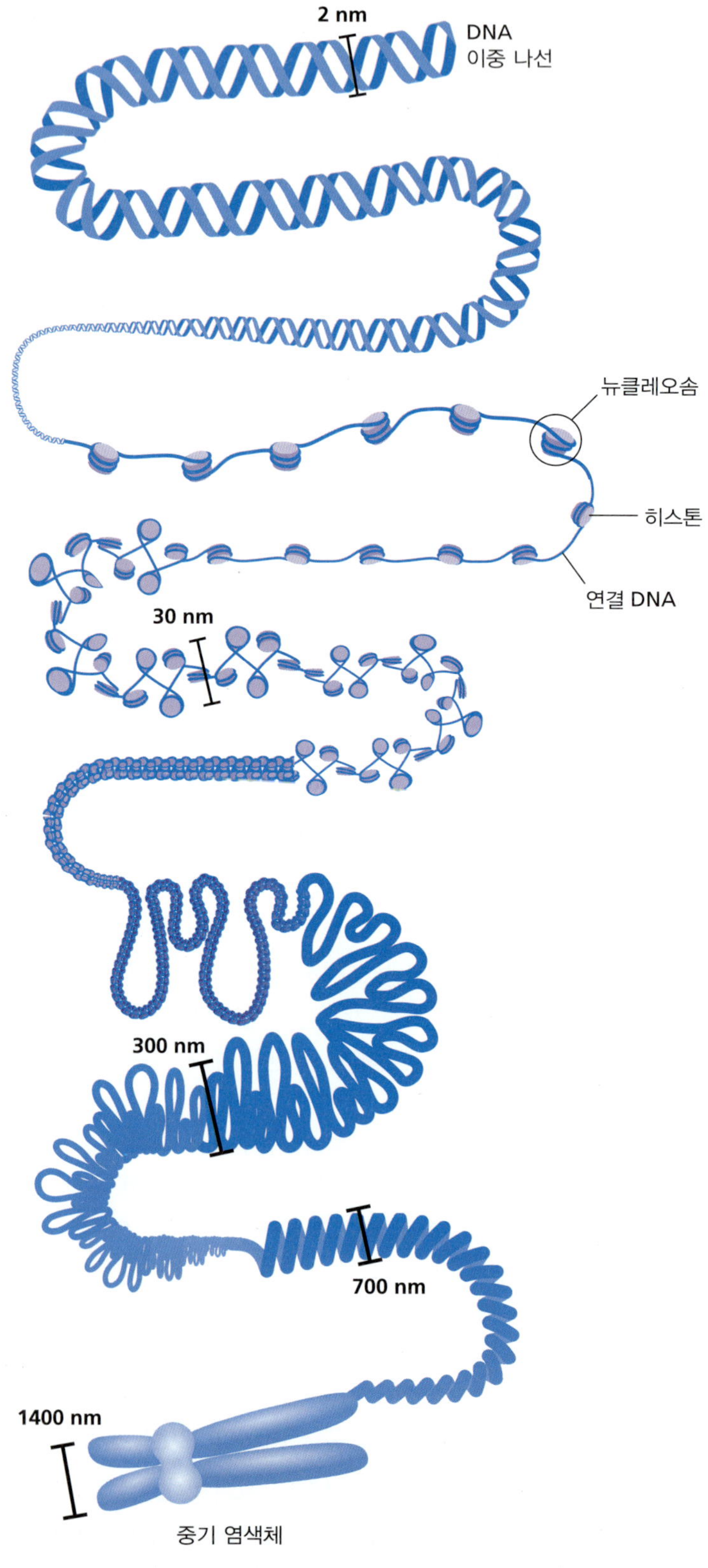


그림 5.10 진핵생물 염색체에 DNA 포장.

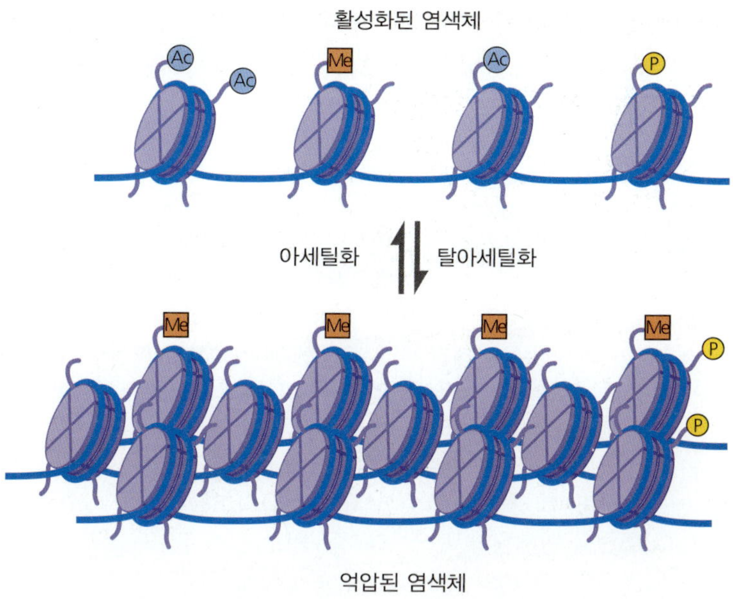


**그림 5.11 히스톤 아세틸화와 탈아세틸화.** 유전자 전사의 개시 전에 뉴클레오솜은 서로 단단히 포장되어 있다. 히스톤 아세틸화 동안 히스톤의 꼬리에 아세틸기가 첨가되면 DNA의 전하를 변경하고 뉴클레오솜 포장을 "연다". 프로모터 부위는 이제 유전자 전사를 개시하는 결합 단백질이 더 잘 접근할수 있게 된다. 탈아세틸화 동안, 아세틸기는 히스톤 꼬리로부터 제거되어 뉴클레오솜은 서로 더 가깝게 이동하게 된다.

을 구성한다. 뉴클레오솜 사이에 있는 DNA의 짧은 부분 또는 실을 연결 DNA라고 한다.

염색질 조직은 의도하지 않은 화학반응으로부터 유전자를 보호하기 때문에 진핵생물은 원핵생물을 뛰어넘는 중요한 진화적 이점을 가진다. 하지만, 뉴클레오솜은 유전자와 관련된 TATA box(프로모터 부위)를 막기 때문에 유전자 전사에 방해가 될 수 있다. 전사가 진행되기 위해서 히스톤은 변형되어져야 하고 그 결과 DNA의 통제를 완화시킨다. 이는 히스톤의 특정 아미노산에 아세틸기(–$COCH_3$)를 부착하는 조절 단계 **히스톤 아세틸화(histone acetylation)**에 의해 이루어진다. 히스톤이 아세틸화되면, 특히 DNA의 프로모터 부위가 덜 단단히 잡히도록 모양이 변화된다. 결과적으로, 전사 단백질이 아세틸화되어진 부분에서 유전자에 접근할 수 있다(그림 5.11). 히스톤 아세틸화의 반대인 히스톤 탈아세틸화는 수명과 연관된 유전자 조절에 있어서 중요한 것으로 보이며 이 장의 후반부에서 논의할 것이다.

## 유전자 발현은 DNA에 단백질의 결합에 의해 조절된다

유전학과 세포생물학에서 가장 중요한 발견들 중 하나는 유전자의 발현이 **제어요소(control element)**로 알려진 비암호 DNA의 특정 부분과 유전자 조절 단백질들의 상호작용에 의해서 켜지거나 꺼질 수 있다라는 것이다(BOX 5.1). 진핵생물의 단백질-암호화 유전자는 두 종류의 조절 요소를 가질 수 있다: RNA 전사를 증가시키는 **enhancer**와 RNA 전사를 감소시키는 **silencer**. enhancer에 결합하여 유전자의 전사를 자극하는 전사 인자를 **활성인자(activator)**라고 한다. silencer에 결합하여 전사를 억제하는 전사 인자를 **억제인자(repressor)**라고 한다. **활성인자**와 **억제인자** 모두 프로모터로부터 수백 또는 수천 개의 뉴클레오티드 정도 떨어져 있다. 전사의 조절은 주로 enhancer와 silencer에 활성인자와 억제인자가 결합함으로써 이루어지며 프로모터 부위에 결합한 단백질에 이 효과를 전달한다. 이 장의 후반부에서 논의하는 것처럼, 조절 요소는 몇몇 종의 수명을 결정하는 데 중요한 역할을 가지고 있는 것 같다.

## BOX 5.1 유전적 스위치의 보존: 초파리에서 인간으로

왓슨과 크릭의 DNA 구조 설명 이후 생물학의 가장 큰 의문 중 하나는 "어떻게 동일한 DNA를 가지는 한 동물의 두 세포가 기능면에서 근본적으로 다른가?"였다. 예를 들어, 인간의 간세포와 근육세포 사이의 차이점을 생각해 보자. 많은 다른 기능들 중에서, 간세포는 특별한 효소 쌍을 사용하여 혈액 내의 유해한 화합물을 해독한다. 근육세포 또한 이들 효소를 포함하고 있지만 해독하는 단백질의 발현이 낮은 수준이며 이러한 경로는 거의 기능을 하지 않는다. 반면, 체내 주요한 수축 단백질들인 액틴과 미오신은 간에서 발견되어지는 것보다 근육세포에서 약 백만 배 이상 더 발현된다—간에서 그들의 기능은 세포를 함께 묶는 구조를 형성하여 제한되어진다.

1960년 이전까지, 세포 간의 유전자 발현의 차이는 분화 과정 동안 유전자 손실에 의한 것으로 생각되었다. 이 관점은 비록 특정 유전자의 소실을 설명하는 경험적 증거는 존재하지 않았지만 대부분의 후생동물 세포가 분화 후에 분열하는 능력을 상실한다는 관찰과 일치했다. 하지만 1960년대 초기, Francois Jacob과 Jacques Monod의 선구적인 연구는 유전자 발현 조절을 둘러싼 수수께끼의 일부를 해결했다. 이들 노벨상 수상자들(André Lwoff와 함께)은 sugar lactose에서 glucose와 galactose 결합을 깨뜨리는 β-galactosidase 효소가 박테리아의 성장 배지에 lactose가 존재할 때만 발현되는 것을 발견했다. Jacob과 Monod는 박테리아의 다른 돌연변이를 이용해서 lactose가 DNA에 단백질의 결합에 영향을 미친다는 것을 발견했다. lactose가 없을 때, 단백질은 DNA에 단단히 결합하여 β-galactosidase의 발현을 방해한다. 반대로 lactose가 있을 때는 DNA로부터 결합된 단백질이 떨어지고 β-galactosidase가 발현되어 glucose와 galactose 사이의 결합을 끊는다. Jacob과 Monod는 첫 번째 유전자 스위치인 *lac* 억제자를 발견했고 이는 세포에서 유전자 발현의 차이는 유전자 그 자체의 차이가 아니라 오히려 조절 과정에 의한 것임을 증명하였다. 박테리아에서 Jacob과 Monod의 초기 연구 이후에 실질적으로 모든 종에서 수만 개의 유전자 스위치가 연구되었다.

더 중요한 것은 후속 연구에서 유전자 스위치의 결합 부위에 있는 DNA 서열이 고도로 보존되어 있음이 증명되었다. 예를 들어, Hox 유전자로 알려진 태아 발달 시기에 인체의 모양을 결정하는 유전자는 초파리에서 발견되는 동일한 유전자와 1~2개 미만의 염기쌍 만이 다르다. 즉, 우리의 다리, 팔, 손가락이 올바르게 위치하도록 하는 유전자는 초파리의 날개, 다리, 더듬이의 위치를 결정하는 유전자와 비슷할 뿐만 아니라 거의 동일하다. 이러한 발견 전까지, 대부분의 과학자들은 종 간의 차이는 유전자에서의 차이를 반영한다고 생각했다. 즉, 인간은 초파리와 비교하여 매우 다른 유전자를 가지고 있다는 것이다. Hox 유전자의 발견은 거의 5억 년 전에 파리와 인간은 매우 다른 진화 경로를 거쳤음에도 불구하고 두 종 모두 단백질 발현을 조절하는 동일한 염기쌍을 유지한다는 것을 제시했다. 종 간의 차이는 다른 유전자를 반영하지 않는다; 오히려 언제 그리고 얼마나 많은 단백질이 발현되는지에 대한 차이를 반영한다. 생화학적 관점에서 파리와 인간은 동일하다. 실제로, 단백질 발현에 대한 이해의 근본적인 변화는 Monod의 "대장균에서의 사실은 코끼리에서도 사실이다"라는 말을 이끌어냈다.

활성인자 단백질은 호르몬, 호르몬의 대사 산물, 아미노산, 개개의 영양분 그리고 수천 가지 형태의 분자에 반응하여 발현된다. 활성인자 단백질이 enhancer 부위에 결합하면 유전자의 프로모터 영역은 전사인자 결합을 위한 TATA box 노출을 위해 구부러진다**(그림 5.12)**. DNA 구부러짐은 활성인자가 프로모터에 가까이 결합할 수 있게 한다. DNA 가닥에서 물리적 뒤틀림은 추가적인 전사 인자와 전사를 보조하는 단백질(100개가 넘는 단백질이 이 과정에 관여한다)뿐만 아니라 RNA 중합효소 II(RNA polymerase II)로 RNA 중합효소 형태를 끌어당긴다. **중개인자(mediator)**로 알려진 그러한 단백질 중 하나는 enhancer와 프로모터 부위의 결합을 돕는다. RNA 중합효소 II, 일반 전사 인자 그리고 중개인자는 함께 **전사 개시 복합체(transcription initiation complex)**를 구성한다.

억제인자 단백질은 유전자 전사조절에서 활성인자 단백질만큼 중요할 수도 있다. 진핵생물이 유전자 전사를 억제하기 위해 사용하는 다양한 메커니즘 중 네 가지가 가장 일반적이다. 억제인자 단백질은 (1) enhancer 부위에 활성인자 단백질보다 높은 친화도를 가질 수 있고; (2) 활성 부위와 가까

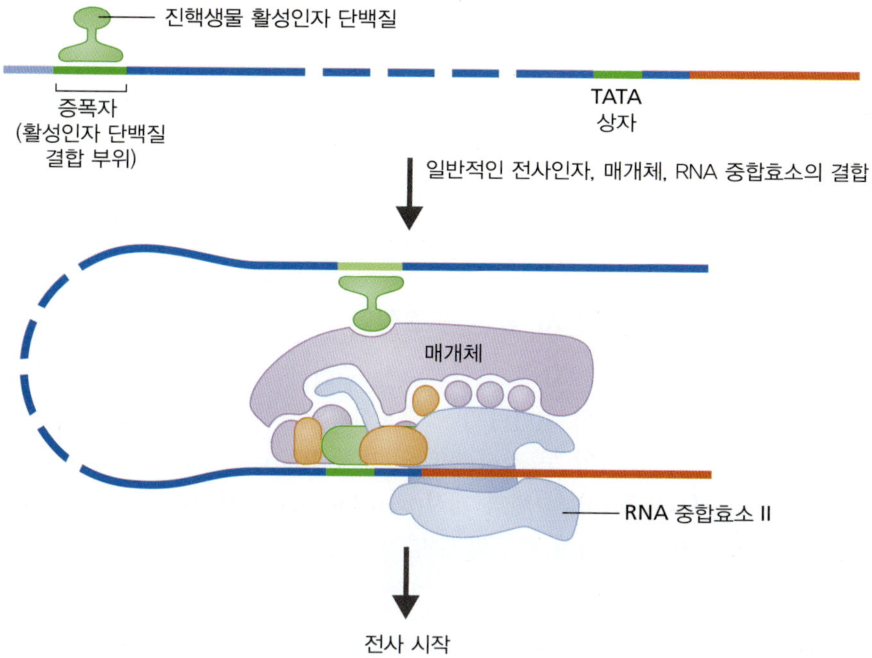


**그림 5.12 유전자 전사에서 활성인자와 증폭자의 작용.** 활성인자 단백질은 DNA의 증폭자 서열에 결합한다. 프로모터 부위에서 수천 뉴클레오티드 떨어져 있는 증폭자 부분은 고리를 형성하여 프로모터 부분에 결합한다. 일단 증폭자 부분이 프로모터에 가까이 오면, 중개자 단백질이 프로모터 영역에서 증폭자 결합을 돕는다. 증폭자 자리에 결합한 프로모터 부분과 RNA 중합효소는 전사 개시 복합체를 형성한다.

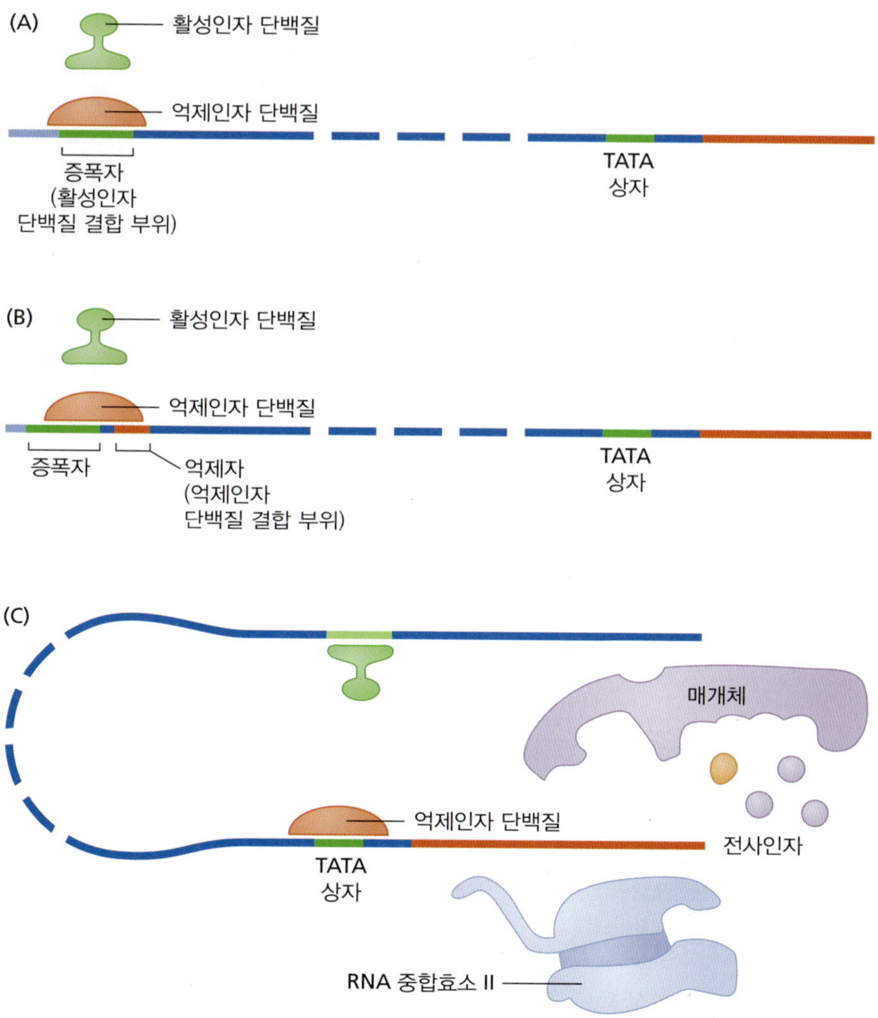


**그림 5.13 유전자 전사 억제의 일반적인 기전.** (A) 동일 결합 부위를 위한 억제인자와 활성인자 단백질 사이의 경쟁. 억제인자는 활성인자보다 결합 부위에 대한 더 높은 친화성을 가진다. (B) 억제인자 단백질은 증폭자 자리 근처 부위에 결합하고 증폭자 자리를 감추어 활성인자 단백질의 결합을 막는다. (C) 억제인자 단백질은 전사 개시 복합체의 형성을 막는다.

운 억제 부위에 결합함으로써 활성 부위를 감출 수 있고; (3) 전사 개시 복합체의 형성을 방해할 수 있고; (4) 유전자 활성화 복합체의 형성을 완전히 막을 수 있다. 이 마지막은 히스톤 아세틸화-탈아세틸화의 과정을 통해 간접적으로 이루어진다. 처음 세 가지 메커니즘은 **그림 5.13**에서 보여준다. 이 장의 후반에서 **유전자 침묵**(gene silencing)으로 알려진 유전자 전사 억제가 어떻게 수명의 유전학에서 중요한 역할을 하는지 논의한다.

### 전사 후 조절 또한 유전자 발현을 조절할 수 있다

대부분의 유전자 조절은 RNA 중합효소가 유전자의 프로모터 부위에 결합하기 전에 전사 수준에서 일어나지만 중요한 조절이 전사 후에도 일어난다. 여기서는 전사 후 조절의 두 가지 형태인 **대체 RNA 이어맞추기[alternative RNA splicing(그림 5.14)]**와 **번역 개시**(**translational initiation**)에 대해 간략히 알아 보며, 이는 노화의 속도와 수명의 유전적 조절을 평가하는 데 유용할 것이다.

RNA 이어맞추기(splicing)에 의해 mRNA가 활성화되기 전에 인트론은 pre-mRNA 전사체로부터 제거된다는 것을 기억하자. 이어맞추기를 실행하는 snRNP는 **공통 서열**(**consensus sequence**)로 알려진 부위를 통해 인트론의 시작과 끝을 인식한다. 하지만 이들 공통서열은 상당한 가변성을 가지며 snRNP가 약간 다른 위치에서 RNA 이어맞추기 과정—대체 RNA 이어맞추기—을 시작할 수 있게 한다. 이것은 완성된 mRNA의 염기 서열을 변화시켜 결과적으로 조금 다른 활성을 가지는 약간 다른 단백질이 생성된다. 즉, 대체 RNA 이어맞추기는 유전체의 암호화 능력을 증가시켜 세포가 하나의 유전자로부터 동일 단백질의 여러 변이를 만들 수 있게 한다.

대체 RNA 이어맞추기의 조절은 pre-mRNA에 조절 단백질의 결합에 의해 일어나고 세포 유형 또는 발생 단계에 따라 달라질 수 있다. 예를 들어, 초파리 유전자 *dsx*는 이차 성징에 중요한 단백질을 암호화한다. RNA 이어맞추기에 의해 6개의 엑손이 번역되면 수컷 특성이 발현된다. 반대로 mRNA로 4개의 엑손이 번역되면 암컷 특성이 발현된다. 이처럼 하나의 유전자가 두 개의 단백질을 생성하여 다른 유전자형을 표현한다.

세포는 또한 번역의 개시 조절로 합성된 단백질의 양을 조절할 수 있다. mRNA가 핵을 떠나기 전에, RNA 중합효소는 5′ 말단의 구아노신(G) 뉴클

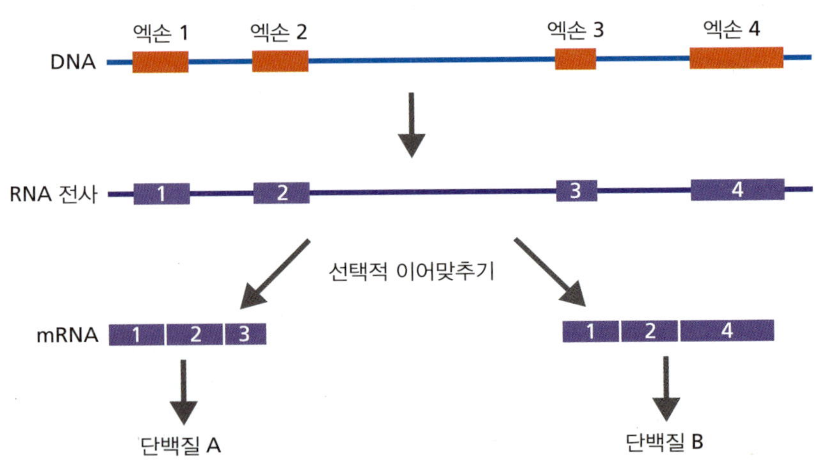


**그림 5.14** 선택적 이어맞추기는 같은 유전자로부터 다른 mRNA를 만들 수 있다.

레오티드에 메틸기를 붙여 "캡"을 씌운다(그림 5.6 참고). 이 캡핑은 핵의 다른 RNA 조각으로부터 mRNA를 구별하는 또 다른 방법이며 이로 인해 단지 mRNA만 핵공복합체를 통해 이동할 수 있다. 메틸구아노신(methylguanosine) 캡은 번역의 억제 위치로 제공한다. 캡은 보통 첫 AUG (개시) 코돈에 매우 가깝게 발견된다. 세포 신호에 반응하여 발현한 억제인자 단백질은 메틸구아노신 캡을 인식하고 AUG 바로 앞의 mRNA에 결합한다. 억제인자 단백질의 결합은 염기서열을 아미노산 서열로 번역하는 리보솜을 방해한다. 세포의 상황이 바뀌면, 억제인자 단백질은 분해되고 번역이 시작된다.

## 노인생물학에서의 유전자 발현 분석

생물학에서 가장 중요한 발전 중 하나는 1970년대에 과학자들이 염색체로부터 DNA 조각을 제거하여 그 서열을 확인하였을 때 일어났다. DNA 단편을 추출하고 확인할 수 있는 능력은 과학자들이 유전자 서열을 조작하거나 완전히 새로운 유전자를 제작하는 기술의 발달과 이들의 처리가 어떻게 세포나 생물의 기능에 어떤 영향을 미치는지에 대한 연구를 이끌어냈다. 일반적으로 **재조합 DNA 기술(recombinant DNA technology)**로 알려진 이들 기술은 생물학의 모든 연구분야의 방향을 변화시켰다. 생태학에서 분자 유전학까지, 과학자들은 이제 특정 유전자를 확인하고 생명의 이유와 방식을 근간으로 하는 근본적인 메커니즘에 대한 보다 완전한 이해를 얻을 수 있다.

또한 재조합 DNA 기술은 상업적 생명과학기술 산업에 열풍을 불러 일으켰다. 한때 고도로 훈련되고 숙련된 과학자들의 영역이었던 기술이 지금은 자동화되고 상용화되어 비전문가도 특정 연구 분야에 정교한 유전자 분석기술을 적용할 수 있다. 노화생물학자는 이 기술들을 노화 속도와 수명에 영향을 미치는 유전자를 확인하는 데 사용하기 시작했다.

제1장에서 노화생물학자들이 노화의 유전학을 연구하기 위해 효모, 벌레, 초파리 같은 단순한 생물들을 어떻게 이용하는지 알아 보았다. 이 생물체들은 노화생물학자들에게 여러가지 이점을 제공한다 (1) 그들의 유전체는 서열화되었다—즉, 모든 유전자의 서열과 위치가 알려져 있다; (2) 이들 생물을 이용한 일반적인 유전학 연구의 오랜 역사 때문에 수백 가지가 아닌 수천 가지의 다양한 유전형과 표현형을 가진 돌연변이를 쉽게 이용할 수 있다; (3) 이들 생물체의 수명이 짧아 한 달(효모) 또는 일 년(벌레, 초파리) 내로 다양한 수명 연구를 할 수 있다. 이들 단순한 진핵생물에서 노화 속도와 수명을 조절하는 것으로 확인된 유전자들은 더 복잡한 생물에서 계통 발생학적 관계가 주어지면 **유전자 오솔로그(gene ortholog)**—유사한 기능을 갖는 유전자—를 가지는 것을 확인했다. 일단 하나의 유전자가 단순한 진핵생물에서 수명에 영향을 주는 것으로 보여지면, 생쥐 같은 더 복잡한 생물에서 비슷한 유전자가 확인되고 사람의 노화 속도와 수명에의 연관 가능성을 평가한다.

이들 세 가지 모델 생물체의 유전학에 대한 축적된 많은 지식을 이용하여, 노화생물학자는 노화의 속도와 수명을 직접 조절하는 것으로 여겨지는 몇 가지 유전자를 확인했다. 이러한 발견의 세부 사항은 다음 절에서 논의된다. 먼저, 우리는 이러한 수명 유전자의 발견에 사용된 일반적인 기술과 방법을 탐색해 본다.

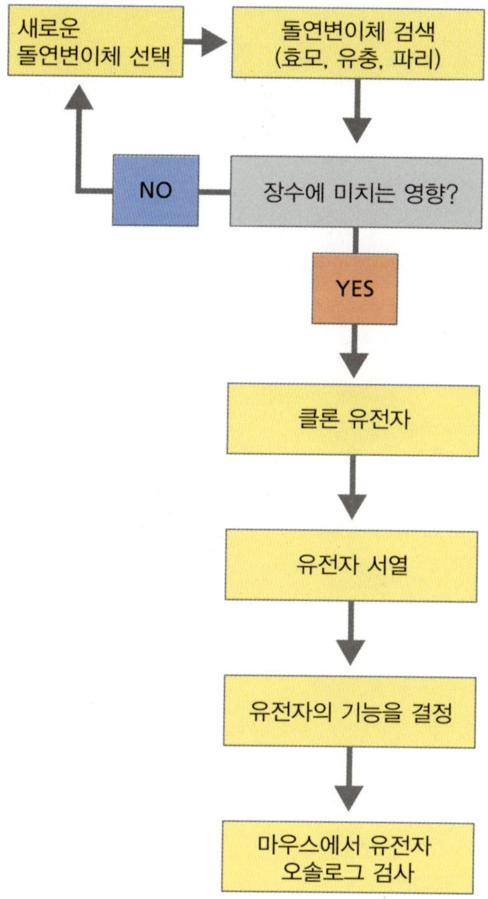


**그림 5.15 수명에 영향을 주는 유전자 확인을 위한 일반적인 구성.** 연구자들은 수명에 영향을 미칠 수 있는 유전자형 또는 표현형을 갖는 돌연변이를 선택하여 컴퓨터 데이터베이스 또는 연구 문헌을 참조한다. 먼저 돌연변이주가 선택되면, 다음 단계는 이 유전자를 복제하는 것이다. 복제는 유전자를 서열화하기 위해 충분한 유전물질을 갖도록 동일한 복사본을 만드는 과정이다. 일단 유전자가 서열화되면 그 기능을 확인한다. 이 과정의 마지막 단계는 생쥐에서 그 유전자의 오솔로그를 확인하고 수명에 유사한 영향을 주는지 조사한다.

노화의 속도와 수명을 조절하는 유전자를 확인하는 과정은 일반적으로 여러 단계를 필요로 한다(그림 5.15). 이 과정의 복잡성은 단일 연구자 또는 연구실이 요구되는 모든 단계를 수행할 수 없기 때문이다. 유전자의 발견 과정은 전 세계에 걸친 연구자들의 공동체를 반영하며, 그 과정의 중요한 단계를 수행하는 다른 연구자의 과학적 능력에 의존한다. 비록 여기에 간단히 묘사된 기술과 방법이 하나의 매끄러운 절차로 제공되지만, 각 단계마다 대부분의 경우 독립적인 실험실이 수년 동안의 작업을 통해 완료된 것임을 기억해야 한다.

## 노인생물학에서 유전적 분석은 돌연변이의 검색으로 시작한다

현재까지 노화연구에서 유전적 분석을 위해 효모, 예쁜꼬마선충 그리고 초파리를 사용하는 가장 큰 장점은 그들의 전체 유전체가 서열화되었다는 점이다. 유전자의 염기서열 분석은 유전자의 기능에 대한 정보를 제공하지 않는다. 그 기능에 대한 지식을 얻기 위해, 유전학자는 단일 유전자의 특정 유전자형을 생성하도록 변형된 이들 생물체의 돌연변이를 제작하여 시작한다. 돌연변이(mutant strain)와 **야생형(wild type)** (즉, 비정형 또는 돌연변이와 구별되는 정상 또는 자연 상태의 생물) 유전자형 간의 차이점에 대한 관찰은 과학자들에게 그들 유전자의 기능에 관한 첫 번째 정보를 제공한다. 유전자가 노화의 속도와 수명에 어떻게 영향을 미치는지에 대한 특정 가설을 가진 생물노화학자는 특정 가설과 일치하는 유전자형을 나타내는 돌연변이 계통를 선택할 수 있다. (대부분의 연구가 공적 자금으로 수행되기 때문에, 연구자들은 다른 과학자들에게 돌연변이 계통을 제공할 의무가 있다.) 일반적으로, 생물노화학자는 성장 또는 번식에 영향을 주는 돌연변이를 가진 계통을 선택한다. (제3장에서 다룬 성장, 생식, 수명 사이의 밀접한 관계를 기억하자.) 많은 유전자가 성장과 번식에 영향을 미치기 때문에, 노화생물학자는 수 많은 돌연변이를 선택하여야 하고 그 또는 그녀의 요구에 대한 최적의 결정을 위해 그들의 수명 특성을 비교한다.

**유전자 검색(genetic screening)**으로 알려진 돌연변이 계통의 비교는 비교적 쉽고 간단한 것처럼 보일 수 있다. 하지만, 유전자 분석의 시작 단계는 가장 중요하고 또한 어렵다. 대부분의 유전자는 다면발현성(하나의 유전자가 하나 이상의 표현형을 만들어냄)이며, 돌연변이 계통은 종종 단일 유전자의 돌연변이와 연관된 여러가지 표현형을 나타낸다. 만약 돌연변이 계통 중 하나가 바람직한 수명 특성을 지니고 있어도, 수명에 혼동을 주는 표현형을 가질 수 있고 결과에 상당한 변화를 초래할 수 있다. 따라서 유전 노화생물학자는 수명 표현형만 존재하도록 돌연변이를 수정해야 할 수도 있다. 게놈을 수정하여 하나의 유전자 변이로 인해 나타나는 유전자형이나 표현형이 하나뿐인 경우에는 실패로 끝나는 많은 시행착오와 함께 세심한 연구가 필요하다. 연구자들이 장수에 영향을 미치는 유전자에 대한 가설을 실험하기 위해 적절하고 신뢰성 있는 실험 시스템을 제공하는 돌연변이 개발에 성공하는 데에 만 수 년이 걸릴 수도 있다.

## 유전자 기능의 확인은 DNA 복제를 필요로 한다

과학자들이 연장된 수명을 가진 표현형을 갖는 신뢰할 수 있는 돌연변이 계통을 개발한 이후에도 유전자의 기능과 조절, 그리고 유전자가 암호화하는

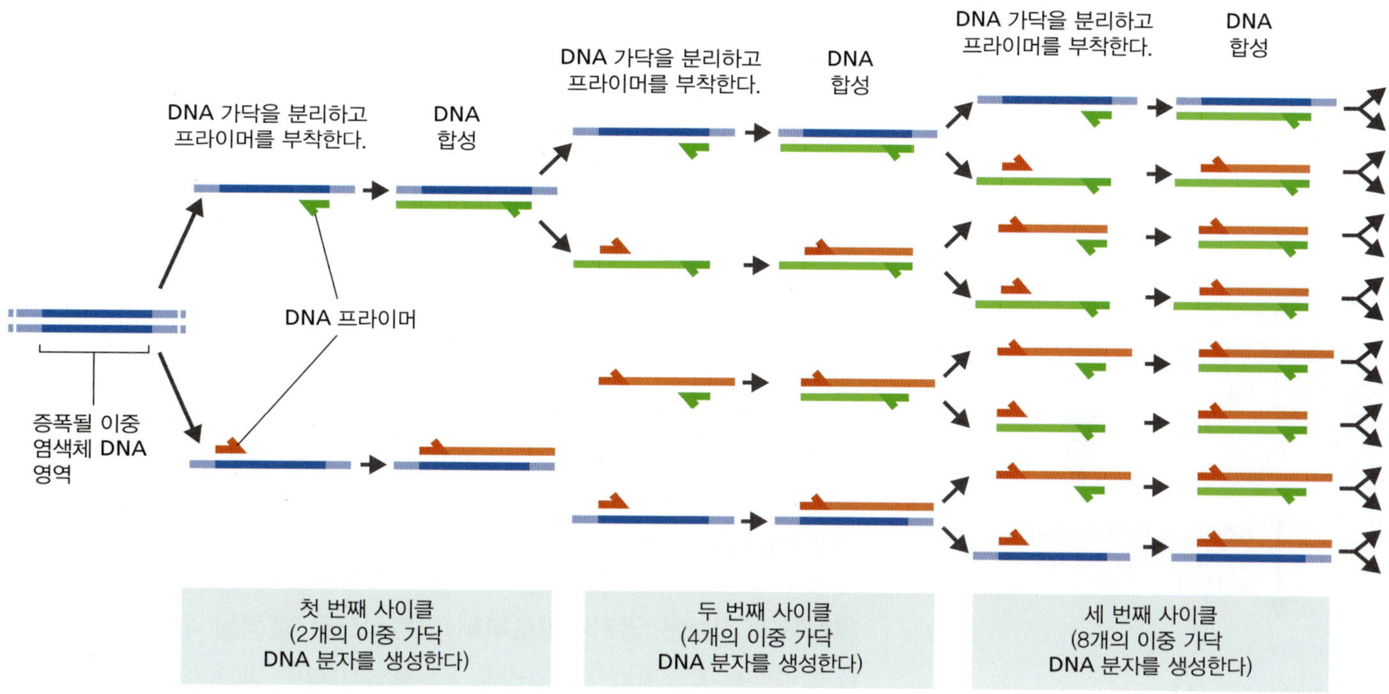


**그림 5.16 PCR을 이용한 유전자 클로닝.** 복제할 DNA 단편을 확인한 후, DNA 가닥을 분리하기 위해 가열되고 프라이머라는 짧은 상보적 서열이 관심있는 서열의 3′ 말단에 붙는다. 프라이머는 유전자의 시작부분을 역전사 중합효소에 지시한다. DNA는 DNA 중합효소 및 deoxyribonucleoside triphosphate와 혼합되고 DNA는 2개의 딸 DNA 분자로 생성된다. 새로 합성된 단편을 주형으로 사용하여 과정을 여러 번 반복하여 많은 복사본을 빠르게 증폭한다.

단백질의 구조는 알 수 없을 것이다. 유전자의 기능을 확인하기 위해 유전자는 **복제(cloned)**되어야 한다—즉, 유전자의 동일한 복사본이 생성되어야 한다. 유전자를 복제함으로써 연구자는 유전자의 염기-쌍 서열을 확인하기 위한 충분한 DNA 물질을 생성할 수 있다. 염기-쌍 서열을 알게 되면, 연구자들은 그것이 암호화하는 단백질의 아미노산 서열을 확인하고 단백질의 가능한 기능을 확인할 수 있다.

복제 과정은 한때 아마도 완성에 며칠이 걸리는 여러 가지 다양한 절차를 필요로 하는 매우 힘든 작업이었다. 오늘날, 이러한 절차들은 자동화되고 단지 완성에 수시간이 걸리는 **중합효소 연쇄 반응(polymerase chain reaction, PCR)**으로 알려진 하나의 방법으로 통합되었다(그림 5.16). 이 과정은 조직이나 세포에서 DNA 또는 mRNA를 분리하는 것으로 시작되며 절차는 매우 간단하다. 만약 과학자가 유전자의 전체 게놈 서열을 복제하길 원하면, 게놈 DNA는 엑손(mRNA 암호화 서열) 및 인트론을 모두 포함하기 때문에 DNA는 시작 서열로 사용된다. 단백질의 아미노산 서열을 결정하는 것이 목적이라면, 유전자의 엑손 서열만 필요하고 출발 재료는 mRNA이다(mRNA는 엑손으로 구성된 상보적 산물임을 기억하라). 여기서 mRNA를 시작 재료로 사용하는 과정을 설명한다.

PCR 과정을 시작하기 전에, 연구자는 분리할 유전자의 3′ 말단에만 상보적인 oligonucleotide(*oligo*-는 "많음"을 의미함) 세트를 설계하고 화학적으로 제작해야 한다. 돌연변이를 개발하기 위해 유전자의 서열이 사용되고 있기 때문에, 유전자의 3′ 말단은 알려져 있다. 일상적으로 연구자는 oligonucleotide를 설계하고 합성하는 회사에 그 계획서를 보낸다. oligonucleotide 또는 "프라이머(primer)"를 mRNA가 함유되어 있는 용액에 첨가하면, 그것은 **역전사 효소(reverse transcriptase)**(mRNA로부터 DNA를 만들고, 역전사는 세포에서 일반적인 과정이다)로 불리는 효소에 복제될 유전자가 증폭되도록 시작을 지시한다. DNA를 만들기 위해 필요한

deoxyribonucleotide도 용액에 첨가된다. 역전사 효소는 분리된 유전자의 엑손으로 만 구성된 새로운 상보적 DNA(cDNA)를 만들기 위해 mRNA 주형을 사용한다.

이 시점에서 mRNA와 새로운 cDNA는 수소결합에 의해 이중가닥으로 서로 결합되고, cDNA만 증폭되도록 분리되어야 한다. PCR 장비는 이 수소결합을 끊기 위해 용액을 90°C 정도로 가열한다. 그리고 DNA 중합효소와 cDNA의 3′ 말단에 상보적인 프라이머의 두 번째 세트가 추가되고 처음 cDNA에 상보적인 cDNA의 새로운 가닥이 만들어진다. PCR 장비는 용액을 서서히 식히고 2개의 cDNA의 상보적 가닥은 이중 나선을 형성한다. 증폭 과정은 디옥시리보뉴클레오타이드와 DNA 중합효소가 존재하는 용액을 가열하고 식히는 간단한 방법이다. 각 사이클은 동일 유전자의 수를 두 배로 만든다. 유전자를 서열분석할 만큼 충분한 재료를 만들기 위해서는 약 30 사이클이 필요하다.

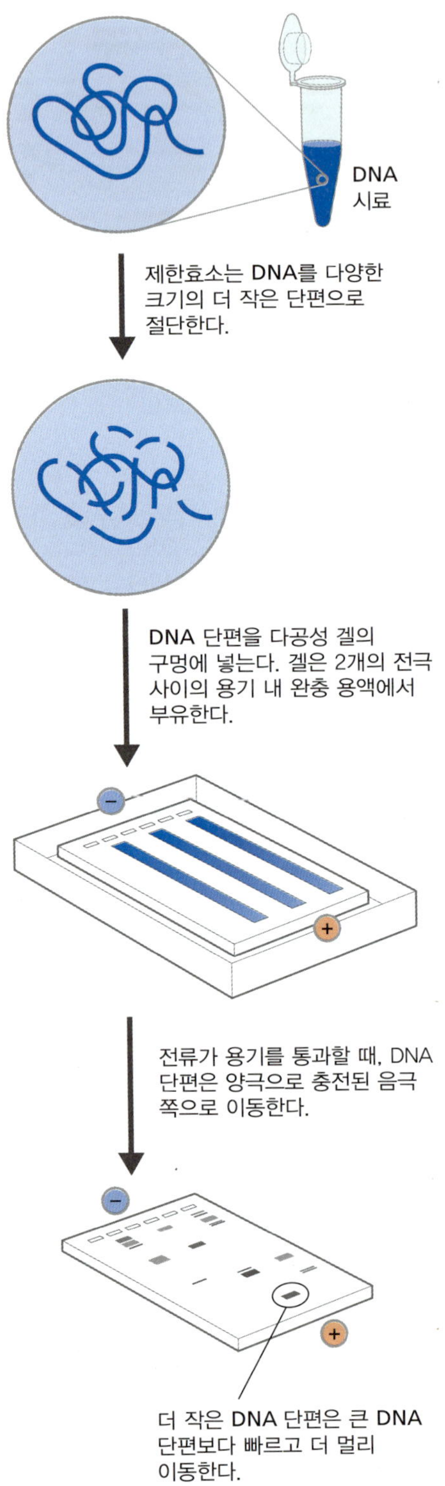


**그림 5.17 겔 전기영동.** 전기영동은 다공성 겔에서 DNA 분자를 크기 및 전기 전하에 의해 물리적으로 분리한다.

## 유전자의 기능은 염기서열로부터 부분적으로 결정될 수 있다

PCR처럼 현재 유전자 서열분석은 자동화되어 있다. 새로 합성된 유전자 복사본은 특정 염기에서 종결되는 단편으로 cDNA를 절단하는 용액에 첨가된다. 문자 그대로 새로운 유전자의 수십억 개 사본이 있기 때문에, cDNA 단편은 유전자의 모든 위치에서 종결되어 생성된다. 서열분석 장비 로봇은 cDNA 절편의 말단 염기에 형광 염료를 추가한 시약을 혼합한다. 각 염기는 다른 색깔로 표지된다. 이 단편은 서열분석 기계에 의해 또한 자동화된 **겔 전기영동(gel electrophoresis)**에 의해 원자량에 따라 분리된다(**그림 5.17**). 형광 염료의 존재에 기초하여, 서열분석 기계의 탐지기는 다른 단편과 비교하여 겔 상의 각 단편들의 위치를 판독하고, 컴퓨터의 도움으로 시퀀서는 유전자의 서열을 결정한다. 이 과정의 마지막 단계는 유전자 서열에 유전 암호를 적용하여 그것이 암호화하는 단백질의 아미노산 서열을 결정하고 그래서 단백질의 가능한 기능을 결정하는 것이다. 하지만, 원래의 유전자 서열에서는 특정 아미노산이 시작하기 위한 암호인 3개 염기의 첫 번째 세트(즉, 개시코돈)를 알 수 없다. 이 단계에서, 연구자는 유전학에 대한 이전 연구의 종합적인 지식에 기초하여, 유전자의 기능에 대해 예측만 할 수 있다. 국립 보건원(The National Institutes of Health)은 기능이 알려진 유전자 서열의 대형 컴퓨터 데이터베이스를 유지한다(한 번 유전자의 기능이 결정되면, 연구자들은 유전자 서열을 이 데이터베이스에 제출한다). 컴퓨터 소프트웨어는 연구자들이 그들의 유전자 서열과 알려진 유전자 서열과 비교하여 그들 유전자의 예상되는 가능한 기능에 관한 정보를 받을 수 있도록 개발되어 왔다. 연구자들은 그들의 연구에 초점을 맞추어 이 정보를 사용할 수 있으며 재조합 기술을 사용하여 개시코돈과 종결코돈을 포함한 그들 유전자의 정확한 특성을 더 정확하게 결정할 수 있다.

## *In situ* 혼성화는 유전자의 기능을 확인할 수 있다

유전자 기능의 확인은 대체로 그 유전자가 어디에서 그리고 언제 발현되는지를 확인하는 것으로 시작한다. 이를 위해 ***in situ* hybridization[현장 혼성화** (*in situ*는 라틴어로 "제자리에"라는 의미)]이라는 기술이 사용된다. 유전자의 서열이 알려져 있기 때문에, 유전자 단편은 방사성 동위원소 또는 형광 염료와 같은 탐지와 측정이 가능한 화합물로 표지될 수 있고 세포, 조직 또는 생명체로 도입될 수 있다. 이러한 표지된 핵산 탐침이 mRNA의 상보적인 서열과 만날 때, 그들은 그 서열에 결합하여 혼성화 분자를 만든다. 혼성화 분자는 이후 분리되고 적절한 측정기기를 사용하여 측정된다.

*in situ* 혼성화는 유전자의 발현 양상을 확인하기 위해 사용할 수 있는 또 하나의 기술이다. 예를 들어, 컴퓨터 데이터베이스를 사용하여 예쁜꼬마선충에서 추출된 유전자의 대부분 기능을 확인했다고 가정하자. 이 분석은 유전자 서열이 특정 주변 온도에 반응하여 그들의 mRNA를 발현하는 유전자와 높은 유사성을 가지고 있음을 시사한다. 유전자는 고유한 특성을 갖기 때문에, 우리는 어떤 온도가 맞는지 모른다. 우리는 온도를 결정할 수 있으므로, 표지된 DNA 탐침을 예쁜꼬마선충에 주입한 후 다양한 온도에 노출시킨다. 최고의 *in situ* 혼성화는 최대의 유전자 발현을 일으키는 온도에 도달했을 때 발생할 것이다. 또한, 이 실험은 유전자의 최대 발현을 갖는 세포 또는 조직에 대한 정보를 제공한다. 이 장의 후반부에서 논의되지만, 이런 가상의 실험 설계와 유사한 실험이 향상된 수명과 연관된 단백질을 발현하는 예쁜꼬마선충의 세포를 판별하기 위해 사용된다.

### 유전자 변형 생명체는 인간의 수명에서 유전자의 영향을 확인하는 데 도움이 된다

기억하겠지만, 유전 노화생물학자들이 단순한 생물에서 유전적 분석을 시작한 많은 이유 중에 하나는 더 복잡한 생물보다 수명이 짧기 때문이다. 이는 과학자들이 비교적 짧은 시간에 수명 유전자를 검색할 수 있음을 의미한다. 일단 유전자가 복제되고 서열화되면 그 유전자의 기능은 단순한 생물체에서 결정되고 인간과 생리적으로 더 가까운 복잡한 동물의 돌연변이 계통이 개발될 수 있다. 일반적으로 마우스는 노화의 속도와 수명의 유전적 분석을 위한 선택된 포유 동물이다.

노화의 속도 또는 수명에서 유전자의 영향을 평가하는 공통적인 방법은 추가적인 유전자 복사본을 가지고 있거나 그 유전자가 전혀 없는 쥐의 돌연변이 계통을 개발하는 것이다. 이들 돌연변이를 야생형 마우스와 비교하면 유전자가 노화의 속도 또는 수명을 변화시켰는지 증명할 수 있다. 변형된 마우스 유전자를 확인하는 과정은, 단순한 생물체의 연구를 통해 획득된 지식으로부터 유전자 발현 또는 유전자 침묵이 수명 증가를 일으키는지 확인하기 위해 필요하다. 만약 억제(유전자 침묵)가 수명 효과를 유발했다면 그 유전자 오솔로그를 마우스의 유전체로부터 제거시킨다. 이런 유형의 돌연변이를 **유전자 녹아웃(gene knockout)**이라고 한다. 만약 유전자의 발현이 수명의 증가를 유발했다면 여분의 유전자를 첨가할 경우 야생형 마우스에서 관찰된 것보다 더 많은 발현을 일으킨다. 이런 유형의 돌연변이를 **형질전환 생명체(transgenic organism)**라고 한다. 그림 5.18은 형질전환과 녹아웃 유전자가 마우스에서 사용되기 위해 어떻게 생산되는지 설명한다. 일단 이들 유전자 중 하나가 생성되면, 유전자는 증폭되고 마우스 태아로 삽입되어 마우스의 유전체로 병합될 것이다.

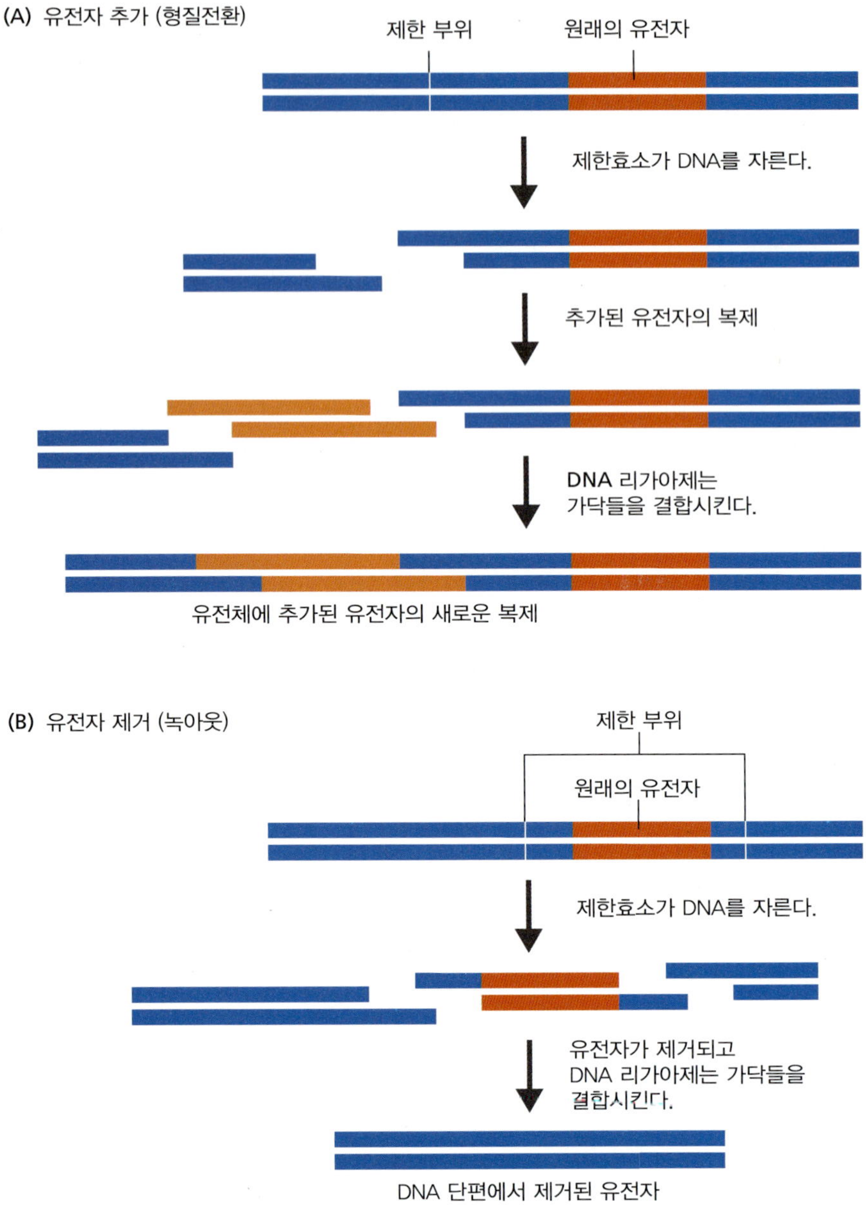


**그림 5.18 마우스에 사용하기 위한 이식 유전자 또는 녹아웃 유전자 제작.** (A) 유전자 추가. 유전자 오솔로그를 복제한 후 본래의 유전자와 DNA의 단편을 제한효소에 노출시킨다. 제한효소는 특이적 서열에서 DNA를 자른다. 그리고 복제된 유전자는 특정 부위에서 DNA를 서로 봉합하는 효소인 DNA 리가아제를 포함한 혼합물에 추가한다. 최종 생산물은 동일 유전자의 사본을 2개 가지는 DNA 단편이다. (B) 유전자 제거. 제한효소와 DNA 리가아제는 확인된 유전자를 제거하는 데 사용되고 관심있는 유전자(수명 유전자로 추측되는)가 없이 마우스 유전체를 남겨둔다.

## DNA 마이크로어레이는 다양한 연령에서 유전자 발현 양상을 평가하기 위해 사용된다

이 시점에서 우리의 논의는 단일 유전자의 기능을 확인하기 위해 사용된 재조합 DNA 기술에 초점을 맞추고 있다. 하지만 현실 세계에서 세포는 하나의 자극 또는 세포의 사건에 반응하여 수백 또는 수천 개의 유전자가 발현될지 모른다. 1990년대 중반까지 하나의 자극에 반응하는 유전자 발현 양상을 확인하는 것은 불가능했다. 혼성화 기술의 출현은 연구자들이 제시간에 단일 지점에서 세포의 유전자 발현 양상을 판별할 수 있는 **DNA 마이크로어레이(DNA microarray)**라는 도구의 발달을 이끌었다.

DNA 마이크로어레이는 기능이 알려진 또는 알려지지 않은 특정 유전자로 부터 수천 개의 단일-가닥 DNA 서열이 내장된 우표 크기 정도의 유리 조각이다. 로봇은 유리에 DNA 서열을 정확하게 위치시켜 그들의 위치를 알 수 있게 한다. 그리고 관심있는 세포로부터 추출된 mRNA는 형광 탐침과 표지된 cDNA로 전환된다. 마이크로어레이와 cDNA 탐침은 함께 배

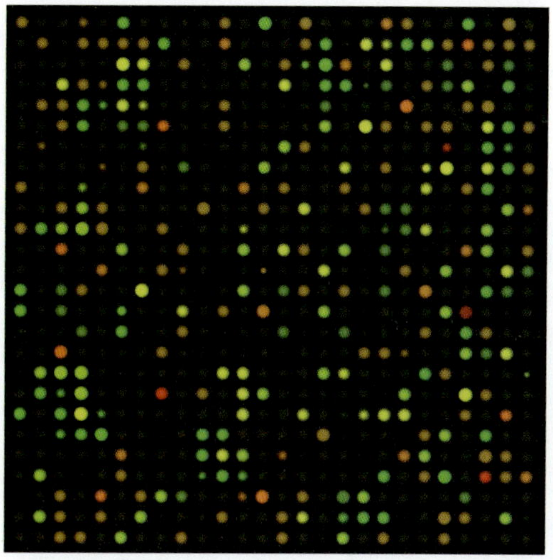

**그림 5.19** **DNA 마이크로어레이는 유전자 발현 양상을 밝힌다.** DNA 마이크로어레이는 다른 자극을 처리하거나 다른 조건으로부터 아래 획득된 두 가지 시료에서 유전자 발현 양상을 평가하는 데 사용된다. 가상의 예로, mRNA가 두 가지 다른 연령의 생쥐의 근육세포에서 분리되었다. mRNA를 cDNA로 전환시킨 후에, 단편은 빨간색(어린 생쥐) 또는 초록색(노령 생쥐) 형광염료로 표지하고 함께 혼합한다. 용액은 마이크로어레이 상에서 cDNA 단편들이 혼성되도록 한다. 결합하지 않은 단편들을 씻어낸 후 자동화 탐지장치에 의해 형광이 조사된다. 초록색 점은 노령 생쥐에서 더 크게 발현된 유전자; 빨간색 점은 어린 생쥐에서 더 크게 발현된 유전자; 노란색 점은 양쪽 마우스 모두에서 발현된 유전자; 갈색 점은 양쪽 그룹에서 유전자 발현이 없음을 나타낸다. (Courtesy of Alila Medical Images/Shutterstock.)

양되어 혼성화가 일어날수 있도록 한다. 이후 마이크로어레이는 결합하지 않은 탐침들을 제거하기 위해 세척되고, 혼성화된 분자는 자동화된 현미경을 사용하여 형광에 의해 확인된다. **그림 5.19**는 두 가지 다른 연령의 마우스 근육세포에서 추출한 mRNA 분석의 가상의 예를 이용하여 이 과정을 보여준다.

그림 5.19에 나타낸 가상의 예와 유사한 실험을 수행하였다. 그 결과들은 혼합되었다. 어린 마우스(3~6개월)와 나이 많은 마우스(26~30개월) 사이의 유전자 발현의 차이는 그다지 크지 않았으며 mRNA가 추출된 장기에 의존했다. microarray 상에서 어린 마우스와 나이 많은 마우스 사이의 차이가 전체 유전자의 3% 넘게 나타난 장기는 없었으며, 대부분의 장기는 단지 약 1.0~1.5% 차이를 보였다. 이 수치는 대부분 통계적으로 유의한 것으로 고려된다. 더욱이 나이 많은 마우스의 발현 양상은 장기에 일관성이 없었다. 즉, 심장에서의 노화-관련 유전자의 발현 양상은 뇌에서 발견되는 것과 동일하지 않으며 근육 그리고 다른 조직 등등에서의 양상과도 같지 않다. 이러한 결과는 노화가 유전자 프로그램의 결과가 아니라 조직 유형 간에 다양하게 고려되는 무작위의 확률적 사건을 더 많이 반영한다는 주장과 일치한다.

노화-관련 유전자의 발현 양상을 평가하기 위한 고안된 연구의 결과는 노인생물학에 마이크로어레이 기술의 유용성은 노화를 지연시키는 개입이 유전자 발현을 변화시키는 방법을 결정할 수 있다고 제안한다. 예를 들어, 우리는 현재 칼로리 섭취량을 감소시킴으로써 건강한 체중을 유지하는 것은 사람의 많은 기관계의 노화 속도를 충분히 늦출 수 있다는 것을 알고 있다. 이러한 효과는 유전자 발현 양상이 수명-관련된 변화와 직접적으로 관련될지도 모른다는 사실은 칼로리 제한을 실행한 마우스의 cDNA를 이용하여 실행된 마이크로어레이 연구로부터 비롯된다. 음식에 자유롭게 접근하도록 허용되었던 생쥐에게 정상적으로 소비하는 칼로리의 70~80%로 음식 섭취를 제한하면 모든 생리적 시스템에서 기능적 손실이 현저하게 감소한다(10장에서 추가적으로 설명한다). 자유-식이와 열량-제한이 이루어진 나이 많은 쥐 사이의 유전자 발현 프로파일의 비교는 분명한 차이점을 보여준다. 유전자 발현 프로파일의 차이는 각 기관마다 다양함에도 불구하고 이런 차이점들이 어떻게 노화의 속도에 직접적으로 영향을 미치는지 아직 확인되지 않았지만, 이러한 결과는 유전자가 노화의 속도와 수명에 영향을 미칠 수 있는 구체적인 증거를 제공한다. 개입에 반응하는 특정 유전자의 확인은 노화의 속도에서 유전적인 차이에 관여하는 요인에 대한 우리의 지식을 크게 향상시킬 것이다.

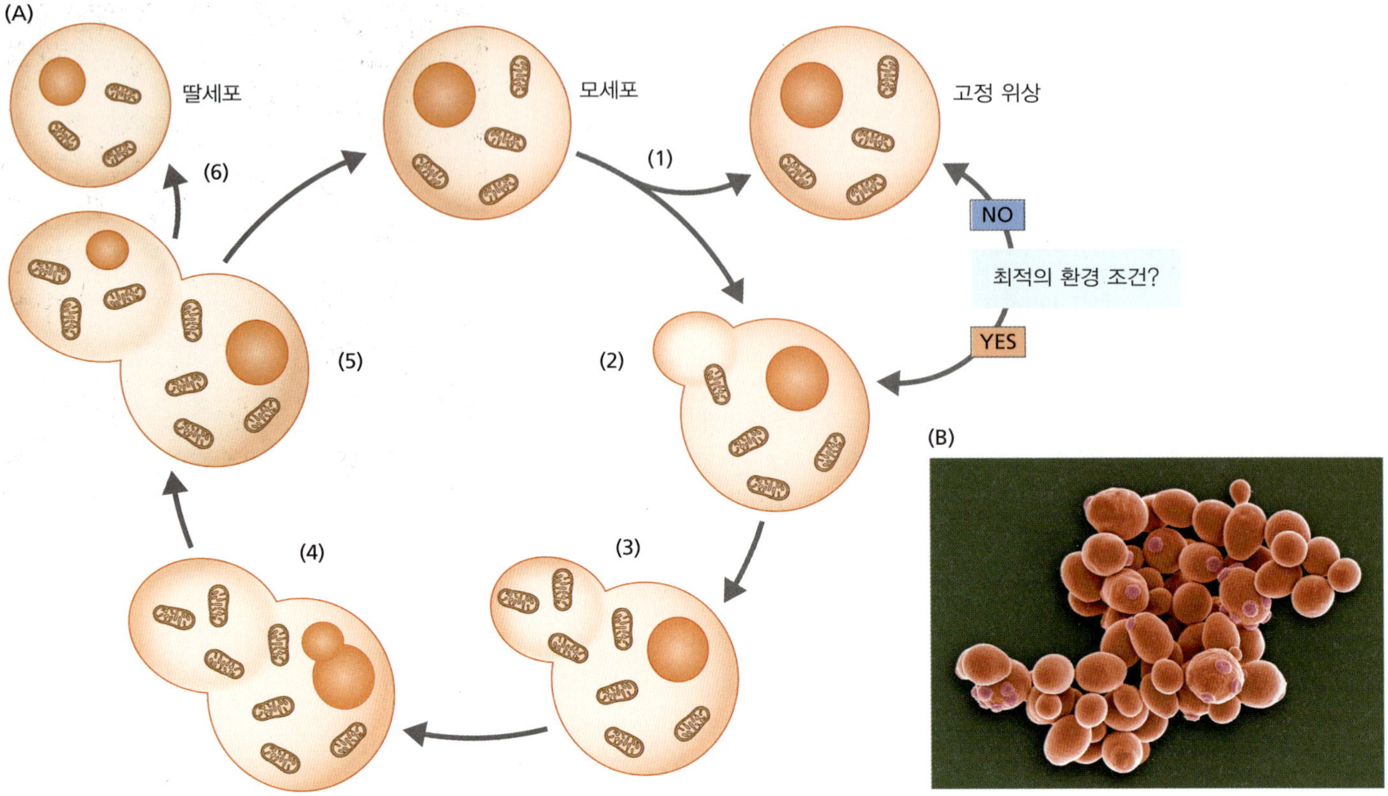


**그림 5.20 효모의 무성생식 순환.** (A) 무성생식은 출아법에 의해 일어난다. (1) 모세포는 환경 조건이 번식에 적합한지 감지할 수 있다. 최적 상태가 아닐 경우, 모세포는 조건이 개선될 때까지 정지기로 들어갈 수 있다. (2) 환경 조건이 번식에 적절하면, 출아는 모세포의 세포질 확장으로 형성된다. (3) 새로운 세포질 소기관이 합성되고 형성된 출아로 이동한다. (4) 유사분열이 시작되어 유전물질이 복제되고 새로운 핵이 모체 핵으로부터 분할된다. (5) 새로 형성된 핵은 출아 내로 이동한다. (6) 세포분열이 일어나고 모세포와 딸세포가 분리된다. (B) 모세포에 출아를 형성한 새로운 효모 세포(딸세포)의 주사 전자현미경 사진. 모세포에 의해 생산된 딸세포의 수는 분리 후 딸세포에 의한 출아흔의 수로 표시되고 생식성 노화의 측정치를 제공한다. 새로 분리된 딸세포의 작은 크기에 주목하시오. (B, S. Gschmeissner/Getty Images에서 허가를 득함)

## 효모에서 수명의 유전적 조절

단일-세포 진핵생물 효모는 노화 연구에 다년간 사용되어 왔다. 효모는 수명이 짧고 성장 및 유지를 위한 비용이 저렴하며 잘 특징지어진 유전학과 생리학 때문에 이 연구에 유용한 모델 생명체이다. 흔히 양조장 또는 빵 효모로 알려진 효모는 처음으로 유전체 서열이 밝혀진 진핵생물이다(1996년에 완성됨). DNA 서열에 12,156,590 염기쌍이 16개 염색체의 반수체에 포함되어 있다. 평균 크기의 490 코돈(1.47 kbp)으로 약 6,600개의 알려진 유전자가 있다. 효모의 유전체는 DNA 서열의 75%가 엑손으로 구성되어 조밀하다. 연구자들이 수명에 영향을 미치는 돌연변이를 가진 많은 효모 균주를 확인했음에도 불구하고, 이들 중 일부만이 여기서 논의될 만큼 충분한 세부사항으로 검색되었다. 효모에서 수명과 관련한 유전학적 메커니즘은 게놈의 불안정성, 유전자 침묵 그리고 영양-반응 경로에서의 돌연변이를 포함한다. 이러한 점들을 이 절에서 보다 자세하게 살펴보겠지만 효모의 생식주기가 수명에 영향을 주기 때문에 먼저 효모가 어떻게 생식하는지 간략히 논의할 필요가 있다.

### 효모는 무성과 유성 양쪽으로 생식을 한다

효모는 하나의 **이배체**(염색체 두 쌍를 포함하는)와 하나의 **반수체**(단지 하나의 염색체 쌍을 포함하는)인 2개의 염색체 상태로 존재할 수 있다. 반수체 세포는 출아법에 의해서 모세포로부터 새로운 세포를 생성하는 유사분열로 생식을 한다. 출아 동안, 모세포의 핵은 형성된 출아로 이동하는 딸세포 핵을 형성하기 위해 유사분열을 한다(**그림 5.20A**). 질소-함유 당의 단단한 중합체인 **키틴(Chitin)**이 출아와 모세포 사이에 형성된다. 유사분열이 완성되면, 새로운 딸세포는 모세포로부터 분리된다(그림 5.20B). 분리 후, **출아 흔(bud scar)**이

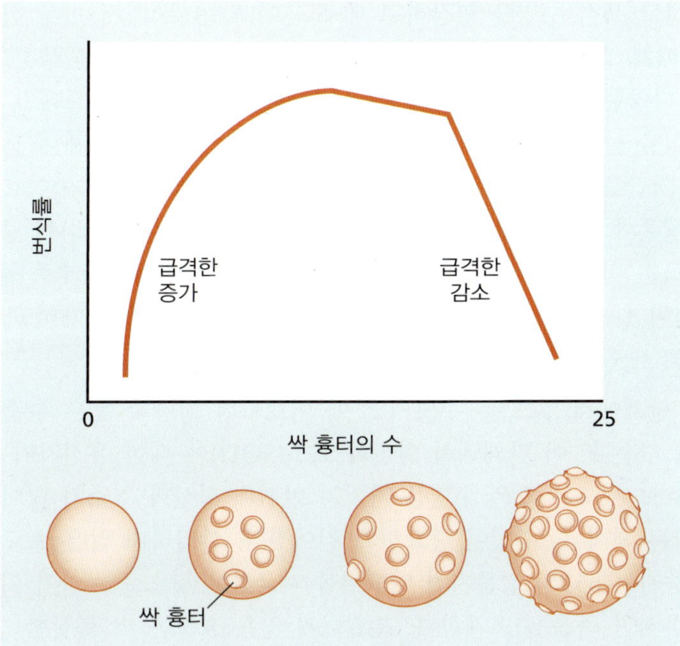


**그림 5.21 효모의 출아흔과 복제 노화.** 어린 효모 세포는 작고 출아흔이 적으며 빠른 속도의 출아를 겪는다. 그래프에 나타낸 것처럼, 번식의 초기 급증은 안정된 생식비율의 확장된 기간에 따른 것이다. 효모가 출아의 최대 수에 도달하면 번식은 급격히 감소하고 생물은 죽는다.

라고 하는 원형의 키틴 잔기가 모세포의 표면에 영구적으로 남아 있다.

이배체 생식은 기회의 문제로 발생하고 적어도 부분적으로는 환경 조건에 의해 조절된다. 출아의 결과로 a와 α, 두 종류의 딸세포가 생성된다. 만약 두 가지 반대의 교배 형태가 만나게 되면, 융합할 수 있고 세포주기의 이배체 단계에 들어갈 수 있다. 딸세포의 생존에 유리한 환경조건에서 이배체 효모는 유사분열 또는 출아법에 의해서 생식을 한다. 하지만 만약 딸세포의 생존이 위험한 환경조건이라면 이배체 효모는 **자낭포자(ascospore)**라는 2개의 a 염색체와 2개의 α 염색체를 갖는 4개의 생식세포를 생성한다. 환경조건이 더 유리한 경우, 포자는 발아하고 4개의 반수체 효모 세포를 생성한다.

출아 효모의 일대기는 다세포 생물의 조직에서 유래된 유사분열 세포에서 단일-세포 진핵효모의 복제 노화를 구별하는 Gompertz 사망률 방정식으로 설명할 수 있다. **그림 5.21**에서 보여지는 것처럼, 출아흔의 개수와 모세포의 크기는 모세포의 생식연령을 추정하기 위한 편리한 표지자로 사용된다. 개개 효모는 복제 노화에 들어가기 전에 평균 20~30개의 딸세포(20~30개의 출아흔)를 생산한다. 하지만 출아흔의 개수와 모세포의 크기 모두 노화의 직접적인 원인은 아니다. 출아흔의 개수 또는 세포 크기가 증가된 돌연변이는 수명에 영향을 주지 않았다.

## 환경 조건은 번식과 수명에 영향을 미친다

제3장에서, 효모와 같은 단일-세포 생물의 개체수에서는 근위 환경이 일대기 양상과 번식의 성공에 중요한 영향을 미친다. 효모의 일대기는 야생, 단일-세포 개체수와 연관된 전형적인 양상을 보인다: (1) 자원(식품, 공간 등)이 풍부할 때, 개체수의 급격한 증가; (2) 자원이 성장의 본질적인 성장 속도와 일치할 때, 개체군의 크기 안정화($r$ = 번식률 − 사망률 = 0); (3) 자원이 감소하기 시작하면서 개체군의 크기 감소(생식 감소); (4) 자원이 고갈되면 개체군의 복제 노화와 사망.

효모는 환경 자원이 제한되거나 또는 감소되는 기간 동안 개체군의 죽음

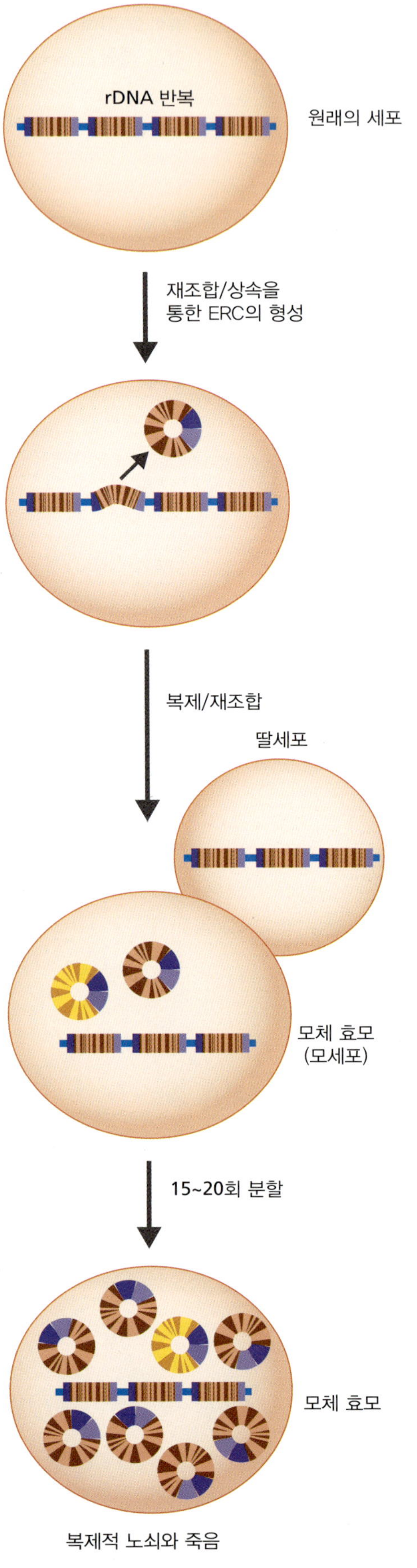


을 방지하고 생식 수명을 연장하고 데 도움이 되는 두 가지 번식 전략을 갖는다. 이배체 효모의 유성생식은 자낭포자를 형성하여 수년을 생존할 수 있고 많은 다양한 환경조건을 견딜 수 있다. 이것은 환경적 스트레스 기간 동안에 생식을 늘리기 위한 장기적인 해결책을 제공한다. 반수체 효모의 출아는 생식 기간을 연장하기 위한 단기적인 해결책을 제공한다. 출아효모가 딸세포의 생존에 유해한 환경조건을 감지하면, 무성생식(출아법)이 중단된다. 출아 효모는 비분열 상태이지만 대사적으로는 활성인 정지단계로 들어간다. 환경조건이 1~2주 이내에 개선되면, 효모는 번식 활성을 재개하고, 그렇지 않을 경우 세포는 죽는다.

정지 단계에서, 효모는 수명의 끝에 이르도록 상당히 높은 수준의 산소 라디칼을 갖는다. 이 단계에서 황산화 효소(SOD)에 대한 유전자가 없는 돌연변이 효모 세포는 짧은 수명을 가지는 반면에 황산화 효소가 많이 발현된 돌연변이는 생식-후 수명이 중요하게 길어졌다. 분열하지 않은 효모의 산소 라디칼 증가는 p53의 검문지점 단백질을 자극하는 것으로 보이며 이는 세포 사멸과 유사한 죽음을 초래한다. 분열하지 않은 효모는 더 복잡한 생물들과 유사한 노화 특성을 가지므로 연구자들에게 장수의 유전학을 연구할 수 있는 단순한 진핵생물로써 제공된다.

## DNA의 구조 변경은 수명에 영향을 미친다

출아 효모의 복제 노화를 설명하기 위한 유전적 메커니즘의 많은 부분은 알려져 있지 않다. 하지만 DNA의 구조적 변경으로 특징되는 게놈 불안정성은 효모의 수명에 중요한 역할을 한다. 효모의 노화와 연관된 게놈 불안정성은 핵에 위치한 **리보솜 DNA(ribosomal DNA, rDNA)**에서 일어난다. 효모 rDNA 유전자좌는 rRNA를 암호화하는 9 kbp의 100~200회 반복이 나란히 배열되어 있는 12번 염색체상에 위치한다. rDNA의 반복적인 특성은 이 영역을 **보편적 재조합(general recombination)**으로 알려진 염색체 내 **상동 재조합(homologous recombination)**에 매우 민감하도록 만든다. 비록 보편적 재조합이 감수분열의 본질적인 부분이지만, 효모에서는 이 과정이 **ERCs (extrachromosomal rDNA circles, ERCs)**의 잠재적인 손상을 일으킨다**(그림 5.22)**. ERCs는 복제 원점을 포함하여 자가-증식을 할 수 있고 이는 모체 효모에 이들 구조의 축적을 이끈다. 비록 ERCs가 복제 노화를 어떻게 일으키는지 아직 밝혀지지 않았지만 ERCs의 축적은 복제 노화와 밀접하게 관련된다. 효모 연구는 ERCs의 생산과 연속적인 복제 노화가 유전자 발현 조절의 아세틸화-탈아세틸화와 관련되어 있음을 제시한다.

ERCs는 효모의 수명과 관련되는 일종의 "생물학적 시계"다. 이 결론은 두 가지 발견으로 인한 결과이다. 첫째, ERCs 형성을 억제하는 돌연변이를 포함한 출아 효모는 야생형 효모보다 중요하게 오래 산다. 둘째, 나이든 모체 효모세포로부터 나온 딸세포는 ERCs를 전해 받으며 ERCs가 없는 자손 효모보다 수명이 유의하게 짧아진다.

**그림 5.22 extrachromosomal rDNA circles(ERCs)의 형성과 효모 복제 노화.** 출아 효모는 일반적인 재조합을 통해 ERCs를 형성하는 일련의 rDNA의 반복적인 서열을 가지고 있다. ERCs는 각 출아 라운드 후 모세포에서 형성된다. ERCs의 축적은 복제 노화와 효모의 죽음과 관련된다.

## SIR2 경로는 수명과 연결된다

rDNA에서 rRNA로의 전사의 침묵은 *s*ilent *i*nformation *r*egulator 2(*sir*2)라는 고도로 보존된 유전자에 의해 조절된다. Sir3의 과발현은 rDNA 발현과 ERCs 형성을 감소시킨다. *Sir*2의 과발현은 효모의 복제 수명을 배가시킨다. Sir2 유전자와 암호화된 단백질 SIR2는 효모의 복제 수명을 연장시키는 원인은 아직 완전히 밝혀지지 않았다. 하지만 SIR2 단백질은 염색질의 응축과 유전자 침묵의 원인인 히스톤 탈아세틸화 효소라는 것을 알고 있다.

SIR2-유도 유전자 침묵은 음식을 에너지로 전환하는 경로에 직접적으로 관련되는 것 같다. 제4장에서 설명했듯이, 포도당의 산화로부터 생성되는 전자는 전자운반체에 의해 ATP-합성 기구로 전달된다. 이들 운반체 중의 하나인 $NAD^+$는 SIR2 단백질을 활성화시키거나 켠다. 따라서, $NAD^+$의 세포 농도는 SIR2 활성 수준에 직접 영향을 미친다; $NAD^+$의 낮은 농도는 SIR2 단백질을 불활성화시키고 $NAD^+$의 높은 농도는 SIR2 단백질을 활성화시킨다. $NAD^+$ 농도는 효모의 환경에서 음식물의 양에 의해 변동된다. 충분한 시간은 생식과 상대적으로 높은 대사적 활동을 이끌어낸다. 차례로, 대사적 경로는 증가된 전자의 흐름과 NADH + $H^+$에 대한 낮은 $NAD^+$ 비율을 생성시킨다**(그림 5.23)**. 따라서 SIR2 단백질 활성이 감소되고 rDNA는 전사되고, 생식(출아법)이 진행된다. 반대로 음식물이 부족해지면 대사는 감소하고, 결과적으로 감소된 전자 흐름은 NADH + $H^+$에 대한 $NAD^+$ 비율을 증가시킨다. 차례로, $NAD^+$가 SIR2에 결합하여 히스톤 탈아세틸화의 활성화, 염색질 응축, rDNA 유전자좌

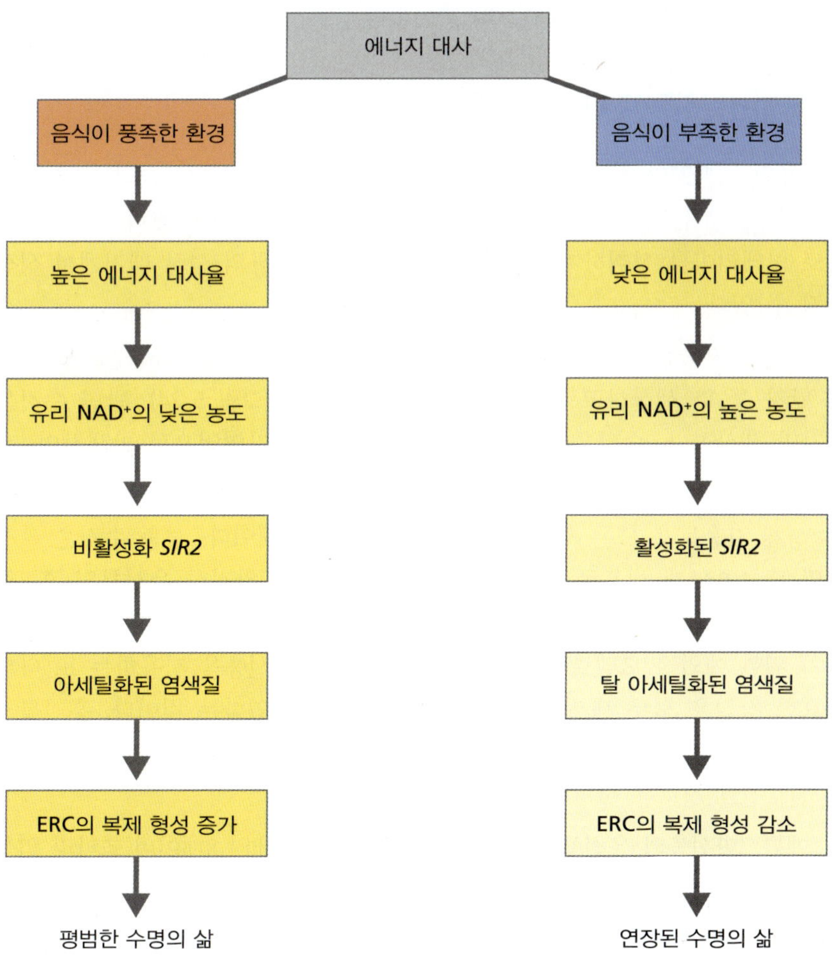


**그림 5.23 효모의 에너지 대사를 수명 연장과 연결하는 제안된 메커니즘.** 시간이 많으면 번식이 증가하고 비교적 대사 활동이 높아진다(왼쪽). 효모에서 음식의 공급이 부족한 동안에는 번식이 낮아지고 에너지 대사가 감소되어(오른쪽) rDNA 전사 감소, 출아 감소, ERC 생성의 억제로 이끈다.

의 침묵, 출아 과정의 감소 그리고 효모의 복제 수명의 연장을 일으킨다.

### 영양-반응 경로에서 기능상실 돌연변이는 수명을 연장시킬 수 있다

효모의 환경에서 음식물의 양은 대부분 번식의 속도와 수명을 제어한다. 음식물이 풍부하면 번식 속도가 높아지고 수명이 짧아진다. 음식물의 결핍은 번식을 지연시키고 수명을 연장시킨다. 효모가 환경에서 음식의 양을 인식하여 번식을 변경시키는 방법은 특정 영양소와 관련되어 있다.

세포 외 영양소, 번식 그리고 수명 간의 생화학적 또는 생리학적 연관성은 고도로 보존된 세포 신호전달 경로가 관여한다. 효모에서 이들 경로는 세포막에 수용체가 영양소 또는 영양소 대사산물과 결합할 때 시작한다. 신호경로 중 적어도 하나는 포도당의 흡수에 반응하고 SIR2의 조절에 관여하지만, 이 경로의 자세한 부분은 분명하지 않다. 다른 경로는 다른 분자의 수용체 부분에 특이적으로 결합하는 분자인 **리간드(ligand)**를 통해서 시작된다. 특정 리간드는 모든 진핵생물에서 성장과 번식에 중요한 유전자의 발현에 영양소 가용성을 연결시켜 신호전달을 시작하는 것으로 알려진 수용체 중의 하나인 **G-단백질 결합 수용체(G-protein-coupled receptor)**에 결합한다.

효모에는 두 가지의 일반적인 영양-반응 경로가 수명을 변화시키는 것으로 확인되었다: **target of rapamycin (TOR)**과 **protein kinase A (PKA)**. 이들 두 가지 경로의 돌연변이는 독립적임에도 불구하고 단백질의 인산화를 촉매하는 효소를 억제함으로써 수명을 연장시킨다. TOR와 PKA가 어떻게 수명을 연장시키는지 분명하지 않지만 그 메커니즘은 확실히 고도로 보존된 G-단백질 신호 경로의 구성요소가 관여한다.

## 예쁜꼬마선충에서 수명의 유전적 조절

선충류인 예쁜꼬마선충은 단지 길이가 1 mm로, 여러 기후 지역의 토양에 서식한다; 수명 유전학의 모델 생물체로 30년 이상 사용되어 왔다. 이 선충은 주로 박테리아를 섭취하지만, 실험실에서는 여러 종류의 성장 배지에서 성장시킬 수 있다.

이들은 자웅동체와 수컷의 두 가지 성적인 형태가 있다. 자웅동체는 정자와 난자 둘 다 생산하고 자가수정에 의해 번식한다(그림 5.24). 반면 수컷은 정자만 생산한다. 수컷은 매우 낮은 빈도(1/500)로 자연적으로 발생하며, 자웅동체를 수정시킬 수 있다; 자웅동체는 서로 수정할 수 없다.

성체 자웅동체 모든 세포는 유사분열 후에 959개이다; 성충 수컷은 유사분열 후 1,031개 세포로 구성된다. 예쁜꼬마선충은 완전한 유사분열 후, 중요한 생식 후 수명을 갖기 때문에 다세포 생물의 수명의 유전적 조절을 연구하기 위한 예외적 모델로 사용할 수 있다. 예쁜꼬마선충을 사용하는 또 다른 중요한 장점은 모든 세포의 계통과 기능이 알려져 있다는 것이다. 흥미롭게도, 세포의 약 1/3은 신경 세포인데 이것은 특히 예쁜꼬마선충의 세포 조절과 신호전달 경로를 설명하는 데 유용하다.

예쁜꼬마선충의 유전체는 약 1억 bp로 효모 유전체의 8배이며 초파리 염색체의 3/4 크기이다. 예쁜꼬마선충은 5개 쌍의 **상 염색체(autosomes)**와 하나의 **성 염색체(sex chromosome)**로 총 6개 염색체를 갖는다. 자웅동체는 2개의 성

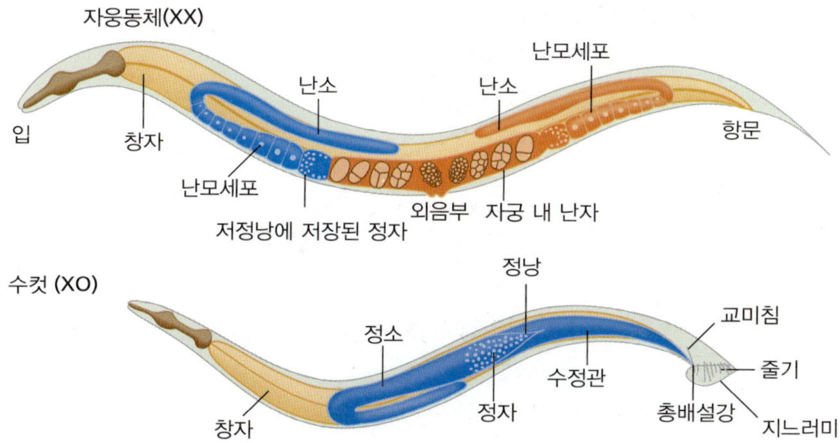


**그림 5.24** 예쁜꼬마선충(*C. elegans*)의 두 가지 생식형태: 자웅동체와 수컷.

염색체(XX로 나타냄)를 가진다. 수컷은 X 염색체를 하나 가지고 있다(XO로 나타냄). 수컷은 스스로 번식할 수 없다. 하지만 수컷은 자웅 동체와 교차 생식을 할 수 있다. 유전체의 서열은 1998년에 완료되었고 약 20,000개 단백질의 암호-유전자를 갖는다. 본 절에서 dauer formation gene (*daf-2*)를 *daf-2*와 연관된 다른 유전자와 함께 생체시계 유전자에 대해 살펴볼 것이다.

## 휴면유충(다우어) 형성 조절은 수명을 연장한다

예쁜꼬마선충의 알에서 성충까지 발생은 네 가지의 유충 단계로 구성되며 완료에는 약 3~4일이 걸린다. 성충은 성충 생활의 처음 4일 동안 생식적으로 활성이고, 4일의 생식 기간 이후 추가로 10~15일을 살 수 있다. 예쁜꼬마선충이 자손의 생존을 지원할 수 있는 환경을 발견하면 벌레는 네 단계의 유충 단계를 거쳐서 성충기로 진행하는데, 보통 3~4일이 소요된다. 하지만 만약 환경 조건이 번식을 위한 최적 조건이 아닐 경우, 발생은 유충 단계 3에서 중단되고 **다우어(dauer)**로 불리우는 대사적으로 활성이지만 생식적으로 침묵인 유충을 형성한다(**그림 5.25**).

성적으로 미성숙한 다우어는 일반 성장 주기에서 3단계의 것보다 더 작은데, 음식물이 없고 번식을 위한 최적의 조건보다 좋지 않은 온도와 토양 조건에서도 몇 달 동안 생존할 수 있다. 대사 속도 감소, 단백질 합성의 제한 그리고 저장된 지방으로의 생존을 통해 이런 위업을 달성한다. 다우어의 해부학적 변화는 스트레스에 저항을 증가시켜 생존의 기회를 증가시킨다. 이런 변화는 (1) 그 표피의 두께를 증가시키고, (2) 구강을 폐쇄하고, (3) 내인성 항산화제의 농도를 증가시키는 것이다. 그래서 예쁜꼬마선충 다우어가 세제, 방사선, 다수의 다른 유해 인자로부터의 공격에도 수시간 동안 생존할 수 있는 데에는 이런 형태학적 변화가 매우 효과적이다. 그럼에도 불구하고 다우어는 환경 조건이 개선되면 빠르게 발생을 재개할 수 있다. 유전적 생화학적 메커니즘은 환경에 음식물이 제공되면 한 시간 안에 다우어가 유충 단계로 재-진입 할 수 있다: 단지 8시간 내에 유충 단계 4로 털갈이가 일어난다.

## 유전적 경로가 다우어 형성을 조절한다

**표 5.2**에서와 같이, 여러 단백질들이 예쁜꼬마선충의 다우어의 형성에 중요한 것으로 확인되었다. 다우어의 형성에 관여하는 유전 경로와 극단적인 스트레

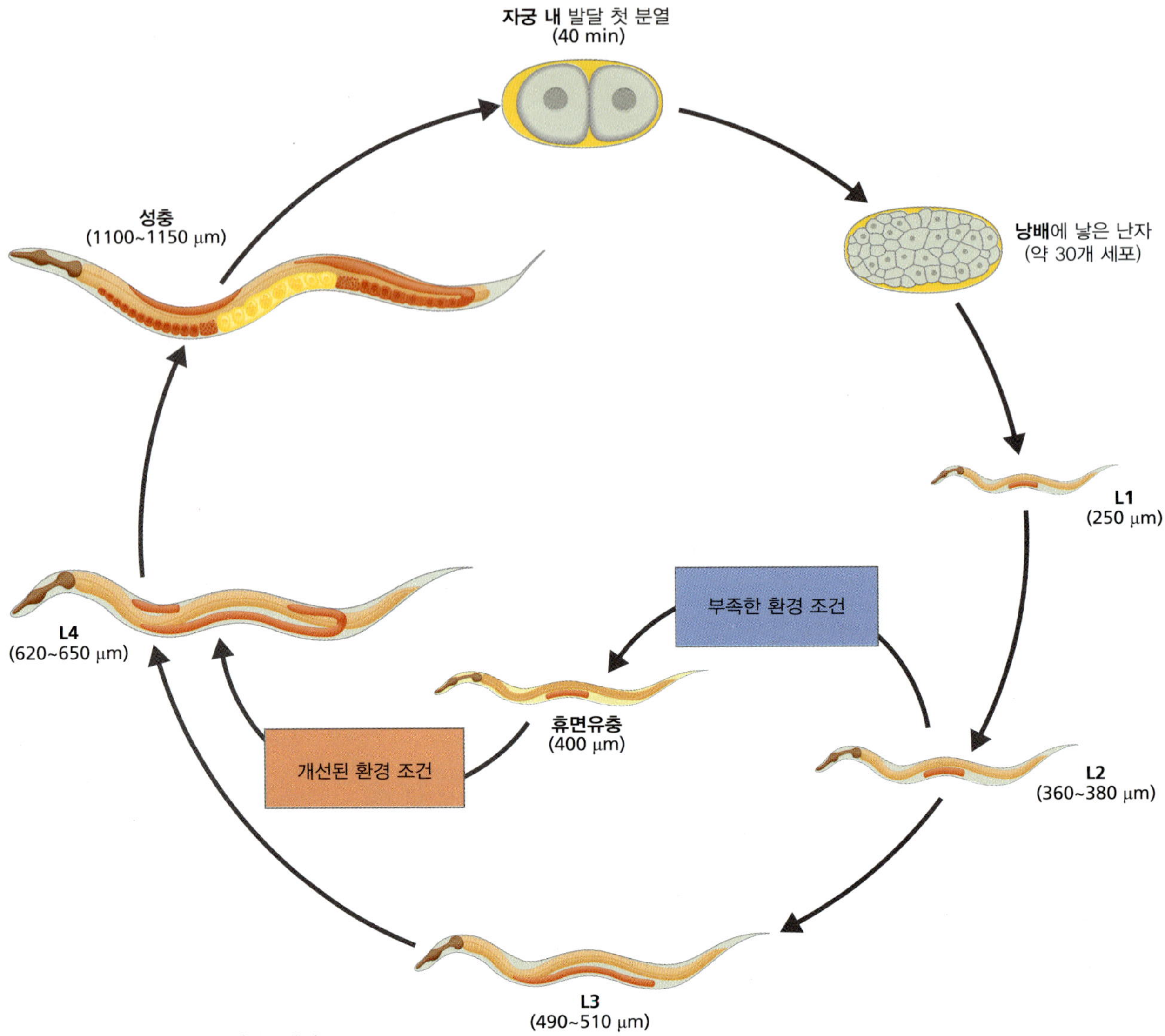


**그림 5.25 예쁜꼬마선충의 발달 단계.** 알은 성인 자웅동체에서 수정되고 몇 시간 후(약 30~40세포기)에 알을 낳는다. 알은 부화 후에 벌레는 4단계의 유충 단계(L1, L2, L3, L4) 거치고 각 단계는 털갈이로 끝낸다. 성체에 도달하면 예쁜꼬마선충은 약 300개의 자손을 생산한다. 수명은 약 2주 정도다. 환경 조건이 1단계에서 최적보다 좋지 않을 경우 성장은 3단계에서 멈추고 다우어를 형성한다. 예쁜꼬마선충은 몇 달 동안 발달이 정지된 상태로 남아 있을 수 있다. 환경 조건이 개선되면 다우어는 성체로의 발달을 다시 시작한다.

스에서 생존할 수 있는 능력은 수명을 연장할 수 있는 적어도 하나의 메커니즘으로의 몇 가지 중요한 통찰을 제공한다.

예쁜꼬마선충 돌연변이의 유전적 번식은 정상적인 성장과 번식을 위해 필요한 동일한 신호 경로에서 2개의 유전자—***age-1***(노화표현형 때문에 붙여진 이름), ***daf-2*(다우어 형성 유전자)**—를 확인했다. 이들 유전자가 없으면 예쁜꼬마선충는 다우어를 형성한다. *age-1* 유전자의 복제는 그의 단백질 AGE-1이 고도로 보존된 phosphatidylinositol-3-kinase (PIK-3) family의 일원이라는 것을 보여주었다. 이들 단백질은 신호와 원하는 세포내 작용을 시작하는 막 수용

**표 5.2** *C. elegans*의 dauer와 수명 연장에서 중요한 것으로 확인된 단백질에 대한 간략한 설명

| 단백질 이름 | 단백질 유형 | 일반 기능 |
|---|---|---|
| DAF-2 | 인슐린/IGF 수용체 | 인슐린/IGF 단백질의 수용체 |
| AGE-1 | 포스파티딜 이노시톨-3-키나아제 (PIK-3) | 수용체 단백질에서 세포내 경로로의 신호전달; 호르몬으로부터 분열 신호의 전달에 주로 관여한다. |
| PDK1 | 포스파티딜 이노시톨-의존성 단백질 키나아제 | AGE-1과 AKT-1 사이의 신호 전달 중간; AKT-1을 인산화시킨다. |
| AKT-1, 2, 3 등. (또한 PKB로 알려짐) | 단백질 키나아제 B | 세포 성장 및 세포 사멸의 신호전달 경로에 관여하는 단백질 군 |
| DAF-16 | 포크 헤드 전사 인자 | 성장과 발달에 관여하는 유전자의 억압 |
| Clk-1 | 데메톡시유비퀴논모노옥시게나제 | 유비퀴논의 생합성에 관여하는 효소(코엔자임 Q) |

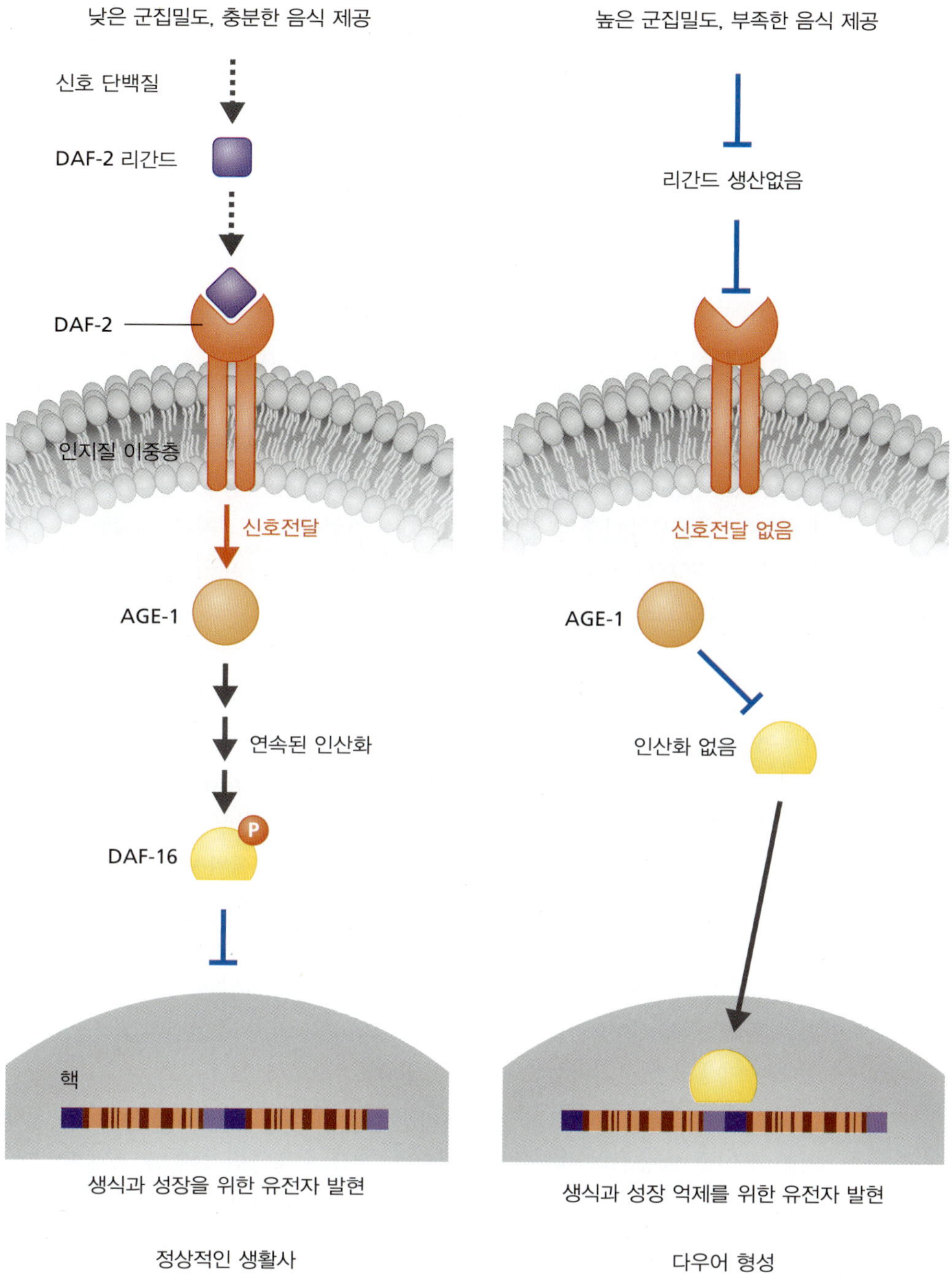


**그림 5.26 선충의 성체 번식과 다우어 형성 유전자 발현의 조절.** 최적의 환경 조건은 DAF-2 수용체에 인슐린-유사 리간드의 결합을 자극한다(왼쪽). 이 신호는 막을 통해 전달되고 세포 내 phosphatidylinositol-3-kinase인 AGE-1을 끌어당겨 키네아제가 인산화 연쇄반응을 시작한다. 생식을 조절하는 단백질 종류에 포함되는 DAF16의 인산화로 연쇄반응은 종료된다. DAF16의 인산화는 핵으로의 이동을 방해함으로써 DAF-16가 없으면 생식과 성장에 관여하는 유전자들이 발현된다. 불리한 환경 조건은 DAD-16의 인산화를 방해하여 핵으로 이동하게 되고 번식에 연관된 유전자가 억제된다(오른쪽); 이는 결과적으로 다우어를 형성한다.

체 사이의 중요한 세포내 중재자이다. *daf-2* 유전자의 복제는 다른 종에서 발견되는 **인슐린/인슐린 유사 성장인자 (IGF-1) 수용체**와 상동성을 가진 막통과 수용체단백질(*DAF-2*)을 암호화한다는 것을 보여준다. 유전적 오솔로그처럼 고도로 보존된 *DAF-2* 유전자는 정상적인 성장 및 번식을 위해 중요하다.

환경이 풍부한 시기 동안, 신호는 벌레에게 전달되어, 결과적으로 아직까지 정확한 구조, 역동학 그리고 특정 리간드는 대부분 알려져 있지는 않지만 DAF-2 결합단백질이 발현된다(**그림 5.26**). DAF-2 수용체에 DAF-2 결합단백질의 결합은 AGE-1 단백질의 세포질 내부에서 세포막으로의 이동을 일으킨다. 이 사실은 다우어 형성이 내분비 신호에 연관된 유전자의 억제에 의해 조절된다는 중요한 단서다. 즉, PIK-3 키나아제는 호르몬에 반응하여 주로 활성화된다.

예쁜꼬마선충의 다우어 형성과 수명 연장과의 관계에 대한 우리의 이해에서 다음 주요 발전은 DAF-16의 인산화가 정상적인 성장과 번식에 필요하다는 것이다. 그림 5.26에 보여지듯이, DAF-16의 인산화는 세포질에서 핵으로의 이동을 억제한다. 결과적으로, DAF-16는 성장과 번식에 관여하는 유전자에 억제 효과를 실행할 수 없다; 예쁜꼬마선충은 일반적으로 4단계의 유충단계를 거쳐서 성체로 정상적으로 진행하여 10~15일의 정상 수명을 나타낸다. 반면, 생식을 지원하는 환경 조건이 불충분한 경우, DAF-2 결합단백질이 합성되지 않고 DAF-2 수용체를 통한 AGE-1로의 신호는 전달되지 않는다. DAF-16 단백질은 인산화되지 않고 핵으로 이동하여 성장과 생식을 조절하는 유전자를 억제한다. 만약 유충 3단계에서 DAF-16에 의한 유전자의 억제가 일어나면 다우어가 형성된다.

또한, *daf-16* 유전자의 복제는 DAP-16 단백질이 **forkhead box transcription factor family(FOXO)**의 일원이며, 이 특별한 전사인자가 적은-음식 조건에 반응하여 예쁜꼬마선충의 성장 및 번식을 조절하는 유전자를 억제한다는 것을 보인다. FOXO는 여러 포유동물을 포함한 수 많은 다양한 종에서 생식에 관여하는 고도로 보존되어 있는 단백질 그룹이다.

## DAF-2 수용체의 약한 돌연변이는 수명을 연장한다

다우어 형성을 조절하는 결정적인 유전자의 약한 돌연변이는 결과적으로 성체의 수명을 연장시킨다. **약한 돌연변이(weak mutation)**는 발현을 완전한 제거보다는 감소시키는 유전자의 변화이다. 약한 돌연변이가 *daf-2* 유전자에서 유도되었을 때 DAF-16의 인산화는 감소되지만 억제되지는 않는다. 3단계 유충이 야생형에 비해 약간 대사가 감소되고 다우어 형성으로 전환되지 않는다. 오히려, DAF-16 인산화의 감소는 예쁜꼬마선충의 4단계 유충 발생을 통해 성체 벌레로 정상적으로 진행시킨다. 성체로의 발달이 정상적으로 진행되는 반면, 돌연변이의 영향은 특별하다: *daf-2*의 약한 돌연변이를 가진 성체 벌레는 야생형 예쁜꼬마선충보다 50~300% 더 오래 산다.

수명이 연장된 돌연변이 예쁜꼬마선충은 대부분 정상 수명을 가진 성체처럼 보이고 행동한다. 비록 돌연변이를 약간 수정하면 불임을 초래할 수는 있지만 이는 번식과 연장된 수명 사이에 밀접한 관련성을 보여주고, 성체 벌레는 번식력을 유지하고, 자웅동체는 자손을 약간 적게 생산한다. 다우어와는 다르게 *daf-2*의 약한 돌연변이를 포함하는 성체 벌레는 정상적으로 섭취하고, 온도와 접촉을 포함하는 환경의 변화에 활발하게 반응한다.

## 수명 연장은 신경 내분비 조절과 연관된다

*daf-2* 유전자의 복제와 인슐린/인슐린 유사 성장인자와 같은 수용체로서 DAF-2 단백질의 확인은 성체 벌레의 수명을 연장하도록 이끄는 유전자의 조절이 신경 내분비 통제하에 있음을 보여준다. *daf-2*의 신경 내분비 조절의 추가적인 증거는 신호전달 경로에 세포주기의 호르몬 조절에서 자주 발견되는 인산화 메커니즘인 PIK-3 (AGE-1)가 관련되는 것이 발견되었을 때이다. 다른 계통의 세포-신경 및 근육세포에 *daf-2*가 변이가 위치한다는 명쾌한 실험은 수명의 연장을 일으키는 *daf-2* 변이에 관여하는 환경적 감지 및 신호전달이 신경 조직에 한정된다는 것을 확인하였다. 돌연변이가 근육 세포에만 한정되었을 때 수명의 증가는 없었다. 하지만 돌연변이를 신경 내분비 세포에

만 한정하면 수명을 증가시켰다. 즉, 신경 내분비 메커니즘이 예쁜꼬마선충의 다우어 형성과 수명의 연장을 조절하는 것 같다. 수명의 호르몬적 조절은 다음 두 절에서 초파리(*D. melanogaster*)와 쥐(*M. musculus*)를 통해 자세히 논의한다.

### 미토콘드리아 단백질은 연장된 수명과 대사 사이에 연관될 수 있다

예쁜꼬마선충의 에너지 대사와 수명 연장 사이의 직접적인 연관은 미토콘드리아에서 발견되는—**시계 유전자**(***clk-1, clk-2, clk-3, and gro-1***)—다른 유전자 조절 경로로 확인되었다. 시계 유전자는 고도의 다면발현성 유전자 집단이며 이름 그대로 그들은 시간과 여러 미토콘드리아 기능의 동기화를 조절한다. *clk-1*의 기능 상실 돌연변이는 여러 기관에 영향을 미쳐 결과적으로 유충 발달, 난자 생산 그리고 무리의 크기를 포함하여 많은 기능을 "늦추게" 한다. *Clk-1* 돌연변이에서 기능의 둔화는 야생형 예쁜꼬마선충보다 15~30% 더 오래 사는 약간 작은 성체가 된다. 다면발현 성질 때문에 수명의 증가와 대부분 연관될 것 같은 *clk-1* 유전적 경로는 아직 확인되지 않았다.

시계 유전자에 관해 가장 일반적으로 받아들여지는 이론은 연장된 수명에 대한 대사율의 감소가 연관된다는 것이다. Clk-1 단백질은 유비퀴논의 생합성에 필요한 효소인 demethoxyubiquinone mono-oxygenase(DMO) 또는 코엔자임 Q(CoQ)라고도 알려져 있다. 코엔자임 Q는 미토콘드리아 내막에서 고농도로 발견되며 그곳에서 플라보 단백질(flavoprotein)과 시토크롬 B 사이에서 전자전달 단백질로서 작용한다. *clk-1*의 기능 상실 돌연변이는 코엔자임 Q 수준의 감소를 가져와서 ETS를 통한 전자의 전송을 멈추지는 않지만 늦추어 준다. 차례로, 에너지 보존이 떨어지고 생리 기능이 저하된다.

*clk-1*으로부터 DMO의 유전자 발현을 조절하는 경로와 수명 연장을 위한 메커니즘은 아직 증명되지 않았다. 하지만 두 가지 이론은 미토콘드리아에서 코엔자임 Q의 기능을 중심으로 발전했다. 첫 번째 이론은 코엔자임 Q 수준의 감소는 ETS 활성의 양을 감소시켜 산소-중심 자유 라디칼의 생성을 감소시킨다고 제안한다. 자유 라디칼의 감소는 세포 손상을 감소시키고 아마도 수명을 연장할 수 있을 것이다. 하지만 이러한 설명은 여러 가지 다양한 기관의 둔화에서 *clk-1* 유전자의 다면발현성 효과를 설명할 수 없다. 두 번째 이론은 핵의 조절 과정이 세포의 만성적 낮은 에너지 상태—즉, 낮은 ATP—를 "감작"하여 에너지 항온 유지와 같은 다양한 생리적 기능에 관여하는 단백질의 유전자 발현을 감소시킨다고 예상한다. 이 이론은 *clk-1* 유전자의 다면발현 특성을 설명 할 수 있지만, 연장된 수명을 설명하기에는 부족하다. 예쁜꼬마선충에서 수명을 연장하는 것으로 보여진 많은 유전자들처럼 왜 시계 유전자가 수명을 연장하는지에 대한 정확한 설명은 유전자 발현을 조절하는 경로의 특성을 기다리고 있다.

## 초파리에서 수명의 유전적 조절

효모와 예쁜꼬마선충 같은 단순한 생명체에서 개개 유전자의 돌연변이는 수명 연장(장수)이 고도로 조절되는 유전적 구성요소를 가지고 있음을 보여주었다. 이들 단순한 생명체의 사용은 그들 유전자의 대부분이 하나의 기능을 가지고 있으며 하나의 생화학 경로 또는 환경 자극에 반응하여 발현된다는 사실에 의해 도움을 받았다. 즉, 수명의 변화를 가져오는 유전자 조절 과정은 복잡한 생명체 형태와 비교하여 이들 단순한 생물에서 보다 쉽게 분리될 수 있다. 우리가 진화의 사다리 위로 올라감에 따라 해부학적 그리고 생리학적 복잡성의 수준은 유전자 발현 조절의 수준이 증가된 결과이다. 복잡한 유기체의 유전자는 고도의 다면발현성—그들은 하나 이상의 생리학적 기능에 영향을 미친다—을 가지는 경향이 있고 어느 하나 유전자의 발현이 여러 경로에 의해 조절된다. 따라서, 수명의 유전적 조절의 경로를 분리하고 설명하는 것은 효모 또는 예쁜꼬마선충 같은 단순한 생물보다 복잡한 생명체에서 더 어려운 경향이 있다.

초파리와 같은 복잡한 생명체에서 수명의 유전적 조절에 대한 설명은 유전적으로 선택된 종의 수명 분석에 있어 많은 부분이 제한되어 있다. 이런 결과들은 많고 다양한 유전자 위치에서 돌연변이가 수명을 연장할 수 있다는 것을 명확하게 보여준다(**표 5.3**). 그런 결과들은 수명의 유전적 조절 가능성을 뒷받침하지만, 특정 단백질을 암호화하는 특정 유전자가 수명 연장에 직접적인 책임을 갖는지 최종적으로 증명할 수는 없다. 유전자가 어떻게 조절되는지에 대한 우리의 새로운 이해를 고려할 때(앞의 "유전자 발현의 조절" 장), 그것은 수명에 변화를 주는 돌연변이 유전자가 더 복잡한 경로의 한 부분일 가능성이 있다. 따라서 수명에 유전자의 효과에 대한 논의에 있어서 불필요한 추측과 불확실성을 최소화하기 위해, 복잡한 생명체에서 수명의 유전적 조절에 대한 연구는 효모에서 인간까지 고도로 보존된 것으로 보이는 경로에 주로 초점을 맞추고 있다. 여러분이 아는 것처럼, 이들 경로는 예쁜꼬마선충의 실험에서 발견되는 것과 유사하게 신경 호르몬 신호와 연결된다. 보다 심도 깊은 분석을 위한 단계를 설정하기 위해, 수명을 연장하는 초파리 돌연변이에 대한 간략한 설명과 함께 시작한다. 그 다음 우리는 신경 호르몬의 신호전달과 수명 사이의 연관성에 관해 초파리에서 증명된 세 가지 경로를 논의한다.

## 초파리는 유전적 연구에서 오랜 역사를 가지고 있다

우리가 고전적 분자적 유전학에 대한 우리의 지식 대부분은 초파리의 연구에서 왔다. 특정 형질을 위한 초파리의 첫 번째 성공적인 번식은 100년 이상 더 이전에 보고되었다. Thomas Hunt Morgan(1866~1945)은 초파리를 이용하여 유전자가 염색체 내에 있다는 것을 처음으로 밝혀 1933년에 노벨의학상을 수상한 첫 유전학자였다. 모든 다세포 생명체에서 실제적으로 동일한 신체 부위의 배치를 조절하는 유전자인 *Hox* 유전자(Box 5.1)의 발견은 대부

**표 5.3 초파리의 수명을 연장시키는 일부 유전자 돌연변이**

| 유전자 이름 | 기능 또는 단백질 생산 | 돌연변이 유형 | 장수의 증가 |
|---|---|---|---|
| *Dsir2* | 히스톤 탈 아세틸 화효소 | 과발현 | 57% |
| *Dts3* | 호르몬 수용체 | 녹아웃 | 19% |
| *MnSOD* | 산화 방어 | 과발현 | 33% |
| *Hsp70* | 열 쇼크 단백질; 단백질 수리 | 과발현 | 4% |
| *Chico* | 신호전달 수용체 | 기능 손실 | 48% |
| *dFOXO* | 전사인자 | 과발현 | 56% |
| *InR* | 인슐린/IGF 수용체 | 기능 손실 | 85% |
| *Mth* | 신호전달 수용체 | 녹아웃 | 35% |
| *Mei-41* | DNA 수리 | 과발현 | 22% |

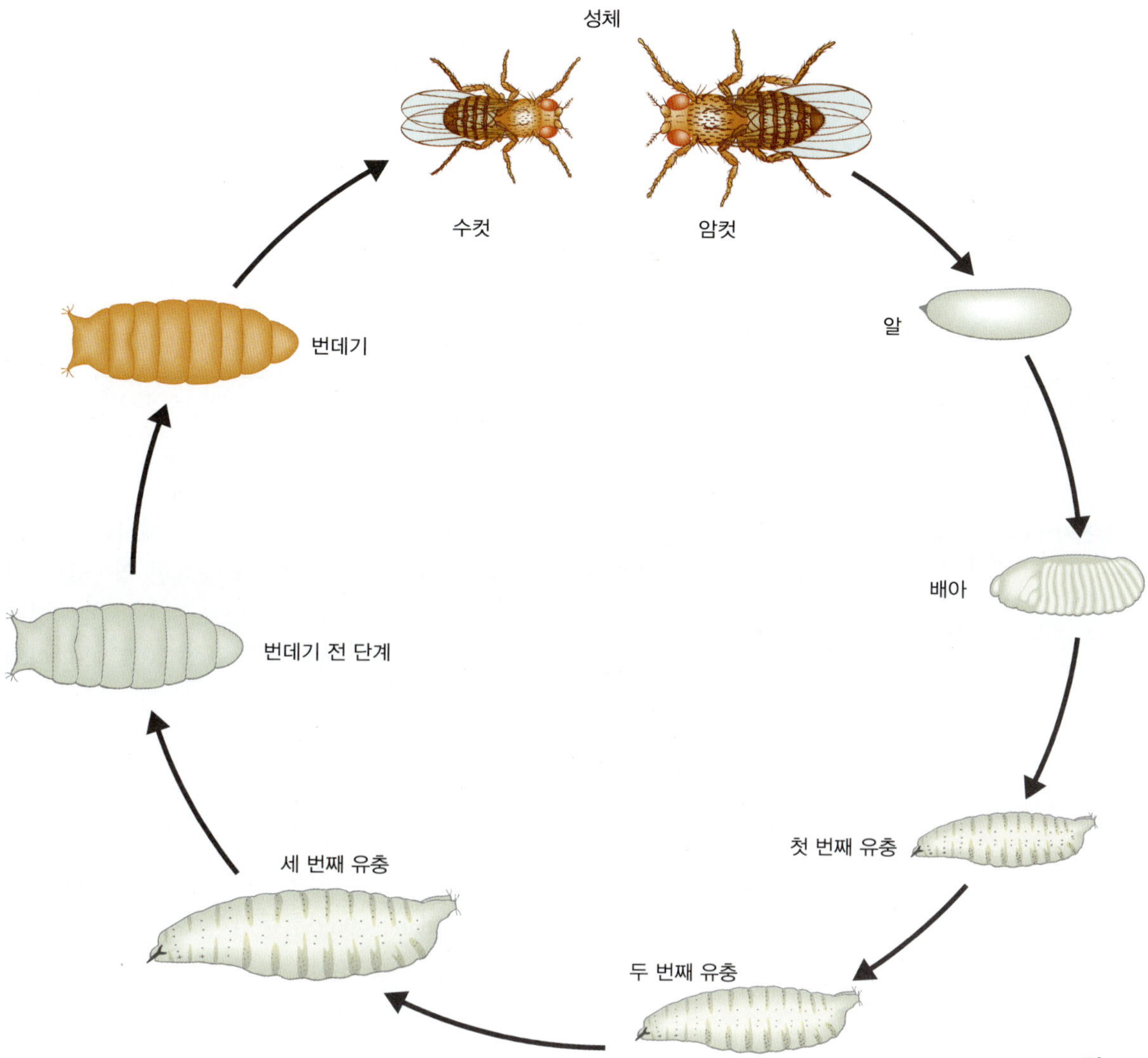


**그림 5.27** 초파리 생활사의 단계

분 초파리 연구에서 비롯됐다.

초파리의 유전체는 약 1억 6,500만 염기쌍을 포함하며 그 중의 약 20%가 14,000가지 유전자를 구성한다. DNA는 4개의 이배체 염색체, 3개의 상염색체, 하나의 성염색체에 포함되어 있다. 초파리의 생활사는 6단계로 구성된다: 배아, 세 단계 유충, 번데기 단계, 성체 단계(**그림 5.27**). 난자에서 성체로의 발생 시간은 이상적인 온도(25°C)와 충분한 식량이 있을 경우에 약 9일이 걸리지만 만약 온도와 식량이 최적이 아닐 경우에는 더 오래 걸릴 수 있다. 수컷은 암컷보다 크기가 작다. 암컷은 출현 12시간 후에 감수성이 있으며 15~25일 동안 번식할 수 있다. 야생형 초파리의 평균 수명은 40~50일이다.

## 수명을 연장시키는 유전자는 스트레스 저항의 증가와 관련되어 있다

표 5.3은 초파리에서 수명을 연장시키는 것으로 확인된 몇 가지 유전자들이 나타나 있다. 이들 유전자의 대부분은 항-스트레스 같은 일반적인 기능을 가진다. 예를 들어, *hsp70*(heat shock protein)에 의해 암호화되어 있는 샤페론 단백질은 유비퀴틴 경로를 통한 분해를 위해 잘못 접히거나 손상된 단백질을 표시하는 단백질 그룹에 속한다(이 장 앞부분의 "단백질은 번역 후에 수정되거나 분해될 수 있다"를 참조하자). *hsp70*의 과발현이 연장된 수명을 이끌어 낼 수 있는 광범위한 초파리와 마우스에서 완료되었다. 또 다른 단백질 그룹

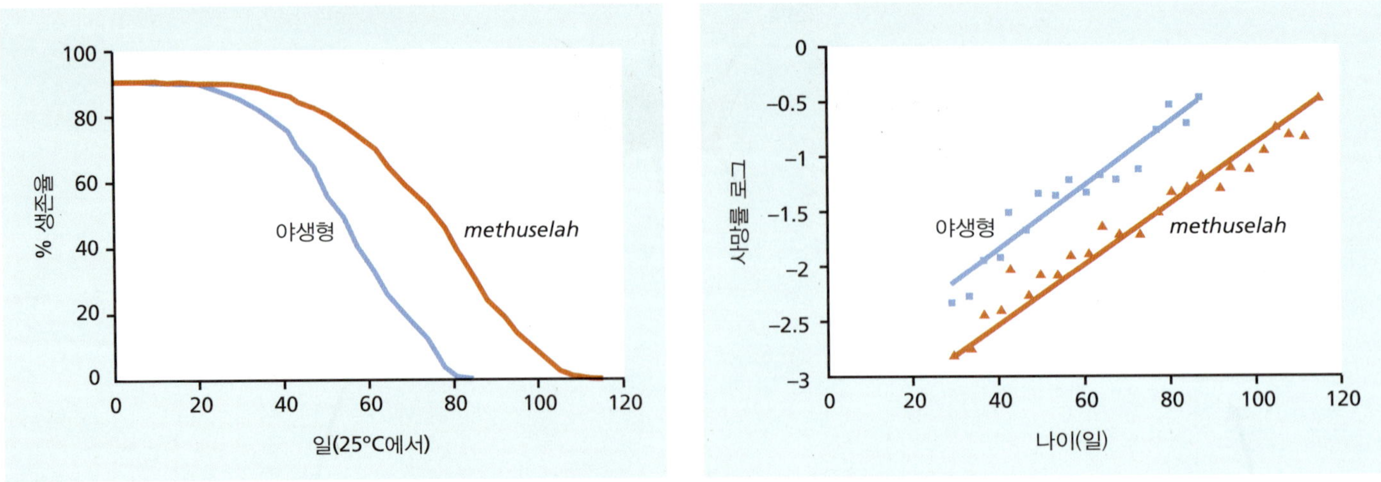


**그림 5.28 야생형과 *mth* 유전자 이식 초파리의 생존곡선과 사망률의 로그.** *mth* 유전자 이식의 사망률 로그가 오른쪽으로 이동한 것을 주목하라. 이는 노화속도가 느려졌음을 나타낸다. (YJ. Lin, L. Seroude, and S. Benzer, *Science* 282:943946에서, 1998. AAAS의 허가를 득함)

은 항-스트레스 기능에 관여하고 산소-중심의 활성 산소를 분해하는 단백질인 내인성 항산화제가 초파리에서 노화와 수명의 속도에 중요한 영향을 가지고 있음을 반복적으로 보여준다. superoxide radical을 물로 환원시키는 경로에서 하나의 효소인 SOD의 과발현은 항상은 아니지만 지속적으로 초파리의 수명을 연장했다. heat shock 단백질과 내인성 항산화제가 초파리의 수명 연장에 관여하는 것은 명백하지만, 그들은 다른 세포내 신호에 반응하여 발현된다. 즉, 이들 두 단백질을 위한 유전자의 일부 상위 유전자가 연장된 수명을 설명하는 인자가 되어야 한다. 그러한 유전자들이 확인되기를 기다린다.

항-스트레스 유전자와 수명 사이의 관련은 ***Methuselah*(*mth*) 유전자**의 발견과 복제로 더 명확해졌다. (Methuselah는 969년 동안 살았다고 보고된 성경의 인물이다.) 초파리 돌연변이의 주의 깊은 선별은 열 저항성을 가진 장수하는 변종을 확인했다. 형질전환된 *mth* 초파리는 야생형보다 훨씬 오래 살고 **(그림 5.28)** 파라콰트(paraquat; 산소중심 라디칼의 과잉생산을 유도하는 화합

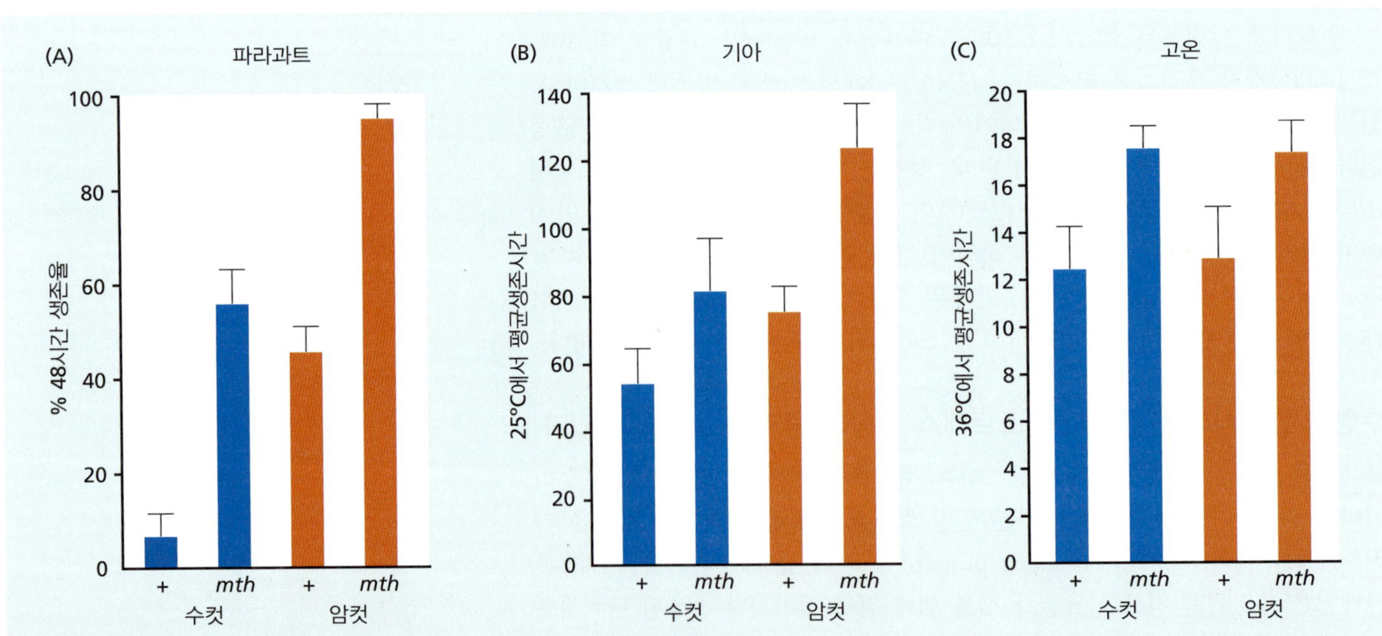


**그림 5.29 스트레스 반응에서 초파리의 생존.** 이 그래프는 (A) 파라콰트, (B) 기아, (C) 고온에 대한 암컷와 수컷 야생형(+)과 *mth* 형질전환 초파리의 생존을 나타낸다. 모든 처리에서 *mth* 돌연변이는 야생형보다 오래 살았다. (Y. J. Lin, L. Seroude, and S. Benzer, Science 282:943-946, 1998에서. AAAS의 허가를 득함)

물) 스트레스, 굶주림 그리고 높은 온도의 스트레스에 대해 더 효과적으로 저항할 수 있다(**그림 5.29**). *mth* 유전자의 복제는 G-단백질 결합 수용체와 상당한 상동성을 보였다. 효모에서 G-단백질 결합 수용체가 연장된 수명을 갖는다는 것을 기억하라. G-단백질 결합 수용체에 특정 리간드의 결합이 형질전환된 *mth* 초파리 돌연변이의 수명을 연장시켰을 때 확인되었다.

## 초파리의 성장을 조절하는 유전자는 또한 수명을 연장시킨다

여러분은 효모와 선충에서 수명의 연장은 환경적 조건과 밀접히 연관되어 차례로 번식에 영향을 준다는 것을 배웠다. 음식물의 부족 같은 동물에게 스트레스를 주는 환경적 조건은 환경이 자손의 생존에 더 유리하게 될 때까지 유전자 발현을 억제하고 성장과 번식을 중지시킨다. 효모와 선충의 성장과 번식을 억제하는 신호전달 경로 또한 수명을 연장시킨다. 여러분은 또한 다우어 형성과 연장된 수명이 신경 내분비로부터 시작된다는 것을 효모의 실험에서 알아보았다. 많은 곤충들처럼 초파리도 열악한 환경조건의 시기 동안에 번식을 지연시키는 전략을 발달시켰다. **휴면기(diapause)**라고 하는 이 전략은 신경 호르몬의 신호에 크게 영향을 받는 것으로 보이고 번식 침묵, 축소된 에너지 대사 그리고 스트레스에 대한 저항에 의해 특징지어진다. 노화생물학자들은 수명에 영향을 미치는 유전자를 평가하기 위해 초파리에 휴면기를 이용했다.

*Chico*(스페인어로 "small boy"를 뜻함)로 알려진 초파리의 돌연변이 좋은 선충보다 더 복잡한 종에서 성장과 번식과 관련된 인슐린-연관 유전자 조절 경로가 노화의 속도에 중요한 역할을 할 수도 있음을 제시하는 추가적인 증거를 제공했다. Chico 초파리는 야생형 초파리 크기의 절반이다; 크기 차이는 더 적고 더 작은 세포를 가진 이 돌연변이의 직접적인 결과이다(**그림 5.30**). Chico 돌연변이는 인슐린 수용체 기질인 CHICO의 발현을 감소시키는 기능-상실 돌연변이(녹아웃)를 포함한다. *Chico* 유전자는 선충의 *daf-2* 돌연변이와 높은 상동성을 가지고 있어서 Chico 발현이 감소되면 초파리에의 평균 수명이 연장되는 것으로 나타났다(**그림 5.31**). 더우기 CHICO 단백질은 선충에서 설명된 것과 유사한 경로를 통해 성장을 자극한다: dFOXO 전사인자의 억제

인슐린 경로를 포함하는 진화적으로 보존된 메커니즘이 수명의 조절에 관여할 가능성은 인슐린 경로 수용체(InR)의 기능-상실 돌연변이 또한 수명을 증가시킨다는 발견으로 인해 더욱 뒷받침된다. 이 돌연변이는 인산화효소-유사 활성을 중요하게 감소시킨다. 이 기능-상실 돌연변이의 독특한 특징은 야

**그림 5.30 암컷 *chico* 돌연변이(왼쪽)와 야생형(오른쪽) 성체 초파리.** (MD. Piper et al., *J. Intern. Med.* 263:179-191, 2008에서. Wiley의 허가를 득함)

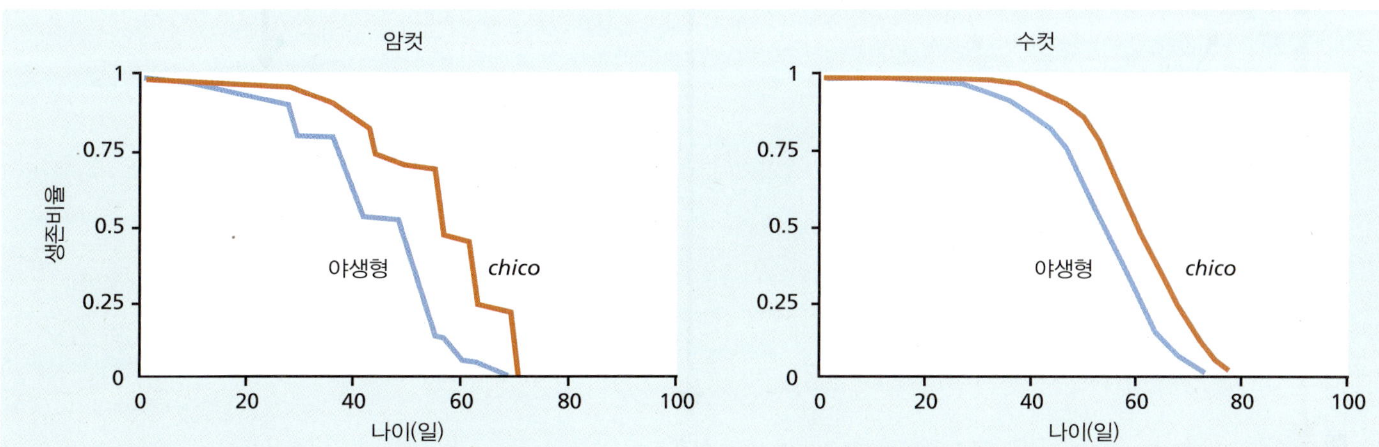


**그림 5.31 *chico* 유전자가 있을 때와 없을 때 암컷과 수컷 초파리의 수명.** *Chico* 유전자의 녹아웃에 의한 생존 증가는 평균 수명으로 제한되었다. 이는 chico가 수명을 직접적으로 증가시키기 보다는 노화속도를 감소시키는 데 더 큰 역할을 하는 것을 나타낸다. (DJ. Clancy et al., *Science* 292: 1 04-1 06, 2001에서. AAAS의 허가를 득함)

생형 초파리와 비교하여 난자 생산이 현저히 감소되고, 이 돌연변이를 휴면기와 연관 짓는 결과이다(**그림 5.32**). 번식 휴면기와 수명 사이의 연관은 유충의 발달에 관여하는 호르몬인 **유충 호르몬(juvenile hormone, JH)**의 투여가 성체 파리에서 InR의 기능을 회복시키고 수명을 감소시키는 결과를 발견했을 때 실제로 더 강력해졌다.

## 생쥐에서 수명의 유전적 조절

단순한 생명체인 효모와 선충은 번식, 발달 그리고 수명이 연관되는 가능성을 지지하며, 이는 노화의 진화적 이론을 뒷받침한다. 노화와 수명의 생물학에서 이러한 통찰력은 현저히 더 복잡한 초파리의 연구에 의해 추가적으로 지지되었다. 이제 일반적인 실험실 생쥐로 관심을 돌려보자. 생쥐는 19개의 이배체 상염색체와 2개의 이배체 성-관련 염색체에 포함된 2억 5천만 염기쌍의 유전체를 가진다. 단백질-암호화 유전자는 현재 21,839개로 나타나고 완

**그림 5.32 생식 휴면기, 유충 호르몬과 수명 사이의 관계.** 생식휴면기의 초파리는 알을 낳지 않는다. 환경 조건이 개선되면 산란이 다시 시작되고, 수명은 야생형 초파리에 비해 상대적으로 연장된다. 인슐린-유사 수용체(InR)의 기능상실 돌연변이는 알 생산을 감소시키고 수명을 연장시킨다(가운데). InR 돌연변이 초파리에 JH를 처리하면 정상적인 알 생산을 회복하지만 (오른쪽) 이는 수명을 감소시킨다.

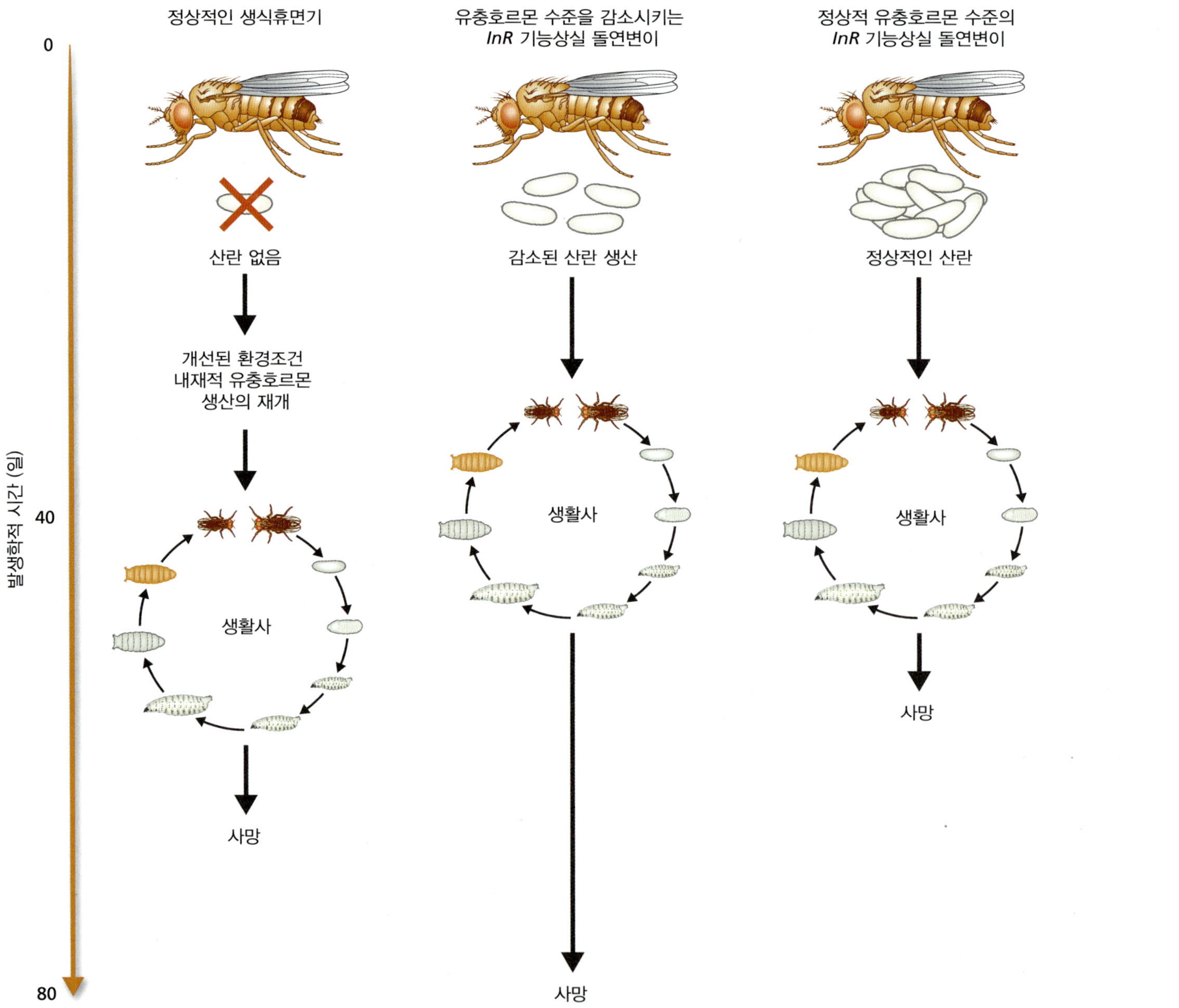

전한 염기-쌍 서열의 약 4%를 나타낸다.

유전적으로 변형된 생쥐의 사용은 수명에 영향을 미치는 유전적 경로의 이해에 크게 도움을 준다. 일반적으로, 유전자 변형 마우스를 이용한 수명 연구로부터, 결과는 효모, 선충 그리고 초파리에서 보고된 결과와 일치한다. 즉, 정상적인 성장에 중요한 신경 내분비 경로를 억제하기 위해 유전적으로 변형된 마우스는 야생형 동물보다 현저히 더 오래 산다. 본 절에서는 그러한 연구 결과에 대해 탐구한다. 먼저 우리는 수명에 영향을 미치는 유전자와 노화의 속도를 늦추는 데 더 커다란 역할을 갖는 유전자들을 분류하는 데 있어 생물노화학자들이 직면한 도전에 대해 간략히 살펴보자.

## 많은 생쥐 유전자는 수명에 영향을 미치는 것으로 알려졌다

재조합 DNA 기술의 자동화와 산업화로 인해 비-유전학자들도 녹아웃 및 형질전환 생쥐를 상대적으로 쉽게 제작할 수 있다. 이러한 유전적으로 변형된 생쥐의 대부분은 노인생물학 연구에서 그들의 유용성에 대해 평가되고 있다. 30 내지 40개의 다른 유전자는 생쥐에서 수명에 일부 영향을 주는 것으로 확인되었다**(표 5.4)**. 여러 유전적으로 변형된 생쥐는 효모, 선충 그리고 초파리에서 확인된 이들 유전자들과 관련된 수명 유전자 또는 신호 경로가 포유류에서도 수명을 연장할 수 있는지 알아보기 위해 개발되었다. 다른 유전자 변형 마우스는 특정 질병 과정에서 중요한 역할을 하는 것으로 알려진 유전자가 수명에 있어서도 다른 기능을 하는지 알아보기 위해 개발되었다.

최근 마우스의 수명에서 단일 유전자의 영향을 평가하는 연구의 잠재적인 급증은 노인생물학 분야에서 상당한 발전을 제공했다. 그것은 또한 해석의 측면에서 그리고 이 연구의 수명과 관련성을 결정하는 데 있어서, 중대한 문제를 야기했다. 유전자의 과발현(형질전환 종) 또는 유전자의 제거(녹아웃)가 수명을 증가시키는 많은 연구들은 제2장에서 논의한 것처럼 노인생물학을 위한 동물 관리와 사용 절차에 관한 기준을 따르는 데 실패했다**(Box 2.1)**. 이러한 실패는 적절한 통계 분석을 위한 불충분한 동물의 수, 하나의 성별에서만 진행된 연구, 사육 조건의 불충분한 세부 사항 그리고 병리학적 자료의 부족을 포함한다. 병리학적 자료 및 사망의 가능한 원인의 부재는 수명을 증가시키는 유전자의 관련성을 결정하는 데 가장 큰 문제가 될 수 있다. 증가된 수명과 관련된 모든 유전자는 또한 다면발현성이기 때문에 이 유전자의 과발현

**표 5.4 수명을 연장시키는 *M. musculus*의 일부 유전자 돌연변이**

| 유전자 또는 돌연변이 이름 | 기능 또는 표현형 효과 | 돌연변이 유형 | 수명의 대략적인 증가 |
|---|---|---|---|
| Ames dwarf (*df/df*) | prolactin 및 갑상선 호르몬 결핍 | 유전적 성장 | 40%[1] |
| *FIRKO* | 지방 특이적 인슐린 수용체 | 녹아웃 | 18%[1] |
| GHR/GP (GHRKO로 알려짐) | 성장 호르몬 결합 단백질(GP)과 결합된 성장 호르몬 수용체(GHR) | 녹아웃 | 25~30%[2] |
| *GPx4* | 글루타티온 퍼옥시다아제 | 녹아웃 | 10%[2] |
| *Irs1*$^{-/-}$ | 인슐린 수용체 기질 | 녹아웃 | 32%[1] (여자만; 남자는 차이 없음) |
| *Irs2*$^{-/-}$ | 인슐린 수용체 기질 | 녹아웃 | 18%[1] |
| *PAPP-A* | 임신 관련 혈장 단백질 A; IGF-1 결합의 저해 | 녹아웃 | 30~40%[1] |
| Snell dwarf(*Pit-1*) | 성장 호르몬과 관련된 전사 인자 | 녹아웃 | 23%[1] |
| *S6K1* | 리보솜 단백질 키나아제 | 녹아웃 | 17%[1](여자만; 남자는 차이 없음) |
| [1] 평균 및 최대 수명 | [2] 평균 수명 | | |

또는 제거가 면역과 질환에 효과를 가질 수도 있다. 예를 들어, 병리학적 자료가 결여된 한 연구는 녹아웃 마우스와 대조군 사이에 8개의 서로 다른 표현형의 차이를 나열했다. 병리학 및/또는 사망의 가능한 원인에 대한 설명 없이는 유전자가 수명 그 자체 그리고 유전 효과에 영향을 미치는지, 또는 그 차이가 노화의 속도나 질병의 예방, 확률적 효과의 변화에 의한 것이었는지 확인하는 것은 불가능하다.

유전적으로 조작된 마우스의 연구 결과로부터 수명의 연관성을 확인하기 위한 연구를 하는 과학들에게 직면하는 또 다른 문제는 조사결과의 반복이 부족하다는 것이다. 자료의 정확성을 확인하기 위한 반복적인 실험은 과학적인 방법의 토대가 된다; 반복이 없는 결과는 예비 결과로 생각되어야 만 한다. 짧은 수명을 가진 종—즉, 효모, 선충 그리고 초파리—에서 수명에 대한 수백 번의 실험은 생물체의 관리와 사육에 대한 최소한의 투자로 2년 이내에 완료될 수 있다. 반면에 생쥐에서 단 2번의 수명 실험 수행에 사육과 관리를 위해 13만 달러 이상의 비용과 거의 10년이 걸릴 것이다. 유전적으로 변형되지 않은 가장 일반적인 종—C57BL/6—의 평균 수명은 26 내지 28개월이다; 최대 수명은 40개월까지도 살 수 있다. C57BL/6 생쥐에서 한 유전자의 유전적 변경은 대체로 약 25% 수명이 증가한다. 이것은 최대 수명이 50개월(4년)이 될 수도 있다. 추가로, 수명 연구를 위해 고안된 시설에서 한 마리 생쥐의 평균 사육 비용은 400달러 이상이 될 수 있다. 각 40마리씩 네 그룹(많은 통계학자에 의해 고려된 유의한 수명 분석을 위해 필요한 최소한의 수)으로 마우스의 수명 연구를 고려해 보자; 사육 비용 한 가지만 64,000달러가 될 것이다.

유전적으로 조작된 마우스를 사용하는 많은 수명 연구와 관련된 이러한 방법론적인 문제는 노인생물학에서 그들의 중요성을 줄이지 않는다. 그들은 단순히 수명의 연구에만 적용할 수 없게 만든다. 많은 유전자 변형과 녹아웃 종은 이미 연령-관련 질병의 근원적인 메커니즘에 대한 통찰력을 제공하고 있다. 하지만 여기서 우리는 장수의 유전학, 연령-관련 질병으로 이어지는 과정과는 상당히 다른 과정에 관심이 있다. 이러한 이유 때문에, 우리는 여기서 특정 병리학에 영향을 주거나 받지 않고 생쥐 또는 다른 종에서 재현되는 단지 수명-증가 유전자만을 논의한다.

### 감소된 인슐린 신호는 장수를 위해 지체된 성장과 연관된다

인슐린/인슐린 유사 성장인자 신호 경로를 표적으로 하는 효모와 초파리의 녹아웃 돌연변이는 발생 과/또는 성장이 지연되고 수명이 증가되었다는 것을 기억하자. 이러한 결과는 성장에 영향을 주는 인슐린 신호전달 경로가 계통발생학적으로 고도로 보존되어 있고 척추동물과 무척추동물 둘 다에서 발견되기 때문에 중요하다(**표 5.5**). 그러므로 생쥐에서 인슐린 신호의 억제 또한 수명을 연장시킬 수 있는 것으로 생각된다.

생쥐에서 세포내 신호 단백질과 인슐린 수용체를 암호화하는 유전자를 제거하면 수명이 증가하는데, 이는 선충과 초파리에서 유사한 결과를 뒷받침한다. 그리고 선충과 초파리의 녹아웃처럼 이들 유전적으로 변형된 생쥐는 야생형 대조군과 비교하면 상당히 더 작다. 이것은 느린 성장과 장수 사이의 밀접한 관계를 다시 한번 제시한다. 일련의 조사에서, 유전자 인슐린 수용체 기질 1(insulin receptor substrate 1, *Ins1*)로 불리우는 인슐린 수용체 결합에

**표 5.5 단백질 대사와 성장에서 인슐린의 효과**

| 기능 | 성장에 대한 중요성 |
|---|---|
| 새포 내로 아미노산 섭취 증가 | 단백질 합성을 위한 아미노산 이용성 증가 |
| DNA의 RNA 전사 증가 | 단백질 합성 촉진 |
| 리보솜에서 mRNA 번역 증가 | 새로운 단백질 합성 자극 |
| 단백질 분해 억제 | 세포로부터 과도한 아미노산 방출 방지: 새로운 단백질 합성에 영향성 |

중요한 세포내 **작용인자**(효과를 유발하는 인자)를 암호화하는 유전자가 제거되었다. 녹아웃 생쥐에서 발견되는 수명의 증가는 단지 암컷에서만 발견되었다. 유전자 변형 생쥐의 수명에 있어 성별에 따른 차이는 드물지 않은 발견이며 그 이유는 여전히 숙제로 남아 있다.

증가된 수명을 보이는 다른 유전적 변형 생쥐는 **지방 조직(adipose tissue)**에 특이적인 인슐린 수용체를 암호화하는 유전자가 결핍된 *f*at-specific *i*nsulin *r*eceptor *k*nockout 또는 ***FIRKO***이다. *FIRKO* 생쥐의 증가된 수명은 **(그림 5.33)** 인슐린 신호전달 경로와 수명 사이의 밀접한 연관성을 다시 한번 증명하지만, 지방 저장의 감소 또한 수명에 영향을 미칠 수 있음을 제시한다. 성장에서의 역할에 추가하여 인슐린은 지방 세포로 들어가는 포도당의 양을 증가시킨다. 단지 극소량의 포도당이 지방으로 전환되는 반면, 포도당은 화합물 글리세롤을 위한 탄소 골격, 트리글리세리드의 주요한 성분, 지방 조직에서 발견되는 지질의 저장 형태를 제공한다. FIRKO 돌연변이에서 지방 조직은 인슐린 수용체가 결여되었기 때문에, 이 마우스는 제한된 양의 지방 조직을 갖게 되며, 지방의 부족이 그들의 더 작은 크기를 설명해 준다. 제9장과 10장에서 비만은 사망률에 주요한 영향을 미치고 건강한 체중은 많은 연령-관련 질병 위험을 감소시킨다는 것을 살펴볼 것이다.

## 감소된 성장 호르몬 신호는 수명 연장을 위한 인슐린-유사 신호전달 경로와 관련된다

인슐린 또는 인슐린-유사 신호전달 경로의 파괴 및 수명 연장으로 인한 신체 크기의 감소는 선충, 초파리 그리고 마우스에서 고도로 보존되어 있다. 포유동물에서 인슐린과 인슐린-유사 신호전달 경로는 뇌하수체에서 성장 호르몬의 분비가 관여하는 성장과 발생에 영향을 미치는 더 커다란 조절 시스템의

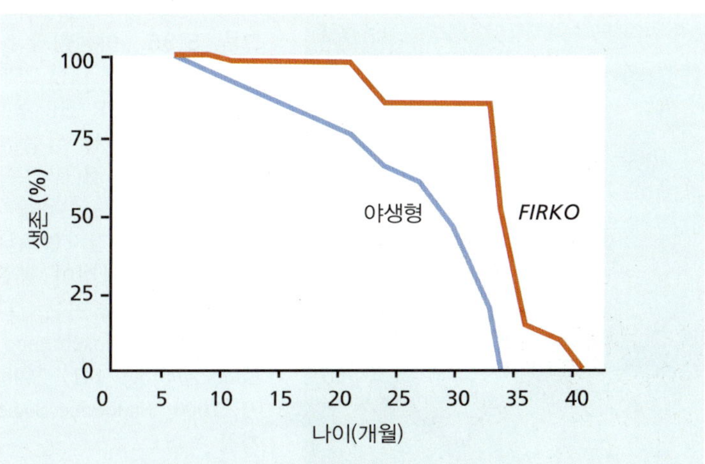


**그림 5.33 인슐린 신호 경로 약화는 수명을 증가시킨다.** 야생형과 *FIRKO*(지방 특이적 인슐린 수용체 유전자가 결핍된 녹아웃 돌연변이) 마우스의 암컷과 수컷의 생존곡선. (M. Bluher, B.B. Kahn, and CR. Kahn, *Science* 299:572-574에서 발췌, 2003. With permission from AAAS의 허가를 득함)

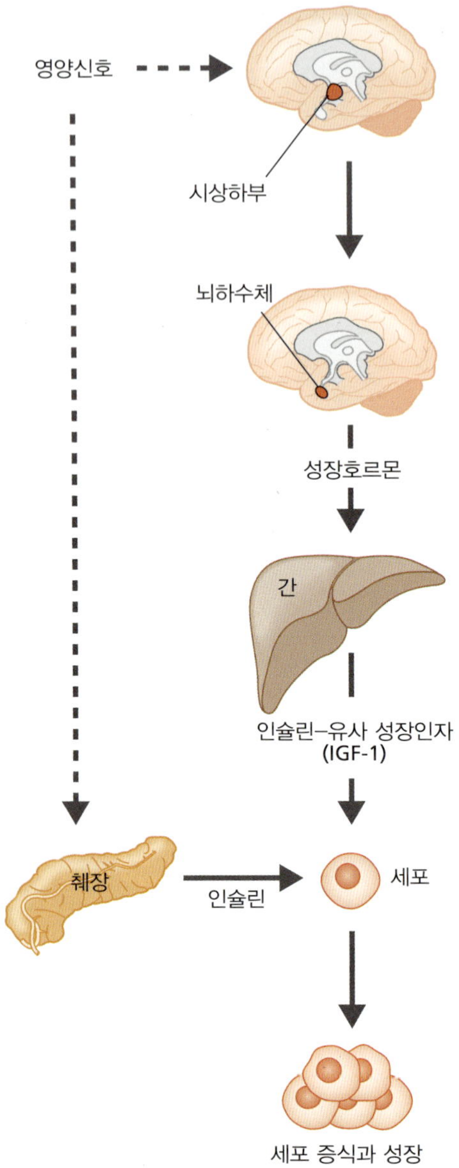


**그림 5.34 포유동물의 성장 호르몬/인슐린 신호전달 경로에 대한 간략한 설명.** 시상 하부는 시상하부 아래에 위치한 뇌하수체로 신호를 전달하고 성장 호르몬(somatotropin)을 혈액으로 분비하도록 유도한다. 성장 호르몬은 간에서 인슐린-유사 성장인자 1(IGF-1)의 합성을 촉진하고, 이 인자는 일반적인 순환으로 방출된다. 동시에 영양신호는 췌장이 일반적인 순환으로 인슐린을 분비한다. 이와 더불어, 인슐린과 IGF-1은 생명체의 유사분열과 성장을 유도한다.

일부이다**(그림 5.34)**. 따라서 생쥐에서 성장 호르몬 신호전달의 파괴로 인해 발육이 정지된 돌연변이가 수명이 증가하는 것은 놀랍지는 않다.

세 가지 난쟁이 돌연변이—Ames dwarf, Snell dwarf (*Pit-1*), GHR/GP *g*rowth *h*ormone *r*eceptor *k*nockout(GHRKO로 알려짐)—모두는 야생형과 비교하면 더 작은 신체 크기와 증가된 수명을 일으키는 성장호르몬-개시 세포내 신호가 붕괴되어 있다**(그림 5.35, 그림 5.36)**. Ames 난쟁이와 Snell 난쟁이의 돌연변이는 높은 다면발현성으로 성장 호르몬, 프로락틴 그리고 갑상선 호르몬의 혈중 농도 감소를 가져온다. GHR/GP의 돌연변이는 다른 호르몬의 변화는 보이지 않지만 Ames 난쟁이와 Snell 난쟁이처럼 감소된 IGF-I의 혈중 농도를 보인다. 난쟁이 돌연변이는 또한 노화 속도가 느리고 특정 연령-관련 질병의 시작을 지연시키는 것으로 보인다. 예를 들어, 콜라겐이 변성하는 데 필요한 시간은 마우스의 노화 속도를 나타내는 것으로 입증되었다. 이것은 꼬리에서 콜라겐이 일단 합성되는게 거기에 일생 동안 남아고 시간이 지날수록 변성되게 어려워지기 때문이다(그 이유는 제8장에서 자세히 설명한다). 그러므로 콜라겐이 더 빠르게 변성할수록 생물학적으로 더 젊은 단백질이다. 돌연변이보다 19개월된 *Pit-1* 대조군 마우스에서 콜라겐이 변성하는 데 거의 4배의 시간이 걸린다. 또한 신생물 (암) 질병의 발병률은 야생형과 난쟁이 돌연변이에서 사실상 동일한 반면 외관의 평균 연령은 돌연변이에서 더 나이 들어 보인다. 더욱이 난쟁이 돌연변이는 어느 연령에서든 생물학적으로 젊게 보인다. 연령과 관련된 기능의 손실을 지연하는 생명 연장의 근본적인 메커니즘을 아직 확인하지 못했지만, 이런 돌연변이들은 노인생물학자들에게 수명(유전적)과 노화속도(확률)를 동시에 조사하는 방법을 제공한다.

## 마우스에서 입증된 수명의 유전적 조절은 인간의 노화에서도 의미를 가진다

성장호르몬/인슐린-유사 신호 경로의 억제를 통해 유전적으로 조작된 마우스의 증가된 수명은 계통발생학적으로 보존된 수명의 메커니즘이라는 것을 증명하기 때문에 중요하다. 이러한 결과의 일관성이 수명은 번식기에 생존을 위해 선택된 유전자의 산물이라는 진화에 기초한 예측을 더 강화시킨다. 생쥐 실험 결과는 또한 노인생물학과 인간의 노화 연구에 중요한 여러 가지 결과를 입증한다. 예를 들어, 단일 유전자의 돌연변이는 포유 동물의 수명에 영

**그림 5.35 야생형과 hetero-zygous 마우스에 대한 GHR/GP 녹아웃 생쥐.** GHR/GP 녹아웃 생쥐(−/−)가 정상 생쥐(+/+)와 heterozygous 생쥐(+/−)보다 크기가 작다는 것을 주목하라. 이러한 세 가지 유전자형 간의 크기 차이는 다른 난쟁이 생쥐 Ames과 Snell에서 보이는 것과 유사하다. (K.T. Coschigano et al., *Endocrinology* 141: 2608-2613에서, 2000. Endocrine Society의 허가를 득함)

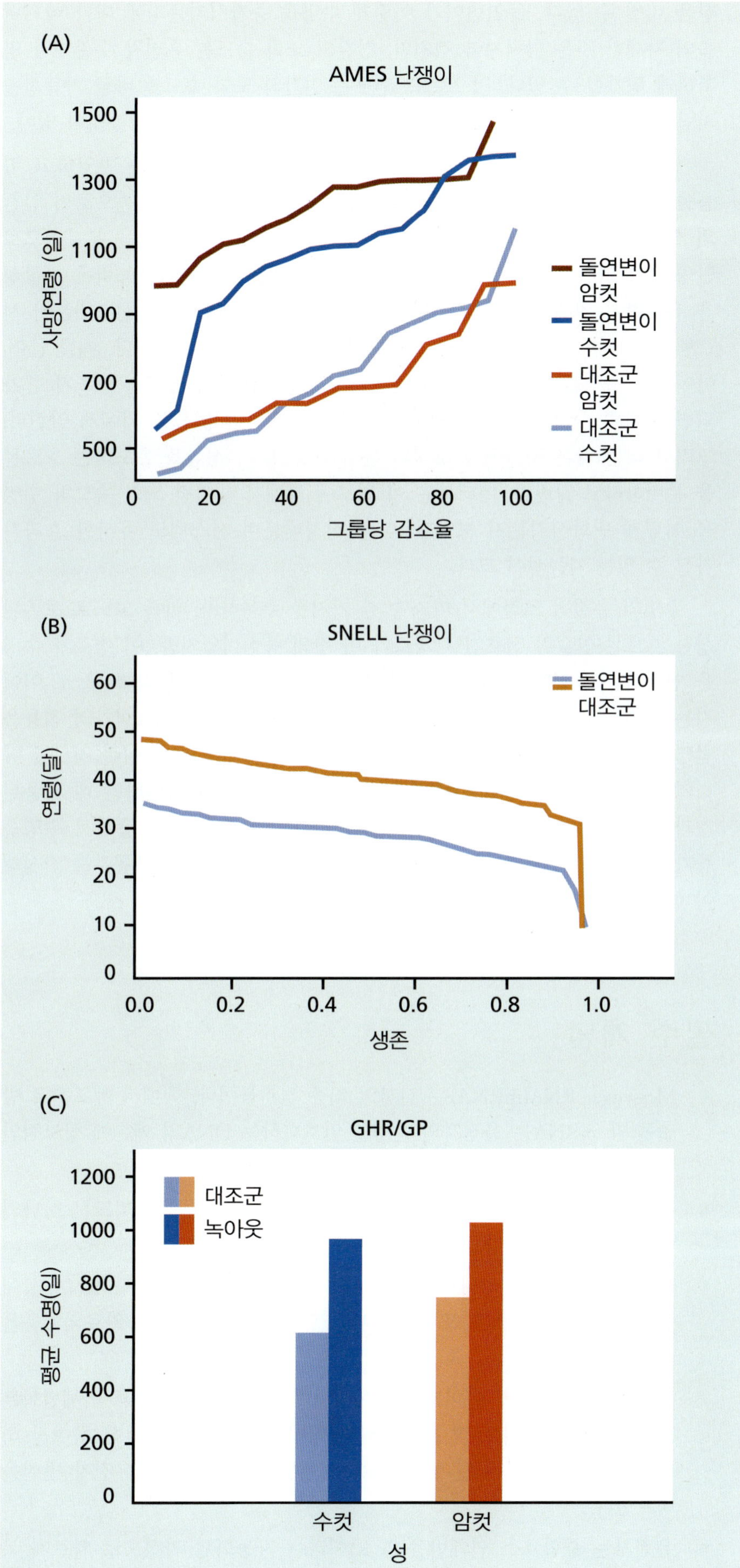


**그림 5.36 세 가지 난쟁이 유전형의 수명.** (A) Ames 난쟁이, (B) Snell 난쟁이 그리고 (C) GHR/GP 돌연변이. Ames 난쟁이와 GHR/GP 돌연변이에서 암컷은 수컷보다 현저하게 길어진 수명을 갖는다. Snell 난쟁이는 수컷만 측정했다. (A, HM. Brown-Borg et al., *Nature* 38433, 1996에서 발췌. Macmillan Publishers의 허가를 득함; B, K. Flurkey et al., *Proc. Natl Acad. Sci. USA* 98:6736-6741, 2001에서 발췌. PNAS의 허가를 득함; C, K.T. Coschigano et al., *Endocrinology* 141:2608-2613의 자료를 인용., 2000. Endocrine Society의 허가를 득함)

향을 미칠 수 있다. 돌연변이가 어떻게 수명을 증가시키는지에 대한 메커니즘의 자세한 것은 밝혀져야 겠지만, 인간의 노화 속도는 유전자 수준에서 명확하게 평가할 수 있다. 앞으로도, 연구는 인간의 노화 속도를 바꿀 가능성을 지닌 특정 유전자 조작 경로를 표적으로 하는 약물을 확인할 가능성이 있다.

생쥐 연구 결과는 또한 증가된 수명이 신경내분비 조절을 반영하고 있음을 확인하였고 이 결과는 인간에게 중요한 의미를 갖는다. 종으로써 인간의 성공은 실제적으로 모든 환경에서 생존하고 번영하는 능력을 부분적으로 반영한다. 거칠고 때로는 스트레스 조건에서 생존할 수 있는 능력은 항상성을 유지하기 위해 호르몬의 분비를 유도하는 환경 신호—즉, 신경내분비 시스템-를 인지하는 신경 경로의 고도로 통합된 시스템의 결과이다. 예를 들어, 아이들이 음식을 먹을 때 영양분은 혈액으로 흡수된다; 영양소 농도가 증가되면 조직의 구성 요소가 존재하고 사용될 준비가 되었음을 뇌에게 알린다; 그리고 뇌는 다른 조직에게 조직의 분열과 증식, 즉 성장을 유도하는 호르몬을 분비하라고 알린다. 여러분은 이 경로에 장애가 생기면 노화 속도와 수명을 어떻게 변화시키는지 보았다. 다른 신경내분비 시스템도 유사한 효과를 가질 수 있는 가능성이 크다.

수명의 유전적 조절에서 마지막 한 가지를 주목하자. 비록 고도로 보존된 성장 호르몬/인슐린 신호전달 경로가 이 장의 중심이었지만, 이 경로가 수명을 연장하는 유일한 통로는 아니다. 단순한 것에서 복잡한 진핵생물로 이어지는 설명은 노인생물학 유전학의 연구에서 훌륭한 과학적인 절차의 적용을 반영한다. 다른 보존된 경로는 확실히 수명에 관련되어 있다. 이런 경로를 밝히기 위해 연구는 성장호르몬/인슐린 유사 신호 경로를 확인하는 데 사용된 것과 같은 방법으로 정확하게 완성해야 한다. 즉, 짧게 사는 종에서 수명을 증가시키는 돌연변이를 검색하고 다음 장수하는 포유류까지 계통수를 작성해야 한다.

## 필수 개념

- Messenger RNA(mRNA)는 전사의 최종 결과물이다. 핵에서 세포질로 방출될 때 mRNA는 유전자의 운명을 암호화하는 DNA의 엑손에 상보적인 뉴클레오티드만 포함하고 있다.
- 유전적 암호에서 코돈이라고 하는 연속된 3개의 뉴클레오티드는 하나의 아미노산을 지정한다.
- 단백질을 한 번에 하나의 아미노산을 구축한다. 리보솜은 mRNA 상에 종결코돈(UAA, UAG, 또는 UGA)이 읽혀질 때 단백질이 완료되었음을 인식한다.
- 히스톤 꼬리의 특정 아미노산에 아세틸기가 결합하는 히스톤 아세틸화는 DNA의 활성 사이트 및 프로모터 영역이 노출되도록 단단히 묶여진 히스톤을 연다. 히스톤 탈아세틸화는 아세틸기를 제거하고 유전자 발현을 방지한다.
- 유전자는 중합효소 연쇄반응(PCR)이라는 자동화된 과정으로 빠르게 복

제될 수 있다. 유전자가 복제된 후, 그 기능은 유전 암호를 적용하여 뉴클레오티드 서열로부터 예측될 수 있다; 이 과정은 자동화되었다.

- 기능이 알려지지 않은 유전자 조각을 형광 염료로 표지하고, 세포, 조직 또는 전체 유기체에 주입하면 유전자 발현이 언제 어디에서 일어나는지를 결정할 수 있다. 이 방법을 *in situ* hybridization이라고 한다.
- 복잡한 진핵생물 유전자의 기능의 평가는 일반적으로 유전자를 제거하거나 유전자의 추가 복사본을 삽입해서 수행된다. 유전자가 제거된 돌연변이를 녹아웃이라고 한다; 유전자의 추가적인 여분을 가진 돌연변이를 형질전환이라고 한다.
- 출아하는 효모는 20~30회 반복한 후 죽으므로, 세포 복제성 노화의 모델로 사용할 수 있다. 번식에 유리하지 않은 환경조건일 때 효모는 휴면기로 들어갈 수 있다. 휴면기는 연대순의 노화에 대한 모델로 사용될 수 있다.
- 효모에서 유전자 침묵은 수명을 연장하는 기본 메커니즘을 보여준다. 몇 가지 다른 유전자 침묵 경로는 환경에서 음식의 낮은 수준과 연관이 있는 것을 확인했다.
- 예쁜꼬마선충은 발달과 번식을 지연시키는 메커니즘을 가지고 있다. 재생에 유리하지 않은 환경에서 유충은 몇 달 동안 이 환경에서 살아남을 수 있는 다우어(dauer)으로 발달할 수 있다. 환경 조건이 개선되면, 다우어는 다시 유충 단계로 들어가고 생식 활동을 하는 성체로 발달한다.
- 노화생물학자는 다우어 형성 경로에서 수명을 연장시키는 두 가지 유전자 *age-1*, *daf-2*를 확인했다. 두 유전자 모두 고도로 보존하는 단백질을 암호화한다.
- *daf-2* 유전자의 약한 돌연변이는 수명을 연장시키지만 생식을 억제하지는 않는다.
- 또 다른 예쁜꼬마선충 유전자인 시계 유전자 *clk-1*도 수명을 연장시킨다. *clk-1*은 미토콘드리아에서 많은 기능을 조절하기 때문에 이 유전자와 수명 사이의 가장 일반적으로 받아들여지는 이론은 에너지 생산과 관련된다.
- 초파리의 여러 유전자는 노화와 장수의 속도에 영향을 미치는 것으로 확인되었다. 일반적으로 이런 유전자들은 세포 손상, 사멸로 이어지는 스트레스로부터 세포를 보호하는 기능을 가진 단백질을 암호화한다.
- 장수하는 초파리 *Methuselah*(*mth*) 돌연변이는 연장된 수명과 뛰어난 스트레스 저항성을 가진다. *mth* 유전자 복제는 G-단백질 결합 수용체와 동일한 상동성을 나타내었다.
- *chico*로 알려진 초파리의 돌연변이는 인슐린 수용체 기질 CHICO의 발현을 감소시키는 기능상실 돌연변이(녹아웃)을 포함한다. *chico* 유전자는 효모에서 설명된 *daf-2* 유전자와 높은 상동성을 보인다.
- *chico* 초파리의 수명 연장은 신경내분비 메커니즘을 통한 성장정지와 연관된다. 적절한 성장과 발달에 필요한 유충 호르몬 결핍은 *chico* 초파리의 표현형을 나타냈다.
- 인슐린 유사 신호의 억제가 수명을 연장시키는 것이 마우스에서 증명되었다. 이 돌연변이의 수명 연장은 성장호르몬/인슐린 유사 신호 경로의

붕괴로 인한 성장 정지를 반영한다.

- 간단한 진핵생물에서부터 복잡한 진핵생물의 수명에 영향을 미치는 유전자의 보존은 인간의 노화에서 몇 가지 의미를 가진다. (1) 단일 유전자 돌연변이가 수명에 영향을 줄 수 있다; (2) 수명은 적어도 부분적으로 신경 내분비 조절을 반영한다; (3) 수명과 관련된 다른 유전적 경로가 존재하며 규명을 기다려야 한다.

## 토론 질문

**Q5.1** 세포는 자주 변화하는 세포내 환경에 대응하여 신속하게 발생하는 단백질 합성을 필요로 한다. 단백질 합성의 빠른 속도에 기여하는 요인을 간단히 나열하고 설명하시오.

**Q5.2** 당신은 유전자 발현의 억제가 특정 세포내 사건을 일으키는 메커니즘인 것을 보여주는 실험을 수행하였다. 당신은 또한 이 억제가 repressor 단백질이 있을 때 발생한다는 것을 알고 있다. 하지만 repressor는 enhancer 부분에 activator가 결합하는 것을 억제하는 것과는 관련이 없다. 유전자 발현 억제 과정이 일어날 가능성이 가장 높은 장소를 추측하시오. 그 과정을 간략히 설명하시오.

**Q5.3** 노인 의학의 전문가로서, 당신은 키가 작은 환자가 조기 노화의 증상을 보이는 것을 알았다. 여러 장기에서 빠른 노화가 동시에 발생하기 때문에, 당신은 성장과 노화 속도 사이의 관계가 유전적 조절에 의한 것일 수 있다는 가설을 세웠다. 당신이 발달에 대해 암호화하는 유전자가 수명에 영향을 미치는지 확인하기 위해 취할 수 있는 단계에 내해 실명하시오.

**Q5.4** 효모(*S. cerevisiae*)는 생식 수명을 증가시키기 위해 두 가지 전략을 발전시켜 왔다. 이 두 가지 방법을 간략히 설명하시오. 이 두 가지 전략이 효모를 수명의 유전학 연구를 위한 강력한 모델로 만드는 이유에 대한 진화적 근거는 무엇인가?

**Q5.5** 다음 진술을 뒷받침하는 증거를 제공하시오: 출아효모에 식품이용도를 감소시키면 수명이 증가한다.

**Q5.6** 예쁜꼬마선충은 토양에 살고있는 박테리아를 먹고살기 때문에 이 선충의 연구는 농부들에게 큰 중요성을 가진다. 예쁜꼬마선충은 박테리아를 먹는 동시에 식물의 뿌리에 손상을 입힌다. 이 장에서 배운 것을 토대로, 선충에 의한 피해를 최소화할 수 있는 방법을 제안하시오.

**Q5.7** 약한 *daf-2* 돌연변이(녹아웃 돌연변이와 반대)를 이용한 실험이 생물노화학에서 이 과정의 중요성을 증명한 이유에 대해 간략하게 설명하시오.

**Q5.8** *Methuselah* (*mth*) 유전자는 초파리에서 환경적 스트레스로부터 보호함으로써 수명을 연장시킨다. 다른 종에서 시사되었던 이와 유사한 수명 연장 메커니즘은 무엇인가? 이 발견의 중요성을 간략하게 논의하시오.

**Q5.9** 두 돌연변이가 유전체상에서 다른 위치이며 다른 기능을 함에도 불구하고 *Irs1*과 *Pit-1* 녹아웃 마우스 둘 다 난쟁이 종이다. 왜 이런 다른 유전자가 둘 다 난쟁이 마우스로 만드는지 간략히 설명하시오.

**Q5.10** 본 장에서는 수명에 영향을 미치는 유전자를 식별하는 유전자 연구의 특정 방법의 중요성을 강조했다. 효모부터 마우스까지 수명을 향상시키는 고도로 보존된 신호전달 경로를 확인한 중요한 연구 결과를 나열하시오. 특정 모델이 수명을 연구하는 데 사용되는 이유도 포함하시오.

## 추가 참고문헌


### 진핵생물에서 유전자 표현의 개관

Alberts B, Bray D, Hopkin K et al (2010) Essential Cell Biology. New York: Garland Science, pp 231–267.

Watson JD (1968) The Double Helix: A Personal Account of the Discovery of the Structure of DNA. New York: Simon and Schuster.

### 유전자 발현의 조절

Alberts B, Bray D, Hopkin K et al (2010) Essential Cell Biology. New York: Garland Science, pp 269–296.

Carroll SB (2005) Endless Forms Most Beautiful. New York: WW Norton and Company.

Jacob F & Monod J (1961) Genetic regulatory mechanisms in the synthesis of proteins. *J Mol Biol* 3:318–356.

Kornberg RD (2007) The molecular basis of eukaryotic transcription. *Proc Natl Acad Sci USA* 104:12955–12961.

### 유전자 변형에서의 유전자 발현 분석

Alberts B, Bray D, Hopkin K et al (2010) Essential Cell Biology. New York: Garland Science, pp 327–362.

Mullis KB (1990) The unusual origin of the polymerase chain reaction. Sci Am 262(4):56 –61, 64–65.

Park SK & TA Prolla (2005) Lessons learned from gene expression profi le studies of aging and caloric restriction. *Ageing Res Rev* 4:55–65.

### *S. CEREVISIAE*에서 장수의 유전적 조절

Goffeau A, Barrell BG, Bussey H et al (1996) Life with 6000 genes. *Science* 274:546, 563–567.

Jazwinski SM, Chen JB & Sun J (1993) A single gene change can extend yeast lifespan: the role of Ras in cellular senescence. *Adv Exp* Med *Biol* 330:45–53.

Kaeberlein M (2010) Lessons on longevity from budding yeast. *Nature* 464:513–519.

Sauve AA, Wolberger C, Schramm VL & Boeke JD (2006) The biochemistry of sirtuins. *Annu Rev Biochem* 75:435–465.

Sinclair DA & Guarente L (1997) Extrachromosomal rDNA circles—a cause of aging in yeast. *Cell* 91:1033-1042.

### 예쁜꼬마선충에서 장수의 유전적 조절

*C. elegans* Sequencing Consortium (1998) Genome sequence of the nematode *C. elegans*: a platform for investigating biology. Science 282:2012–2018.

Friedman DB & Johnson TE (1988) A mutation in the *age-1* gene in *Caenorhabditis elegans* lengthens life and reduces hermaphrodite fertility. *Genetics* 118:75–86.

Guarente L & Kenyon C (2000) Genetic pathways that regulate ageing in model organisms. *Nature* 408:255–262.

Johnson TE (2008) *Caenorhabditis elegans* 2007: the premier model for the study of aging. Exp Gerontol 43:1–4.

Kenyon C, Chang J, Gensch E et al (1993) A *C. elegans* mutant that lives twice as long as wild type. *Nature* 366:461–464.

Lakowski B & Hekimi S (1996) Determination of life-span in *Caenorhabditis elegans* by four clock genes. Science 272:1010–1013.

Riddle DL, Blumenthal T, Meyer BJ & Priess JR (eds) (1997) *C. elegans* II, 2nd ed. Cold Spring Harbor, NY: Cold Spring Harbor Laboratory Press.

Tissenbaum HA & Johnson TE (2008) In Molecular Biology of Aging (Guarente L, Partridge L & Wallace DC eds). Cold Spring Harbor, NY: Cold Spring Harbor Laboratory Press, pp 153–183.

van der Horst A & Burgering BM (2007) Stressing the role of FoxO proteins in lifespan and disease. *Nat Rev Mol Cell Biol* 8:440–450.

### 노랑 초파리에서 장수의 유전적 조절

Adams MD, Celniker SE, Holt RA et al (2000) The genome sequence of *Drosophila melanogaster. Science* 287:2185–2195.

Clancy DJ, Gems D, Harshman LG et al (2001) Extension of lifespan by loss of CHICO, a *Drosophila* insulin receptor substrate protein. *Science* 292:104–106.

Lin YJ, Seroude L & Benzer S (1998) Extended life-span and stress resistance in the *Drosophila* mutant methuselah. *Science* 282:943 –946.

Orr WC & Sohal RS (1994) Extension of life-span by overexpression of superoxide dismutase and catalase in *Drosophila melanogaster. Science* 263:1128–1130.

Sun J & Tower J (1999) FLP recombinase-mediated induction of Cu/Zn-superoxide dismutase transgene expression can extend the lifespan of adult *Drosophila melanogaster* fl ies. *Mol Cell Biol* 19:216–228.

Tatar M, Kopelman A, Epstein D et al (2001) A mutant *Drosophila* insulin receptor homolog that extends life-span and impairs neuroendocrine function. *Science* 292:107–110.

## *M. MUSCULUS*에서 장수의 유전적 조절

Barbieri M, Bonafe M, Franceschi C & Paolisso G (2003) Insulin/IGF-signaling pathway: an evolutionarily conserved mechanism of longevity from yeast to humans. *Am J Physiol Endocr Metab Physiol* 285:E1064–1071.

Bluher M, Kahn BB & Kahn CF (2003) Extended longevity in mice lacking the insulin receptor in adipose tissue. *Science* 299:572–574.

Brown-Borg HM, Borg KE, Meliska CJ & Bartke A (1996) Dwarf mice and the ageing process. Nature 384:33.

Coschigano KT, Clemmons D, Bellush LL & Kopchick JJ (2000) Assessment of growth parameters and lifespan of GHR/BP gene-disrupted mice. *Endocrinology* 141:2608–2613.

Flurkey K, Papaconstantinou J, Miller RA & Harrison DE (2001) Lifespan extension and delayed immune and collagen aging in mutant mice with defects in growth hormone production. *Proc Natl Acad Sci USA* 98:6736 –6741.

Ladiges W, Van Remmen H, Strong R et al (2009) Lifespan extension in genetically modifi ed mice. *Aging Cell* 8:346–352.

Selman C, Lingard S, Choudhury AI et al (2008) Evidence for lifespan extension and delayed age-related biomarkers in insulin receptor substrate 1 null mice. *FASEB J* 22:807–818.

# 6 식물 노화

**"늙는다는 것은 슬프지만 성숙된다는 것은 좋은 것이다."**

**-브리짓 바르도[BRIGITTE BARDOT(1934~ ), 여배우]**

식물은 지구 생물 총량의 90% 이상을 차지하며 육지에 서식한 최초의 다세포 생물의 일부이다. 식물은 동물의 폐호흡으로 인한 노폐물($CO_2$)을 제거하면서 대기 중에 산소를 공급한다. 축산물을 포함한 모든 음식은 식물로부터 시작된다. 식물만이 빛(광자) 에너지를 이용하여, 무기 및 유기 요소를 합성하는 능력을 가지고 있다. 식물의 노화와 죽음은 건강한 토양(조성)과 식물의 다음 세대(종자)에 매우 중요하다. 식물 노화는 우리의 일상 생활에서 뿐만 아니라 지구 전체의 생태계에도 커다란 영향을 끼친다.

지구의 생태에 대한 식물 노화의 중요성을 입증하기 위해 다양한 시기의 옥수수 밭을 예로 생각해 보자. 대부분의 경우, 식물은 발아, 성장 그리고 열매 생성(번식)의 일반적인 단계를 거치며 모든 단계는 식물이 녹색일 때 일어난다. 계절의 후반에, 옥수수 줄기의 모양이 빠르게 변형된다. 잎은 광합성이 감소하고, 황금 갈색으로 색상이 변한다. 낙엽이 되어 잎이 죽어가는 동안, 옥수수 이삭은 성장과 성숙을 계속하는 것을 알 수 있다. 즉, 잎이 죽으면서 자신의 유기성분을 분해하고 생성된 영양소가 생식기관으로 이동함으로써 다음 세대 옥수수의 생명의 원천이 된다.

성장 단계가 끝으로 갈수록 잎은 옥수수 줄기에서 떨어지기 시작한다. 줄기로부터 규제와 의도적으로 분리되는 잎의 **이탈(abscission)**은 종자육성(열매와 꽃의 발생 등)의 마지막 단계와 거의 동시에 일어난다. 종자 성숙도는 식물의 중요한 전환기를 의미한다. 잎은 한때 종자 육성의 근원이었지만, 이제는 다른 조직으로부터 영양분을 흡수하는 곳으로 되었다. 잎은 이제 내년의 농작물을 위한 준비를 한다. 분리된 잎은 퇴비로 사용되어 토지에 질소와 탄소를 포함한 여러 분자들을 방출한다. 잎의 퇴비는 다음 세대의 식물이 성장할 수 있도록 토양을 유지한다. 식물의 노화가 발생하지 않을 경우, 토양은 영양소가 고갈되어 작물을 생산할 수 없게 되며 이는 식물뿐 아니라 동물 생태계도 더 이상 유지될 수 없는 문제로 이어질 것이다.

이 장에서 우리는 식물의 노화에 대해 알아 볼 것이다. 우리는 노화에 초점을 맞추기 위해 먼저 기초 식물 생물학 및 생리학에 대하여 간단히 논의하고, 식물의 노화 메커니즘과 노화를 개시하는 요인들에 대해 알아보기로 한다.

이 장에서...

## 기초 식물 생물학

식물의 기본적인 생물학적 과정은 동물과 큰 차이가 없다. 식물은 동물과 동일한 화학 및 물리학의 법칙 내에서 기능을 하며 전사, 번역, 세포질 운반 및 에너지 생산과 같은 일반적인 기능을 한다. 식물은 동물에 영향을 미치는 것과 동일한 진화적 요소에 영향을 받는다—즉, 그들의 주변 환경에 적응한다. 따라서 이 절에서는 동물 생물학과는 다른 식물 생물학의 측면에 초점을 맞추고자 한다.

### 식물세포는 세포벽, 중심 액포 및 색소체를 가진다

식물세포는 동물세포와 구분되는 세 가지 고유한 기관을 가진다: 세포벽, 색소체 그리고 중심 액포(그림 6.1). **세포벽**(**cell wall**)은 일차 및 이차의 두 가지 유형이 존재한다. **일차 세포벽**(**primary cell wall**)은 세포의 다른 부분과 같은 시기에 발달하며, 매우 얇고 탄력적인 경향이 있다. 일차 세포벽의 탄성은 식물 전체의 성장 및 신장에 중요한 역할을 한다. 세포들의 의사 소통과 작은 분자들의 교환은 일차 세포벽의 **원형질 연락사**(**plasmodesmata,** 단수는 plamodesma)를 통하여 이루어진다.

**이차 세포벽**(**secondary cell wall**)은 주로 **물관부**(**xylem**) 관다발계(죽은 세포로 구성된 목질부)가 있는 식물에서 발견되며, 식물세포가 죽어 세포소기관을 잃을 때 더욱 두드러지게 된다. 이 벽은 일차 세포벽보다 훨씬 두껍고 단단하며 많은 식물에서 구조적인 역할을 한다. 두 가지 유형의 세포벽 모두 세포의 지질 이중막(원형질막) 외부에 위치하고 있으며, 포도당의 선형 사슬로 이루어진 분자인 **셀룰로오스**(**cellulose**)로 구성된다.

**중심 액포**(**central vacuole**)는 용해된 염을 포함하는 물로 채워져 있으며, **액포막**(**tonoplast**)이라 불리는 반투과성막에 둘러 싸여 있다. 액포에서 발생

그림 6.1 식물세포의 구조

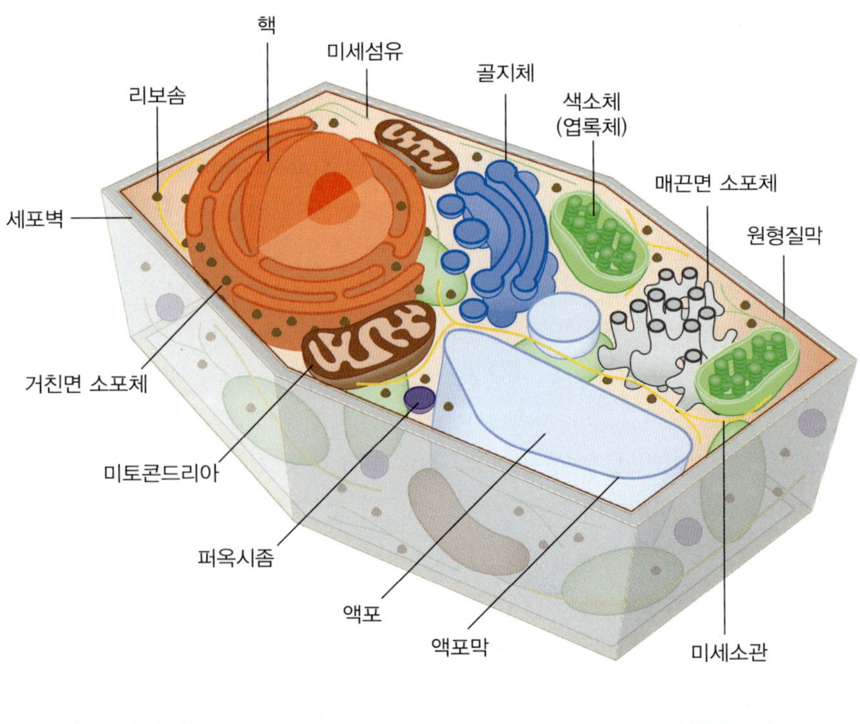

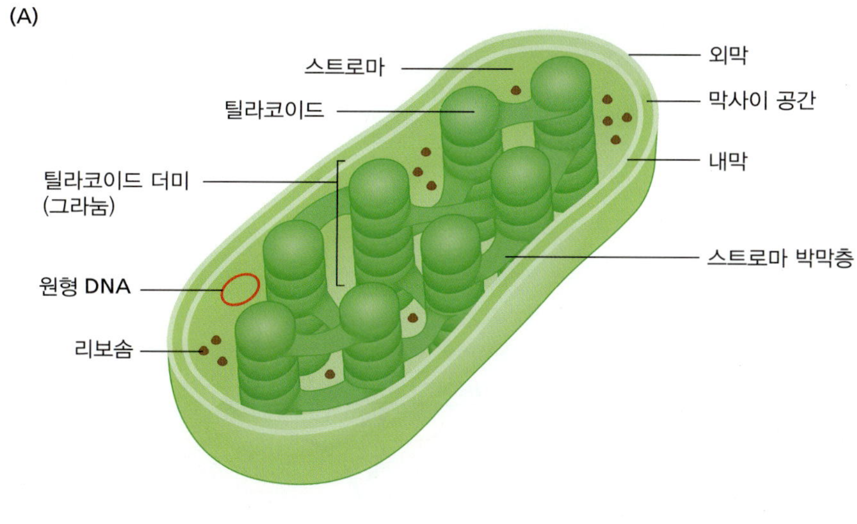


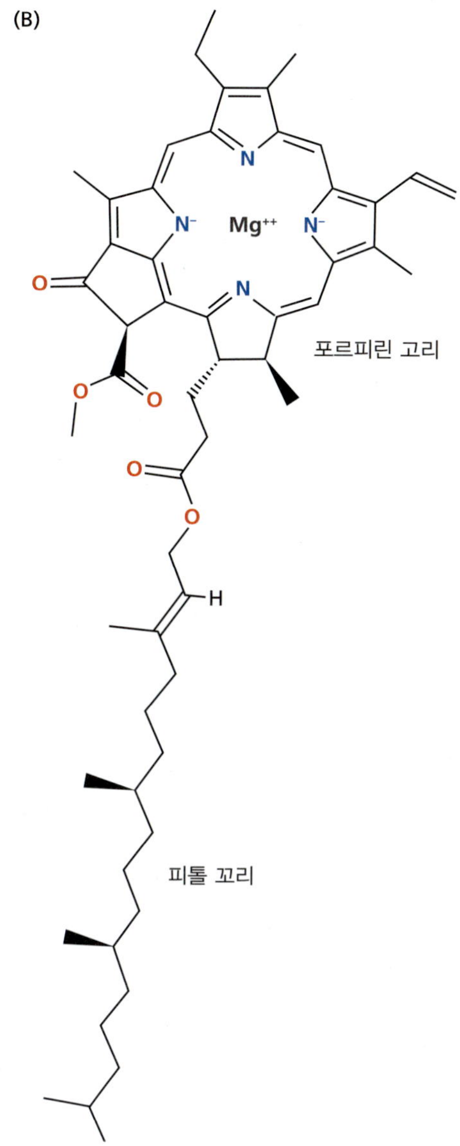


**그림 6.2 엽록체와 엽록소의 구조.** (A) 엽록체는 2개의 막으로 스트로마라고 불리는 유동체를 둘러싸고 있고, 틸라코이드 더미는 그라나를 형성한다. 엽록체는 높은 농도의 엽록소로 인하여 초록색을 띄게 된다. (B) 엽록소는 중앙에 마그네슘 이온을 가진 포르피린 고리 구조의 "머리"를 가지고 있다. 머리에 부착된 탄화수소는 틸라코이드 막에 있는 단백질과 상호작용하는 피톨 구조인 "꼬리"를 가지고 있다. 엽록체와 엽록소의 분해는 식물의 노화에 중요한 단계이다.

하는 부피 변화는 일차 세포벽에 압력을 가하거나 제거함으로써 가능하며, 탄력이 있는 벽에 가해지는 압력의 양에 따라 세포의 크기가 변화된다. 액포에 의한 세포 부피의 변화는 식물의 성장과 건강에 매우 중요하다. 왜냐하면 식물은 움직일 수 없고 원시적인 관다발계를 가지고 있기 때문에, 각각의 세포는 물, 미네랄, 이산화탄소 및 광을 수집하는 능력을 최대화하기 위해 큰 표면적을 필요로 한다. 하지만, 세포의 에너지 수요와 크기(부피와 표면적의 비율), 즉 **상대 성장 스케일링(allometric scaling)**은 세포가 효율적으로 기능을 유지하는 데 필요한 영양 수집과 세포질을 공급할 수 있는 크기에 의하여 제한된다. 따라서 식물은 액포의 부피를 이용하여 그 표면적을 변화시킬 수 있는데 전형적인 중앙 액포는 세포 부피의 약 50%를 차지하지만, 이 부피는 95%까지 확장이 가능하다. 낮은 수분 조건에서 식물의 시듦은 액포의 체적 손실을 반영하는 것이다.

액포는 이 외에도 세포 내에서 몇 가지 다른 여러 기능을 수행하기도 하는데, 정상적인 대사에 필요한 용해 물질의 저장과 많은 꽃에서 관찰되는 색상의 색소 포함 및 **자가소화작용 체계(autophagic system)**의 한 부분이기도 하다.

**색소체(plastids)**는 식물 세포질에서 발견되는 주요 기관이다. 이는 광합성에 필요한 화학 물질의 합성 및 저장을 위한 부분으로서 사용된다. 색소체에는 이중 막과 화학 반응이 수행되는 막간 공간이 있다. 색소체에는 일반적으로 세 가지의 유형이 있다; **백색체(leucoplasts)**는 탄수화물 또는 기름을 저장하는 무색 색소체이다. **잡색체(chromoplasts)**는 엽록소 이외의 색소를 저장한다. 예를 들어, 토마토의 유색체는 붉은 색소인 루테인을 포함하며, 당근의 유색체에는 노란색-오렌지 색소인 카로틴 등이 포함되어 있다. 마지막으로 **엽록체(chloroplasts)**는 녹색 색소인 엽록소를 가지며 광합성이 일어나는 장소이다(그림 6.2).

## 광합성은 엽록체에서 일어난다

식물은 동물과 달리 내부적으로 만든 음식으로부터 에너지를 획득하는 과정을 가진 **독립영양생물(autotrophy)**이다. 식물 대사의 주요 에너지원은 엽록체에서 일어나는 **광합성(photo-synthesis)**(그림 6.3)에 의해 생성된 포도당과

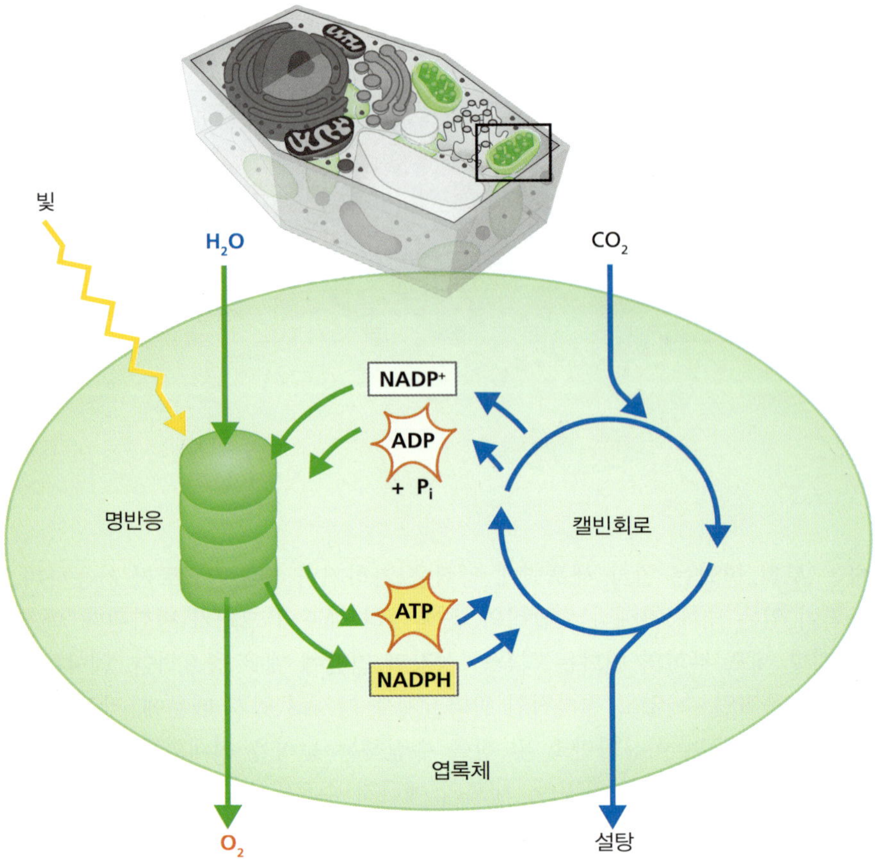


**그림 6.3 광합성의 개요.** 광합성은 빛 에너지를 이용하며 전구체에서 포도당의 합성이 이루어지는 과정으로 엽록체의 틸라코이드 막에서 일어나는 명반응(그림 6.4를 참조)으로 시작된다. 명반응은 ATP와 NADPH를 만들기 위해 태양 에너지를 사용한다. 물은 빛 에너지에 의해 산화되어 대기에 산소를 방출한다. 동시에 대기로부터 흡수된 이산화탄소는 캘빈회로 또는 암반응으로 알려진 일련의 반응을 통해 설탕으로 변환된다(그림 6.5 참조). 설탕은 세포 바깥쪽으로 운반된 후 체관부를 통하여 다른 기관으로 수송된다.

과당이다. 광합성 과정에서 생성된 포도당과 과당이 결합하여 설탕을 형성한다. 설탕은 포도당과 과당으로 다시 변환되어 에너지를 사용하는 식물의 다른 기관에 체관부를 통해 전달된다.

광합성은 기본적으로 두 단계로 구분되는데: **명반응(light reactions**, 광합성의 "빛" 부분)과 암반응 또는 **캘빈회로(Calvin cycle**, 광합성의 "합성" 부분)이다. 후자는 이 경로를 발견한 멜빈 캘빈(Melvin Calvin, 1911~1997)의 이름에서 명명되었다. 명반응은 명반응은 2개의 상호작용하는 빛 단계로 구성된다(그림 6.4). 두 반응은 태양 에너지를 화학 에너지로 변환한다. 엽록체의 틸라코이드 막에 있는 단백질에 부착된 엽록소 분자들이 광자를 포획하여 더 높은 에너지 수준에 있는 들뜬 전자들을 자극한다. 들뜬 전자에 의하여 물은 산화되고 산소는 대기로 방출된다. 산화반응에서 생성된 전자는 ATP 생성을 "촉진"시키는데, 이것은 미토콘드리아에서 호흡과 연결된 산화적 인산화 과정과 매우 유사하게 일어난다(4장 참조). 새로 생성된 ATP는 암반응을 시작할 수 있는 에너지원이다. 다른 하나는 **NADP**$^+$를 NADPH로 환원시키는 에너지를 제공한다(그림 6.4).

명반응에서 생성된 ATP와 NADPH는 캘빈회로에서 $CO_2$를 이용하여 포도당의 전구체인 3개의 탄소 구조를 가진 **3탄당 인산(triose phosphate)**로 전환시키는 데 사용된다. 캘빈회로는 세 단계로 구분할 수 있는데 카복실화 반응, 환원 반응 그리고 재생 반응이다(그림 6.5). **카복실화 반응(carboxylation)** 동안 각 $CO_2$ 분자는 리불로오스 1,5-비스 인산(RuBP)이라 불리는 당에 부착하게 되는데, 리불로오스 1,5-비스 인산 카르복실화 효소/산화효소(RuBisCo,

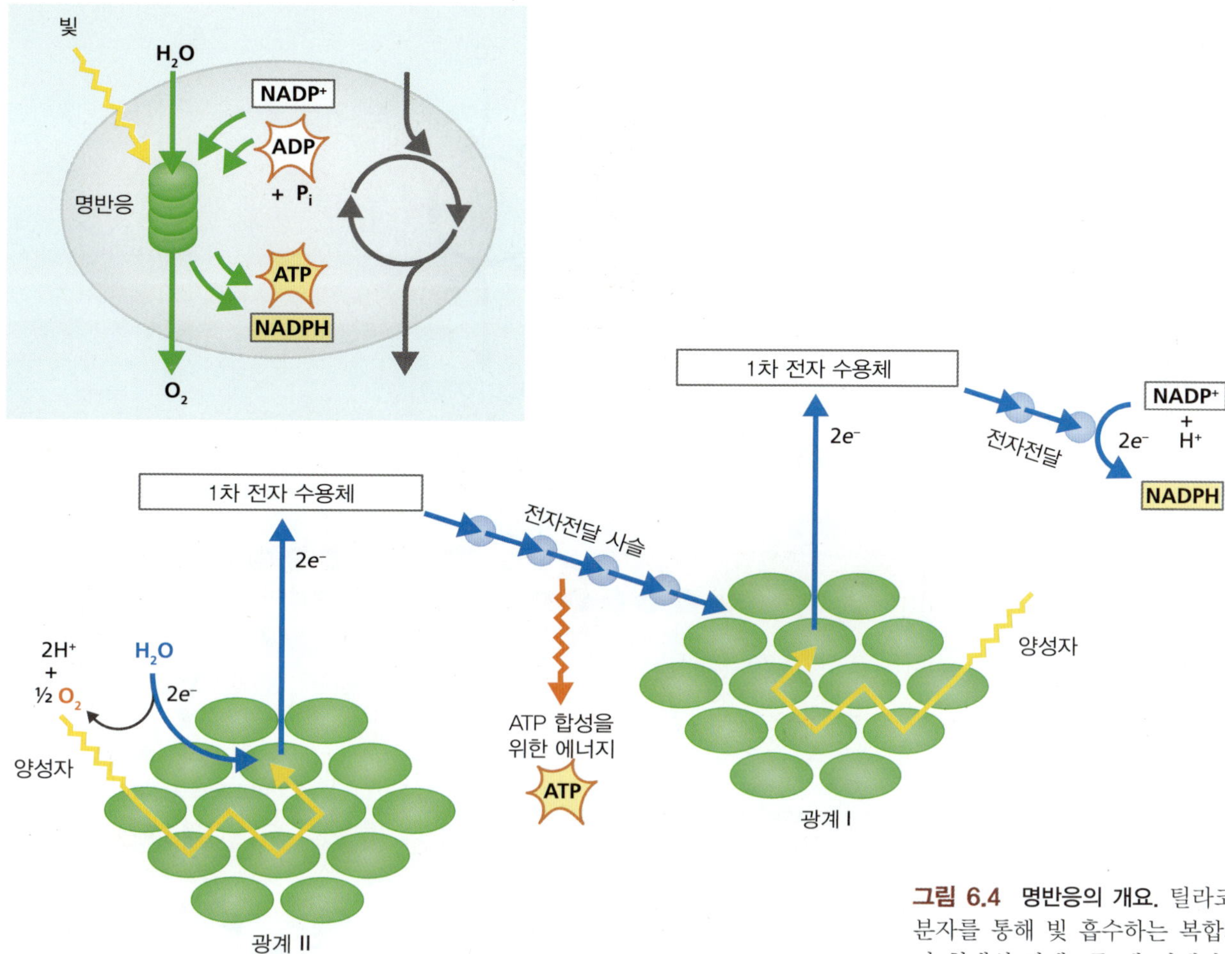


**그림 6.4 명반응의 개요.** 틸라코이드 막은 색소 분자를 통해 빛 흡수하는 복합체를 가진 두 가지 형태의 광계, 즉 제1광계와 제2광계를 가진다. 제2광계를 통해 흡수된 빛과 그 에너지에 의하여 들뜬 전자는 물을 산화시켜 산소($O_2$)와 양성자($H^+$)를 생성한다. $O_2$는 대기 중으로 방출되고, $H^+$는 ATP의 합성의 힘으로 사용된다. 제1광계를 통해 흡수된 빛은 $NADP^+$를 NADPH로 환원시키는 에너지를 제공한다. NADPH는 캘빈회로에 전자를 공급하게 되고 이것은 $CO_2$를 고정하여 삼탄당인산(triose phosphate)을 만드는 데 사용되어진다.

루비스코)가 이 반응을 촉매한다.

RuBP는 카복실화 반응 후 3개의 탄소를 가진 화합물인 3-포스포글라이세린산(3-PGA)를 형성한다. **환원(reduction)** 단계에서는, 3-포스포글라이세린산 각 분자가 ATP로부터 인산기를 받음으로써 1,3-비스포스포글라이세린산을 형성하고, NADPH를 통해 전자를 내보내며 글리세르알데하이드 3-인산(G3P)으로 환원시킨다. G3P는 엽록체 막을 통해 세포질로 확산되어 포도당 혹은 과당 합성의 기질로 제공된다.

캘빈회로에서 생성된 G3P는 전부 다 엽록체를 떠나지는 않는다. 캘빈회로의 세 번째 단계인 **재생(regeneration)**은 3탄당 인산 이성질화 효소가 G3P의 일부를 디하이드록시아세톤인산(DHAP)으로 변환시키면서 시작되고 몇 가지 단계를 더 거침으로써 DHAP는 리불로오즈 5-인산으로 전환되어 ATP로부터 인산기를 전달받음으로써 RuBP를 형성한다. 이로써 캘빈회로의 1회전을 종료하고 다음 캘빈회로를 돌리기 위한 준비를 한다. 포도당 합성을 위한 G3P 한 분자의 합성을 위해서 명반응에서 생성된 9분자의 ATP와 6분자의 NADPH를 캘빈회로를 통하여 소비한다.

## 식물 호르몬의 성장과 발달 조절

사실상 식물 호르몬(혹은 식물성 호르몬)의 거의 모든 기능은 세포 분열 혹은 세포 사멸과 같은 성장과 발달과 연관되어 있다. 또한, 동물과 달리 식물호르

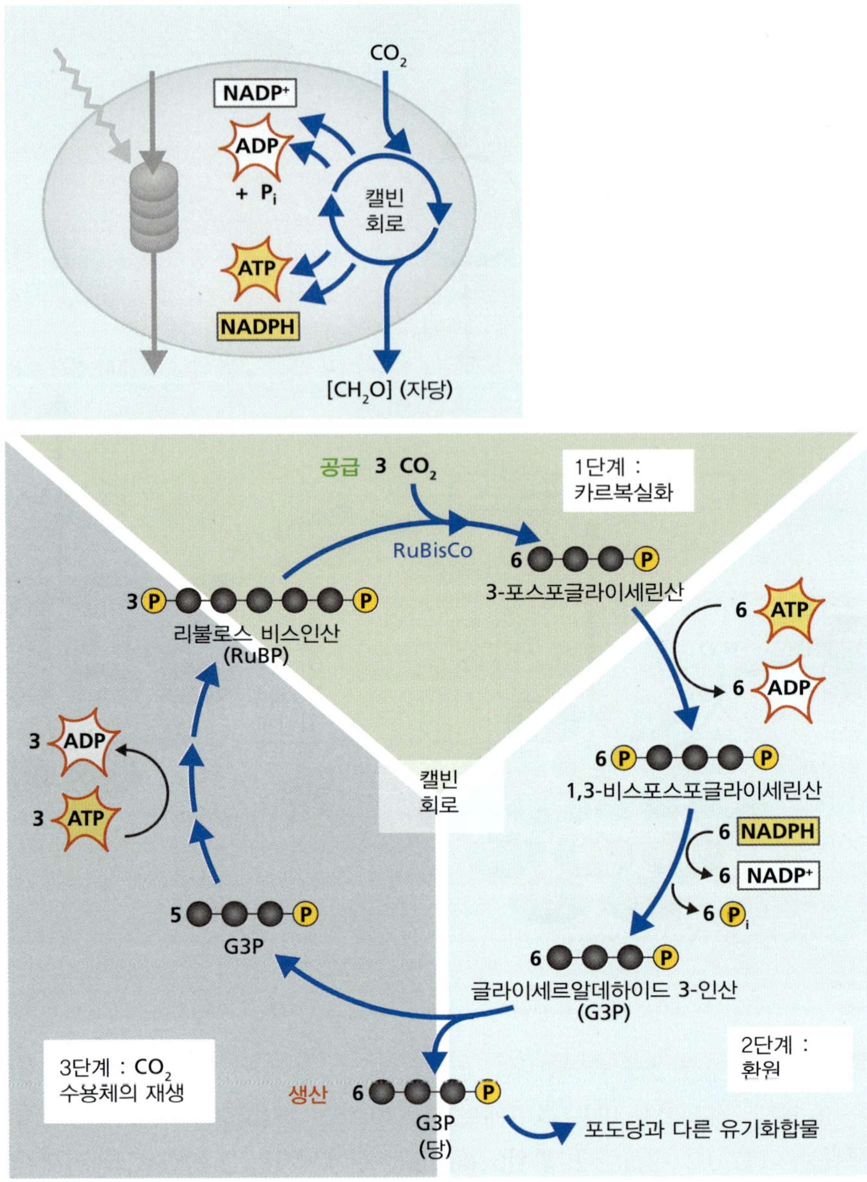


**그림 6.5 캘빈회로의 개요.** 카르복실화 동안 RuBisCo(루비스코) 효소가 촉매하여 리불오스 1,5-비스 인산(RuBP)가 카르복실화/산화의 두 단계를 거치면서, 3-포스포글라이세린산을 생성한다. 환원 단계는 명반응을 통해 생성된 ATP를 사용하여, 3-포스포글라이세린산을 1,3-비스포스포글라이세린산으로 변환한다. 1,3-비스포스포글라이세린산이 NADPH에 의해 양성자를 내보내 감소하게 되며, 3탄당 인산을 통해 글라이세르알데하이드 3-인산(G3P)을 생성한다. G3P 중 하나는 엽록체로 수송되어 포도당으로 변환하며, 재생 단계에 진입하면 또 다른 사이클을 준비하기 위해 리불로오스 1,5-비스 인산을 형성한다.

몬은 그것이 작용하는 기관에서 합성된다. 식물 호르몬에는 주요 5가지 호르몬이 있다: 아브시스산, 옥신, 사이토키닌, 에틸렌과 지베렐린**(그림 6.6)**.

게다가, 살리실산, 자스몬산과 같은 몇몇 다른 호르몬은 식물의 성장을 조절하는 것으로 알려져 있다. 사이토키닌, 아브시스산, 에틸렌, 살리실산, 자스몬산은 식물의 노화에서도 중요한 것으로 나타났으며, 노화에 있어서의 역할은 장의 뒷부분에서 논의하겠다.

자연적인 **옥신(auxins)**은 **인돌아세트산(indoleacetic acid)**의 화학적 변형의 한 형태이다. 옥신은 뿌리의 형성과 성장을 촉진한다. 또한 주 성장 줄기의 정점(위) 봉오리에서 식물 조직의 성장을 자극하여 측부 봉오리 성장에 억제 효과를 나타낸다. 정점 봉오리 혹은 옥신의 제거는 측부 봉오리의 성장을 유발한다. 옥신은 엽록체의 부식을 억제하는 것으로 보이는데, 이것은 결국 잎의 노화를 억제한다.

지금까지 발견된 90종 이상의 **지베렐린(gibberellins)**은 모두 네 고리 구조(-지베렐린)로 구성된 기본적인 분자 구조를 가지고 있다. 지베렐린은 식물

| 식물 호르몬 | 구조 | 호르몬의 유형 | 기능 |
|---|---|---|---|
| 아브시스산 (ABA) | 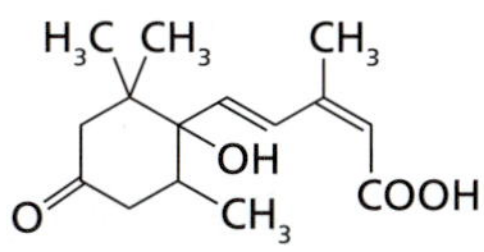 | 스트레스 호르몬 | 기공의 폐쇄 촉진<br>싹 성장 억제<br>α-아밀레이스 합성 촉진<br>잎의 노화 촉진 |
| 옥신 | 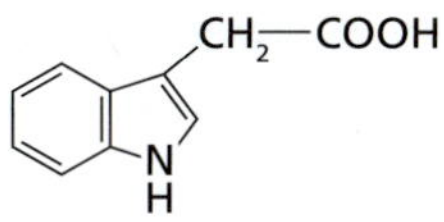 | 생장 호르몬 | 세포 신장 촉진<br>세포 분열 촉진<br>굴광성에 중요<br>열매 숙성 지연 |
| 사이토키닌 | 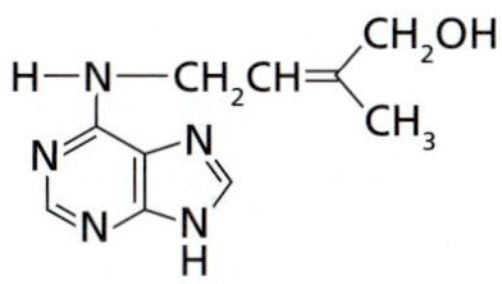 | 생장 호르몬 | 세포 분열 촉진<br>잎 확장 촉진<br>곁가지 성장 촉진<br>잎의 노화 지연 |
| 에틸렌 | 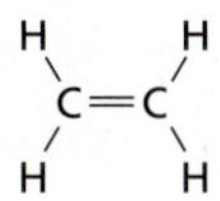 | 노화 호르몬 | 잎과 열매의 이탈<br>개화 촉진<br>잎과 열매의 이탈/노화 촉진<br>열매 완숙 촉진 |
| 지베렐린 | 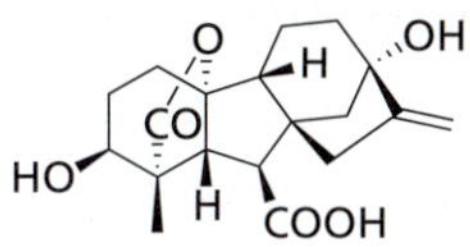 | 생장 호르몬 | 세포 분열 촉진<br>개화 촉진<br>종자휴면 중단<br>잎의 노화 지연 |
| 자스몬산 | 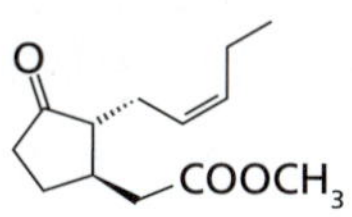 | 스트레스 호르몬 | 방어 단백질의 생산 촉진<br>종자 발아 촉진<br>뿌리 생장에 영향<br>잎의 노화 촉진 |
| 살리실산 | 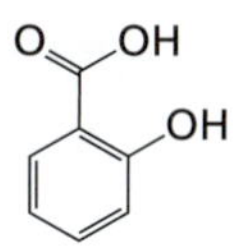 | 노화 호르몬 | 병원균에 대항하는 방어 촉진 |

**그림 6.6** 식물 호르몬의 기능.

성장에 있어서 식물의 신장, 휴면 중인 종자 발아, 봉오리를 자극하여 꽃의 개화를 유도하는 세 가지의 주요 기능을 가지고 있다. 이러한 효과로 이어지는 메커니즘은 완전히 밝혀지지는 않았지만, 대부분의 증거는 지베렐린이 호흡의 에너지원으로 사용될 수 있는 녹말 및 설탕의 가수 분해(물 분자의 첨가에 의해 결합이 분리)를 촉진하는 것을 보여준다. 지베렐린은 다 자란 식물의 생장을 향상시킬 가능성이 있는 반면, 옥신은 일반적으로 어린 식물에 영향을 미친다.

## 식물 노화의 생물학

우리는 동물의 수명은 생식가능 연령에서 생존을 위해 선택된 유전자를 통해 진화한다는 것을 제3장에서 알아 보았다. 식물의 노화는 다소 다르게 진화되었다. 식물의 노화는 식물 또는 식물의 일부분의 죽음을 일으키지만 재생 또는 연령에 따른 생리 기능의 감소로 인해 나타나는 유전자의 부산물은 아니다. 오히려, 식물의 생식 및 발달 기능의 본질적인 부분이다. 식물의 노화 조절 유전자는 그 과정을 위해 특이적으로 결정되어 있다. 식물의 전체 유전자

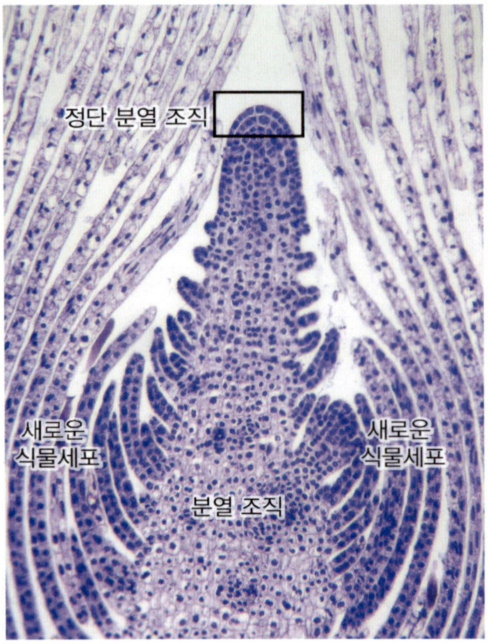


**그림 6.7 새로운 식물세포의 정단 분열 조직과 증식.**

중 25% 보다 많은 유전자가 노화에 관여하고 있다. 이러한 것으로 보아 우리는 식물의 여러 부분들에 노화와/또는 죽음이 어떻게 식물의 번식을 관여하며 종의 지속 을 보장하는지에 대해 고려할 수 있다.

## 유사 분열 노화는 정단 분열 조직의 세포에서 일어난다

우리가 제4장에서 보았듯이, 동물세포의 유사 분열에는 제한된 복제성 노화라는 과정이 있다. 식물세포 또한 유사분열 세포 노화가 존재하지만 그 과정과 영향을 받는 세포의 종류는 동물과 근본적으로 다르다. 동물세포와 식물세포의 유사 분열 세포 노화에서 차이는 각 계의 계통 발생 및 성장 단계에서의 차이로 확인할 수 있다. 신체 부위와 장기의 해부학적 위치를 의미하는 동물의 신체 부위는 배아 발생 동안에 결정되고; 성체는 유전자형에 의해 결정된다. 동물에서, 후배 발생은 세포 분열을 통해 조직의 성장을 반영하거나 줄기세포로부터 조직을 추가한다. 게다가, 여러 종류의 동물 조직은 생물체의 수명 내내 그들의 유사 분열 능력을 유지하는 세포를 가지고 있다. 대조적으로, 식물에서 성체는 후배에서 결정되며 환경과의 상호작용이 반영된다. 식물의 뿌리와 싹은 햇빛, 물 그리고 영양분을 얻을 수 있도록 해부학적으로 결정되며 세포 증식을 통하여 성장한다. 후배 세포 증식은 정단 분열 조직[분열 조직(meristem)이라 불리는 미분화 유사분열세포의 작은 부분]에서 이루어진다(그림 6.7). 정단 분열 조직의 활성은 뿌리 또는 싹에서 세포의 유사분열이 끝난 뒤 식물이 성장하는 원인이 된다. 식물세포의 유사 분열의 활성은 성장하는 동안에만 이루어지기 때문에 정단 분열 조직에서 유사 분열의 종료는 복제성 노화보다는 증식성 노화로 보아야 한다.

모든 식물들은 증식성 노화를 경험한다. 연간, 1회 **결실**(**monocarpic**) 식물(예를 들어, 옥수수)의 경우, 증식성 노화는 식물이 죽기 직전에 발생한다. 다년생 식물의 경우는 정단 분열 조직의 증식과 증식싱 노화의 주기를 많이 겪는다. 정단 분열 조직의 증식은 상록 식물에서 지속적으로 발생할 수 있지만, 수천 년 동안 사는 종의 경우에도 증식성 노화와 식물의 죽음은 결국 발생하게 될 것이다(BOX 6.1).

정단 분열 조직의 증식은 호르몬을 통해 조절되는데(그림 6.6), 몇몇 연구들에서 분열 조직을 성장 촉진 호르몬에 노출시킴으로써 역전될 수 있다고 보고되고 있다. 그러나 동물에 있어서 지난 50년 동안 증식성 노화와 관련하여 세포의 메커니즘은 잘 확립되었으나, 식물의 성장 촉진 호르몬의 부재에 대한 정단 분열 조직에서의 증식성 노화의 메커니즘은 잘 알려져 있지 않다(4장 참조). 식물에서 증식성 노화와 관련한 세포 메커니즘에 대한 것은 제한된 지식으로 부분적인 설명만이 가능하다. 정단 분열 조직 세포의 배양 기술은 개발되었으나, 이러한 시스템은 정단 분열 조직의 작은 세포 수 때문에 시작하는 것과 유지하는 것이 매우 어렵다(그림 6.7에서 알 수 있듯이, 정단 분열 조직에 20~30개 정도의 세포만 헤아릴 수 있다).

식물생물학자는 "텔로미어 단축"에서 증식성 노화와 무관한 복제 노화에 대해서 적어도 하나 이상의 메커니즘을 발견하였다. 동물세포에서 텔로머라제의 부족현상을 떠올려 보라. 텔로머라제라는 텔로미어 길이를 유지하는 효소가 부족한 동물세포에서 텔로미어를 통한 DNA 지연가닥의 복제를 위한 프라이머로 사용되지 않기 때문에 세포 분열의 각 주기가 단축된다(제4장 참조).

## BOX 6.1 그들은 몇 살인가?

동부 캘리포니아의 화이트 산맥에서 4,500년 이상된 것으로 추정되는 강털소나무가 발견되었다; 그러나 강털소나무는 나무의 죽은 부분이 살아있는 중심, 가지, 침엽 부분을 유지한다. 나무의 진정한 나이는 200년 미만으로 추정되는 가장 오래 살아 있는 세포를 반영한 것일까? 아니면 나무 자체의 가장 오래된 부분의 나이일까? 록키 산맥의 사시나무와 같은 무성생식 식물은 지속적인 뿌리 체계로부터 싹을 틔우며 이로 인해 수천 그루의 나무가 유지된다. 이 뿌리 체계는 10,000년 이상 전에 수 마일에 걸쳐 만들어진 것으로 추정된다. 이 뿌리 체계에서 무성생식한 각각의 나무는 150~200년의 나이를 가진다. 이렇게 무성생식한 사시나무는 200살일까? 아니면 뿌리 체계에 따라 10,000살일까?

### 강털소나무

캘리포니아 동부의 화이트 산맥은 많은 사람들이 지구상에서 가장 오래된 생명체가 있다고 믿는 곳이다. 이곳은 건조하며 바람이 많이 부는 산으로, 므두셀라가 명명한 4,500살 이상의 강털소나무(Pinus longaeva)로 수목 한계선을 이루고 있다(그림 6.8). 캘리포니아 숲의 강털소나무의 수명은 애리조나 대학에서 나이테를 연구하던 에드먼드 슐만(1908~1958)에 의해 1954년에 기록되었다. 슐만은 역사를 통해 기상 패턴을 분석하고 많은 나이테를 가진 오래된 나무를 찾았다. 두꺼운 테두리는 비가 많이 온 해를 나타내는 반면, 얇은 테두리는 가뭄인 해를 나타낸다. 슐만과 동료는 아이다 호에서 연구를 수행한 후 투싼으로 돌아가기 전에 화이트 산맥으로 여행을 갔다. 그들은 화이트 산맥에 수천 년 된 나무가 있다는 소문을 들었다. 그들은 1,000~1,600살 나무들로 이루어진 숲을 발견하였다. 이 나무는 오래되었지만 이전에 발견되었던 많은 종들보다 훨씬 오래된 것은 아니었다. 그럼에도 불구하고, 슐만은 가혹한 환경에서 1,600살까지 살 수 있는 나무의 능력에 대해 흥미로웠다. 슐만과 그의 동료인 므두셀라는 다음 해에 여러 나무를 찾기 위해 다시 돌아 왔고, 3,000~5,000살의 나무를 찾았다.

**그림 6.8** **캘리포니아 화이트 산맥의 강털소나무.**

슐만의 발견과 *내셔널 지오그래픽*의 후속 보고서는 화이트 산맥을 더 많은 사람들이 연구하게 하였으며, 유사한 지형을 가진 서쪽의 다른 위치까지 연구하게 하였다. 몇 년 이내에, 수명이 긴 강털소나무가 네바다, 유타, 콜로라도와 같은 여러 위치에서 발견되었다. 네바다에 있는 휠러 피크 숲은 화이트 산맥에서 발견된 것과 같이 오래된 나무가 있었다. 프로메테우스라는 나무는 캘리포니아에 있는 나무보다 많은 4,862개의 나이테를 가지고 있었다. 안타깝게도 산림청은 연구를 위해 나무를 베었다. 지금은 강털소나무를 베는 것은 중죄이다. 휠러 파크의 강털소나무 숲은 이제 그레이트 베이슨 국립공원의 일부가 되었다.

강털소나무의 수명은 해부학적 및 생리학적으로 몇 가지 독특한 특성을 가지고 있다. 침엽수의 잎은 30년 주기로 바뀌며 따라서 가뭄이 연속적으로 온 해에는 광합성에 안정적이다. 또한 죽은 나뭇가지들에 살아있는 조직의 작은 부분들이 제공되어 생존에 많은 이점이 나타나게 된다. 강털소나무의 죽은 부분은 낙뢰로부터 보호하고 수분 흡수를 향상시키며 여러 종의 곤충에 의해 공격받는 것을 방지할 수 있다. 게다가, 생체 조직의 화학 성분은 박테리아 및 다른 미생물들의 공격을 자연스럽게 억제한다.

### 무성생식 군락—사시나무와 크레오소트 관목

많은 식물들은 가혹한 환경(열, 추위, 적은 비 등)에서 번식할 수 있도록 발전하였다. 무성번식은 하나의 전략이다. 무성생식 식물은 뿌리에서 새로운 싹을 틔울 수 있고 유성생식도 할 수 있다. 뿌리는 거친 환경으로부터 보호하고, 식물의 상단 부분이 죽을 경우에도 계속 확산된다. 종자 발아를 할 수 없는 경우에 무성생식 식물의 뿌리는 새로운 식물의 새싹을 만든다.

사시나무와 크레오소트 관목**(그림 6.9)**과 같은 무성생식체는 이러한 뿌리 체계를 이용하여 지상의 다양한 요소로부터 보호하고 수천 년을 살 수 있다. 남부 유타의 100에이커에 달하는 사시나무 숲('판도'로 불림)은 8만 년 된 것으로 추정되는 거의 7,000t의 무게에 달하는 뿌리 체계를 가지고 있으며 지구상에서 가장 무거운 유기체들이다. 그러나 이러한 추정은 지난 만 년을 나타내는 데 유의한 꽃이나 종자가 나타나지 않았기 때문에 여러 부분에 대해 관찰하는 등의 간접 측정에서 파생된 알고리즘을 기반으로 측정되었다. 게다가, 일부의 연구에서는 판도의 뿌리 체계가 죽은 지 수천 년 된 것도 있으며, 일부는 새로운 뿌리로 대체되었다고 보고했다. 최근 측정은 만 년 가까이 살아 온 오래된 유기체들을 통해 뿌리 체계의 나이를 정한다.

크레오소트 관목의 뿌리 체계 연령 추정치는 10,000~13,000년 정도된 오래된 사시나무와 비슷하다. 하지만, 크레오소트 관목의 무성생식체들은 사시나

## BOX 6.1

**그림 6.9 무성생식 식물.** 이러한 식물들의 뿌리 체계는 10,000년 이상으로 예상된다. 사시나무(왼쪽)의 영역은 남부 유타에서 북부 캐나다와 알래스카까지 걸쳐 있다. 크레오소트 덤불(오른쪽)은 미국 남서부와 멕시코 북부의 사막에서 발견된다.

무보다 작은 범위에서 성장한다. 크레오소트 관목의 생존을 위한 확장에서 중요한 부분은 물을 저장하는 뿌리의 극단적인 효율성에 있다. 크레오소트 관목은 연간 총강수량이 2인치보다 적어도 무성하게 자라는 것으로 알려져 있다. 크레오소트 관목의 흥미로운 점은 다른 덤불로부터 거의 정확하게 같은 거리, 모든 방향으로 새로운 덤불이 있다는 것이다.

### 유사 분열 후 식물의 노화는 예정화와 확률적 과정을 포함한다

식물세포의 대부분의 연구는 유사 분열 후 노화의 메커니즘에 집중되어 있다. 유사 분열 후 노화는 유사 분열 후 세포의 분해와 영양소의 재활용/재이동과 연관되어 고도로 규제되고 고도의 질서정연한 과정에 따른다. 우리는 연령에 의한 유사 분열 후 분해조절을 **예정화된 노화(programmed senescence)**로 정의한다. 예정화된 노화는 세포 사멸과는 다르며 노화에 의해 엽록체와 다른 세포소기관의 분해를 조절하는 것을 의미한다.

소기관의 분해로 인해 결국 정상 세포의 기능이 더 이상 유지될 수 없는 지점에 도달한다. 손상된 단백질의 교체와 함께, 세포 생존 능력의 감소를 유지하기 위한 필수적인 수선 메커니즘이 있다. 이 시점에서, **확률적 노화(stochastic senescence)**가 시작된다. 핵막과 액포는 분해되어 세포질로 방출된다; 방출된 대부분의 물질은 세포질 구조에 독성을 유발한다. 세포막의 지질 이중층은 세포 외 분자가 세포 내로 유입될 수 있게 "구멍"을 형성한다. 즉, 확률적 과정은 세포막에 의해 부과되는 화학적 기울기의 붕괴로 이어지면서 세포내 화학 반응은 중지되고 세포 사멸이 나타난다.

### 애기장대의 잎은 식물 노화의 모델이다

제5장에서 논의된 것처럼, 벌레(예쁜꼬마선충), 파리(초파리), 설치류(마우스)는 동물의 노화를 나타내는 모델로 많이 사용한다. 식물계의 노화 모델로

는 애기장대가 있다. 일반적으로 애기장대(thale cress)와 물망초류(mouse-ear cress)로 알려진 이 식물은 유럽, 아시아 및 북서 아프리카 전역에서 야생으로 자라는 작은 잡초이다(**그림 6.10**). 애기장대의 짧은 수명(실험실에서 6~8주)과 잎 노화의 급속한 유도(전체 확장 후 4~5일)는 연구자에게 중요한 이점을 제공한다. 또한 애기장대는 유전적 조작이 비교적 쉽다.

동물과 마찬가지로 식물은 서로 다른 속도와 다른 시간에 노화되는 여러 유형의 세포를 가지고 있다. 또한 동물과 마찬가지로 식물은 노화 과정에서 큰 다양성을 보여준다. 그럼에도 불구하고, 식물 노화에 대한 연구는 대부분 애기장대 잎에서 발견되는 세포에 한정되어 있다. 별도로 명시되지 않는 한, 여기에 제시된 식물 노화에 대한 설명은 애기장대의 노화 잎을 사용하여 수행된 연구를 기반으로 한다.

**그림 6.10 애기장대.** 유럽, 아시아, 북서 아프리카에 서식하는 연간 식물이며, 20~25 cm까지 성장한다. 녹색 잎의 대부분은 꽃 줄기에서 약간 작은 잎이 성장하는데, 장미에서 많이 발견된다. 작은 꽃(지름 2~5 mm)은 일반적으로 엷은 황색에 흰색이다(V. Koval/123RF의 승인)

## 잎의 노화는 3단계 과정이 있다

잎 노화 과정의 3단계: 개시, 분해 및 종결의 3단계로 설명할 수 있다(**그림 6.11**). 개시 단계는 열매의 숙성과 씨앗에서 영양소 저장을 포함한 생식 활동의 최종 단계와 일치한다. 노화의 개시는 잎 세포가 엽록체의 광합성 감소를 목표로 하는 유전자의 발현을 유도하는 신호를 받을 때 시작된다. (광합성의 감소가 엽록체 분해를 유도하지 않으면 엽록체의 분해가 광합성을 감소시키는지의 여부를 두고 봐야 한다.) 이 신호는 (1) **비생물학적(abiotic)** 환경에서, 살아 있지 않는 화학적 또는 물리적 인자를 통하거나, (2) **생물학적(biotic)** 환경에서, 살아 있는 유기체를 통한 것일 수도 있다. 세포가 신호를 받은 후에, 단백질 분해 효소 및 지질 가수분해 효소와 같은 엽록체 유래의 효소는 틸라코이드 막의 분해 반응을 촉매하고 거대 분자를 세포질로 방출한다. 이 시점에서 잎은 노화의 분해 단계에 진입한다. 엽록체 분해의 이화 작용을 통한 부산물은 고분자 분해에 관여하는 효소를 만들어 내며, 핵 유전자의 발현으로 유도하는 것으로 생각된다. 엽록체의 분해는 세포내 당의 양을 감소시키지만, 잎 세포는 생식 기관에 영양소를 공급함으로써 대사 에너지원으로 사용된다.

잎 세포는 결국 엽록체가 더 이상 분해되지 않는 지점까지 도달한다. 이 시점에서, 세포는 영양소를 다른 식물 기관에 공급하는 공급원 기관에서 수용부 기관으로 옮겨 영양분과 미네랄을 섭취하고 보유한다. 에너지원에서 수용부 기관으로의 전환은 종료 단계의 시작을 표시한다. 잎 세포가 죽고, 탈피가 일어나고, 죽은 잎의 영양분이 주변 토양으로 퇴비화된다.

식물 노화의 세포 변화는 에너지원-수용부를 통한 전환을 통해 조절되며, 이러한 변화는 정확한 순서에 의해 이루어진다(**그림 6.12**). 광합성이 감소함에 따라 세포를 분해하는 동안 ATP를 공급하는 미토콘드리아에서 세포 호

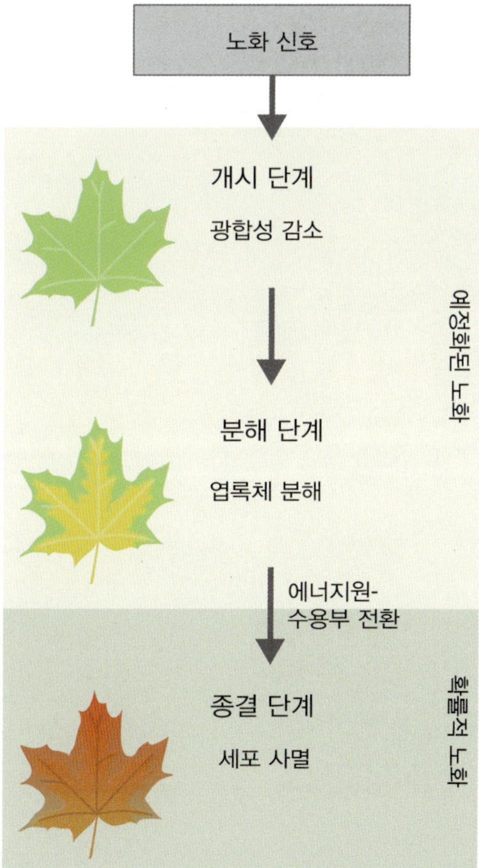


**그림 6.11 잎의 노화.** 개시 단계에서, 광합성의 감소에 의해 환경 또는 내인성 신호의 변화를 시작으로 당 생산이 감소한다. 이로 인해 엽록체와 엽록소가 파괴되어 잎이 황변하고 고분자의 이화 작용과 영양소의 유리(분해 단계)에 중요한 단백질을 암호화하는 노화 관련 유전자의 발현을 유도한다. 결과적으로, 잎의 세포는 영양 수용부에서 영양분 변환을 시작한다. 종결 단계에서, 세포막이 분해되며, 세포 사멸과 분리를 이끈다.

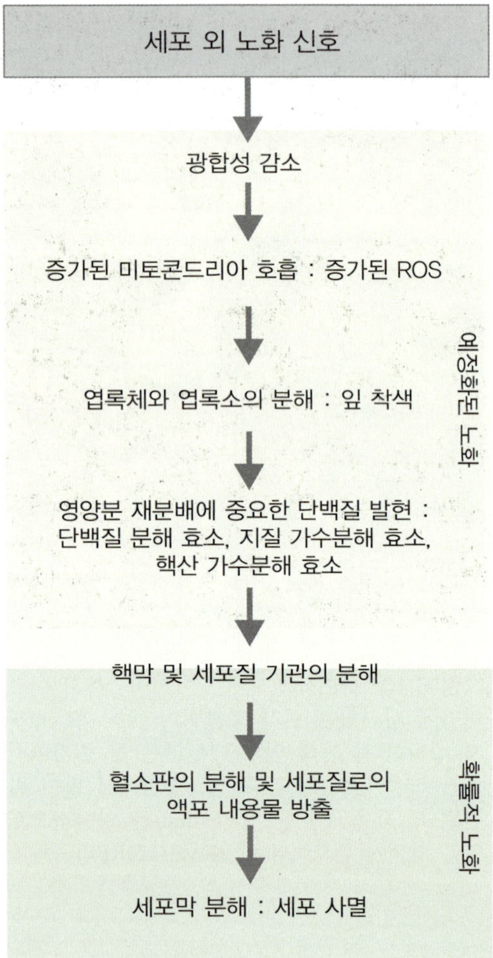


**그림 6.12 세포 수준에서의 잎의 노화.** 광합성의 감소는 예정화된 노화 단계의 시작을 나타낸다. 미토콘드리아, 핵 그리고 액포 막의 분해를 통해 예정화된 노화가 확률적 노화로 전환된다.

흡이 증가된다. 광합성이 끝나고 **단당류(monosaccharides)**가 축적됨에 따라, 핵은 엽록체에서 방출된 거대한 분자에서 영양분을 분해시키기 위해 수많은 단백질 분해 효소와 지질 가수분해 효소를 발현한다. 세포소기관인 골지체, 미토콘드리아와 미세소관 등은 세포질에 있는 내용물들을 분해한다(**그림 6.13**). 세포 기관이 분해됨으로써, 세포의 조절 기능이 중단되고 확률적 노화가 시작된다. 액포 막의 파열은 액포 안의 내용물들이 세포질로 나오면서 독성을 유발한다. 세포막 분해를 통한 세포는 온전함이 손실되고, 결국 세포가 사멸하게 된다.

## 단당류는 잎의 노화에 중요한 역할을 한다

노화에 따른 광합성의 감소는 세포질에 있는 포도당 농도의 증가와 연관이 있다. 일반적으로 노화 대사 발생 중에는 포도당이 축적되며, 과당이 자당으로 결합하지 않는다. 또한 증가된 포도당 농도는 예정화된 노화의 고유한 두 가지 중요한 기능을 제공한다. (1) 포도당 또는 그 대사 산물과 관련된 일부 요인은 예정화된 노화를 영속시키는 신호인 것으로 보인다. (2) 포도당은 미토콘드리아에 의해 증가된 호흡을 위한 기질을 공급한다.

제4장에서 포도당이 산화되어 ATP를 생성하는 것보다 먼저 인산화되어야 한다는 사실을 상기하여야 한다. 식물 세포는 **헥소 인산화 효소(hexokinase)**를 사용하여 반응을 촉매한다. 헥소 인산화 효소의 발현은 포도당의 농도를 증가시킨다. 흥미롭게도, 헥소 인산화 효소의 농도는 포도당의 인산화에 필요한 것보다 더 크다. 이 "추가된" 헥소 인산화 효소는 단백질 분해 효소의 코딩에 대한 유전자의 활성 부위에 결합한다. 단백질 분해 효소는 엽록체에서 단백질 분해를 담당한다. 따라서, 포도당 및/또는 헥소 인산화 효소의 축적은 예정화된 노화를 지속시키는 신호일 수 있다.

예정화된 노회에 포도당과 헥소 인산화 효소가 미치는 영향에 대한 현재 지식의 대부분은 상황에 따라 다르지만, 최근의 두 가지 관찰 결과가 중요한 역할을 한다. 첫 번째, 유전자의 세포내 포도당 축적에도 불구하고, 헥소 인산화 효소 유전자의 결여는 노화를 지연시킨다. 반면에, 애기장대 잎에서 헥소 인산화 효소의 과발현은 예정화된 노화를 가속화시킨다. 두 번째, 높은 농도의 포도당을 함유한 배지에서 성장한 어린 식물은 6탄당의 축적으로 인해 자연적으로 노화되는 동안 나타나는 유전자들이 발현된다.

예정화된 노화 동안 잎 세포는 더 많은 에너지를 요구한다. 예정화된 노화가 개시에 앞서, 잎의 미토콘드리아는 단백질 합성, 액포 기능 등과 같은 기본적인 세포 유지를 위한 충분한 ATP를 공급할 필요가 있다. 노화의 개시 이후, 미토콘드리아는 세포 유지를 위한 에너지 이외에 영양소-유리화 이화작용을 위한 새로운 에너지 요구를 충족시켜야 한다.

거대분자 분해 동안 미토콘드리아에 대한 증가된 에너지 요구는 노화 세포에 잠재적인 문제를 제기한다. 즉, 노화된 세포가 더 이상 광합성에서 포도당을 생산하지 못하면, 미토콘드리아는 호흡을 위한 에너지를 어디서 가져오는가? 바로 유리 지방산이 이러한 문제를 해결하기 위해 종자의 발생을 지연시킨다. 노화된 세포는 호흡에서 탄수화물을 계속 사용한다. 예정화된 노화의 초기 단계에서, 잎의 세포는 포도당을 공급하기 위해, 식물의 세포 내에 저장

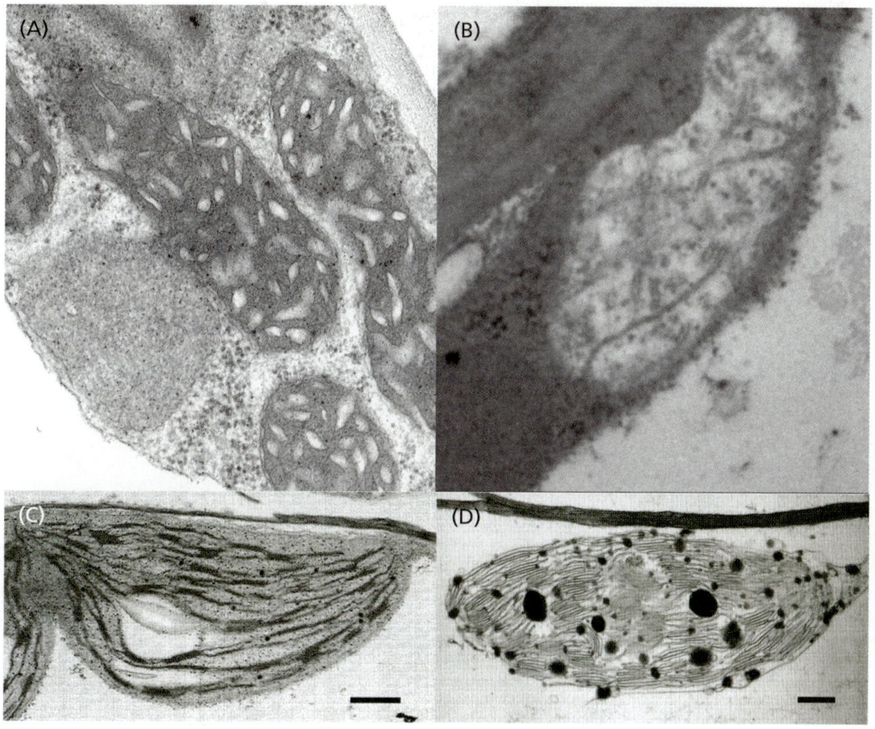


**그림 6.13 미토콘드리아와 엽록체의 이상으로 인한 애기장대 세포의 노화.** 전자현미경을 통해 (A) 성숙, (B) 미토콘드리아와 막간의 노화, (C) 성숙, (D) 노화된 장미 잎의 엽록체 사이의 차이를 보여준다. (A, B, E. Olmos의 승인; C, D, M.T. Kaup, C.D. Froese and J.E. Thompson, Plant Physiol. 129:1616-1626, 2002에서. American Society of Plant Biologists의 허가를 득함)

되어 있는 **녹말(starch)**을 탄수화물로 변환한다**(그림 6.14)**. 광합성으로 유도된 단당류 중 녹말에 의해 유도된 포도당은 세포의 대사에 대한 문제를 발생시킨다. 잎의 세포는 광합성을 하지 않는 야간에는 녹말을 분해한다. 따라서 예정화된 노화의 초기 단계에서 포도당의 축적은 대부분 두 인자: (1) 자당 생성의 결핍, (2) 녹말 저장소에서 포도당 방출을 일으킨다.

예정화된 노화의 초기에 잎 세포의 녹말 저장량이 이 단계에서 포도당을 공급하기에 거의 충분하지 않다. 노화가 늦어지면, 세포는 세포 분해 과정을 마무리하기 위해 외부 포도당 원으로 바꾸어야 한다. 광합성이 감소하기 전, 잎 세포에 의해 자당이 포함된 포도당의 공급원은 체관부를 통해 공급된다. 그러나 공급원 대사의 경우 세포 수준의 포도당과 과당이 효소에 의해 자당으로의 전환이 적기 때문에, 예정화된 노화 동안 세포질 내의 체관부 유래의 자당이 전환 효소에 의해 변환되기 어렵다. 노화된 세포는 세포벽과 세포막 사이의 공간에 자당 전환 효소를 증가시킴으로써 아포플라스트의 문제를 극복하고, **아포플라스트(apoplast)** 전환 효소로 알려진 효소를 **아포플라스트 업로딩(apoplastic uploading)**함으로써 자당을 분해한다**(그림 6.15)**. 현재까지 밝혀진 메커니즘으로 노화된 세포에서 포도당과 과당의 업로딩은 공급원 대사의 최종 전환으로 수용부 대사를 유도한다. 늦은 노화 동안 아포플라스트 업로딩의 유도 메커니즘은 불분명하지만, 포도당의 인산화된 형태인 포도당 6-인산의 증가는 세포질에서 아포플라스트 전환 효소의 발현을

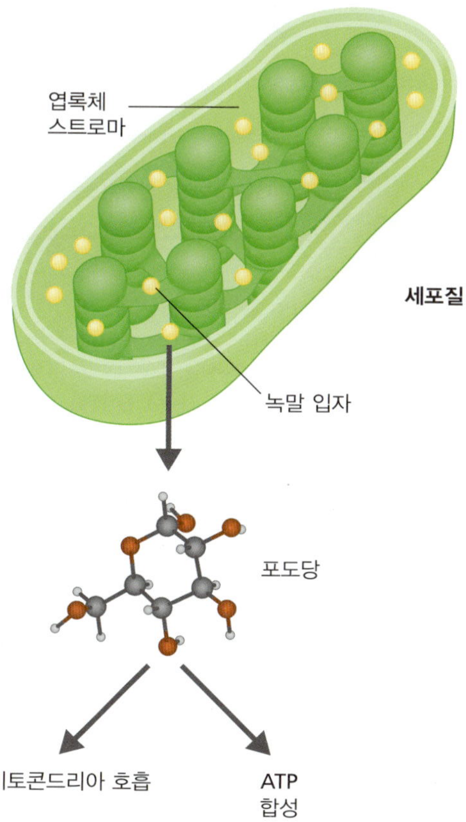


**그림 6.14 녹말의 전환은 예정화된 노화 동안 포도당을 생성한다.** 노화로 인해 잎이 떨어지기 시작할 때, 엽록체는 분해되며 ATP 생성을 통해 포도당과 과당을 세포로 공급할 수 없게 된다. 따라서 잎은 미토콘드리아 호흡과 ATP 합성에 포도당을 제공하기 위해 녹말을 저장한다.

유도하여 늦은 예정화된 노화를 유도한다. 나중에 우리는 식물 호르몬인 사이토키닌이 아포플라스트 자당 전환 효소에 영향을 미친다는 것을 알게 될 것이다.

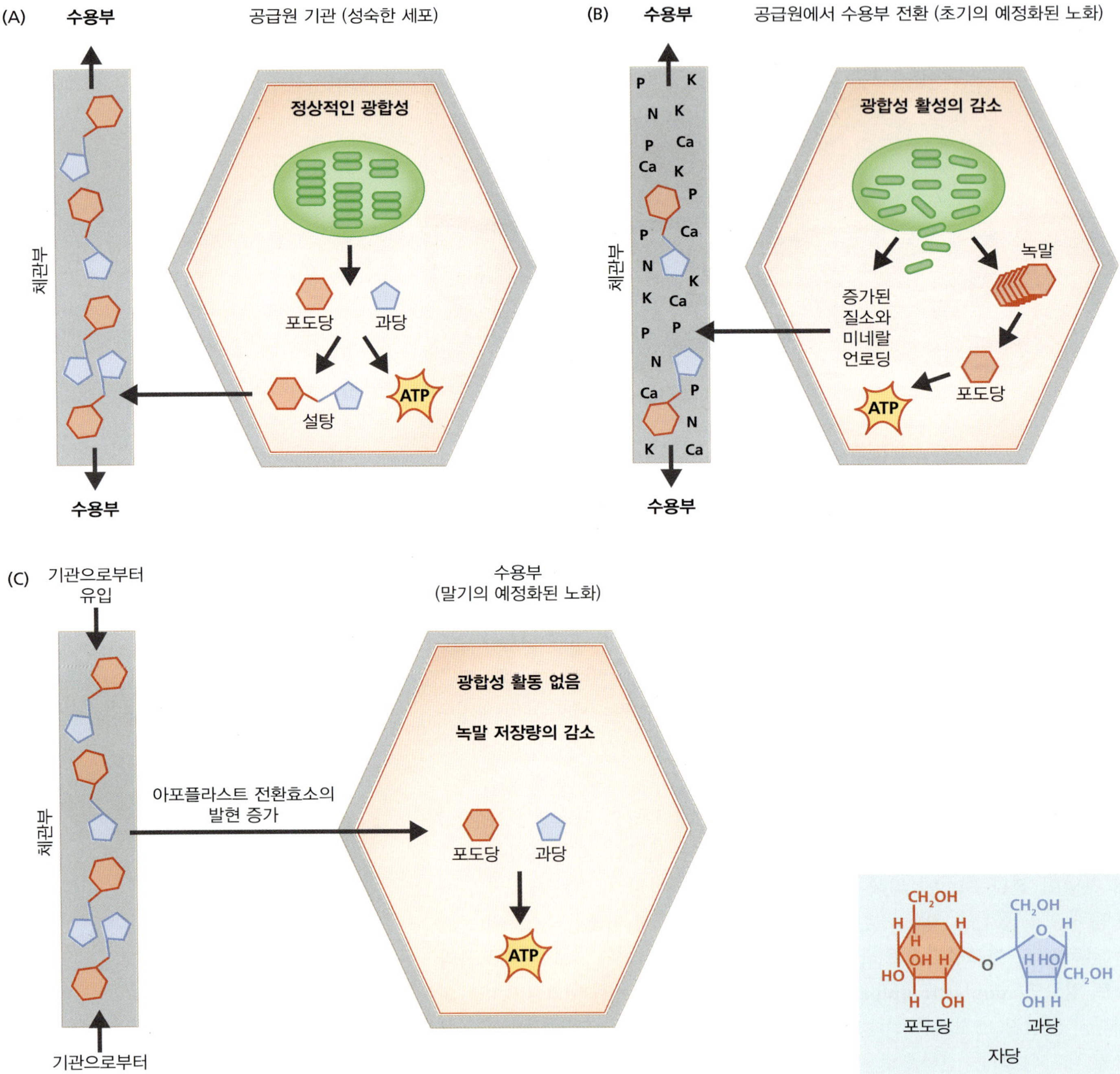


**그림 6.15 공급원의 전환은 수용부 대사를 유도한다.** (A) 노화되지 않은 성숙한 세포의 ATP를 생산하는 미토콘드리아에서 광합성을 통해 식물 성장 및 포도당과 과당을 이용하여 자당을 합성하고 다른 기관에 공급한다. (B) 성장 시기의 마지막에 광합성이 줄어들며, 세포가 예정화된 노화를 시작함에 따라 질소 및 미네랄은 다른 기관으로 보내지만 더 이상 자당을 만들어내지 않는다. 그럼에도 불구하고, 미토콘드리아는 분해 과정 동안 ATP와 같은 에너지를 계속 공급한다. 노화된 세포는 세포 내 녹말의 저장소로부터 에너지를 생산하기 위한 기질을 운반한다. (C) 녹말의 저장이 소진될 때나, 일반적으로 예정화된 노화가 종료되기 전에, 체관부에서 순환하고 있던 자당이 세포 내로 유입되며 포도당과 과당으로 분해된다. 자당은 아포플라스트에서 아포플라스트 전환 효소에 의해 촉매되어 포도당과 과당으로 가수분해된다. 노화된 세포에 포도당과 과당의 업로딩은 공급원 대사를 통한 수용부 대사로의 최종 전환을 유도한다.

노화 세포에 의한 포도당과 과당 섭취의 증가는 공급원에서 수용부 대사를 통해 잎 세포 전이의 최종 단계를 개시할 수 있다. 실험적 증거는 수용부 대사에 관여하는 여러 효소의 조절을 통해 공급원의 아포플라스트 업로딩을 통한 노화를 유도함으로써 알 수 있다. 아포플라스트 업로딩이 수용부 대사를 시작하는 것인지 또는 대사의 결과인지는 아직 알지 못한다.

## 엽록체의 이상은 다른 식물 기관에서 질소와 미네랄을 생산한다

엽록체는 광합성의 활성을 통해 잎 세포에서 발견되는 단백질의 약 75%를 함유하고 있다. 이들 단백질이 자유 아미노산으로 분해되는 것은 예정화된 노화 과정에서 세포로부터 배출되는 질소의 중요한 공급원이 된다. 단백질을 통한 자유 아미노산의 유리는 주로 세포질에서 발생한다. 자유 아미노산의 질소를 함유하는 아미노기의 분리는 세포벽 또는 체관부에서 일어난다. 엽록체 **이화 물질(catabolites**, 이화 작용에 의해 생성된 화합물)은 생물권에 매년 10억 톤으로 추정되는 양을 방출한다.

엽록체 단백질에서 질소의 유리 외에, 엽록소도 분해되어야 한다. 엽록소와 이화 물질들이 적절하게 분해되지 않거나 저장되지 않으면, 과도한 산화로 인해 손상이 생길 수 있다. 엽록소의 노화 관련 분해는 예정화된 노화 중에 손상으로부터 세포를 보호하기 위한 메커니즘으로 진화했다. 금속-킬레이트 단백질은 **포르피린(porphyrin)** 고리의 마그네슘 핵을 제거하고, 마그네슘을 세포질 내로 확산 및 체관부로 반송한다. 그리고 **프로토포르피린(protoporphyrin)** 고리, 즉 금속이 없는 포르피린(porphyrin)은 여러 단계를 거치면서 "엽록소 이화 물질(fluorescent Chlcatabolites, FCCs)"이 되며, 엽록체에서 형성된 최종 대사 산물이다. FCCs는 엽록체에서 낮은 pH에 의해 비형광 엽록소 이화 물질(비효소)로 변환되어 중앙 액포로 수송된다. 비형광 엽록소 이화 물질은 통계적 노화 동안 세포질로 방출된다. 엽록소 유래의 비반응성 피톨 꼬리는 저장된 후 비타민 A의 합성에 사용되는 플라스토 과립이라고 불리는 색소체로 운반된다.

엽록소의 전환은 발달과 성숙된 잎에서 정상적인 과정이며, 합성과 이화 작용 사이의 균형을 반영한다. 성장하는 동안 엽록소 합성이 축적되는 결과를 보인다.

성장, 발달 및 성숙할 때의 이화 경로는 합성 경로와 연관되어 있다. 식물이 광합성을 통해 엽록소 합성을 재활성화하였을 때, 엽록소의 분해로 인해 이화 작용이 발생한다. 노화 관련 이화 경로는 사전 노화 과정에서 별로도 진화되어 왔다. 노화 동안 엽록소 분해의 최종 생산물은 색소의 재합성에 사용되지 않으며, 재활용 영양소의 전체 중의 일부가 엽록체에서 세포질로 운반된다.

## 대사 부산물은 소기관 분해에 관여하는 유전자의 발현을 촉진할 수 있다

광합성의 활성을 띤 잎 세포의 유전자 발현 양상은 자당 합성 및 외래종에 필요한 효소 및 다른 단백질을 반영한다. 노화 관련 엽록체 및/또는 엽록소의 분해는 발현 양상을 영양소가 없는 재순환 유전자로 이동시킨다. 즉, 노화된 잎 세포는 에너지(자당)를 공급하는 기질에서 생식 기관의 성장을 돕기 위해 질소와 미네랄을 공급하는 기질로 전환된다. 이전에 서술한 바와 같이, 엽록체 및 다른 세포소기관의 분해는 이화 효소의 상향 조절을 필요로 한다.

영양분을 동원하는 데 있어서 탄수화물 반출에 따르는 에너지 대사의 신호 조절 경로는 명확하게 확인되지 않았다. 지금까지 대부분의 증거는 광합성 및/또는 포도당 축적의 노화 관련 감소에 대한 신호가 전사 인자의 발현보다는 단백질의 번역 후 변형과 관련되어 있음을 시사한다. 이러한 변형은 **단백질 인산화 효소(protein kinases)**와 인산 가수분해 효소의 상호작용을 통해 대부분 예쁜꼬마선충을 통한 연구에서 기재된 것과 유사하게 나타난다(그림 5.26 참조). 몇 개의 노화된 애기장대 잎 세포를 통한 연구에서 칼슘-의존성과 유사 분열 물질-활성화 인산화 효소 그룹의 발현에 제한되지만, 너무 빠른 시간에 유발되거나 노화 조절 유전자를 침묵시키는 신호 경로가 나타났다. 그리고 우리의 현재 지식은 노화된 잎에서 다양한 경로를 통한 유전자의 발현을 조사하는 데 한계가 있다. 최근 연구에 따르면 100개 이상의 전사 인자를 포함하여 노화된 애기장대 잎의 전사체에서 2,000개 이상의 유전자를 확인하였다. 노화된 잎 세포에서 단백질 가수분해 효소, 지질 가수분해 효소, 핵산 가수분해 효소의 코드는 mRNA 발현이 압도적으로 많다.

## 식물막은 잎의 노화 동안 분해된다

진핵생물의 증가는 지질 이중막의 발달을 통해 한 세포를 다른 세포로부터 분리하고 세포 내의 성분을 구획하는 능력과 직접적으로 관련이 있다. 생물학적 막은 일부 분자를 선택적 투과성을 통해 구축하며 구획을 통해 다른 세포로서 유지한다. 선택적 투과성은 주로 막의 물리적인 특성을 반영하는데, **친수성(hydrophilic**, 물을 끌어당기는)과 **소수성(hydrophobic**, 물을 밀어내는) 영역이 있는 지질 이중층에서 나타난다. 단백질 및 당 단백질과 같은 막 성분의 농도는 정확히 진하 유동성이 매우 좁은 범위 내에서 유지되도록 한다. 막의 공간 배열의 중단은 선택적 투과성 고장, 세포 구획화의 손실 및 세포 사멸로 이어진다.

예정화된 노화 동안 분해되는 단백질의 75%가 엽록체에서 발생한다. 따라서 노화 관련 막 분해는 엽록체에서 시작된다는 것을 의미한다. 세포막, 액포(액포 막), 미토콘드리아의 세포막은 엽록체 분해로 인한 거대 분자 분해와 잎에서 영양분의 방출 저하에 대한 지원을 하기 위해 유지되어야 한다.

엽록체 막의 분해와 엽록체 내용물의 방출은 소기관 막을 대상으로 한 단백질 인산화 효소와 인산 가수분해 효소의 발현을 개시한다. 세포질에서 세포소기관의 분해는 계층 구조로 나타난다. 정확한 순서는 아직 설명하지 않았지만, 미토콘드리아 및 중앙 액포의 세포막의 분해는 마지막에 이루어진다. 액포 막의 파열과 독성을 가진 액포의 내용물들은 세포막의 분해를 빠르게 하여 결국 세포를 사멸하게 한다.

노화 관련 세포막 분해 방법은 구조에 관계없이 모든 막에 동일하다(**그림 6.16**). 세포내 신호는 엽록체, 인산 가수분해 효소와 단백질 인산화 효소뿐만 아니라, 핵산 가수분해 효소의 발현을 자극한다. 최근 연구에서는 다양한 종류의 인산 가수분해 효소의 코딩을 통해 130개 보다 더 많은 유전자가 잎의 노화동안 발현되는 것으로 나타났다.

잎 세포의 세포막의 지질 분해 경로가 아직 명확하게 구축되지 않은 상태에서, 우리는 인지질 이중층의 이화작용으로 인한 유리 지방산이 막에 남아있는 것을 알 수 있다. 이러한 지방산은 높은 전하의 지질에 파괴적인 영향을 미치지 않기 위해 스테롤과 왁스 에스터로 변환된다. 세포막 분해의 초기 단계에서 소기관 기능을 유지해야 되는 경우 스테롤과 왁스 에스터는 축적된다. 이후 후기 단계에서 자유(탈 에스터화) 지방산을 축적하고 촉매제 역할을 하기 시작한다. 즉, 유리 지방산의 세제 같은 효과를 막 붕괴 속도를 높이기 위해 사용한다. 탈 에스터화된 지방산은 막 구멍을 "찌르는" 경향이 있어 이중층에 불안정성을 야기한다. 불안정성은 인지질 분해 및 에스터화 지방산의 축적이 빠른 속도로 이어지는 투과성을 증가시킨다. 유리 지방산에 의해 유도된 물리적 불안정성은 순차적으로 막 누설성을 증가시켜 불안정성을 야기한다.

불안정성과 누설성의 증가로, 선택적 투과성이 손실된다. 한번 구획 외부에서 유지된 분자와 이온은 막을 통해 자유롭게 통과하기 시작한다. 전기 화학적 기울기가 없어지고 지질 이중층에 의한 장벽이 없어지며, 통계적 과정은 막이 파열되어 완전한 탈구획화가 된다.

## 식물 노화의 개시

대부분의 식물은 독립 영양 식물이며, 환경 조건은 동물에서 관찰된 것보다 훨씬 더 많은 노화 관련 생물에 영향을 미친다. 이를 염두에 두고, 우리는 식물의 노화 개시 신호가 환경 신호로 인해 발생할 가능성이 높다는 것을 예상할 수 있다. 이러한 단서는 광도, 음영, 온도 변화, 토양 양분, 수분 함량, 토양 및 대기의 독소 포식자와 병원균이 포함된다. 광도를 제외한 노화를 개시할 수 있는 환경 단서들은 스트레스 조건을 반영한다. 야생 환경에서 대부분의 식물이 수명 동안 겪게 되는 스트레스는 몇 가지 유형을 가지고서 다양한 결과로 노화를 나타낸다.

여기서 우리는 식물 노화에 영향을 미치는 환경 요인들을 탐구할 것이다. 우리는 광합성을 감소시키는 노화의 주요한 사건이 있다는 가정 하에 주제에 접근했다. 우리는 먼저 빛과 광도가 노화의 개시 부분에서 광합성의 감소에 영향을 미치는 메커니즘이 있는지를 고려하여 관찰한다. 우리는 노화에서 사이토키닌의 역할과 다른 식물 호르몬의 스트레스에 의한 변화가 노화와 관련된 광합성 손실을 어떻게 자극하는지에 대해 살펴볼 것이다.

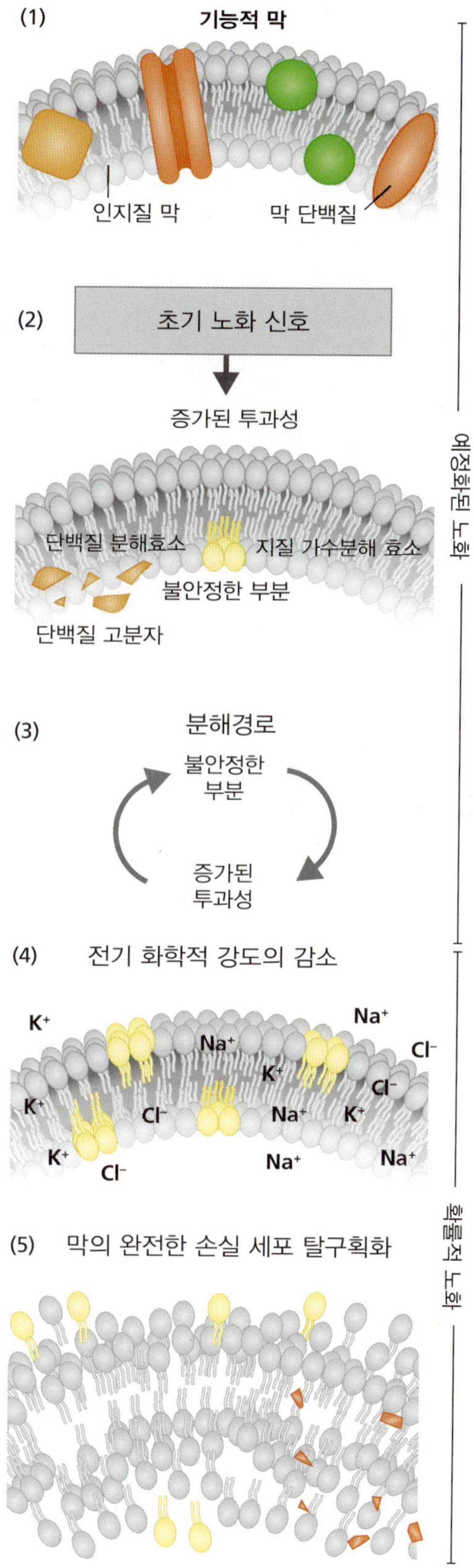


**그림 6.16 잎의 노화 동안 막 분해.** (1) 막의 많은 기능적 특성은 물리적 특성과 지질 및 단백질 사이의 결합으로 나타나는 단계이다. (2) 노화 신호를 인식함으로써, 인산 가수분해 효소 및 단백질 인산화 효소가 발현된다. 불안정한 막의 인지질 및 단백질 분해 결과로 차례대로 여러 화합물의 투과성을 증가시키며 앞서 침투한다(막 누설성). (3) 막 불안정성 증가를 촉진하기 위해 투과성 증가를 유도하며 이는 불안정성 증가를 유도한다. (4) 최종적으로, 투과성의 정도에 따른 세포내 구획 사이의 용질 농도에 차이가 사라질 정도로 커지게 하고 전기 화학적 기울기가 더 이상 존재하지 않는다. (5) 전기 화학적 기울기가 없어지고 막 완전성이 유지되고 세포 탈구획화가 발생한다.

## 광도는 식물 노화의 개시에 영향을 미친다

우리는 햇빛이 식물의 성장에 영향을 미치는 방법에 대하여 관찰하였다. 동일한 종의 2개의 식물을 가지고 하나는 전체적으로 햇빛에 두고 다른 하나는 부분적으로 그늘에 배치하면, 모두 성장은 하지만, 햇빛에 배치된 식물의 성장은 부분적으로 그늘에 배치한 식물보다 더 많이 성장할 수 있다. 음영 처리된 식물이 최대 성장 가능성을 달성하지 못하는 것은 광합성의 약화된 비율을 반영한다. 전체적인 햇빛의 필요와 광합성 활성을 증가시키기 위해 부분적으로 음영을 준 식물의 경우 **굴광성(phototropism)**으로 알려진 현상을 통해 구부러져서 자란다. 줄기의 음영 측의 세포는 밝은 측면보다 빠르게 성장하여 식물이 구부러지는 원인이 된다.

굴광성의 기본 메커니즘은 식물 노화의 개시에 대한 단서를 제공할 수 있다. 자신의 모든 성장 가능성에 도달한 성숙한 식물은 광합성 활성을 극대화하기 위해 잎의 모든 부분에 빛을 노출 시키고자 한다. 줄기의 제한 또는 성숙한 식물에는 더 많은 세포를 합성하거나 기존의 세포를 연장할 수 있는 능력이 없기 때문에, 빛을 향해 자신의 잎을 직접 노출할 수 없다. 식물의 상단 부분에 있는 잎은 햇빛에 최대한 노출되기 때문에 하단의 잎보다 훨씬 더 많은 광합성 활성을 가지게 된다. 햇빛의 시차적인 노출로 인해 전체적으로 광합성이 감소하게 되는데, 이는 노화를 개시할 수 있는 상황을 만든다.

엽록소는 가시광선 스펙트럼의 청색 및 적색 영역의 빛을 흡수한다. 지금까지의 단서는 식물에서 다양한 흡수성을 통해 다른 기능을 가질 수 있음을 시사한다. 최근의 **포토트로핀(phototropin)**에 대한 연구에 따르면, 굴광성을 담당하는 광 수용체는 식물 노화의 시작을 위한 메커니즘을 제안하는 데에 도움을 준다. 우리는 청색 빛이 발아 및 식물 성장에 있어서 가장 중요하다고 생각한다. 청색 빛은 우선적으로 줄기의 음영 부분의 세포에 작용하는 식물 호르몬인 옥신의 방출을 유도한다. 적색 빛은 광합성에 너 큰 영향을 미친다. 또한 스펙트럼 분석은 빛의 세기가 감소함에 따라 적색 빛에 의한 광합성 활성이 감소하는 것을 보여준다(그림 6.17). 즉, 적색 빛(파장~620~700 nm)는 원적외선 빛(~700~775 nm)보다 더 큰 광합성 활성을 유도한다. 이 효과는 잎 세포가 원적외선 빛보다 적색 빛에 더 많은 감광체를 가지고 있다는 결과를 나타낸다.

성숙한 식물의 상단 잎은 고강도의 적색 빛을 더 많이 흡수하며, 이 잎은 광합성 활성이 활발하다. 빛 필터를 통해 원적외선 빛에 대한 적색의 비율이 낮은 식물의 잎에서는 광합성이 감소한다. 즉, 이 효과에 대한 메커니즘은 명확하게 정의되지 않았지만 원적외선에서 적색의 감소는 상부 잎의 노화를 개시하는 신호가 될 수 있음을 시사한다.

## 사이토키닌이 노화를 지연시킨다

**사이토키닌(cytokinins)**은 어린 식물의 성장 조절 인자로 주로 기능한다. 사이토키닌의 신호전달 경로는 줄기 세포, 분열 조직, 종자 발달, 엽록체 생합성, 그리고 여러 가지 다른 성장과 발전 과정에 영향을 준다. 사이토키닌의 생합성은 모든 식물 조직에서 발생하는 질소 농도에 의해 조절되는 것으로 보인다. 즉, 식물의 성장 동안 질소의 농도가 증가되고(뿌리에서 유래), 사이

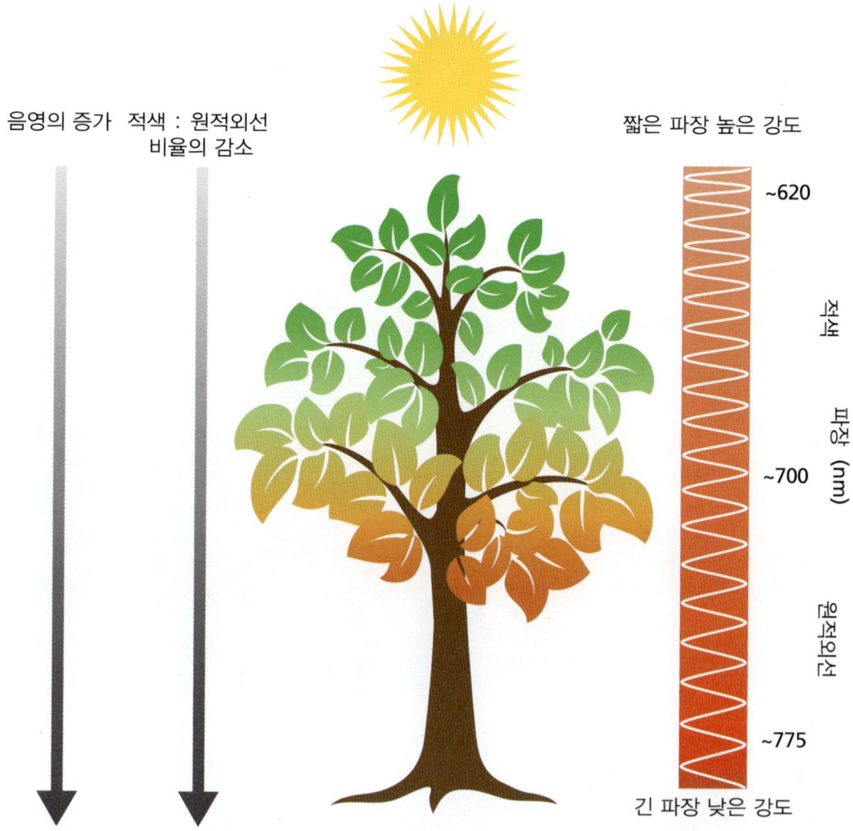


**그림 6.17 원적외선에서 적색의 비율이 잎의 노화에 미치는 영향.** 엽록소는 스펙트럼에서 적색(~620~700 nm)과 원적외선(~700~775 nm) 영역의 빛을 흡수한다. 적색 빛은 광합성에 가장 강력한 영향을 미친다. 원적외선은 적은 광 수용체에 의한 광합성에 작은 영향을 가지고 있다. 식물이 성숙된 경우, 상단의 잎이 하단의 잎보다 적색:원적외선 비율로 보았을 때 적색이 더 많은 양을 흡수한다. 결과적으로 광합성의 감소를 통해 노화 과정을 개시할 수 있다.

토키닌의 농도도 증가하며, 그 반대도 마찬가지이다. 사이토키닌의 히스티딘 인산화 효소 수용체에 인산기가 붙음으로써 단백질이 활성화된다**(그림 6.18)**. 인산기는 사이토키닌-의존적 반응 단백질의 발현을 유도하는 전사인자로서 역할을 하기 위해 이동한다. 이들 단백질은 세포의 성장에 이르는 다양한 대사 경로를 자극한다.

사이토키닌은 오랜 시간 동안 노화 지연의 요인으로 인식되고 있다. 세포 외부에서 공급되는 사이토키닌에 의한 예정화된 노화의 초기 단계의 개시를 막음으로써, 결과적으로 잎의 수명이 증가된다. 반대로, 성장하는 식물에서 사이토키닌의 불활성화는 조기 노화를 유도한다. 많은 식물 노화와 마찬가지로, 사이토키닌 의존성 노화 지연의 메커니즘은 수수께끼로 남아있다. 노화에 대한 사이토키닌의 역할을 둘러싼 많은 불확실성은 대부분 잎에서 관찰되는 노화의 특정 단계를 반영한다. 예를 들어, 잎에서 예정화된 노화의 초기 단계에 사이토키닌의 농도는 엽록체가 분해되어 노화되기 직전의 세포에서 발견되는 농도와 비슷하다. 예정화된 노화가 후기 단계로 들어갈 때, 사이토키닌의 농도는 감소하고 소기관 분해 속도는 증가된다.

식물 노화 동안 사이토키닌의 시간 관련 농도 차이는 성장과 발달 기능을

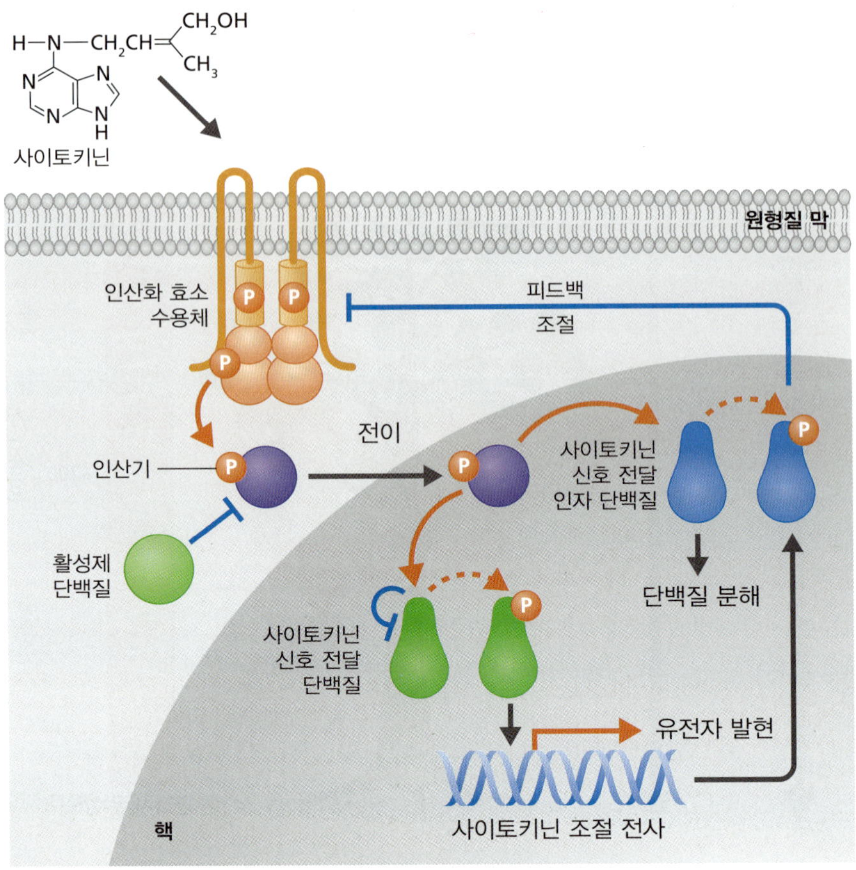


**그림 6.18 사이토키닌에 의한 세포 성장의 일반적인 체계.** 어린 식물의 세포에서 체관부 질소는 사이토키닌의 생합성을 유도한다. 키네이즈 수용체에 사이토키닌이 결합하면 핵막을 관통하는 활성 단백질의 인산화가 야기된다. 이어서 사이토키닌에 의해 유도된 활성화 단백질 자체 또는 다른 전사 인자의 인산화를 통해 성장이나 세포 분열을 자극하는 단백질의 유전자 발현을 개시한다. (A. Santner, L.I.A. Calderon-Villalobos and M. Estelle, Nat. Chem. Biol. 5:301-307, 2009에서 인용. Nature Publishing Group의 허가를 득함)

가진 식물 호르몬과 일치한다. 잎의 과정을 되돌아보면 잎의 노화 과정은 생식 기관에 충분한 영양분을 제공하도록 진화하였다. 세포의 엽록체가 분해되는 동안 세포의 소기관과 유전자의 발현은 생존을 위해 유지된다. 사이토키닌 생합성은 부분적으로 세포 외부와 내부 질소 농도에 따라 반응한다. 따라서 예정화된 노화의 초기 단계에서 사이토키닌 농도가 증가하거나 세포의 질소 또는 자유 아미노산이 증가가 되어야 안정적인 상태로 유지가 가능하다. 또한 이들은 노화 관련 질소 농도의 차이가 체관부를 통해 잎 세포 이외의 조직에서 사이토키닌의 생합성을 촉진한다는 증거가 된다. 이러한 사이토키닌은 물관을 통해 잎 세포들로 다시 되돌아 올 수 있다.

사이토카인이 노화에 미치는 영향에 대한 모델에서 다음 몇 단계는 덜 명확하다. 우리는 성장과 발달에 관여하는 호르몬이 어떻게 죽어가는 세포를 지지해 주는가에 대한 부분이 질문으로 남아 있다. 그에 대한 답으로 사이토키닌의 효과가 알려진 유전자 발현을 통해 알 수 있다. 노화에서 사이토키닌-의존적인 중요한 특정 유전자의 발현은 아직 다 식별되지 않았지만, 히스티딘 사이토키닌 인산화 효소3의 과발현 돌연변이가 사이토키닌 수용체를 통해 노화를 지연시키는 것은 실험을 통해 증명되었다. 또한, 애기장대 돌연변이에서 히스티딘 인산화 효소3 유전자는 외부의 사이토키닌에 반응하지 않았다. 이러한 결과는 사이토키닌-의존적 유전자 발현이 예정화된 노화 단계에서 발생한다는 것을 시사한다.

마지막으로 사이토키닌은 당의 분해 및 에너지-공급 대사의 조절에 있어서 중요하다. 사이토키닌 농도는 아포플라스트 전환효소(과당과 포도당, 자당의 가수분해 효소)의 발현에 따라 달라질 것이다. 이 때문에 잎의 노화 동안 사이토키닌의 농도가 증가함으로써, 아포플라스트 전환효소의 역할을 수행하거나, 그 반대의 효과가 나타날 수도 있다. 그러나 우리의 모델에서, 이러한 두 개의 사건의 시점은 잎의 노화와 일치하지 않는다. 예정화된 노화에서 아포플라스트 전환효소의 하위 시간에는 사이토키닌 농도가 감소되는 현상이 발생한다. 식물의 노화에 대한 우리의 이해와 많이 일치하지만, 사이토키닌과 포도당 축적 사이의 관계에 대한 정확한 규명을 하기 위해서는 많은 연구가 필요하다.

### 다른 식물 호르몬에 의해 유도되는 노화

아브시스산, 에틸렌, 재스몬산, 살리실산의 농도는 산화의 여러 단계에서 증가하는 것으로 나타났다. 스트레스에 대한 반응으로 이들 호르몬의 작용은 대부분 철저히 연구되었지만 노화에 있어서의 그들의 역할은 거의 알려지지 않았다. 여기에 대한 간단한 설명은 성장, 발달 또는 스트레스 동안 그 기능이 노화에 어떠한 영향을 미치는지에 초점을 맞추고 있다.

**아브시스산**(**Abscisic acid**)은 노화 동안 성장, 발달 및 스트레스와 관련하여 여러 가지 기능이 있다. 이 호르몬은 건조한 조건에 반응하여 기공의 폐쇄를 유도한다. 기공의 폐쇄로 수분의 손실을 줄일 뿐만 아니라, 광합성의 감소에 따라서 이산화탄소 흡수를 감소시킨다. 광합성의 감소는 예상된 노화를 개시할 수 있다. 아브시스산은 특히 각종 스트레스에 반응하여 싹과 잎의 세포 성장을 억제한다. 세포 분열 또는 세포 신장의 억제는 노화에 중요한 단백질 발현으로 이어질 수 있다. 마지막으로 아브시스산은 에틸렌과 함께 잎의 이탈에 대한 효과를 향상시킨다.

**에틸렌**(**Ethylene**)은 오랜 시간 동안 과일 성숙과 잎의 이탈을 자극하는 것으로 알려져 있다(**그림 6.19**). 최근의 연구에 따르면 노화된 잎에서 에틸렌의 농도는 증가하는 것으로 나타났다. 뿐만 아니라, 분자 분석을 통해 에틸렌 생합성과 관련된 많은 유전자가 노화되는 동안 상향 조절되고 있음을 알 수 있다. 예정화된 노화 동안 초기 또는 후기의 시간에 따른 에틸렌의 발현의 증가는 확인되지 않았다. 이 절에서 논의된 다른 세 가지 식물 호르몬과 마찬가지로, 에틸렌이 노화에 원인 혹은 결과인지에 대한 여부는 알 수 없다.

**재스몬산**(**jasmonic acid**, 메틸 재스몬산)와 **살리실산**(**salicylic acid**)는 각각 상처와 병원균에 대한 반응으로 유명하다. 잎의 노화와 재스몬산의 관계는 엽록체에 미치는 영향으로부터 발생한다. 재스몬산을 통한 엽록체 감소는 잎에서 훨씬 빠르게 발생한다. 메틸 재스몬산에 민감하지 않도록 유전적으로 변형된 식물은 노화를 지연시킨다.

DNA 마이크로어레이 연구는 살리실산에 의해 유도된 노화 전사체가 노화 유도성 전사체와 공통의 여러 유전자를 가지고 있다는 것을 보여준다.

**그림 6.19 에틸렌에 의한 과일 숙성.** 에틸렌은 항-숙성 유전자를 분해하여 과일 숙성 과정을 촉발한다.

## 필수 개념

- 식물세포는 세 가지 고유한 구조: 세포벽, 엽록체 그리고 중앙 액포에 의해 동물세포와 구별된다.
- 포도당의 합성은 광합성, 이산화탄소, 물 및 빛을 포함하는 반응으로부터 엽록체에서 일어난다.
- 식물 호르몬은 주로 식물의 성장과 발달에 관여한다.
- 식물의 노화는 진화적으로 최적의 번식 성공을 위해 선택되는 발달 과정이다.
- 식물의 노화는 단계적으로 발생한다. 예정화된 노화는 미토콘드리아와 핵 기능을 동시에 유지하면서 엽록체와 다른 세포소기관을 분해하는 유전자 조절을 한다. 확률적 노화는 일반적으로 세포내 안정성—세포벽, 세포막과 액포 유지—조절을 하지 않음으로 확률적으로 분해된다.
- 식물 노화에 대한 정보의 대부분은 잎의 연구에서 나왔다. 잎의 노화는 세 단계: 개시, 분해 및 종결로 설명될 수 있다.
- 노화의 분해 단계에서 잎 세포의 세포질에서 자당의 합성이 감소하면서 포도당과 과당이 축적된다. 증가된 세포질의 포도당은 단백질 인산화 효소의 발현을 자극하여, 헥소 인산화 효소의 발현을 자극한다.
- 엽록체의 분해 동안 세포질에서 포도당의 축적은 두 가지 원인인 세포 내에 녹말 저장과 체관부를 통한 자당(포도당과 과당으로)의 업로딩을 통해 발생한다.
- 엽록소의 분해는 순서대로 유전자를 조절하는 과정을 통한다. 또한 식물의 다른 부분에서 잎으로 내보낸 영양분의 종류에 따라 표식자가 전환된다.
- 엽록체 분해의 부산물은 잎 세포의 구성 요소를 통해 여러 가지 분해 효소의 발현을 자극한다. 세포막의 안정성 손실은 가깝게는 예정화된 노화를 유도하고 확률적 노화를 개시한다.
- 잎의 노화를 개시하는 환경적인 요인들에 대한 것을 전부 이해하지는 못했지만 빛의 양과 유형은 노화의 개시에 중요하다.
- 가뭄, 극한의 온도, 곤충을 통한 감염, 스트레스에 의한 변화는 식물 호르몬의 합성을 자극하고 광합성을 감소시켜 노화를 유도한다.

## 토의 질문

**Q6.1** 식물의 노화는 왜 식물 발달의 마지막 단계에서 이루어지는가에 대한 이유를 설명하라.

**Q6.2** 식물의 예정화된 노화와 확률적 노화의 차이점을 간단하게 설명하라.

**Q6.3** 세포 수준에서 발생하는 예정화된 노화의 순서를 나열하라.

**Q6.4** 잎의 예정화된 노화에서 체관부의 자당 농도는 감소한다. 이러한 부분이 광합성의 감소와 세포내 포도당과 과당 합성의 감소를 나타내

는가? 이에 대해 설명하라.

**Q6.5** 식물세포는 예정화된 노화 동안 더 많은 에너지를 사용하는데, 이를 노화된 세포와 정상적인 세포의 기능에 근거해서 설명하라.

**Q6.6** 식물 노화에 대한 유전적 진화 과정은 노화 전후의 엽록소 분해 경로의 차이에 의해 입증된다. 이에 대해 설명하라.

**Q6.7** 정상적으로 작동하는 세포막에서 발견되는 지방산이 잎의 노화 동안 막의 분해에서 중요한 역할을 하는 방법에 대해 설명하라.

**Q6.8** 예정화된 노화에서 확률적 노화로의 전환은 공급 대사에서 에너지 대사로의 전환에 의해 특징지어진다. 특정 조건에서 나타나는 에너지 및 공급 대사의 의미는 무엇인가? 식물의 생식에 따른 공급 대사의 역할은 무엇인가?

**Q6.9** 동물과 식물의 유사 분열 세포의 노화에서의 차이점에 대해 설명하라.

**Q6.10** 다 자란 식물의 굴광성의 부족이 잎의 노화 개시에 어떠한 영향을 미치는지에 대해 설명하라.

## 추가 참고문헌

### 기초 식물 생물학


Alberts B, Bray D, Hopkin K et al. (2010) Essential Cell Biology. New York: Garland Science, pp 453–494.

Sadava D, Heller HC, Orians GH et al (2007) Life: The Science of Biology, 8th ed. Sunderland, MA: Sinauer.

Stern KR (2006) Introductory Plant Biology, 10th ed. Boston: McGraw-Hill.

Whitmarsh J & Govindjee (1999) Concepts in Photobiology: Photosynthesis and Photomorphogenesis (Singhal GS, Renger G, Sopory SK et al., eds). New Delhi: Narosa, pp 11–51.


### 식물 노화의 생물학


Bleecker AB (1998) The evolutionary basis of leaf senescence: method to the madness? *Curr Opin Plant Biol* 1:73–78.

Gan S (2003) Mitotic and postmitotic senescence in plants. *Sci Aging Knowl Environ* 38:RE7.

Guo Y, Cai Z & Gan S (2004) Transcriptome of Arabidopisis leaf senescence. *Plant Cell Environ* 27:521–549.

Leopold AC (1975) Aging, senescence and turnover in plants. *Bioscience* 25:659–662.

Lim PO, Kim HJ & Nam HG (2007) Leaf senescence. *Annu Rev Plant Biol* 58:115–136.

Matile P, Hortensteiner S & Thomas H (1999) Chlorophyll degradation. *Annu Rev Plant Physiol Plant Mol Biol* 50:67–95.

Noodén LD (ed) (2004) Plant Cell Death Processes. San Diego: Academic Press.

Oparka KJ (1990) What is phloem unloading? *Plant Physiol* 94:393–396.


### 식물 노화의 개시


Kim HJ, Ryu H, Hong SH et al. (2006) Cytokinin-mediated control of leaf longevity by AHK3 through phosphorylation of ARR2 in *Arabidopsis*. *Proc Natl Acad Sci USA* 103:814 –819.

Müller B & Sheen J (2007) Arabidopsis cytokinin signaling pathway. *Sci STKE* 2007:cm5.

Niinemets U (2007) Photosynthesis and resource distribution through plant canopies. *Plant Cell Environ* 30:1052–1071.

# 7 인간의 수명

**"당신이 대안을 생각할 때 노년기는 그렇게 나쁘지 않다."**

**-모리스 슈발리에[MAURICE CHEVALIER(1888~1972), 배우]**

지금까지 노화와 장수에 대한 우리의 연구는 간단한 진핵생물에서 관찰된 기본적인 생물학적 메커니즘에 초점을 맞추었다. 우리는 꽤 일관성 있고 공정하게, 노화가 무작위적 또는 확률적인 현상을 보이는 동물과 식물에서 수명이 발달한다라는 가설을 세울 수 있었다. 수명은 생식시기의 생존을 위해 선택된 유전자를 통해 진화했다. 그러나 노화가 진행되면서 자연 선택의 쇠퇴한 힘은 "노화"의 유전형과 표현형을 전달하는 유전자의 고정을 방해한다.

우리 자신의 종으로 관심을 돌리면, 우리는 근본적인 문제를 해결해야 한다: 노화와 수명에 있어서, 인간은 비인간 집단에서 관찰된 것과 유사한 진화적 발달의 패턴을 따르는가? 다윈의 자연 선택 이론의 기본 원동력인 환경이 다른 종과 같은 정도로 인간의 적응에 영향을 미치지 않았을 가능성이 있다. 호모 사피엔스는 소수의 비인간 영장류와 해양 포유류를 제외하고는 환경을 다르게 만드는 기능을 부여하기에 충분할 만큼 큰 두뇌를 가진 유일한 종이다. 환경을 다르게 만들면 생존에 큰 영향을 미칠 수 있다. 집과 울타리 또는 벽의 구조는 쉼터를 제공하고 적으로부터 보호해 준다; 피복 제작과 착용은 거친 날씨로부터 보호한다; 그리고 농업의 발전과 이용은 굶주림을 막을 수 있다. 따라서 환경과 환경적 요인의 조작을 통해 다른 종들과 달리 수명의 기원에 영향을 미칠 가능성이 있다.

이 장에서는 인간의 수명에 초점을 맞춘다. 우리는 인간 수명의 기원과 호모 사피엔스의 수명에 대한 이론적 근거에 대한 논의를 시작하려 한다. "인간 수명의 진화"보다는 "인간 수명의 기원"이라는 문구를 사용한다. 이것은 호모 사피엔스를 고대 호모 속의 호모 하이델베르크인과 네안데르탈인과 같은 다른 종으로부터 구별하기 위해 의도적으로 수행되었다. 비록 장수에 대한 진화론적 결과로 초래된 유전자가 호모 사피엔스로 전달되었다고 하더라도, 우리의 우수한 지능은 호모 선구자와는 크게 다른 수명과 사망률의 궤도를 확립했을 가능성이 크다. 이러한 궤도는 계속 진화한다. 이 장의 두 번째 절에서는 인간의 수명과 수명의 기원에 대한 이론적 근거를 시험하는 역사적

**이 장에서...**

및 최근의 관측 보고를 제시한다.

## 인간 수명의 기원

제3장에서 초파리에서의 인공 선택법을 이용하여 실험실에서 실험한 결과는 피터 메더워(Peter Medawar)와 수학자 W. D. 해밀턴(W.D. Hamilton)에 의해 제안된 장수 진화론과 일치하였다. 그러므로 우리는 장수 진화론을 확인하기 위해 다른 비침습적인 방법을 찾아야 한다. 생물학과 인구통계학을 통합하는 신생 과학인 **생물개체군학(Biodemography)** 분야는 고유한 인간 수명의 기원을 조사하는 방법을 제공한다. 생물개체군학은 주로 고고학, 물리적 인류학, 유전학 그리고 진화와 같은 과학 분야의 실험적 관찰을 통해 사망률 분석의 원리를 예측하는 모델을 구성하는 수학적, 이론적 과학이다.

이 절에서 우리는 생명개체군학의 과학을 통해서 인간 수명의 기원을 알아보고자 한다. 우리는 인간의 수명을 예측하는 모델의 발달을 안내하는 몇 가지 일반적인 생명개체군학 원리로 시작하며, 이러한 원리는 인간 수명의 기원이 우리의 뛰어난 지능과 환경을 조작할 수 있는 능력을 반영하는 종들 사이에서 독특할 수 있다는 새로운 이론으로 이끌 것이다.

### 인간의 사망률은 조건적이다

단순한 진핵생물과 설치류에서 만들어진 분자와 세포의 관측을 통해 노화, 수명 그리고 노화 관련 질환들 사이의 차이를 높은 정확도로 분리할 수 있다. 고도로 제어된 실험동물에서의 실험 결과는 가임기에 생존하기 위해 선택된 유전자의 부산물로서 수명의 개념을 정의했다(제3장 참고). 유사한 실험 기법을 이용하여, 연구자들은 평균수명을 의미하는 삶의 길이에 대한 또 다른 측정은 발달 과정에서 무작위적 또는 확률적으로 우연히 발생하는 문제와 더 밀접하게 관련이 있음을 확인하였다. 결과적으로, 우리는 종 내의 개인 삶의 길이와 특정 종 내의 최대 잠재적인 수명을 장수로 정의할 수 있었다.

생물개체군학 분야의 인간 사망률에 관한 연구에서는 유전적 고유 사망률과 환경에 의존적인 사망률을 쉽게 구분할 수 없다(제2장에서 노화의 맥락에서 "고유" 및 "외인적"의 비율에 대한 논의를 참조). 또한 인간의 수명에 영향을 미치는 환경적 요인들도 배제해선 안 된다. 노화 관련 질환이나 환경 요인으로 인한 인간의 사망은 수명의 기원에 관한 생물개체군학적 예측에서 수학적으로 보고하고 있다. 즉, 생물개체군학자들은 수학적 모델에서 환경 요인을 중요한 변수로 간주한다. 인간은 순수한 본능에 단순히 반응하기 보다는 인지적 추론을 통해 환경적 변화에 대응한다. 인간은 자신의 필요에 맞게 환경을 바꿀 수 있으며, 이러한 조작으로 호모 사피엔스의 고유한 사망률과 수명의 특성이 나타난다.

환경을 조작할 수 있는 인간의 능력은 생물개체군학의 중요한 원리 중 하나를 반영한다: 사망률은 조건적이다. 생물개체군학에서 사용되는 **조건적(Facultative)**이라는 용어는, 환경적 영향은 사망률 또는 사망률의 궤적에 상당한 유연성이 유발된다는 것을 의미한다. 즉, 곰퍼츠 분석법에 의해 예측된 것과 같이 사망률이 고정되어 있지 않다(제2장 참조). 이 유연성은 인간 개체군에서 사망률에 영향을 미치는 환경적 조건에서의 차이가 무한하며 지속적으로 변화하고 있다는 사실로부터 발생한다. 비록 전체 인구 사망률이 곰퍼츠 사망률 패턴과 맞을 수도 있지만, 개체군의 사망률은 상당히 다를 수 있다. 많은 생물개체군학자들은 이러한 부분 집단이 인간 수명의 기원에 큰 영향을 미친다고 생각한다.

우리는 역사적으로 출생에 있어서 조건적인 자연 사망률과 수명에 미치는 영향을 입증하기 위해 계절 변화의 예를 사용할 수 있다**(그림 7.1)**. 영양소의 양과 질이 가장 풍부한 기간 동안 태어난 아기들—수확기 직후 몇 달 동안(북반구 9~12월)—은 식량 부족이 발생할 가능성이 높은 시기(1월과 2월)인 겨울에 태어난 아기들보다 더 오래 산다. 이 단순한 상관관계는 초기의 삶 동안 환경적 요인들이 특별한 사망률로 여러 부분 모집단을 설정할 수 있다는 것을 말한다. 수확기 동안에는 영아 사망률이 더 낮기 때문에, 이 집단들은 훨씬 건강하고, 수명 및/또는 장수에 더 큰 영향을 받게 되는 것이다.

## 유전적 요인은 인간의 사망률에 중요한 가소성을 야기한다

인간의 사망률은 매우 가변적이며, 이 변화는 노화 관련 질환 및 환경 영향의 교란 요인에 대해 수학적으로나 통계적으로 조절된 후에도 계속해서 유지된다. 또한 생물개체군학 연구에 따르면 전체적인 인간 사망률에는 전체 인구 집단과 다른 특정 곰퍼츠 사망률을 공유하는 개별 모집단이 포함되어 있다. 또한, 비환경적 다양성 그리고 자신의 사망률과 분리된 각기 다른 부분모집단에 존재하는 개인의 사망률은 인간의 수명에 영향을 미치는 유전적 요인이 가소성을 가지며 고정되지 않는다는 것을 강하게 보여준다. (사망률의 유전적 가소성에 대한 실험적 증거는 제2장에서 논의되었다.) 지중해 과일 파리에서의 연구에 의하면, 노년기의 사망률은 평준화와 감속에 의해 곰퍼츠 속도로부터 벗어난다(그림 2.19 참조). 사망률에서 노년기의 차이는 일반적으로

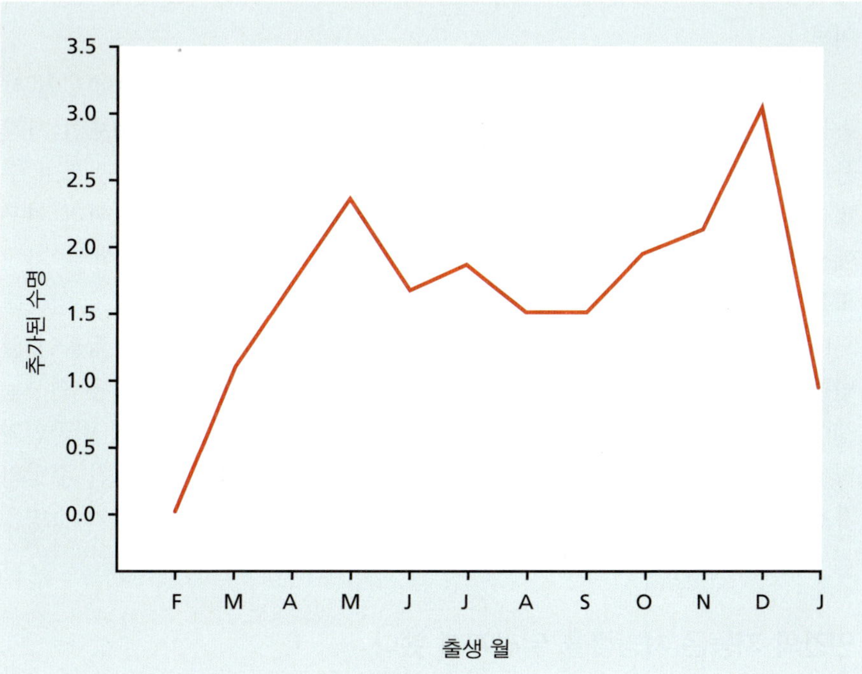


**그림 7.1 태어난 달의 함수로서 여성의 수명에 추가된 몇 년간의 생물개체군학적 예측.** 이 연구는 수명의 차이는 출생시의 영양상 요인의 차이를 반영할 수 있음을 시사한다. 이러한 결과는 1800년과 1880년 사이에 유럽 국가에서 태어난 30세 이상의 여성 6,908명의 수명에 대한 회귀 분석을 이용하여 생성되었다. (LA. Gavrilov and NS. Gavrilov, in Modulating Aging and Longevity [S.L.S. Rattan, ed.], Dordrecht, Netherlands: Kluwer Academic Publishers, 2003에서. Springer Science의 허가를 득함)

모집단 내에 장수를 위한 서로 다른 유전자형이 존재한다는 의미가 받아 들여진다. 생물개체군학자들은 서로 다른 유전자형이 진화론적 역사를 통해 존재할 수 있었고, 인간의 수명을 결정하는 유전자의 선택에서 역할을 할 수 있음을 제안했다.

사망률에 대한 유전적 가소성의 효과는 생명개체군학자들에게 인간의 수명 기원을 예측하기 위한 진화론적 근거를 제공한다. 서로 다른 사망률을 제공하기에 충분한 유전적 가소성을 가진 초기 인류의 모집단을 떠올려보자. 이 모집단은 다른 집단에서, 그들의 생식 수명의 끝에 도달하기 전에 사망한 개체들의 부분 모집단과 생식 수명의 끝을 지나서도 잘 살았던 부분 모집단이 포함된다. 장수하는 부분 모집단의 긴 생식 수명은 단지 조금 더 길더라도 짧은 수명의 부분 모집단보다 더 큰 체력을 부여한다. 진화적 시간이 지남에 따라 긴 수명, 긴 생식주기의 유전자형을 생산하는 유전자를 가진 부분 모집단은 짧은 수명의 유전자형을 생산하는 유전자를 가진 모집단을 통해 선택된 것이다. (제3장의 유전적 부동과 돌연변이 축적에 관한 설명 참조.) 인간의 게놈은 수명이 증가하는 방향으로 흐르고 또 흐를 것이다.

## 장수하는 인간의 사망률 차이

과거에는 고령에 도달하는 것이 충분하지 않았기 때문에 장수하는 사람들의 사망률을 유전적 요인의 차이로 설명할 가능성을 시험하는 것이 어려웠다. 사망률의 차이에 대한 증거는 일반적으로 고령에 도달하는 여러 개체와 가족들의 관찰로 제한된다. 그러나 오늘날 세계적으로 몇 가지 과학적 연구가 일반적으로 **100세(centenarians)** 이상 연령의 사람들로 정의되는 장수하는 인간의 집단으로부터 유전학과 수명의 관계에 대한 연구가 진행되고 있다. (미국의 경우 100세 이상인 인구는 100,000명에서 200,000명 정도이다.) 이제 막 시작된 이러한 조사에서는 대부분 인구통계학적 연구에 대한 분석이 제한적이다. 100세인 사람들에 대한 일부 연구가 극단적인 수명과 관련된 특정 대립 유전자를 확인하기 시작했지만, 이 결과는 여기에서 논하기에는 아직 이르다.

인간의 수명에 대한 유전적 기여를 조사하는 한 가지 방법은 100세인 사람들의 형제, 자매 또는 쌍둥이의 사망률을 평가하는 것이다. 100세인 사람들의 형제 또는 쌍둥이는 비슷한 유전학적 특성을 가질 가능성이 높으며 수명이 유전학과 관련될 수 있다는 인구통계학적 증거를 제공한다. 여러 연구에서 이 방법을 취해서 비슷한 결과를 보였다: 100세일 사람들의 형제, 자매 또는 쌍둥이의 생존 확률과 사망률은 확연하게 다르다. 예를 들어, 뉴잉글랜드에 100세인 여성과 남성의 형제 자매가 100세의 나이에 도달할 확률이 일반적인 인구보다 각각 8배와 17배 더 높다는 것을 발견했다. 이 같은 연구는 생애 동안 모든 연령대에서, 100세인 사람들의 형제 자매들은 전체 미국인의 약 절반 정도의 사망률을 가지고 있음을 보여주었다**(그림 7.2)**. 인간 수명의 유전적 요소를 확인하기 위해서는 많은 연구가 필요하지만, 유전자가 수명을 결정하는 데 있어서 중요한 역할을 하는 것으로 보인다.

## 인간의 지능은 사망률을 달라지게 했다

다윈의 번식 적합성 원리는 환경적인 조건들에 대한 종의 적응성과 밀접하게

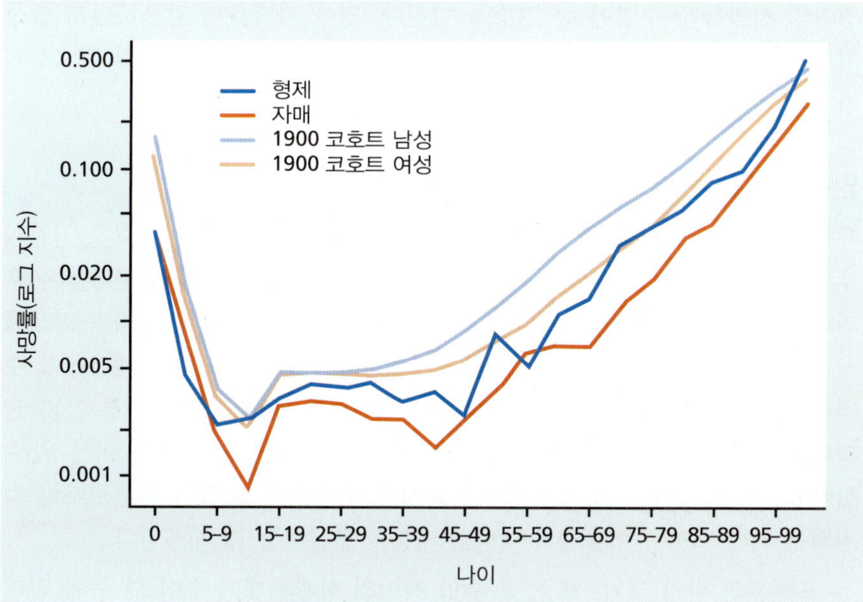


**그림 7.2 1900년 출생 코호트와 100세인 사람들의 형제, 자매들의 성별과 연령별 사망률.** 이 데이터에서 연령별 사망률은 1900년에 태어난 일반적인 미국인의 코호트보다 100세인 사람들의 형제 자매들이 모든 연령에서 유의하게 낮은 것으로 나타났다. (연령별 사망률의 기울기의 변화에 대한 설명은 그림 2.15를 참조.) (T.T. Perls et al., *Proc. Natl Acad. Sci. U.S.A.* 99: 8442–8447, 2002에서 National Academy of Sciences의 허가를 득함)

관련되어 있다. 지구상에 서식하는 대다수의 종의 경우, 생식시기의 생존 확률을 증가시키기 위해 순수하게 각각의 대립 유전자의 발생에 적응한다. 즉, 대부분의 종의 경우에 환경에 대한 적응을 사망률에 반영하다(제1장 참조). 호모 사피엔스에서 수명의 기원은 우리의 유전자들을 환경에 적응시키는 많은 정보로부터 기원하였을지도 모른다. 따라서 사망률의 특성은 바뀔 수도 있다. 예를 들어, 예리한 돌이나 뼈와 같은 도구를 사용하면서 사냥할 수 있는 능력이 강화되었고 우리의 식단에서 음식의 다양성이 증가되었다. 이는 다른 영장류의 중요한 생존 장점보다 더 큰 기여를 하여 초기의 호모 사피엔스는 훨씬 더 나은 영양분 섭취를 했을 것이다. 바늘과 실의 발명은 더 나은 의복을 가져 왔고, 우리의 생리학이 진화했으며, 그것으로부터 다른 지리적 위치에 거주할 수 있는 더 좋은 옷을 만들어 냈다. 우리는 더 이상 식량을 제공하는 환경에 의존하지 않게 되었다; 우리는 식량이 있는 장소로 이동할 수 있었고 중요한 생존의 이점을 얻게 되었다.

호모 사피엔스가 생존 이점을 위해 환경을 조작할 수 있게 해주는 정보는 아마도 산모와 영아의 생존에 중요한 영향을 미쳤을 것이다. 간단한 기술(도구)의 발전과 함께 식량과 영양분 섭취의 질과 양의 증가는 출생 시 산모의 사망을 감소시킬 뿐만 아니라 대부분의 사망률 감소 및 수명 연장이라는 두 가지 결과를 가져 왔다.

첫째, 출생 시 생존한 산모는 살면서 더 많은 아이를 가질 수 있었다. 가임기에 생존을 더 하지 못하더라도, 적어도 한 명 이상의 더 많은 아이를 가질 수 있는 기회가 증가했다. 가임기에 생존하는 사람은 우수한 유전자를 보유하고 있었으며, 이는 감염 및 기타 해로운 환경 조건들로부터 잘 방어하는 것을 의미했다. 따라서 이러한 지능의 결과—출생시 산모의 사망 감소—로 태어난 아이는 낮은 사망률과 더욱 장수하는 유전자를 부여 받았을지도 모른다.

둘째, 더 나은 영양과 더 나은 보호 덕분에 자손에게 더 많은 자원을 투자할 수 있었으며, 영아의 생존률이 향상되었다. 다음 절에서 볼 수 있듯이,

영아의 사망률은 수명에 큰 영향을 미친다. 영아 사망률이 감소하면서 출산이 줄어들게 되었고, 부모는 적은 수의 아이에게 자원을 집중하게 됨으로써 자손의 전반적인 질을 향상시킬 수 있었다.

## 인간의 지능은 고유한 장수 궤도를 형성하고 있다

우수한 지능으로 인해 환경을 조작할 수 있는 인간의 독특한 능력은 인간의 수명 특성을 형성하는 데 있어서 근본적인 요소였다. 하지만 연구자들은 우리의 계통학적 선구자들로부터 지능을 직접적으로 측정할 수 없다—화석에서 지능검사를 할 수 없다. 대신 생물개체군학자들은 호모 사피엔스에서 수명의 기원을 그들의 수학적 예측을 통해 입증하기 위해 물리적 인류학 및 진화/생태학에 사용되는 정보를 이용한 간접적인 측정에 의지한다. 이를 위해, 살아있는 동물에서 직접 측정되거나 화석의 두개골의 빈 공간 부피로부터 측정되는 뇌의 크기를 이용해서 대략의 지능을 추론하는 데 사용한다.

포유류의 뇌의 크기, 체중 및 수명 사이의 상관관계는 수십 년 동안 알려져 왔다(**그림 7.3**)(제1장 참조). 일반적으로, 수명이 길면 비교적 큰 몸과 뇌의 중량을 가지고 있다. 이러한 초기의 상관관계는 영장류와 비영장류 사이의 독특한 계통 분리를 설명한다. 그림 7.3을 참고해 보면 설치류 및 유제류의 데이터 포인트는 회귀 직선보다 밑에 위치하는 반면, 영장류 및 인간의 데이터 포인트는 회귀 직선의 위에 위치한다. 영장류(인간과 비인간)의 몸/뇌 무게-수명의 상관 관계가 다른 계통의 그룹과 분리되어 있다는 것을 의미한다. 또한, 인간의 몸/뇌의 무게-수명의 상관 관계는 다른 영장류와는 크게 다르므로, 영장류 중에서 지능에 대한 또 다른 계통 분리를 제안한다. 이러한 이유로, 생물개체군학자들은 영장류 계열에 따른 인간 수명의 기원에 대한 그들의 분석을 일반적으로 제한한다.

신세계와 구세계의 원숭이들은 상당히 작은 두뇌와 인간보다 짧은 수명을 가지고 있다(**그림 7.4**). 또한 인간의 체중과 유사한 유인원은 작은 뇌와 짧은 수명을 가지고 있다. 우리가 단지 사람과의 동물을 고려하여 분석 범위를

**그림 7.3 다양한 포유동물군에서 수명과 함께 체중과 뇌 중량의 상관 관계.** 인간의 수명은 비슷한 체중의 유제류(포유류의 몇몇의 계열 중에서 발굽 동물)보다 훨씬 길다. 유의하게 큰 뇌는 인간과 포유류의 다른 세 그룹 간의 수명 차이의 기초가 된다. (G.A. Sacher, in Lifespan of Animals [G.E.W. Wolstenholme and M. O'Connor, eds], London: LA. Churchill, pp. 115–141, 1959에서. Little Brown and Co. Elsevier의 허가를 득함)

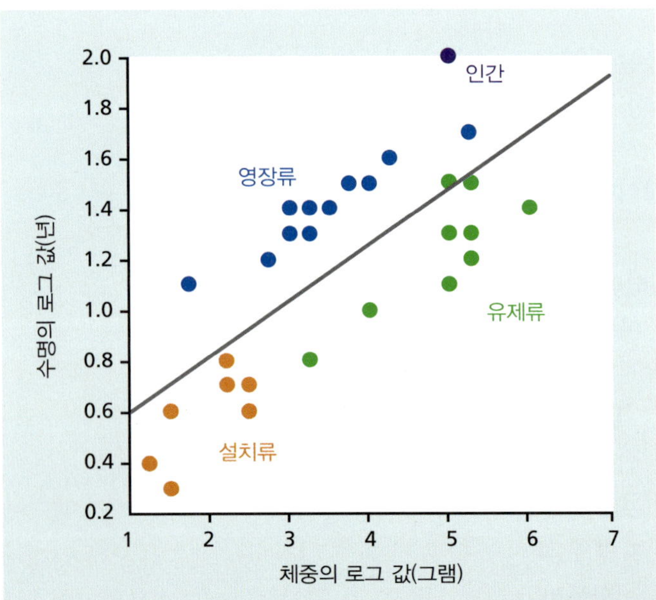


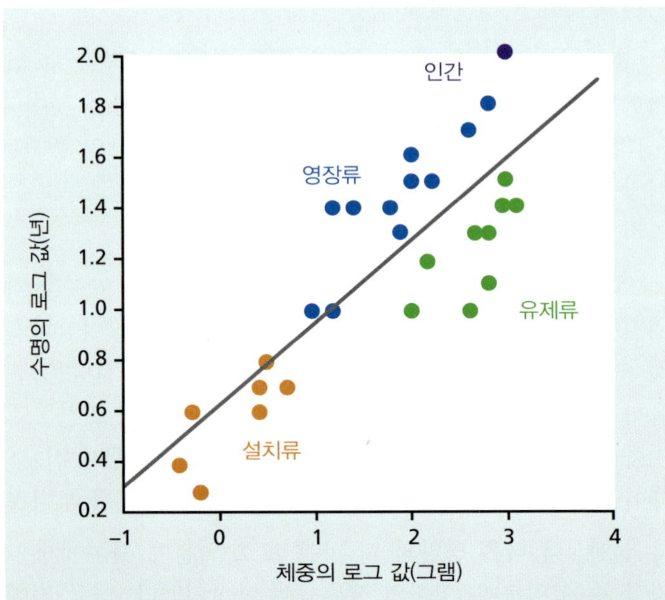

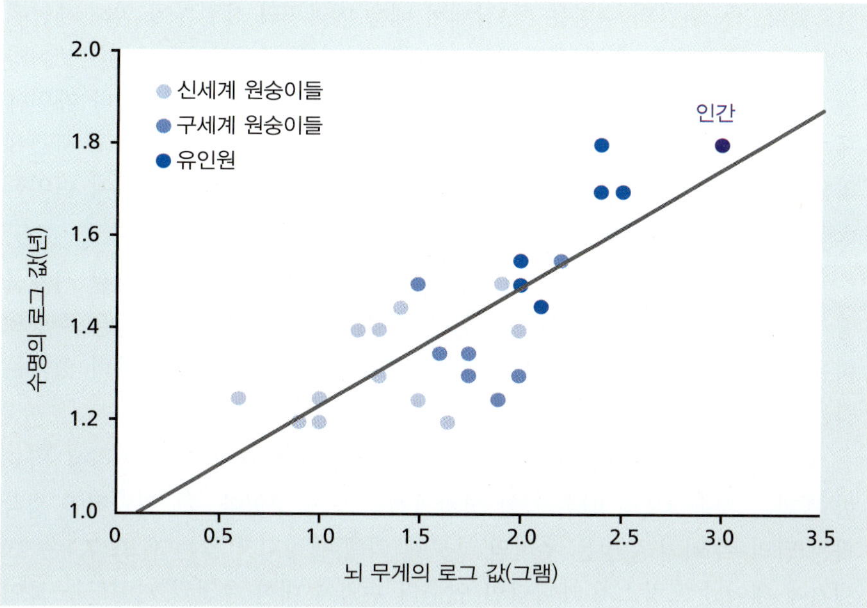


**그림 7.4 인간과 그 직계 계통의 친척 사이에서 뇌의 무게와 수명의 상관 관계.** 이러한 데이터는 형태학적으로도 유사한 종에서의 뇌의 무게도 인간의 수명의 기원에 중요한 요인이 됨을 보여준다. (J.R. Carey, Longevity: The Biology and Demography of Lifespan, Princeton, NJ: Princeton University Press, 2003에서. Princeton University Press의 허가를 득함)

더욱 좁히게 되면, 뇌의 크기와 수명 사이의 강한 관계가 유지된다**(그림 7.5)**. 우리의 직접적인 계통 친척과 현대 인간 사이의 수명에는 엄청난 변화가 있다. 오스트랄로 피테쿠스 아파렌시스와 호모 에렉투스 사이의 수명 차이는 15년이며, 450 g의 뇌 무게의 변화와 함께 3백만 년에 걸쳐서 일어났다. 호모 사피엔스의 뇌 무게는 70만 년 전의 호모 에렉투스보다 거의 400 g 더 크게 발달했고, 60~70년 정도로 수명이 늘었다. 따라서 인류학적인 자료에 의하면, 인간의 뇌 부피에 의해 측정되는 지능은 사망과 수명 궤도에서 우리의 직접적인 선구자와는 분명히 다르게 나타난다.

## 유전은 인간의 수명에 단지 작은 영향을 미친다

우리는 지능을 통해 초기 인류 환경을 조작하여 생존률을 높이고 수명을 증가시키는 방향으로 유전적 부동의 결과를 가져오는 조건을 수립할 수 있다고

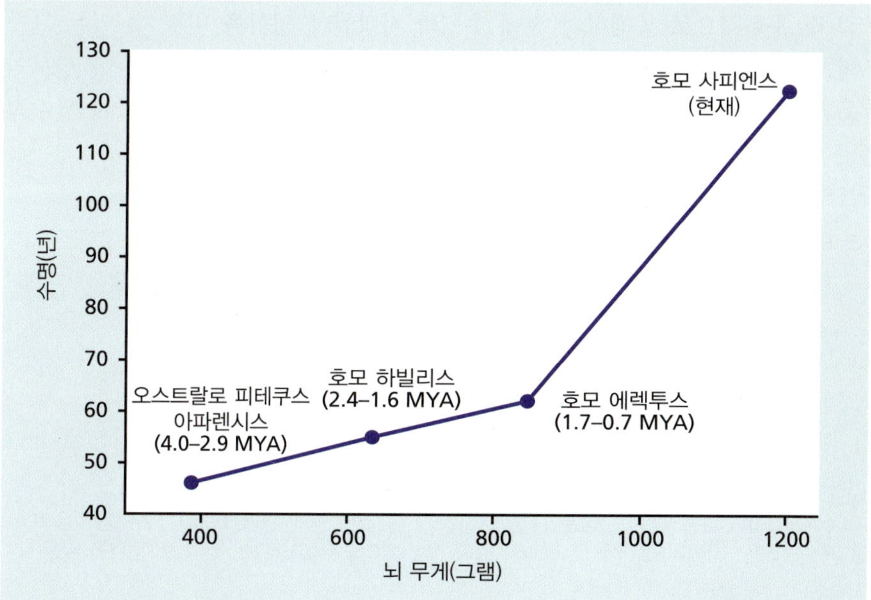


**그림 7.5 인간과 이전 인류에서 뇌의 무게와 수명 사이의 상관 관계.** 오스트랄로 피테쿠스 아파렌시스, 호모 하빌리스 그리고 호모 에렉투스의 수명은 치아와 뼈 발달에 기초가 되는 화석에서 추정되었다. 이러한 인류에서의 뇌의 무게는 두개골의 빈 공간의 부피에서 추정되었다. MYA = million years ago. (HM. McHenry, *J. Hum. Evol.* 27:77–87, 1994에서. Elsevier의 허가를 득함)

강조했다. 즉, 인간의 수명은 제3장에서 배운 메다워와 해밀튼에 의해 제안된 진화 이론의 예측을 수행한 것으로 보인다. 여러분이 기억하듯이 "수명"이라는 용어는 개인의 노화 속도에 따라 결정되는 것이기 때문에 종보다 개인에게 적용된다. 즉, 개인의 수명은 시간이 지남에 따라 발생하는 임의의 사건에 의해 결정된다. 따라서 진화론이 유효하다면, 우리는 유전이 수명에 미미한 영향을 미칠 것으로 예상한다.

우리는 부모와 자녀 그리고 쌍둥이 사이에서 사망 연령과의 상관 관계를 평가함으로써 이러한 가능성을 시험할 수 있다. 약한 상관 관계들은 수명의 비유전적 구성 요소가 호모 사피엔스의 유전적 요인보다 더 영향력 있다는 것을 암시한다.

1903년의 자료에 의하면, 자식의 사망 연령과 부모의 사망 연령을 비교한 결과는 지속적으로 매우 약한 상관관계를 보여 주었다. 즉, 일반적인 생각과는 달리, 우리의 수명은 우리의 부모에 의해 결정되지 않는다. **표 7.1**은 19세기에 태어난 프랑스계 캐나다인 인구의 수명에 대한 유전의 기여도를 보여 준다. 유전의 기여도는 자손의 성별과 사망 연령에 따라 다르지만, 유전이 수명에 미치는 영향은 전체에서 약 10~16% 밖에 차지하지 않는다. 일란성(동일)과 이란성(형제) 쌍둥이의 사망 나이를 평가할 때 유사한 결과가 발견되었다: 2,800명의 덴마크의 쌍둥이 모두에게서 수명에 대한 유전의 영향은 25% 밖에 밝혀지지 않았다. 그와 더불어, 부모와 그들의 자식과 쌍둥이의 사망 연령의 비교는 지능에 대한 비유전적 요인들의 영향이 호모 사피엔스의 수명에 큰 영향이 있었음을 강하게 시사한다. 다음 절에서 이 비유전적 요인들의 특성을 다룰 것이다.

## 20세기에 연장된 인간의 수명 상승

생물개체군학의 과학은 수명과 사망률에서 인간의 고유한 궤도에 대한 지능이 근본적인 원인이라고 제안하는 이론적인 틀을 제공한다. 이 고유한 궤적은 1~1.2백만 년 전, 호모 에렉투스에서부터 호모 사피엔스의 분화를 동반하는 두뇌 크기의 증가와 함께 "즉시" 발생하지 않았다. 오히려 인간들은 사회적 및 문화적으로 동맹하기 전에 수명과 사망률에 영향을 미칠 수 있는 그들의 선진 지식이 발전했다. 예를 들어, 구두 및 고대 기록 양식을 통한 정보의 공유는 수렵 채집 사회에서 기아를 감소시키고, 농업 기술의 확산에 필수적

**표 7.1** 수명에 있어서의 유전의 기여에 대한 상관 계수는 부모와 자손의 사망 연령을 비교하여 결정된다.

| 사망한 아이의 연령 | 아빠/아들 | 엄마/딸 | 엄마/아들 | 아빠/딸 |
|---|---|---|---|---|
| 20세 이하 | 0.043 | 0.241 | 0.014 | 0 |
| 20세 이상 | 0.129 | 0.106 | 0 | 0.190 |
| 50세 이상 | 0.101 | 0.112 | 0 | 0.067 |
| 모든 연령 | 0.101 | 0.161 | 0.052 | 0.072 |

P. Philippe, *Am. J. Med. Genet.* 2:121-129, 1978에서 John Wiley and Sons의 허가를 득함

*Note*: 상관계수는 두 변수 사이의 관계 강도를 표시한다. -1.0에서 1.0의 값을 갖는다. 상관 관계에서 0보다 큰 값은 양의 관계; 0보다 적은 값은 음의 관계; 0은 관계가 없음을 나타낸다. 1.0 또는 -1.0에 가까운 계수는 변수 사이의 관계에 큰 효과가 있다. 일반적으로, -0.3보다는 크고 0.3보다는 적은 상관 계수는 약하게 여겨진다.

이었다. 한 그룹의 사람들로부터 다른 그룹으로 이 정보의 전달은 단지 인간 지능이 개발될 수 있도록 간단한 설계 기술 사용에서 필요로 하는 과정을 연결할 수 있는 방법의 확립을 요구하였다. (수명과 사망률에 대한 사회 집단의 영향을 연구하기 위해 곤충이 어떻게 사용되고 있는지에 대한 설명은 제1장을 참조).

수명의 연장을 이끄는 지식의 축적은 인류 역사의 대부분에 걸쳐 다소 느린 속도로 진행되었다. 18세기에 계몽주의의 시대가 진행되면서 생물학 및 의학에 발견 속도가 빨라졌다. 농업사회로부터 산업경제까지의 변화는 좀 더 교육받은 노동력을 필요로 했다. 대중을 위한 교육이 확장됨에 따라, 기술도 확장되었다. 예를 들면, 현미경과 같은 의학기술은 박테리아를 발견하게 하였고 그로 인해 감염 확산 감소와 수명 증가와 같은 보건 정책들을 이끌게 되었다.

20세기 초, 인간의 지식에 의해 발달된 기술은 근본적으로 치명적인 질환의 발생을 감소시켰고, 수명을 증가시켰다. 1920년에서 1950년 사이의 30년 동안, 인간의 평균수명은 75% 이상 증가했다. 많은 인구통계학자들과 생물개체군학자들은 불과 100년 전의 경험으로부터 새로운 진화론적인 길에 놓인 인류의 수명이 앞으로 더 크게 도약할 것이라 믿고 있다. 이 절에서 우리는 20세기 동안 인간 수명의 전례 없는 상승에 대한 이유를 확인하고자 한다. 우리의 역사적 사회에서 수명을 살펴보고, 현대 생물학적 연구의 기원과 이것이 오늘날 개발도상국에서 관찰된 사망률 및 확장된 수명을 어떻게 이끌어 내는지를 논의하고자 한다.

### 인류 역사 대부분의 인간 평균수명은 45세 이하였다

역사적으로 모집단에서 인간의 평균수명을 결정하는 것은 어려울 수 있다. 생활상들의 해석과 연령이 조정된 평균수명의 결정은 1750~1800년 사이까지도 시작되지 않았다. 그때 이전의 평균수명과 최대 수명의 평가는 유골, 묘비의 비문, 종교 의식의 기록과 같은 간접적인 데이터로부터 수집되었다. 유골을 통한 정확한 연령 확인은 뼈의 골 형성 상태에 따라 크게 좌우된다. 매우 젊거나 매우 늙은 개개인의 약한 골 형성은 연령을 결정하기 어려울 정도로 사망 이후에 뼈의 분해의 정도가 빠른 속도로 진행되는 경향이 있다. 유골에서부터 발생된 수명의 데이터는 평균수명을 과대평가하고 최대 수명을 과소평가하는 경향이 있다. 단지 인구의 일부가 묘비를 세울 수 있을 정도로 부유했다면, 묘비의 비문에서부터 결정된 사망 연령은 전체 인구를 대표하고 있지 않을 수도 있다. 묘지의 데이터 또한 일반적으로 매장을 선호하는 화장 문화를 배제한다.

인구에 관한 **중요한 통계(vital statistics)**들을 기록하기 전에 연령을 결정할 수 있는 한계에도 불구하고, 우리는 신석기 시대(~5000년 B.C.E.)에서부터 계몽주의(초기~1600년 C.E.) 시대까지의 고고학적 증거를 확인해 보았을 때 인간의 평균수명은 30~40세로 매우 안정적으로 유지되었다(**그림 7.6**). 3500년 B.C.E.에서 1300년 C.E. 사이의 날짜가 적힌 그리스 묘지에서 발견된 두개골의 봉합선 말단을 확인한 결과 남성은 32~38세, 여성은 28~33세의 평균 사망 연령을 보여준다. 고대 로마로부터 60세 이상의 유골이 묘지에서 발견되지 않았지만, 묘비의 비문에서는 몇몇의 사람들이 80세에서 90세까지 살았음을 나타내었다. 따라서, 평균수명은 오늘날 경제적 선진국에서 볼 수 있는 수명의 절반에 불과하지만, 로마의 묘지 비문들에 제시된 수명은 잠재된 최대 수명과 비슷했을지도 모른다.

500년 C.E.까지 로마제국에 멸망과 조직화된 정부 구조의 붕괴로 인해 1200년 이상 안정적인 생활상을 구축하는 데 필요한 인구 조사 데이터의 손실이 발생했다. 일반적인 인구의 정확한 인구 조사 기록은 약 1850년대까지 유럽에서 이뤄지지 않았다. 그러나 영국의 교회는 1541년에 기독교 일원들의 세례와 사망을 기록하기 시작하였고, 이 기록은 1850년 이전의 평균수명을 결정하는 데 사용되었다. 이러한 데이터는 그리스와 로마에 있는 무덤으로부터 얻어진 것에 의해 30~45세 정도까지 증가된 평균수명을 보여준다**(그림 7.7)**. 따라서, 3000년 B.C.E.와 1850년 C.E. 사이에 수집된 데이터를 기반으로 인류 역사의 대부분에 걸쳐 평균수명은 45세 이하였다는 것을 알 수 있게 되었다. 생물개체군학적 추정들은 초기 인류들은 오늘날 관찰되는 것과 유사한 뇌의 크기를 가졌지만, 적어도 1850년 C.E.까지도 인간의 지능은 연장된 평균수명에 크게 기여하지 않았다는 것을 보여준다.

## 감염증의 제어는 수명의 증가를 의미한다

영국의 평균수명 패턴의 변화는 19세기 초반에 시작된 것으로 보인다. 미국의 평균수명은 1840년경에 꾸준히 증가했고**(그림 7.8)**, 1676년 안톤 판 레벤후크(Anton wan Leeuwenhoek)에 의한 현미경의 발명과 박테리아의 발견과 직접적으로 관련되어 있으며, 이 시대에는 전염성 질환들이 전 세계적으로 사망의 원인 중 하나였다. 1700년대가 되어서야 박테리아의 발견과 미생물학의 발전에 의해 박테리아가 감염의 원인이었다는 것을 공감하기 시작했다. 정부가 공준 보건 정책을 수립하기 시작함으로써, 전염병의 발생은 서서히 감소하고 평균수명은 증가하기 시작했다.

에드워드 제너(Edward Jenner)는 1811년에 처음으로 천연두에 대한 성공적인 예방접종을 도입했지만, 루이스 파스퇴르(Louis Pasteur)가 1880년에 백신을 대량으로 생산하는 방법을 제공할 때까지 광범위한 접종프로그램들은

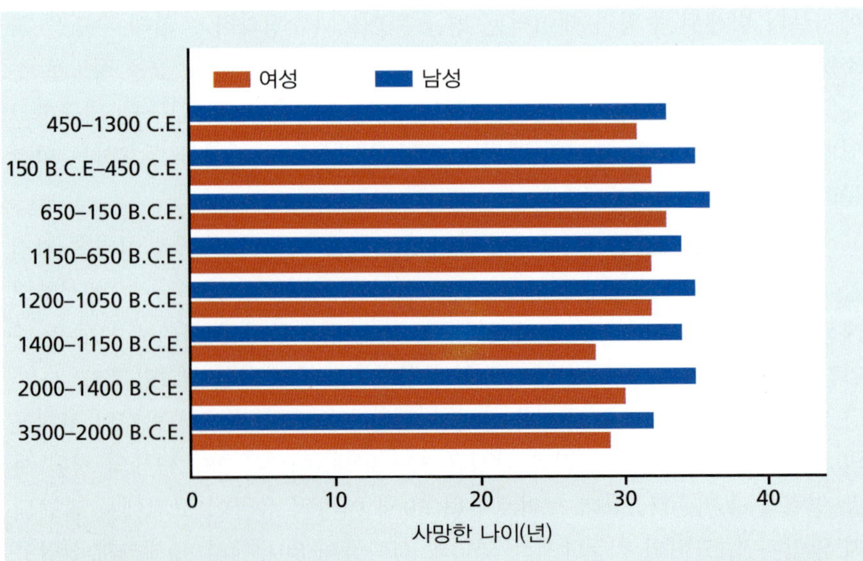


**그림 7.6 그리스 묘지에서부터 발견된 유골로 추정된 남성과 여성의 사망 연령을 의미한다.** 3500년 B.C.E.와 1300년 C.E.사이에 죽은 사람들의 데이터는 인류 역사의 대부분에서 평균수명이 30~35세 주위에 맴돈다는 것을 보여준다. (G.Y. Acsadi and I. Nemeskeri, History of Human Life Span and Mortality, Budapest: Akademiai Kiado, 1970, p. 346의 자료.)

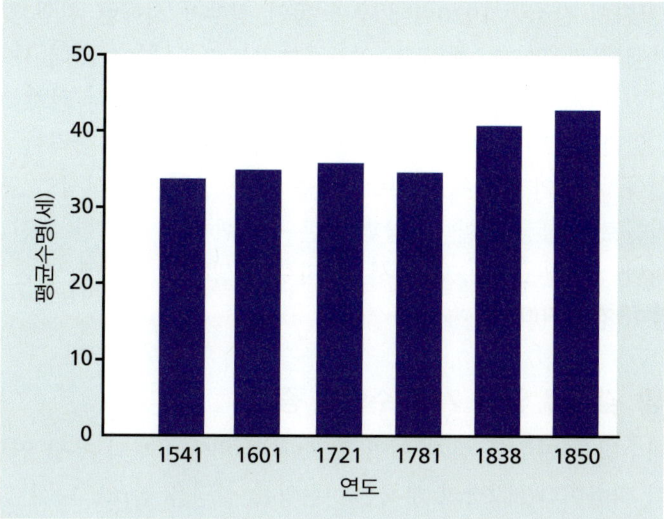


**그림 7.7 잉글랜드와 웨일즈의 평균수명은 영국 교회의 기록으로부터 결정되었다.** (W. E. Smith, Human Longevity, New York: Oxford University Press, 1993에서. Oxford University Press의 허가를 득함)

시작되지 않았다. (파스퇴르의 발견까지, 전염병을 제어할 수 있는 박테리아의 출처는 주로 인간들로부터 추출한 것만으로 제한되었다.) 또한 1908년에 시카고에서 처음으로 도입된 저온살균 우유는 오염된 우유의 공급으로 인한 우유 매개의 질환들(예: 위장관 감염)의 제어에 기여했다. 결과적으로, 안전한 물과 하수의 처리를 보장하기 위한 절차들이 개발되었다. 출생 시 기대수명은 광범위한 예방 접종과 적절한 위생의 필요성을 일반적으로 받아들이기 시작하면서 극적으로 증가하기 시작했다. 그림 7.8에서, 출생 시 평균수명의 급속한 증가는 1890년과 1900년 사이에 시작되었다.

감염증은 모든 연령대(아래에 설명한 바와 같이 영아들에게서 높지만)에서 동일하게 높은 사망률의 결과로 인해 모든 연령의 그룹에 영향을 줄 수 있음을 알게 되었다. 예를 들어, 1900년에 미국에서 사망의 주된 원인은 폐렴 및 인플루엔자였고, 결핵도 밀접하게 뒤 따른다(**표 7.2**). 1900년에 3대 사망 원인의 질환들은(폐렴 및 인플루엔자, 결핵, 설사 및 식중독) 감염증과 부적절한 위생이 출생 시 조기 사망과 낮은 기대수명을 이끌었고, 지금은 이러한 주장을 지원하는 관측을 통해 예방할 수 있다. 설사, 결핵과 같은 사망률

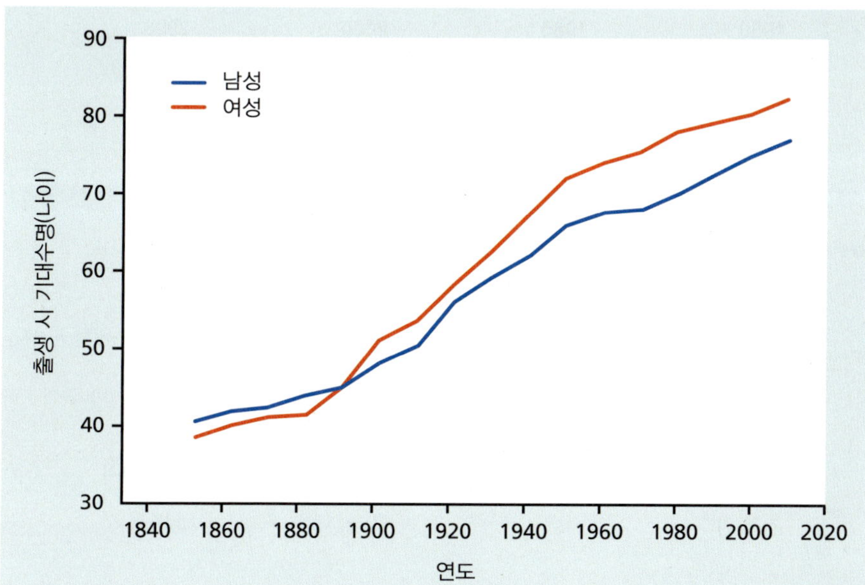


**그림 7.8 1850년과 2010년 사이에 미국 남성과 여성에 대한 출생 시 기대수명.** 출생 시 수명은 약 1930년까지 남성과 여성이 유사했다는 것에 주목하라. 이것은 출산 시 산모의 높은 사망 수준에 기인한다. 여성의 대부분이 병원에서 자녀를 분만하기 시작했을 때 생존율과 기대수명이 증가했다. (Department of Health and Human Services, National Center for Health Statistics, *Natl Vital Stat. Rep.* 54:19, 2006에서, www.dhhs.gov.)

이 높은 질환의 감소는 1920년대 후반 동안 정부가 시행한 위생 및 예방 접종 프로그램의 결과이다. 폐렴 및 인플루엔자는 2006년에 10대 사망 원인에 머물러 있긴 하지만, 인플루엔자 예방 접종이 일반화되면서 점차 그 순위가 떨어지고 있다. 1920년대와 1930년대의 감염 질환 봉쇄는 급격한 통계 변화를 가져왔다: 사망의 주요원인으로 감염증 대신 강력한 유전적인 구성요소에 의한 질환들로—심장 질환 및 암과 같은—바뀌었다. 강력한 유전적인 구성요소에 의한 질환은 노령 그룹에서 더 자주 발생하기 때문에, 젊은 연령에서의 사망률이 감소된다.

## 영아 사망 감소로 인한 기대 수명의 증가

평균 기대수명은 인구의 현재 연령 분포에 주어진 미래의 특정 연령을 달성한 통계적 확률이다(제2장과 부록1의 수명표 설명을 참조). 다시 말해, 출생 시 평균 기대수명은 모든 연령대에 살았던 년 수와 특정 연령대에 발생하는 사망자 수의 비율로 계산된다(0~1세의 경우). 따라서 영아 사망률(0~1세)이 높은 경우, 모든 연령대가 살았던 년 수(방정식의 분자)의 감소와 영아사망률(방정식의 분모)의 증가로, 출생 시 평균 기대수명은 낮아지게 되는 것이다. 반대로, 영아 사망률이 감소하여 모든 연령대가 살았던 년 수가 증가하게 되면 출생 시 평균 기대수명이 증가하게 되는 것이다.

우리가 보았듯이, 감염증은 인류 역사의 대부분에 걸쳐 사망의 주요 원인이었다. 인간의 면역체계는 출생 후 몇 년까지는 완전히 발달하지 않기 때문에 영아의 경우 감염증에 특히 민감하다. 감염증은 1920년대까지 영아 사망의 주요 원인이었다. 또한 1900년 이전에 대부분의 출산은 가정에서 진행되었고 특정 의료 훈련을 하지 않은 다른 사람들 또는 조산사들에게 첫 번째 간호를 받았다. 영아의 생명을 위협하는 어떤 합병증도 대부분의 경우 방치되었다. 감염증 및 출생 시 합병증의 높은 비율은 1900년대 이전에 높은 사망률의 결과를 생기게 했다(**그림 7.9**). 공중 보건 프로그램, 광범위한 예방 접

**표 7.2 선택된 해 동안 미국에서의 사망 10대 원인**

| 1900 | 1920 | 1940 | 1960 | 1980 | 2000 | 2006 |
|---|---|---|---|---|---|---|
| 폐렴 및 인플루엔자 | 폐렴 및 인플루엔자 | 심장 질환 | 심장 질환 | 심장 질환 | 심장 질환 | 심장 질환 |
| 결핵 | 심장 질환 | 암 | 암 | 암 | 암 | 암 |
| 설사 및 식중독 | 결핵 | 뇌졸증 | 뇌졸증 | 뇌졸증 | 뇌졸증 | 뇌졸증 |
| 심장 질환 | 뇌졸증 | 신장 질환 | 임의의 사고 | 임의의 사고 | 임의의 사고 | [1]COPD |
| 뇌졸증 | 신장 질환 | 폐렴 및 인플루엔자 | 영아 사망 | COPD | COPD | 임의의 사고 |
| 신장 질환 | 암 | 임의의 사고 | 폐렴 및 인플루엔자 | 폐렴 및 인플루엔자 | 당뇨병 | 당뇨병 |
| 임의의 사고 | 임의의 사고 | 결핵 | 당뇨병 | 당뇨병 | 폐렴 및 인플루엔자 | 폐렴 및 인플루엔자 |
| 암 | 설사 및 식품 매개 질환 | 교통사고 | 아테로마성 동맥 경화증 | 간 질환 | 자살 | 알츠하이머 질환 |
| 노쇠 | 조산 | 당뇨병 | 당뇨병 | 아테로마성 동맥 경화증 | 신장 질환 | 신장 질환 |
| 디프테리아 | 산욕열 | 조산 | 간 질환 | 자살 | 간 질환 | 패혈증 |

[1]COPD = 만성 폐쇄성 폐질환

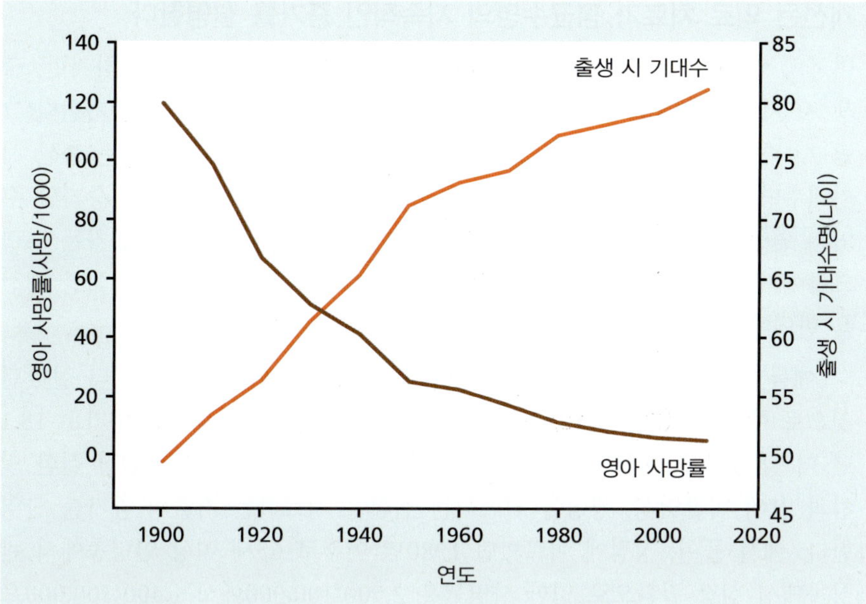


**그림 7.9 미국에서 여성들에 의한 영아 사망률과 출산 시 기대수명.** 약 1970년대에서 1980년대까지의 영아 사망률 감소는 노인 인구의 증가가 주요 원인이었다. (EC. Bell and ML. Miller, Life tables for the United States Social Security area 1900–2100, Washington, DC: Social Security Administration, 2005, p. 194에서)

종, 병원 출산의 조합은 출생 시 영아의 사망률을 감소시켰고, 출생 시 기대수명을 증가시켰다. 1910년경부터 출생 시 기대수명과 영아 사망률이 반대되는 그래프 경사를 그림 7.9에 보여준다.

전 세계 경제 선진국들은 미국과 마찬가지로 영아 사망률 감소와 함께 기대수명의 증가를 동반하는 경향을 경험하였다. 그러나 개발도상국의 높은 영아 사망률은 출생 시 기대수명을 계속해서 감소시킨다(**표 7.3**와 **표 7.4**). 예를 들어, 앙골라는 세계에서 가장 높은 영아 사망률과 가장 낮은 출산 시 기대수명을 가지고 있다. 반대로, 싱가포르는 세계에서 가장 낮은 영아 사망률과 가장 높은 출생 시 기대수명을 가지고 있다.

**표 7.3 경제적 개발도상국 중에서 선정된 국가의 영아 사망률(IMR)과 출생 시 기대수명(LEB)**

| 국가 | IMR(/1000) | 세계 순위 | LEB(나이) | 세계 순위 |
|---|---|---|---|---|
| 앙골라 | 184.5 | 1 | 37.6 | 221 |
| 리베리아 | 149.7 | 4 | 40.6 | 216 |
| 소말리아 | 113.0 | 6 | 48.8 | 204 |
| 차드 | 102.1 | 10 | 47.2 | 206 |
| 잠비아 | 100.7 | 12 | 38.4 | 220 |

*Note*: 순위는 221개 국의 데이터를 기준으로 한다.

**표 7.4 경제적으로 선진국 중에서 선정된 국가의 영아 사망률(IMR)과 출생 시 기대수명(LEB).**

| 국가 | IMR(/1000) | 세계 순위 | LEB(나이) | 세계 순위 |
|---|---|---|---|---|
| 싱가포르 | 2.3 | 221 | 81.8 | 1 |
| 일본 | 2.8 | 219 | 82.0 | 3 |
| 프랑스 | 3.4 | 216 | 80.5 | 10 |
| 스위스 | 4.2 | 209 | 80.6 | 9 |
| 캐나다 | 4.6 | 199 | 80.3 | 13 |

*Note*: 순위는 221개 국의 데이터를 기준으로 한다.

## 개선된 의료 치료가 평균수명의 지속적인 증가를 설명한다

미국의 영아 사망률은 1970년과 1980년 사이에 완만해지기 시작하지만, 출생 시 기대수명은 1910년에 관찰과 거의 같은 속도로 계속해서 증가한다(그림 7.9 참조). 더불어, 상대적으로 안정적인 영아 사망률과 증가하는 출산 시 기대수명은 영아 사망률의 변화가 더 이상 기대수명이 지속적으로 증가할 수 있는 원인이 아님을 나타낸다. 오히려, 1970년 이후의 계속적인 증가는 노령 그룹에서 비감염성, 생명을 위협하는 질환에 대한 주의와 치료에 대한 개선을 반영한다.

예를 들어, 1930년에 사람들은 65세 이후에 12년 조금 넘게 더 살았던 것으로 예상된다**(그림 7.10)**. 2010년에는 65세 이상의 사람들이 추가로 18.1년 더 살 것으로 예상된다. 65세 이후에 수명의 증가는 대부분 심장 질환 및 암과 같이 비감염성, 생명을 위협하는 질환을 치료하는 기술의 증가를 반영한다. 예를 들어, 정점에 이르렀던 1980년 이후로 65세 이상 연령층에서 관상동맥성 심장 질환으로 인한 사망률은 2,500/100,000에서 1,400/100,000으로 높게는 거의 40% 가량 떨어졌다**(그림 7.11)**. 이러한 감소를 설명하는 요인에는 개선된 진단 절차(관상동맥성 심장 질환의 조기 발견), 동맥 스텐트와 관상동맥(대체 동맥 수술)의 교체와 같은 혈관 성형술과 같은 예방 조치 방법 등이 있다. 즉, 40년 전에는 효과적인 치료의 부족으로 인해 사망했던 사람들이 이제 길고 건강한 수명을 누리고 있다(BOX 7.1).

## 여성은 남성보다 평균 기대수명이 길다

20세기의 전반에 걸쳐, 경제 선진국에서 태어난 여성은 남성보다 오래 살았으며 평균수명에 "성별 격차"를 만들었다**(그림 7.13)**. 성별의 격차가 생긴 이유는 여성을 선호하는 유전적 요인을 포함하여 여러 가지가 있지만 직접적인 원인에 대한 어떠한 설명도 밝혀지지 않았다. 가장 가능성이 높은 설명은 이

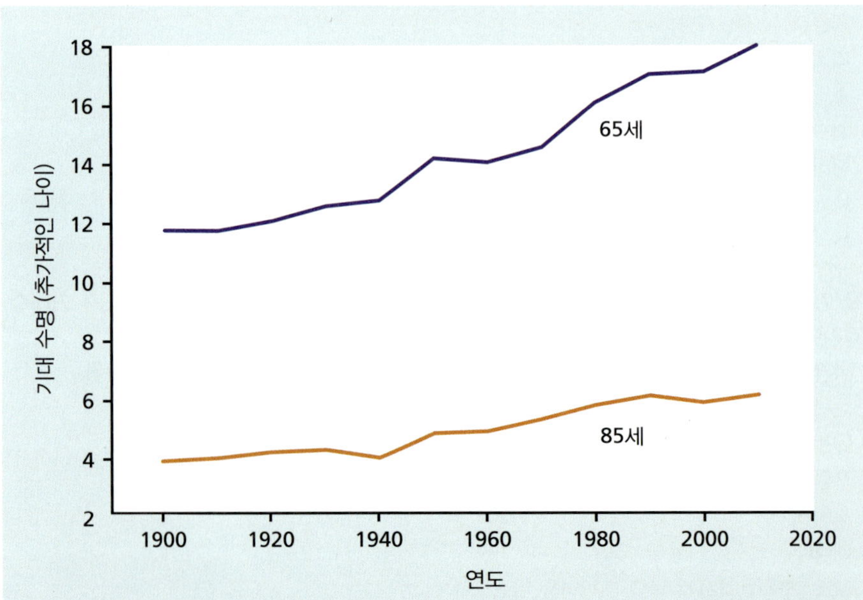


**그림 7.10 65세와 68세에 미국의 연령별 기대수명.** (F.C. Bell and ML. Miner, Life tables for the United States SOCiai Security area 1900–2100, Washington, DC: Social Security Administration, 2005, p. 194에서)

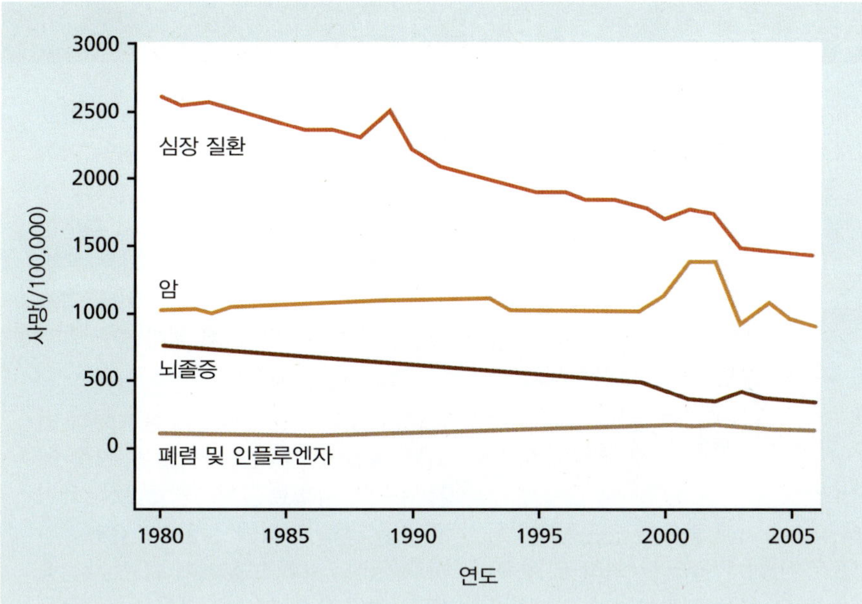


**그림 7.11 65세 이상인 사람들에서 사망의 4가지 주요 원인에 대한 사망률.** 심장 질환 때문에 사망하거나 사망의 지속적인 주요 원인인 비율이 1980년 이후 40% 보다 약간 더 감소했다. 심장 질환의 감소는 그림 7.10에서 본 65세 이상의 기대수명에서 상당한 증진을 가져왔다. (National Center for Health Statistics에서)

러한 성별 격차의 대부분이 고유한 인간의 특성이며 변경 가능한 요인들, 즉 우리가 하는 일들이 반영된다라는 것이다. 인간 남성들은 특정 질병으로 이어질 행동에 여성보다 더 큰 비율로 행하는 경향이 있다. 예를 들어, 1940년부터 1985에 담배를 피우는 남성의 수는 담배를 피우는 여성의 수의 약 두 배였다. 여성보다 남성에서 심장 질환과 폐암으로 인한 사망률이 이른 나이(40~60세)에 더 많이 발생하였다.

호모 사피엔스는 상당한 후생식 수명을 가지고 있고, 남성과 여성 사이의 평균수명에 차이를 보여주는 소수의 종 중 하나인 것이 분명하다. 전부는 아니지만, 일부 연구들은 긴 후생식 수명과 성별의 차이를 보여주는 다른 포유동물은 없다는 것을 보여준다.

인간의 성별 격차를 차지하는 유전적 요인들을 배제할 수는 없지만, 남성과 여성의 수명의 차이를 생물학적 변화만으로 설명할 수는 없을 것 같다. 적어도 두 가지 사실은 순전히 생물학적 설명에 대하여 강력하게 지지해준다. 첫째, 평균수명에서 성별 차이를 설명할 만한 유전적 수준에서의 생물학적 차이가 장수의 진화 이론에 의해 입증되지 않을 수도 있다. 즉, 유전자들은 생식을 위해 선택되는 것이지, 장수를 위해 선택되는 것은 아니다. 그리고 출산 시기 동안 남성과 여성에 대한 사망률은 차이가 없다. 두 번째, 환경적 요인보다 유전자가 평균수명의 차이에 기초가 될 경우, 우리는 성별의 격차에 변화가 나타날것이라고 예상하지 않을 것이다. 사실, 이 성별의 격차는 1950년 이후 지속적으로 증가되었다(아마도 더 오랫동안; 수명에서 성별의 격차에 대한 기록은 신뢰할 수 없다). 예를 들어, 그림 7.13에서와 같이 1950년에 태어난 남성은 65세까지 살 것으로 예상되는 반면에 여성은 71세의 출생 시 평균 기대수명을 가져서 6년의 격차가 있었다. 2003년의 격차는 단지 2.7년이었다. 이는 성별의 격차의 축소는 여성에서는 그다지 크지 않은 6.7% 증가에 비해, 남성의 평균수명은 13.4%의 증가 발생으로 인한 것이다. 유전적 차이는 환경적인 자극에 상관없이 대부분 지속될 것이다.

# BOX 7.1 생물학은 사회학을 충족: 사회 보장 자금

현금보다는 급료지급수표로 급여를 지급받는 첫 번째 공식 직업을 얻기 전에, 당신은 아마도 고용주로부터, 사회보장번호와 사회보장시스템에 의한 퇴직금을 보장받는 급여를 제공받을 수 있다. 1940년과 1960년 사이에 태어난 베이비 붐 세대의 많은 사람들은 사회보장시스템을 부여 받았고, 아마도 그들이 은퇴 연령에 도달했을 때, 그들을 위해 모은 모든 퇴직 급여들을 받을 수 있을 것이다. 사회 보장 신탁 기금의 지급 능력에 관한 질문들이 제기되고 있는 만큼 다음 세대는 운이 없을 수도 있다. 일부는 심지어 사회 보장 기금의 딜레마를 "위기"라 부른다. 사회 보장에서 퇴직 급여가 문제가 될 수 있음을 이해하기 위해, 우리는 20세기 동안 평균수명의 변화를 관찰하고 있다. 사회보장시스템은 루즈벨트(Roosevelt) 대통령의 New Deal 경제 회복 프로그램의 일환으로 1935년에 만들어졌다. 그 아이디어는 고령의 가족 구성원들의 치료를 위한 가족의 기본 임금 소득자의 재정 부담을 완화하기 위한 것이다. 이는 연방 정부가 근로자들에게 은퇴를 대비하기 위한 세금을 부과하는 시스템을 구축함으로써 달성될 것이다. 근본적인 원인은 퇴직 근로자의 비율이 상당히 컸기 때문이고, 현재의 근로자(젊은 사람)가 은퇴 세대를 위해 급여를 지불할 수 있다고 했다. 연속되는 세대마다 똑같이 할 것으로 예상된다. 또한, 사회 보장 세금 구조는 경제 침체와 낮은 세금 수입의 시기 동안 부담된 경비를 신탁 자금을 위한 추가적인 돈에 포함하여 지급했다.

1935년에 세 가지 중요한 인구통계학적 사실들로 인해 만들어진 의미 있는 이론: (1) 65세 이상의 연령에서 퇴직연령이 지정된 사람들의 비율은 역사의 대부분에 걸쳐 일정하게 전체 인구 값의 4%였다. (2) 퇴직 근로자의 비율은 45:1 (3) 65세의 연령별 기대수명은 12년이었다**(그림 7.12)**. 즉, 한 세대에 아주 소수의 사람만이(인구의 비율로) 사회 보장 혜택을 받을 자격이 있었으며, 은퇴한 사람들을 위해 지불하는 근로자는 많은 반면, 지급되는 기간은 상대적으로 짧았다. 그러나 오늘날 인구의 15%가 사회 보장을 신청할 자격이 있고, 근로자 대 퇴직자의 비율은 비슷해져 가고 있으며, 퇴직자는 거의 20년 동안 급여 자격이 유지될 수 있다(그림 7.12 참조). 따라서, 우리는 은퇴한 상태에서 총수명의 상당 부분을 살아가는 증가된 은퇴자를 위해 소수의 근로자가 이를 지불하고 있음을 설명하고자 한다.

수학은 우리에게 모든 것을 알려준다: 고령화 인구의 증가와 인구통계학적 변화는 오늘날 태어난 사람들을 위한 해결책으로 사회보장시스템을 보장하기 위해 우리의 능력에 상당한 압력을 가하고 있다. 사회 보장에서 오는 재정적인 어려움에 대한 해결책을 찾는 것은 쉽지 않을 것이며, 우리의 정치적 대표에 의한 확실한 해결책을 필요로 할 것이다. 이러한 투쟁에서도 하나의 확신은 있다: 건강하게 장수할 사람들의 비율은 계속 증가하게 될 것이다.

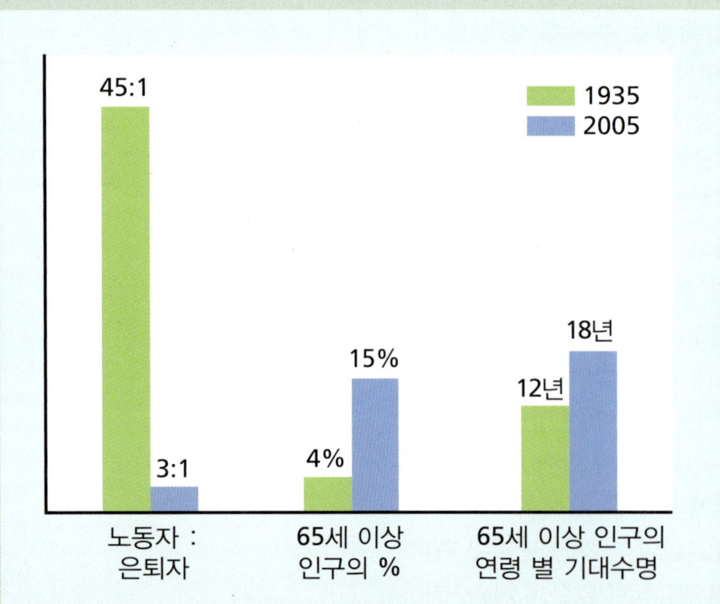


**그림 7.12** 사회 보장 신탁 기금에 영향을 미치는 변수.

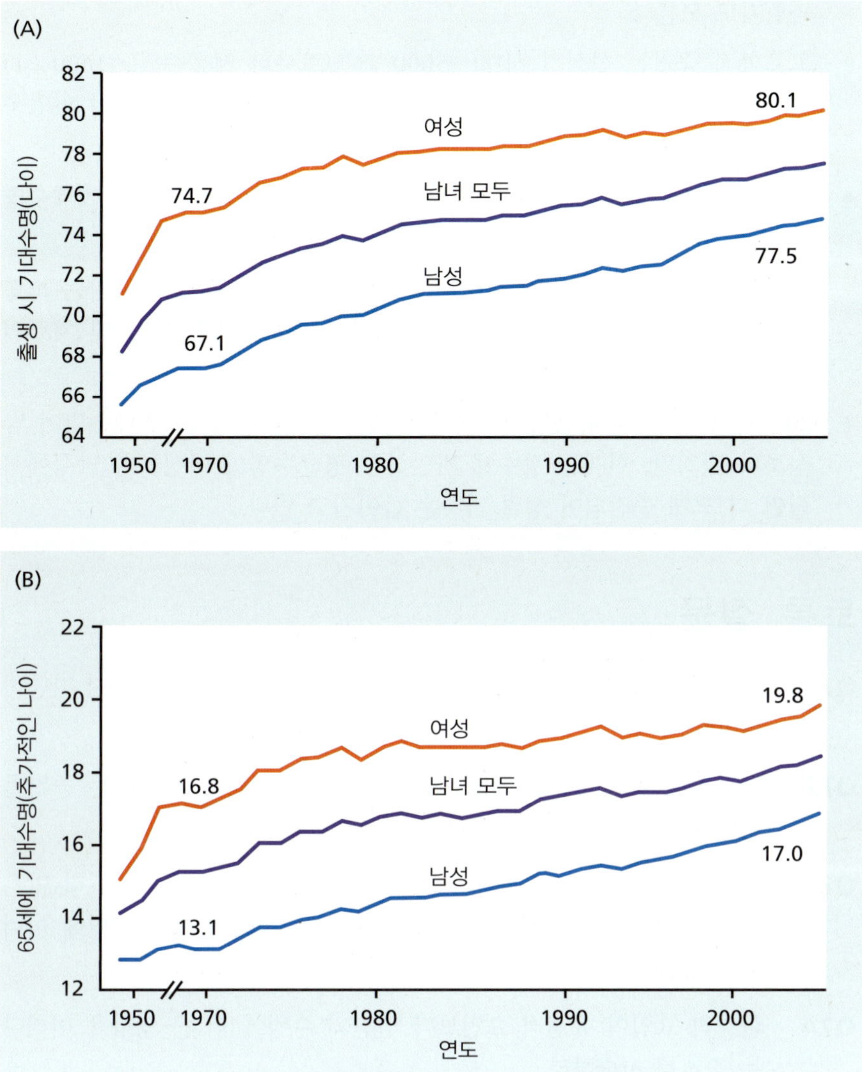


**그림 7.13 출생 시와 65세의 기대수명에서 "성별의 격차".** 정확한 기록 보관이 시작된 이후 남성과 여성 사이의 평균수명 차이는 꾸준히 감소하고 있다(~1950). (A) 1970년 남성과 여성 사이의 출생 시 기대수명의 차이는 7.6년이었다. 2003년의 차이는 2.6년으로 감소했다. (B) 성별의 격차에서 감소의 유사한 패턴은 65세 이후 기대수명에서 볼 수 있다.

## 필수 개념

- 생물개체군학은 인구통계학적으로 고전적인 기술—사망률 분석—과 장수의 생물학적 원리를 결합한 것이다. 생물개체군학은 주로 인간 장수의 기원을 예측하기 위한 모델로 구축된 수학적 이론상의 과학이다.
- 인간은 인식의 추론에 기초한 환경 변화에 반응하고 그들의 수명을 조절하기 위해 환경을 본능적으로 인지하고 그들의 요구에 맞는 환경으로 변화 시킬 수 있다.
- 인구는 특유의 사망률을 가지고 있는 많은 모집단을 포함하고, 이러한 부분 모집단은 인간 장수의 기원에 큰 영향을 가져왔다. 생물개체군학자들은 선택적인 인간의 사망률에 기원이 있다고 간주한다.
- 생물개체군학자들은 사망률의 차이의 결과로 유전자형의 차이가 역사에 걸쳐 존재했을 수 있고, 인간의 수명을 결정하는 데에 유전자의 선택이 영향을 미쳤을 수 있음을 제안한다.
- 호모 사피엔스에서의 장수의 기원은 우리의 유전자에 의해서 환경에 적응했고, 이에 따른 사망률의 특성에 변화는 우리의 많은 지식에 의한 결

과일지도 모른다.

- 고고학적 증거는 신석기 시대(~5000 B.C.E)로부터 계몽주의(~1600 C.E)에 인간의 평균수명이 30~40세로 상당히 안정적으로 유지되어 있었음을 나타낸다.
- 광범위한 접종 프로그램 및 전염성 질환의 제어는 20세기 초에 기대수명을 크게 증가시켰다.
- 경제적 선진국에서 1970년 이후 출생한 인구의 기대수명의 증가는 노령 인구에서의 비감염성 및 생명을 위협하는 질병에 대한 예방 및 치료의 발전에 의한 결과이다.
- 20세기 전반에 걸쳐, 선진국에서 태어난 여성은 출생 시 기대수명이 남성보다 컸지만, 현재는 장수에 기인하는 평균수명이 여성보다 남성에서 훨씬 더 크게 증진되어 성별 격차는 좁아지고 있다.

## 토론 질문

**Q7.1** "인간의 사망률은 선택적이다." 이 문장이 무엇을 의미하는지 간단히 설명하라.

**Q7.2** 장수에 영향을 미치는 유전적 요인으로 적응성을 제안하는 증거를 설명하라.

**Q7.3** 초기 호모 사피엔스의 지능으로 부모가 소수의 자식들에게 더 많은 자원을 제공할 방법에 대하여 설명하라. 이것이 인간의 수명에 어떠한 영향을 미칠 것인가?

**Q7.4** 환경적 요인이 유전적 요인보다 인간의 수명에 더 큰 영향을 미친다는 증거를 서술하라.

**Q7.5** 호모 사피엔스가 우리의 직접적인 계통의 선구자와는 다른 사망률과 장수의 궤적에 있다는 증거를 서술하라.

**Q7.6** 17세기 중반, 현미경의 발명이 증가된 수명을 이끈 이유를 설명하라.

**Q7.7** 다음 그래프**(그림 7.14)**를 참고하라. (1) 출생 시 기대수명은 왜 약 1900~1910년부터 증가하기 시작했는지 설명하라. (2) 1920년쯤 출생 시 기대수명이 남성과 여성으로 왜 갈라지기 시작했는지 설명하라.

**Q7.8** 1970년 이후 미국에서 출생 시 기대 수명의 증가는 연령과 관련된 질병을 위한 치료 때문이지만 유아 사망률의 지속적인 감소는 없었다. 그 이유를 설명하라. 당신의 설명을 입증할 예를 서술하라.

**Q7.9** 금융 위기에 미국 사회보장시스템을 위기에 빠뜨린 세 가지 요소를 나열하라.

**Q7.10** 1950년 이후 출생 시 기대수명의 성별 격차는 증가 또는 감소하였는가? 증가 또는 감소에 대한 몇 가지 가능성 있는 이유를 서술하라.

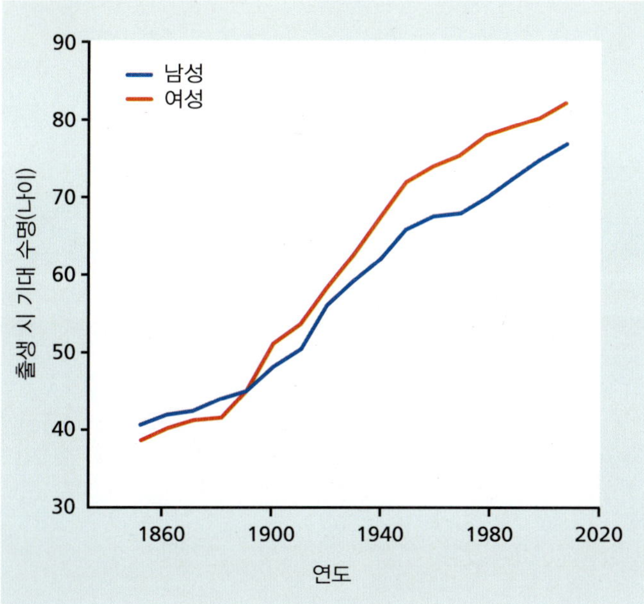


**그림 7.14** (Department of Health and Huma Services, National Center for Health Statistics, *Natl Vital Stat*. Rep. 54:19, 2006, www.dhhs.gov에서.)

# 추가 참고문헌

## 인간 수명의 기원


Carey JR (2003) Longevity: The Biology and Demography of Lifespan. Princeton, NJ: Princeton University Press.

Carey JR & Judge DS (2001) Principles of biodemography with special reference to human longevity. *Population* 13:9–40.

Gavrilov LA & Gavrilov NS (2003) Modulating Aging and Longevity (Rattan SLS ed). Dordrecht, Netherlands: Kluwer Academic Publishers, pp 27–50.

Herskind AM, McGue M, Holm NV et al. (1996) The heritability of human longevity: a population-based study of 2872 Danish twin pairs born 1870–1900. *Hum Genet* 97:319–323.

Perls TT, Wilmoth J, Levenson R et al. (2002) Life-long sustained mortality advantage of siblings of centenarians. *Proc Natl Acad Sci USA* 99:8442 –8447.

Philippe P (1978) Familial correlations of longevity: an isolatebased study. *Am J Med Genet* 2:121–129.

Vaupel JW (2010) Biodemography of human ageing. *Nature* 464:536–542.


## 20세기에 연장된 인간의 수명 상승


Acsadi GY & Nemeskeri J (1970) History of Human Lifespan and Mortality. Budapest: Akademiai Kiado, p 346.

Kinsella K & He W (2009) An Aging World: 2008. Washington, DC: US Government Printing Offi ce. www.census.gov/prod/2009pubs/p95-09-1.pdf.

Smith WE (1993) Human Longevity. New York: Oxford University Press.

# 8 인간 노화의 생리

**"중년은 자신의 몸 중간 언저리가 보이기 시작하는 나이이다."**

**-밥 호프[BOB HOPE(1903~2003), 배우]**

우리 모두는 늙는다는 것이 어떤 것인지 알고 있다. 20세의 사람은 40세의 사람과 다르고, 40세의 사람은 60세의 사람과 다르다. 그러나 노화의 외부적 신호들로 내부 생리학적 변화들을 확인할 때는 겉모습만으로 판단할 수 없다. 많은 사람들을 대상으로 수행한 연구들에서 모든 생리학적 기관계는 노화에 따라 쇠퇴하지만, 쇠퇴의 정도, 영향을 받는 기관계, 그리고 노화가 시작되는 나이 등은 개인에 따라 아주 다양하고 특이적임을 보인다. 노화라는 것은 생체 분자의 신뢰성 손실에 의한 무작위적이고, 확률적인 과정이므로 인간 노화와 관련된 생리학적 손실의 다양성이 나타난다. 노화의 무작위적인 특성 때문에, 특정 개인의 특정 생리학적 시스템에 있어서 노화와 관련된 손실 정도를 예측하는 것은 매우 어렵다.

노화와 연관된 생리학적 손실의 정도와 시기를 정확하게 정의하기 어렵다는 것은 기능적 쇠퇴를 서술하기 위하여 보편성을 활용해야 한다는 것을 의미한다. 이 장에서 언급되는 특정 생리학적 시스템의 노화와 관련된 손실 정도는 인간을 대상으로 수행한 수평적 그리고 수직적 연구의 결과를 근거로 평균 값을 기준으로 정하였다. 개인의 생리학적 손실이 시작되는 시기를 특정하는 것은 불가능하다. 비록 우리는 시간에 따른 생리학적 변화를 "노화와 관련된(Age-related)"이란 용어를 사용할 것이지만, 인간에게 있어서 기능적 손실의 시작과 속도에 영향을 주는 다음과 같은 중요하고 측정 불가능한 변수들을 명심해야 한다: (1) 노화의 궤적과 속도는 유아기의 성장과 발달 과정에서 일어났던 사건들과 밀접한 관련이 있을 수 있다; (2) 환경적 그리고 생활 습관적 선택이 노화의 시작과 속도에 상당한 영향을 미친다; (3) 생식 기능의 손실이 노화와 관련된 기능적 손실을 촉진한다.

이 장과 다음 장에서, 우리는 인간의 다양한 생리학적 기관계의 노화와 관련된 기능적 쇠퇴에 대해 고찰할 것이다. 이 장에서는 일반적으로 병 또는 사망을 유발하는 위험요소를 증가시키지 않는 생리학적 쇠퇴에 대해 집중한다. 사망률 혹은 질병률을 증가시킬 수 있는 노화와 관련된 질병이 쉽게 발생하는 생리학적 **기관계**들인 순환계, 신경계, 골격계 등에 대해서는 다음 장에서 논의한다. 다만, 모든 기관계와 기관들을 다루지는 않을 것이다. 예를 들면, 폐(호흡계)와 간(담낭을 포함) 등은 언급하지 않는다. 왜냐하면, 이런 기

이 장에서...

관들은 노화에 따른 변화가 적고, 변화의 범위가 대부분 노화와 관련된 질병을 유발하는 순환계의 변화로 한정되어 있기 때문이다.

## 신체의 구성과 에너지 대사의 변화

인체의 모양과 구성은 대부분의 경우 네 가지 중심요소인 물, 단백질, 지방 그리고 뼈 등의 상호관계에 의해 결정된다. 비록 생활환경과 개인적 선택이 인체 구성요소에 중요한 영향을 주지만, 단백질, 지방 그리고 뼈 등의 양(인체의 물 비율은 일생 동안 거의 일정하게 유지됨)은 일생의 생리학적 단계에 의해서도 영향을 많이 받는다.

유아기부터 사춘기에 이르기까지 인체는 내부 장기들, 뼈, 면역에 관여하는 세포의 성장과 발달에 집중하며, 이 기간 동안의 단백질 축적 속도와 양은 일생 동안의 나머지 기간 보다 높게 나타난다. 사춘기 이전까지는 인체의 모양과 구성면에서 성에 따른 차이가 크지 않지만, 사춘기에 접어들면 성에 연관된 특징들의 성장에 집중하기 시작한다. 남성에서의 근육 발달이 여성의 근육 발달을 추월하고, 여성의 경우는 지방 축적에 집중하게 된다. 양성 모두에서 뼈의 양이 급격하게 증가하는데, 이는 최종 키 높이에 비례한다. 성장과 발달 시기에 인체의 모양과 구성은 유전적 요인과 밀접한 관련이 있으나, 현재 아동 비만의 유행 등을 비추어 보면 환경적 영향도 매우 중요하다.

25~30세 전후에 성장과 발달 과정이 완료되면, 인체의 크기, 모양, 무게 등은 대부분의 경우 우리가 직접 조절할 수 있는 요인들에 의해 결정된다. 정상적이고 활동적이며, 성장이 완성된 성인은 근육, 내부 장기들, 그리고 뼈 등의 양에서 나이에 따라 서서히 감소하는 것을 경험하게 되나, 지방의 축적은 일생 동안 영양공급 및 운동 상태의 증가와 감소에 따라 역동적인 변화를 겪세 된다. 일생의 마지막 시기에 이르면 인체의 모든 구성은 감소가 빠르게 진행된다.

이 절에서 우리는 나이에 따른 인체의 구성과 크기의 정상적인 변화 그리고 그 변화의 기전에 대해서 알아볼 것이다. 에너지 공급과 소모가 어떻게 지방의 축적에 영향을 주는지에 대해 간단히 요약하는 것으로 시작한다. 또한 인체의 구성과 무게에 대한 나이에 따른 구체적인 변화를 좀더 근접해서 살펴본다.

### 에너지 평형은 에너지 흡수와 소모 사이의 차이다

대부분의 생명체와 같이 인간은 삶을 위한 기초적인 화학반응을 유지하기 위하여 에너지를 필요로 한다. 에너지는 지방과 탄수화물 형태로 우리가 먹는 음식으로부터 나온다. (인간은 굶지 않으면, 단백질을 에너지 원으로 사용하지 않는다.) 지방과 탄수화물에서 세포의 에너지 물질인 ATP를 생산하는 생화학적 메커니즘에 대해서는 제4장에서 자세하게 서술하였다. 여기서는 우리는 체중을 유지, 증가, 혹은 감소시킬 수 있는 음식의 섭취(에너지 공급)와 신체 활동(에너지 소모)을 통합하여 평가하는 방법에 대해서 알아볼 것이다. **식 8.1**과 같이 **에너지 평형**(**energy balance**)을 계산하는 것으로 시작하자.

$$\text{에너지 평형} = \text{에너지 섭취} - \text{에너지 소모} \tag{8.1}$$

**표 8.1 음식에 포함된 네 가지 대량영양소의 에너지 함유량**

| | 에너지 함유량 | |
|---|---|---|
| 대량 영양소 | kJ/g | kcal/g |
| 지방 | 38.9 | 9.3 |
| 단백질 | 16.7 | 4.0 |
| 탄수화물 | 17.5 | 4.2 |
| 알코올 | 31.4 | 7.5 |

우리의 에너지 섭취량은 음식 속에 든 지방, 단백질, 그리고 탄수화물의 양으로부터 쉽게 계산할 수 있다. 이 에너지는 주울(joule)로 측정된다. 1 주울(J)은 1 뉴튼(N)의 힘으로 1 m를 끌고 갈 때 필요한 에너지로 정의된다. 과학자들은 많은 양의 에너지를 다루어야 하기 때문에, 음식 속의 에너지를 일반적으로 킬로주울(kJ)로 표현한다: 1 kJ = 1000 J. 당신은 음식 속의 에너지를 킬로칼로리(kcal)라는 방식으로 표현되는 것을 알고 있을 것이다. 1 칼로리(cal)는 물 1 g을 1°C 올릴 때 필요한 에너지이다(1 kcal = $10^3$ cal). kJ과 kcal의 변환식은 1 kJ = 0.239 kcal 그리고 1 kcal = 4.184 kJ이다. **표 8.1**은 지방, 탄수화물, 단백질, 그리고 알코올 등과 같이 음식 속에 들어 있는 대량영양소 네 가지의 에너지 양을 보여주고 있다. 우리가 하루 동안 섭취하는 음식물 속에 들어 있는 에너지의 총량은 우리가 하루 동안 섭취하는 에너지 섭취량이다. 비록 알코올과 단백질은 일반적으로 ATP를 생산하는 물질로 사용되지 않지만, 이들은 지방과 당으로 전환되고 체내의 에너지 저장 물질로 이용될 수 있기 때문에 에너지 평형을 계산할 때 반드시 포함하여야 한다.

에너지 소비를 계산하는 것은 다소 복잡하므로, **간접열량계(indirect calorimetry)**를 이용하여 측정하게 되는데, 이 간접열량계는 호흡에 관여하는 가스들을 측정한 결과를 바탕으로 하여 에너지 소비량을 측정하는 장치이다**(그림 8.1)**. **총에너지 소비량(total energy expenditure; TEE)**은 세 가지 요소를 포함하는데, 이는 휴식기 에너지 소비량(기초대사량; resting energy expenditure), 신체활동에 의한 에너지 소비량(physical activity), 그리고 음식 섭취에 따른 열발생(diet-induced thermogenesis)으로 구성된다**(식 8.2)**.

$$\text{총에너지 소비량(TEE)} = \text{기초대사량(REE)} + \text{신체활동} + \text{음식 섭취에 따른 열발생(DIT)} \quad (8.2)$$

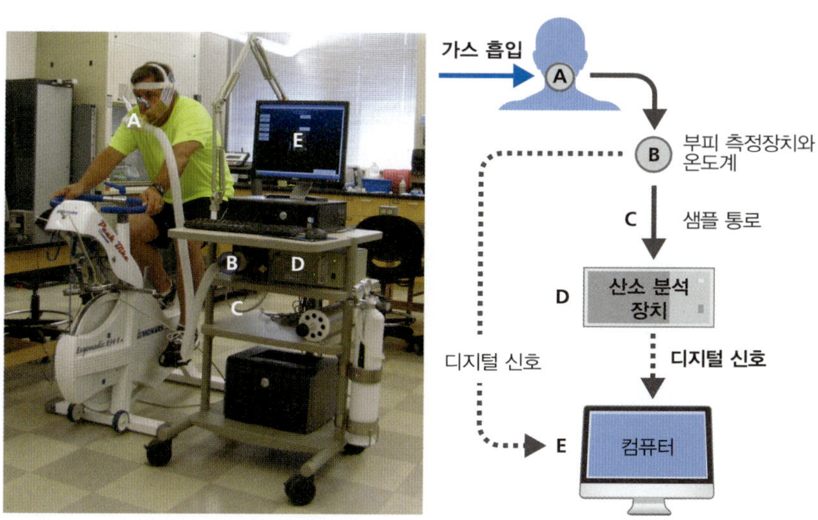


**그림 8.1 간접열량계.** 신체에 의한 산소 소비는 호흡에 포함된 가스를 분석함으로써 계산할 수 있다. (A) 검사자는 한쪽 방향만으로 흐르게 설계된(실선 화살표) 밸브를 통해서 호흡한다. (B) 배출된 가스는 가스의 부피와 온도를 측정할 수 있는 장치와 연결된 호스를 이동한다. (C) 배출된 가스는 산소분석기로 이동한다. (D) 대부분의 산소분석기는 가스를 산소 분자가 이온화될 수 있는 온도로 가열한다. (E) 분석기기 내부의 이온화된 산소 검출기는 정보를 디지털화된 신호로 컴퓨터에 보낸다(점선). 그리고 흡기의 산소 농도에 대한 정보도 컴퓨터로 전달된다. 컴퓨터는 배출된 가스의 온도를 보정하여 가스 속에 포함된 실제적 산소량을 계산한다. 흡입되는 공기에 포함된 산소에서 배출되는 가스에 포함된 산소의 양을 빼면 신체에서 사용된 산소 소비량이 된다. 산소 소비량(liter)에 20.92 kJ을 곱하면 적정한 에너지 소비량이 계산된다.(사진은 Jennifer Ruhe에 의해 제공)

**휴식기 에너지 소비량**(REE)은 생명현상에 반드시 필요한 기능—심장박동, 체온 유지, 뇌기능 유지 등—을 유지하기 위하여 요구되는 에너지 양이며, 총에너지 소비량의 60~70%를 차지한다. 신체활동은 골격근을 움직이는 모든 행위에 의해 소비되는 에너지이며, 성인의 경우 평균적으로 총에너지 소비량의 20%를 차지한다. 그러나 총에너지에 대한 신체활동 에너지의 비율은 개인 간의 차이가 많다. 예를 들어, 잘 훈련된 운동선수의 경우 30% 정도까지 확대될 수 있지만, 신체활동을 거의 하지 않은 사람의 경우에는 단지 5%만 차지한다. **음식 섭취에 따른 열발생**(Diet-induced thermogenesis; DIT)은 소화, 흡수, 그리고 영양분의 저장에 필요한 에너지이며, 총에너지 소비량의 나머지 10~20%를 차지한다. 총에너지 소비량에서 DIT가 차지하는 비율은 개인간 혹은 나이에 따른 변화가 적으며, 측정하기가 어렵고, 총에너지 소비량 계산식에 상수로써 포함되어져야 한다.

### 지방의 축적은 성숙이 진행되면서 일어난다

일반적으로 성숙된 인간의 체내에는 40일 정도 사용할 수 있는 에너지가 지방으로 저장되어 있으나, 탄수화물 형태로는 1일 분량의 에너지가 저장되어 있다. 따라서 우리는 에너지 평형의 계산을 위하여 성숙된 인체의 에너지 상태를 측정할 때, 지방 저장의 역학을 측정한다. 양의 에너지 평형—섭취량이 소비량 보다 클 때—은 지방 저장이 증가하고 체중이 증가하는 결과를 초래한다. 음의 에너지 평형—소비량이 섭취량 보다 클 때—은 지방 저장과 체중이 낮춰지는 결과를 초래한다. 에너지 섭취량과 소비량이 같을 때 에너지 평형 상태에 있다고 알려져 있다. 이러한 상태가 되면 체중은 변화가 없다.

따라서 우리 몸이 완전하게 성장과 분화—완전 성숙한 상태—가 되면, 체중은 몸에 저장된 지방의 양적 변화에 따라 변화한다. 진행 중인 "국가 건강과 영양 평가 조사 III(NHANES III)"의 결과로 도출된 자료는 평균적으로 20대와 60~69세 사이에 15%의 체중이 증가됨을 보여준다**(그림 8.2)**. 장기간에 걸친 에너지 평형의 작은 변화가 체중 변화에 중요한 영향을 주기 때문에 체중 증가는 천천히 일어난다. 에너지 평형의 작은 변화가 지방 축적에 있어서 오랜 시간이 걸린다는 것을 간단한 예로 알아볼 수 있다. 체중이 50 kg(약 100 파운드)인 여성이 10 kg의 저장된 지방을 가지고 있다고 생각하면, 이 여성은 389,000 kJ(38.9 kJ/g×10,000 g; 표 8.1을 보라)의 에너지를 지방으로 저장하고 있는 것이다. 이 여성이 현재 에너지 평형을 이루고 있으며, 하루에 8,370 kJ의 에너지를 음식으로 섭취하고, 안정된 REE와 DIT로 각각 5,857 kJ과 837 kJ의 에너지를 소모하고 있다고 하자. 식 8.2를 이용하여, 우리는 이 여성이 하루 동안 사용하는 신체활동에 의해 소비하는 에너지량을 계산할 수 있다**(식 8.3)**.

총에너지 소비량(TEE) = 8,370 kJ
휴식기 에너지 소비량(REE) = 5,837 kJ
음식 섭취에 따른 열발생량(DIT) = 837 kJ
따라서,
신체활동에 의한 에너지 소비량 = TEE − REE − DIT
= 8,370 kJ − 5,857 kJ − 837 kJ = 1,676 kJ (식 8.3)

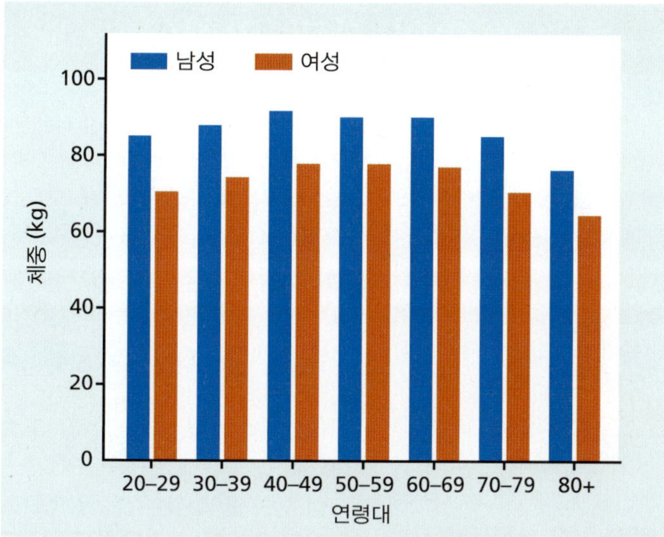


**그림 8.2 2004년의 미국인 남성과 여성의 평균 체중.** 이 자료는 70대 이상인 개인을 포함한 대규모 연구(19,000명이 참여)에 대한 가장 최근 자료이다. 2004년부터 완료된 단면연구들은 이 자료를 뒷받침하고 있다. (자료는 M.A. McDowell 등 *Natl. Health Stat. Rep.* 10:1–48, 2008에서 발췌)

이 여성이 매일 조금씩 더 먹기 시작했다고 하자, 같은 신체활동을 유지하면서 단지 418 kJ(약 1/4 컵 혹은 3 티스푼 분량의 바닐라 아이스크림과 동일한 양)의 에너지를 더 섭취한다면, 그녀의 에너지 평형은 양성이 되고 지방으로 저장되기 시작한다. 따라서 대략적으로 100일 동안 1 kg의 체중이 증가하게 되며, 1년 동안 거의 4 kg 체중이 증가(체지방 1 kg은 38,900 kJ의 에너지와 동량임)할 것이다. 따라서 비록 에너지 섭취량의 적은 변화일지라도 오랜기간 지속되면 체중에 상당한 영향을 미친다. 이와 비슷하게, 에너지 소비의 작은 변화는 반대 효과를 가질 것이다. 하루에 418 kJ의 신체활동 에너지 증가는, 이것은 1마일의 가벼운 조깅 혹은 1.5마일의 걷기에 필요한 에너지, 이 여성의 에너지 평형을 되돌릴 수 있고 지방 축적을 막을 수 있을 것이다.

이 예에서 알 수 있는 것처럼, 지방 축적은 과량의 칼로리 섭취, 신체활동량의 감소, 혹은 두 요인이 복합적으로 작용하여 발생한다. 노화는 이 두 가지 요인에 영향을 미친다. (**BOX 8.1** 노화에 따른 체지방의 변화를 고려할 때 유용한 것을 서술하고 있다.) 칼로리 소비는 노화에 따라 감소하는 경향이 있다(**그림 8.3**)—비록 그림 8.3에 보여진 것처럼, 1970년과 2000년 사이에 칼로리의 소비는 평균적으로 남성은 11% 그리고 여성은 22% 정도 증가하였다. 그리고 최근

**그림 8.3 1970년과 2000년의 다양한 연령대의 남성과 여성의 평균 칼로리 소모량.** 막대 그래프 위쪽의 숫자는 1970년과 2000년 사이에 증가된 양의 백분율이다. (자료는 J.D. Wright 등, *Mortal. Morbid. Wkly. Rep.* 53:80–82, 2004에서 발췌)

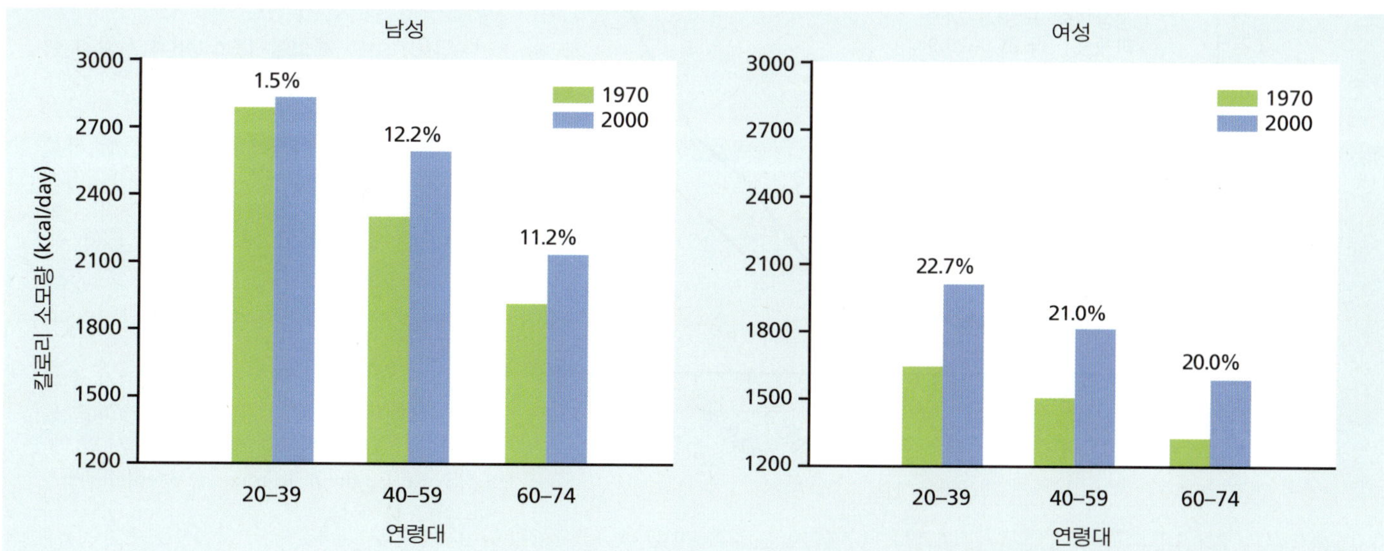

## BOX 8.1 체질량지수(Body mass index; BMI)와 사망 위험(mortality risk)

**체질량지수(BMI)**는, 체중과 신장의 비율(식 8.4)로 표시, 체내 지방량의 변화를 나타낼 때 유용한 하나의 방법이다. 유전적 요인이 개인의 최종 신장을 결정하는 것에 있어 중요한 요소로 작용하고, 신장은 성장과 발달이 완료된 후에는 일반적으로 안정되어 있기 때문에, BMI는 단순한 체중 보다는 체지방을 나타내는 예민하고 개인화된 측정방법이다. 더욱 중요한 것은 BMI는 저체중, 과체중, 혹은 비만 등과 연관된 건강상의 문제로 인한 사망률과 상당히 높은 상관관계를 보여준다**(그림 8.4)**.

$$\text{BMI} = \text{체중(kg)} / \text{신장}^2(\text{m}^2) \qquad (\text{식 } 8.4)$$

BMI의 계산은 1800년대 초반에 벨기에의 사회과학자인 아돌프 퀘테렛(Adolphe Quetelet; 1796~1874)이 체중은 성장하는 동안에 신장의 제곱 함수에 따라 변한다는 것을 발견한 시점으로 거슬러 올라간다. '퀘테렛 지수'라고 하는 지수는 비만과 건강의 상관성을 측정하는 것에 제한적으로 사용되었는데, 왜냐하면 그 당시에는 비만이 일반 대중에게는 실제적으로 알려져 있지 않았기 때문이다. 2차 세계대전이 끝나고 생명보험사에 고용된 통계학자들이 일반 대중에서 평균보다 높은 체중을 가진 사람들의 사망률이 조금 증가한다는 사실을 인지하기 전까지 이 지수는 제한적으로 사용되었다. 이것은 체중-신장 비율의 표를 만들게 되었고, 특정 신장에 상응하는 이상적인 체중에 대한 개념을 개발하는 계기가 되었다. 오래 지나지 않아 이상적인 체중이라고 생각되는 체중이 개인들 간에 커다란 변이가 있고, 이는 체중-신장 비율표가 의사들이 건강을 측정하는 데 사용하기에는 너무 부정확하다는 것을 알게 되었다.

1972년에, 앤켈 키(Ancel Keys; 1904-2004)는 퀘테렛 지수가 체지방을 가장 잘 대변할 수 있다는 것을 처음으로 알아내었고 비만과 관련된 건강상의 문제점을 논의하는 의사들에게 쉽게 이용할 수 있는 방법으로 활용하자고 제안하였다. Keys는 "체질량 지수; body mass index"라는 용어를 만들어 유행시켰다. 20세기 마지막 20년 동안 수행된 여러 개의 연구들의 결과는 BMI와 건강 문제 위험도 사이에 밀접한 상관관계가 있음을 보여주었다. 이러한 발견들은 국립보건원(National Institutes of Health; NIH)으로 하여금 건강한 체중에 대한 지침으로 특정 BMI 값을 제정하도록 하였다(그림 8.4 참고).

NIH의 BMI 값은 노인 인구를 대상으로 할 때 조정이 필요하다는 것이 명백해졌다. 몇 개의 종단적 연구들은 BMI 값이 25~28 사이에 있을 때(NIH 지침서에 따르면 과체중이고 건강 문제에 위험요소가 높은 값임)에도 75세 이상의 노령 인구들에서는 건강위협요소가 높아지지 않는다는 것을 발견하였다**(그림 8.5)**. 그러나 BMI가 18.9 이하인 경우(저체중이라고 생각되는 값)는 노령인들에게 여전히 건강위협요소로 남아 있다는 것을 발견하였다. 대부분의 임상 전문가들은 노령인에서는 저체중일 경우가 비만일 경우 보다 건강위협요소로 훨씬 더 높다는 것에 의견을 일치하고 있다. 많은 임상의사들은 BMI가 25~30 사이에 있는 75세 이상의 사람은, 외모적 문제를 제외하고는, 체중 감소를 위한 계획을 세우지 말라고 조언하며 BMI를 22 이하로는 낮추질 말 것을 권고하고 있다.

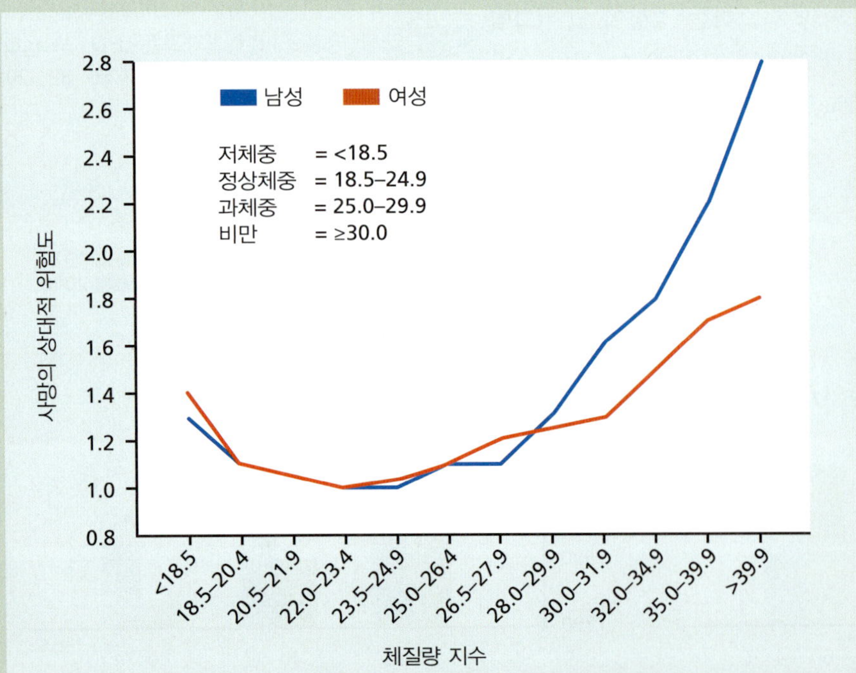


**그림 8.4 체질량지수(BMI)와 사망의 상대적 위험성과의 관계.** 1894년과 1996년 사이에 참여한 457,758명의 남성과 588,369명의 여성으로부터 획득한 자료를 근거로 만들어진 이 그래프는 저체중이거나 혹은 과체중인 사람들의 사망 위험도가 높다는 것을 보여주고 있다. BMI 범례(그래프의 위쪽에 표시해 두었음)는 20세 이상의 건강한 성인에서 지방량과 관련된 건강 문제를 일으킬 수 있는 나이와 독립적인 표지자로써 주로 이용된다. (E.E. Calle 등., *N. Engl. J. Med.* 341:1097–1105, 1999에서 발췌. New England Journal of Medicine에서 허가를 득함)

## BOX 8.1 체질량지수(Body mass index; BMI)와 사망 위험(mortality risk)

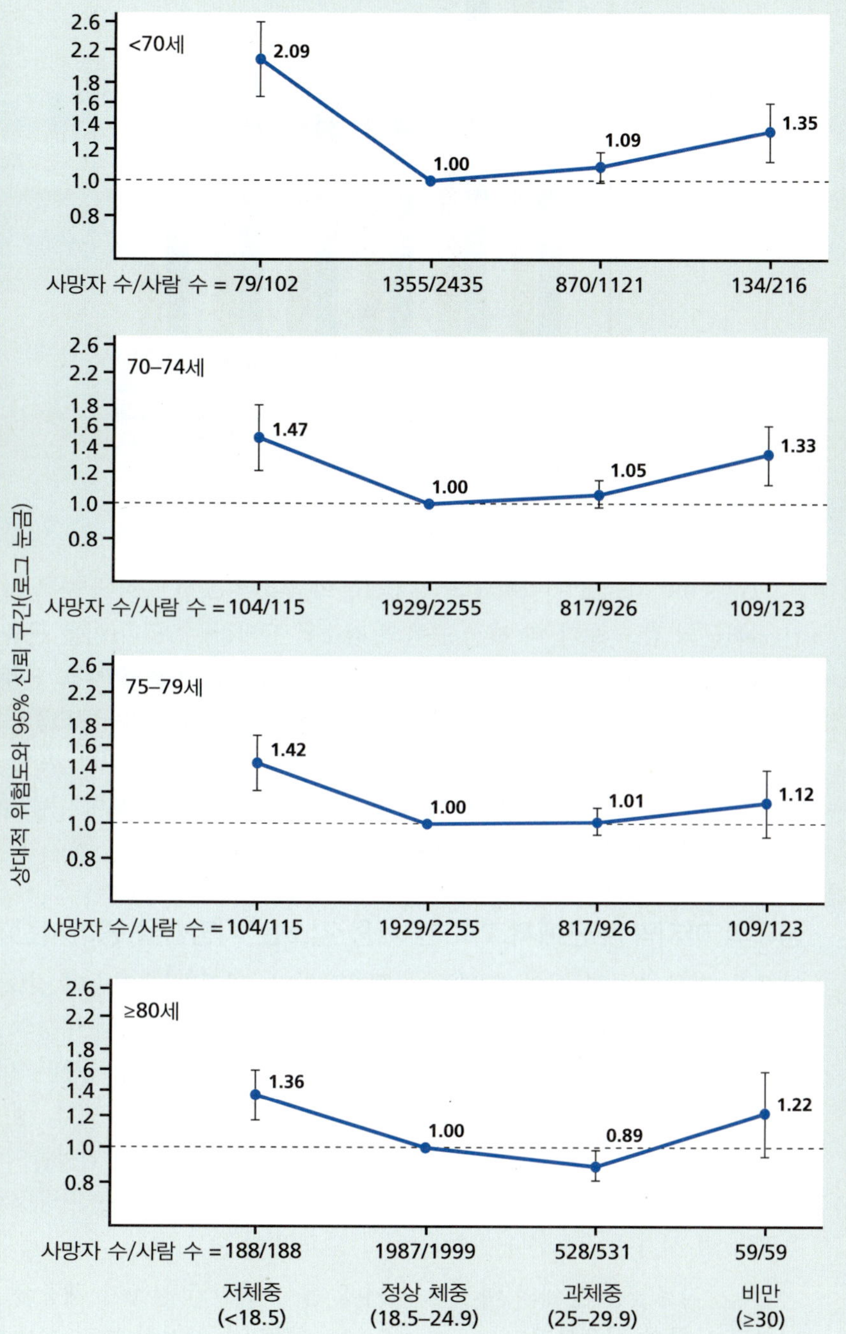


**그림 8.5 45세와 101세 사이의 나이 대에 체질량 지수와 사망의 상대적 위험도와의 관계.** 70세 미만과 80세 이상의 나이대에서 과체중 범례에 들어 있는 경우에 상대적 위험도가 점진적으로 감소하는 것을 주목하라. 이 결과를 반영하고 저체중을 막기 위하여, 많은 전문가들은 노령의 인구는 일반인들이 사용하는 체질량 지수와는 다른 체질량 지수를 가져야 한다고 믿는다. 이 결과와 많은 연구들은 저체중(BMI < 18.9)과 비만(BMI ≥ 30)인 사람들은 노령 인구의 조기 사망의 위험 요소를 가지고 있다는 것을 발견하였다. 수평축에 표시된 사망자/총인구는 각 BMI 범례에 속한 총사람수(N)에서 사망자 수를 표시한다. (M.M. Corrada 등, *Am. J. Epidemol.* 163:938–949, 2006에서 발췌. Oxford Univirsity 출판사의 허가를 득함)

횡단적 연구 자료를 보면 칼로리 소비는 계속해서 증가하고 있다. 최근에는 칼로리 소비의 증가에도 불구하고, 노화에 따른 칼로리 소비 감소는 유지되고 있다. 더욱이, 노인은 자발적인 신체활동에 참여하는 것을 젊은 사람들에 비하여 상대적으로 좋아하지 않는다**(그림 8.6)**. 노화에 따라 에너지 섭취가 줄어들기 때문에, 노화에 따른 체중 증가를 설명하는 가장 논리적인 설명은 노화가 진행되면서 에너지 소비 감소량이 에너지 섭취 감소량 보다 크다는 것이다. 이 결론

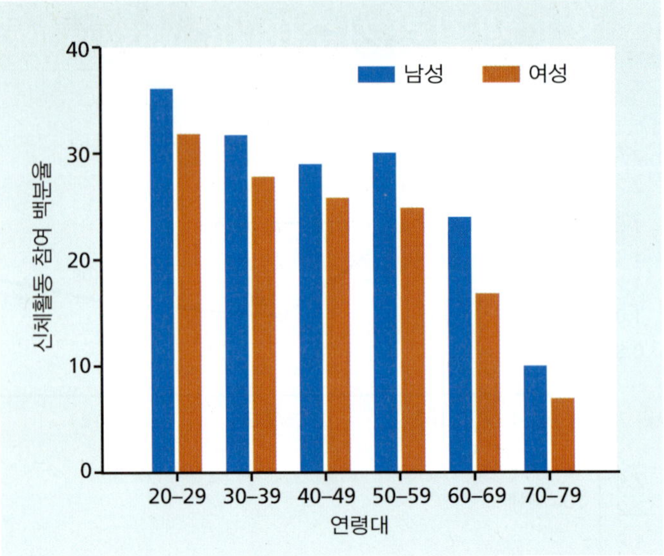


**그림 8.6 정기적으로 체지방 양에 영향을 줄 수 있는 정도의 활동적인 여가시간 신체활동에 참여하는 개인의 백분율.** 정기적인 여가시간 신체활동은 30분 이상, 일주일에 5회 이상의 활동적인 신체활동에 참여하거나 혹은 20분 이상, 일주일에 3회 이상의 중간 정도의 신체활동에 참여하는 것으로 정의한다.(자료는 J.R. Pleis, B.W. Ward, 그리고 J.W. Lucas, *Vital Health Stat*. 10:217, 2010; C.A. Schoenborn, J.L. Vickerie, 그리고 E. Powell-Griner, Health Characteristics of Adults 55 years and over: United States, 2000-2003, Hyattsville, MD: 건강 통계 국립연구센터, 2006에서 발췌)

은 그림 8.6의 자료로 뒷받침된다. 신체활동의 부족은 또한 노화에 따른 자연적인 골격근의 감소 보다 더 빠른 근육의 감소를 유발할 수 있다(이를 근육감소증(sarcopenia)라고 하며, 이 증상에 대해서 이 장의 후반에 설명한다). 신체활동의 감소 때문에 발생하는 근육량의 감소는 휴식기 에너지 소비량(REE)의 감소를 유발하고, 노화에 따른 에너지 소비량의 감소를 더욱 증가시킨다. 70대 이후에는 체중 감소가 나중에 설명하게 되는 생의 마지막 기간에 보여지는 칼로리 섭취의 감소와 연관되어 있음을 보여준다.

## 생애의 마지막 부근에서 과도한 체중 감소는 사망률을 증가시킨다

인간의 생애 대부분 동안에 체중이 증가하지만, 언젠가는 체중이 감소하는 시기가 온다. 이것은 그림 8.3에서 볼 수 있는데, 그림에서 70세 이상의 체중은 연하의 나이 대의 체중 보다는 적다. 이 나이 대의 감소된 체중은 자신의 생애 마지막 부근에 있는 개인의 자료를 포함하고 있음을 나타낸다. 생애 마지막 단계에서의 체중 감소는 노화와 관련된 현상으로 최근에 받아들여졌고, 근본적인 기전은 아직까지 밝혀지지 않고 있다. 그러나 우리는 지방량과 근육량이 이 시기에 감소한다는 것을 이미 알고 있다.

최근 자료들은 생애의 마지막 시기에 음식 섭취의 감소가 체중을 감소시키고 **노화성 식욕부진(anorexia of aging)**이라고 알려진 병적 상태를 만들 수 있음을 제시하고 있다. 노화성 식욕부진의 4가지 특성은—과도한 체중 감소, 식욕감퇴, 부족한 영양분, 그리고 비활동성—**노인성 회복불능(geriatric failure to thrive)**이라고 알려진 좀더 크고 더욱 일반적인 증상을 일차적으로 예측할 수 있는 징후들이다. 대체적으로 생애의 마지막을 암시하는 이런 다양한 징후들은 신체기능의 손상, 영양실조, 우울증, 그리고 인지 장애 등을 포함한다. 노인성 회복불능을 진단하는 알고리즘이 확립되어 있으며, 그 알고리즘은 의사들이 고통을 연장할 뿐인 불필요한 치료를 중지하도록 환자 및 그 가족들과 생을 마감하는 방법에 대한 논의를 언제 시작할 것인지를 제안하여 준다(**그림 8.7**).

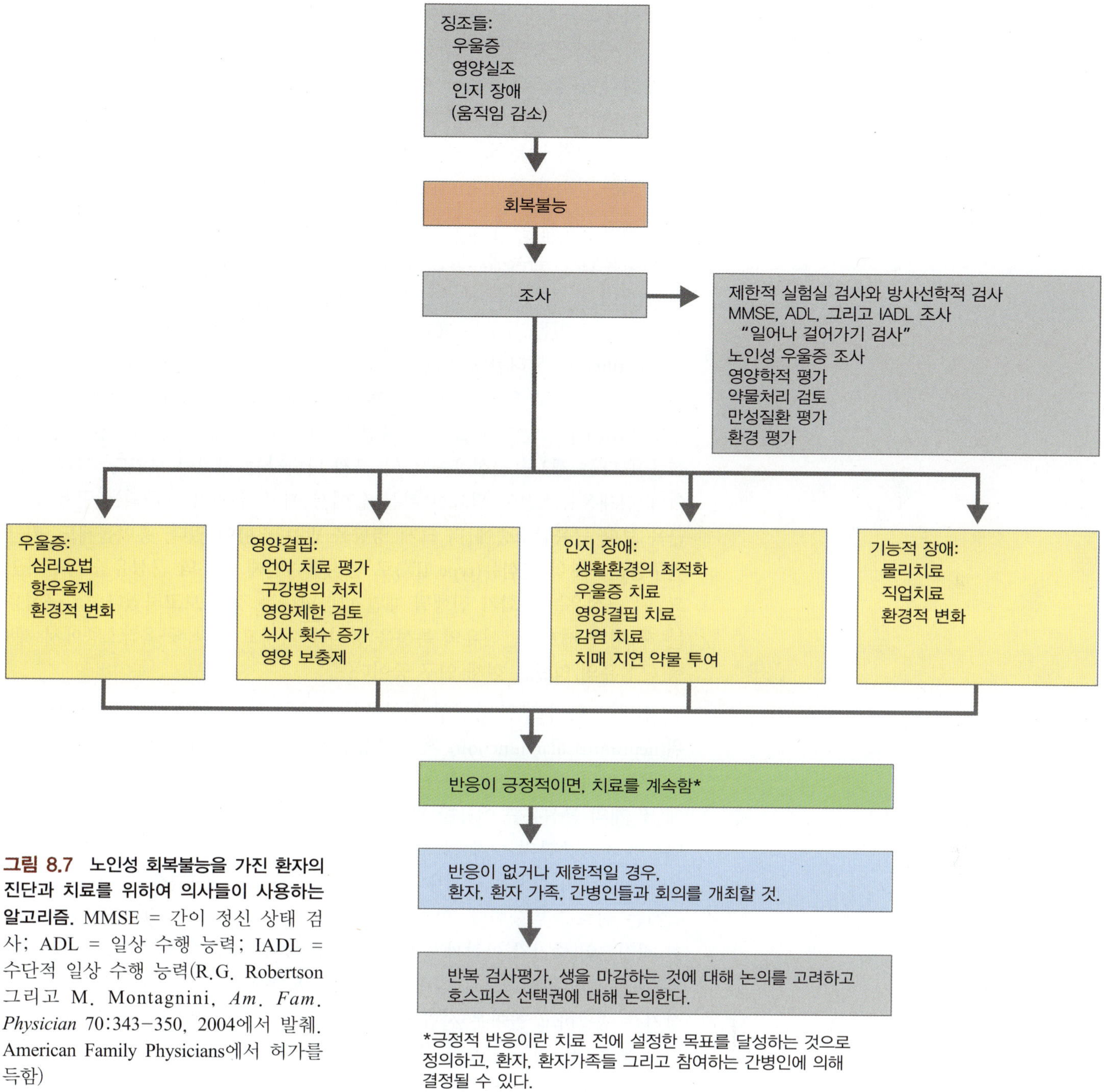


**그림 8.7 노인성 회복불능을 가진 환자의 진단과 치료를 위하여 의사들이 사용하는 알고리즘.** MMSE = 간이 정신 상태 검사; ADL = 일상 수행 능력; IADL = 수단적 일상 수행 능력(R.G. Robertson 그리고 M. Montagnini, *Am. Fam. Physician* 70:343–350, 2004에서 발췌. American Family Physicians에서 허가를 득함)

## 근육감소증은 골격계 근육량이 노화에 따라 줄어드는 것이다

**근육감소증(Sarcopenia)**으로 알려진 노화에 따른 근육량 감소는 인간 생애의 성년기 동안에 발생한다. 이 감소는 신체 활동 증가와 같은 근육 양을 증가시키는 것으로 알려진 요인들과는 별개로 발생한다. 노화에 의한 근육조직의 소실은 근육세포 수와 세포의 크기가 동시에 감소하는 것을 보여주고 있고, 여성 보다는 남성에서 더 크게 감소하는 것처럼 보인다. 세포 수와 크기가 동시에 감소하는 것은 근육감소증이 근육을 사용하지 않음으로써 근육 양이 줄어드는 것과는 구별되는데, 이는 단지 세포의 크기만 감소한다. 일련의 횡단면적, 종단면적 연구들은 40세 이후에는 근육 양이 매 10년 마다 남성에서 2~3%, 여성에서 1~2% 정도의 속도로 감소하는 것을 보여주고 있다.

근육감소증 원인을 조사하는 연구들에서 몇 가지 변화들이 지속적으로 관찰은 되지만, 근육감소증 발생의 근본적 기전은 거의 알려져 있지 않다. 지방의 축적과 연결조직 등이 근육의 수축 기능을 담당하는 요소들과 대체되는 것처럼 보인다. 단지 근육세포(myocyte)나 근섬유(muscle fiber) 만이 힘을 발생시킬 수 있기 때문에, 근육 내부에 지방 조직과 연결 조직이 증가하면 근육의 강도는 감소할 것이다.

근육감소증에 의해 영향을 받는 **근섬유(muscle fiber)**의 종류는 선별적인 것으로 보인다. 근육세포들은 수축단백질인 **미오신(myosin)**의 동형단백질들의 구성비를 기준으로 분류된다. 천천히 수축하는 미오신 동형단백질을 많이 포함하고 있는 세포는 **제1형 근섬유**[**type I fiber**; 때로는 지근섬유(slow-twitch fiber)로 불려짐]로 알려져 있다. 빠르게 수축하는 미오신 동형단백질을 많이 포함하고 있는 근섬유는 **제2형 근섬유**[**type II fiber**; 속근섬유(fast-twitch fiber)]로 알려져 있다. 근육감소증과 연관된 근섬유 소실은 제1형 근섬유 보다는 제2형 근섬유에서 더 크게 나타나는 것처럼 보인다. 따라서 손이나 미세운동조절이 필요한 부분 등에서 빠른 수축이 요구되는 근육이 큰 근육 보다 근육감소증에 더 크게 영향을 받는 경향이 있다. 흥미롭게도, 최근 연구들은 제8형 근섬유(type IIX)로 알려진 3번째 종류의 근섬유를 발견하였고, 이 근섬유는 노화가 진행될 때만 나타난다는 것을 보고하였다. 이 근섬유는 제1형과 제2형 근섬유의 특성을 동시에 가지고 있다. 근육감소증에서 제8형 근섬유의 역할은 현재 연구 중이다.

인간 노화의 모델 동물인 설치류를 이용한 연구는 신경과 근육의 연결부위(neuromuscular junction) 혹은 **운동종판(motor end plate)**의 숫자와 기능이 노화에 따라 감소된다는 것을 최근에 확인하였다. 운동종판은 수축하는 동안에 몇 개의 근섬유를 이용할 것인지를 조절한다: 즉 신경이 통하는 근육에 관여하는 운동종판의 수가 많으면, 수축의 강도는 커진다. 따라서 노화에 따른 운동종판 수의 감소는 근섬유의 미사용을 유발하고 **세포자살(apoptosis)**을 시작하는 신호를 발생한다. 인간의 근육감소증에 근육미사용과 세포자살에 대한 직접적인 증거가 아직까지 보고되지 않았지만, 완전하게 정적인 생활을 하는 젊은 사람(실험적으로 침대생활을 하도록 함)들과 우주(무중력 상태)에서 장기간 생활하고 돌아온 사람들을 대상으로 수행한 몇몇 연구들은 세포자살이 운동종판의 활동 감소와 연관되어 있음을 보여주고 있다.

근육조직의 소실은 건강에 상당한 영향을 미칠 수 있다. 근육은 휴식하는 동안에도 상당히 많은 에너지를 근육을 만들고 수축을 준비하는 것에 사용한다. 근육이 휴식기 에너지 소비량(REE)의 반 이상을 사용한다. 따라서 근육양의 감소는 휴식기 대사 속도를 줄이게 되고, 이에 상당하는 에너지 섭취의 감소가 없다면 지방 축적을 유발한다. 남성들은 매 10년 마다 휴식기 대사 속도가 약 2.5% 정도 감소하는 것을 경험하지만, 여성들은 매 10년 마다 약 1.5% 정도로 감소하는 속도가 남성에 비해 늦다**(그림 8.8)**. 이 값들은 노화성 근육 양의 감소와 상당히 근접해 있다. 신체활동의 부족은 더 많은 근육 조직의 소실을 유발하고 휴식기 에너지 소비량의 노화성 감소를 증가시킨다.

인간 골격근육의 일차적인 역할은 몸의 강도와 안정성을 보장하는 것이다. 만약 근육 양이 감소하면, 어느 정도의 강도와 안정성이 요구되는 상황에 반응하는 인체의 능력 또한 감소할 것이다. 걷는 것과 같은 간단한 활동을 고

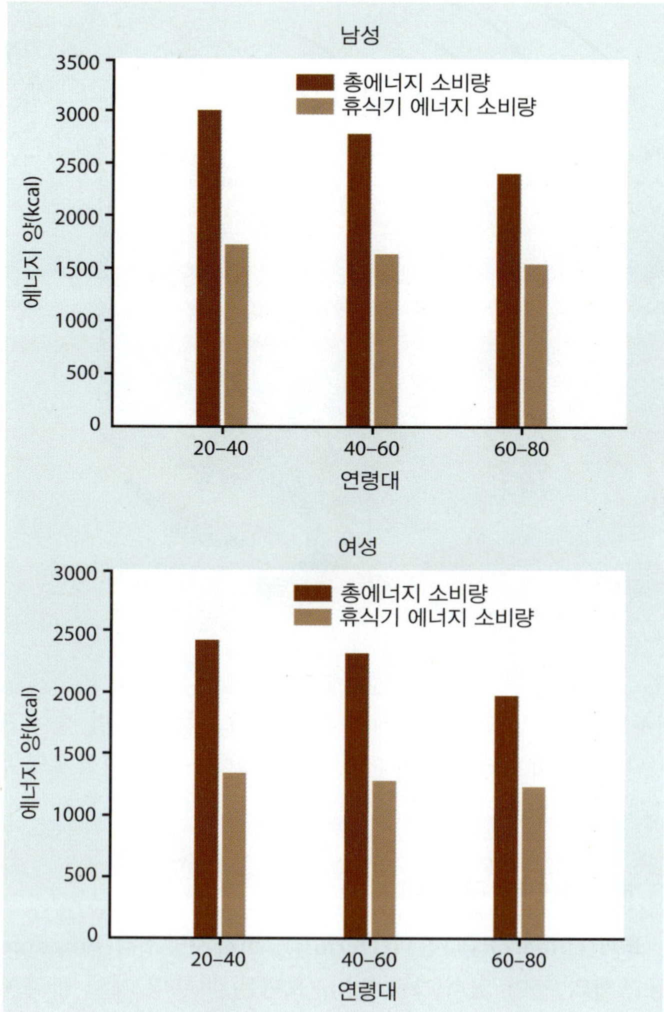


**그림 8.8 남성과 여성의 다양한 나이에서의 총에너지 소비량과 휴식기 에너지 소비량.** (S.B. Roberts 그리고 G.E. *Dallal*, *Public Health Nutr*. 8:1028–1036, 2005의 자료)

려해 보자. 우리들은 도로경계석에 발을 잘못 디디거나 평평하지 않은 곳에 발을 디딜 때까지는 걷는 것에 대해 그다지 생각하지 않는다. 젊을 때는 이런 발 헛디딤에 의한 부상을 잘 당하지 않는데, 그 이유는 우리가 그것에 적절하게 반응하고 균형을 유지할 수 있을 정도의 충분한 근육 양을 가지고 있기 때문이다. 노화성 근육 양의 감소에 따라, 발 헛디딤이 일어났을 때 몸을 바른 자세로 유지하기에 충분하지 않은 강도의 근육을 가지게 될 수 있다. 사실 노화성 근육 양 감소가 일어난 상황에서 넘어지는 것은 사망률과 질병률의 주요한 위험요소들이다.

## 피부의 변화

사람 피부는 몸에서 가장 큰 기관이며 우리 몸과 외부와의 경계를 짓는 것으로 이용된다. 우리의 피부는 몸의 내부 구성성분을 둘러싸고 있을 뿐만 아니라 때때로 가혹하고 해로운 외부 환경으로부터 그것을 보호하기도 한다. 예를 들어, 자외선과 같은 해로운 태양 방사광은 인체 피부 안으로 투과되지 않는다. 우리의 피부는 또한 독성물질의 침입에 대항하는 장벽을 형성함으로써 선천면역(이 장의 뒷부분에서 언급함)에 참여한다. 피부의 보호기능에 더하여, 피부는 체온조절 시스템과 촉각에 대한 감각 시스템으로 작용하는 기관이다. 이 절에서는 피부의 기초적인 구조와 노화가 그것에 어떻게 영향을 주

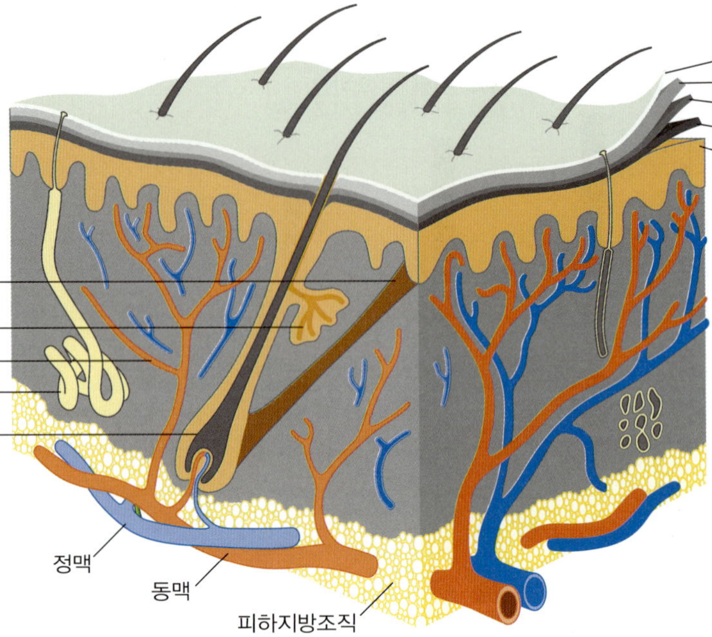


**그림 8.9 인체 피부의 횡단면적 구조.** 피부에서 3개의 층들은—표피, 진피, 피하지방조직—환경의 위협으로부터 내부 기관들을 보호하고, 촉감을 제공하고, 땀(더울 때)과 혈관수축(추울 때)을 통하여 체온을 조절하는 것에 도움을 준다.

는 지, 피부에 대한 노화성 변화에서 환경적 요소들의 역할 등에 대해서 논의할 것이다. 면역계에서 피부의 기능은 뒷 절에 있는 "면역계의 변화"에서 간단하게 서술할 것이다.

## 피부는 3개의 층으로 구성된다

피부에는 **표피**(**epidermis**), **진피**(**Dermis**), **피하지방조직**(**subcutaneous fat tissue**) 등 3개의 층이 있다**(그림 8.9)**. 표피는 피부의 제일 바깥쪽 층이다. 이것은 5개의 층으로 구성된다: 각질층, 투명층, 과립층, 가시층, 기저층이 그것이다. 비록 각 층들은 각각 특수한 기능을 가지고 있지만, 표피의 전체적인 목적은 기저층에서 생산되는 살아 있는 피부세포인 **각질형성세포**(**keratinocytes**)를 각질층의 평평하고, 단단하며, 활력이 없는 세포로 준비시키는 것이다. 이 죽은 피부세포는 2주일 뒤에 피부에서 떨어져 나가고 각 층을 통하여 위로 올라오는 새로운 죽은 피부세포로 대치된다. 이 과정을 통하여, 태양 방사광 혹은 다른 위협에 의해 손상받은 세포들은 떨어져나가고 내부에 있는 층은 보호된다. 표피 또한 몇 가지 특화된 세포를 포함하고 있는데, 색소를 만드는 **멜라닌세포**(**melanocytes**); 면역계에서 기능을 하는 **랑게르한스세포**(**Langgehans cells**); 감각 수용체를 형성하는 **메켈세포**(**Merkel cells**)가 있다.

진피는 대부분이 연결조직으로 구성되어 있고 표피보다 훨씬 두텁다. 여기에는 피부의 기관들인 외분비(땀) 샘, 모낭, 피지(기름) 샘, 모세혈관, 그리고 신경말단 등이 존재한다. 이런 구조물들은 탄력단백질, **콜라겐,** 엘라스틴 섬유 등의 망상구조에 의해 지지되고 있다. (콜라겐은 진피의 건조중량의 약 70%를 차지한다.) 진피는 피부의 유연성을 담당하고 촉감과 압력의 수용신호를 전달하는 데 도움을 준다. 이것은 또한 체온 조절에 관여한다. 땀샘은 내부 체온이 올라갈 때 피부 밖으로 수분을 배출하여 증발시켜, 내부의 열을 냉각시키는 기능을 한다. 반대로 추위에 노출되었을 때, 피부에 있는 혈관을 수축시켜 내부 장기로 혈액을 보내는 역할을 한다.

피부의 제일 바닥층을 구성하는 피하지방조직은 지방세포와 혈관을 가지고 있다. 지방층은 완충작용과 절연작용을 제공한다. 이것 또한 피부 자체와 몸의 온도를 조절하는 것에 도움을 준다.

## 주름은 피부의 탄력과 피하지방의 소실에 의해 발생한다

주름은 노화 증상에서 가장 시각적으로 확인되는 결과 중에 하나이다; 이 현상은 인구의 100%와 몸의 모든 부분에서 발생한다. 주름의 근본적인 원인은 진피에서 발달되는 피부 세포의 숫자가 감소하고, 피부 세포들의 정상적인 기능의 변화, 피하지방의 감소 등이다. 피부 세포 수의 노화성 감소는 피부를 얇게 하며, 표피에서 발생한다. 세포의 감소는 말단소립체(telomere)의 단축에 의해 발생하는 세포 분열 속도의 감소 때문에 발생한다(4장 참고). 몇 개의 연구들에서 노화에 따라 기저층의 체세포 수가 감소한다는 것을 확인하였다. 피부 세포 소실에 따라서 엘라스틴과 콜라겐의 생산이 줄어들고, 피부는 상당한 정도로 탄력성을 잃는다. 피부는 또한 콜라겐의 비효소적 교차결합이 증가함에 따라서 탄력성을 잃게 된다(BOX 8.2). 새롭게 만들어지는 교차결합과 함께 단백질의 탄력성이 줄어들고 진피는 납작해진다. 탄력성의 소실과 함께 표피는 더 이상 내부의 진피와 피하지방의 불규칙적인 구조를 매끈하게 덮을 수 없게 된다.

노화에 따른 피부 구조의 불규칙성을 만드는 가장 중요한 요인은 피하지방 조직층에 보관된 지방의 감소이다. 일반 성인의 경우에는 체지방의 대부분이 피하지방에 있다. 젊은 성인(20세에서 40세까지)은 체내에 고르게 지방을 보관하는 경향이 있지만, 나이가 60세 이상이 되면, 복부(남성), 둔부(여성), 그리고 엉덩이(양쪽 성 모두)에 지방을 더 많이 저장하게 된다. 더욱이 알 수 없는 이유로 얼굴, 팔, 다리의 피하지방이 줄어든다. 노화가 진행됨에 따라 이런 부분의 피하지방 소실은 불규칙성을 만들고 상대적으로 탄력성을 잃어 버린 표피에 덮이게 되는데, 이것이 주름을 만드는 요인이다.

## 자외선은 시간 경과에 따라 피부에 상당한 손상을 유발한다

공해, 흡연, 과도한 알코올 섭취 등과 같은 외적인 요소들은 피부에 상당한 손상을 유발할 수 있다. 그러나 90% 이상의 시간-의존성 환경적 피부 손상은 햇빛 노출에 의해 발생한다. **광노화(photoaging)**—자외선에 의한 장기적인 피부손상—는 주로 진피에서 발생하고 임상학적으로 **광선탄력섬유증(solar elastosis)**으로 알려진 상태인 비정상적인 탄력조직의 축적으로 발생한다. 손상된 엘라스틴과 콜리겐 섬유의 축적은 세포외기질의 기능이상을 유발하고 피부의 탄력성을 줄이고, 주름을 만들며, **모세관 확장증(telangiectiais)**(확장된 가는 혈관이 피부 표면으로 나타나는 현상)을 유발한다. 더욱이 태양 광선에 반복된 과다노출은(즉, 햇볕에 의한 화상) 멜라닌 세포를 손상시킨다. 멜리닌 세포의 기능과 구조의 변화는 유전적으로 위험 요소를 가진 사람에게서 **흑색종(melanoma)**이라 불리는 피부암을 만들 수 있다. 피부를 보호하는 멜라닌 색소를 생산하는 멜라닌 세포의 능력의 중요성은 검은 피부가 밝은 피부에서보다 훨씬 더 느리게 광노화 현상이 발생한다는 사실로 명확해진다.

광노화와 광선탄력섬유증의 원인은 아직까지 구체적으로 밝혀져 있지 않았다. 대부분의 연구는 자외선이 발생시키는 활성산소족(reactive oxygen

## BOX 8.2 메일라이드 반응(Maillard reaction)과 노화

생리학적 기능에서 노화성 감퇴의 대부분은 단백질의 생화학적 재배열의 결과로 발생하는데 이는 음식이 가열될 때 갈색으로 변화는 과정과 많이 닮아 있다. **메일라이드 반응**(Louis Camille Maillard가 발견하여 이름 붙인)으로 알려진 음식의 갈변화(browning)를 유도하는 생화학적 과정은 동맥혈관의 경화, 관절의 움직임 둔화, 눈의 수정체를 두껍게 하고, 생명을 위협하지 않는 다양한 변화를 유발한다. 여기에서 우리는 메일라이드 반응의 생화학과 인체의 노화에 미치는 영향에 대해 간략하게 논의한다.

메일라이드 반응은 세 단계로 발생한다. 첫 번째, 포도당 혹은 과당 분자들이 아미노산과 반응하여 **쉬프 염기(shiff base)**를, 즉 아미노기의 질소 원자가 포도당 혹은 과당의 탄소 원자와 이중결합을 가지고 있는 화합물, 만든다**(그림 8.10)**. 쉬프 염기의 효소적 생산과 분해는 정상적인 생화학에서 합성과 신호 기능으로 이용되며 잘 조절되어진다. 그러나 쉬프 염기들은 조절되지 않는 비

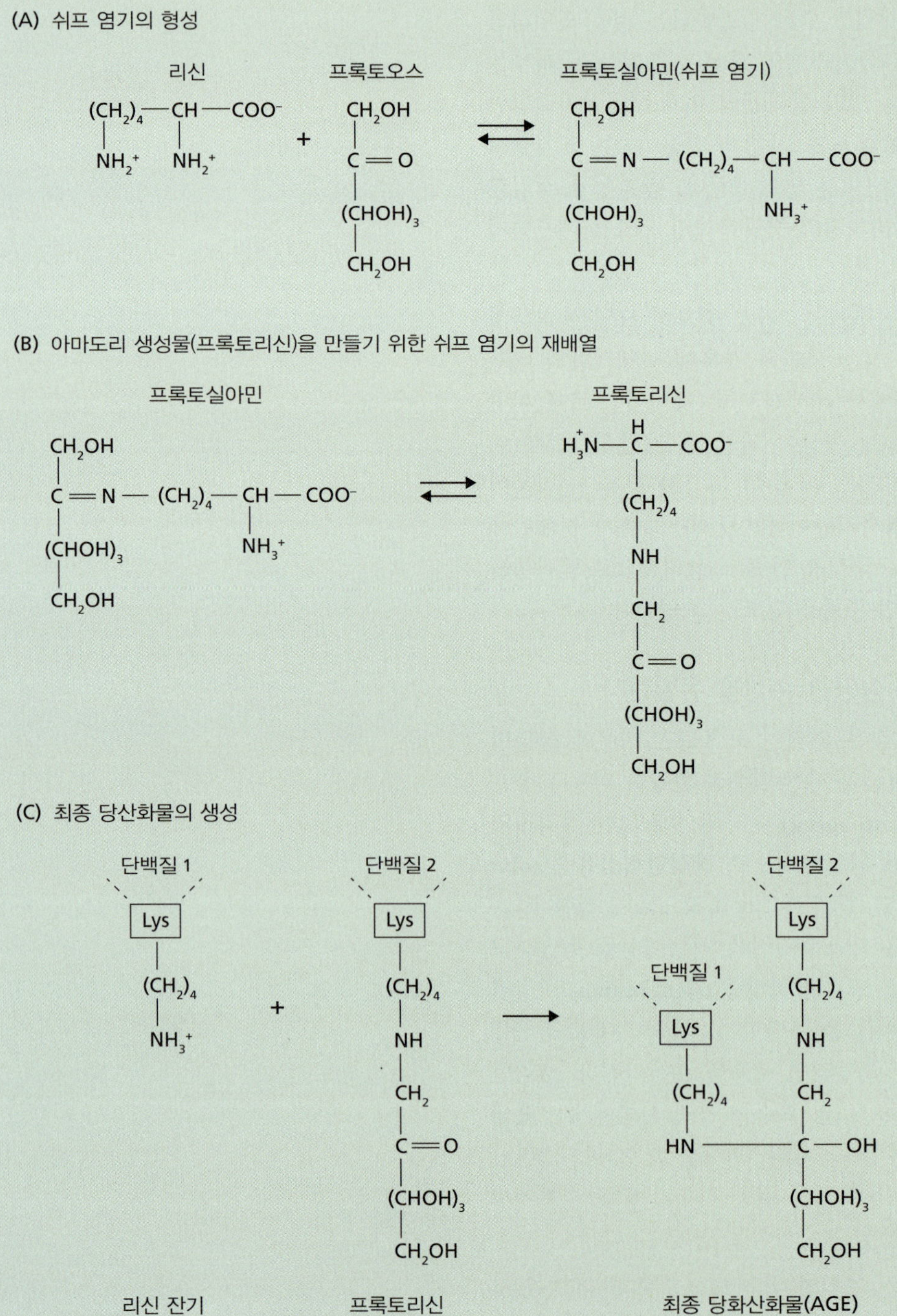


**그림 8.10 메일레이드 반응과 최종당화산화물의 비효소적 형성.** (A) 리신과 같은 하나의 아미노산은 과당과 같은 알도스와 이중결합을 만들어 쉬프염기(프룩토실아민)를 만든다. (B) 쉬프염기는 아마도리 생성물로 알려진 더 안정한 케톤(여기서는 프룩토리신)을 만들기 위하여 재배열 과정을 거치게 된다. (C) 시간이 경과하면, 하나의 단백질 분자에 붙어있는 아마도리 생성물은 두 번째 단백질 분자와 붙어 교차결합을 형성하고 최종당화산화물을 형성한다. (두 단백질 사이의 교차결합은 단지 하나로 표시되었으며 화학적으로 정확하게 표시된 것은 아니다.) 최종당화산화물의 형성은 가역적이지 않으며, 단백질의 비활성화를 유발할 수 있다.

# BOX 8.2 메일라이드 반응(Maillard reaction)과 노화

효소적 과정을 통해서도 만들어 질 수 있고 비분해성 세포 대사체로 축적되기도 한다.

메일라이드 반응의 두 번째 단계에서, 쉬프 염기는 **아마도리(amadori) 생산물**을 만들기 위한 비효소적 재배열 과정을 진행한다. 아마도리 생산물들은 쉬프 염기보다 훨씬 안정성이 높고 세포 안에 축적될 수 있다. 메일라이드 반응 마지막 단계인 세 번째 단계에서 **최종당화산화물(advanced glycation end product; AGE)**이라는 물질을 만든다. 이 물질은 아마도리 생산물에 의해 연결된 두 개의 단백질 분자로 구성된다. 교차결합이라고 불리는 이 연결은 단백질의 구조를 변형하고 최종적으로 단백질의 기능을 변형시킨다. 최종당화산화물들은 굉장히 불용성이고 분해가 쉽게 안 된다. 이 생산물들이 가열되면, 갈변화가 발생한다.

최종당화산화물들은 정상적이며, 효소에 의해 교차 결합된 생산물들과는 다르고, 노화성 생리학적 기능의 소실을 유발한다. 예를 들면, 콜라겐은 우리 몸을 구성하는 총단백질의 25% 이상을 차지하고 있으며, 세포들이 서로 붙어 있도록 하는 세포외기질의 대부분을 차지한다. 콜라겐 원섬유는 3개의 알파-사슬이 꼬여서 만들어진 삼중나선구조로 되어 있고 서로는 수소결합(hydrogen bond)에 의해 붙잡혀 있다**(그림 8.11)**. 번역이 진행되는 동안, 콜라겐 원섬유가 합성되면 리신 산화효소(lysyl oxidase)가 단백질에 있는 리신 잔기와 포도당 혹은 과당과 같은 알도스의 알데히드와 연결시켜, 당화 리신 잔기를 만든다. 몇 개의 콜라겐 원섬유의 당화 리신 잔기들이 서로 자발적으로 결합하여 콜라겐 섬유를 만든다. 그런 후에 콜라겐 섬유가 서로 결합하여 콜라겐 섬유다발을 만든다. 원섬유 간의 효소적 결합이 콜라겐의 특징적인 강도와 탄력성을 제공한다.

콜라겐의 합성은 탄력성을 유지하면서 충분한 강도를 제공할 정도의 적정 양의 교차결합으로 일어난다. (당신의 피부를 근육에서 떨어지도록 당기면 그것은 곧바로 원래 위치로 되돌아가는데 이는 콜라겐의 탄력성 때문이다.) 콜라겐의 순환은 아주 서서히 일어나며, 발생하는 동안에 축적되어진 콜라겐이 일생 동안 남아 있는 기관을 발견하는 것은 어렵지 않다. 이 콜라겐의 특성은 단백질이 무작위적이고 조절되지 않는 비효소적 당화과정과 최종당화산화물의 형성에 굉장히 민감하도록 한다. 콜라겐 섬유에 발생하는 각각의 비효소적 교차결합은 콜라겐의 강도를 증가시키고(콜라겐이 더 단단해짐) 탄력성을 떨어뜨린다(유연성이 낮아짐).

단백질의 비활성화에서 최종당화산화물 형성의 단백질의 불활성화에 미치는 최종당화산화물의 영향은 더 이상 강조할 수 없을 만큼 중요하다. 최종당화산화물은 분해과정이 알려져 있지 않기 때문에, 그것의 축적은 세포적 그리고 생리학적 이상을 발생시키는 것으로 알려져 있다. 여러분이 이 장과 제9장에서 볼 수 있듯이, 비효소적 교차결합과 최종당화산화물의 형성은 노화성 생리학적 쇠락의 원인으로 제안되어지고 있다.

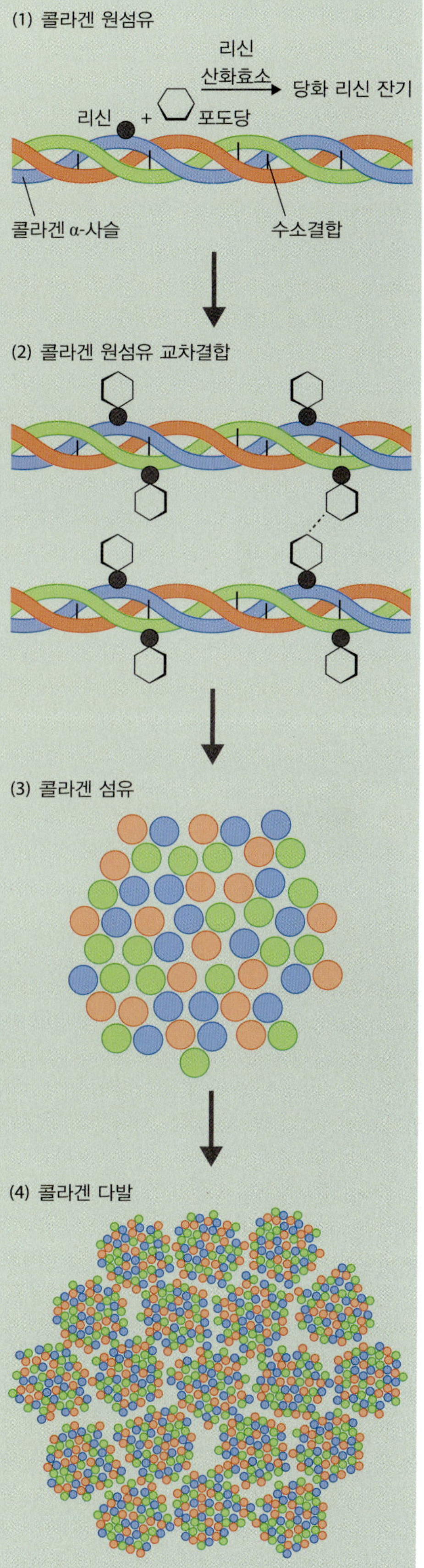


**그림 8.11 콜라겐 섬유의 효소적 교차결합.** (1) 콜라겐 섬유의 기초단위인 콜라겐 원섬유는 수소결합에 의해 3개의 α-사슬이 서로 결합하여 만든 나선구조를 하고 있다. 리신 산화효소가 하나의 α-사슬의 리신 잔기와 여기에서는 포도당의 알데히드 사이에 반응을 매개하여 당화 리신 잔기를 만든다. (2) 당화 리신 잔기는 다른 당화 리신 잔기들과 자발적으로 결합하여 원섬유들 사이에 교차결합을 형성한다. (3) 몇 개의 교차결합된 원섬유들은 콜라겐 섬유를 형성한다. (4) 몇 개의 콜라겐 섬유들은 최종 생산물인 콜라겐 다발을 형성하도록 서로 붙는다.

species; ROS; 산소가 중심이 된 자유 라디칼로 알려져 있음)이 중심적인 역할을 할 것으로 제시하고 있다. 활성산소족의 비공유 전자쌍은 다른 분자들과 재빨리 반응하고 **단백질의 구조**와 기능을 변화시킬 수 있다는 4장의 내용을 기억하라. 콜라겐과 엘라스틴이 매우 느리게 순환하기 때문에 손상된 엘라스틴 섬유는 진피의 망상 구조에 축적되는 경향이 있다. 엘라스틴 섬유의 손상은 또한 면역반응을 유도할 수(246쪽 참조) 있는데, 이는 진피의 손상을 더욱 가속화시킨다. 많은 연구들은 활성산소족에 의해 손상된 조직에 있어서 반복적인 면역계의 반응은 피부 노화를 가속화한다는 것을 보여주고 있다.

광노화는 완전하게 막을 수 있다—태양과 태닝 부스의 해로운 자외선에 자신을 노출시키지 마라. 그러나 많은 사람들이 이런 과감한 조치를 할 수 없거나 원하지 않기 때문에, 태양빛에 노출되는 시간을 줄이고 자외선 차단제를 사용함으로써 광노화와 피부암의 위험요소를 상당히 줄일 수 있다.

## 감각들의 변화: 청각, 시각, 미각, 그리고 후각

청각과 시각은 대부분의 사람들이 노화성 쇠퇴를 겪는 몇 가지 생리학적 기관계들 중 두 가지이다. 그러나 이 두 가지 쇠퇴는, 의료과학이 발전하여 노화성 쇠퇴를 효과적으로 회복할 수 있는 치료방법이 개발되어 있어서, 일상생활에 심각한 장애를 끼치지 않는다: 보청기는 음량을 높이거나 음색을 변형할 수 있고; 독서 안경은 근거리 물체를 보는 것을 도와준다. 미각과 후각은 두 가지의 화학적 감각기이다. 일반인들의 믿음과는 달리, 미뢰와 후각 센서에서 일어나는 노화성 쇠퇴는 아주 미약하다. 이 절에서는 바깥 세상을 인지하고 상호작용할 수 있게 해 주는 감각 기관들이 나이가 듦에 따라 어떻게 변화할 수 있는지를 점검한다.

### 청각은 소리의 물리학에 근거한다

청각 생리와 노화에 따라 일어날 수 있는 변화를 이해하기 위해서, 우리는 음향의 물리학을 먼저 이해해야 한다. 음파는 물체가 매질(기체, 액체, 혹은 고체) 속에서 떨릴 때 발생한다. 떨림은 진동적인 특성이 있음을 알아야 한다. 즉, 떨림은 물체의 정지 상태를 넘어 바깥으로 밀어내면서 주변 매질 속의 분자들을 **압축**하여 압력을 증가시킨다. 떨림의 바깥쪽 운동은 물체의 정지 상태 보다 안쪽으로 움츠리는 운동을 하게 되고, 이는 매질의 압력 감소를 유도하는데, 이것을 **팽창**이라고 한다.

압축의 최고점과 팽창의 최고점 사이의 높이 차이를 음파의 **진폭**이라고 정의한다(**그림 8.12**). 소리의 크기는 파의 진폭과 비례하여 커진다. 음파는 떨림을 만들어 내는 물체에서 바깥으로 방출되면서 진폭은 작아지고 소리는 부드러워진다. 소리의 크기는 **데시벨**이란 단위로 측정한다. 데시벨은 인간의 귀에 겨우 들리는 소리에서 시작하여 크기를 지수함수적으로 증가하게 한다. 인간의 귀는 0부터 130 데시벨 사이의 소리에 대해서 견딜 수 있다. 130 데시벨 보다 큰 소리에는 고통을 느끼게 된다. 압축 혹은 팽창의 최고점에서 다음의 최고점 사이의 거리로 정의되는 떨림의 **진동수**는 소리의 **음색**(**pitch**)을 결정한다: 진동수가 높으면 높은 음이 되고 진동수가 낮아지면 낮은 음이 된다. 비록 인간의 귀는 20~20,000 헤르츠(Hz, 초당회전수)의 음을 들을 수 있

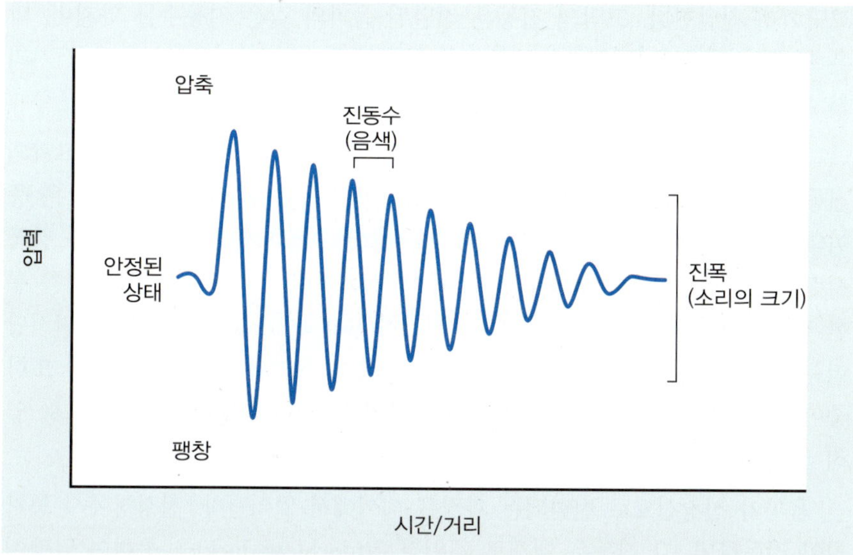


**그림 8.12 음파의 구성.** 진동하는 물체가 바깥으로 미는 힘은 주변 매질의 분자들 간의 거리를 좁히고 압력을 높인다(압축). 진동하는 물체가 안으로 수축하는 것은 매질의 분자 간의 거리를 넓히고 압력을 낮춘다(팽창). 압축과 팽창의 최고점 사이의 거리는 음파의 진폭으로 정의된다. 소리의 크기는 진폭과 직접적으로 비례한다. 소리의 진동수 혹은 얼마나 빠르게 진동하는가가 소리의 음색을 결정한다.

지만, 이중에서도 1,000~4,000 헤르츠 사이의 소리를 가장 잘 들을 수 있다.

## 인간의 귀를 통한 소리의 전달은 세 단계를 거쳐 이루어진다

인간의 귀는 소리를 듣기 위해서, 세 가지를 일을 해야 한다: (1) 음파를 귀의 듣는 부위까지 올 수 있도록 해야 한다; (2) 소리의 떨림에 의해서 만들어지는 공기압의 변화를 감지해야 한다; 그리고 (3) 이런 공기압의 변화를 뇌가 이해할 수 있는 신호로 해석되어야 한다. 이런 각 과제들은 귀의 각 다른 부분에서 수행된다.

소리의 전달인 첫 번째 단계에는 **귓바퀴**(**pinna**), **외이도**, 그리고 **고막**(**tympanic membrane** 혹은 **eardrum**)으로 구성된 외이가 관여한다(**그림 8.13**). 귓바퀴는 음파를 모으는 기능을 하며 모아진 음파를 외이도를 통하여

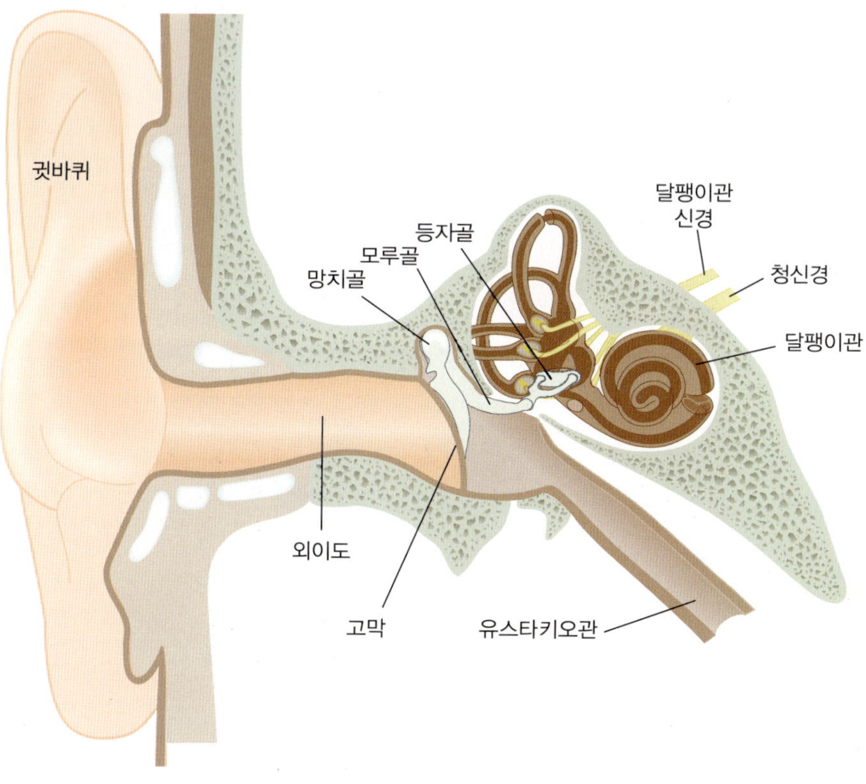


**그림 8.13** 인간 귀의 구조.

고막까지 전달한다. 고막의 진동은 전달된 음파와 같은 진동수를 가지며, 막은 전달된 압력과 동일하게 안쪽으로 압박한다. 따라서 고막이 움직인 거리가 우리가 듣는 소리의 크기를 결정한다.

고막은 외이도를 가로질러 펼쳐져 있고 외이와 중이를 분리한다. 고막의 진동은 **망치골(malleus)**, **모루골(incus)**, 그리고 **등자골(stapes)** 등과 같은 중이의 세 가지 뼈로 전달한다. 이 뼈들은 내이로 들어가기 전에 소리를 증폭시킨다. 내이는 액체를 포함하고 있다. 액체를 통한 음파의 전달은 공기를 통한 전달보다 어렵지만, 중이에 있는 전정창(oval window)에서의 단위 면적당 힘은 고막의 단위 면적당 힘보다 크게 되어서 소리가 증폭된다. 중이 또한 중이와 외부의 압력을 맞추어 주는 **유스타키오관(eustachian tube)** 쪽으로 열려 있는 구조를 가진다.

음파가 신경신호로 전환되는 과정은 내이에서 일어난다. 전정창에서 등자골이 진동하면, 그 진동은 액체로 채워진 관(cochlear duck)을 통하여 달팽이관(cochlea)까지 전달된다(그림 8.14). 달팽이관은 **코르티기관(organ of Corti)**을 가지고 있으며, 이 기관은 **부동섬유(stereocilia)**라고 하는 털과 같이 돌출

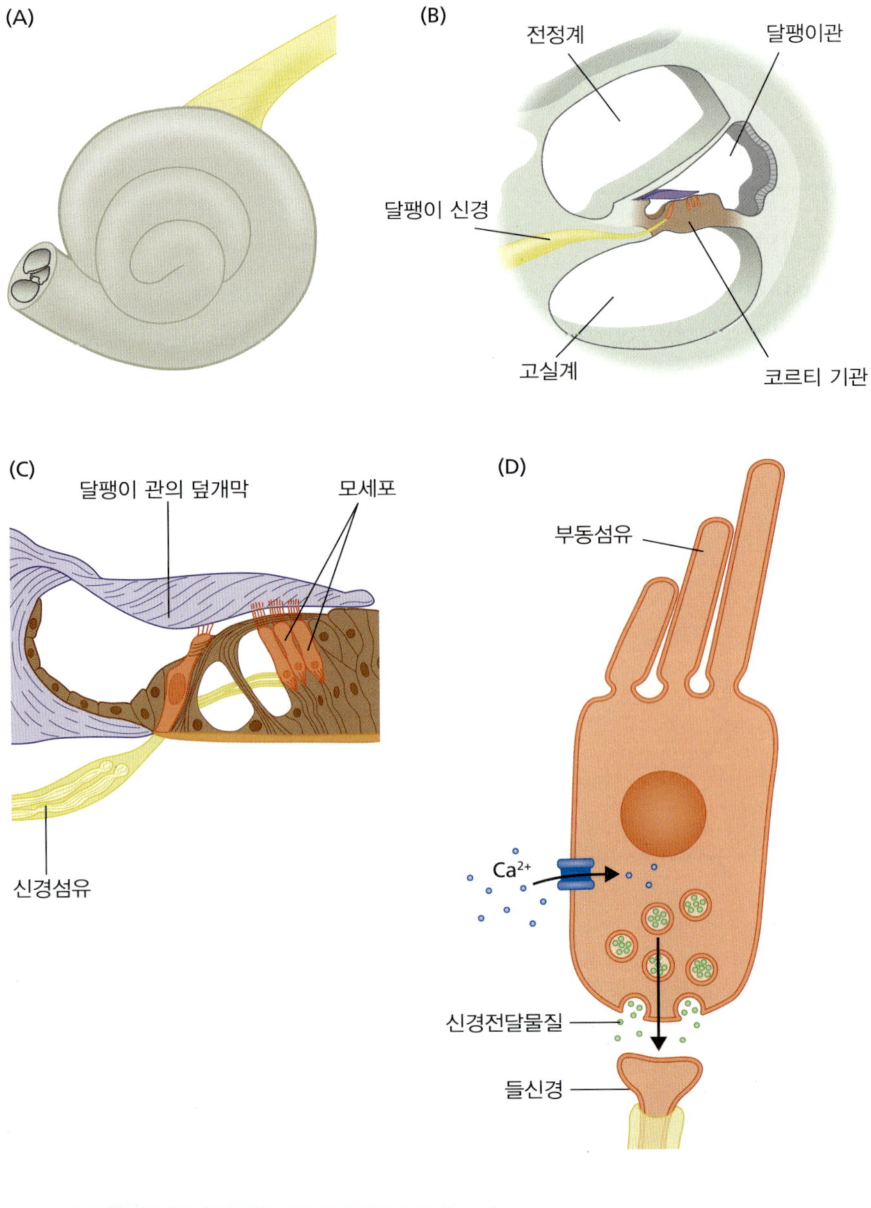


**그림 8.14 내이 구조.** (A) 액체로 채워진 달팽이관. (B) 달팽이관은 그 기관을 따라서 3개의 관을 포함하고 있다. 음파의 진동이 전정창에서 달팽이관의 액체로 전달된다. 이 액체의 진동은 달팽이 관 벽에 압력의 변화를 유도하고 결국에는 달팽이관의 코르티 기관에 의해 탐지된다. (C) 모세포(hair cell)라는 코르티 기관의 세포는 부동섬유라는 털과 같은 돌출 구조를 가지고 있는데, 이것은 달팽이관 액체에 전달된 압력에 비례하여 움직이는 거리가 달라진다. (D) 부동섬유의 움직임은 전압의존성 채널의 열림을 유발하고, 세포 안쪽으로의 칼슘의 유입은 전기신호를 발생하는 신경전달물질 분비를 유도한다.

된 구조를 가지고 있는 매우 특수한 수용체 세포를 포함하고 있다. 달팽이관의 액체 진동에 비례하여 부동섬유의 움직임이 커진다. 부동섬유가 움직임에 따라, 이때 발생하는 압력이 수용체 세포의 세포막에 있는 전압의존성 칼슘-채널을 연다. 결국에는 수용체 세포들이 달팽이관의 신경세포를 자극하는 신경전달물질을 분비하고, 그 신호가 뇌에 있는 청각 중추에 전달됨으로써 소리를 들을 수 있게 된다.

## 부동섬유의 손실은 노화성 청각 손실을 일으킨다

대부분의 전문가들은 **노인성 난청(presbycusis)**이라고 알려진 노화성 청각 퇴화의 일차적인 원인이 내의의 변화, 비록 이 변화의 원인은 잘 밝혀져 있지 않지만, 때문이라는 것에 동의한다. 내이의 많은 변화들 중에서 가장 주목할 것은 코르티 기관의 모세포와 부동섬유의 손실이다. 각 세포의 부동섬유 숫자의 감소는 신경전달물질의 분비속도를 감소시키고, 결국에는 소리의 크기와 높은 음을 탐지하는 능력을 줄어들게 한다. 다른 변화들에는 청각 신호 전달 경로의 신경세포 감소와 모세혈관 두께의 감소(혈액의 흐름이 느려짐) 등이 포함된다. 노인성 난청은 고막의 움직임과 내이 뼈들의 움직임 등이 느려짐으로써 발생할 수 있다. 음파는 소리의 진동이 고막으로 전달됨으로써 생리학적 사건이 되고, 고막에 전달된 압력에 비례하여 중이에 있는 뼈들의 움직임이 발생함을 상기하라. 이런 뼈들의 움직임 둔화는 실제적 음과 우리가 듣는 소리 사이에 불일치를 만들 수 있을 것이다. 망치골, 모루골, 그리고 등자골은 인대와 힘줄이 허용하는 범위에서만 움직일 수 있다. 나이가 들어가면서, 콜라겐—인대와 힘줄을 구성하는 중요한 단백질—은 비효소적인 교차결합과 최종당화산화물 형성의 결과로 점차 뻣뻣해진다(BOX 8.2를 보라). 이러한 인대와 힘줄에 있는 콜라겐의 교차결합은 중이의 구조에 의해 움직이는 거리와 속도의 감소를 유발한다. 따라서 소리의 크기(진폭)와 높은 음(진동수)을 감지할 수 있는 능력은 생식기간이 지난 후부터 감소한다.

## 시각은 빛의 물리학을 근거로 한다

인간의 눈은 시각을 만드는 데 참여하는 두 개의 중요한 요소로 구성된다. 환경에 노출되어 있는 눈의 바깥 부분은 물체에 집중하는 광학기구를 포함하는데, 동공(pupil), 각막(cornea), 홍채(iris), 수정체(lens), 그리고 모양체(Ciliary body) 등이 여기에 포함된다(그림 8.15). 눈의 내부는 빛을 신경 신호로 전환하는 구조를 여기에 포함하는데, 망막(retina), 망막중심오목(fovea centralis), 시각신경원판(optic disc), 그리고 시신경(optic nerve)이 여기에 포함된다.

물체에 반사된 빛은 모든 방향으로 직선 이동을 한다. 광파를 잡아서 물체의 형상을 만드는 능력은 반사된 많은 빛을 한 지점으로 집속할 수 있도록 하는 광학적 기구를 필요로 한다. 인간 눈의 광학기구—**각막**과 **수정체**—는 외부에서 들어온 빛을 망막의 한 점으로 모을 수 있고, 그 광파를 뇌가 해석할 수 있는 전기적 신호로 전환한다. 빛을 망막의 **망막중심오목** 부근에 한 점으로 모으기 위해서는 각막이 광선을 굽혀(굴절)야 한다. 빛을 굽히는 정도를 나타내는 것은 **굴절력(refractive power)**이라고 하는데, 많이 굽힐수록 굴절력이 커진다.

인간의 수정체는 **띠모양 섬유(zonular fiber)**에 의해 괄약근-모양(둥근모양)의 근육인 **모양체(Ciliary body)**에 붙어 있다. 모양체의 이완(근육이 늘어

그림 8.15 인간 눈의 해부학적 구조.

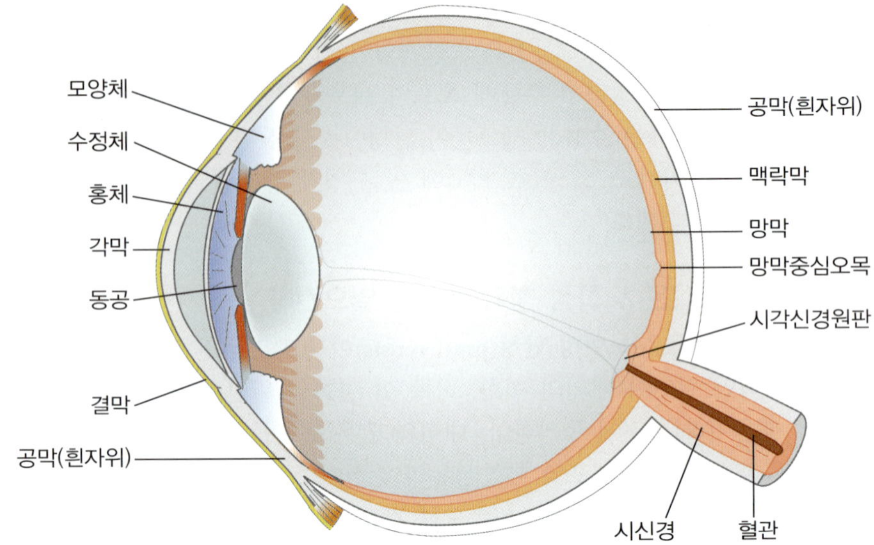


남)은 띠모양 섬유를 펼쳐서 수정체를 커지게 한다(그림 8.16). 모양체의 수축(근육이 수축됨)은 띠모양 섬유를 이완시키고 수정체의 자연적 탄력성에 의해 줄어들게 하여 좀 더 구형 모양이 되도록 한다. 수정체의 모양이 변하는 능력은 사람에게 가까운 물체와 멀리 있는 물체를 볼 수 있도록 하여 준다. 멀리 떨어져 있는 물체를 볼 때는, 모양체가 이완되어 수정체는 납작한 모양이 되고, 각막은 모든 굴절을 제공한다. 가까이에 있는 물체에서 오는 빛은 큰 각도를 가지고 각막에 부딪히며, 큰 굴절력을 필요로 한다. 모양체의 수축은 수정체가 좀 더 구형이 되도록 하며, 빛의 굴절을 증가시킨다. 따라서 수정체는 각막의 굴절을 도와주는데, 수정체의 모양 변화를 일으키는 이 과정을 **원근조절(accommodation)**이라고 한다.

## 노안은 수정체 굴절력의 노화성 변화로 설명가능하다

50세 이상이 되는 모든 사람은 눈이 가까운 물체에 초점을 맞추는 능력에 영향을 주는 광학적 기관들의 변화를 경험하는데, 이것을 **노안(presbyopia)**이라고 한다. 나이가 40 혹은 50세 이상인 사람들이 활자에 초점을 맞추기 위해

**그림 8.16 굴절과 원근조절법.** 인간의 눈에 의한 집속은 광선이 망막의 한 지점인 망막중심오목 부위에 모이는 것을 필요로 한다. 멀리 떨어져 있는 물체에서 반사된 빛은 (A) 가까이에 있는 물체에서 반사된 빛 (B) 보다 작은 각도로 각막에 도달하고, 작은 굴절을 요구한다—수정체는 각막을 도울 필요가 없고, 얇은 구조를 하고 있다. 가까운 물체에 초점을 맞출 때는 수정체가 더 둥근 모양으로 됨을 인식하자. 가까운 물체에 대한 적절한 굴절을 만들기 위해서는 수정체에 의한 원근조절이 필요하다.

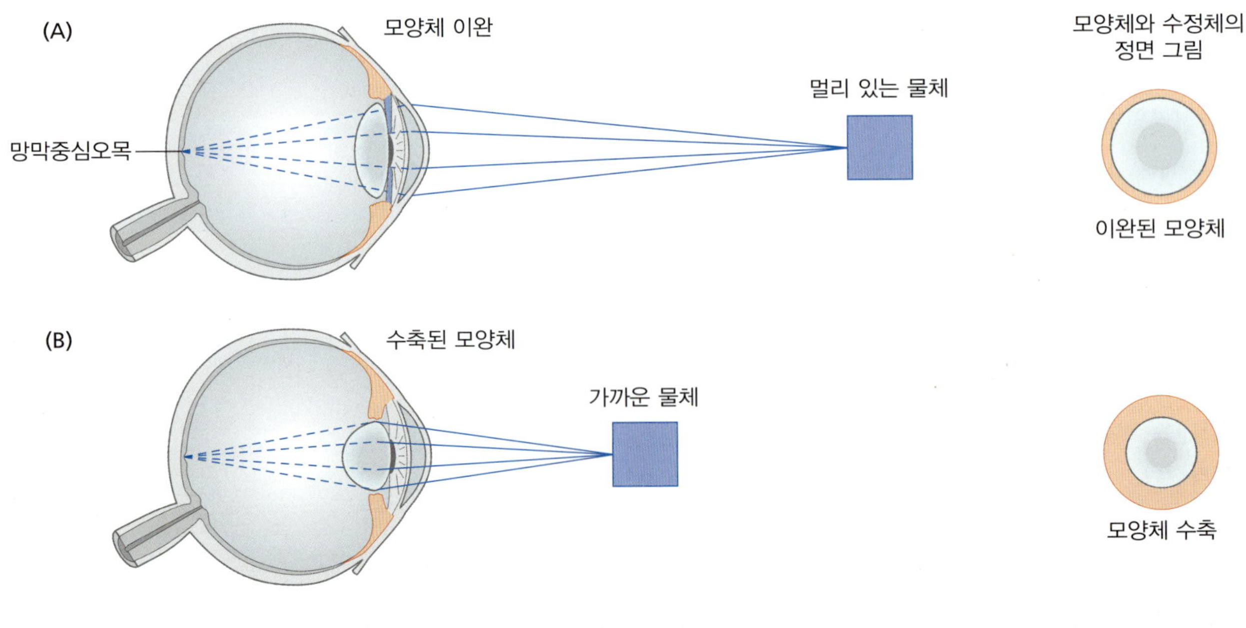

서 읽을 대상물들을 눈으로부터 간격을 멀리하고 있는 것을 자주 보게 된다. 이런 행동은 수정체 수축, 둥근 모양을 만드는 것, 가까운 물체에 초점을 맞추기 위한 충분한 굴절력을 가지는 것들이 불가능하다는 것을 직접적으로 나타낸다. 비록 노안이 발생하는 정확한 요인은 아직까지 밝혀지지 않고 있지만, 몇 가지 요인들이 관여하고 있음은 알려져 있다. 첫째, 수정체의 세포들은 만들어지고 나면 대체되지 않는다; 즉 세포들은 **최종적으로 분화**되어 있다. 최종 분화는 수정체 세포의 세포소기관의 소실을 일으킨다. 수정체에서 손상된 세포가 교체 혹은 수선이 되지 않는 것은 탄력성을 잃는 결과를 유발한다. 둘째, 위에서 언급한 것과 같이, 세포들이 서로 붙어 있도록 붙잡아 주면서 수정체의 탄력성을 공급하는 단백질인 콜라겐이 노화에 따라 굳어지는데, 이런 현상들이 가까운 물체에 초점을 맞출 때 수정체가 둥근 모양으로 짧아지는 것을 방해한다. 마지막으로, 모양체의 민무늬근 세포의 수가 약간 감소한다; 이것이 수축하는 힘을 감소시키고 굴절을 감소시킨다.

## 수정체 세포의 최종적 분화는 백내장 형성을 유발한다

60세 이상의 사람들 중에서 약 3.9% 사람들은 시력감퇴 혹은 실명을 유발하는 시각 장애를 가지고 있다**(그림 8.17)**. 노인들에게 영향을 주는 가장 일반적인 시각 질병인 백내장은 정상적인 노화와 질환 사이에 놓여 있다. 즉, 수정체의 투명성이 노화가 진행되면서 낮아지는데, 60세 이상 노인의 3.5%에서 백내장이 발생한다.

**백내장**(**cataract**)은 눈의 수정체 속에 생기는 모든 불투명한 것으로 정의될 수 있다**(그림 8.18)**. 노화성 백내장의 원인은 아직 밝혀져 있지 않지만, 광산화, 삼투압의 증가, 그리고 다른 스트레스 등과 같은 오랜 기간의 환경적 원인이 불투명성을 유발하는 데 중요하게 작용하고 있음이 알려져 있다. 대부분의 조직에서 세포에 가해지는 손상은 세포질의 소기관에서 일어나는 과정들에 의해 억제되거나 수선된다; 심각한 손상은 세포자살과 세포 죽음을 유발한다. 수정체 세포는 최종 분화되어 있기 때문에 세포자살이란 과정이

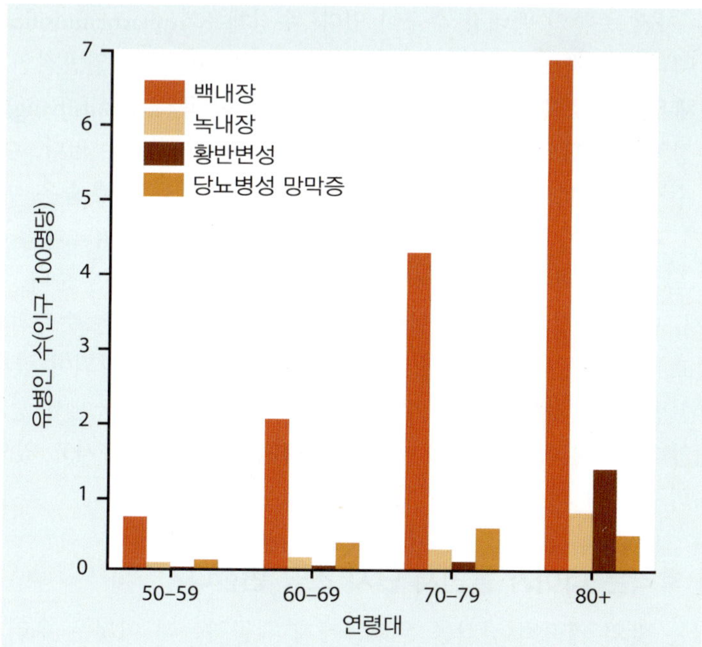


**그림 8.17 몇 가지 노화성 시각 질환의 유행.** 85세 이상의 그룹에 대한 자료는 연구에 참여한 사람의 수가 작아서 과대평가 된 듯하다. (Eye Disease and Prevention Group, *Arch. Ophthalmol*. 122:487–494, 552–563, 564–572, 2004에서 발췌. The Eye Disease and Prevention Group의 허락을 득함)

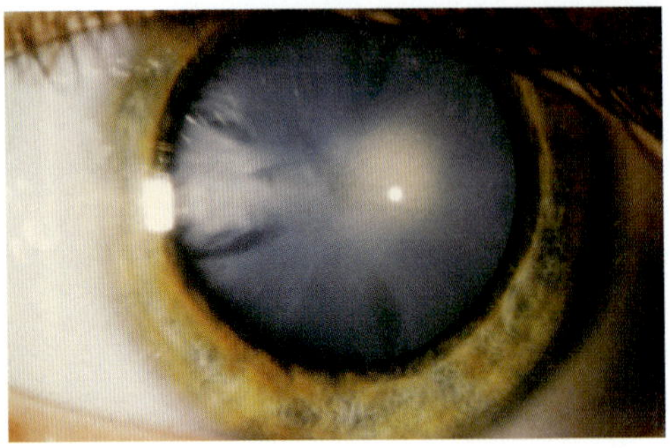

**그림 8.18 노화성 백내장에 의해 발생한 수정체의 불투명성.** (Biophoto Associates/PR Science/Visual Photos에서 제공)

없다. 더욱이, 수정체 투명도의 유지는 세포소기관의 기능을 요구한다—위에서 언급한 것과 같이 노화가 진행되면서 기능이 살아 있는 세포소기관의 숫자가 점차 줄어든다. 따라서 노화된 수정체에서 발생하는 환경적 손상은 수선되지 못한다.

수정체에 대한 환경적 손상이 어떻게 노화성 백내장을 유발하는가? 아직까지, 이 질문에 대한 결정적인 해답은 없지만, 최근의 증거는 단백질의 잘못된 접힘과 불용성 단백질 복합체의 발생 등으로 인한 수정체 불투명성이 노화에 따라 증가되는 것으로 설명한다. 인간 수정체에는 상당히 많은 **크리스탈린(crystalline)** 단백질이 포함되어 있다. 크리스탈린의 3차 구조는 수정체의 투명성을 제공한다. 다른 모든 단백질들처럼, 크리스탈린은 때때로 변성(풀림)된다. 다른 조직에서는 샤페론(chaperone) 단백질의 도움으로 풀린 단백질이 수선된다. 인간의 수정체는 샤페론 단백질을 만드는 장치가 없는 대신에 샤페론과 같은 영역을 포함하는 α-크리스탈린 단백질을 가지고 있다. 젊은 사람의 수정체에서는 α-크리스탈린이 자신의 재접힘을 도와서 다시 기능을, 즉 수정체가 투명하도록, 할 수 있게 한다. α-크리스탈린과 그것의 샤페론 영역의 양은 나이가 들면 심각하게 적어진다. 변성된 크리스탈린 단백질은 자신의 기능적 3차 구조로 재조립될 수 없으며, 이에 따라서 수정체의 투명성이 떨어진다.

이런 사실들은 새로운 질문을 만든다: 노화 때문에 증가하는 잘못 접힌(변성된) 단백질이 어떻게 백내장을 유발하는가? 역시 이것에 대한 근본적인 기전은 알려져 있지 않았다. 그러나 우리는 풀린 단백질들이 불용성 침착을 잘 형성한다는 것을 알고 있고, 백내장의 화학적 분석은 단백질 침착으로 나타났다. 단백질이 변성되면, 단백질은 정상적으로는 단백질의 표면에 잘 보이지 않는 아미노산들을 표출한다. 이런 아미노산들은 다른 변성된 단백질의 아미노산들과 결합할 수 있다—이런 결합들은 샤페론 단백질이 존재할 경우에는 잘 형성되지 않는다. 즉, 두 개의 단백질이 서로 결합하지만 그것을 깨는 기전이 없다. 이런 과정이 장기간 지속되면, 단백질 침착이 형성된다(단백질 침착의 형성은 9장에서 더 자세히 다룰 것이다).

백내장은 심각한 시각 장애를 유발하지만, 수술적 방법으로 제거가 가능하다. 두 가지 종류의 백내장 수술이 있다: 수정체유화(phacoemulsification)과 피막외 백내장 추출(extracapsular cataract extraction). 가장 일반적인 수술법인 **수정체유화**는 초음파를 이용하여 수정체를 유화(용해: emulsifying)시킨다. 일단 수정체가 유화되면, 백내장은 흡입을 통해서 제거할 수 있다. 수정체유화법은 수정체의 피막을 제거하지 않는다. **피막외 백내장 추출**은 수정체를 제거하게 되는데 이때 수정체를 덮고 있는 탄력성이 있는 피막의 일부를 남겨둔다. 남겨진 피막은 인공 수정체를 이식할 수 있도록 하여 준다. 두 가지 수술에서, 인공 수정체가 각막 안에 들어간다. 인공 수정체는 수축과 늘림이 되지 않고, 비록 최근에 원근조절이 되는 인공 수정체가 개발되어 있지만, 원근조절이 안 되는 것을 교정할 수 없다. 백내장 수술은 미국에서 굉장히 일반화 되었다. 60세 이상 인구의 3.5%가 노화성 백내장을 가지고 있으며, 이 중 95%의 사람이 백내장을 제거했다.

### 미각과 후각은 나이가 들면서 단지 조금 변한다

입과 코는 맛의 쾌락적 감각을 우리들에게 제공하는데 이것은 우리가 배가

고플 때 먹도록 유도하는 필수적인 감각이다. (만약 당신이 이를 사실이 아니라고 생각한다면, 코감기가 걸렸을 때 입맛이 떨어지는 것을 생각해보라.) 미각은 맛과 냄새와 같은 두 가지 화학적 감각에 의해서 발생한다. **미뢰**(**taste buds**)라고 하는 맛에 대한 감각기관은 기본적으로 혀 위에서 발견되나, 입천정에도 존재한다. 미뢰에 의해서 감지되는 맛은 5가지의 범주로 나누어진다: 짠맛, 단맛, 쓴맛, 신맛, 그리고 **감칠맛**(글루탐산 염과 다른 아미노산 염 등과 연관된 맛). 미뢰는 음식과 반응하는데, 짠맛과 신맛은 이온 농도 변화를 감지하고 단맛, 쓴맛, 감칠맛은 각 맛에 특이적인 수용체의 활성을 통하여 맛에 대한 신호를 뇌로 보낸다.

우리가 음식에서 경험하는 맛의 약 80%는 후각에 의해 발생한다. 상부 비강의 표피에 존재하는 **후각신경**(**olfactory nerve**)은 음식에 포함된 방향족 화합물을 그들의 구조에 따라 감지한다(**그림 8.19**). 사람은 1,000개 이상의 냄새 분자들의 집단에 특이적인 후각 수용체를 가지고 있다. 각 후각신경은 1개에서 4개 정도의 수용체를 보유하고 있다. 하나의 냄새 분자가 수용체에 결합하면, 신경신호가 후각망울(olfactory bulb)로 보내진다. 후각망울은, 어떤 수용체가 활성화 되었고 어느 정도로 활성화가 일어 났는지를 확인하는 등, 신호를 해석하고 후각신경(제1머리 신경)을 통하여 그 메시지를 뇌의 후각중추에 보낸다(**그림 8.20**). 후각중추에서 나온 신호들은 그 냄새가 좋은 것인지 나쁜 것인지를 결정하는 뇌의 변연계(limbic system)로 전달된다. 변연계 부위는 냄새에 대한 정보와 맛에 대한 정보를 통합하여 우리들에게 전체적인 미각에 대한 정보를 제공하는 것이다.

미각에 대한 노화 효과를 평가하는 초창기 연구들에서는 미뢰와 후각 구조 양쪽의 생리학적 영향을 받은 질환을 가진 사람들이 종종 포함되었다. 이

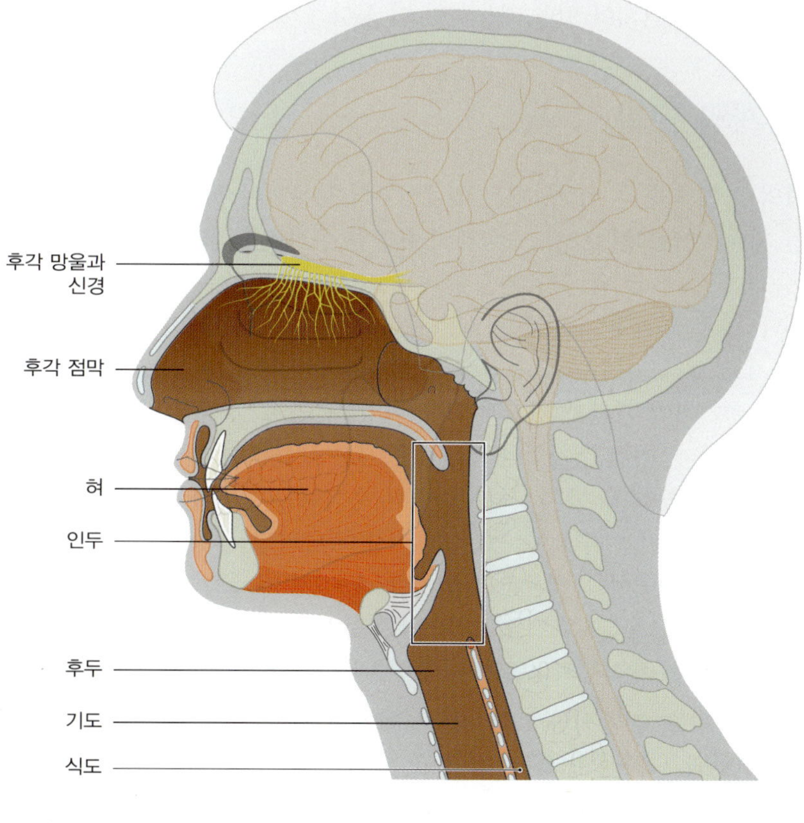


**그림 8.19** 후각계와 인두 구조의 해부학적 위치.

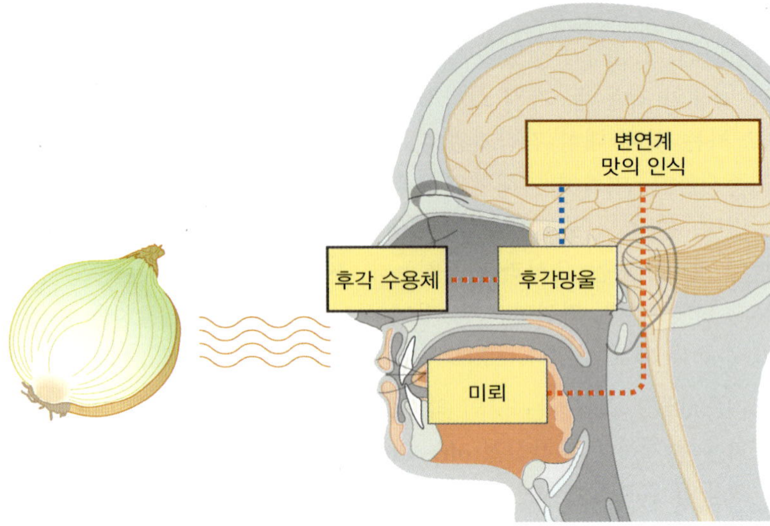


**그림 8.20 맛과 냄새와의 연관성.** 사람의 미각은 미각의 80% 정도로 영향을 주는 후각(냄새)와 미뢰계 모두에 있다. 음식이 있을 때, 방향족 화합물들은 코에 있는 후각 신경세포의 1,000개 이상의 특수한 수용체 중에 하나에 결합한다. 한 개의 화합물 결합은 하나의 신호를 발생시켜 후각 망울로 보내지고, 신경자극으로 해석된다. 그러고 나서 그 메시지는 뇌의 변연계에 있는 후각 중추로 보내진다. 동시에 미뢰는 음식에 들어 있는 화학물질들에 의해 활성화된다. 미뢰에서 발생하는 신호는 뇌로 전달되고 후각 중추에서 오는 신호와 통합됨으로써 우리가 미각을 인식하게 된다.

결과들에 의해 미각은 나이에 따라서 퇴화한다고 일반적으로 알려지게 되었다. 그러나 좀 더 최근의 잘 계획된 연구들의 결과들에서는 미뢰와 후각 중추에서 일어나는 노화성 변화가 적은 것으로 나타났다. 현재에는 미뢰와 후각망울의 수와 신경활동 혹은 후각 신경의 순환률에서 노화에 따른 심각한 변화는 확인되지 않았다. 몇몇 연구자들은, "역치"라고 알려진, 하나의 후각 수용체를 활성화하는 데 필요한 분자의 수가 노화에 따라 증가한다고 제안하고 있다. 그러나 역치의 변화는 매우 작다고 나타났다—그것은 특이적인 장애와 관련성이 있을 수 있지만, 생리학적 의미는 없을 수 있다. 몇몇 개인은 냄새를 구별할 수 있는 능력이 감퇴되지만, 이것은 후각 수용체와 뇌의 후각 중추를 연결하는 신경 회로의 손상 때문일 것으로 제안되었다. 이런 영향들은 일반적인 사람들에서는 자주 보여지는 것이 아니고 노화 그 자체 보다는 질환 과정과 연관되어 있을 가능성이 더 높다.

## 소화계의 변화

사람의 소화계 혹은 위장관계는 입에서부터 항문까지 하나의 길고 연결된 관처럼 되어 있다**(그림 8.21)**. 소화계의 유일한 목적은 생명을 유지하는 데 필요한 음식에서 에너지와 영양분을 뽑아내고 흡수되지 않는 고형물을 제거하는 것이다. 모든 다세포 생명체는 기본 구조가 인간과 크게 차이가 없는 소화관을 가지고 있다. 지렁이와 인간에서 소화관의 차이는 인간은 소화과정을 도와주는 추가적인 기관과 기관계—간, 췌장, 면역계, 그리고 신경조절 등—가 있다는 것이다. 이런 추가적인 기관들은 다른 생물종 보다 훨씬 더 다양한 음식을 먹을 수 있도록 한다. 사실, 다양한 음식물을 섭취할 수 있는 능력이 인간이 성공적으로 존재할 수 있는 이유 중 하나라고 주장할 수 있다. 인간은 지구의 어느 곳에서나 생존하고 번창할 수 있는 유일한 생명체이다. 북극지역의 에스키모인들은 주로 물고기와 해양포유류로 구성된 식단으로도 남아시아 내륙의 많은 채식주의 사람들이 살아가는 것 만큼 생존하고 번창한다.

일반적으로, 전반적인 소화계는 노화에 따른 기능적 퇴화가 적게 일어난다. 대부분의 노화성 변화는 암 혹은 당뇨와 같은 질병과 연관되어 있거나

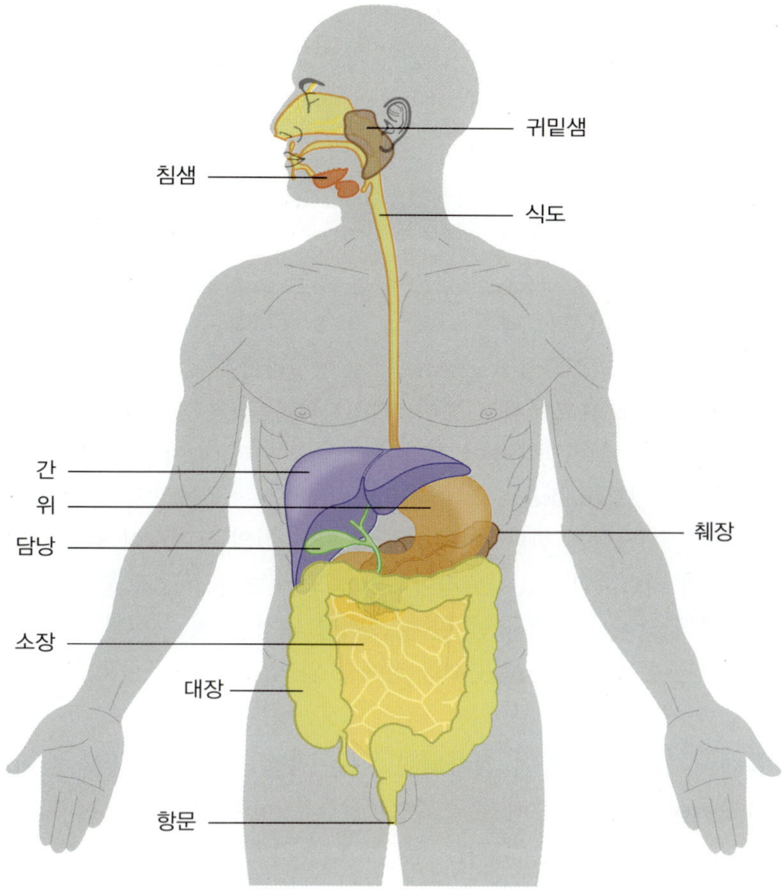


그림 8.21 인간 위장관의 중요한 기관들.

영양학적으로 “나쁜 습관”들과 연관되어 있다. 이 사실로 노화가 소화계의 기능에 영향이 없다고 주장할 수 없다. 위염, 설사, 변비 등과 같은 일반적인 질환들은 젊은 사람들 보다 노인에서 훨씬 더 자주 발생한다. 그럼에도 불구하고, 노화성 소화계 기능의 퇴화가 기관계의 물리적 변화의 결과인지 아니면 잘못된 식습관이 오랫동안 지속되면서 축적된 영향인지는 확실하지 않다. 이 절에서는 입에서부터 시작하여 소장을 통과하는 동안에 일어날 수 있는 노화성 변화의 일부를 점검한다. 대장, 직장, 그리고 항문에서의 노화성 변화들은 노화 그 자체보다는 질병과 관련이 있다.

## 입과 식도에서의 노화성 변화는 소화과정에 장애를 유발하지 않는다

소화는 씹는 활동과 **침샘**에 의한 음식의 초기 준비과정 등이 일어나는 입에서 시작된다. 씹는 것은 음식을 삼키기 쉽도록 잘게 부수고 소화계에 작용하는 효소들이 쉽게 작용하도록 표면적을 크게 하는 작용을 한다. 노화에 따라 발생할 수 있는 치아의 소실은 적절한 소화과정에 상당한 영향을 미칠 가능성이 있고, 먹을 수 있는 음식의 종류를 제한하여 영양결핍을 유발할 수 있다. 노화에 따른 치아 소실의 이유는 논란이 되고 있다. 노화성 뼈의 손실(턱에 있는)과 적절한 위치에 치아를 잡고 있는 인대의 강도 소실 등과 같은 해부학적 변화가 일어나면, 적절한 치과위생 검사 등으로 이런 문제를 막을 수 있다. 현대 치과의학은 잘못된 치아관리와 연관된 대부분의 문제들을 제거할 수 있으므로, 노화에 따른 치아의 소실은 선진국에 사는 대부분의 사람들에게는 소화과정에 심각한 영향을 미치지 않는다. 생물학적 노화 보다는 치과 병원에 가는 것이 어렵고 치아 건강에 대한 교육의 부족 등이 노인들에게서 일어나는 잘못된 치아관리의 주요한 요인이다.

침샘은 음식물을 위와 장에서 소화시키기 위한 다양한 기능을 수행한다. 침샘에서 생산되는 침은 물, 전해질, 점액, 항생물질, 그리고 다양한 효소로 구성된다. 침은 음식에 윤활작용하는 것을 도와서 음식물이 식도를 쉽게 통과할 수 있도록 한다. 또한 침 속의 물은 마른 음식을 좀 더 용해가 되도록 도와서 방향성 화합물이 빠져 나올 수 있도록 한다(우리의 미각에 중요함). 마지막으로 침은 **리소자임(lysozyme)**과 **α-아밀라아제(α-amylase)** 등 두 가지 매우 중요한 효소를 포함하고 있다. 리소자임은 많은 종류의 미생물을 죽일 수 있어서 입 속에 미생물들이 자라는 것을 막는다. α-아밀라아제는 포도당의 긴 사슬을 **엿당(maltose**; 두 분자의 포도당으로 구성)으로 전환하면서 전분의 소화를 시작하게 한다. 비록 노화에 따라 침의 분비량이 조금 줄어들지만, 침 속의 리소자임과 α-아밀라아제의 농도는 변하지 않고 줄어든 침 분비량은 소화에 있어서 장애가 안 된다. 그러나 뇌경색, 파킨슨 병, 그리고 알츠하이머 병과 같은 신경질환은 소화 장애를 일으킬 수 있을 정도로 침 분비량을 줄일 수 있다.

음식이 씹혀지고 침이 첨가되면, 혀는 음식의 한 덩어리를 들어서 **인두(pharynx)** 속으로 밀어 넣는 삼킴 작용을 시작한다. 인두는 입과 **식도(esophagus)**를 연결한다. 그것은 식도로부터 **기관(trachea)**를 분리하는 후두(voice box)를 포함하고 있다. 인두에 음식물이 있으면 식도가 평활근의 율동적 수축을 통하여 음식을 위로 보내는 **연동수축(peristaltic contraction)**을 시작하도록 한다. 삼킴 작용의 문제를 일으키는 혀와 식도의 노화에 따른 물리적 장애는 상대적으로 흔하지 않다(이것은 모든 연령대에서 일어난다). 적절한 삼킴 작용의 이상은 침샘 작용의 이상과 같이 신경질환 및 심리학적 질환과 대체적으로 연관되어 있다.

## 위 기능의 퇴화는 대부분 위축성 위염과 연관되어 있다

인간의 위는 소화과정에 네 가지 기본 기능을 수행한다: (1) 위는 많은 음식을 먹고 소장으로 천천히 보낼 수 있도록 보관하는 기능을 한다; (2) 위는 장으로 음식을 보내기 전에 액화시킨다; (3) 위는 효소와 다른 분자들을 분비함으로써 소화과정을 지속시킨다; (4) 위는 소화관에 연결되어 있는 다른 기관들에게 음식이 들어 오는 것을 준비할 수 있도록 **외분비 호르몬(exocrine hormones)**을 분비한다.

위는 식도와 소장 사이에 놓여 있으며 다른 기능을 하는 네 가지 영역으로 나누어진다: (1) 식도의 내용물을 분문(Cardia)쪽으로 내린다; (2) 기관의 굽음에 의해 형성된 위기저부(fundus)는 음식에 소화액을 첨가한다; (3) 본체 혹은 중심부에서는 음식들이 소화액과 섞인다; (4) 유문(pylorus)은 위 내용물들을 더욱 잘 섞이도록 하고 소장으로 넘어가도록 한다**(그림 8.22)**. 위벽의 세포들은 소화과정에 필요한 염산(HCl)과 효소들을 분비한다**(그림 8.23)**. 점막층에는 염산과 소화 효소들을 분비하는 샘들이 존재한다; 연결조직망인 점막하조직은 혈관을 위한 구조를 제공하고; 근육층에 있는 근육들은 음식이 섞이도록 위 수축을 하며; 장막의 연결조직은 위와 소화관의 다른 기관 사이

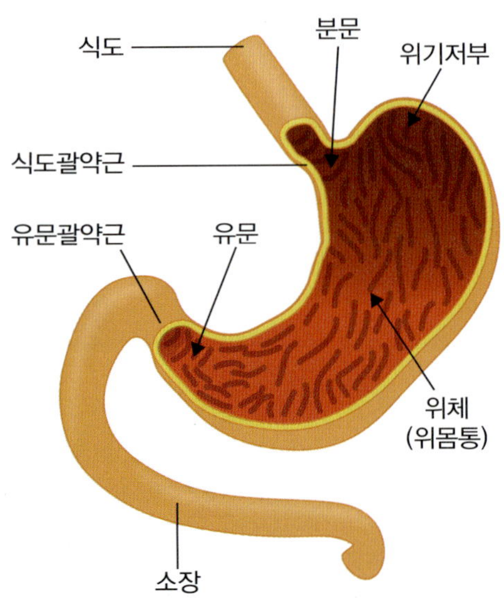


**그림 8.22** 인간 위의 해부학적 구조.

의 장벽을 형성한다. 위벽에 있는 세포들은 **위오목(gastric pit)**으로 구성된 샘 속에 배열되어 있어서 음식물이 염산 및 소화 효소들과 접촉하도록 한다. 위의 각 부분들에는 조금씩 다른 샘들로 배치되어 있고 샘 안은 다른 세포들로 구성되어 있다**(표 8.2)**.

위에 음식이 들어가면, 벽세포(parietal cell)들은 염산을 분비한다. 염산은 음식의 큰 덩어리들을 작은 덩어리로 부수는 것을 도와서, 소장으로 들어가기 전에 **유미즙(chyme)**이라는 반유동성액으로 액화시킨다. 이와 더불어, 위의 산성적 특성은 큰 단백질의 **풀림(denaturation**; 변성)을 유발한다. 이것은 위에서 분비되는 펩신 효소가 아미노산 사이의 결합을 좀 더 효율적으로 자를 수 있도록 한다(단지 2 혹은 3개의 아미노산으로 된 펩티드와 각각의 아미노산들 만이 장 세포에서 흡수될 수 있다). 또한 염산의 분비는 적절한 소화과정에 필요한 다른 효소들과 호르몬 분비를 촉진시킬 수 있다.

**위축성 위염**이라고 알려진 질환이 너무 많이 발생하므로, 위에서 노화에 따른 해부학적 혹은 생리학적 쇠퇴의 가능성을 연구하는 것은 도전적이라 할 수 있다. 위축성 위염은 위 점막의 염증을 유발하여 벽세포와 주세포(chief cell)의 수를 줄인다. 이 세포들은 섬유조직으로 대체된다. 결과적으로 염산, 펩신, 내재적 요소 등과 같은 필수적인 물질들의 위 분비가 손상된다. 위축성 위염은 심각한 소화질환과 영양결핍을 유발할 수 있다. 예를 들어, 벽세포가 분비하는 내재적 요소들의 분비 저하는 비타민 $B_{12}$ 결핍과 거대적혈모구 빈혈증(완전하지 않은 적혈구세포의 생산)을 유발할 수 있다. 위축성 위염을 유발하는 요인은 매우 많지만, 약 90% 정도는 **헬리코박터 파이로리**(***Helicobacter pylori; H. pylori***)에 의한 장기적인 감염 때문이다. 적절한 항생제를 이용하여 치료하면, 위축성 위염은 치료가 가능하며 이 질환과 관련된 문제들을 제거할 수 있다. 그러나 노인들이 왜 헬리코박터에 감염되는 사례가 많은 지에 대한 것은 의문점으로 남아 있다. 이 질문에 대한 해답은 앞으로 더 연구가 필요하다.

## 소장의 변화는 소화와 영양분의 흡수에 영향을 줄 수 있다

음식의 소화와 영양분의 흡수는 대량-활동 과정으로 서술되는 것이 가장 좋

**표 8.2 위 속의 세포에 의해 분비되는 물질들.**

| 분비되는 물질 | 분비세포 | 분비물질의 주요 기능 |
|---|---|---|
| 알칼리성 점액 | 점막세포 | 염산의 해로운 영향으로부터 위 내벽을 보호함; 액화 과정을 도와 줌 |
| 염산 | 벽세포 | 액화 과정을 돕기 위해 큰 덩어리를 분쇄; 큰 단백질의 변성 때문에 특히 중요함 |
| 레닌(키모신) | 주세포 | 우유에서 단백질을 추출할 때 우유를 응고시키는 효소 |
| 펩신 | 주세포 | 단백질의 아미노산 사이의 펩티드 결합을 자르는 효소 |
| 내재적 요소 | 벽세포 | 위 속에 단백질의 존재에 반응하여 분비되는 인자들; 비타민 $B_{12}$의 적절한 흡수를 위해 필요함(위축성 위염을 다룬 본문을 참고할 것) |
| 가스트린 | G-세포 | 위 속에 단백질의 존재에 반응하여 염산 분비를 촉진하는 내분비 호르몬 |
| 콜레사이토키닌 | 점막세포 | 소장으로 담즙과 췌장의 소화효소의 분비를 촉진하는 호르몬; 위가 가득 차 있을 때 뇌로 신호를 보냄 |

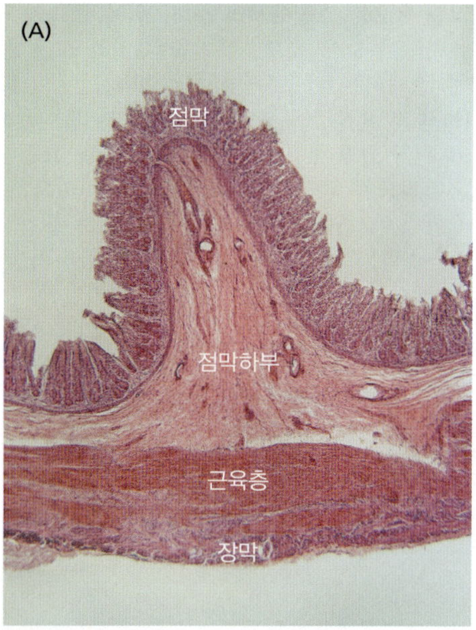


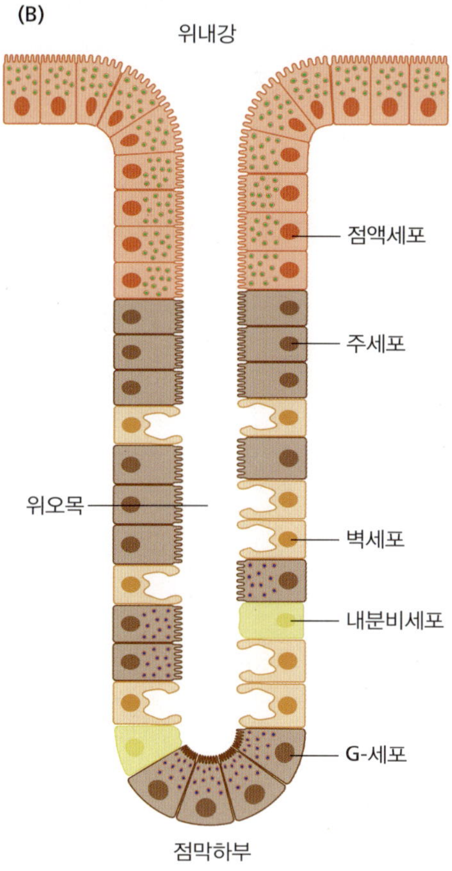


**그림 8.23 위벽의 층들.** (A) 분문 지역의 위벽 절단면의 현미경적 구조, 4개의 층이 보임. (B) 위오목을 형성하는 점막층의 샘 속에 있는 세포들의 배열. 위의 다른 부분에 있는 샘들은 네 가지 종류의 위 세포(표 8.2 참고)들의 비율이 다르지만, 해부학적 구조는 같다. 보호기능이 있는 점액을 분비하는 점액세포들은 제일 위층에 존재하고, 다음은 주세포와 벽세포가 존재하며, 오목의 제일 바닥에는 G-세포가 존재한다. (A는 J. Harshaw/Shutterstock에서 제공)

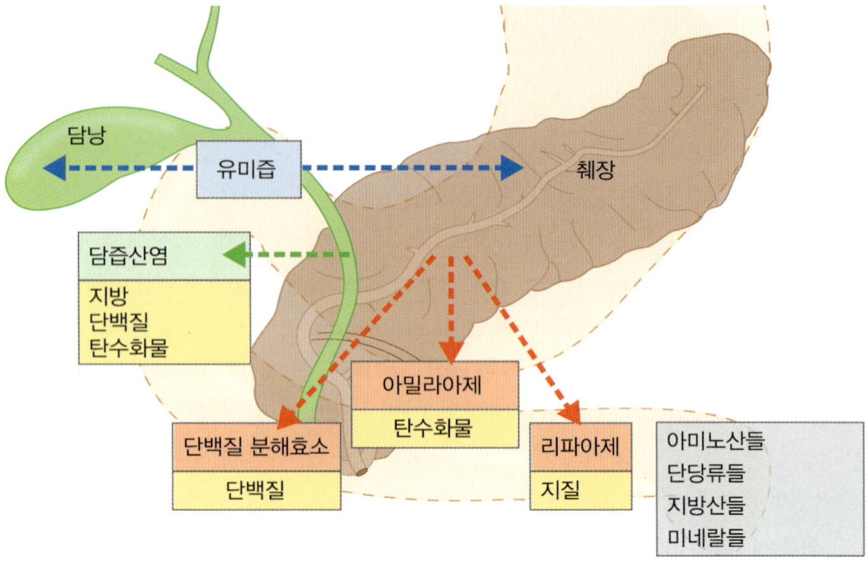


**그림 8.24 소장에서의 소화.** 위에서 소장으로 유미즙이 들어 오면, 유미즙은 위와 소장 사이에 존재하는 세포들(파란색 화살표)에서 담낭(녹색 화살표)으로부터 담즙산염 분비를 촉진하고 췌장(빨간색 화살표)으로부터 소화 효소들이 분비되도록 촉진하는 호르몬을 분비하도록 자극한다. 담즙산염은 지방의 용해도를 증가시키고, 소화 효소들은 지방, 단백질, 탄수화물 등의 고분자를 가장 작은 단위체인 지방산, 아미노산, 그리고 단당류로 각각 분해한다. 비타민과 미네랄은 일반적으로 이런 고분자들과 결합되어 있으며 소화과정 동안에 방출된다.

을 것 같이 보여지는 소장에서 주로 일어난다. 물, 음식, 소화액이 섞여 있는 유미즙은 연동수축에 의해 장으로 운반된다. 연동수축은 또한 유미즙의 섞임을 유도하여 소화를 돕는 효소들이 영양 물질들에 더 가깝게 접근할 수 있도록 한다. 유미즙이 위에서 나와 소장으로 들어오면, 유미즙의 존재는 췌장에서 몇 가지 소화효소를 분비하도록 하고 담낭에서 **담즙산염**(**bile salt**)을 분비하도록 하는 호르몬들의 분비를 자극한다(**그림 8.24**). 지방의 소화는 간에서 담낭을 거친 후 소장으로 분비되는 담즙산염이 지방을 유화시켜 지방의 용해도를 높였을 때부터 시작된다. 담즙산염에 의해 확장된 표면적은 췌장에서 뷰비되는, 고뷰자의 지방을 분해하여 지방산으로 만드는 효소인, **리파아제**(**lipase**)의 효능을 증가시킨다. 췌장 효소들은 탄수화물에서 당을 붙들고 있고, 단백질에서 아미노산을 붙들고 있고, 지방에서 지방산을 붙들고 있는 결합을 분해하는 반응을 매개한다.

소장의 벽에는 장 표면적을 넓혀 흡수를 잘 할 수 있도록 **융모**(**villi**)라는 구조로 되어 있다(**그림 8.25**). 표피세포들 또한 세포막에 튀어나와 있는 미소융모(microvilli)라는 것을 가지고 있으며, 이는 **브러쉬 보더**(**brush border**)를 형성한다; 이것은 표면적을 더욱 넓히는 효과를 나타낸다.

인간의 소화과정은 음식을 각각의 가장 작은 영양성분—지방산, 단당류와 **이당류**(**disaccharide**), 아미노산, 비타민, 미네랄—으로 분해하여 흡수를 쉽게 할 수 있도록 진화되어 왔다. 세 가지 종류의 흡수과정이 소장에서 일어난다: 단순확산, 단백질 채널들, 그리고 매개 이송이 그것들이다. 4장에서 배운 내용인 세포막(원형질막)은 주로 비극성(알짜 전하가 없는) 지방으로 구성되어 있다는 것을 상기하라. 소장의 유미즙에 있는 작은 비극성 물질들—자유지방산, 일부 비타민, 몇 종류의 아미노산 등—은 비극성 세포막에 아주 쉽게 용해되어 **단순확산**(**passive diffusion**)에 의해 흡수된다. 즉, 이런 물질들은 세포막에 있는 단백질들의 도움 없이 세포막을 통하여 장 세포로 확산된다(**그림 8.26**).

이온들은 작고 굉장한 극성(알짜 음전하 혹은 양전하를 가짐)이어서 단순확산에 의해 흡수될 수 없다. 그 대신, 이온들은 세포막에 있는 채널을 통하

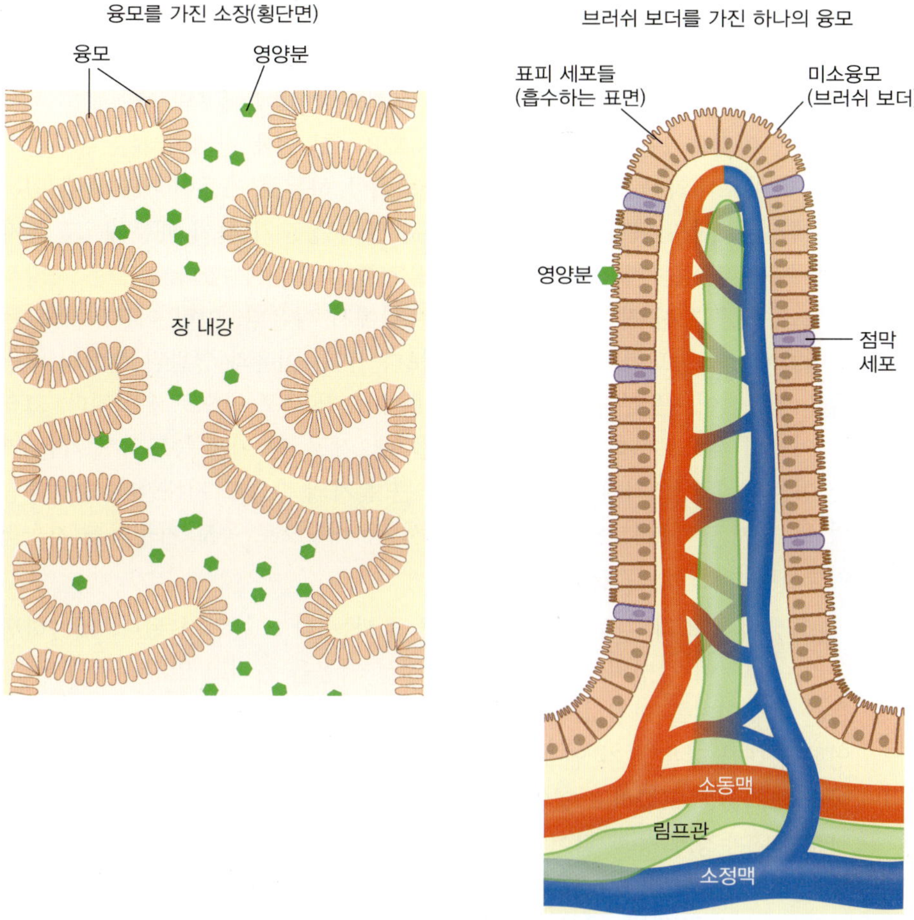


**그림 8.25 소장의 거대해부학적 구조와 미소해부학적 구조.** 소장의 내부쪽 표면(왼쪽)은 융모로 덮여 있는 장 내강 쪽으로 돌출된 것을 보유하고 있다. 융모는 소장의 표면적을 증가시켜 흡수를 증가시킨다. 각 융모의 표면(오른쪽)은 표면적을 넓히기 위한 돌출 구조를 보유하고 있는 표피세포로 덮여 있다: 미세융모는 브러쉬 보더를 형성한다. 흡수된 영양분은 표피세포를 통과하여 융모 속의 모세혈관을 통해 일반적 순환계로 이동한다.

여 흡수된다(그림 8.26). 이온채널의 투과성은 장 내강의 유미즙과 장 세포의 세포질에 포함된 물질들의 농도 기울기에 의존한다. 유미즙의 이온 농도가 장 세포의 세포질의 이온 농도보다 높을 때, 채널은 열리고 이온들은 세포막을 통과할 수 있다. 세포내 이온 농도가 유미즙의 이온 농도보다 높을 경우에는 채널이 닫힌다.

**매개 이송(mediated transport)**은 극성 및 비극성의 큰 분자들의 이송에 특화된 세포막 단백질을 이용하여 막통과를 유도한다. 이 이송 방법에는 두 가지 종류가 있다: 촉진확산과 능동수송이 그것이다. **촉진확산(facilitated diffusion)**은 유미즙에 있는 분자의 농도가 장 세포의 농도보다 높을 때 일어난다. 이 과정은 분자를 세포 안으로 이송할 수 있는 특이적 세포막 단백

**그림 8.26 단순확산과 이온 채널들.** 작고 비극성인 분자들은 장의 표피세포의 세포막을 방해받지 않고 통과할 수 있는데, 이는 세포막 또한 비극성이기 때문이다. 작고 극성인 이온들은 이온 채널들을 통하여 장 세포 속으로 흡수된다. 채널들은 유미즙(장 내강 속에 있음)의 이온 농도가 세포 속의 이온 농도 보다 높을 때만 열린다.

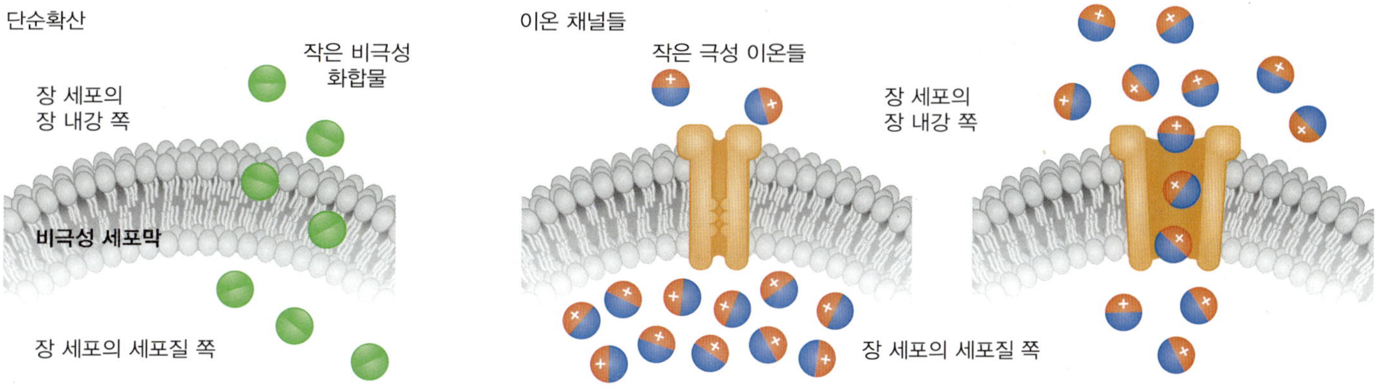

질에 분자들이 결합하면서 일어나는 단순한 과정이다. 단당류인 과당은 **그림 8.27A**에서 나타난 것처럼 촉진확산의 하나의 예로 사용되었다. **능동수송(active transport)**은 세포막을 통한 큰 분자의 수송에 세포막 단백질을 이용하지만, 이것은 2단계 과정이다(그림 8.27B). 첫 번째 단계에서는, 유미즙의 농도가 세포내의 농도 보다 낮은 운반되어야 하는 분자들이 세포막에 있는 특수한 운반체 단백질에 결합한다. 세포 안의 농도가 높기 때문에, 그 분자들은 도움 없이는 비자발적인 농도 기울기를 극복할 수 없다. 도움은 자발적 농도 경사를 가진 작은 이온이 만드는 것에서 나온다: 이런 이온의 농도는 유미즙에서의 농도가 세포 안의 농도 보다 높다. 이온과 연관된 운반의 수월성을 이용하여, 큰 분자들은 농도 경사를 거슬러 세포 안으로 운반된다. 그러나 이온이 세포로부터 제거되지 않았을 때, 세포 안 이온 농도의 증가는 가끔 이온의 수송을 저해하고, 이에 따라 큰 분자의 수송도 저해한다. 능동수송의 두 번째 단계에서는 이온을 세포에서 장 내강으로 농도 기울기를 거슬러 이동시키는 데 에너지를 이용한다.

소장의 구조와 기능의 노화에 따른 효과는 다소 논란이 된다. 왜냐하면 우리는 그것이 질병의 영향 때문인지 정상 기능을 가지고 있지만 잘못된 식습관 때문인지를 확실하게 알지 못하기 때문이다. 장 기능에 미치는 노화의 영향에 대한 많은 초기 연구들은 다양한 질병을 가진 환자들과 수술 중에 모아진 조직들을 포함하고 있었다. 놀랍지 않게, 이런 초기 연구들은 노화가 영양분의 흡수장애 등과 같이 소장에 나쁜 영향을 미친다고 제안하고 있다. 그러나 안전하고 덜 고통스러운 생체검사 방법의 도입으로, 조직 샘플들이 건강한 사람의 소장으로부터 채집될 수 있었다. 이런 연구들에서 융모의 숫자와 높이(표면적 측정)는 노화에 따른 의미 있는 변화가 없다는 것을 보여 주고 있다. 더욱이, 소장의 흡수력을 유지하는 데 중요한 특성인 표피세포의 증식 능력은 노화기 진행되어도 변하지 않는다.

적절한 소화와 흡수는 연동수축에 의해 유미즙을 소장 내강으로 효과적으로 운반하는 장관의 능력에 달려 있다. 이 율동적인 근육 운동의 장애는 흐름을 방해하고 자주 노화와 연관되어 있다고 생각되는 변비를 유발할 수 있다. 장의 평활근에 의해 만들어지는 수축력은 노화에 따라 낮아질 수 있으므로, 유미즙의 이동시간이 조금 증가할 수 있다. 그러나 이와 같은 약간의 시간 증가는 변비 혹은 흡수장애의 증가를 유발하지 않는다. 노화성 변비는 대체적으로 소장의 생리학적 변화 보다는 잘못된 식습관을 반영한다.

**그림 8.27 촉진확산과 능동수송.** (A) 촉진확산은 과당과 같이 큰 극성 혹은 비극성 분자들이 특이적인 운반체 단백질과 결합하고 세포 안으로 이동될 때 발생한다. 촉진확산은 물질의 농도가 장 표피세포의 바깥쪽(유미즙 안)이 세포의 안쪽 보다 높을 때 주로 발생한다. (B) 능동수송은 공동수송을 이용한 2 단계 과정이다. 예를 들어, 포도당은 포도당 수송단백질에 나트륨과 함께 결합한다. 나트륨의 자발적 농도 경사(세포 안쪽의 농도가 낮음)는 포도당이 세포 안으로 농도 기울기를 거슬러 이동하는 것을 돕는다. 그런 다음, 나트륨은 ATP를 가수분해하는 에너지를 이용하는 펌프를 이용하여 세포 밖으로 보내지면 서 포타슘 이온과 위치를 바꾼다. 나트륨/포타슘 ATP 펌프(sodium/potassium ATP pump)로 알려진 이 펌프는 많은 종류의 세포에서 세포막 전위를 유지하는 것을 도와준다.

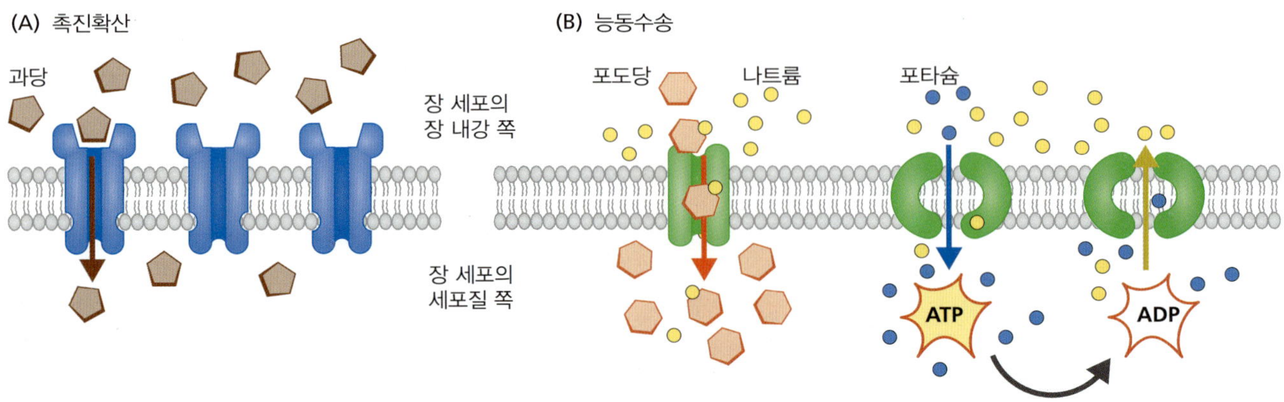

영양분 흡수에 대한 노화의 효과에 관하여 논란이 있다. 관습적으로, 적절한 성장과 대사를 위하여 아주 작은 양을 필요로 하는 필수 비타민 그리고 미네랄 등과 같은 **미소영양분**(**micronutrients**)의 흡수는 노화에 따라 감소할 수 있다고 제안되어 왔다. 이러한 관점은 미소영양분을 운반하기 위한 특이적 단백질의 양이 노화에 따라 줄어들지 않는다는 것을 발견함에 따라 최근에 도전을 받고 있다. 그럼에도 불구하고, 칼슘의 흡수는 여성에게서 노화에 따라 감소할 수 있고, 칼슘의 적절한 흡수에 필요한 비타민 D의 활성 감소와 연관되어 있다. 노화와 연관된 비타민 D의 활성 감소의 이유는 알려지지 않았지만, 그것은 대체적으로 뼈 속 미네랄 성분의 정상적인 폐경기 손실과 연관이 있을 것이다(9장을 참조). 남자들에서는 노화에 따른 칼슘의 흡수 저하가 나타나지 않는다는 발견은, 여성에게 발생하는 칼슘의 흡수장애는 후-생식 기간 동안에 정상적인 호르몬의 변화를 반영하는 것을 제안한다. 즉, 노화에 따른 칼슘 흡수의 저하는 노화에 따른 일반적인 영향이 아닌 성별과 밀접한 관련이 있는 것이다.

## 비뇨기계의 변화

비뇨기계는 두 개의 신장, 두 개의 **요관**(**ureter**), **방광**(**bladder**), 그리고 **요도**(**urethra**)로 구성된다(**그림 8.28**). 신장을 제외하고, 오줌의 배출을 방해하는 심각한 노화성 변화가 이 기관계에는 없다. 배뇨의 조절 이상인 **노화성 요실금**(**urinary incontinence**)은 비정상적인 근육의 약화, 방광의 기능을 조절하는 신경에 영향을 주는 질병, 그리고 신장에 의한 과도한 오줌 생산 등의 결과이다. 그러므로, 여기에서는 신장의 노화에 따른 변화에 집중하도록 한다. 먼저 정상적인 신장의 기능을 알아 보는 것으로 시작한다.

### 신장은 혈액에서 대사 폐기물을 제거한다

모든 인간 세포는 대사 폐기물을 혈액으로 내보낸다. 이 폐기물들은 제거되어야 하며, 그렇지 않을 경우 정상적인 대사 기능을 위하여 필요한 pH 7.2 ~ 7.4 사이를 유지해야 하는 혈액의 pH 항상성에 영향을 미치게 된다; 또한 몇 가지 폐기물들은 축적되면 독성을 나타낼 수도 있다. 정상적인 세포 기능을 유지하는 것도 또한 **전해질**(**electrolytes**)이라고 알려진 소듐, 포타슘, 칼슘, 마그네슘, 인 등과 같은 미네랄의 안정적인 혈액 농도를 필요로 한다. 따라서 우리의 신장은 혈액에서 대사 폐기물을 제거하고 혈액의 전해질과 pH 수준을 유지하는 두 가지 기능을 책임지고 있다.

신장은 신장동맥을 통하여 혈액을 공급받는다; 이 혈액은 **네프론**(**nephron**)이라는 신장의 구조를 통과한다(**그림 8.29**). 네프론에 의한 혈액 여과는 각각 다른 장소에서 세 가지 다른 과정을 거친다: (1) **사구체 여과**(**glomerular filtration**), 여기서는 혈액의 액체 성분과 저분자 물질들을 **사구체**(**glomerulus**)의 모세관에서 **보우만 주머니**(**Bowman's capsule**) 속으로 여과한다; (2) **세뇨관 재흡수**(**tubular reabsorption**), **신장 세뇨관**(**renal tubule**)에 있는 물질들이 **세뇨관 주위모세혈관**(**peritubular capillaries**)으로 이동; 그리고 (3) **세뇨관 배출**(**tubular secretion**), 세뇨관 주위모세혈관에 있는 물질들이 신장 세뇨관 안으로 이동.

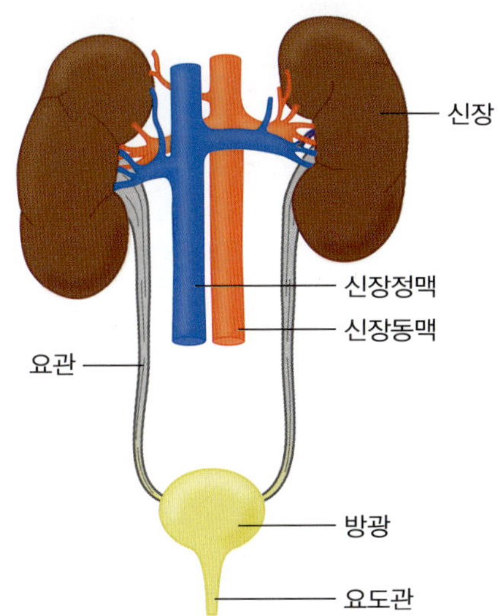


**그림 8.28** 인간 비뇨기계의 해부학적 구조.

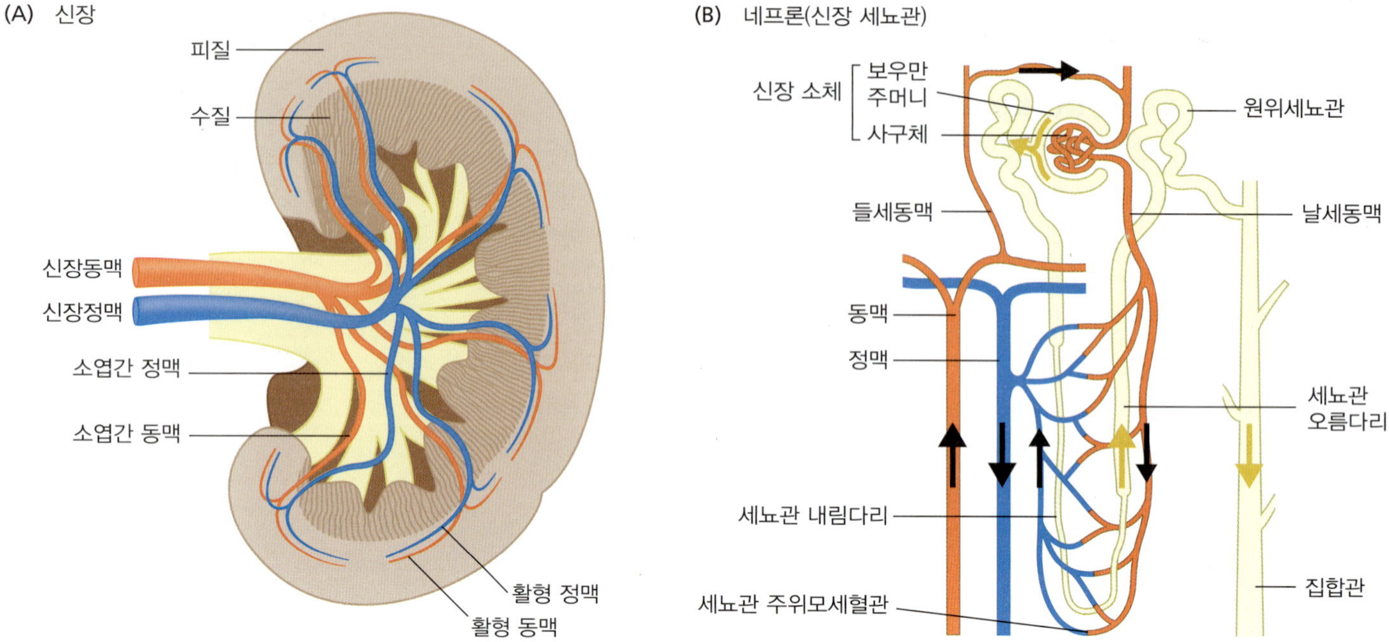


**그림 8.29 신장과 네프론의 해부학적 구조.** (A) 신장의 전체적인 구조. (B) 여과 시스템을 보여주는 하나의 네프론. 검은색 화살표는 세동맥, 사구체, 그리고 세뇨관 주위모세혈관을 통과하는 혈액의 흐름 방향을 나타낸다. 노란색 화살표는 보우만 주머니에서 집합관으로 흐르는 여과체의 방향을 나타낸다.

사구체 여과는 사구체 모세혈관과 보우만 주머니 사이의 압력 차이의 결과이다. 사구체 모세혈관의 혈액은 60 mmHg의 압력을 가지고 있으나, 보우만 주머니는 약 44 mmHg의 압력을 가진다. 모세혈관의 높은 압력은 물과 저분자 물질들을 모세혈관에서 보우만 주머니 쪽으로 강제로 보낸다. **사구체 여과물**(**glomerular filterate**)이라는 보우만 주머니 안의 액체는 **혈장**(**plasma**)의 농도와 같은 물질을 가지고 있다.

세뇨관의 재흡수와 배출은 단순확산 혹은 매개수송에 의해 발생할 수 있다. 네프론이 이용하는 이 과정은 신장 세뇨관과 세뇨관 주위모세혈관의 물질의 농도에 의존한다. 예를 들면, 단백질 대사의 질소산물인 요소의 사구체 여과물 안의 농도는 세뇨관 주위모세혈관의 농도와 같다. 사구체 여과물이 세뇨관을 통과하면서, 물이 재흡수되고 여과물 속 요소의 농도는 세뇨관 주위모세혈관의 농도에 비해 증가한다. 이 농도 경사에 따라서, 요소는 사구체 여과물에서 세뇨관 주위모세혈관으로 단순히 확산된다. 요소 속의 질소는 다시 순환계로 되돌아 가고 아미노산을 합성할 때 사용된다.

매개 수송은 신장 세뇨관 혹은 세뇨관 주위모세혈관 속의 물질들이 낮은 농도에서 높은 농도 쪽으로 농도 경사를 거슬러 이동되어야 할 때 이용된다. 매개 수송의 한 가지 예는 **소듐/포타슘 ATP 펌프**(**sodium/potassium ATP pump**)라고 하는 세포막 채널을 통한 소듐의 재흡수이다. 세포의 기능을 적절하게 유지하는 것은 세포 내 소듐의 농도를 세포 밖의 농도 보다 낮게 유지하는 것을 필요로 한다. 역으로, 세포 내 포타슘 농도는 세포 밖의 포타슘 농도 보다 높게 유지해야 한다. 따라서 소듐은 세뇨관 내강에서 세뇨관을 이루는 표피세포 안으로 단순확산된다. 그러므로 세뇨관 재흡수에서 소듐은 농도 경사를 거슬러 세뇨관 표피세포에서 세뇨관 주위모세혈관으로 이동된다. 소듐/포타슘 ATP 펌프는 ATP를 에너지원으로 사용하여, 포타슘과 교환함으로써 소듐이 자신의 농도 경사를 거슬러 이동하도록 허용한다.

### 신장은 혈압 조절을 도와준다

신장의 다른 중요한 업무는 혈액의 수분 양을 조절함으로써 인체가 혈압을 유지하는 것을 도와주는 것이다. 세뇨관 배출에 의한 혈액에서 오줌으로의 물의 이동은 혈압을 떨어뜨린다. 세뇨관 재흡수는 사구체 여과물에서 세뇨관 주위모세혈관으로 물을 전달함으로써 혈압을 유지한다. 네프론 안에서 물의 이동은 소듐의 재흡수와 연결되어 있고 이는 몇 가지 호르몬에 의해 조절된다. 소듐이 세뇨관 내강에서 세뇨관 표피세포로 단순 확산됨을 상기하라. 소듐의 제거는 사구체 여과물의 삼투압을 낮추고(즉, 물 농도를 증가시킨다), 물은 세뇨관 표피세포로 단순 확산한다—즉, 물은 소듐을 따라 간다. 만약 세뇨관 주위모세혈관의 삼투압이 사구체 여과물의 삼투압 보다 낮으면, 물은 세뇨관 주위모세혈관에서 세뇨관 쪽으로 이동한다. 물과 소듐의 재흡수 연결은 오줌 색깔의 차이를 설명한다. 당신이 충분한 물을 마시지 않으면, 신장은 물을 재흡수하고 오줌은 용질의 농도가 증가하기 때문에 노란색이 된다. 당신의 몸이 필요로 하는 물 보다 더 많이 물을 마시면, 용질의 농도가 오줌으로 배출되는 물에 의해 낮아지기 때문에 신장은 투명한 오줌을 생산한다.

신장에 의해 재흡수되는 물의 양은 또한 신장 세뇨관의 투과성에 의존적이다. 세뇨관의 투과성은 뇌하수체에서 분비되는 **바소프레신(vassopressin)** 혹은 **항이뇨호르몬(antidiuretic hormone)**으로 알려진 호르몬에 의해 생리학적 조절을 받는다. 시상하부(뇌의 일부분)가 혈액 부피가 줄어든 것을 감지하면, 뇌하수체에 항이뇨호르몬을 혈액으로 분비하도록 신호를 보낸다. 항이뇨호르몬은 세뇨관 표피세포의 물 채널(아쿠아포린)을 열어 물의 재흡수를 증가하도록 한다. 역으로, 혈액 양이 증가하면, 항이뇨호르몬의 분비를 억제하고 세뇨관 속에 물이 많이 남아 있도록 하여, 오줌 속 물의 농도를 증가시키도록 한다.

### 신장 혈액의 흐름과 신장의 기능은 노화에 따라 쇠퇴한다

신장 혈액의 흐름은 심장 박출의 총량과 박출의 비율(혈액이 심장을 통해 박출되는 속도)의 두 가지 요인들에 의해 노화에 따라 줄어든다. 신장 혈액 흐름의 감소는 신장의 전체적인 혈관 감소와 혈관의 좁아짐을 나타낸다. 이런 혈관의 감소는 신장의 모든 수준에서 나타나지만, 사구체는 가장 많은 영향을 받는다. 사구체의 혈관 수는 사람의 30대 초반부터 시작하여 매 10년 마다 대략 10% 정도 감소한다. 더욱이 남아 있는 혈관들은 불규칙하고 꼬여지며, 더욱 사구체로 혈액의 흐름을 제한한다.

노화된 신장에서 관찰되는 많은 동맥의 변화는 다른 기관들에서 보여지는 것과 유사하고 동맥경화와 동맥 내벽의 비대 등을 포함한다(이 상태의 자세한 내용은 제9장을 참조). 다른 기관 보다 신장에서 더욱 일반적으로 나타나는 노화에 따른 혈맥의 변화는 동맥 내막층의 비정상적인 성장인 **섬유성내막과증식(fibrointimal hyperplasia)**이다. 이 상태는 혈관벽에 혈장 단백질이 침착되어 발생하며, 이는 **벽내 삼출액(insudation)** 현상이며, 그 결과 혈관이 좁아지고 혈액의 흐름이 감소한다.

사구체 모세혈관의 수와 기능의 노화에 따른 쇠퇴는 사구체에서 보우만 주머니로 액체 여과속도를 떨어뜨리는 것을 유발할 수 있다. 이 액체의 여과속도인 단위 시간당 부피는 **사구체 여과속도(glomerular filtration rate;**

**GFR**)로 알려져 있다. 몸무게가 60에서 70 kg인 젊은 사람은 대략 하루에 180 L의 사구체 여과 속도를 가진다. 평균적으로 혈액의 총부피가 3 L 정도라면, 몸 전체에 공급되는 혈액은 하루에 60번 정도 여과된다. 이렇게 큰 여과 부피는 신장으로 하여금 많은 양의 대사 노폐물에 반응하여 빠르게 제거할 수 있도록 한다. 노화에 따른 여과의 감소는 사람에 따라 정상 사구체 여과속도의 0%에서 20%까지 다양하게 나타난다. 그러므로, 사구체 여과 속의 어떠한 변화는 혈액과 신체의 항상성에 영향을 줄 것이다.

사구체 여과 속도를 낮추는 근본적인 원인은 사구체의 퇴행성 흉터인 **사구체 경화증(glomerulosclerosis)**이다. 몇 개의 추정은 80세 정도가 되면 사람의 사구체의 30~40% 정도가 이것 때문에 기능을 멈춘다고 제안하고 있다. 사구체 경화증이 정상적인 노화에 때문에 발생하는지 혹은 고혈압 때문인지에 대해 논쟁이 되고 있다. 노화성 사구체 경화증은 젊은 사람들에서 발생하는 고혈압성 사구체 경화증과 구별되지 않는다. 더욱이 그 상태는 거의 항상 고혈압을 가지고 있는 노인들에서 발견된다. 따라서 노화성 사구체 경화증이 고혈압을 유발하는지 혹은 고혈압이 그것을 발생시키는지는 명확하지 않다.

## 면역계의 변화

노인생물학에서 획기적인 연구를 수행한 로이 왈포드(Roy Walford; 1924~2004)는 40여 년 전에 면역계의 퇴화가 정상적인 노화를 발생할 수 있다고 제안하였다. 노화의 면역학적 이론으로 알려진 이 제안은 아직까지 완전하게 점검되지 않고 있으나, 우리는 감염병들에 의한 사망률이 젊은 세대에서 보다 65세 이상의 노인들에서 3에서 4배 정도 높다는 것을 알고 있다. 더욱이 65세 이상의 사람들에서 새로운 독감바이러스 예방접종에 의해 보호되는 사람들의 비율이 젊은 사람들에 비해 대략 반 정도로 나타났다. 명확하게 노화는 인간 면역계의 효능성을 나쁘게 한다.

이 절에서는, 면역계의 생리학에 대해 살펴보고 노화가 어떻게 잠재적으로 해로운 침입자의 공격을 물리칠 수 있는 신체의 능력에 영향을 끼치는지에 대해 논의한다. 인간 면역은 감염을 막을 수 있도록 함께 작용하는 몇 가지 다중 시스템이 관여하는 굉장히 복잡한 기능이다. 이 복잡성으로 인해 이 책에서 인간 면역계를 완전하게 논의하는 것은 무리이다. 그 대신에, 우리는 노화에 따라 퇴화를 보이는 몇 가지 기능을 집중적으로 논의한다.

### 선천면역은 감염에 대항하는 일차 방어선을 제공한다

인간은 두 가지의 구별되지만 똑같이 중요한 면역계를 가진다: **선천면역(innate immunity)**과 **후천(적응)면역[acquired (Adaptive) immunity]**이 그것이다. 우리는 감염을 막거나 비자기 물질에 빠르게 반응하는 완전한 선천적, 혹은 자연적, 면역을 가지고 태어났다. 선천면역은 피부, 신체 각 부분의 점막조직, 소화성 염산과 단백질 분해효소 등과 같은 장벽을 세움으로써 감염을 막는다. 만약 외부 물질이 이 보호장벽을 통하여 들어오면, 선천면역은 외부 물질을 삼켜서 분해하는 **식세포 작용(phagpcytosis)**을 촉진한다; 이 과정은 **호중구(neutrophils)**과 **대식세포(macrophage)**와 같은 혈액 혹은 조직에서 나온 특수세포에 의해 수행된다**(표 8.3)**.

호중구는 혈액을 돌아다니다가 외부 물질이 몸으로 침입한 조직으로 이동한다. 호중구와 대식세포 모두 식세포 작용을 할 수 있으나, 조직 대식세포는 호중구에 비하여 굉장히 크고 식포도 크다. 대식세포에 의해 소화된 침입자의 작은 파편은 적응 면역계를 활성화시키는 **수지상 세포**(**dendritic cell**)로 불리는 특수한 세포에 의해 림프 조직으로 운반된다.

조직 손상이 발생하면, 영향을 받은 부분은 히스타민과 프로스타글란딘 같은 화합물을 분비하고, 그 부분으로 혈액의 흐름, 모세혈관의 투과성, 그리고 호중구의 이동을 증가시킨다. 전체적으로 이런 반응들은 염증으로 특정되고 선천 면역계의 식세포 작용을 활성화한다(그림 8.30). 만약 미생물 혹은 외부 물질들이 손상된 곳으로 들어오면, 조직 대식세포가 수분 내로 침입자를 둘러싸고 그 물체를 삼키기 시작한다. 대식세포 또한 호중구와 같은 백혈구를 **주화성**(**chemotaxis**)에 의해 손상된 곳으로 불러 모으는 단백질인 **사이토카인**(**cytokine**)과 **케모카인**(**chemokine**)의 분비를 촉진한다. 조직 안 대식세포의 농도가 낮기 때문에, 호중구들이 초기 수 시간 동안 염증 부분에서 대부분의 식세포 작용을 수행한다.

## 후천면역은 항원에 반응하는 림프구에 의존한다

호흡과 식사와 같은 생명체를 유지하는 과정은 또한 인간에게 해를 입히는 수백만 가지의 미생물, 바이러스, 그리고 독극물 등에 노출되도록 한다. 선천면역이 이런 요소들의 침입에 대항하는 적정한 장벽을 제공하지만, 환경에는 수 많은 해로운 요소들이 이 선천면역을 쉽게 극복할 수 있어서 많은 침입자들이 선천면역의 방어망을 통과할 수 있도록 허용한다. 일단 이런 일이 발생하면, 감염으로부터 몸을 보호하는 책임이 후천 **면역계**인 **T 세포**와 **B 세포** 같은 림프구에게 주어진다(표 8.3 참조).

T 세포는 작은 백혈구(림프구)이며, 이것은 골수에서 생성되어 림프조직에 보관되기 전에 **가슴샘**(흉선)에서 성숙된다. 이 시점에서 그것들은 **미감작 T 세포**이고 아직까지 침입자에 부착하여 침입자를 죽일 수 있는 면역세포로 전환되지 않은 상태이다. T 세포는 대식세포가 소화한 외부물질의 조각을 운

**표 8.3 면역계의 세포들.**

| 세포의 종류 | 생성되는 장소와 방법 | 기능 |
|---|---|---|
| 호중구 | 골수 | 식세포 작용<br>염증에 관여하는 화합물의 분비(혈관확장제, 단백질 분해 물질의 모음) |
| 대식세포 | 골수; 조직의 단핵구(백혈구 세포의 일종)에서 분화됨 | 식세포 작용<br>보조 T 세포에게 항원제시 |
| 미감작 T 세포 | 골수에서 생성됨; 흉선에서 더 발달되는 과정을 거침 | 림프 조직에 보관되어 있고 특정 항원에 처음으로 노출되기를 기다리고 있음 |
| 보조 T 세포 | 미감작 T 세포에서 만들어짐 | B 세포와 다른 종류의 T 세포를 활성화시키는 사이토카인을 분비 |
| 자연살해세포 | 미감작 T 세포에서 만들어짐 | 바이러스에 감염된 세포와 암세포에 결합함, 독성 물질을 주입하여 세포를 죽임 |
| 세포독성 T 세포 | 미감작 T 세포에서 만들어짐 | 바이러스에 감염된 세포와 암 세포의 세포막에 결합된 항원과 결합하여 세포를 죽임 |
| B 세포 | 골수; 림프 조직에 보관됨 | 항체 매개 면역 반응을 시작함 |
| 형질세포 | B 세포에서 만들어짐; 최종 분화된 세포 | 항체를 분비함 |

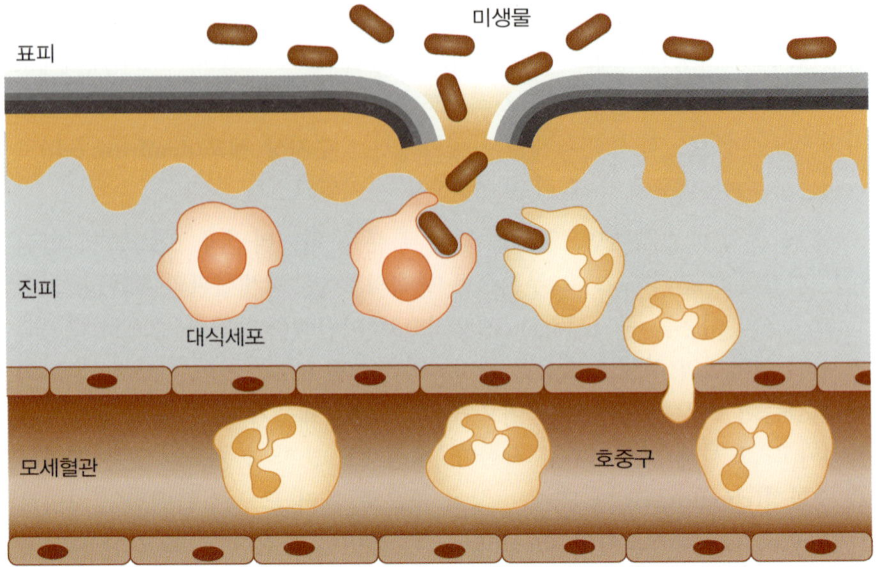


**그림 8.30 염증과 선천 면역.** 만약 미생물이 선천면역계(여기서는 표피에 생긴 상처로 나타냄)의 보호 장벽을 통과하면, 침입한 부위의 주변에 염증이 발생한다. 조직 대식세포는 침입한 미생물에 대항하는 첫 번째 방어선이고 수분 안에 식세포 작용을 시작한다. 염증은 또한 모세혈관의 투과성을 증가시켜, 조직으로 호중구의 이동을 용인한다. 주화성에 의해 발생하는 호중구의 침투와 호중구의 식세포 작용의 활성은 손상 후, 한 시간 이내에 시작하며 2~3일간 지속된다.

반하는 수지상 세포가 림프조직으로 들어오면 활성화된다. 이런 조각이 특이한 T 세포의 표면수용체에 결합하면 림프조직에서 세 가지 다른 T 세포 클론의 생산과 방출을 촉진한다. 특이적 면역반응을 유발할 수 있는 **항원**을 이런 T 세포 클론들이 파괴한다.

림프 조직에서 방출되는 활성화된 T 세포 클론의 대부분은(75~80%) **보조 T 세포(helper T cell)**들이다. 이름에서 알 수 있듯이, 보조 T 세포들은 침입자들에 대해서 면역계가 적절하게 대응할 수 있도록 "도와" 준다. 보조 T 세포는 항원을 직접적으로 공격하지 않는다; 대신에, 그것들은 **림포카인**(인터루킨과 인터페론)이라는 물질을 분비하여 항원을 공격하는 다른 세포들의 성장과 분화를 촉진시킨다(그림 8.30). 예를 들면, 보조 T 세포에서 분비되는 림포카인들은 항원에 특이적인 항체를 만들고 방출하도록 B 세포를 활성화시킨다. 나머지 두 가지 중요한 T 세포의 종류는 **세포독성 T 세포(cytotoxic T cell)**와 매우 특수한 목적 때문에 생산되는 **자연살해 세포(natural killer cell; NK cell)**들이다.

간단히 설명하면, 림프조직으로 들어오는 항원들은 대식세포에 의해 파괴되어, 미감작 T 세포에게 항원 조각을 제시한다(그림 8.31). 제시된 항원 조각이 미감작 T 세포 표면에 결합하면 보조 T 세포와 자연살해 세포 혹은 세포독성 T 세포의 분화와 성장을 촉진한다. 보조 T 세포는 림포카인을 방출하여 활성화된 B 세포에서 항체 생산을 촉진시킨다. 자연살해 세포는 바이러스에 감염된 세포의 막에 있는 항원과 결합하고 세포를 죽일 수 있는 독성 단백질을 주입한다. 미감작 B 세포는 대식세포가 생산한 항원 조각을 삼키고, 이것은 B 세포를 항체 생산이 가능한 **형질세포**로 분화를 촉진한다. 항체는 항원과 굉장히 강력하게 결합하여 항원의 구조를 변화시킬 수 있다. 결과적으로, 항원은 더 이상 신체의 세포와 결합할 수 없고 손상을 입히지 않는다. 항체는 또한 다른 면역세포에 의해 항원이 파괴될 수 있도록 항원을 표시한다.

하나의 항원이 처음으로 들어오면, 우리의 몸이 적절한 T 세포와 B 세포를 생산하여 항원을 제거하는 데 몇 일이 걸린다. 항원이 제거되고 더 이상

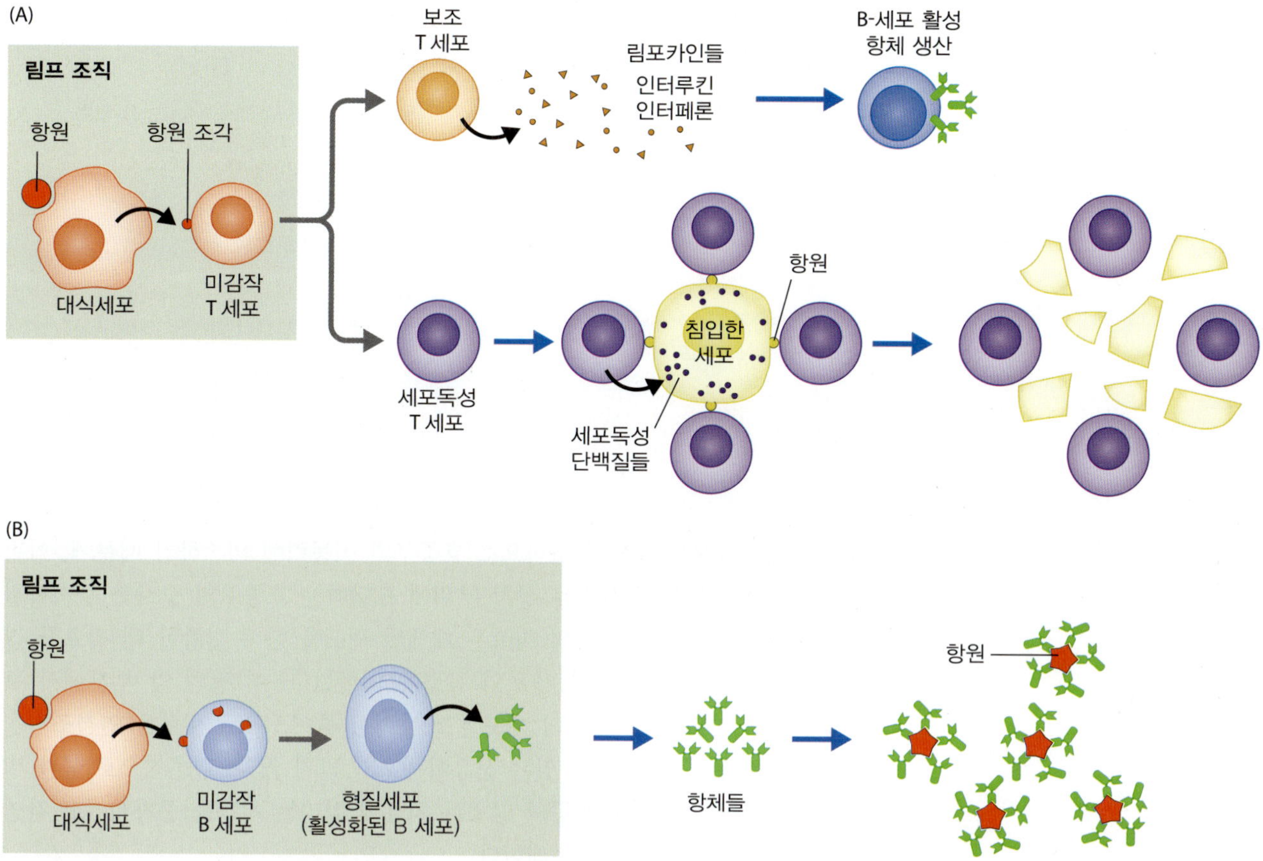


**그림 8.31** T 세포와 B 세포 면역의 작용 기전. (A) 감염된 조직의 대식세포는 부분적으로 분해된 항원 조각을 미감작 T 세포에게 제시한다. 미감작 T 세포는 보조 T 세포, 세포독성 T 세포(여기에 나타냄), 혹은 자연살해 세포로 전환된다. (B) 보조 T 세포는 B 세포를 활성화시켜, 항체를 생산하는 형질세포로 변화시킨다. 항원은 항원의 강력한 결합에 의해 움직일 수 없게 된다.

우리 몸에 위협을 가하지 못하게 되면, T 세포와 B 세포의 대부분은 파괴된다. 그러나 일부 T 세포와 B 세포는 이와 같이 항원과 처음으로 맞닥뜨린 후에 남아 있는다; 이런 세포를 **기억세포(memory cell)**라고 한다. 기억세포는 제거된 항원에 특이적인 세포막 수용체를 보유하고 있고, 같은 항원이 다시 침입할 때 클론을 재빠르게 생산할 수 있도록 한다. 재침입한 항원을 효과적으로 제거하기에 충분할 만큼의 클론을 생산하는 기간은 하루면 된다.

## 호중구와 대식세포의 식세포 기능이 노화에 따라 퇴화된다

많은 부분의 선천면역의 효과는 호중구와 대식세포가 감염된 조직으로 침투하는 능력에 의존한다. 선천면역에 이용 가능한 호중구와 대식세포의 숫자는 노화에 따라 감소하지 않으며, 골수의 조혈모세포에서 이 세포들의 생산은 일생 동안 잘 유지되어 있는 듯 하다. 그러므로, 노화성 선천면역의 소실은 아마도 호중구와 대식세포의 식세포 기능 저하 때문일 것이다(**표 8.4**).

선천면역의 식세포 기능 퇴화는 생식후기에 있는 사람이 젊은 사람에 비하여 상처 치료에 훨씬 더 오랜 시간이 걸리는 이유를 설명할 수 있을 것이다. 치료 지연은 대식세포에서 사이토카인과 케모카인 생산 저하의 결과일 수 있다. 대식세포가 사이토카인의 생산을 통하여 골수에서 호중구의 배출을 촉진하고, 케모카인 분비를 통하여 상처가 있는 부분으로 호중구를 이동하도록 할 수 있다는 것을 상기하라. 사이토카인과 케모카인 분비 감쇠는 상처 부위에 도달하는 호중구의 숫자를 줄이거나 시간을 지연시킬 수 있을 것이다. 더욱이 다른 두 가지의 노화성 변화들이 상처 치료지연에 영향을 준다. 첫째, 피부의 혈관과 모세혈관의 밀도가 노화에 따라 줄어든다. 피부 상처의 치유

**표 8.4 선천면역의 노화성 변화.**

| 세포의 종류 | 노화성 변화 |
|---|---|
| 호중구 | 혈액과 골수 속의 세포 수는 변화 없음<br>골수로부터 분비 속도 감소<br>포식작용의 경미한 감소<br>주화성의 경미한 감소 |
| 대식세포 | 세포 수는 변화 없음<br>포식작용의 감소<br>사이토카인과 케모카인 생산량 감소 |
| 자연살해(NK) 세포 | 세포 수 증가<br>결합과 세포독성은 변화 없음<br>케모카인 생산량 변화 없음 |

는 모세혈관에서 손상된 조직으로 호중구의 이동력에 의존하기 때문에, 혈관과 모세혈관 밀도의 감소는 상처 부위에 도달하는 호중구의 숫자를 감소시킬 수 있다. 둘째, 피부 손상의 회복은 대체된 세포를 함께 결합할 때 필요한 결합조직을 분비하는 섬유아세포의 능력에 의존한다. 이 장의 앞 부분에서 보았듯이, 노화된 피부 세포의 세포분열 능력이 줄어드므로 새로운 연결조직을 위한 단백질을 제공할 수 있는 섬유아세포가 많지 않다. 결론적으로,혈관 밀도와 섬유아세포의 생산 등의 감소는 치유에 걸리는 시간을 증가시키고 감염 위험도를 높이는 결과를 초래한다.

### 미감작 T 세포의 생산, B 세포의 수, 그리고 항체의 효능 등이 모두 노화에 따라서 감소한다

갈비뼈 바로 뒤에 있는 작은 멍울인 가슴샘은 T 세포가 성숙하는 기관이라는 것을 상기하라. 노화는 가슴샘의 심각한 쇠퇴를 초래하는데, 이는 노화성 미감작 T 세포 생산의 감소 원인이다. 가슴샘의 퇴화는 T 세포 발달 장소인 표피 공간의 수축과 성숙된 T 세포의 군집을 결합 조직으로 대체함을 의미한다. 70세 전후에 가슴샘의 표피 공간이 90% 정도가 줄어든다고 추측되고 있다. 흥미롭게, 퇴화된 가슴샘에 남아 있는 표피 세포가 T 세포 생산을 감쇠시켜 온 것이 아닌 듯 하다. 즉, T 세포 생산의 노화성 쇠퇴는 단순히 가슴샘 표피 세포의 감소를 나타내는 것이다. 미감작 T 세포 생산의 감소로, 미감작 T 세포에 대한 기억 T 세포의 비율이 높아진다. 더욱이 항원에 대한 적절한 면역 반응을 탑재하는 생리학적 과정인 기억 T 세포에서 보조 T 세포로 군집 확장을 위한 능력은 노화에 따라서 감소한다.

종합하면, 노화에 따른 주변 조직의 미감작 T 세포의 감소와 기억 T 세포에서 보조 T 세포로 군집 확장의 감소 등이 면역 기능의 전반적인 노화성 감퇴를 설명한다. 후천면역은 침입자에 대응하기 위해 요구되는 시간을 줄이는 데에 기억 T 세포를 이용한다는 것을 상기하라. 보조 T 세포는 또한 B 세포에서 항체 분비를 촉진한다. 만약에 기억 T 세포가 최대 역량의 기능을 갖지 않는다면, 면역 반응은 무뎌지고 사람은 침입한 항원의 결과로 합병증 발병의 위험성이 높아진다. 미감작 T 세포의 노화성 쇠퇴는 새로운 항원에 대응하는 개인의 능력을 줄인다. 이것은, 독감에 대해서 앞에서 언급한 것과 같이, 예방주사가 젊은 사람에 비해 나이든 사람에게서 더 낮은 효과를 보이는 이유를 설명하는 것을 도와줄 수 있다.

성숙된 B 세포의 수도 나이에 따라 줄어드는데, 이는 골수에서 B 세포의 생성이 낮아짐을 나타낸다; 이것은 총주변 조직의 B 세포 성분은 노화에 따른 변화가 없지만, 성숙된 B 세포에 대한 기억 B 세포의 비율이 증가하는 것을 유도한다. 기억 T 세포에서 일어나는 것과 같이, 기억 B 세포는 노인에서 군집확장 능력이 감소한다. 주변 조직의 성숙 B 세포의 노화성 쇠퇴에 따라, 새로운 병원체에 대해 면역반응을 하는 능력은 줄어든다. 항체의 기능 또한 노화에 따라 감소하며, 이는 보조 T 세포의 수와 기능의 감소를 나타낸다. 즉, 기억 T 세포에서 보조 T 세포로 군집확장의 감소는 사이토카인의 분비양을 감소시키며, 이는 B 세포에서 항체의 생산을 감소시킨다. 더욱이 고친화성 항체(다수의 항원 결합 부위를 가진 항체)의 수 또한 노화에 따라 감소한다. 이것은, 항원-항체의 결합 강도가 침입자를 제거하는 거의 모든 항체의 효용성을 결정하기 때문에, 면역반응의 약화를 유발한다.

## 생식계의 변화

인간 생식의 노화는 역사적으로 여성의 노화와 관련되어 왔고, 이것은 세 가지 중요한 변화로 나타난다. 첫째, 여성의 경우, 일반적으로 50~60대에 나타나는 월경의 중단과 폐경의 시작으로 생식능력이 다소 갑작스럽게 끝난다. 둘째, 난소에서 에스트로겐과 프로게스트론과 같은 여성 호르몬의 생산은 폐경기에 급격하게 낮아진다. 그리고 셋째, 노화에 따른 난자의 유전학적 품질의 저하는 유전적으로 손상된 태아 발생, 선천적 장애 발생, 그리고, 자연 유산의 발생 확률을 높인다. 앞에 있는 장들에서 배웠고 9장에서 좀 더 배우게 되는 것처럼, 여성 생식 기간의 끝 또한 다른 노화성 생리학적 이상과 연관되어 있다.

남성은 갑작스런 생식능력 중단을 경험하지 않는다. 이런 결과는 남성은 임신 능력 저하를 경험하지 않는다는 의미로 종종 잘못 해석되어 왔다. 과거 수십 년 동안, 과학자들은 남성도 여성이 겪는 노화성 생식계의 변화를 똑같이 겪는다는 것을 발견하였다. 비록 남성은 자신의 생식기간의 끝을 경험하지 않지만, 남성의 임신 능력과 남성 호르몬의 생산은 노화에 따라 감소된다. 더욱이 정자의 유전학적 품질은 나이가 듦에 따라 쇠퇴한다는 것이 밝혀졌고, 이에 따라 자손의 유전병 발생 위험이 높아진다. 이 절에서는, 호르몬 생산의 감소가 어떻게 여성과 남성의 생식계에 영향을 미치는지에 대해 간단하게 살펴보려고 한다.

### 폐경은 생식샘에서 성호르몬의 분비 감소에 의해 발생한다

여성 생식계는 **월경주기(menstrual cycle)**라는 28일 주기 동안에 하나의 난자를 생산한다**(그림 8.32)**. 이 주기는 뇌하수체에서 분비되는 **황체형성호르몬(luteinizing hormone; LH)**과 **여포자극호르몬(follicle stimulating hormone; FSH)**이 성숙된 난자를 방출하도록 그리고 혈액으로 **에스트로겐**과 **프로게스트론**을 방출하도록 난소의 여포(ovarian follicle)—성숙된 **난자**를 보관하고 있는 기관—를 자극하는 것으로 시작한다. 에스트로겐과 프로게스트론은 두 가지 기능을 수행한다: (1) 이 두 가지 호르몬은 여성의 성징과 여성 생식기관을 유지하는 데에 필요하고, (2) 여포 속 난자의 발달을 촉진하는 것과 같은 난소의 되먹임 조절기능을 가진다. 혈중 LH, FSH, 그리고 에스트로겐의 농도 증가는 성숙된 여포의 파열을 유도하고, **배란**(**ovulation**)이라고 알려진 난자의 방출을 유도한다. 파열된 여포는 **황체**(**corpus luteum**)라는 조직으로 변

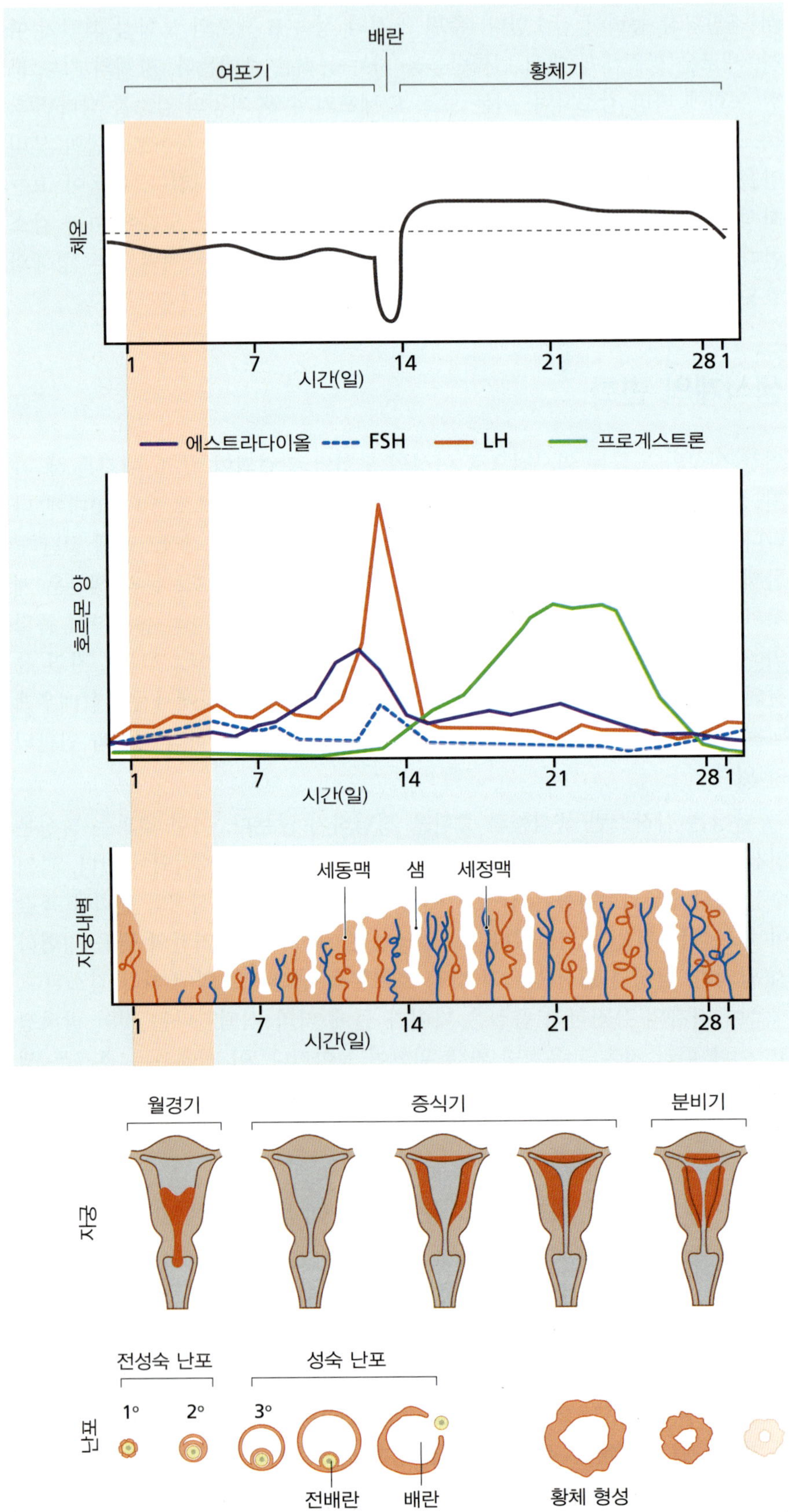


**그림 8.32 월경주기.** 이 그래프와 모식도는 월경주기 동안에 체온, 호르몬의 양, 자궁의 변화, 난소의 구조적 변화 사이의 연관성을 보여준다. 성숙난포(graafian 난포로 알려져 있음)가 난포 성숙의 마지막 단계에 있는 난포이다.

화되고, 이는 프로게스트론의 분비를 증가시킨다. 증가된 혈중 에스트로겐과 프로게스트론은 뇌하수체에 되먹임 조절효과를 주어 LH와 FSH의 분비를 감소시키고 한 개의 여포가 한 개의 난자를 성숙시키도록 한다. 에스트로겐과 프로게스트론은 자궁내막벽의 세포 성장과 혈액의 공급을 촉진함으로써 자궁을 수정란이 착상될 수 있도록 준비시킨다. 수정이 되지 않으면, 에스트로겐과 프로게스트론의 농도는 낮아지고, 자궁내막의 두꺼워진 층은 월경 분비물을 통해서 버려진다. 에스트로겐과 프로게스트론의 감소는 또한 뇌하수체에서 LH와 FSH의 분비를 촉진함으로써 새로운 주기를 시작하도록 한다.

태어나는 시점에, 난소는 한 여성이 가질 수 있는 미성숙 난자인 **난모세포(oocytes)**를 약 750,000개 정도 보유하고 있다. 난모세포의 수는 노화에 따라 줄어들어서 50~60대 정도인 폐경기에 도달하면 5,000개 이하의 난모세포만 남는다. 여포의 숫자는 폐경기 때에 0으로 줄어든다. 이 두 가지 노화성 난소의 변화는 궁극적으로 생식샘에서 에스트로겐과 프로게스트론의 분비 중단을 유도한다. 난소에서 이 두 가지 호르몬 분비의 종료가 **폐경기**의 시작을 알리는 표지이다.

폐경기에서 에스트로겐과 프로게스트론 생산의 중단은 심각한 노화성 변화를 유발하고 여기에 더하여 난모세포의 성숙을 상실하게 한다. 난소 호르몬의 월간 주기가 없어지면, 자궁은 수축되기 시작하고 폐경기가 지난 후 15~20년 사이에 70% 정도 크기가 감소한다. 여성 생식기인 질은 작아지고 탄력성은 떨어지며, 내막벽은 얇아진다. 내막의 손실에 따라, 질은 찰과상에 대항하는 장벽으로써의 효용성이 낮아져서 성교하는 동안에 손상의 위험도와 통증이 증가하는 결과를 유발한다. 내막 조직의 소실은 또한 질로 분비되는 글리코겐의 양을 줄이는 결과를 초래한다. 질 내부 pH가 높아지고, 감염 위험도를 높인다.

에스트로겐은 또한 생식계가 아닌 기관과 조직들에도 영향을 미친다. 9장에서 배우게 되는 것과 같이, 여성의 정상적인 뼈 성장은 에스트로겐에 영향을 받는다. 폐경기 동안에 에스트로겐의 감소는 뼈의 심각한 무기물의 소실을 유발한다. 폐경기 혹은 폐경기 이후의 많은 여성이 경험하는 일과성 열감(hot flash)은 에스트로겐의 LH 분비 저해 효과의 손실과 관련이 있다고 보여진다. 다수의 연구들은 뇌하수체의 LH 분비를 조절하는 시상하부 신경이 체온조절에 연관되어 있음을 보여주고 있다. 에스트로겐이 없으면, 이런 신경세포들이 자극되고 이것이 체온 조절에 영향을 줄 것이다. 마지막으로 난소에서 에스트로겐과 프로게스트론 생산 감소는 심장병과 암에 대한 위험도 증가와 연관되어 있다. 비록 이런 위험도 증가에 대한 기전은 아직까지 명확하게 밝혀져 있지는 않았지만, 에스트로겐이 임신이 가능한 동안에 세포 손상을 막는 "보호제"로 작동한다고 여겨진다.

### 남성의 수정 능력은 노화에 따라서 약간 쇠퇴한다

고령 남성의 수태 능력에서 노화성 변화에 대한 사안은 최근에 와서야 집중적인 연구가 시작되었다. 지금은 남성의 수정 능력은 노화에 따라 약간 감소한다고 일반적으로 받아들여지고 있다. 해부학적 변화는 일반적으로 이런 감소를 설명할 수 없다. **발기부전(impotence 혹은 erectile dysfunction)**은 발기를 일으킬 수 없거나 유지할 수 없는 것이며, 이는 대부분 다른 의학적 문제에 의해 발생하는 이차적 증상으로 나타난다. 비록 노화에 따른 음경으로 혈액 흐름의 변화는 관찰되지 않았지만, 나이가 듦에 따라 음경의 발기조직에 섬유성 조직의 침투가 발생한다. 비록 음경이 발기가 된다하더라도, 섬유성 조직은 발기의 강도를 낮추는 결과를 초래한다. 고환의 크기와 무게가 약간 감소하지만, 감소의 폭은 다양하다. 많은 경우 노화에 따른 고환 크기의 감소는 정자와 테스토스테론 생산을 담당하는 **세정관**의 세포 수 감소에 기인한다. 성기능의 변화를 초래하는 부고환, 수정관, 요도 및 정자 주머니의 노화에 따른 해부학적 변화는 폭넓게 관찰되지 않았다.

남성에서 약간의 노화성 수정 능력의 감퇴는 대부분 세정관 속의 세포에서 변화를 나타낸다. 남성이 나이가 들면, **세르톨리 세포(sertoli cell)**로 알려진 정자를 지원하는 세포가 서서히 섬유성 조직으로 대체되고, 일회 사정당 정자의 수가 감소한다. 세르톨리 세포당 생산되는 정자의 수도, 비록 다양한 감소 폭이 관찰되긴 했지만, 감소하는 것으로 나타났다. 테스토스테론을 생산하는 **레이딕 세포(Leydig cell)** 수 또한 감소한다. **테스토스테론(testosterone)**은 정자 생산을 시작하는 데 요구된다. 테스토스테론 생산의 감소는 노인 남성의 정자에서 관찰되는 높은 유전학적 오류를 설명하는 기전으로 제안되어져 왔다.

비록 혈중 테스토스테론 농도의 감소가 레이딕 세포의 감소와 관련이 있을 것으로 알려져 있지만, 다수의 연구들은 시상하부-뇌하수체-고환으로 이어지는 축의 변화가 감소된 테스토스테론의 원인일 것으로 제안하고 있다. 젊은 남성의 테스토스테론 생산은 24시간을 기준으로 하는 리듬인 **일주기 리듬(circadian rhythm)**을 따른다. 테스토스테론의 생산은 오전 4시에서 8시 사이가 가장 높고, 자정 무렵이 가장 낮다. 테스토스테론의 일주기 리듬은 테스토스테론 생산을 유발하는 뇌하수체 호르몬인 LH의 리듬과 유사하게 나타난다. 노인 남성은 낮은 테스토스테론 농도와 그것을 생산하는 일주기 리듬을 상실하는 것으로 보인다. 그럼에도 불구하고, LH의 농도는 테스토스테론이 감소되는 것에 비례해서 감소되지는 않으며, 이것은 노화에 따라서 레이딕 세포가 LH의 촉진 효과에 대해 반응성이 낮아진다는 것을 의미한다. 이와 유사한 반응이 갱년기 여성에서 관찰되기 때문에, LH에 대한 레이딕 세포의 줄어든 반응성을 **남성갱년기(andropause)**라고 한다.

### 고령은 성적 활동의 장벽이 아니다

남성과 여성의 생식기관들의 노화성 변화는 성적 활동에 단지 미약한 영향을 준다. 남성에서는 음경의 발기조직에서 섬유상 물질들이 침착되고, 그것이 발기 속도와 조직의 경도를 변화시킬 수 있다. 음경이 충분히 발기되지 않아서 성교를 할 수 없는 상태인 발기부전은 정상적인 노화에 따른 상태가 아니다. 이것은 60세 이상의 남성에서 단지 15~20% 정도에서만 나타난다. 비록 고환, 정자 주머니, 그리고 전립선에서 나타나는 정상적인 노화성 변화들이 수정 능력에 영향을 주고 질병의 위험도를 높이기는 하지만, 이런 기관들의 변화는 성적 활동에 영향을 주는 것 같지는 않다.

여성에서는 노화에 따라 질벽의 두께가 감소하며, 성적 활동과 건강에 영향을 줄 수 있는 변화를 초래한다. 점막 세포에서 윤활작용을 하는 분비물이 감소하면, 성교하는 동안 마찰과 고통과 가벼운 물리적 외상의 가능성이 증가한다. 그러나 최근의 증거는 규칙적인 성생활에 참여하는 여성은 점막 세포의 분비물이 약간 감소하는 것으로 보인다. 대부분의 연구들은 여성의 노화에 따른 성생활 감소는 대부분 심리적인 문제이거나 적절한 배우자를 찾지 못한 것에 기인한다.

## 필수 개념

- 완전히 성장하고 발달한 후(성숙한 상태)에서, 체중의 변화는 지방 축적량에 따라 변한다.
- 에너지 평형—섭취된 에너지에서 소비된 에너지를 뺀 값—은 지방 축적의 변화를 계산하는 데 이용할 수 있다.
- 에너지 섭취량은 우리가 먹은 지방, 단백질, 그리고 탄수화물 양의 계산을 통해 결정된다. 에너지 소비량은 호흡에 포함된 기체를 측정함으로써 계산할 수 있다; 총에너지 소비량은 휴식기 에너지 소비량 그리고 신체활동과 음식 섭취에 따른 열발생량을 합한 것과 같다.
- 체중은 평균적으로 20대에서 70대 사이에 대략 15% 정도 증가한다. 종단적 연구들은 성숙기의 근육량의 감소는 남성에서는 매 10년마다 약 2% 정도, 여성에서는 매 10년마다 약 1% 정도의 속도로 발생한다.
- 생의 마지막에는 체중이 감소하는데, 이는 근육과 지방 조직량의 감소를 반영한다. 음식 섭취량의 감소는 생의 마지막 체중 감소와 병행해서 나타나고 이는 노화에 따른 식욕부진으로 알려진 병리학적 상태를 유발한다.
- 피부 주름은 세 가지 노화성 변화에 의해 발생한다: (1) 피부세포 수와 기능의 소실; (2) 피하조직 지방의 감소; 그리고 (3) 콜라겐의 비효소성 교차결합의 증가. 얇고 상대적으로 탄력성이 적은 표피로 덮여 있는 얼굴, 팔, 그리고 다리에서 피하지방의 감소는 불규칙성을 유발하고, 이것이 곧 주름을 발생시킨다.
- 피부 노화의 대부분은 자외선 과다노출에 의해 발생한다.
- 노인성 난청이라고 알려진 노화성 청각의 감퇴는 속귀의 변화에 의해 발생하지만, 이런 변화의 원인은 알려져 있지 않다.
- 50세 이상의 모든 사람은 눈의 광학적 부위가 변화됨에 따라 노안으로 알려진 상태와 같이 가까운 물체에 초점을 맞추는 능력에 영향을 받게 된다.
- 노안은 두 가지 요인에 의해 주로 발생하는 것처럼 보인다: 렌즈 손상의 복원력 감소와 과도한 비효소성 교차결합이 그것이다.
- 미뢰와 후각 중심의 노화성 변화는 미미하다.
- 위축성 위염의 발생이 노화에 따라 증가하는데, 이는 헬리코박터 파이로리에 의한 감염의 결과이다.
- 소장의 노화성 변화는 미미하며, 대부분의 영양분 흡수에 심각한 지장을 주지 않는 것으로 보인다.
- 신장으로의 혈액 흐름은 심장 박출량의 총량과 비율에 의해 노화에 따라서 낮아진다.

- 인간 면역계의 노화성 감퇴를 결정하는 것은, 후천면역계가 개인의 초기 발생기 동안에 대부분 발달하고 각 개인이 환경과 어느 정도로 밀접한 상호작용을 했는지에 의해 결정되기 때문에, 도전적 과제이다.
- 선천면역계의 노화성 기능 손실은 호중구와 대식세포의 식세포 기능 손실과 사이토카인과 케모카인 분비 감소를 반영한다.
- 노화는 가슴샘의 심각한 위축을 초래하며, 이에 따라 미감작 T 세포의 생산 감소를 유발한다.
- 주변 조직의 B 세포 수는 노화에 따라 감소하며, 이는 골수의 B 전구세포의 변화를 반영한다.
- 여성과 남성은 그들의 생식 과정에서 심각한 노화성 변화를 경험한다. 여성의 수정 능력은 월경의 중단과 대개 50~60대에 폐경이 시작되면서 끝난다. 난소에서 성 관련 호르몬의 생산은 극적으로 낮아진다. 남성의 수정 능력과 성호르몬 생산은 노화에 따라 감소한다. 정자의 유전학적 품질 또한 노화에 따라 낮아지는 것처럼 보이며, 이는 자손의 유전질환의 위험도를 높인다.

## 토론 질문

**Q8.1** 오베르타는 하루에 10,460 kJ의 에너지를 섭취하고 총에너지 소비량은 9,623 kJ이다. 오베르타는 양 혹은 음의 에너지 평형을 가지고 있는가? 만약에 오베르타가 이런 에너지 섭취와 에너지 소비의 비율을 유지한다면, 그녀는 5년 후에 몸무게가 몇 kg 정도 증가할 것인가?

**Q8.2** 에너지 섭취의 증가보다 에너지 소비의 감소가 고령의 인구들에서 나타나는 과체중과 비만의 주요 원인이라는 가설을 지지하기 위하여 당신은 어떤 증거를 제시할 것인가?

**Q8.3** 위축성 위염을 간단히 정의하라. 노인들에서 이 병의 주요 원인과 치료방법을 포함시켜라. 위축성 위염이 소화에 미치는 영향은 무엇인가?

**Q8.4** 노화성 부동섬모의 손실이 청각에 미치는 영향에 대해 서술하라. 당신의 서술에 음파의 물리적 특성이 뇌가 소리를 해석하는 데 사용되는 신경신호로 전환되는 방법을 포함시켜라.

**Q8.5** 최종당화산화물(AGE)이 무엇이며, 그것이 어떻게 단백질과 다른 생물학적 구조의 기능적 변화를 일으키는가?

**Q8.6** 눈의 초점을 맞추는 기전에서 원근을 조절하는 과정을 설명하라. 어떤 요인들이 원근을 조절하는 기전에 노화성 변화를 초래하는가 그리고 이런 변화로 나타나는 시각의 결과는 무엇인가?

**Q8.7** 적응면역계의 노화성 변화들이 어떻게 예방 접종의 효과를 낮출 수 있는지 간단히 설명하라.

**Q8.8** 노인들에서 상처 회복 시간이 길어지도록 유발하는 요인들에 대해 간단히 설명하라.

**Q8.9** 사구체 여과 속도에 대해 정의하고 왜 신장의 혈액흐름의 노화성 변화가 사구체 여과 속도를 줄이는지를 설명하라.

**Q8.10** 폐경을 유발하는 두 가지 노화성 변화는 무엇인가?

# 추가 참고문헌


## 신체의 구성과 에너지 대사의 변화

Byrd-Bredbenner C, Moe G, Beshgetoor D & Berning J (2009) Wardlaw's Perspectives in Nutrition, 8th ed. Boston: McGraw Hill, pp 313–359.

Calle EE, Thun MJ, Petrelli JM et al (1999) Body-mass index and mortality in a prospective cohort of U.S. adults. *N Engl J Med* 341:1097–1105.

Narici MV & Maffulli N (2010) Sarcopenia: characteristics, mechanisms and functional signifi cance. *Br Med Bull* 95:139–159.

Roberts SB & Dallal GE (2005) Energy requirements and aging. *Public Health Nutr* 8:1028–1036.

Robertson RG & Montagnini M (2004) Geriatric failure to thrive. *Am Fam Physician* 70:343–350.

U.S. Department of Health and Human Services (2010) Summary Health Statistics for U.S. Adults: National Health Interview Survey, 2009. Hyattsville, MD: U.S. Department of Health and Human Services. www.cdc.gov/nchs/data/series/sr_10/sr10_249. pdf

## 피부의 변화

Buckingham EM & Klingelhutz AJ (2011) The role of telomeres in the ageing of human skin. *Exp Dermatol* 20:297–302.

Prunier C, Masson-Genteuil G, Ugolin N et al. (2012) Aging and photo-aging DNA repair phenotype of skin cells: evidence toward an effect of chronic sun-exposure. *Mutat Res* 736:48–55.

Puizina-Ivic N (2008) Skin aging. *Acta Dermatovenerol Alp Panonica Adriat* 17:47–54.

## 감각들의 변화: 청각, 시각, 미각, 그리고 후각

Croft MA, Glasser A & Kaufman PL (2001) Accommodation and presbyopia. *Int Ophthalmol Clin* 41:33–46.

Eye Disease Prevalence Research Group (2004) Causes and prevalence of visual impairment among adults in the United States. *Arch Ophthalmol* 122:477–485.

Huang Q & Tang J (2010) Age-related hearing loss or presbycusis. *Eur Arch Otorhinolaryngol* 267:1179–1191.

Murphy CC (2008) The chemical senses and nutrition in older adults. *J Nutr Elderly* 27:247–264.

Van Eyken E, Van Camp G & Van Laer L (2007) The complexity of age-related hearing impairment: contributing environmental and genetic factors. *Audiol Neurootol* 12:345–358.

Widmaier EP, Raff H & Strang KT (2004) Human Physiology: Mechanisms of Body Functions, 9th ed. Boston: McGraw Hill, pp 231–241.

## 소화계의 변화

Byrd-Bredbenner C, Moe G, Beshgetoor D & Berning J (2009) Wardlaw's Perspectives in Nutrition, 8th ed. Boston: McGraw Hill, pp 116–151.

Drozdowski L & Thomson AB (2006) Aging and the intestine. *World J Gastroenterol* 12:7578–7584.

Holt PR (2007) Intestinal malabsorption in the elderly. *Dig Dis* 25:144–150.

Kandulski A, Selgrad M & Malfertheiner P (2008) *Helicobacter pylori* infection: a clinical overview. *Dig Liver Dis* 40:619–626.

## 비뇨기계의 변화

Esposito C & Dal Canton A (2010) Functional changes in the aging kidney. *J Nephrol* 23 suppl 15:S41–45.

Martin JE & Sheaff MT (2007) Renal ageing. *J Pathol* 211:198–205.

Pannarale G, Carbone R, Del Mastro G et al (2010) The aging kidney: structural changes. *J Nephrol* 23 suppl 15:S37–40.

Widmaier EP, Raff H & Strang KT (2004) Human Physiology: Mechanisms of Body Functions, 9th ed. Boston: McGraw Hill, pp 513–562.

## 면역계의 변화

Gruver AL, Hudson LL & Sempowski GD (2007) Immunosenescence of ageing. *J Pathol* 211:144–156.

Plowden J, Renshaw-Hoelscher M, Engleman C et al (2004) Innate immunity in aging: impact on macrophage function. *Aging Cell* 3:161–167.

Widmaier EP, Raff H & Strang KT (2004) Human Physiology: Mechanisms of Body Functions, 9th ed. Boston: McGraw Hill, pp 695–738.

## 생식계의 변화

Kuhnert B & Nieschlag E (2004) Reproductive functions of the ageing male. *Hum Reprod Update* 10:327–339.

Widmaier EP, Raff H & Strang KT (2004) Human Physiology: Mechanisms of Body Functions, 9th ed. Boston: McGraw Hill, pp 643–694.

# 9 인간의 노화와 관련된 질병

"매년 반복되는 생일을 위한 치료법은 없다"

-존 글렌[JOHN GLENN(1921~), 우주비행사, 전 미국상원의원]

제1장에서 우리는 노화와 질병 사이의 차이점에 대해 어느 정도 자세히 논의했다. 질병은 세포의 물리적 그리고 생화학적 기능을 와해시키는 과정을 나타내는 반면에, 생물학적 노화는 정상적인 세포의 기능 범위 안에서 발생하는 것이라는 것을 상기하라. 노화와 질병의 차이를 정의하는 것은 노화 생물학에서 논의되는 용어를 명확하게 하는 것이고 실험적 연구를 위한 경계를 확립하는 것을 도와준다. 그러나 이 책에서 정상적인 노화성 기능 손실과 명확한 질병 사이에 그어 놓은 엄격한 경계가 노인들의 실제적 세상에서는 명확하게 구별되지 않는다.

대부분 질병의 발생은 노화에 따라 증가한다; 이 사실은 무너질 수 없다. 노화와 질병에 관한 진정한 질문은, 왜 정상적인 노화성 기능 손실이 질병이 되는가이다. 일생에 있어서 발달과 성숙 단계 동안, 대부분의 생리학적 기관계들은 정상적인 기능과 비정상적인 기능의 차이를 쉽게 확인할 수 있을 정도의 수준으로 유지된다. 노화가 진행되면, 정상과 비정상 사이의 차이를 명확하게 구별하기 힘들어진다. 예를 들면, 이 장에서 배울 수 있는 것처럼, 70세 이상의 모든 개인은 심혈관계에 어느 정도의 기능 손실을 가지고 있다. 대부분의 개인에서는 이러한 감퇴가 전반적인 생리학적 기능 혹은 일상생활에 심각한 변화를 초래하지 않는다. 그러나 일부 사람들에게는 심혈관계의 기능 감퇴가 울혈성심부전증이라는 치명적인 질병으로 진행할 수 있다.

이 장에서는, 대부분 후생식 기간으로 한정하여 명확하게 규정된 질병들에 대해 중점을 둔다. 이 장의 마지막에서, 우리는 노인들의 가장 공통적인 질병인 알츠하이머병, 파킨슨병, 심혈관 질환, 제2형 당뇨병, 그리고 골다공증 등과 같은 5가지 질병을 논의한다. 이런 각 질병들을 통하여, 어떻게 특정한 기관 혹은 생리학적 기관계에서 발생하는 정상적인 노화성 변화가 명확한 질병 상태로 진행되는지에 대해서 배울 것이다. 모든 나이 대에 영향을 주는 암은 여기서 다루지 않는다.

간과 호흡기관과 같은 몇 가지 기관계에 대해서, 노화성 질환은 노화 그 자체의 결과라기보다는 환경적 요인 혹은 생활방식의 선택에 의해서 더 발생한다. 예를 들어, 흡연은 폐의 노화성 질병의 첫째 요인이다.

이 장에서...

## 신경계와 신경 신호들

신경계는 우리 몸에서 가장 복잡한 기관계이다. 모든 움직임, 모든 호흡, 모든 감각 인식들은 신경계에서 시작한다. 우리의 신경계는 세 가지 중복된 기능을 가진다: 감각 수용, 통합, 그리고 동적 출력. 이런 기능들은 뇌, 척수, 자극을 수용하는 감각 수용체, 자극에 대해 몸의 반응을 수행하는 효능 세포, 그리고 몸의 다양한 부분으로 정보를 전달하는 신경망 등에 의해 수행된다. 뇌와 척수는 **중추신경계**(**central nervous system; CNS**)를 구성하고, 신경은 **말초신경계**(**peripheral nervous system; PNS**)를 구성한다(**그림 9.1**). 모든 신경은 자신들의 신호를 중추신경계와 몸의 나머지 부분 사이에, 신경 세포막을 가로지르는 이온들의 교환에 의해 발생하는 전기적 신호와 화학적 신호들을 조합하여 전달한다. 이 절에서, 우리는 인간 신경계의 전반을 살피고 정상 기능을 하는 기관에서 신경 신호들의 특성을 살펴본다.

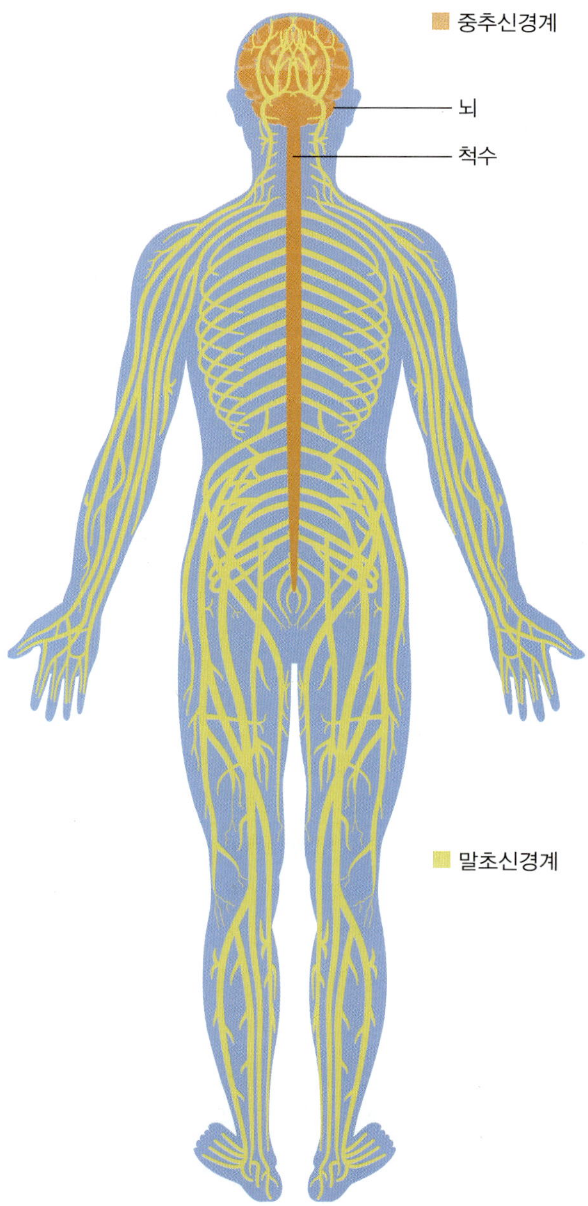


**그림 9.1 인간 신경계의 거시 해부학.** 중추신경계는 뇌와 척수로 구성된다. 신경은 중추신경계에서 발원하여 말초신경계를 구성한다.

## 신경계는 신경세포와 지원세포로 구성되어 있다

**뉴런(neuron,** 혹은 신경세포)은 신경계의 의사전달 과정을 따라 메시지를 전달하는 세포들이다. 세 가지 중요한 뉴런 세포들이 있다: **감각뉴런(sensory neurons)**은 외부 및 내부 환경에서 제공되는 감각을 중추신경에 전달하는 세포이며; **운동뉴런(motor neurons)**은 중추신경에서 **주효세포(effector cells**: 근육과 샘 세포들)로 운동 신호를 전달하는 세포이며; **중간뉴런(interneurons)**은 감각의 입력과 운동 출력을 통합하는 세포이다. 비록 뉴런은 기능에 따라 어느 정도 구조의 다양성이 있으나, 대부분은 세 가지 일반적인 구조로 구성되어 있다: 세포체(cell body), 수상돌기(dendrites), 그리고 축삭(axon) (그림 9.2).

**세포체(cell body)**는 핵과 다른 다양한 세포소기관을 보유하고 있어서, 세포의 정상적인 기능을 수행한다. **수상돌기(dendrite)**는 세포체에서 뻗어나간 가지 모양의 구조를 하고 있으므로 뉴런의 표면적을 증가시킬 수 있다. 수상돌기는 다른 뉴런과 감각 수용체로부터 신호를 받아들이고 그것을 나머지 뉴런으로 전달한다. **축삭(axon)**은 세포체에서 축삭말단인 세포 끝으로 신호를 보내는 긴 관모양으로 확장된 것이다. 축삭말단은 다른 뉴런의 수상돌기와 연결되어 있다. 많은 뉴런들이 하나의 축삭을 가지고 있으며, 축삭의 길이는 다양하다. 예를 들면, 손가락의 미세운동을 조절하는 축삭은 척추에 있는 세포체에서 발원하여 손까지 쭉 뻗어 있으나, 어떤 축삭은 1 mm 보다도 짧다. 더욱이 축삭은 가지를 칠 수도 있어서, 각 가지는 **시냅스 말단(synaptic terminal)**이라는 특수한 말단을 만들 수 있다. 시냅스 말단과 다른 세포가 붙는 부위를 **시냅스(synaps)**라고 한다. 나중에 다루겠지만, 시냅스는 하나의 뉴런이 다른 뉴런에 신호를 전달하는 장소이다.

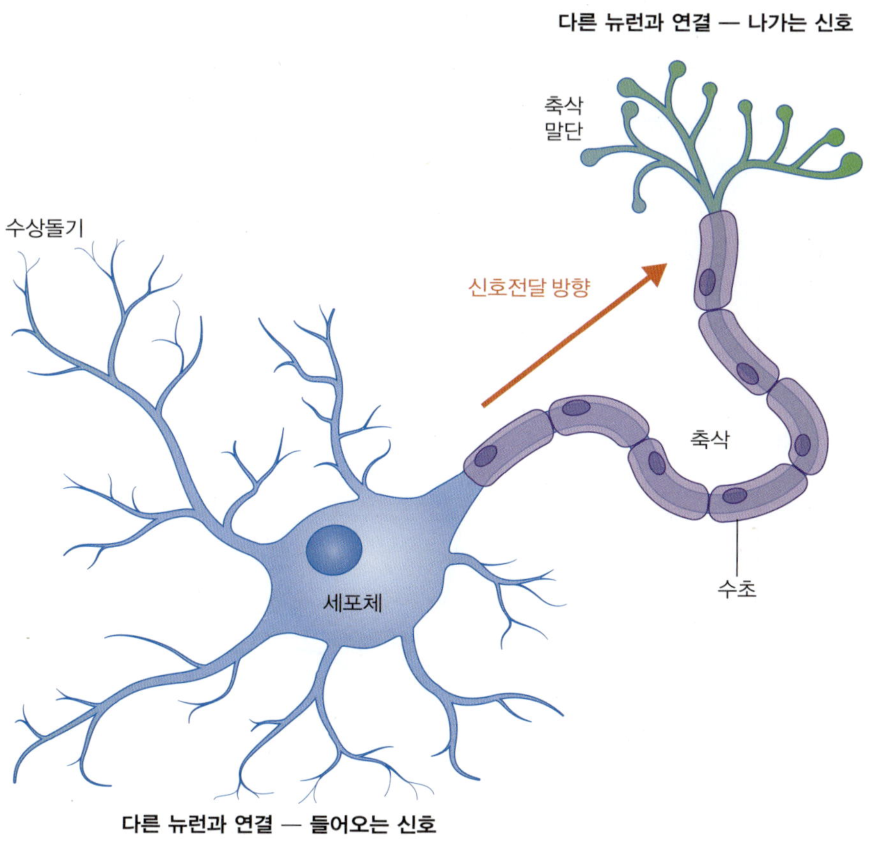


그림 9.2 뉴런의 해부학적 구조.

축삭은 **수초(myelin sheath)**라고 불리는 절연층으로 싸여 있는 경우가 많다. 말초신경에서 수초는 **슈반세포(Schwann cell)**라고 불리는 보조세포에서 만들어진다. 중추신경에서는 수초가 **희돌기교세포(oligodendrocytes)**라는 보조세포에서 만들어진다.

## 세포전위는 신경 신호 전달을 위한 상태를 만든다

모든 신경은 신체의 다른 부분으로 정보를 전달하기 위하여 자극 혹은 전기 신호를 만든다. 이런 자극은 뉴런의 세포막을 가로지르는 이온의 흐름에 의존하여 만들어진다. 모든 살아 있는 세포들은 자신의 세포막을 가로질러서 다른 전하를 갖는다. **막전위(membrane potential)**는 세포의 안과 밖 사이의 전압 혹은 전위 차이이다. 막전위는 세포내액과 세포외액의 이온 농도의 차이에 의해서 발생한다. 세포외액은 높은 소듐($Na^+$)와 염소($Cl^-$) 농도를 가지는 반면에, 세포내액(세포질)은 높은 포타슘($K^+$) 이온 농도를 가진다.

모든 세포가 막전위를 가지고 있지만, 뉴런과 근육세포 만이 세포막의 전기적 상태가 변하는 활동성 막전위를 가진다. 막전위의 크기는 전기적 신호를 퍼뜨릴 수 있도록 하는 세포막의 준비성과 능력에 의해 결정된다—세포막의 잠재능이 커지면, 전위가 변하는 사건을 유발할 수 있는 가능성이 더 커진다. 휴지기(비흥분 상태)의 뉴런에서 **휴지기 막전위(resting membrane potential)**는 일반적으로 −70 mV이다. 관례적으로 세포의 바깥쪽 전압은 "0"이고, 따라서 음의 막전위는 세포의 안쪽이 바깥쪽 보다 더욱 음으로 하전되어 있다는 의미이다(그림 9.3). 세포막이 휴지기 전위에 비해서 덜 분극되는 상태(세포 안쪽이 더 적게 음으로 하전되는 상태)로 전위가 변하는 것을 **탈분극(depolarization)**이라 한다. 막전위가 음의 방향으로 더욱 커지는 방향으로 변하는 것을 **과분극(hyperpolarization)**이라 한다.

제4장과 제8장에서 세포막은 인지질 이중층으로 되어 있음을 살펴보았다. 이온들은 전기적으로 하전되어 있으므로, 세포막의 지질층을 통과하는 직접적인 확산이 불가능하다. 뉴런의 세포막은 **전압관문 이온채널(voltage-gated**

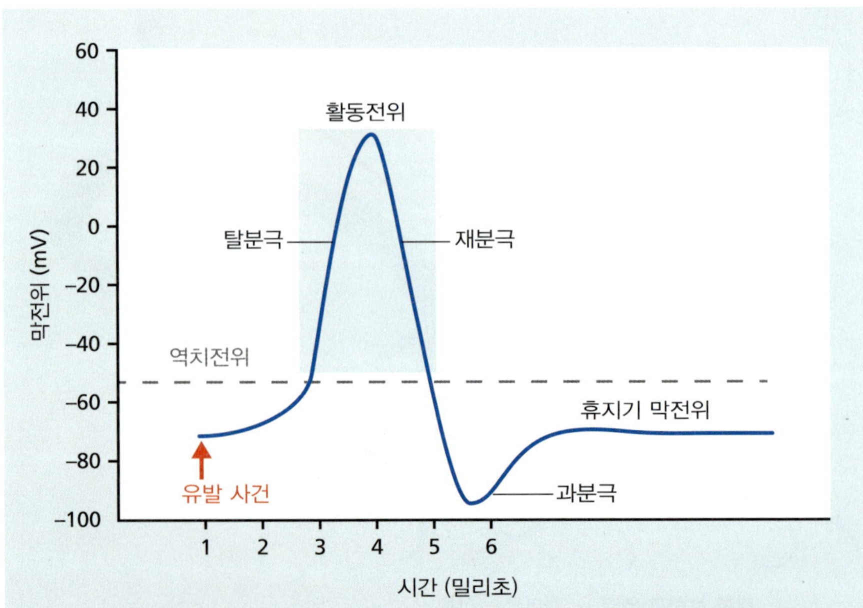


**그림 9.3 막전위와 역치전위.** 뉴런의 휴지기 막전위는 −70 mV이고, 이것은 상당히 분극되어 있으며 전기적 활동의 변화를 위해 준비가 되어 있는 상태이다. 유발 사건이 발생하면, 막전위는 양의 방향으로 서서히 변한다(세포 안쪽이 덜 음전하를 띈다). 약 −55 mV인 역치 전위에 도달하면 소듐 채널이 열리고 빠른 탈분극이 유발된다. +30 mV에서 탈분극은 정지되고 역전(재분극)이 시작되므로 뉴런은 자신의 휴지기 막전위로 되돌아 온다.

**ion channel)**을 보유하고 있어서, 소듐과 포타슘 이온들이 세포 안과 밖으로 이동할 수 있다. 이 채널들은 전기 신호에 반응하여 열고 닫을 수 있는 문을 가지고 있다. 이것은 세포가 받는 자극 혹은 계기에 반응하여 세포로 하여금 자신의 막전위를 변화시킬 수 있도록 한다**(그림 9.4)**. 둘째 손가락을 움직이도록 뇌에서 생각하는 것과 같은, 세포막의 작은 일부분에 자극을 받으면, 그 사건은 **활동전위**를 유발시킨다. 유발 사건은 세포막에서 소듐 이온에 대한 투과성을 증가시키고, 소듐 이온은 세포막을 통과하여 세포 안으로 이동하는데, 이것이 탈분극의 시작이다. 전하의 역전은 약 −55 mV인 역치에 도달하기 전까지는 서서히 진행된다. 역치 전위는 소듐 채널의 문을 열어서, 결과적으로 폭발적인 탈분극을 유발하여 활동전위를 생성한다. 활동전위가 약 +30 mV에 도달하면, 포타슘 채널이 열린다. 포타슘 이온의 세포 밖으로의 이동은 재분극 과정을 시작하도록 한다. 세포막의 일부 지역에서 활동전위의 마

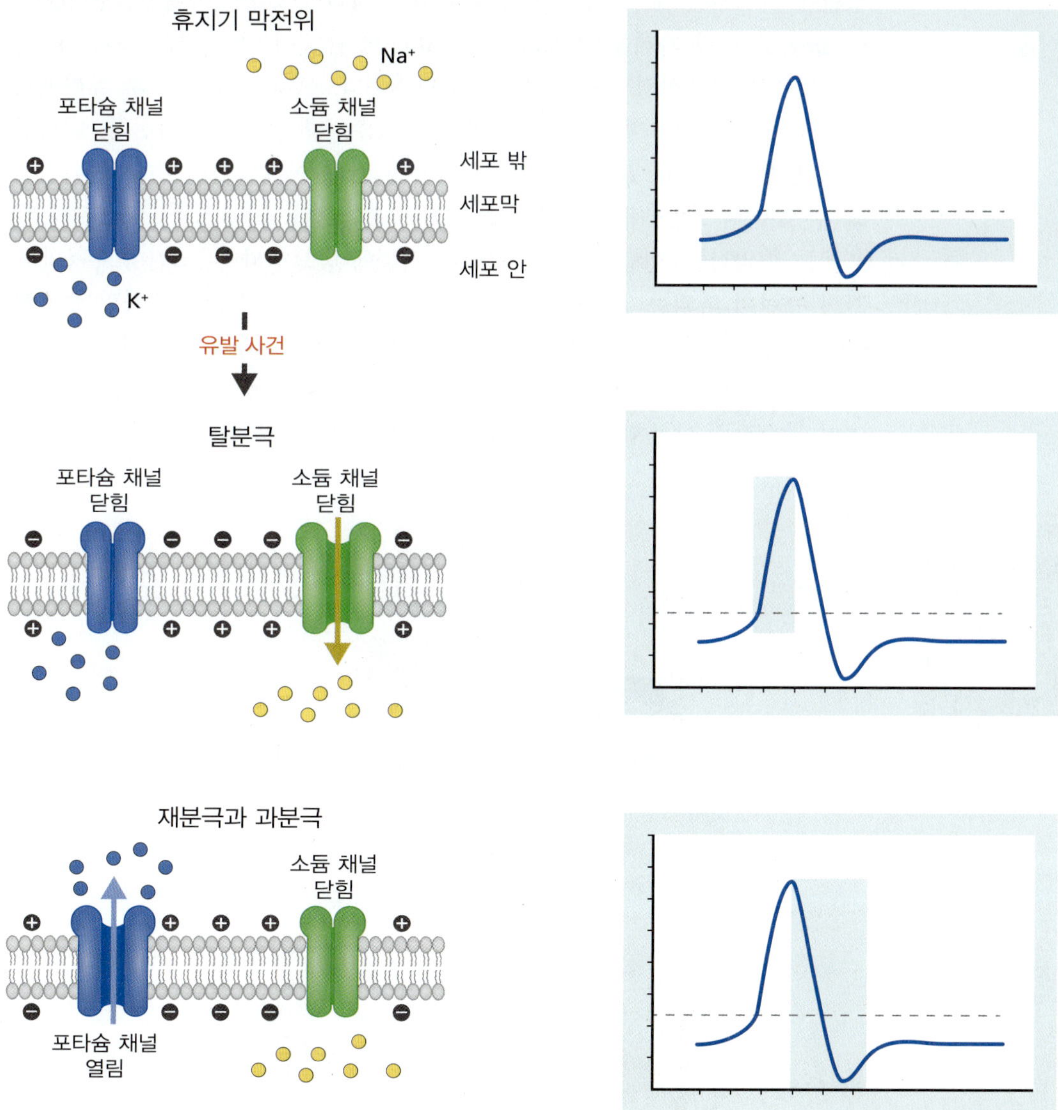


**그림 9.4 막전위의 변화에서 전압관문 이온 채널의 역할.** 하나의 유발 사건은 세포막에서 소듐 이온의 투과성을 증가시켜 서서히 탈분극을 유도한다. 소듐 채널은 막전위가 −55 mV에 도달하면 열린다. 탈분극은 활동전위가 +30 mV에 도달할 때까지 지속된다. 도달하면 소듐 이온 채널은 닫히고 포타슘 이온 채널은 열린다. 포타슘 이온이 세포 밖으로 나오는데, 이것이 탈분극 과정을 역전시키는 것이다(재분극). 막전위가 −80 mV에 도달하면, 포타슘 채널이 닫히고 세포막은 자신의 휴지기 전위로 돌아간다.

지막은 다음 번 활동전위의 개시를 촉발하는 것이다.

### 신경전달물질은 시냅스에서 뉴런들을 화학적으로 연결한다

축삭말단은 수상돌기와 물리적으로 붙어 있지 않다. 그 대신에 한 뉴런의 축삭말단은 다른 뉴런의 수상돌기와 화학적 연결을 형성한다(**그림 9.5**). 신호를 만드는 세포를 **시냅스 전 뉴런(presynaptic neuron)**이라고 하며, 신호를 받아들이는 세포를 **시냅스 후 뉴런(postsynaptic neuron)**이라 한다. 두 뉴런 사이의 공간을 **시냅스 간극(synaptic cleft)**이라고 한다. 종합적으로 시냅스 전 뉴런, 시냅스 후 뉴런, 그리고 시냅스 간극이 시냅스를 형성한다. 시냅스 꼭지라고 하는 시냅스 전 세포의 말단들은 시냅스 소낭을 가지고 있다. 각 소낭은 활동 전위에 반응하여 시냅스 간극으로 방출되는 화합물인 신경전달 분자를 수천 개 보유하고 있다.

50~100가지 다른 종류의 신경전달 물질이 있다. 여기에서는 노화성 뇌질환에 관여하는 두 가지 중요한 종류의 신경전달물질인 **아세틸콜린(acetyl choline; Ach)**과 **카테콜아민(catecholamine)**에 대해서 간단하게 논의한다. 아세틸콜린은 말초신경과 중추신경에서 발견된다. 그것은 시냅스 후 뉴런에서 발견되는 수용체의 종류에 따라, 억제성과 흥분성 신호를 전달한다. **니코틴성 수용체(nicotinic receptor)**로 알려진 한 가지 아세틸콜린 수용체는 시냅스 후 뉴런의 소듐 채널을 열어서 신호를 전파한다. 뇌에 있는 니코틴성 수용체는 주의집중, 학습, 기억과 관련된 기능에 중요하다. 니코틴성 수용체를 가진 뉴런의 파괴는 알츠하이머병의 진행과 관련되어진다. **무스카린 수용체(muscarinic receptor)**로 알려진 다른 종류의 니코틴성 수용체는 신호를 전파하는 데 G-단백질 결합 기전을 이용하며, 주로 말초신경에서 발견된다. 심장에서 무스카린 수용체 수의 감소는 심장의 노화성 기능저하의 원인 중 하나

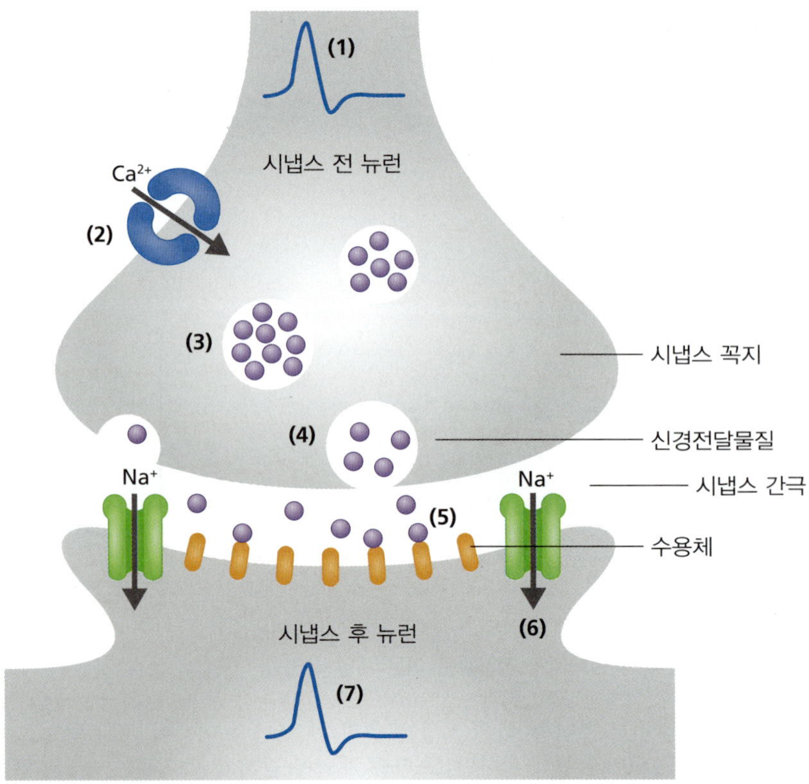


**그림 9.5 두 뉴런 사이에 신호전파의 일반적 기전.** (1) 시냅스 전 뉴런세포에서 활동전위의 생산이 발생하여 (2) 칼슘 이온 채널이 열린다. 시냅스 꼭지로의 칼슘 이온의 유입은 (3) 시냅스 소낭을 세포막으로 이동하도록 하며 (4) 세포외 배출을 통하여 신경전달 분자들을 시냅스 간극으로 방출한다. (5) 시냅스 후 뉴런에 있는 수용체에 신경전달 분자들의 결합은 (6) 소듐 이온 채널의 열림을 유도하고, 이것이 (7) 활동전위를 만든다.

일 것이다.

카테콜아민은 카테콜에서 유도된 아민이다. 그것에는 **도파민**(**dopamine**), **노르에피네프린**(**norepinephrine**), 그리고 **에피네프린**(**epinephrine**) 등의 세 가지 종류가 있다. 노르에피네프린과 에피네프린은 한 때 아드레날린이라는 하나의 신경전달물질로 생각되었다. 이런 이유로, 노르에피네프린과 에피네프린을 분비하는 뉴런을 아드레날린성 뉴런이라고 부르며 이런 카테콜아민과 결합하는 수용체를 **아드레날린 수용체**(**adrenergic receptor**)라고 한다. 노르에피네프린을 분비하는 뉴런은 뇌 중심에서 발견되며, 이곳에서는 생명의 기본적인 기능을 조절한다(다음 부분의 뇌에 대한 설명을 참고). 에피네프린을 분비하는 뉴런은 말초신경에 있으며, 우리의 투쟁-도주 반응을 책임진다(누군가 당신을 위협할 때 당신은 놀라서 뛸텐데, 이것이 에피네프린의 작용이다). 도파민을 방출하는 뉴런은 움직임을 조절하는 뇌 중심에서 주로 발견된다. 세 가지 카테콜아민 모두는 두 가지 종류의 수용체에 결합할 수 있다. α-아드레날린성 수용체는 이온 채널을 조절함으로써 활성전위를 전달한다. β-아드레날린성 수용체는 무스카린 수용체와 같이 세포 신호전달에 G-단백질 결합법을 사용한다. 다음 절에서 볼 수 있는 것처럼, 아드레날린성 뉴런의 기능소실은 파킨슨병의 주요 발병 원인이다.

### 인간의 뇌는 분리된 기관들과 세포 종류의 모음이다

성인의 뇌는 대체적으로 1.3~1.5 kg 정도의 무게를 가진다. 우리는 뇌를 하나의 기관으로 생각하는 경향이 있지만, 실제적으로는 각기 다른 특수한 기능을 수행하는 분리된 신경 중추들의 모임으로 구성되어 있다(**그림 9.6**). 그

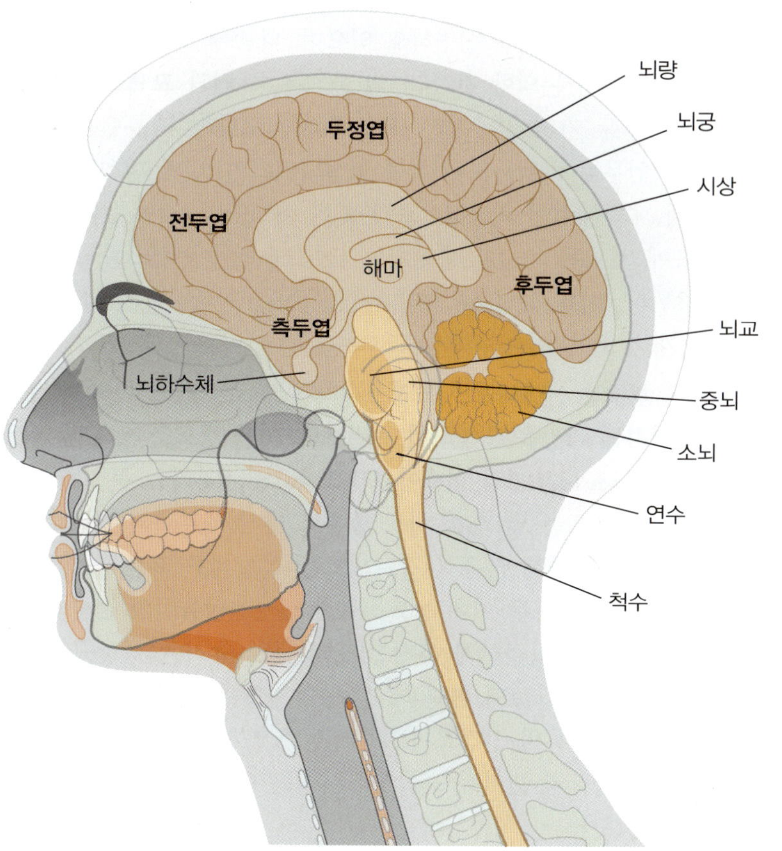


**그림 9.6** 노화성 질환에 쉽게 영향을 받는 인간 뇌 구조들.

**표 9.1 노화성 질환과 연결될 가능성이 있는 인간 뇌 구조들.**

| 구조 | 기능 |
|---|---|
| **피질 (대뇌)** | |
| 전두엽 | 추론, 계획, 언어의 일부, 운동, 감정, 문제해결 |
| 측두엽 | 청각 자극의 수용과 인식, 기억, 언어 |
| 두정엽 | 운동, 방향, 인지, 자극의 인식 |
| 후두엽 | 시각 처리 |
| **변연계** | |
| 시상하부 | 체온조절, 식욕, 수분조절, 일주기 |
| 시상 | 감각의 수용과 운동 활성을 조절하는 중추: 다른 뇌 중추로 신호 분배 |
| 편도체 | 정서, 공포, 기억 |
| 해마 | 기억, 학습 |
| 내후각피질 | 피질과 해마 사이의 연결, 기억 |
| 뇌궁 | 해마와 기억 중추 사이의 연결 |
| **기저핵/뇌간** | |
| 중뇌 | 시각의 운동반응, 눈의 움직임, 동공확장, 청각 |
| 뇌교 | 수면과 각성, 다양한 자율기능의 중계, 피질과 소뇌의 중계, 청반을 보유함, 노르에피네프린을 생산하고 스트레스와 공황 상태를 조절하는 중추 |
| 편도체 | 자율기능 조절, 뇌와 척수 사이를 연결 |
| 흑질 | 수의운동 조절을 위한 피질과 뇌간 사이의 연결부위; 기분, 중독(가능성) 조절 |
| **다른 구조** | |
| 소뇌 | "작은뇌" 라는 뜻의 라틴어: 감각의 인식과 운동조절을 조정, 감각에 대응하는 운동의 미세조절 |

곳에는 수백 가지의 특징적인 신경구조와 중추들이 있다. **표 9.1**은 몇 가지 신경구조와 그들의 기능에 대해 설명하고 있으며, 나중에 노화와 신경병리의 발병의 연관성에 대해서 논의할 것이다. 뇌 조직은, 뉴런과 **교세포(glial cell)** 혹은 **아교**세포라는, 두 가지 일반적인 세포 종류를 포함한다. 뉴런은 특수한 위치에서 특수한 임무를 수행하기 위하여 형성되었으며, 일단 형성된 후에는 교체되지 않는다. 즉, 뉴런이 최종적으로 분화된 세포이다. 최종 분화의 원리는 뉴런은 처음에 계획된 기능을 수행하고 다른 종류의 뉴런으로 교체되지 않을 것을 보증한다. 비록 성인 뇌 속의 뉴런 수는 개인마다 다양하지만, 대부분은 $1 \times 10^{12}$개 정도이다.

뇌에서 다른 종류의 신경세포인 교세포(그리스어로 "풀"을 뜻함)는 뉴런을 보조하고 유지하는 기능을 수행하며 뉴런보다 10배 정도로 수가 많다. 교세포는 **신경교세포(neuroglia)**와 **미세아교세포(microglia)**라는 두 가지 형태로 나타난다. 신경교세포는 몇 가지 세포 종류로 다시 세분화되는데, 그들의 기능에 따라 분류된다. 가장 많은 신경교세포는 성상세포 혹은 성상교세포로 알려진 것이다. 성상세포는 이온 농도조절과 신경전달물질의 순환 등으로 뉴런의 세포외적 환경을 적절하게 유지한다. 최근의 증거는 성상세포가 혈관 수축과 이완을 조절함으로써 혈관-뇌 장벽의 기초를 형성하는 것으로 제안하고 있다. 또 다른 종류의 신경교세포인 희돌기교세포는 축삭을 둘러싸서 절연체를 제공해 줌으로써 전기전도를 향상시키는 단백질인 미엘린을 생산한다.

미세아교세포는 식세포 기능이 있고 염증반응을 시작할 수 있는 동적인 신경대식세포이다. 비록 미세아교세포는 뇌 전체 세포의 15% 미만이지만, 이 세포들은 노화에 중요할 수 있는 필수적인 기능을 수행한다—손상되었거나 기능을 하지 않는 뉴런들의 제거를 통하여 손상에 대응한다. 손상된 뇌 조직을 제거하는 것이 잘못되면 다양한 노화성 신경질환을 유발할 수 있는 상태를 만들 것이다.

교세포에 더하여, 뇌는 순환되는 혈액과 뇌 조직 사이에 놓여 있는 생리학적 기구인 혈관-뇌 장벽에 의해 다양한 공격으로부터 보호 받는다. 이 장벽은 뇌 모세혈관의 투과성을 조절하여 혈액에서 발생하는 거대분자들 혹은 박테리아와 같은 입자들이 뇌 조직으로 들어오지 못하게 한다(뇌의 감염은 아주 드물다). 뇌 모세혈관의 변형된 투과성은 밀착연접이라는 구조에서 유래한다. 밀착연접은 뇌 모세혈관의 내피세포들 사이에 부착점을 증가시켜, 모세혈관 벽을 통한 확산 공간을 줄인다. 최근 증거에서는 혈관-뇌 장벽의 변형이 알츠하이머병의 진행에 영향을 미칠 수 있음이 제안되었다.

## 인간 뇌에서의 노화성 질병들: 알츠하이머병과 파킨슨병

인간의 다른 기관계에 대해서 과학자들이 알고 있는 것들에 비해, 인간의 뇌가 어떻게 자신의 기능을 수행하는 지에 대해서는 아주 기초적인 것만 이해를 하고 있다. 우리는 노화가 어떻게 뇌 기능에 영향을 주는지는 더욱 잘 모른다. 그럼에도 불구하고, 건강한 인간의 뇌는 상당한 수준의 기능을 보유하고 있고 성인기의 대부분 동안에 작은 구조적 변화를 나타내는 것으로 알려져 있다. 변화가 나타났다고 보고된 경우에도, 노화성 기능이상의 정도는 개인에 따라 변이가 상당히 많다. 더욱이 노화성 기능 상실이 발생하는 뇌의 해부학적 위치도 개인에 따라 매우 다르다. 이로 인해 인간 뇌에서 노화에 따른 기능 상실에 대해 일반화를 시키기가 어렵다. 그러나 인간 뇌의 노화에 따른 매우 작더라도 대단히 파괴적인 신경질환으로 진행할 가능성이 있다.

이 절에서는, 중추신경계에 영향을 주는 두 가지 중요한 노화성 질병인 알츠하이머병과 파킨슨병에 대해서만 초점을 맞출 것이다. (중추신경계로 정보를 보내거나 받는 신경인 말초신경계의 노화성 질병은 연구가 잘 안 되어 있기에 여기에서는 다루지 않을 것이다.)

### 노화된 뇌에서는 구조와 신경전달의 변화가 뚜렷하게 나타나지 않는다

노화가 진행됨에 따른 구조적 변화는, 개인에 따라 차이가 많고 모든 사람들에게 같은 장소에서 일어나는 것이 아니지만, 아주 작은 것으로 지속적으로 확인되고 있다. 더욱이, 새로운 신경 연결(즉, **신경가소성**; **neuroplasticity**)을 만드는 뇌의 능력은 노화된 인간의 뇌에서도 상당히 견고하게 남아 있다. 사실 자기공명영상(magnetic resonance imaging; MRI)을 이용한 연구들은 노화에 따른 뇌의 크기에서 아주 작은 변화만 관찰되었다. 뇌 위축이 없는 것은 두 가지 일반적인 관찰을 반영한다: (1) 신경세포 수가 성인기 동안에 거의 일정하게 유지되는 것과 (2) 아교세포의 형성이 노화에 따라서 천천히 증가(신경교증이란 과정으로) 하는 것 등이 그것이다. 신경세포 손실이 보고되었을 때, 그것은 해마, 청반, 그리고 소뇌 등과 같은 특이적인 뇌 중추에 한정되어 나타난다. 뇌 기능에 대한 노화성 신경세포의 손실의 중요성은 불명확하게 남아 있는데, 이는 작은 정도의 신경세포 손실과 감소된 기능의 연관성이 잘 나타나지 않기 때문이다.

시냅스의 밀도, 시냅스의 크기, 시냅스 간극의 부피 등과 같은 신경전달에 관여하는 구조의 노화성 변화 또한 아주 작은 것처럼 보인다. 비록 많은 수의 노인들에서 이런 값들을 측정하는 것이 어렵고, 시냅스의 질에 있어서 생식후기의 감퇴에 대한 보고들은 일반적으로 부검에 의해 획득된 뇌에 한정되어 있지만, 시냅스의 크기와 부피가 감소하는 기관인 해마를 제외하고는 시냅스 질이 굉장히 잘 유지가 되고 있다. 그러므로 시냅스 질의 변화에 의한 기능의 손실은 밝혀져 있지 않다.

현재의 증거들 또한 아세틸콜린, 노르에피네프린, 에피네프린, 도파민 등과 같은 신경전달물질의 농도에서는 노화에 따른 변화가 많지 않음을 제안하고 있다. 많은 사람을 대상으로 할 때에는 혈액과 오줌 속의 신경전달물질 농도를 측정하는 간접적인 방법으로 시행될 수 있다. 영상 기술이 접목된 방사능 검침자를 이용하는 새로운 기술들이 개발되었으나, 이 기술을 활용한 노인들의 검사를 갖고서 특정적인 결론에 도달하기에는 그 수가 너무 적다.

### 아밀로이드 반과 신경섬유매듭들이 노화된 뇌에 축적된다

노화된 인간의 뇌는 손상 받은 단백질을 뇌로부터 적절하게 제거할 수 있는 능력이 줄어든 것처럼 보이는데, 이는 잠재적인 독성 화합물의 축적을 초래한다. **아밀로이드 반(amyloid plaque)**과 **신경섬유매듭(neurofibrillary tangles)** 등과 같은 두 가지 독성 화합물은 알츠하이머병과 파킨슨병과 같은 신경질병을 유발하는 것으로 확인되었다**(그림 9.7)**. 그러나 건강한 노인의 뇌에 이런 화합물의 축적이 생식후기에 있는 사람들의 대부분들에서 기능적 능력에 대해 영향을 많이 미치지는 않는 것 같다. 단지 10~20% 정도의 노인

**그림 9.7 알츠하이머병을 지닌 개인의 뇌조직에 있는 아밀로이드 반(큰 원)과 신경섬유매듭(작은 원).** (E.G. McGeer and P.L. McGeer, *Mol. Interv.* 1:22-29, 2001에서 발췌. 미국 약학과 실험 치료학 학회의 허가를 득함)

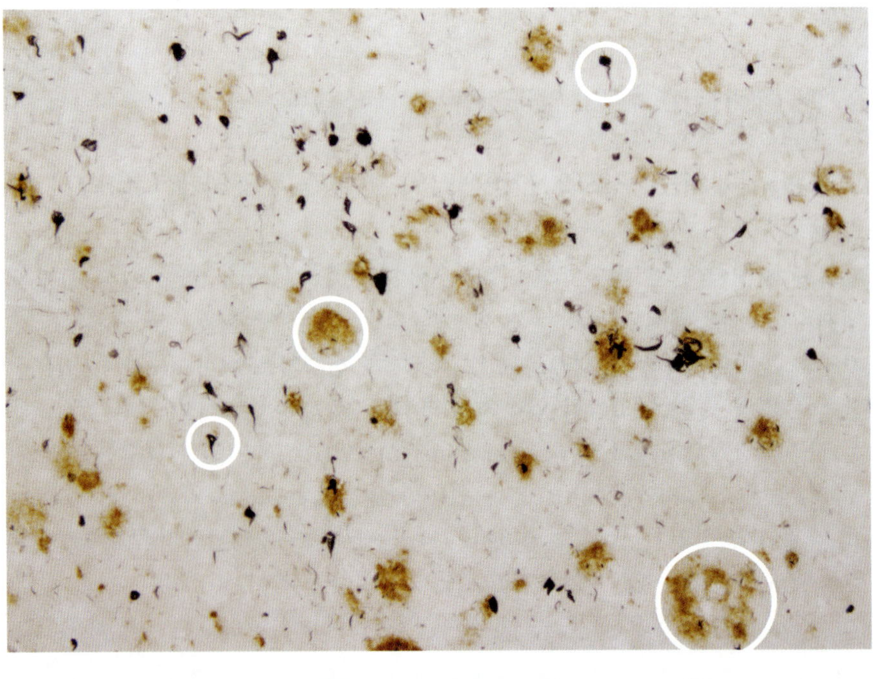

들이 아밀로이드 반과 신경섬유매듭의 축적의 결과로 인해 정상노화에서 신경질환으로 정의할 수 있는 상태로의 전환을 경험한다.

150여 년 전에, 현대 병리학의 아버지인 루돌프 벌치코프는 노인의 뇌에서 전분처럼 보이는 화합물인 "왁스(밀납) 물질"에 대해서 서술하였다. 그는 이 물질을 아밀로이드(아밀로이드 단백질의 구조는 당과는 연관성이 없지만, 그 이름은 아직 남아 있다)로 이름 붙였다. 그 후 130년 동안, 아밀로이드 반에 대한 자세한 설명이 발표되었다. 그러고 나서, 1984년에 아밀로이드 반을 형성하는 단백질(**Aβ 단백질**)의 아미노산 서열이 밝혀졌다. (베타는 단백질의 2차 구조인 **β-평판구조**에서 참고하였다. 이 구조는 **그림 9.8**에서 보인 것처럼 수소결합에 의해 생성되는 단단한 구조이다.) 아밀로이드 섬유(반)는 굉장히 불용해성인 분자를 형성하도록, 몇 개의 Aβ 단백질들이 서로 감싸는 것으로 형성된다. 뇌 조직에 Aβ로부터 아밀로이드 반을 형성하는 것은 인간 노화의 정상적인 부분이다.

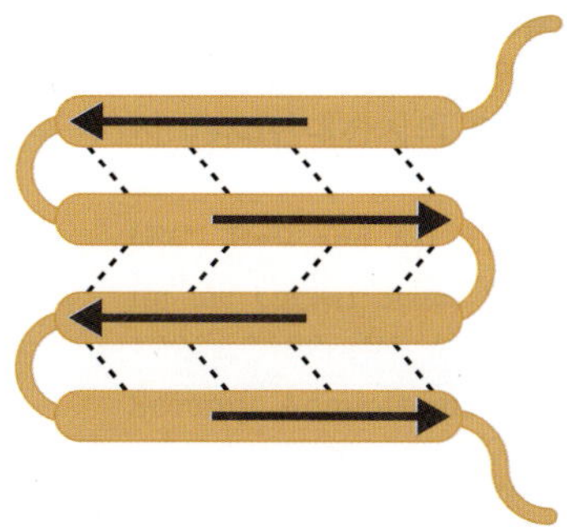


**그림 9.8 단백질의 β-평판 2차 구조.** 화살표는 아미노산 서열 순서의 방향(N-말단에서 C-말단)을 표시한다. 점선은 평판구조를 상호 결합하는 수소결합을 나타낸다. 수소결합 순서가 역평행 양식임을 주목하라. 이 형태는 β-평판구조에 경직성을 준다.

Aβ 단백질의 아미노산 서열 분석은 이 단백질을 암호하는 유전자의 발견을 유도하였다. 그 유전자는 **아밀로이드 전구 단백질(amyloid precursor protein; APP)**을 암호화하는 21번 염색체에 존재하는 큰 유전자의 일부임이 밝혀졌다. APP는 큰 세포 외부의 친수성 영역, 23개의 아미노산으로 구성된 막투과 영역, 작은 세포내 영역을 보유하고 있다**(그림 9.9)**. APP의 발현은 신경조직과 비신경조직 모두에서 일어난다. 비록 APP의 기능이 아직까지 완전히 밝혀져 있지 않지만, 생리학적 연구들에서는 APP가 수상돌기의 성장과 신경가소성, 그리고 혈소판 활성의 저해를 보조하는 것으로 제안하고 있으며, 구리 전달 단백질로 기능을 할 수 있다.

신경 조직에서 APP의 합성은 소포체에서 일어나고, 세포막으로 전달되는 과정에서 번역후 변형과정이 일어난다. 세포막에서의 APP의 변형은 두 가지의 단백질 분해과정 중 하나에 의해 발생한다(그림 9.9). 비-아밀로이드(혹은 α) 과정은 p3 (3 kD)라는 단백질을 만드는데, 이 단백질의 기능과 대사는 많은 부분이 알려져 있지 않다. 아밀로이드(혹은 β), 과정은 Aβ 단백질을 생산한다. 시크리테아제(secretase)라고 알려진 효소들이 세포막에 결합된 APP

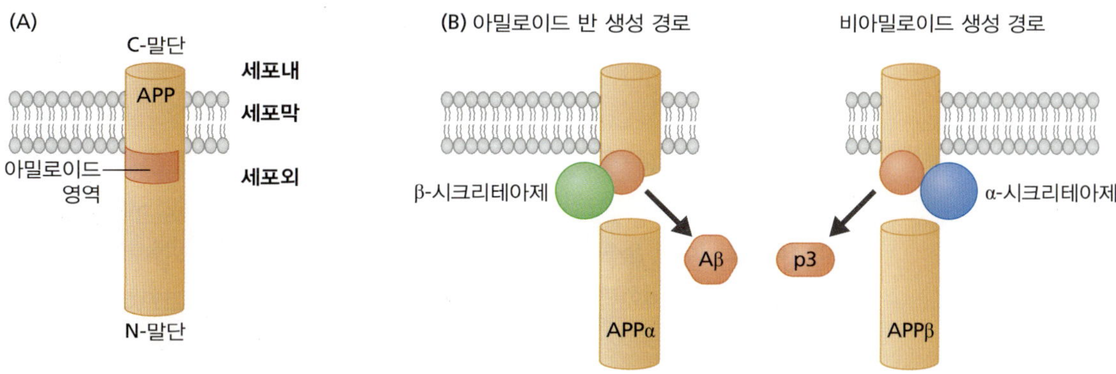


**그림 9.9 아밀로이드 전구체 단백질(APP)과 Aβ 단백질의 생성.** (A) APP는 주로 세포외 공간에 위치하며, 세포막 속에 아주 작은 소수성 부위를 갖는 아밀로이드 영역(40~42개의 아미노산으로 구성)을 보유하고 있다. (B) 주로 신경조직에서 발견되는 효소인 β-시크리테아제는 아밀로이드 영역 바로 아래에서 APP를 자른다. 이것은 Aβ 단백질을 형성하기 쉬운 구조를 가진 하나의 작은 세포막 속 단백질을 방출한다. 비신경 조직에서 주로 발견되는 효소인 α-시크라테아제에 의한 APP의 절단은 비독성인 p3 단백질을 생성한다.

가 어떤 단백질 분해 경로로 갈지를 결정한다. 비신경조직에서는 α-시크리테아제가 우세하여 비독성인 p3 단백질을 생산한다. 이와 반대로 신경조직에서는 β-시크리테아제[β-부분 APP 절단효소 1(β-site APP cleavage enzyme 1), BACE1으로 알려짐]가 우세하여, 잠정적으로 독성이 있는 Aβ 단백질을 생성한다.

신경조직에서 Aβ의 생성은 아밀로이드 반 형성을 유발하는데, 이는 분해 경로가 알려져 있지 않은 굉장한 비용해성 구조를 가진다(**그림 9.10**). Aβ에서 아밀로이드 반이 생성되는 경로는, 일반적인 가설이 만들어져 있지만, 자세히 알려져 있지 않다. 그 가설은 중합화가 Aβ가 이합체, 사합체, 그리고 다합체 등으로 순차적으로 일어난다는 것이다. 다중체는 β-교차 형성이라는 충적된 형태로 집적되어 섬유를 만든다. 그러고 나서 몇 개의 섬유들이 뭉쳐서 반을 만들게 된다. Aβ의 중합화를 매개하는 효소는 알려져 있지 않았지만, 집적화는 비효소적이며 농도 의존적일 것으로 제안되고 있다. Aβ 아밀로이드 반들은 APP 가공 기전에서 유추할 수 있는 것처럼 세포외 공간에서 주로 발견된다. 그렇지만 최근의 연구들은 골지체와 소포체 등에서 낮은 농도로 세포내 Aβ 아밀로이드 반이 발견하였다.

아밀로이드 반 생성의 밑바탕에 깔려 있는 기전이 잘 밝혀지지 않은 것은 침착을 형성하는 Aβ의 특이적인 능력 때문이다. 생물학적 시스템에서 단백질의 침착 형성은 규칙에 의한 것이 아닌 예외적인 경우이고 현재의 시나리오에 따르면 Aβ 단백질인 전구단백질의 비정상적인 접힘을 반영한다. 세포들은, 단백질 활성에 있어서 구조-기능의 연관성을 유지하는 데 필수적인 조절 기전으로, 단백질의 접힘 과정이 실수 없이 또 다른 단백질과는 별개로 진행될 수 있도록 보장하는 데 상당한 에너지를 투자한다. 대부분이 샤페론 족(chaperone family)들인 몇 가지 세포내 단백질들이 침착을 억제하거나 침착된 단백실이 분해되노록 분사적으로 표식을 하는 방법으로 단백질 접힘 과정을 보조한다. Aβ 단백질을 위한 샤페론 단백질들이 존재하지 않은 것처럼 보이며, 따라서 단백질 분해에 저항성이 있는 침착을 만든다—이것이 아밀로이드 반이다.

신경섬유매듭은 뇌세포 안에서 발견되는 비용해성의 꼬여 있는 섬유들이다. **세포골격(cytoskeleton)**의 **미세소관(microtubules)**은 세포체에서 축색돌

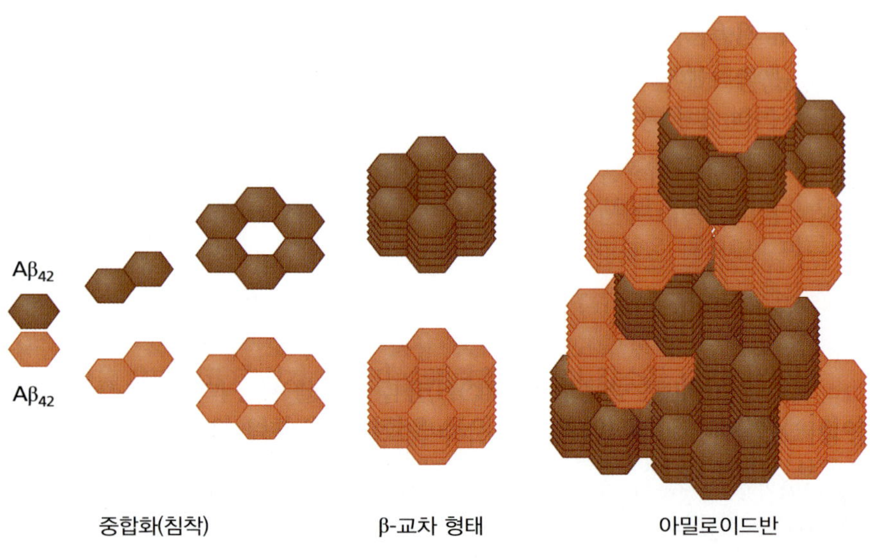


**그림 9.10 아밀로이드 반 생성.** 왼쪽에서 오른쪽으로: 고농도에서, APP 복합체에서 잘려진(그림 9.9 참고) $A\beta_{42}$ 단백질은 순차적 중합에 의하여 침착을 생성한다. 중합과정은, 단백질 분해에 저항성이 있는 형태인, β-교차 형태로 섬유 생성을 유도한다. 이것은 아밀로이드 반의 충적된 형태로 더욱 많은 침착을 유발한다.

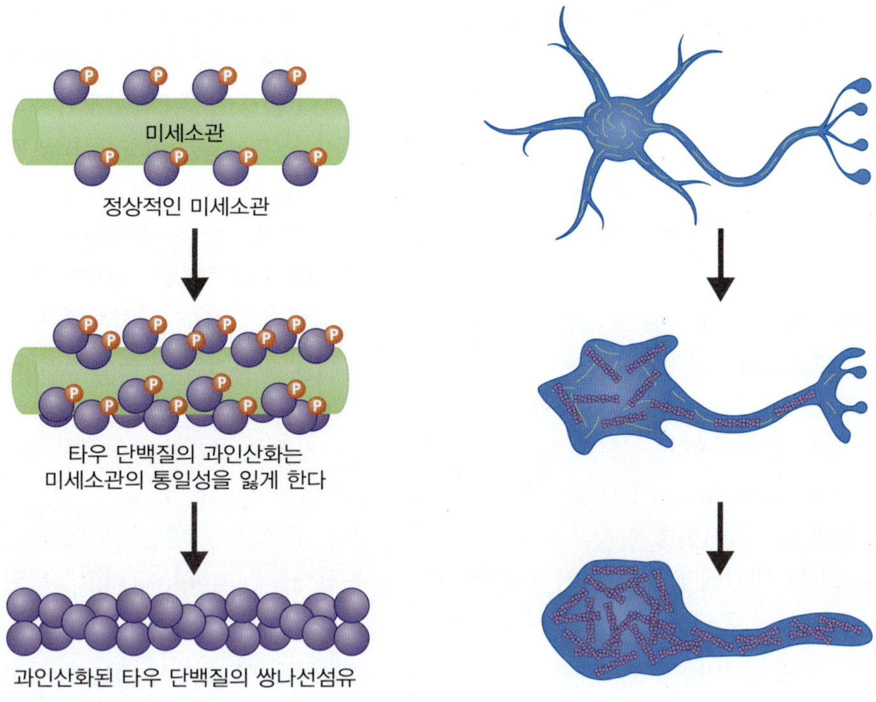


**그림 9.11 신경섬유매듭과 신경퇴화를 유발하는 쌍나선섬유의 생성.** 세포골격의 미세소관은 이 그림에서 보여주는 타우 단백질과 같은 미세소관 결합 단백질(microtubule-associated proteins; MAPs)에 의해 미세소관의 통일성을 유지한다. 타우 단백질들은 미세소관의 표면에 결합하고 인산화 효소와 탈인산화 효소에 의한 인산화 및 탈인산화를 통하여 자신의 기능을 수행한다. 타우 단백질들이 과인산화가 되면, 미세소관들은 그들의 통일성을 잃게 되고 신경퇴화를 유발하게 된다. 과인산화된 타우 단백질은 신경섬유매듭의 주요 성분인 쌍나선섬유(PHFs)라고 하는 비용해성 구조로 침착된다.

기으로의 세포소기관과 단백질의 이동을 조율하고 최종적인 위치를 결정함으로써 생명유지 기능을 수행한다. 정상 상태에서는 미세소관에 **타우 단백질(tau protein)**의 결합은 이 세포 구조의 안정성을 제공한다**(그림 9.11)**. 지지 단백질로서의 타우 단백질 기능은 그것의 인산화 정도에 의존적이며, 인산화는 다양한 인산화효소(kinase)와 탈인산화효소(phosphatase)에 의해 조절되는 과정이다. 정상 타우는 단백질 하나당 2~3개의 인산기를 가진다. 그러나 조직학적 연구들은 신경질환이 없는 노인들로부터 얻은 뇌조직에는 정상보다 4~5배의 인산기를 가진 타우 단백질의 농도가 낮음을 보여주었다. 과인산화된 타우 단백질은 미세소관의 통일성을 약화시키고, 신경퇴화의 위험도를 높이고, 신경섬유매듭의 형성을 유도한다.

현미경적 관찰은 과인산화된 타우 단백질이 **쌍나선섬유(paired helical fibrils; PHFs)**를 형성하여 침착되고, 침착이 더욱 진행되면 미세소관의 구조 파괴와 세포내 전달시스템의 파괴를 유발함을 보여준다. 그렇게 되면, 뉴런의 통합성을 유지하는 데 중요한 세포내 소기관들이 파괴되기 시작하고, 세포의 퇴화와 기능이상을 유발한다. 궁극적으로는 쌍나선섬유가 미세소관 그물망을 대체하게 되고, 신경세포의 퇴화를 완전하게 유발하게 된다.

쌍나선섬유들은 굉장히 비용해성이며 미세아교세포에 의해 분해되지 않기 때문에, 그것들은 뇌의 세포외 기질에 영구적으로 달라붙어 남는다. 뇌 기능에 대한 신경섬유매듭의 효과에 대해서 논란이 있다. 한 가지 이론은 신경섬유매듭은 해가 없고 단순하게 노화성 신경퇴화의 결과물로 발생한다라고 제안하고 있다. 다른 이론들은 신경섬유매듭이 건강한 신경세포에 대하여 독성효과가 있으며, 결국에는 쌍나선섬유의 형성을 더 촉진한다고 제안하고 있다.

## 알츠하이머병은 노화성이며, 되돌릴 수 없는 뇌 질환이다

Alois Alzheimer(1864~1915)가 이름 붙인 **알츠하이머병(Alzheimer's disease)**은 기억, 사고, 행동 등에 문제를 일으키는 노인성 치매의 일종이다. 알츠하이머병은 크게 세 가지 종류로 구분된다; 초기발생, 후기발생, 가족성 알츠하이머병 초기에 발생하는 알츠하이머병은 65세 이전에 진단되는 희귀한 알츠하이머병이다. 이 종류의 알츠하이머병의 대부분은 21번 염색체에 존재하는 유전자들이 연루되어 있다고 확인된 다운증후군(Down's syndrome)을 가진 40대 혹은 50대 환자들에서 발생한다. 초기발생 알츠하이머병의 진행은 다른 두 종류에 비하여 진행 속도가 빠르며 후기발생 알츠하이머병에서 관찰되지 않는 뇌 이상을 유발한다. 가장 많은 형태인 (모든 알츠하이머병의 80~90%를 차지함) 후기발생 알츠하이머병은 일반적으로 65세 이후에 시작된다(**표 9.2**). 후기발생 알츠하이머병이 유전적 연관성이 있는지는 알려져 있지 않고 있다. 대부분의 역학적 연구들은 후기발생 알츠하이머병에 대해서 의미 있는 가족력을 볼 수 없었다. 이와 반대로, 가족성 알츠하이머병(familial Alzheimer's disease; FAD)는 직접적인 유전적 요인을 가지고 있다; 이 경우는 전체 알츠하이머병 환자의 5% 미만을 차지한다. 이 경우는 일반적으로 40대 초반의 개인에게 나타난다. FAD와 연관된 유전자들은 1, 14, 그리고 21 염색체 상에 존재하는 것으로 나타났다.

알츠하이머병의 세 가지 유형 모두에서 주요 특징이 같아서 폭넓게 서술되어 있지만, 병의 유형에 따라 다양한 요인과 변이가 존재하기에 그 원인은 아직 알려져 있지 않다. 위에서 언급한 바와 같이, 1번, 14번, 그리고 21번 염색체에 존재하는 유전자들의 돌연변이들이 알츠하이머병과 연관되어 있음을 볼 수 있으나, 그것들은 단지 FAD를 가진 사람들에게만 직접적으로 영향을 주는 것처럼 보인다. FAD와 연관된 돌연변이들은 모두 APP의 가공에 역할을 가지며 아밀로이드 반의 축적을 유도할 수 있을 것이다. 유전적 혹은 가족력이 없는 경우는 후기발생 알츠하이머병과 강하게 연관되어 있다. 그럼에도 불구하고, 19번 염색체상의 한 개의 **다형성**(**polymorphism**; 하나의 대립인자의 다양성)이 알츠하이머병 유발위험성을 높이는 것으로 확인되었다. 염증, 산화스트레스, 신경전달 물질 생산의 파괴 등이 알츠하이머병을 유발할 가능성이 있는 것으로 제안되어 왔다. 이러한 가능성이 있는 요인들과 알츠하이머병 사이의 직접적인 연관성을 지지하는 증거는 여기서 포괄할 수 있도록 담보할 만큼 아직까지 충분히 강력하지 않다.

### 알츠하이머병은 내후각피질에서 시작하고 피질로 진행된다

모든 종류의 알츠하이머병은 증상과 뇌병증이 비슷하게 진행됨을 보여준다(**그림 9.12**). 초기 혹은 임상 전단계의 병리는, 피질과 해마 사이의 정보 전송을 담당하는 해마의 기저 부위에 있는 작은 조직인, 내후각피질 속에서 시

**표 9.2** 2002~2005년 동안 미국의 후기발생 알츠하이머병을 가진 사람들의 추정 수.

| 나이 | 총수 | 남성 | 여성 |
|---|---|---|---|
| 71~79 | 332,000(2.32) | 148,000(2.30) | 184,000(2.33) |
| 80~89 | 1,493,000(1.81) | 409,000(12.33) | 1,084,000(21.34) |
| ≥90 | 558,000(29.7) | 190,000(33.89) | 368,000(28.15) |
| 총(71) | 2,383,000(9.7) | 747,000(7.05) | 1,636,000(11.48) |

From B.L. Plassman, K.M. Langa, G.G. Fisher et al., *Neuroepidemiology* 29:125–132, 2007.

메모: 괄호 속의 숫자는 알츠하이머병을 가진 총 인구에 대한 백분율을 나타낸다.
평균 진단 나이, 75세; 진단 후 평균 생존 수명, 10년; 알츠하이머 환자의 관리에 투입되는 연간 추정 금액, 5억 달러에서 10억 달러; 알츠하이머 환자 개인의 연간 추정 소비액, 18,000~36,000달러; 2040년의 추정 알츠하이머 환자 수, 600~700만 명.

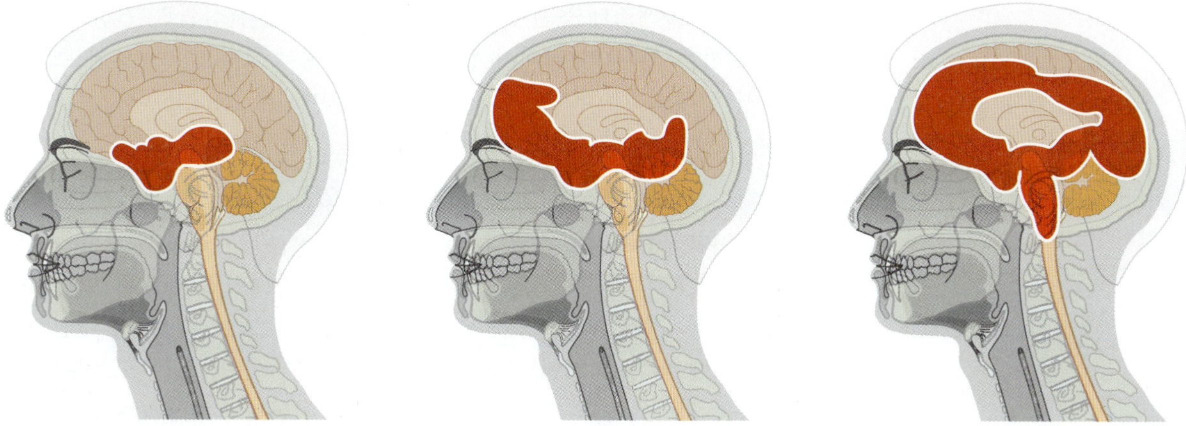


작된다. 몇 가지 추정은 임상 전단계 병리는 증상이 나타나기 10~15년 전에 시작되는 것으로 제안하고 있다. 임상 전단계 시기 동안에 해마 기능의 일부 소실은 일부 기억 소실을 유도하는데, 이런 증상은 진단 후에 과거를 회고할 때만 인식할 수 있다. 증상이 가벼운 상태 혹은 임상단계로 진행됨에 따라, 피질의 위축이 전두엽, 측두엽, 그리고 후두엽에서 발생한다. 이 단계 동안에 시작되는 증상들은 영향을 받은 피질의 위치를 반영하게 된다(표 9.1 참고). 즉, 피질 지역에서 뉴런의 손실은 언어 능력의 감소(측두엽), 사고의 가벼운 소실(전두엽), 그리고 환각(후두엽) 등을 유발한다. 환자들은 또한 일주기 리듬의 변화를 경험하는데, 이것은 낮에는 잠자고 밤에는 깨어나는 것과 같은 낮-밤의 역전 등을 유도할 수 있다. 이 낮-밤의 역전은 많은 알츠하이머 환자에게서 병이 더욱 진행됨에 따라 사라진다. 환자의 성격과 세상과 소통하는 감각 또한 초기 단계 동안에 나빠지기 시작한다. 아밀로이드 반과 신경섬유매듭이 뇌간으로 퍼지면, 자율 기능이 영향을 받는다. 특히, 뇌교에 위치한 청반이 영향을 받으면 스트레스와 공황을 조절하는 능력이 줄어드는 원인이 된다.

**그림 9.12 진단 전단계에서 심각한 단계까지의 알츠하이머병의 진행.** 알츠하이머병은 해마의 바로 아래에 위치한 내후각 피질에서 감지하기 힘들고 증상 없이 시작된다. 알츠하이머병의 초기에서 중기로 전환되면서, 해마가 상당히 위축되고 신경섬유 매듭과 아밀로이드 반이 피질에 나타나기 시작한다. 상부 뇌간 부위도 중기 단계에서 영향을 받는다. 알츠하이머병의 최종 단계에서는 피질의 상당한 부분이 영향을 받게 된다. 병이 연수의 자율신경 중추로 퍼지면 호흡곤란을 유발한다. 폐렴 혹은 심장마비 등에 의한 사망이 일반적이다.

알츠하이머병의 최종 단계 혹은 치매 단계로 알려진 단계에서, 해마는 정상 뇌에서 발견되는 해마 크기의 반으로 줄어들고, 기억의 완전한 소실을 초래한다. 피질의 심각한 신경퇴화는 말하는 것 혹은 어떤 형태의 의사소통을 이해할 수 없게 된다. 환자는 자신을 인식하는 모든 감각을 잃게 된다. 소뇌가 퇴화되고 환자는 더 이상 자신의 움직임을 조절할 수 없게 되어 병상생활을 해야 한다. 사망하기 2~3개월 전, 병증은 연수로 퍼져서 배변과 배뇨의 조절, 심장박동, 삼킴, 호흡 등의 기초적인 자율 기능에 영향을 미치게 된다. 환자의 적절한 호흡과 폐 속의 이물질을 배출하는 능력의 소실은 많은 경우 폐렴과 사망을 유발한다.

## 아포지단백질 E (ApoE) 유전자의 ε4 대립인자는 후기발생 알츠하이머병에 대한 하나의 위험요소이다

비록 알츠하이머병의 원인이 밝혀져 있지는 않았지만, 지방 결합 단백질인 **아포지단백질 E(apolipoprotein E; ApoE)**의 유전적 변이가 후기발생 알츠하이머병을 가진 환자들에서 더 많이 있다고 알려져 있다. APOE 유전자는 19번 염색체에 있으며 일반적으로 3개의 대립인자인 ε2(알츠하이머병에 대한 보호 효능), ε3(백인들에서 가장 높은 비율로 나타남), ε4(알츠하이머병에 대한 위험인자) 등이 있다. ApoE의 합성은 간에서 일어나고, 그것의 기능은 주로 혈액에서의 콜레스테롤 운반과 주로 연관되어 있다(심혈관 건강에 대한 이것의 중요성은 이 장의 뒤에서 설명한다.). 뇌에서, ApoE는 성상세포와 소교세포에서 합성되고, 여기에서 세포외 지방운반체로 그리고 미세혈관계의 유지를 주로 담당한다.

ε4 대립인자를 적어도 하나 이상을 가지고 있은 사람의 약 40~60%는 후기발생 알츠하이머병이 발병한다. 즉, ε4 대립인자의 보유가 알츠하이머병을 유발하지는 않고, 단지 위험도를 높인다. 알츠하이머병 유발의 위험도는 ε4 대립인자의 개수에 따라 증가한다. 단지 한 개를 받는 것은 이 대립인자가 없는 경우에 비하여 위험도가 약 30% 정도 증가한다. 양 부모로부터 ε4 대립유전자를 하나씩 받은 사람은 이 병의 발생 위험도가 50~60%로 증가한다. 이런 위험요소는 ε4 대립인자가 없는 사람들이 알츠하이머병을 가질 확률이 9%인 것과 비교하면 상당히 놀랍다. 알츠하이머병에 미치는 ApoE의 효과에 대한 근본적인 생화학적 기전은 대체로 수수께끼로 남아 있다.

## 알츠하이머병의 치료는 신경전달과 아밀로이드 반 생성억제와 분해를 표적으로 한다

일반적으로, 알츠하이머 환자를 위해 현재 사용하고 있는 치료법은 병증을 늦추거나 한정된 기간 동안 더욱 나빠지는 것을 막는 것에 집중하고 있다. 현재의 약들은 병을 치료하거나 진행을 막는 것이 아니다. 초기에서 중기 알츠하이머 환자에게 현재 처방되는 약들은 콜린에스테라아제 저해제로 알려져 있으며, 이는 기억과 인지에 중요한 신경전달물질인 아세틸콜린의 분해를 막는 방법으로 약효를 나타낸다. 가장 많이 처방되는 콜린에스테라아제 저해제 3가지는 갈란타민(Razadyne), 리바스티그민(Exclon), 그리고 도네페질(Aricept®) 등이 있다. 알츠하이머는 뇌에서 아세틸콜린 합성 능력이 점진적으로 소실되는 특성이 있기 때문에, 콜린에스테라아제 저해제가 어느 한정된 시간 동안에는 효과가 있다. 중간 단계에서 심각한 단계의 알츠하이머 치료를 위해 사용되는 약에는 메만틴(Namenda®)이 있다. 메만틴이 알츠하이머 환자로 하여금 더욱 명확하게 생각할 수 있도록 도움을 주는 정확한 이유는 잘 모르지만, 그 화합물은 시냅스 간극에 글루타메이트가 축적되는 것을 막는 것으로 알려져 있다. 인지와 관련된 뇌 영역에서 일반적으로 발견되는 신경전달물질인 글루타메이트는 비정상적으로 농도가 높으면 뉴런에 악영향을 준다.

알츠하이머병의 새로운 처치 및 치료에 대해서 현재 진행 중인 연구들은 단백질 침착 생성을 막거나 이미 생성된 침착을 부수는 방법에 주로 집중하고 있다. 하나의 가설인 아밀로이드 반 생성이 변화된 면역 기능과 연관되어 있을 것이라는 것을 사실로 받아들이고 있다. 이 가설은 Aβ 단백질을 과발현하여 아밀로이드 반이 축적되어 있는 형질전환 생쥐에 Aβ 단백질에 대한 항체를 주사하는 방법으로 시험되었다. 놀랍게도, 항체를 맞은 생쥐는 위약을 주사한 생쥐에 비하여 아밀로이드 반의 농도가 현저하게 감소되었다. 이와 비슷한 방법으로 사람을 대상으로 하는 임상시험이 진행되고 있다.

가장 최근의 몇몇 연구들은 알츠하이머병의 유발에 대한 두 가지 중요한 질문과 연결되어 있다: (1) 모든 노화된 뇌에서 아밀로이드 반의 축적이 어느 정도 보이지만, 왜 단지 아주 작은 비율에서만 알츠하이머병을 유발할 수 있을 정도로 많은 영역에 퍼져 축적이 되는가? (2) *APOE* ε *4*(*APOE4*)의 대립인자와 알츠하이머병 위험도의 증가에 대한 연관성의 근본적인 기전은 무엇인가? 이 질문들에 대한 해답은 혈관-뇌 장벽의 비정상적인 붕괴에 있을 수 있다. 혈관-뇌 장벽이 고분자가 뇌로 들어가는 것을 억제함으로써 뇌를 보호한다는 것을 상기하라. 또한 우리는 가장 일반적인 *APOE* 대립인자인 *APOE2*가 혈관의 완전성을 보조하는 단백질을 발현시키지만, *APOE4* 변이에 의해서 발현되는 단백질은 모세혈관 세포에 손상을 가하는 것으로 알려져 있다. 이 지식을 활용하여, 과학자들은 *APOE4*를 과발현시킨 형질전환 생쥐가 *APOE2* 형질전환 생쥐에 비하여 혈관-뇌 장벽을 형성하는 밀착연접에 관여하는 세포에 손상을 증가 시킴을 확인하였다. 그 손상의 결과는 밀착연접에 구멍을 만들 수 있고 혈액 속의 Aβ 단백질과 같은 고분자들이 혈관-뇌 장벽을 붕괴하도록 할 수 있다. 그것이 사실이면, 이 발견들은 과량의 아밀로이드 반의 축적이 왜 알츠하이머병에서 발생하고 정상적인 노화에서는 발생하지 않는지에 대한 수수께끼를 해결하는 데 도움을 줄 수 있다. 가장 중요한 것은, 이런 연구가 *APOE4*가 생산한 단백질에 의해 발생된 손상이 형질전환된 생쥐에서 약리적 처치에 반응한다는 것을 확인한 것이며, 이는 인간을 대상으로 한 비슷한 치료방법이 개발될 수 있다는 것을 시사하고 있다.

## 파킨슨병은 도파민성 뉴런의 손실과 관련 있다

파킨슨병은 노화성 운동계의 이상이며 주로 50세 이상의 사람들에게 영향을 미친다. 손, 팔, 다리, 턱, 얼굴 등의 경련과 떨림; **운동완만증**(**bradykinesia**) 혹은 서동증; 근육 강직; 자세 불안 등과 같은 파킨슨병의 주요 증상들은 기저핵의 흑색질 부위에 있는 도파민을 생성하는 뉴런의 소실을 반영한다(**그림 9.13**). 환자들은 자주 몸의 한쪽에서만 떨림과 쇠약을 경험한다. 더욱이, 일

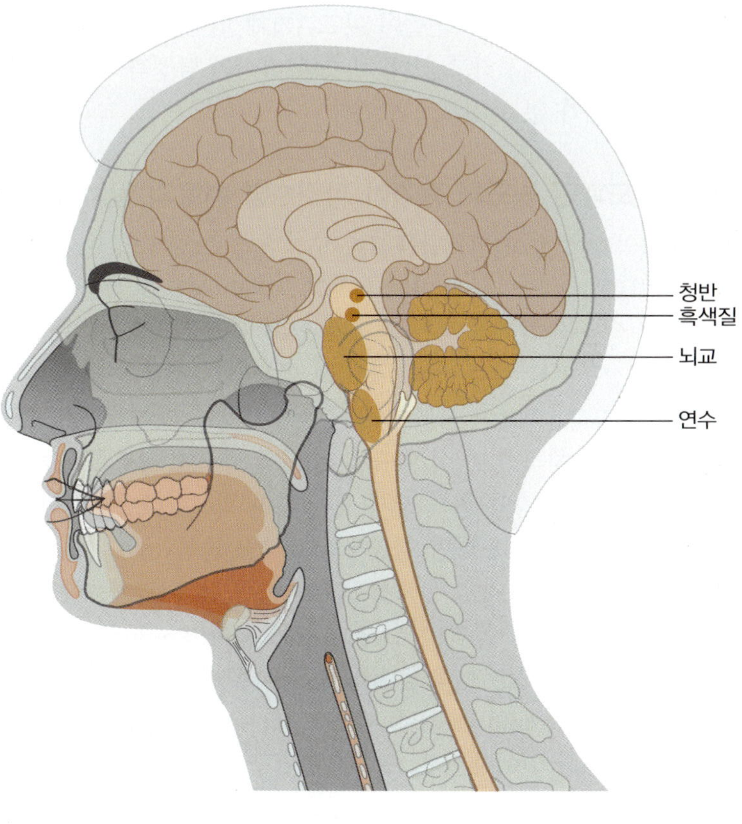


**그림 9.13 흑색질과 청반의 위치.** 청반과 흑색질이 가까이 붙어 있음을 주목하라. 흑색질에서 신경전달물질인 도파민의 합성이 줄어드는 것은 파킨슨병의 초기 증상들을 유발한다. 청반에서 노르에피네프린 생산 뉴런의 소실은 알츠하이머병에서 발생한다. 알츠하이머 환자 중 많은 사람들은 파킨슨병 앓게 되며, 파킨슨병 환자 중 많은 사람들은 알츠하이머병을 앓게 된다.

부 사람들은 큰 근육의 내부에서 "떨리는 느낌"을 인지한다. 떨림은 성적흥분 혹은 근심 같은 강한 감정을 느끼는 동안 더욱 크게 나타나지만, 그 시기가 지나면 일반적 상태로 되돌아 온다. 개인의 감정 상태(웃음, 찡그림 등과 같은)에 맞게 얼굴 표정을 지을 수 없는 증상이 파킨슨병의 초기단계에 나타나기 시작하며, 목소리가 약간 변한다. 이 두 가지 증상은 머리와 목의 근육의 서동과 경직에 의해 발생한다. 파킨슨병의 초기의 후반에 발생하는 상체가 약간 굽어지는 증상은 균형이 무너진 느낌 때문에 발생하며, 걸음걸이에 어려움이 발생한다.

파킨슨병이 중간 단계로 진행되면, 운동 기능의 장애는 더욱 심해진다. 운동 기능의 소실과 함께 오는 근육 경직과 경련은 상당한 고통을 유발한다. 흑색질의 뉴런에서 도파민 합성 능력이 상실되어 발생하는 다양한 영향은 약물치료로 상당히 완화될 수 있지만, 아세틸콜린 혹은 노르에피네프린을 합성하는 뇌간의 자율중추는 기능 이상을 보인다. 파킨슨병 환자들은 변비, 침의 과다생성, 방광 조절 부전, 체온 조절 실조 등을 자주 호소한다. 마지막으로 일부 환자들은 의사들이 낮-밤 역전이라고 부르는 것을 경험한다. 즉, 환자들은 밤에는 깨어 있고 낮 동안에 잠을 잔다.

비록 파킨슨병의 대규모 역학조사들이 완전히 끝나지 않았지만, 몇 가지의 소규모 인구를 대상으로 한 연구로부터 추정할 때, 전 세계적으로 파킨슨병의 **발병률(prevalence)**은 50세 이상의 사람들에서 증가하는 것으로 나타났다. 사실, 노화만이 파킨슨병에 대한 위험요소로 남아 있다. 50세 이전의 사람들에서 발생하는 것은 1번, 4번, 6번 염색체에서 주로 발견되는 돌연변이에 의해 발생되는 희귀한 유전적/가족성 파킨슨병 형태이다. 인종과 성별에 따라 발병률의 차이가 있을 수 있다는 논쟁이 있다. 예를 들어, 미국에서는 아프리카계 미국인들이 파킨슨병 발생률이 가장 높은 것처럼 알려져 있다. 그러나 나이지리아의 파킨슨병 발생률은 세계에서 가장 낮은 그룹에 속하며, 이는 인종이 아닌 다른 요인들이 아프리카계 미국인에서 높은 파킨슨병 발생률을 나타낸다고 제시하고 있다. 비슷한 나이의 남성과 여성에서는 파킨슨병 발생률의 차이가 없는 것으로 보인다.

### 뇌 속의 도파민 농도의 증가가 파킨슨병 치료의 일차적 목표이다

파킨슨병의 발생은 신경전달물질인 도파민의 소실이고, 이런 소실을 회복시키거나 치료하는 방법은 없다. 뇌 속의 도파민 농도를 증가시키는 것이 파킨슨병의 증상을 완화시켜 주는 효과가 있음이 입증되었고, 이를 위한 두 가지 일반적인 접근법이 있다. 병의 초기에 많은 의사들은 도파민 길항제로 알려진 약을 처방하는데, 이 약물은 도파민에 의해서 정상적으로 활성화되는 신경의 수용체를 자극한다. 이 약들은, 도파민 수용체 뉴런의 숫자가 충분이 있는 기간인, 파킨슨병의 초기 단계 동안에 만 작용한다. 병이 진행되고 도파민 수용체가 줄어 들면, 도파민 길항제의 효과도 줄어 든다. 이 시점에서 약물치료의 초점은 뇌의 도파민 농도를 증가시키는 쪽으로 이동한다. 그러나 도파민은 혈액-뇌 장벽을 통과할 수 없다. **레보도파(levodopa)** 혹은 L-도파로 알려진 도파민 전구체는 혈액-뇌 장벽을 통과할 수 있고, 뇌 속에서 도파 탈탄산효소(DOPA decarboxylase)에 의해 도파민으로 전환된다. 이 반응은 말초신경계에서도 또한 일어나는데, 메스꺼움과 구토와 같은 부작용을 유발한다. 대부분의 경우, L-도파는 말초신경 DOPA 탈탄산효소의 저해제로 알려진 **칼비도파**(**carbidopa**)와 함께 처방된다.

L-도파와 칼비도파 복합 처방이 파킨슨병의 증상을 완화하는 데 굉장히 효과적이지만, 이 약들도 병이 진행되면 효과가 감소되고 부작용을 발생한다. 가장 자주 발생하는 부작용 중에는 얼굴을 찡그리는 것, 자세 경련, 과장 저작 등과 같은 부자연스러운 움직임이 있다. L-도파와 칼비도파의 장기 처방은 종종 저혈압, 피부반점, 우울증, 수면 습관의 변화 등을 유발한다. L-도파와 칼비도파 복합 처방의 효과는 파킨슨병이 진행되어 도파민 수용체와 뉴런의 수가 감소하면서 줄어든다.

## 루이소체들은 파킨슨병의 병리학적 특징이다

도파민성 뉴런의 소실로 발생하는 파킨슨병의 원인은 알려져 있지 않고, 병의 진행이 매우 느리고 다른 신경질환들과 혼동하기 쉬운 임상학적 증상들 때문에 대부분 초기진단이 어렵다. 우리는 뇌 조직에 손상되었거나 잘못 접힌 단백질의 축적이 어떻게 노화 및 노화성 질환과 연관성이 있는 지에 대해서 논의하였다. 그런 단백질들은 파킨슨병과도 연관되어 발견된다. **루이소체**(**Lewy bodies**)라고 알려진 이런 단백질들은 뉴런의 세포질에 나타나는 섬유성 단백질의 비용해성 침전물이다. 비록 루이소체들이 파킨슨병이 없는 노인들에서 발견될 수 있지만, 그것들이 흑색질과 청반에서 침전되는 것은 파킨슨병의 특징이다. 루이소체의 주요 구성분자들은 두 가지 단백질인데, 그 단백질들은 정상적으로 단백질 구조를 유지시키는 데 관여하는 **유비퀴틴**(**ubiquitin**)과 **α-시뉴클레인**(**α-synuclein**)이다. 작은 (76개의 아미노산으로 구성됨) 열충격 단백질인 유비퀴틴은 잘못 접힌 단백질 혹은 손상된 단백질에 결합하여 그 단백질의 분해를 유도하도록 표시한다. α-시뉴클레인의 정확한 기능은 밝혀지지 않았지만, 대부분의 연구자들은 이 단백질이 시냅스 말단에서 도파민 소낭의 유지와 조절에 중요한 기능을 한다는 것에 동의한다. α-시뉴클레인이 분해되지 않으면, 특수한 아미노산들이 만드는 β-평판 구조는 β-평판 침전물의 생성을 촉진한다. 이런 침전이 루이소체의 주요 구성물질을 생성한다. 알츠하이머병에서 아밀로이드 반의 축적과 마찬가지로, 파킨슨병 환자의 뇌에서 루이소체의 축적은 이 질병을 유발하는 것이 아니라, 파킨슨병의 결과물인 것 같다.

## 몇 가지 유전자들이 초기발생 파킨슨병과 연관이 있다

50세 이전에 발생하는 초기발생 파킨슨병은 전체 파킨슨병의 1% 미만을 차지하는데, 이것은 가족력과 몇 가지 유전자의 돌연변이와 직접적으로 관련되어 있을 수 있다. 초기발생 파킨슨병과 관련된 돌연변이는 몇 가지 유전자 좌위에서 발견되었지만, 유비퀴틴(*Parkin* 유전자, 6번 염색체)과 α-시뉴클레인(4번 염색체) 등과 같이 루이소체를 구성하는 단백질과 연관된 유전자들이 가장 주목을 받고 있다. *Parkin* 유전자의 단백질 산물은 유비퀴틴을 다른 단백질에 붙여주는 효소인 유비퀴틴 접합효소(ubiquitin ligase)의 구성단백질로 기능한다. *Parkin* 유전자의 돌연변이가 분해를 위한 단백질을 표시하는 정상 과정을 붕괴시키며, 이는 손상되거나 잘못 접힌 단백질의 축적을 유도하고 단백질 침전 생성을 유발한다. 흥미롭게, 파킨슨병에서 발견되는 주된 단백질 침전인 루이소체들은 *Parkin* 유전자의 돌연변이를 가진 환자들의 뉴런에서는 발견되지 않는다. 그 대신에 최근 연구들은 *Parkin* 유전자의 돌연변이가 미토콘드리아의 기능이상과 활성산소족의 과생산을 유발하고 세포의 죽음을 일으킨다고 제안하고 있다.

*Parkin* 유전자 혹은 α-시뉴클레인 유전자에서, 돌연변이의 종류와 상관없이 초기발생 파킨슨병의 단지 50% 정도가 이 돌연변이들과 연관이 있다. 더욱이 파킨슨병의 99%를 차지하는 후기발생 파킨슨병을 가진 사람들에서는 이런 돌연변이가 거의 발견되지 않는다.

### 몇 가지 요소들이 파킨슨병의 체질을 가지게 한다

우리가 살펴본 바와 같이, 파킨슨병은 명확하고 정확한 발생 원인이 없다. 그것은 유전적 요소와 환경적 요소 등의 두 가지가 개입되어 있는 다원적 질병이다. 초기발생 파킨슨병을 유발하는 유전자들의 돌연변이는 유전적 요소와 밀접하다는 것을 제안한다. 환경이 이 병의 발병에 영향을 줄 수 있다는 것에 대한 첫 단서는 약물 사용자들이 모르핀 유사 마약인 메페리딘을 합성하기 위한 시도에서, 메페리딘 대신에 신경독인 메틸-페닐-테트라하이드로피리딘(methly-phenyl-tetrahydropyridine: MPTP)을 생산하기 시작한 시점부터이다. MPTP는 뇌간의 흑색질과 다른 부위에서 도파민성 뉴런을 특이적으로 죽인다. 따라서, 약물 사용자들이 메페리딘으로 판단하여 이 약을 사용하면, 비가역적인 파킨슨 유사 상태를 유발한다. MPTP와 파킨슨병의 연관성을 검증하는 후속 연구들은 이 화합물이 미토콘드리아에서 산화적 손상으로 부터 뉴런을 보호하는 생화학적 과정을 저해한다고 제안하고 있다. 산화적 손상과 파킨슨병 사이에는 단순한 연관성이 있는 것처럼 보여지지만, 파라콰트(Paraquat; 세초제) 혹은 고농도의 철과 망간과 같은 산화 스트레스를 유발하는 다른 약품에 대한 노출은 파킨슨병의 발병위험을 증가시키는 것으로 나타났다.

## 심혈관계

이 절에서는 혈류와 정상적으로 기능을 하는 조직의 지속적인 산소공급을 조절하는 몇 가지 기초적인 생리학적 특성에 대해서 다룬다. 혈류(산소공급)의 막힘이 많은 기관과 조직의 노화성 혹은 병인성 쇠퇴의 중요한 요소이기 때문에, 우리는 이것을 학습해야 한다.

### 심혈관계는 액체 이송의 닫힌 계이다

모든 액체 이송의 닫힌 계처럼, **심혈관계(cardiovascular system)**는 중추적인 펌프(심장)와 액체를 목표지점(세포)까지 보내고 다시 펌프로 돌아오게 하는 관(동맥과 정맥)으로 구성된다. 심장은 두 개의 분리된 펌프로 구성되어 있다: 오른쪽은 산소가 없는 혈액을 호흡계(폐)로 운송하고, 왼쪽은 산소가 풍부한 혈액을 온몸으로 공급한다(**그림 9.14**). 심장의 양쪽에는 각각 **심방(atrium)**과 **심실(ventricle)**이라는 2개의 방이 있다. 심방은 심실의 혈액량을 공급 혹은 조절 기능을 한다. 우심방은 **상대정맥(superior vena cava)**으로부터 산소가 없는 혈액을 받고, 좌심방은 **폐정맥(pulmonary vein)**에서 산소가 풍

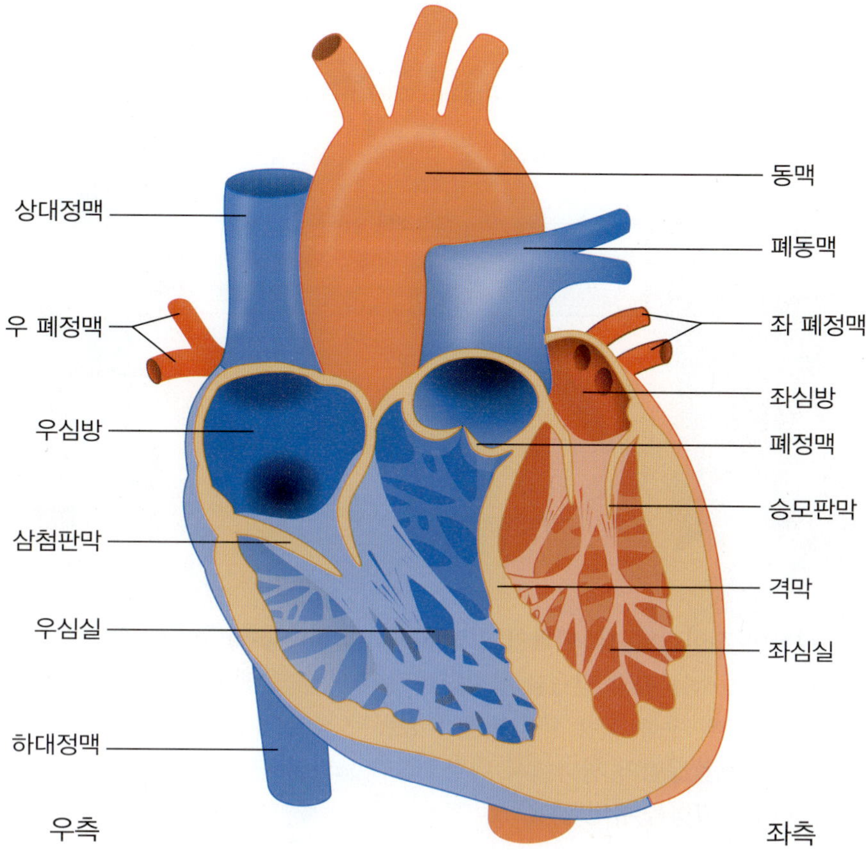


그림 9.14 인간 심장의 해부학적 구조.

부한 혈액을 받는다. 심방은, 한쪽 방향 판막들[오른쪽은 **삼첨판막(tricuspid valve)**이고 왼쪽은 **승모판막(mitral valve)**임]에 의해, 좀 더 크고 더욱 강력한 심실과는 분리되어 있다. 심실은 심장으로부터 혈액을 내보내는데, 왼쪽에서는 **대동맥판막(aortic valve)**을 통해, 그리고 오른쪽에서는 **폐동맥판막(pulmonary valve)**을 통해서 내보낸다.

심장처럼, 순환계도 2개로 분리되어 있지만 서로 연결된 시스템으로 구성되어 있다: **폐순환(pulmonary circulation)**과 **체순환(systemic circulation)**이 그것이다(그림 9.15). 심장에서 나가는 혈관을 **동맥(arteries)**이라고 하고 심장으로 들어오는 혈관을 **정맥(veins)**이라고 한다. 순환계는 조직화되어 있어서 혈액흐름의 방향에 따라서 동맥은 점점 가늘어지고 정맥은 점점 굵어진다. 이런 배치는 적혈구 세포와 조직의 세포 사이에 가스 교환이 효과적으로 일어나도록 진화되어 왔다. 반투과 벽을 통한 가스 교환이 일어나는 모세혈관(가장 작은 혈관)의 내강은 한 개의 적혈구 세포의 지름과 비슷한 직경을 가지며, 이는 표면적에 대한 사각 공간의 비율을 상당히 낮출 수 있다.

동맥은 혈압을 유지하고 혈액을 조직까지 운반해야 하므로, 동맥의 구조는 정맥의 구조보다 상당히 복잡하다(그림 9.16). 동맥에는 혈관평활근 세포들이 매우 많이 존재하며, 이 세포들이 수축할 때 혈관의 내강이 좁아진다. 평활근은 신체의 혈압을 높여야 할 필요성이 있거나 혈액을 말단까지 보내는 것을 차단할 필요가 있을 때(추위에 노출되어 있을 때; 제8장 참고) 뇌에서 오는 신경 신호에 반응한다. 정맥은 혈액을 심장으로 수송할 때 압력을 사용하지 않는다. 그 대신에 혈관에 있는 한쪽 방향 판막을 이용하여 흐름을 유지한다. 심장이 박동하여 혈액을 내보낼 때, **수축기 혈압(systolic pressure)**이라고 불리우는 동맥의 혈압은 혈액의 흐름을 위하여 판막의 열림을 유도한

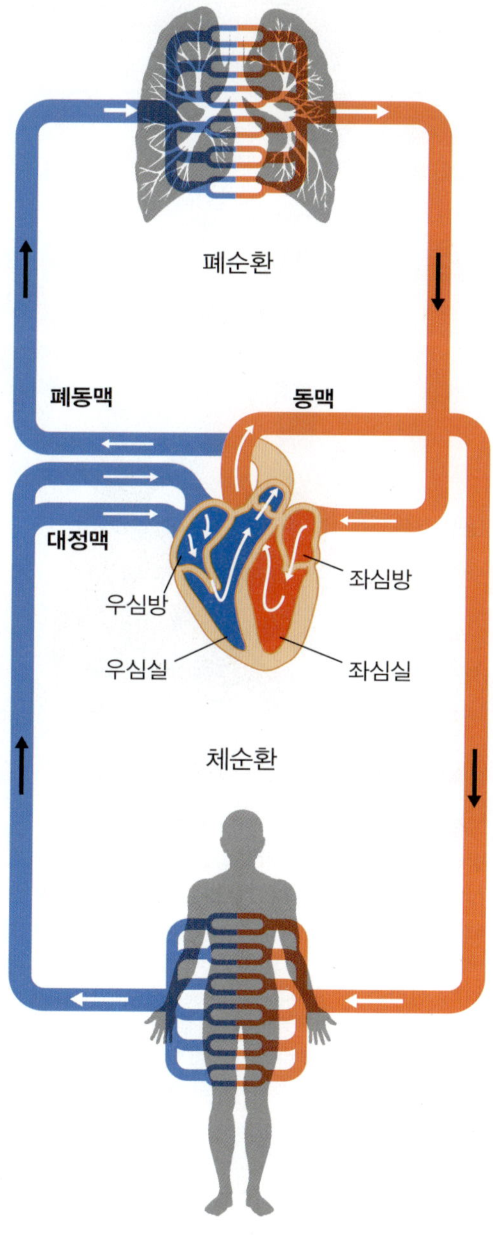


그림 9.15 **체순환과 폐순환.** 산소가 풍부한 혈액은 빨간색으로 표시; 산소가 부족한 혈액은 파란색으로 표시.

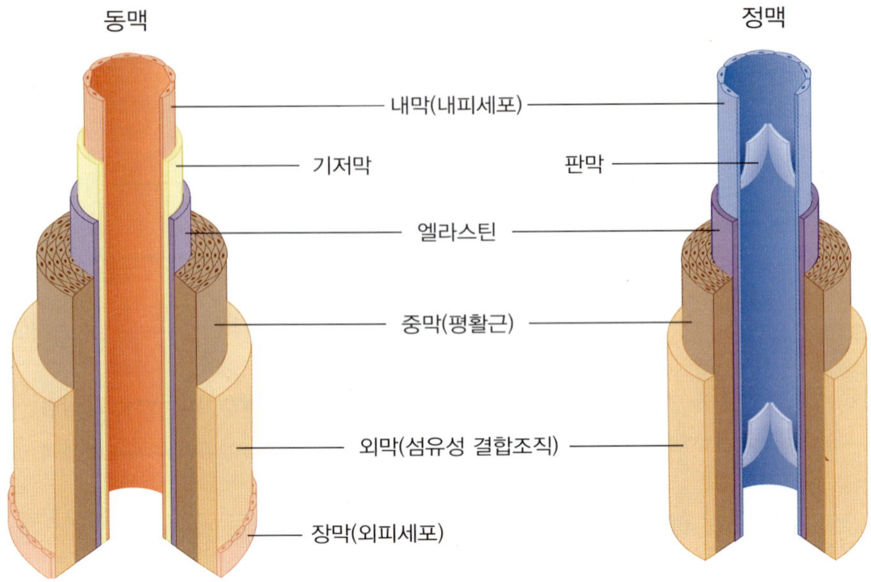


**그림 9.16 동맥과 정맥의 해부학적 구조.** 동맥은 정맥에 비하여 탄력성과 결합조직을 더 많이 가지고 있다. 상당한 정도의 평활근을 가진 이런 종류의 조직은 두 가지 기능을 가진다: (1) 동맥이 심장과 함께 혈압과 혈류를 유지하는 데에 참여할 수 있도록 하며; (2) 혈관의 구조를 유지할 수 있도록 한다. 정맥의 결합조직과 평활근은 정맥의 구조를 유지할 수 있도록 한다.

다. 심장이 휴식기일 때, **이완기 혈압(diastolic pressure)**이라고 불리우는 동맥 혈압의 감소는 판막 닫음을 유발하여 정맥 속의 혈액이 역류하지 않게 한다. 골격근육의 수축 또한 심장 아래 부근에서 정맥 펌프를 도와준다. 동맥의 평활근과 말단 정맥의 판막에서 비정상적인 노화성 변화는 울혈성 심부전이라는 노화성 질병을 유발한다.

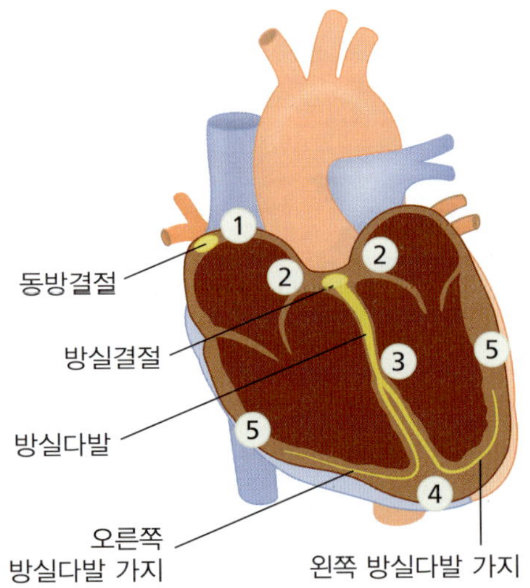


**그림 9.17 심장에서의 전기 전도.** 전기전도는 동방(굴심방)결절에서 발생하는 활동전위에 따라 시작하는 형태를 따른다(1). 활동전위는 양쪽 심방으로 동시에 퍼지고 방실결절(2)로도 퍼진다. 방실결절에서 방실다발(3) 가지로의 활동전위의 전파는 약 1/6초 정도 늦추어지는데, 이는 심실이 혈액으로 충분히 채워진 후에 수축할 수 있는 시간을 준다. 활동전위가 심실의 바닥(4)에서 위(5)로 전달될 때는, 활동전위의 빠른 전달 속도는 실제적으로 모든 섬유들이 동시에 수축할 수 있도록 한다.

## 심장과 동맥은 흥분성 조직이다

심장과 동맥은 모두 압력과 흐름을 생성하기 위하여 근육조직의 수축을 이용한다. 신경조직과 같이 근육조직은 수축을 근육세포에서 근육세포로 퍼뜨리기 위한 활동전위를 생산하는 흥분성 조직이다. 심장근육(심근세포)은 최상의 상태를 유지하기 위하여 정확한 수축패턴을 따른다. 이 패턴은 우심방의 위쪽에 있는 특수한 세포의 작은 모임인 **동방(굴심방)결절[sinus (sinoatrial) node]**이 활동전위를 만들어 낼 때 시작한다(**그림 9.17**). 활동전위는 옆으로 분포한 심장근육세포(심근세포)로 퍼져 나가며 우심방과 좌심방의 동시 수축을 유발한다. **방실결절[atrioventricular (AV) node]**은 전기적 신호를 받아서 그 신호를 방실다발과 방실다발 가지 쪽으로 전달한다. 심방과 심실의 근육섬유 사이에 직접 접촉에 의한 것이 아닌 방실결절을 통한 활동전위의 전파는 약 1/6초 정도의 지연을 유발한다. 이 지연이 수축하기 전에 혈액이 심실에 찰 수 있도록 한다. 심장조직의 수축(심박) 조절은 뇌간의 신경망을 통하여 주로 발생하지만 카테콜아민과 같은 호르몬에 의해서도 조절될 수 있다.

심장근육의 수축은 신경 자극에 의해서 조절되지만, 동맥의 평활근 수축은 주로 호르몬과 동맥에서의 지엽적인 사건에 의해서 조절된다(**표 9.3**). **혈관수축(vasoconstriction)**이라고 하는 동맥 평활근의 수축은 혈관내강의 직경을 줄인다. **혈관이완(vasodilation)**이라고 하는 평활근의 이완은 직경을 증가시킨다. 우리는 특정 기관에 필요한 혈액을 공급하기 위하여 어떻게 혈관수축과 이완이 함께 작동하는지를 보이려면 대사 활동 증가를 예로 이용할 수 있다. 휴식할 때, 골격근의 동맥은 일부 수축되어 있다—즉, 근육은 혈액이 많이 필요하지 않다. 운동을 시작하여 근육이 수축하기 시작할 때, 카테콜아민들이 분비되고 α-아드레날린성 수용체에 결합하면 동맥의 혈관이완을 유

**표 9.3 동맥의 혈류를 조절하는 몇 가지 혈관이완제와 혈관수축제.**

| 물질 | 종류 | 효과 |
|---|---|---|
| 교감신경 | 신경성 | 혈관수축 |
| 산화질소 | 신경성 | 혈관이완 |
| 에피네프린 | 호르몬성 | 혈관이완 |
| 안지오텐신 II | 호르몬성 | 혈관수축 |
| 노르에피네프린 | 신경성 | 혈관수축 |
| 낮은 산소 농도 | 지엽성 | 혈관이완 |
| 낮은 혈압 | 지엽성 | 혈관수축 |
| 이산화탄소 | 지엽성 | 혈관이완 |
| 혈액의 증가된 $K^+$ 농도 | 지엽성 | 혈관이완 |

발한다(혈액의 흐름 증가). 이 신경-호르몬의 반응은 운동시 초반의 수초에서 수분 동안만 지속된다. 운동이 지속되는 동안 혈관이완과 혈액흐름 증가는 동맥-정맥의 줄어든 산소량과 증가된 혈중 세포호흡 대사체의 농도 등과 같은 지엽적 사건들에 의해 유지된다. 운동을 멈추면, 혈압의 감소와 β-아드레날린성 수용체에 카테콜아민의 결합 등과 같은 혈관수축 유도물질이 혈액의 흐름을 줄인다.

## 심장은 심장박출량을 조절하여 혈액의 흐름과 압력을 조절한다

심장이 순환계로 내보내는 산소가 풍부한 혈액의 양을 **심장박출량(cardiac output)**이라 하는데, 이것은 한번의 **수축기(systole)** 동안에 배출하는 혈액량인 **박출량(stroke volume)**과 분당 심장박동수인 **심박수(heart rate)**의 곱으로 표현된다**(식 9.1)**. 심장박출량은 모든 조직의 수요량의 합과 일치한다. 즉, 조직이 100 유닛의 혈액을 필요로 하면 심장은 100 유닛의 혈액을 배출한다. 조직의 수요는 정맥에서 심장으로 들어오는 혈액의 양(정맥환류량; **venous return**)에 의해서 결정된다.

심장박출량 = 박출량 × 심박수 (식 9.1)

박출량 = 심장이 한번 수축할 때 좌심실에서 방출되는 혈액의 부피(ml)

심박수 = 분당 심장박동수

계단을 오르기 시작하는 것과 같이 우리가 근육을 움직이기 시작하면, 신경-호르몬 요소들은 근육이 움직일 때 필요로 하는 추가적인 산소를 몸에 공급하기 위하여 심장박동수를 증가시킨다. 또한 심장박출량의 증가는 심실에 더 많은 혈액을 보충하도록 정맥환류량도 증가시킨다. **탄력성(compliance)**이라고 알려진 특성처럼, 심실 주위의 근육이 펴져서 심장세포의 길이가 늘어나고 더욱 강한 수축력, 혹은 강력한 **수축성(contractibility)**을 유발한다—즉, 1회 박동에 더 많은 혈액이 배출될 수 있다. 수축력은, 수축되기 전의 심실에 들어있는 혈액량과 정맥환류량으로 계산된, **말기 확장기 용량(end diastolic volume)**의 범위를 넘어선 수준의 탄력성에 대해서 대응한다. 즉, 심장에서 나가는 혈액량은 정맥환류량과 비슷하다. 그러나 심근세포는 적정한 길이를 가지고 있고, 심실의 일정 이상의 확장은 수축성을 낮추어서, 결국엔 박출량을 낮추게 된다. Frank-Starling 기전으로 알려진, 심장근육의 탄력성과 수축성의 길이-장력의 상관성은 정상적인 생리적 상태에서는 심근세포의 적

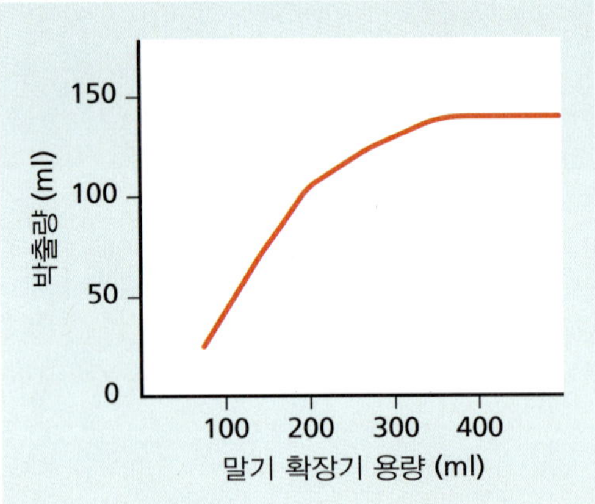


**그림 9.18 프랭크-스탈링(Frank-Starling) 기전의 도식표.** 정맥환류량이 증가할 때, 이에 따라 심실의 말기 확장기 용량도 증가한다. 말기 확장기 용량의 증가는 심실을 확장시키는데, 이는 심근세포의 길이를 증가시키고 좀 더 큰 힘(수축력의 증가)을 만들 수 있도록 한다. 결국에는 증가된 수축력은 증가된 혈액량을 내보낼 때 필요로 하는 힘을 발생한다. 그러나 길이-장력의 상관성은 한계가 있다; 예를 들어, 심근세포가 자신의 적정한 수축력을 발휘할 수 있는 정도 이상으로 늘어나면 수축력은 줄어들기 시작한다.

정 길이 이상으로 작동되지 않는다(**그림 9.18**). 이 장의 후반에, 심근세포가 자신의 적정 길이 이상으로 늘어남에 의해서 울혈성 심부전이 어떻게 발생하는지를 알아볼 것이다.

### 유체 역학의 원리가 전반적인 혈액의 흐름을 제어한다

우리가 이미 알아본 바와 같이, 심장과 혈관계 모두는 혈류의 양을 조절하는 기전을 가지고 있다: 심장은 심장박출량; 동맥은 혈관 이완과 혈관 수축. 이런 혈류를 조절하기 위한 조직 특이적 그리고 기관 특이적 기전들은, 몇 가지 유체 역학의 원리들을 통해 전반적인 혈류를 조절하기 위하여 상호 협동하여 기능을 수행한다. 가장 중요한 것은 흐름, 압력, 그리고 저항 사이에 상호관계이다. 혈류는 계 사이의 압력 차이에 직접적으로 비례하고 저항에는 역비례한다(**식 9.2**, **9.3**, 그리고 **9.4**). 예를 들면, 식 9.3을 이용하여, 우리는 저항($R$) 혹은 유량($F$) 중 어느 것이든 증가하면 혈압이 증가($\Delta P$)할 것임을 알 수 있다. 압력은 심장박출량의 감소 혹은 혈관 수축의 감소(혹은 혈관 이완 증가)에 의해 다시 정상 상태로 되돌아 올 수 있다.

$$F = \Delta P/P \quad (9.2)$$

$$\Delta P = F \times R \quad (9.3)$$

$$R = \Delta P/F \quad (9.4)$$

$F$ = 혈류량

$\Delta P$ = 한 혈관 양끝 단 사이의 압력차

$R$ = 저항

동맥 혈관은, 직경이 겨우 한 개의 적혈구 세포와 같은, 모세혈관에 가까워질 때까지 점진적으로 작아진다는 것을 상기하라. 혈관이 작아짐에 따라, 혈관의 손상을 막기 위하여 압력은 낮아진다(**표 9.4**). 즉, 큰 동맥은 심장 가까이에서 발생하는 100 mmHg의 압력을 견딜 수 있지만, 특히 세동맥(가장 작은 동맥)과 모세혈관과 같은 작은 혈관은 견딜 수 없다. 그렇다면, 심혈관계는 어떻게 유체 역학법칙을 따를 수 있도록 되어 있는가, 이와 동시에, 심혈관계는 어떻게 혈관 직경이 작아짐에 따라 혈압 을 낮출 수 있을까?

그 해답은 혈관벽을 확장하고, 힘의 제4법칙인 유체역학을 위한 기초 물리법칙의 유리한 점을 택함으로써, 혈관 내강의 직경을 늘일 수 있는 혈관의 능력에 있다. 힘의 제4법칙은 혈관에서 혈액의 흐름은 직경의 네 번째 힘에 비례하여 증가하거나 감소한다고 기술하고 있다. 이것은 혈관 직경의 작은 변화가 혈류의 큰 변화를 유발할 수 있다는 것을 의미한다. 예를 들어, 심장박출량이 증가했다고 가정할 때, 주변 조직의 혈류가 크게 증가하는 결과를 초래할 수 있다. 동맥 혈관벽은 증가된 혈액 부피를 감당하기 위하여 확장된다. 혈관 내강 직경이 커지면, 혈류가 증가하고 동맥의 혈압을 유지할 수 있다. 동맥 혈관 내강의 크기를 늘였다 혹은 줄였다 할 수 있는 동맥의 능력은 우리가 동맥경화를 논의할 때 더욱 명확해 질 것이다.

**표 9.4 지정된 혈관의 평균 혈압.**

| 동맥 혹은 정맥 | 평균 혈압(mmHg) |
|---|---|
| 대동맥 | 100 |
| 굵은 동맥 | 100 |
| 가는 동맥 | 80 |
| 세동맥 | 60 |
| 모세혈관 | 20 |
| 세정맥 | 10 |
| 가는 정맥 | 0 |
| 대정맥 | 0 |

## 심혈관계의 노화성 질환들: 심혈관 질환

이 장과 8장에서 다루었던 다른 생리학적 시스템들과 같이, 심혈관계는 노

화에 따라 경미한 것부터 중간 정도에 이르기까지 기능적 손실이 나타난다. 대부분의 경우, 기능 손실이 일상생활 활동을 막을 정도는 아니지만, 스트레스나 과도한 업무를 감당할 수 있도록 하는 사람의 능력을 줄일 수 있다. 우리가 이 장의 앞에서 논의했던 신경 병리와 마찬가지로, 노화와 심혈관계의 관련성에 대해 질문할 수 있는 중요한 의문점은 어떤 변화가 발생하는가 보다는 왜 이런 변화들이 일부 사람들에게는 병으로 진행되고 나머지 사람들에게는 그렇지 않은가이다. 그리고 신경병리와 같이, 생물노인학자(biogerontologist)들은 이 질문에 대한 해답을 가지고 있지 않다.

이 절에서는, 심혈관계의 세 가지 일반적인 노화성 질환에 대해서 알아볼 것이다: 관상동맥질환(**동맥경화**: **atherosclerosis**), 뇌졸중(**cerebrovascular incident**), 그리고 **고혈압**(**hypertension**). 우리는 심혈관계에 영향을 미칠 수 있는 환경적 요인들을 간략하게 살피는 것으로 시작한다.

### 환경적 요소들이 심혈관계의 노화성 쇠퇴에 영향을 준다

심혈관계에서 질환이 아닌 노화성 변화들을 정의하는 것은 어렵다고 증명되었다. 이 문제는 식이요법, 운동, 그리고 흡연과 같은 환경적 요소들이 심혈관계의 노화속도에 상당한 영향을 미치기 때문에 발생한다. 예를 들면, 대동맥과 다른 큰 동맥들의 유연성과 탄력성은 노화에 따라 감소하며, 많은 경우 이완기 혈압의 증가와 고혈압을 유발한다. 그러나 일부 연구들은 신체적으로 활동적인 노인들이 같은 나이의 비활동적인 노인들에 비해서 수축기 혈압이 상당히 낮다고 보고하고 있다. 흡연은 비흡연자이며 신체활동이 없는 같은 나이의 노인들에 비해 대동맥의 팽창성 소실과 수축기 혈압을 크게 증가 시킨다.

신체 혈류에 대한 증가된 요구에 대응하는 심장의 생리학적 반응은 노화에 따라 변하며 이는 환경적 요소에 의한 영향을 받지 않을 수도 있다. 심장은 산소에 대한 조직의 요구에 기초하여 박출량을 조절한다는 것을 상기하라. 운동 상태와 같이 높은 혈류에 대한 초기 요구 동안에는, 심장박출량은 심장박동수 증가의 결과로 증가하나, 일회 박출량은 그대로 유지된다. 증가된 심장박동수는, 활동성 전위 발생 속도를 증가시키는, 신경-호르몬 작용에 의한 동방결절의 활성 때문에 발생한다. 노화에 따라, 동방결절의 아드레날린성 수용체(에피네프린과 노르에피네프린이 결합하는 수용체)의 수가 감소하는 것 같다. 이것은 심장 기능에서 두 가지 노화성 변화를 유발한다. 첫째, 증가된 대사 요구의 초기 상태 동안에 심장박동수의 증가는 나이가 듦에 따라 더욱 천천히 발생한다. 따라서 증가된 대사 요구성에 적응하는 시간이 노인들에게서 더 걸린다. 둘째, 노화에 따른 아드레날린성 수용체의 감소는 도달할 수 있는 최대 심장박동수의 감소를 유발한다. 이것은 높은 수준의 운동강도가 진행되는 동안에 총심장박출량이 줄어드는 것을 의미한다—즉, 운동하는 동안 수행되는 최대 운동량이 노화에 따라 감소한다. 비록 심장은 일회 박출량을 증가시킴으로써 노화에 따른 최대 심장박동수의 감소를 상쇄시킬 수 있지만, Frank-Starling 기전 때문에 일회 박출량의 절대량에는 한계가 있다. 그러므로 이 상쇄효과는 최대 심장박동수의 감소에 의해 발생하는 총심장박출량의 감소를 벌충할 수 없다.

동맥과 정맥에서 노화성 변화들은 또한 환경적 요소들에 의해서 영향을

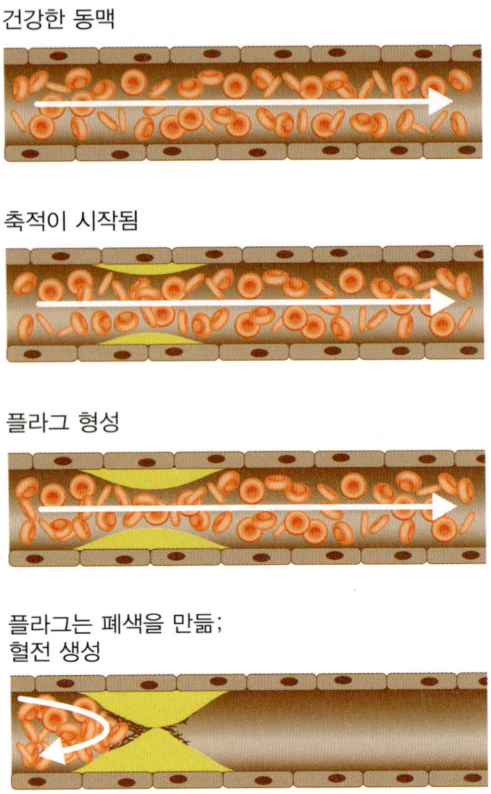


**그림 9.19 죽상동맥경화에 의한 막힘의 단계.** 플라그의 형성은 주요 동맥에서 지방선조로 시작된다. 플라그가 형성됨에 따라, 그것들은 병변의 중심부에서 폐색을 유발한다. 허혈성 증상은 플라그에 의해 혈관이 적어도 85% 이상 폐색이 되었을 때 발생한다. 허혈성 증상을 유발하는 혈관 폐색은 일반적으로 플라그의 파열과 혈전의 분비에 의해 발생한다.

받는다. 제8장에서 피부의 노화성 변화에 대해 논의한 것을 상기하라. 이런 변화의 대부분은 콜라겐 섬유의 교차결합의 증가 때문이라는 것을 배웠다. 교차결합은 결합조직의 탄력성을 줄이고 더 딱딱한 구조를 유발한다. 이제 그림 9.16을 참고하여 동맥혈관과 정맥혈관들이 대부분 콜라겐을 포함하고 있는 일정 정도의 결합조직을 가지고 있음을 확인하라. 더욱이 내부와 외부 탄성막이 엘라스틴으로 구성되어 있고, 이 엘라스틴은 또한 굉장히 많은 교차결합을 가지고 있어서 팽창력을 콜라겐과 비슷한 정도로 줄일 수 있다. 동맥혈관들이 확장과 수축을 할 수 있는 능력에 비례하여 혈류와 혈압 조절을 도울 수 있기 때문에, 팽창력이 줄어드는 것은 혈류와 혈압에 영향을 줄 수 있다. 혈관의 수축력과 팽창력이 약간 줄어드는 것은 정상적인 노화과정이라고 일반적으로 받아들여지긴 하지만, 신체적 비활동성이 그런 혈관의 변화를 가중시키는 것으로 알려져 왔다. 흡연과 잘못된 식습관 등은 또한 혈관의 기능에 상당한 영향을 줄 수 있다.

## 동맥의 플라그는 죽상동맥경화와 허혈성 질환을 일으킨다

60세 이상의 대부분 사람에서는 동맥벽에 지방이 침착된 **동맥 플라그(arterial plaque)**가 어느 정도 있다. 부검을 통해 알 수 있듯이, 플라그의 형성은 생후 6개월부터 심장의 주요 동맥에서 지방선조(fatty streak)로 시작된다. 대부분의 사람들에게, 동맥 플라그는 혈류를 막을 수 있는 크기로 쌓이지는 않는다. 그러나 현재까지 알려져 있지 않은 이유들로 인해, 동맥 플라그는 죽상동맥경화로 진행되고 혈류를 막는다. 죽상동맥경화가 심각하게 진행되면, 혈류가 막히고, 결과적으로 조직으로 산소공급이 줄어드는 **허혈증(ischemia)**이 발생한다(그림 9.19). 이는 조직의 괴사를 유도한다.

죽상동맥경화 병변은 대부분 동맥이 갈라지는 부위의 바로 앞부분에서 형성되어 두 가지 방법에 의해서 혈류를 막는다: (1) 중심점으로 알려진 초기 병변의 혈전, 혹은 (2) 혈전이 파괴되어 만들어지는 **색전(embolus)**이 원래 병변에서 떨어진 동맥혈관의 좁은 부위를 막는다(그림 9.20). 그러나 모든 죽상동맥경화 병변이 허혈증을 유발하는 것은 아니다. 예를 들어, 부검에서는 일부 병변이 파열되어 허혈증을 유발하기에는 너무 작은 색전을 분비한다는 것을 보여주고 있다. 플라그가 수선되고 파열이 재발하면, 큰 색전이 분비된다. 일부 경우에서 플라그가 막힌 부분을 우회하는 새로운 혈관이 생길 수 있도록 동맥에 영향을 주어 임상적으로 해가 없는 경우도 생긴다.

허혈증을 일으킬 수 있는 정도로 큰 죽상동맥경화 병변의 형성은 사람에게서는 40~50년 정도의 기간이 필요하다. 동맥벽의 지방선조는 산화된 **저밀도지단백질(low density lipoproteins; LDLs)** 속에 들어 있는 콜레스테롤이 주요한 구성물질이다. 혈관의 내막층 안으로의 저밀도지단백질 침투는 내피세포를 손상시키고, 이것이 염증반응을 가동시킨다. 대부분 T 세포와 대식세포 등의 면역세포들과 콜레스테롤의 침착은 거품세포(foam cell)로 알려진 새로운 구조물을 만든다. 거품세포는 동맥벽을 약화시키므로해서, 평활근 세포가 지방 병변으로 침투하여 거품세포 위쪽에 섬유성 덮개(피부의 상처 위에 생기는 딱지와 같음)를 만들도록 한다. 이런 병변이 20년 혹은 30년 동안 자라면, 그곳에서 석회화가 발생하고 주로 콜라겐으로 구성된 자신의 기질(matrix)을 생성한다. 즉, 죽상동맥경화 병변은 상당히 많은 혈전을 생성할 수

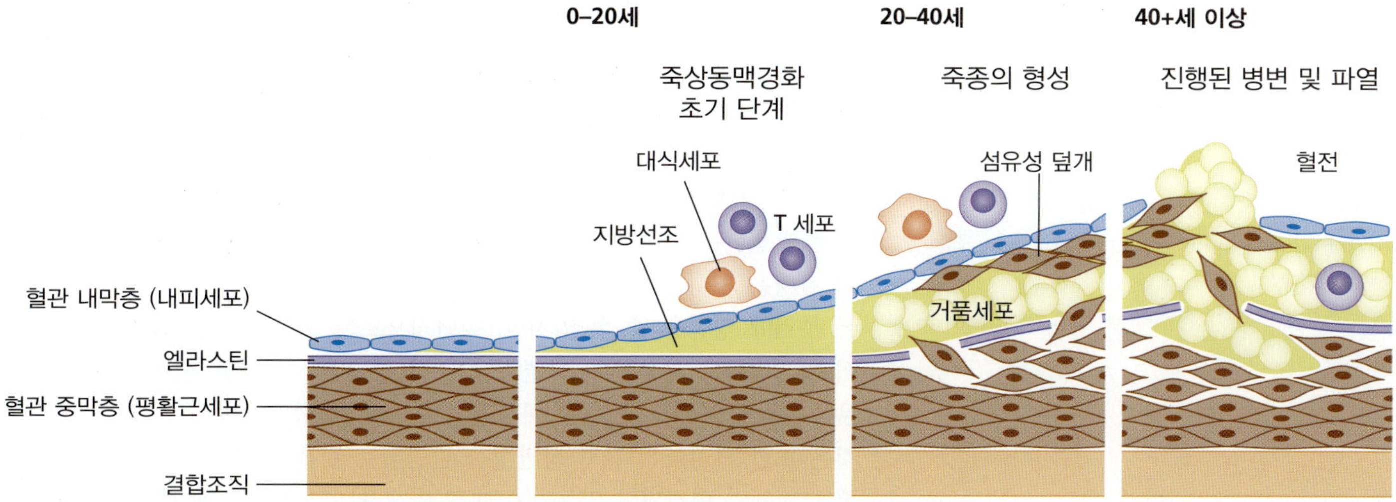


**그림 9.20 생애기간 동안 죽상동맥경화의 발병기전.** 생후 6개월된 아기에서 확인된 발병의 초기단계에서, 혈관 내막층에는 내피세포 아래에 지방선조처럼 보이는 지방 성분의 축적이 나타난다. 면역계는 혈관벽의 두꺼워짐을 항원으로 인식하고 T 세포와 대식세포를 그곳으로 불러들인다. 면역세포들의 공격으로 내막층과 중막 사이의 탄력층이 파열되고, 평활근세포들이 혈전을 상당히 잘 생성하는 거품세포 위에 섬유성 덮개를 만든다. 동맥벽의 팽대는 죽종(atheroma)이라고 한다.

있게 된다. 섬유성 덮개의 파열과 색전이 분비되는 이유는 대부분 알려져 있지 않았지만, 파열은 대체적으로 반복적인 대식세포에의 노출과 평활근 세포의 사멸에 의해 그 부위가 약해지는 이유일 것이다.

**허혈성 심장병**(**ischemic heart disease**)은 4개의 관상동맥(**그림 9.21**) 중 하나인 심장의 큰 동맥이 혈전에 의해서 막히고 심장조직으로 가는 혈류가 감소할 때에 발생한다. 혈관 막힘으로 인해 혈류가 정상 상태의 85% 이하로 줄어들면, 산소 결핍이 심장 조직의 괴사를 발생시킨다; 이로 인해 심장마비 혹은 **심근경색**(**myocardial infarction**)을 경험하는 것이다. 결국에는 심장의 정상적인 전기 흐름이 무너지고 심장은 수축을 못하게 되어, 심장박출량이 상당히 줄어들고 다른 조직의 손상을 일으킨다. 심장조직에서 많은 부위에 혈류의 막힘이 발생하면, 심장의 박동 리듬이 무너져, 조절되지 않고 동기화되지 않은 심장 박동인 **심장세동**(**fibrillation**)을 유발한다. 심방과 심실 세

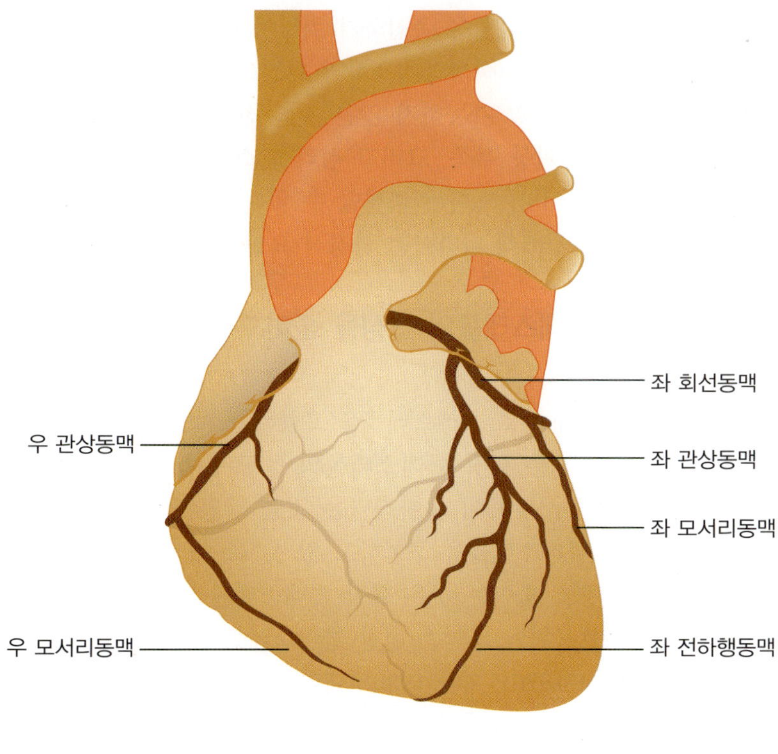


**그림 9.21 관상동맥들.** 관상동맥들이 대동맥에서 바로 빠져 내려가기 때문에 산소가 풍부한 혈액을 운반하고 있음을 확인하라. 이 동맥들 중 하나에서 막힘이 생기면 심근경색(산소 부족으로 조직이 죽는 것)을 유발하고, 이는 조직의 죽음과 심장박출량의 감소를 일으킨다.

동은 심장 박출의 완전한 소실과 죽음을 일으킨다.

뇌졸중 혹은 뇌혈관 질환을 일으키는 기전은 허혈성 심장병을 일으키는 기전과 비슷하며, 뇌에서 발생하는 허혈증상이다. 대부분의 경우, 경색을 일으키는 혈관 막힘은 경동맥에 있는 죽상동맥경화 부위에서 떨어져 나온 색전에 의해 발생한다. 그러나 일부 뇌졸중은 뇌 속에 있는 동맥의 파열과 그 결과로 발생하는 출혈에 의해 발생할 수 있다. 뇌졸중에 의한 신체 기능의 상실 유형은 영향을 받은 뇌 부위에 의존적으로 나타난다. 뇌졸중은 뇌의 모든 부위에 영향을 줄 수 있지만, 일반적으로는 오른쪽 혹은 왼쪽 뇌에 손상이 발생했다고 서술한다. 오른쪽 뇌에서 발생한 뇌졸중은 신체의 왼쪽 부위 운동기능에 영향을 주는데, 대체적으로 팔과 다리의 마비 등을 일으킨다; 이것은 또한 거리와 공간적 상관성을 판단하는 것을 어렵게 하고 부분들이 어떻게 전체와 연결되어 있는지에 대해 이해하는 것을 어렵게 한다. 미루어 알 수 있듯이, 왼쪽 뇌에 발생한 뇌졸중은 신체의 오른쪽 부위 운동조절의 상실을 일으킨다. 오른쪽 뇌졸중 발생 후 생존자는 말하는 것과 언어에 상당한 어려움을 겪고 때로는 느린 움직임과 조심스러운 행동을 유발한다. 뇌졸중은 소뇌와 뇌간에서도 발생할 수 있다. 소뇌가 움직임을 조절하기 때문에, 이 부위에 발생하는 뇌졸중은 평형, 조정력, 그리고 반사작용에 영향을 준다. 뇌간은 호흡, 혈압, 심장 박동 속도 등을 포함하는 대부분의 자율기능을 조절하므로 이곳에 발생하는 뇌졸중은 대부분 치명적이다.

### 죽상동맥경화의 위험인자들은 유전적 요소와 환경적 요소가 섞여 있다

동맥 플라그가 죽상동맥경화증으로 진행하는 것의 기저에 깔려 있는 기전은 아직 밝혀지지 않고 있다. 네 가지 요소들이 죽상동맥경화를 유발하는 주요 위험인자이다: 노화, 흡연, 고혈중 콜레스테롤(**고지혈증**; **hyperlipidemia**), 그리고 고혈압(hypertension). 이 네 가지는 각각 독립적으로 죽상동맥경화를 유발할 수 있기 때문에 일차적 위험인자로 알려져 있다. 비만, 신체활동 부족, 심리학적 스트레스와 같은 다른 요소들은 이차적 위험요소들이다; 이차적 위험요소들은 죽상동맥경화 유발을 촉진하기 위하여 네 가지 일차적 요소들 중 하나와 어우러져 발생한다. 죽상동맥경화의 위험요소들은 또한 조절 가능한 것(환경적 요인) 혹은 조절 가능하지 않은 것(유전적 요인)으로 구별하기도 한다. 흡연, 비만, 신체활동 부족, 그리고 심리적 스트레스 등은 명확하게 조절 가능한 위험요소들이다. 노화는 조절할 수 없다. 고지혈증과 고혈압은 유전적으로 취약한 사람들에게 나타나는 환경적 요인의 결과이다.

### 스타틴은 간에서 콜레스테롤의 합성을 줄이고 혈장 콜레스테롤을 낮춘다

죽상동맥경화 플라그가 주로 콜레스테롤을 포함하는 지방선조로 시작함을 상기하라. 일부 연구자들은 혈장 콜레스테롤의 농도가 높으면, 죽상동맥경화의 발생과 이에 따른 사망률이 높아진다는 것을 확인하였다(**그림 9.22**). 음식—주로 고기—은 콜레스테롤을 포함하고 있기 때문에, 식품 콜레스테롤 혹은 식품 지방의 총량을 줄이는 것은 혈장 콜레스테롤을 낮추는 효과적인 방법이라고 알려져 왔다(위험 요인은 혈장 콜레스테롤이지 식품 콜레스테롤이 아닌 것을 기억하라). 1970년대와 1980년대의 일부 연구들은 이런 관점을 지

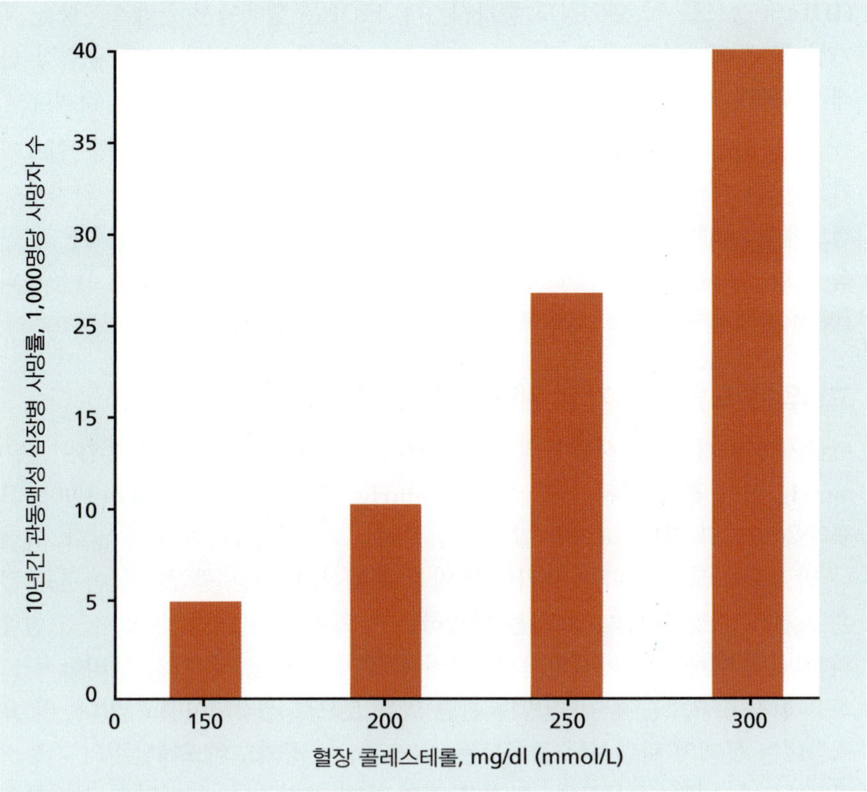


**그림 9.22 혈장 콜레스테롤과 관동맥성 심장병에 의한 사망 위험도.** (J.I Cleeman and C. Lanfant, *JAMA* 280:2099–2014, 1998의 자료. 미국의학협회의 허가를 득함)

지하였다. 그러나 후속 연구들은 이 관점을 개정하고 있다. 후속 연구의 결과들은 식이요법에 의한 혈장 콜레스테롤 조절이 유전적으로 고혈장 콜레스테롤 요인이 있는 개인들에서만 효과적이라고 제안하고 있다—이런 사람들은 죽상동맥경화 플라그에서 발견되어지는 콜레스테롤 형태인 LDL을 과량으로 생산한다. LDL의 주요 역할은 간에서 다른 조직의 세포로 혈액을 통해 콜레스테롤을 운반하는 것이다.

콜레스테롤은 인지질 이중층에 안정성을 제공하는 세포막의 중요한 구성요소이다. 모든 세포는 콜레스테롤을 합성할 수 있지만, LDL 합성의 70~80%는 간에서 일어난다. 따라서, 유전적으로 고혈장 콜레스테롤을 유발하는 체질을 가진 사람들을 위해서, **스타틴(statin**; 가장 많이 처방되는 것은 Lipitor®이다)으로 알려진 약을 사용하여 간의 LDL 합성을 억제하는 것이 죽상동맥경화의 위험요소를 낮추는 것에 효과적임을 확인하였다. 스타틴은 콜레스테롤 합성에 관여하는 하나의 효소를 저해하는 것으로 작용한다. 이 합성과정에서 지방산 분해의 마지막 생산물(그림 4.19 참고)인 acetyl-CoA는 몇 가지 일련의 반응을 통해 3-hydroxy-3-methyl glutaryl-CoA(HMG-CoA)로 전환된다(그림 9.23). HMG-CoA 환원효소는 HMG-CoA를 콜레스테롤의 전구체인 mevalonate로 환원시키는 효소로, 콜레스테롤 합성과정의 속도조절 단계를 촉매한다. 따라서 HMG-CoA 환원효소의 저해는 콜레스테롤 합성을 막을 수 있다.

스타틴은 두 가지 다른 효과를 가진다. 첫째, 간에서 콜레스테롤 합성을 낮춰서 간의 LDL 수용체의 합성을 증가시킨다. 따라서 간에 의한 혈장 LDL의 흡수를 증가시키고 혈장의 LDL 농도를 떨어지게 한다. 둘째, 정확한 이유는 밝혀져 있지 않지만, 스타틴은 **고밀도 지단백질(high-density lipoprotein**;

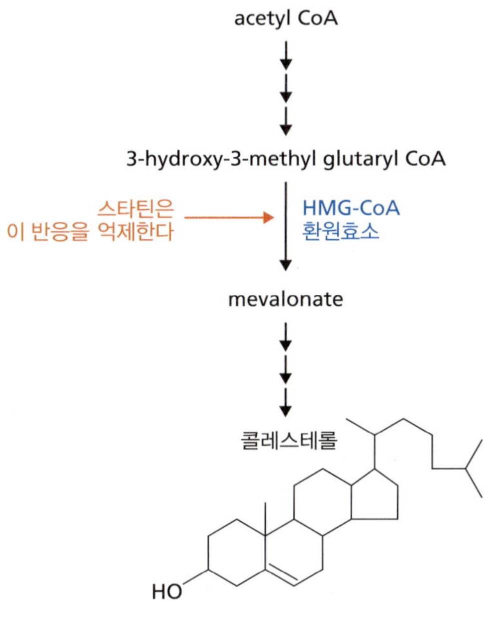


**그림 9.23 콜레스테롤 합성과 콜레스테롤 합성 저해에서 스타틴의 작용.** 불연속 화살표는 보여지지 않은 과정의 단계를 표시한다.

**HDL**)의 농도를 약 5% 정도 증가시킨다. HDL은 혈액에서 콜레스테롤을 제거한 후 분해대사를 위해 간으로 운반하기 때문에, 스타틴에 의한 총혈장 콜레스테롤의 저하는 이 HDL과 연관된 기전에 의해 발생할 수 있을 것이다.

모든 약들처럼, 스타틴이 지닌 부작용은 심각한 생리학적 문제를 일으키기 보다는 조금 성가신 문제를 일으키는 경향이 있고 복용자들의 단지 5% 정도에서 문제를 일으킨다. 이런 부작용에는 두통, 기억력 문제, 근육통과 근육 약화, 그리고 체중 감소 등이 포함된다. 더욱 심각한 부작용은 복용자의 1% 미만에서 발생하고 개인에 따라 다양하게 나타난다.

## 고혈압은 노인에게 가장 일반적인 만성질환이다

미국에서 65세 이상 사람들의 50% 이상은, 지속적으로 수축기 혈압이 140 mmHg 이상 혹은 이완기 혈압이 90 mmHg 이상으로 정의되는(140/90), 고혈압을 가지고 있다. 고혈압 발병의 근본적인 기전은 알려져 있지 않다. 그러나 박출량이 노화에 따라 증가하지 않기 때문에, 우리는 혈압이 높아지는 것은 흐름의 저항(동맥의 경화)을 반영하는 것으로 결론 내릴 수 있다. 고혈압의 원인에 대해서는 아직까지 잘 알려져 있지 않지만, 몇 가지 생리학적 그리고 환경적 요소들이 이 질병과 관련 있을 것으로 생각되어지고 있다. 이 요소들에는 동맥의 탄력성이 줄어드는 것(경직성이 증가), 아드레날린의 기능저하, 신장병, 비만, 운동부족, 그리고 흡연 등이 포함된다. 고혈압의 사망률은 낮지만(미국에서 10만 명당 58명), 고혈압은 다른 형태의 심장병 위험인자를 높일 수 있다. 예를 들어, 대부분의 연구들은 수축기 혈압이 10~15 mmHg 정도 낮아지면 허혈증의 위험인자가 최대 45% 정도 낮춰질 수 있다고 밝혔다.

소금 섭취량의 감소, 운동 증가, 그리고 약물 등을 포함하는 고혈압 치료는 혈관 수축과 혈액 부피를 낮춘다. 고혈압을 줄이는 데 소금 섭취량의 감소와 운동 증가가 얼마나 효과가 있는지는 확실하지 않다. 일부 연구들은 이 두 가지 치료가 일부 사람들에게 효과가 있지만, 많은 사람들에서는 좋은 결과를 볼 수 없다고 보고하였다. 더욱이 신체활동의 증가와 소금 섭취 감소의 결과인 혈압 감소는 수축기와 이완기 혈압의 10% 미만으로 크기 않다. 이런 치료법이 모든 사람들의 혈압을 상당한 정도로 낮추지 못한다는 것은 혈압이 유전적 요소와 강한 연관성이 있음을 나타낸다.

약물치료가 혈압을 조절하는 가장 효과적인 방법임이 증명되고 있다. 고혈압 치료에 이용되는 몇 가지 종류의 약물들이 있다: 가장 일반적인 세 가지는 **베타-차단제(beta-blocker)**, **안지오텐신 전환효소 저해제[angiotensin converting enzyme(ACE) inhibitors]**, 그리고 **이뇨제(diuretics)** 등이다. 베타-차단제는 β-아드레날린성 수용체를 차단한다. ACE 저해제는 안지오텐신 I을 안지오텐신 II로 전환하는 것을 저해한다. 노르에피네프린과 안지오텐신 II는 강력한 혈관수축제라는 것을 상기하라(표 9.3을 확인하라). 이뇨제는 일반적으로 항이뇨호르몬(vasopressin)을 생성을 억제하는데, 항이뇨호르몬은 혈액의 물이 오줌으로 빠져 나가는 것을 막는다. 따라서 이뇨제는 물손실(오줌으로)을 증가시키고 혈액량을 감소시킨다. 이 세 가지 치료법 모두는 혈액 흐름을 방해하는 것을 낮추어서 이 장의 앞에서 언급한 것과 같이 유체 법칙을 잘 따르도록 한다. 저항이 낮아지면 압력이 낮아짐을 상기하라(식 9.3).

### 심부전은 심장박출량이 줄어든 결과이다

심부전[울혈성 심부전(congestive heart failure)으로 알려짐]의 원인은 허혈증과 관련된 질환의 원인 만큼이나 명확하게 알려져 있지 않다. 심부전은 심근세포의 감염부터 염과 물의 비정상적인 잔류 등과 같이 다양한 상태에 의해 발생한다. 그럼에도 불구하고, 심부전을 유발하는 심근의 물리적 특성의 악화는 근본적인 원인과 관계없이 비슷하다. 모든 경우에 있어서, 심부전은 몸이 요구하는 산소요구량을 공급하기 위해 필요한 혈액량을 보낼 수 있을 만큼의 수축력을 만들 수 없는 심근 상태로 정의된다—즉 심장박출량의 비정상적 감소 상태이다.

심부전은 두 가지 종류로 분류된다: 심장을 제대로 채울 수 없음(이완기 이상증)과 심장에서 혈액을 제대로 뿜어낼 수 없음(수축기 이상증). 이완기 이상증은 심실벽이 딱딱해져서, 탄력성과 최종 이완 부피의 감소가 발생할 때 주로 나타난다; 이때는 심장의 수축력이 정상적으로 남아 있다. 즉, 심장세포들이 정상적으로 기능을 수행하고 있지만, 심장근육이 정맥 환류 부피를 수용할 수 있을 만큼의 확장이 안 되는 것이다. 최종 이완기 부피의 감소는 수축력과 수축기 동안의 방출되는 혈액량의 감소를 유발한다. 즉, 말초조직은 세포에 적절한 산소 공급을 위한 혈액공급을 제대로 받을 수 없다.

수축기 이상증은 심장 근육의 손상에 의해 주로 발생한다—즉, 심근경색이다. 이완기 이상증과 같이, 수축기 이상증은 최종 이완기 부피와는 상관없이 박출량이 감소된다. 그러나 박출량이 감소하는 근본적인 기전은 이완기 이상증과는 다르다. 경색에 의한 심장조직의 손실은 수축기 동안에 수축에 참여하는 심근세포의 총수가 감소함으로 인해, 심장의 수축력이 감소한다: 탄력성은 변하기 않고 남아 있다.

이완기 혹은 수축기의 심부전에 대한 생리학적 반응은 점진적이며 대부분의 경우 액체의 잔류를 발생시키는데, 이를 **부종**(**edema**)이라고 한다. 심부전에 의한 부종을 유발하는 기전은 복잡하지만, 간단히 정리하자면 정맥 혈액의 역류이다. 삼투압 증가는 혈액이 정맥에서 빠져 나와 세포 사이 공간으로 들어가도록 한다. 부종의 가장 심각한 장소는 폐인데, 이 상태를 폐부종(pulmonary edema)라고 한다. 폐 속 액체의 증가는 기체교환을 방해한다. 심부전을 가진 사람은 말 그대로 자신의 체액에 익사하는 것이다.

### 사망률보다는 유병률이 심장병에 대한 더 좋은 설명서이다

1950년과 2007년 사이의 미국에서, 65세 이상인 사람들에서 심장병에 의한 사망이 남자에서 41% 그리고 여자에서 39% 정도 감소했다(**그림 9.24**). 그럼에도 불구하고, 허혈성 심장병은 미국과 다른 선진국에서 노인의 첫 번째 사망원인으로 남아 있고, 사망률은 노화가 진행됨에 따라 증가되었다. 당시에는 의과학에서 허혈성 심장병을 가진 환자의 죽음을 막을 수 있는 기술이 개발되어 있지 않았기 때문에, 사망률은 한때 심장병의 노화성 발생률을 측정하는 방법으로 생각되었다. 그러나 오늘날의 발달된 진단 기술은 심장병으로 인한 사망을 상당히 낮추었다. 우회 수술법, 혈관성형술, 스텐트 삽입술 등의 개발과 질병을 예방하기 위한 식이요법의 효과를 인식하는 것 등으로 인하여, 심장병은 생명을 위협하는 것이 아닌, 상당한 수준으로 만성질환화되고 있다. 따라서 사망률 보다는 유병률이 노인 인구에서 심장병의 효과를 측정

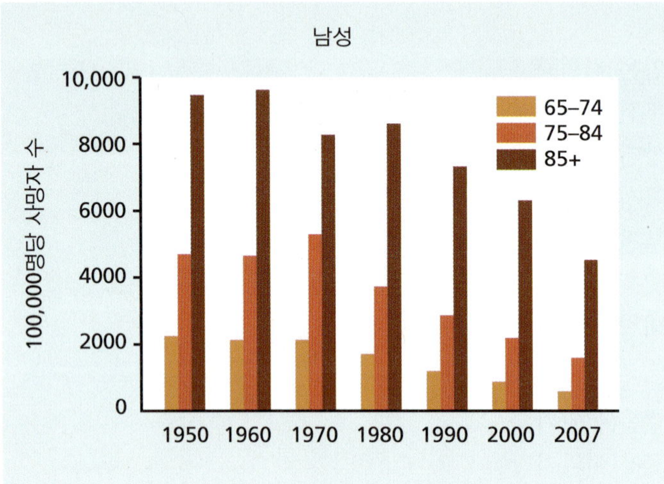


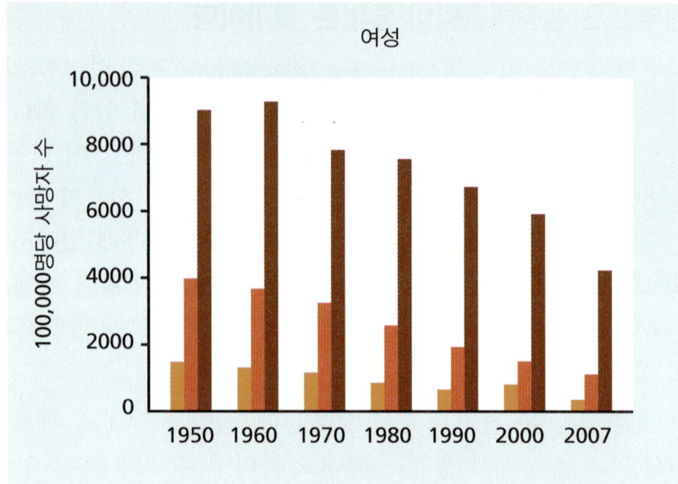


**그림 9.24 미국의 1950년과 2007년 사이의 65세 이상 남성과 여성들에서 심장병(허혈성 심장병)으로 인한 사망률(100,000명당).** (자료는 National Center for Health Statistics, Health, United States, 2010: 죽음과 사망의 특이한 특성, Hyattsville, MD: Centers for Disease Control and Prevention, 2011에서 발췌)

하기에는 더 좋은 추정을 할 수 있도록 해준다**(그림 9.25)**.

## 내분비계와 포도당 조절

**내분비계**(**endocrine system**)는 혈액으로 직접 호르몬을 분비하는 연결되지 않은 기관과 분비샘들로 구성된 계이다**(그림 9.26)**. 호르몬은 특수한 표적 세포가 있고, 한 호르몬에 대한 이런 세포들의 반응은 조직으로 하여금 특수한 기능을 수행할 수 있도록 한다**(표 9.5)**. 내분비계는 대사, 성장과 발달, 다양한 조직의 기능, 그리고 혈액의 포도당 농도의 유지 등을 포함하는 많은 인간의 기능을 조절하는 것을 담당하고 있다. 그림 9.26에 표시된 전통적인 내분비 기관 그리고 샘들과 더불어, 다양한 기능들이 혼합되어 있는 일부 기관들이 내분비계의 일부로 여겨지고 있다. 이런 기관들에는 간, 심장, 소장, 지방 조직, 그리고 피부 등이 포함된다.

실제적으로 동물 연구들에서 모든 내분비 기관들과 샘들에서 노화에 따른 기능의 위축이 밝혀지고 있다. 그러나 실험동물을 이용한 상당히 잘 조직된 연구들의 결과가 인간 임상 결과와는 일반적으로 잘 맞지 않았다. 실험동물과 사람의 연구들에서 차이가 나는 이유는 우리가 이미 앞에서 설명한 것과 같다: 인체 연구에서 환경적 영향을 제어할 수 있는 방법이 없는 것, 실험군에 질병을 가진 사람이 포함되는 것, 연구 횟수가 적은 것, 각 연구에 참여하는 사람의 수가 적은 것, 그리고 생물 종 사이에 존재하는 본질적인 유전적 차이 등. 그래서 우리는, 노화에 따른 변화가 질병으로 발전할 것으로 가정할 있을 만큼 충분한 자료를 보유한 두 가지 내분비계—혈중 포도당 농도와 뼈의 칼슘을 조절하는 것—에 한정해서 논의할 것이다. 이 절과 다음 몇 개의 절에서, 우리는 혈중 포도당과 뼈의 칼슘을 조절하는 데 관여하는 생화학적, 생리학적 기전과 이 조절이 잘못되어 발생하는 두 가지 질병인 제2형 당뇨병(혈중 포도당 농도 조절이 잘못됨)과 골다공증(뼈의 칼슘 조절이 잘못됨)에 대해서 논의한다.

### 혈중 포도당 농도는 좁은 범위 안에서 유지되어야 한다

앞 장들에서 포도당이 신체가 필요로 하는 에너지 공급에 중요하게 기여한다

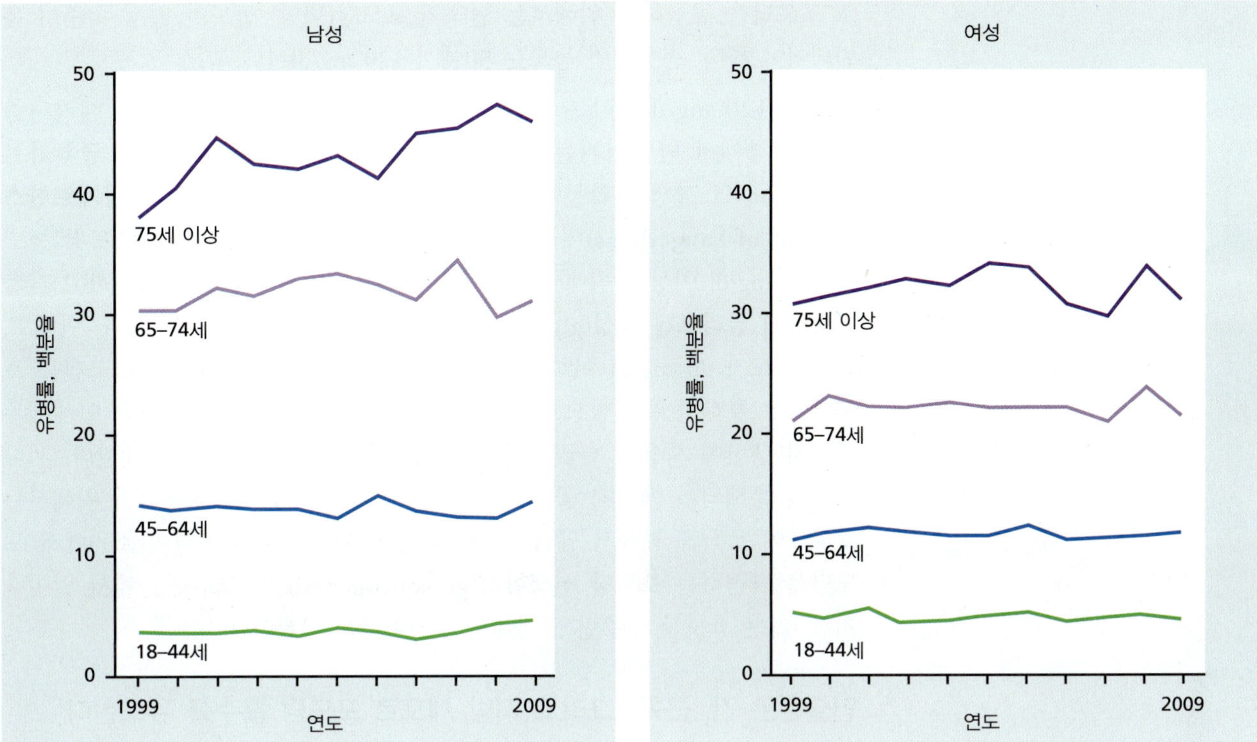


**그림 9.25 미국의 1999–2009년 사이의 남성과 여성들에서 심장병 유병률.** 심장병 사망률이 감소한 같은 기간 동안(그림 9.24를 보라)에 유병률은 변하지 않았거나 근소하게 증가하였다. 종합적으로 증가된 유병률과 감소된 사망률은 의학기술의 발전이 심장병을 가진 사람의 생명을 연장하였다는 것을 나타낸다. (자료는 National Center for Health Statistics, Health, United States, 2010: 죽음과 사망의 특이한 특성, Hyattsville, MD: Centers for Disease Control and Prevention, 2011에서 발췌)

는 것을 보았다. 대부분의 조직은 에너지 생산에 필요한 포도당을 **글리코겐(glycogen)**이라는 세포 내 저장고에서 꺼낸다. 그러나 뇌는 혈액에서 공급받는 포도당 만을 사용할 수 있다. 뇌는 글리코겐을 저장할 수 있는 능력이 없고 에너지를 생산하는 데 지방을 쉽게 사용할 수 없다. 따라서 뇌에 지속적으

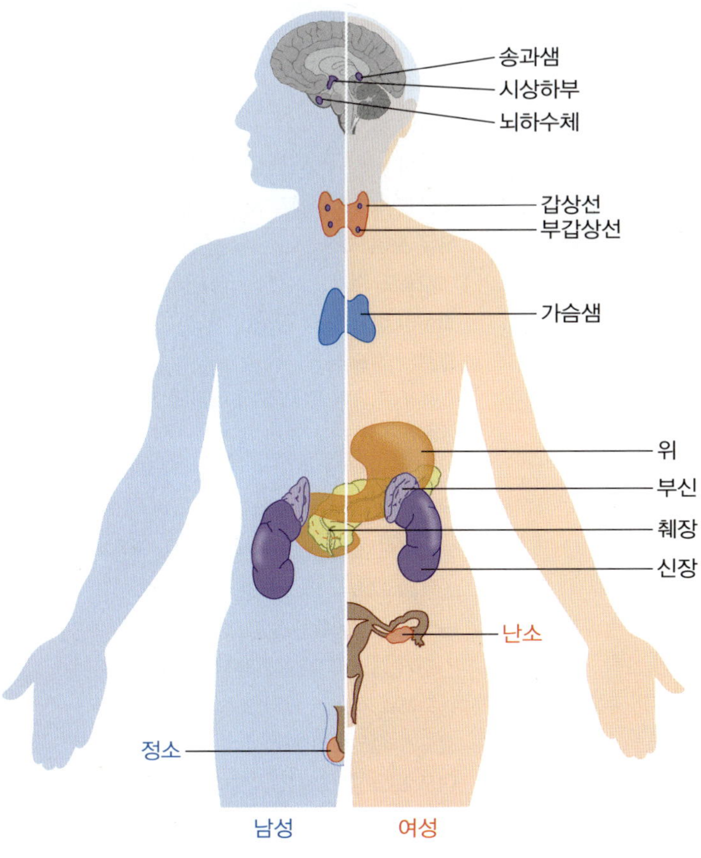


**그림 9.26 내분비계의 주요 기관과 분비샘.**

로 포도당을 공급하기 위해서는 혈액의 포도당(혈당) 농도가 일정 수준이 유지되어야 하며, 정상적인 농도는 90에서 120 mg/dl이다.

90~120 mg/dl이라는 좁은 범위에서 혈당을 유지하기 위한 메커니즘에는 췌장에서 만들어지는 두 가지 호르몬인 **인슐린**(**insulin**)과 **글루카곤**(**glucagon**)의 경쟁적 활동이 관여한다. 췌장의 내분비 세포들은 **랑게르한스 섬**(**islets of Langerhans**)이라는 곳에 위치하고 있다(그림 9.27). 포도당 농도가 120 mg/dl 이상이 될 때, 인슐린은 혈액으로부터 포도당을 제거하고 간과 근육에서 **글리코겐 생성**(**glycogenesis**; 글리코겐 합성)을 증가시킨다. 반대로, 혈당 농도가 90 mg/dl 이하로 떨어질 때, 글루카곤은 간에서 글리코겐을 포도당으로 분해를 촉진함으로써 혈액에 포도당을 공급한다. 그러나 인체에는 에너지 생산에 사용될 글리코겐이 24시간 동안 공급할 양만 존재한다. 끼니 사이에 분해되어 에너지 공급에 사용될 글리코겐 저장을 대체하기 위해서는 포도당이 음식을 통해서 공급되어져야 한다. 탄수화물이 아닌 탄소원에서 포도당을 합성하는 **포도당 신생합성**(**gluconeogenesis**)이 포유동물에서 일어나지만, 이는 장시간 굶주린 상태에서만 일어나는 현상이다.

### 인슐린은 간, 근육, 그리고 지방 세포로 포도당 흡수를 유도한다

간, 근육, 그리고 지방조직의 세포막은 대부분 포도당을 투과시킬 수 없다;

**표 9.5 내분비계의 주요 샘과 기관들.**

| 내분비 샘 혹은 기관 | 분비되는 호르몬(들) | 목표 세포의 위치 | 영향을 받는 주요 생리학적 기능 |
|---|---|---|---|
| 송과샘 | 멜라토닌 | 뇌하수체, 생식기관, 면역계 | 신체의 생물학적 리듬 조절 |
| 시상하부 | 7가지 다른 분비와 억제 호르몬 | 뇌하수체 전엽 | 뇌하수체 전엽의 7가지 다른 호르몬의 분비 조절 |
| 뇌하수체 후엽 | 바소프레신(항이뇨호르몬, ADH) | 신장의 세뇨관 | 물의 재흡수 증가 |
| | 옥시토신 | 세동맥, 자궁 | 혈관 수축, 자궁 수축 증가 |
| 뇌하수체 전엽 | 갑상선 자극 호르몬(TSH) | 갑상선 | 갑상선 호르몬 분비 자극 |
| | 부신피질자극호르몬(ACTH) | 부신피질 | 콜티졸 분비 촉진 |
| | 성장호르몬(GH) | 거의 대부분 조직 | 성장을 촉진 |
| | 여포자극호르몬(FSH) | 난소의 여포 및 고환 | 여포의 성장, 에스트로겐 분비, 정자생성 촉진 |
| | 황체형성호르몬(LH) | 난소의 여포 및 고환 | 배란과 테스토스테론 분비 촉진 |
| | 프로락틴 | 유선(젖샘) | 우유 분비 촉진 |
| 갑상선(샘) | 갑상선 호르몬 | 거의 모든 조직 | 대사속도 증가; 정상적인 성장에 필수적임 |
| | 칼시토닌 | 뼈 | 혈장의 칼슘 농도 감소 |
| 부갑상선(샘) | 부갑상선 호르몬(PTH) | 뼈, 신장, 창자 | 혈액의 칼슘 농도 증가 |
| 가슴샘 | 티모포이에틴 | T 세포 | T 세포 기능에 영향(잘 알려져 있지 않음) |
| 위 | 가스트린 | 췌장, 간, 담낭 | 소화효소와 담즙 분비 촉진 |
| 췌장-랑게르한스 섬 | 인슐린 | 거의 모든 조직 | 포도당 저장 증가 |
| | 글루카곤 | 거의 모든 조직 | 저장된 포도당을 혈액으로 분비 촉진 |
| | 소마토스타틴 | 소화계 | 영양분의 소화 및 흡수를 억제 |
| 부신피질 | 알도스테론 | 신장 세뇨관 | 소듐의 재흡수 및 포타슘 분비 증가 |
| | 콜티졸 | 거의 모든 조직 | 단백질과 지방을 포도당으로 전환 |
| | 디하이드로에피안드로스테론 | 뼈와 성-연관 조직 | 사춘기 성장과 여성의 성적 흥분 촉진 |
| 부신수질 | 에피네프린과 노르에피네프린 | 몸 전체의 신경 수용체 | 스트레스 적응과 혈압 조절에 영향을 줌 |
| 신장 | 레닌 | 부신 | 알도스테론 분비 촉진 |
| 난소 | 에스트로겐 | 여성 성-관련 조직 | 여포 발달 촉진, 성장; 2차 성징의 조절 |
| 정소 | 테스토스테론 | 남성 성-관련 조직 | 정자의 생성 촉진, 성장; 2차 성징의 조절 |

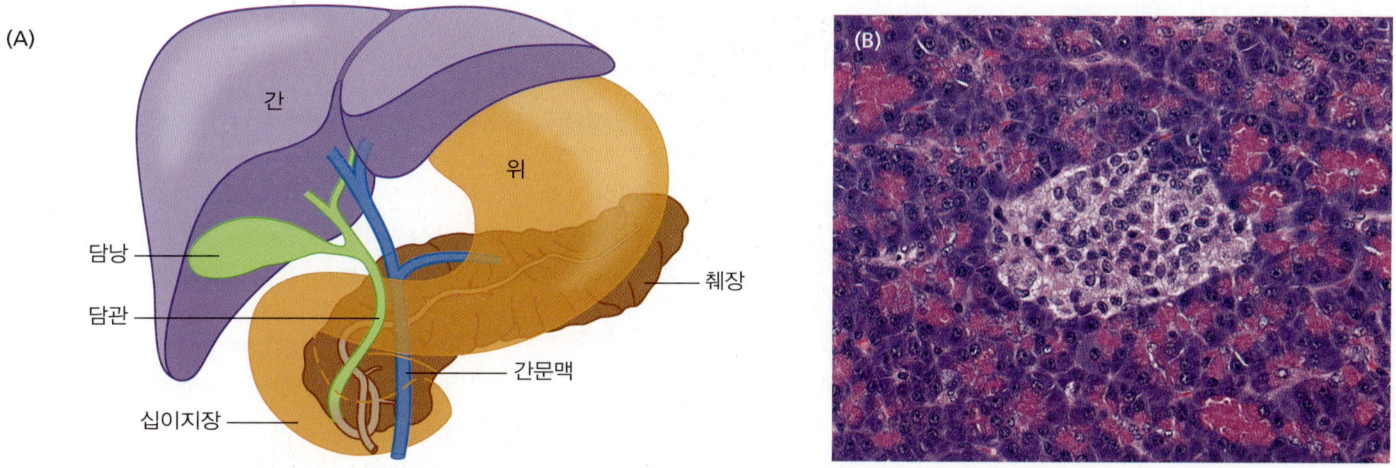


**그림 9.27 췌장과 랑게르한스 섬.** (A) 췌장의 해부학적 위치를 보여주는 그림. (B) 췌장 조직의 현미경 사진. 랑게르한스 섬(밝은 지역)을 둘러싸고 있는 파란색 구조는 소화효소를 소장으로 분비하는 세포인 췌장소포이다. (B는 수의병리학자인 Shutterstock이 제공)

신경조직과 신장의 세포막은 포도당의 수동확산을 허용한다. 따라서, 포도당이 간, 근육, 그리고 지방조직의 세포 안으로 들어가기 위해서는 운반단백질이 필요하다. 포도당 운반체 4(glucose transporter 4; GLUT4)라는 포도당을 위한 특수 운반단백질은 인슐린이 있을 경우에만 포도당 운반을 유도한다—이것은 혈액의 포도당 농도가 인슐린 분비를 촉진할 수 있는 농도(120 mg/dl) 이하로 떨어질 때에도 뇌에 포도당을 공급할 수 있는 혈액 포도당 농도를 유지할 수 있도록 보장한다. 간, 근육, 그리고 지방조직에서 인슐린의 주요 활동은 **표 9.6**에서 보여준다.

식후의 경우와 같이 증가된 혈당이 있는 경우에, 췌장의 베타 세포들은 인슐린을 분비한다**(그림 9.28)**. 인슐린이 세포 표면에 있는 티로신 키나아제-연결 수용체에 결합하면 단백질의 인산화와 관련된 포도당 흡수를 촉진하는 일련의 신호 전달 과정이 시작된다. 막투과 단백질의 세포 바깥쪽에 인슐린이 결합되면 티로신 키나아제를 활성화시킨다. 티로신 키나아제는 단백질의 티로신 잔기를 인산화시키고, 이는 GLUT4 분자를 세포질에서 세포막으로 이동을 유도한다. 그러고 나서 포도당은 GLUT4 세포막 채널을 통하여 이동한다. 인슐린 수용체에 인슐린의 결합은 또한 몇 개의 다른 키나아제를 활성화시키고, 이는 인슐린-연관 기질을 인산화하고 일부 포도당 대사 과정(**해당과정**과 글리코겐 생성)의 활성화와 포도당 관련 대사에 필요한 유전자들의 발현을 증가시킨다.

우리는 일반적으로 인슐린이 탄수화물 대사를 조절하는 호르몬이라고 생각하지만, 인슐린은 또한 포도당이 풍부할 때 에너지 기질을 저장할 수 있도록 단백질과 지방 대사에도 영향을 끼친다. 예를 들어, 인슐린은 지방조직의 **호르몬 민감성 리파아제(hormone-sensitive lipase; HSL)**의 활성을 억제하여, **중성지방(triglyceride)**의 분해와 지방산들이 혈액으로 분비되는 것을 억제한다. 이것은 다른 조직이 사용할 지방의 에너지 총량을 제한하고, 포도당을 에너지 생산에 사용하도록 세포를 강제한다. 간에서, 과도한 인슐린-촉진 포도당 흡수(글리코겐으로 저장할 수 있는 양 이상으로 흡수)는 지방산과 콜레스테롤 합성의 전구체인 acetyl-CoA를 축적한다. 그러한 후 인슐린은 간에서 지방산 합성을 촉진한다. 새롭게 합성된 지방산은 일반적으로 중성지방으로 포장되고, 간에서 혈액으로 분비되고, 저장을 위해 지방조직으로 운반된다.

인슐린은 몇 가지 기전을 통해 다양한 세포에서 단백질 합성을 촉진한다.

**표 9.6 포도당, 지방, 그리고 단백질 대사에서 인슐린 효과 요약.**

| 영양물질 | 조직 | 효과 |
|---|---|---|
| 포도당 | 근육 | 포도당 흡수 촉진; 글리코겐 합성 증가; 지방산 산화 억제 |
| | 지방조직 | 중성지방 생산에 사용하도록 포도당의 글리세롤 전환 촉진; 일부는 지방산으로 전환 |
| | 간 | 글리코겐 합성 촉진 |
| 지방산 | 지방조직 | 호르몬-민감성 리파아제 억제로 지방산 분비 억제 |
| | 간 | 글리코겐 합성이 최대에 도달하면 지방산 합성과 중성지방 합성을 촉진 |
| 단백질 | 근육과 간 | 아미노산 운반 촉진; 리보솜 활성 촉진; 단백질 분해 억제 |
| | 간 | 당 신생합성을 억제하여 아미노산을 저장 |

첫째, 인슐린은 식후에 아미노산들의 흡수를 촉진하여, 단백질 합성에 필요한 아미노산을 세포에 공급한다. 둘째, 인슐린은 리보솜의 활성을 증가시킴으로써 mRNA의 번역을 촉진할 수 있다. 셋째, 인슐린은 탄수화물, 지방, 단백질의 저장을 촉진하는 효소들을 암호화한 DNA의 전사 속도를 증가시킨다. 마지막으로, 인슐린은 단백질 분해를 억제하고 포도당 신생합성에 사용될 수 있는 아미노산의 양을 제한한다.

## 내분비계의 노화성 질환: 제2형 당뇨병

**당뇨병**(**Diabetes mellitus**)은 세포가 포도당을 흡수할 능력이 없기 때문에 발생한다. 포도당 흡수의 변화는 췌장에 의한 인슐린 분비가 부족(**제1형 당뇨병**)하거나 세포가 인슐린 활동에 대한 저항성이 발생(**제2형 당뇨병**)하는 것

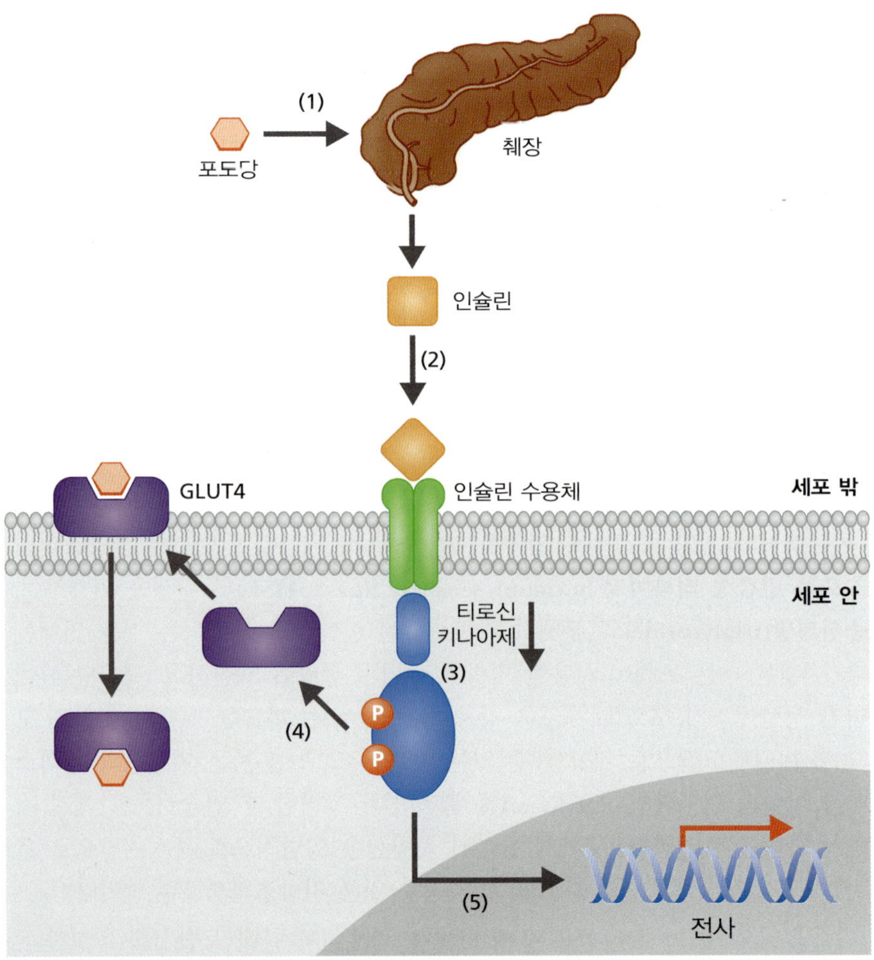


**그림 9.28 인슐린에 의한 포도당 흡수 촉진.** (1) 혈당 농도의 증가는 췌장 베타세포에서 인슐린 분비를 촉진한다. (2) 인슐린은 막투과 티로신 키나아제-연결 수용체에 결합하고, (3) 이는 티로신 키나아제를 활성화시키고 단백질 기질들을 인산화한다. (4) 이런 기질들의 인산화는 포도당운반체 4(GLUT4) 분자들을 세포질에서 세포막 표면으로 이동을 유도하여, 포도당 흡수를 허용한다. (5) 티로신 키나아제는 또한 몇 가지 다른 인슐린-수용체 기질의 인산화를 유도하여, 포도당 대사 과정과 유전자 발현을 촉진한다.

등의 이유로 발생한다. 제1형 당뇨병은 10세 이전의 사람들에서 주로 발생하며 대부분 유전적 그리고 바이러스에 의해 유발되는 것으로 알려져 있다. 제2형 당뇨병은 일반적으로 40세 이후에 발병하고 유전적 요소가 발견되기는 했지만 주로 환경적 요인에 의해 발병한다. 우리는 제2형 당뇨병에 대해서만 논의할 것이다.

## 인슐린 저항성은 제2형 당뇨병의 전초이다

인슐린 저항성은 인슐린 분비가 정상임에도 불구하고, 간, 근육, 지방조직에서 인슐린에 의한 포도당 흡수가 효과적으로 되지 않는 것을 나타낸다. 미국당뇨병협회는 **인슐린 저항성**[insulin resistance 혹은 **포도당 내성**(glucose tolerance)으로 불림]을 사람이 휴식기에는 정상 혈당 농도를 갖지만, 두 시간에 걸친 **경구포도당내성검사**(oral glucose tolerance test; OGTT)의 마지막에 140 mg/dl 이상의 혈당 농도를 나타내는 상태로 정의한다(그림 9.29). OGTT는 공복상태의 혈당 농도를 측정한 후에 경구 투여량의 포도당(75g)을 향이 가미된 물에 타서 먹는 것으로 구성된다. 포도당 투여 후 2시간 동안 6회에서 10회 정도의 혈당 농도를 더 측정한다. 인슐린 저항성을 가진 사람은 인슐린 저항성이 없는 사람에 비해 초기 혈당 농도가 조금 더 가파르게 상승하고 최댓값도 일반적으로 더 높게 나타난다. 한 시간 후 혈당 농도의 강하는 인슐린 저항성이 있는 사람이 인슐린 저항성이 없는 사람에 비해 더 천천히 낮아지며, 혈당 농도가 2시간 내에 초기 농도로 돌아오지 않는다.

최근에는, 제2형 당뇨병을 위한 두 번째 진단 기준인, **헤모글로빈 A1c**(혹은 그냥 A1c)의 당화 정도가 장기간 혈중 포도당 농도를 나타내는 기준으로 더해졌다. 8장에서 단백질의 비효소적 당화에 대해 논의한 것을 상기하라. 비효소적 당화는 분해 과정이 없기 때문에, 일단 단백질에 당화가 일어나면, 그것은 단백질이 없어질 때까지 남아 있다. 평균 휴식기 혈당 농도가 120 mg/dl 이하인 당뇨병 환자가 아닌 사람은 혈액의 당화 헤모글로빈이 총혈액 **헤모글로빈** 농도의 6.5% 이하로 유지된다. 평균 휴식기 혈당 농도가 120 mg/dl 이상으로 오랫동안 유지한 사람은 6.5% 이상의 A1c 농도를 가진다. 당뇨병

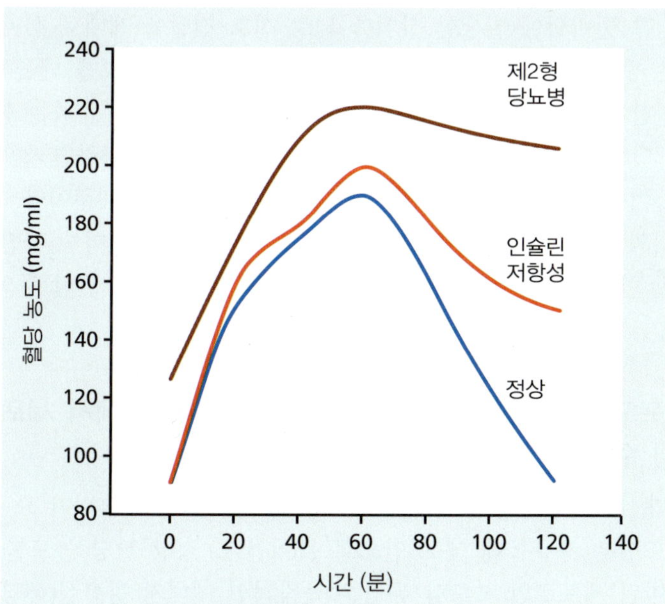


그림 9.29 정상인과 인슐린 저항성 그리고 제2형 당뇨병을 가진 사람의 경구포도당내성검사 결과.

이 있는 사람에게, A1c 농도는 혈당 농도를 조절하기 위한 치료의 효능을 측정할 수 있는 편리하고 쉬운 생물지표로 제공된다.

인슐린 저항성의 근본적인 기전은 완전하게 밝혀져 있지 않았고, 포도당 내성장애에 미치는 노화의 영향에 대한 현재 지식의 대부분은 동물 연구로부터 나왔다. 일반적으로, 인슐린 수용체의 수와 친화도는 일생 동안 변하지 않고 남아 있는 것처럼 보인다. 수용체 후 신호전달에 대한 노화의 효과에 대하여 한정된 정보만이 알려져 있다. 비록 세포 안의 GLUT4 농도가 변하지 않는다 하더라도, 혈당 농도가 증가되는 동안 세포막에서 발견되는 운송단백질의 양은 노화된 동물에서 상당히 줄어 들었다. GLUT4 단백질이 세포막 표면으로 이동이 줄어 드는 것은 세포로의 포도당 흡수를 약화시켜서 혈당 농도를 증가시키는 결과를 유발한다. 치료적 개입 혹은 생활 방식의 변화가 없으면, 인슐린 저항성은 제2형 당뇨병으로 발전할 수 있다.

### 제2형 당뇨병은 미세혈관의 혈액흐름을 방해한다

미국당뇨병협회는 제2형 당뇨병을 공복 혈당 농도가 126 mg/dl 이상일 때로 정의한다. 경구포도당내성을 근거로 두 시간 후에 200 mg/dl 이상일 때에도 역시 제2형 당뇨병의 진단이 내려진다. 조절되지 않는 제2형 당뇨병은 심혈관질환, 신경병, 신장병, 그리고 망막병을 포함하는 여러 가지 질환을 유발한다. 제2형 당뇨병과 연관된 질병의 발병에 대한 근본적인 기전은 아직까지 잘 알려져 있지는 않았지만, 세포에 공급되는 혈액의 감소가 일차적인 원인으로 잘 알려져 있다. 조직으로의 적절한 혈액 흐름의 감소는 많은 경우에서 연결조직의 당화가 증가되어 나타나는 특성인 미세혈관 탄성 감소를 나타낸다. 심장박출량에 따라 수축 혹은 확장하는 혈관의 능력이 없으면, 조직은 적절한 혈액을 공급받을 수 없고, 따라서 조직의 산소포화도는 낮아진다. 산소포화도의 저하는 ATP 생산을 낮추므로 다양한 세포내 반응을 할 수 없으며, 이는 세포의 이상 혹은 죽음을 유발한다.

혈액 흐름의 손실과 이에 따른 감각 신경의 손상은 어떻게 제2형 당뇨병이 상당한 조직 손상을 일으킬 수 있는 지에 대한 좋은 예이다. 제2형 당뇨병과 감각 신경 손실을 가진 사람이 작은 유리조각을 밟았다고 상상해보라. 손실된 감각 신경은 발바닥에 발생한 상처를 뇌로 신호 전달을 제대로 하지 못한다. 그 사람은 통증을 인식할 수 없기에 유리를 제거하거나 상처를 깨끗하게 하는 등의 적절한 행동을 할 수 없다. 유리를 제거하고 상처에 주목하는 등의 노력은 제2형 당뇨병을 가진 사람들에게 굉장히 중요한데, 왜냐하면 혈액의 흐름이 줄어들어서 정상적인 염증/면역계 기전들이 감소하기 때문이다. 면역계에 의한 상처의 적절한 치료가 없으면, 감염의 위험성이 상당히 높아진다. 감염 치료가 잘 안되면 광범위한 괴사, 괴저, 그리고 팔, 다리의 절단 등의 결과를 초래한다.

### 변화된 포도당 대사는 제2형 당뇨병을 가진 사람들에서 세포 손상을 증가시킬 수 있다

신장, 망막, 그리고 신경 등에서는 포도당 흡수를 위한 인슐린이 요구되지 않는다; 포도당은 자유롭게 세포 안으로 들어간다. 정상 혈당 농도를 가진 사람에서, 이런 세포로의 포도당 유입은 즉각적인 에너지 필요성(해당과정) 혹은 잠재적 에너지 필요성(글리코겐 합성) 등을 위해서만 발생한다. 그러나 당뇨병을 가진 사람에서, 혈당 농도는 세포의 에너지 요구를 맞추는 데에 필요한 포도당 농도 보다 더 높다. 더 높은 포도당은 쉽게 대사될 수 없는 화합물의 축적을 유도하는 변형된 대사과정을 활성화시킬 수 있다. 다중 알코올 대사(polyol pathway)인 이 과정은 솔비톨을 생산하는 과정을 통하여 포도당을 과당으로 전환한다**(그림 9.30)**. 솔비톨과 과당은 세포 대사를 변형할 수 있는 가능성과 세포 손상을 증가시킬 수 있는 가능성을 가지고 있다. 솔비톨의 친수성 특성 때문에, 솔비톨(알코올 임)은 세포막을 통과하여 확산될 수 없으며 세포 안에 축적된다. 그 결과로 나타나는 삼투압 스트레스는 정상적인 세포막 전위를 파괴하고 많은 세포 반응을 느리게 혹은 멈추게 할 수 있다. 더욱이 솔비톨로의 포도당 환원과정은 세포내 환원된 글루타치온(reduced glutathione; GSH)의 농도 유지에 필요한 전자전달 물질인 환원된 니코틴 아마이드 디뉴클레오티드 인산(NADPH + $H^+$)의 농도를 낮춘다. 환원된 글루타치온은, 하이드록시 레디칼(•OH)을 제거함으로써, 지방 과산화물의 생성에 대항하여 세포막을 보호한다. 일반적으로 세포에서 매우 낮은 농도로 발견되는, 과당은 포도당이 하는 것 보다 100배 이상의 효율을 가지고 최종당산화물을 만들 수 있다. 따라서 다중 알코올 대사과정은 제2형 당뇨병에서 관찰되는 증가된 단백질 당화 속도를 더 증가시킬 수 있는 가능성을 가지고 있다.

다중알코올 대사과정의 활성 증가는, 사람 당뇨병 모델로 우수한 제2형 당뇨병을 가진 개에게서 망막증을 유발할 수 있음이 보고되었다. 이런 발견들은 많은 임상 연구팀으로 하여금 솔비톨/과당이 유발하는 손상을 조절하는 방법으로 알도즈 환원효소(aldose reductase)를 억제하는 약물을 검증하도록 하였다. 불행하게도, 실험 동물과 사람을 상대로 한 연구들은 아주 제한된 성공을 보였다. 즉, 알도즈 환원효소 억제제들은 다중 알코올 대사과정을 저해했지만, 망막증은 줄어들지 않았다. 다중 알코올 대사과정을 통한 과당 생성을 저해하는 다른 약물들을 검증하는 연구들이 지금도 진행되고 있다.

### 당뇨병에 대한 위험 인자들은 노화, 비만, 그리고 유전적 배경들을 포함한다

나이든 사람들에서의 제2형 당뇨병의 발생 원인은 잘 알려져 있지 않다. 몇 가지 요인들이 노인들에서 제2형 당뇨병을 유발하는 위험인자로 밝혀져 왔

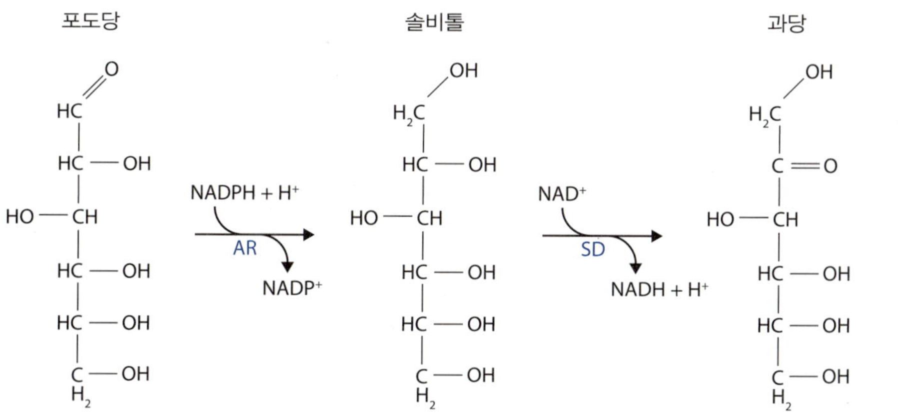


**그림 9.30 다중 알코올 대사과정 (polyol pathway).** 세포 내 포도당 농도가 세포의 요구 에너지 보다 더 높을 때, 알도즈 환원효소(aldose reductase; AR)는 환원된 NADP (NADPH + $H^+$)에서 수소이온을 받아서 포도당을 솔비톨로 환원하는 반응을 매개할 수 있다. 솔비톨 탈수소효소(sorbitol dehydrogenase; SD)는 수소이온을 $NAD^+$로 주면서 솔비톨을 과당으로 산화하는 반응을 매개한다.

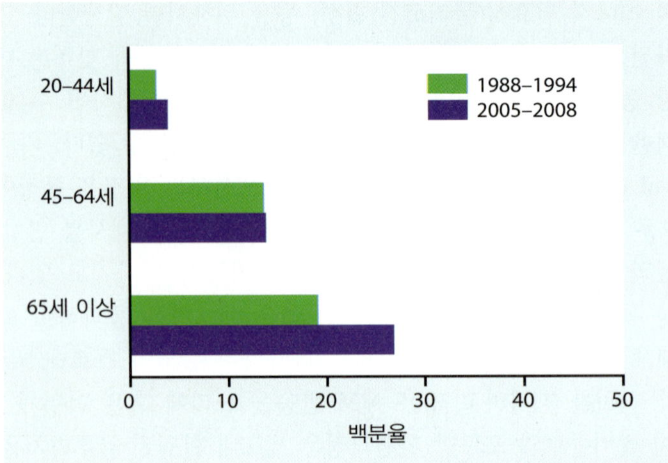


**그림 9.31 미국의 성인인구에서 제2형 당뇨병의 유병률.** (National Center for Health Statistics, Health, USA, 2010: 죽음과 임종의 특성, Hyattsville, MD: Centers for Disease Control and Prevention, 2011 등의 자료)

다. 이런 요인들에는 노화, 비만, 신체의 비활동성, 그리고 유전적/가족력 등이 포함된다. 모든 요인들은 일차적인 역할을 할 수 있다고 알려져 있고 일반적으로 복합적으로 작용한다. 제2형 당뇨병으로 진단 받는 사람의 백분율이 나이가 들어가면서 증가하며, 최근 십수 년 간에는 새로운 환자들이 모든 나이대에서 상당히 증가하여 왔다**(그림 9.31)**. 비록 제2형 당뇨병의 새로운 환자들이 증가하는 이유는 잘 모르지만, 같은 기간 동안의 비만 인구의 증가는 이 질병을 유발하는 데 상당히 기여했을 것으로 의심할 수 있다**(그림 9.32)**. 사실, 대부분의 전문가들은 비만이 새로운 제2형 당뇨병 환자들의 80% 정도를 유발한다고 믿고 있다**(BOX 9.1)**.

유전적 연관성도 역시 존재한다. 일부 연구들은 비만이 연관되어 있지 않은, 특히 아시아 혹은 아프리카 자손들에서 제2형 당뇨병이 가족성으로 나타남을 보여주고 있다. 제2형 당뇨병에 대한 유전적 기여도는 다양하지만, 대부분의 전문가들은 제2형 당뇨병 환자의 10~20% 정도가 유전적 연관성이 있다는 것에 동의한다. 유전적 연관성은 대사증후군으로 알려진 좀 더 일반적인 상태와 더 관련되어 있을 것인데, 이 대사증후군은 심장병, 뇌졸중, 그리고 당뇨병을 포함하는 몇 가지 질환의 위험성을 증가시킬 수 있다. 대사증후군은 혈중 중성지방과 LDL이 높은 것, HDL이 낮은 것, 고혈압, 그리고 휴식기의 혈당 농도가 120~135 mg/dl인 것으로 특징된다. 대사증후군이 하

**그림 9.32 미국의 남성과 여성 비만율.** 비만은 체질량지수(BMI) 〉 30으로 정의된다. 75세 이상 인구에 대한 자료는 1988년 이전에는 수집되지 않았다. (National Center for Health Statistics, Health, USA, 2010: 죽음과 임종의 특성, Hyattsville, MD: Centers for Disease Control and Prevention, 2011 등의 자료)

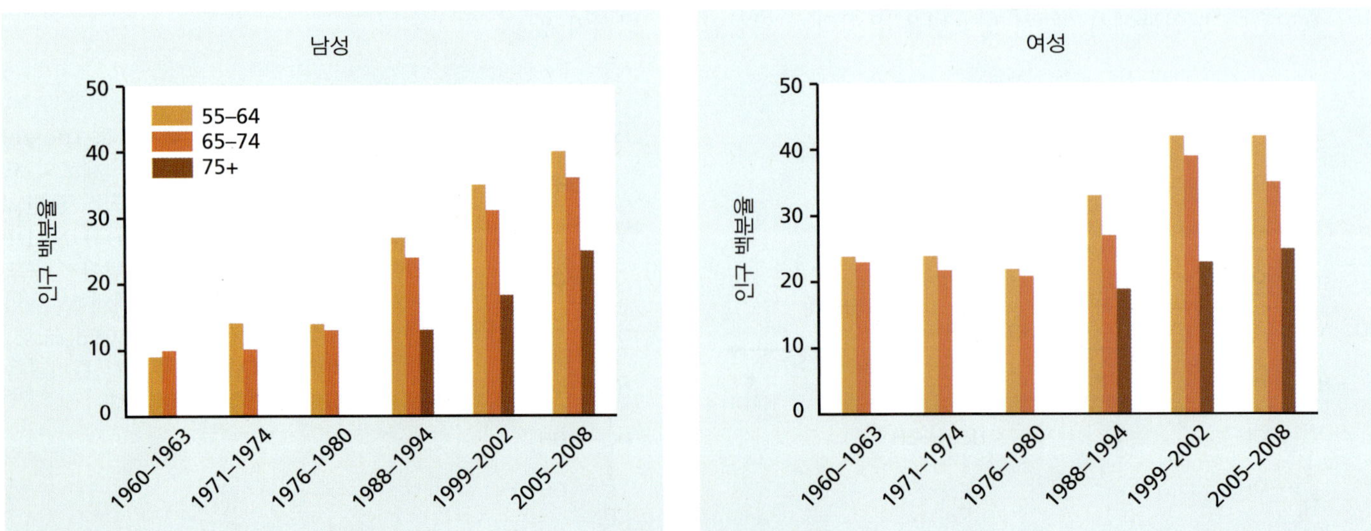

# BOX 9.1 비만과 제2형 당뇨병: 당뇨병 예방 프로그램을 위한 연구 그룹의 연구들.

노화가 진행됨에 따라 제2형 당뇨병 발병이 상당히 증가한다. 정확하게 기록이 시작된 시기(1975년)부터 1990년 대 초반까지, 미국에서 제2형 당뇨병을 앓고 있는 65세 이상의 인구 백분율은 8%에 가까웠다. 그러고 나서 제2형 당뇨병을 진단받은 65세 이상의 인구 백분율은 증가하기 시작하여, 지금은 18% 정도이다. 흥미롭게도 노인의 비만률도 비슷한 시기에 증가하기 시작하였다. 이 상관관계가 많은 연구자들로 하여금 비만이 제2형 당뇨병의 유병률에 상당한 역할을 할 것이라는 가설을 유도하였다.

의사들은 비만과 제2형 당뇨병의 상관관계를 오래 전부터 알고 있었지만, 식품 권고 피라미드(그림 9.33)과 같은 표준 식이 권고지침이 비만인들의 체중을 줄이는 데에 효과적이지 못하다는 것이 확인되었다. 비만과 제2형 당뇨병 모두의 증가 속도는 1990년대를 지나 새로운 세기로 진입하면서 계속 증가하였다. 긍정적 측면으로는, 1994년에 biguanide와 같은 새로운 계열의 약물이 등장하여 심각한 부작용 없이 혈당 농도를 효과적으로 조절할 수 있게 되었다. 제2형 당뇨병 환자들에서 조절되지 않은 혈당 농도에 의해 발생하는 합병증이 줄어들기 시작하였다. 그러나 Metformin 같은 biguanide들은 제2형 당뇨병을 치료하는 데 사용되지만, 예방하는 데는 사용되지 않는다. 많은 건강 전문가들은 대부분의 인슐린 저항성 환자들에게 예방하는 것이 치료하는 것 보다 낫다는 견해를 유지하고 있다. 더욱이, 일부 유명한 영양전문가들은 국립 건강 재단들(USDA, NIH 등)이 권고하는 것 보다 더 높은 수준의 체중 감소 프로그램이 비만을 예방하고 제2형 당뇨병 유병률을 낮추기 위하여 이용되어야 될 것으로 제안하고 있다.

사람에 대한 일부 소규모의 연구들에서 제2형 당뇨병은 체중을 비만 기준(BMI 〈 30) 이하로 낮춤으로써 예방할 수 있을 것으로 확인되었지만, 대규모 임상시험들을 통하여 그 자료를 확인해야 할 필요성이 있다. 이것을 결론 내리기 위하여, 미국 전역에 퍼져 있는 29개의 독립된 기관들의 연구자들은 인슐린 저항성을 가진 사람의 비만도를 줄이는 것이 제2형 당뇨병으로 진행되는 것을 막을 수 있는지를 검증하기 위한 공동연구를 수행하였다. '당뇨병 예방 프로그램 연구단'이란 이름의 연구단은 4년 동안에 다양한 연령과 인종/민족적 배경을 가진 당-불내성을 가진 남성과 여성에서 새로운 제2형 당뇨병 환자 발생을 기록하였다. 세 가지 치료법 중 한 가지 치료법을 받을 수 있도록 사람들을 그룹으로 나누었다: (1) 850 mg의 metformin(biguanide)과 식품 권고 피라미드에서 제시한 표준 식이요법을 시행하는 병용 방법; (2) 표준 식이요법과 위약 처치 방법; 혹은 (3) 7% 정도의 증가된 신체활동과 칼로리 제한 식이에 의해 체중을 감소시킬 수 있도록 고안된 강력한 체중 감소 프로그램.

그 결과들은 간단하고 명료하였다(그림 9.34). 강력한 체중 감소 그룹에 속한 사람들에서 체중 감소는 표준 식이요법에 따라 치료를 한 사람들의 체중 감소에 비하여 상당히 컸다. 강력한 체중 감소 프로그램에 참여한 사람들은 4년 동안 평균적으로 5.6 kg의 체중이 감소하였다. 일반 체중 감소 요법과 위약 요법을 따른 사람들은 같은 기간 동안 체중 감소가 나타나지 않았다; metformin 치료 그룹에 속한 사람들은 평균적으로 2.6 kg의 체중 감소가 나타났다. 마찬가지로, 일반 체중 감소 요법과 위약 요법을 시행한 그룹에 비하여 강력한 체중 감소 프로그램 그룹에서 제2형 당뇨병

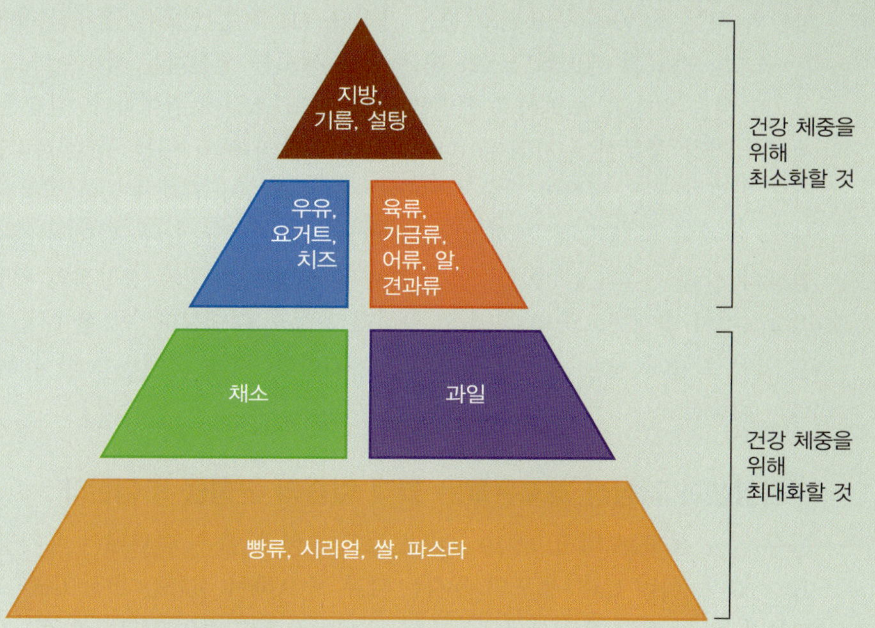


**그림 9.33 식품 권고 피라미드.** 이 식품 피라미드의 개발기관인 '미국 농림부(USDA)'는 이 식이요법을 따르는 것이 건강한 체중을 유지 혹은 도달하는 데에 도움이 된다고 제안하고 있다.

# BOX 9.1 비만과 제2형 당뇨병: 당뇨병 예방 프로그램을 위한 연구 그룹의 연구들.

의 발생은 58%가 낮아졌다. Metformin 치료 그룹은 위약 치료 그룹에 비하여 제2형 당뇨병 발병이 예방되었지만, 강력한 체중 감소 프로그램에 비하여 상당히 효과적이지 않았다. 실제적으로, metformin은 60세 이상의 사람들에서는 제2형 당뇨병 발병률이 줄어 들지 않았다; 단지 강력한 체중 감소 프로그램 그룹에서만 60세 이상의 제2형 당뇨병 발생률이 상당히 감소됨이 확인되었다.

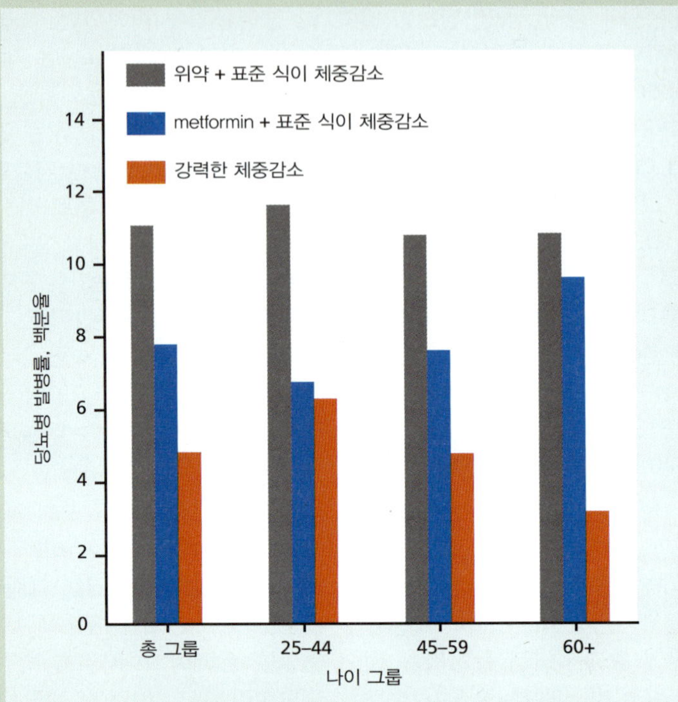


**그림 9.34 당뇨병 예방 프로그램 연구단 연구에 참여한 환자들에서 4년 동안 제2형 당뇨병 발생률.** ('당뇨병 예방 프로그램 연구단'의 Reduction in the incidence of type 2 diabetes with lifestyle intervention or metformin, *N. Engl. J. Med.* 326:393–403, 2002에서 발췌)

나이 유전자 혹은 유전자 군의 돌연변이에 의해 나타난다고 생각되지 않는다. 그 대신에, 대사증후군은 제2형 당뇨병처럼 지방대사조절의 이상(비만)과 비활동적인 생활습관을 가진 사람들에게 매우 자주 나타난다.

## 골격계와 뼈 칼슘 대사

사람의 뼈는 세 가지 중요한 기능을 가진다: (1) 뼈는 인체의 형태를 유지하는 구조와 강도를 제공한다; (2) 뼈는 혈액 세포를 생산하는 장소이다; 그리고 (3) 뼈는 칼슘을 보관하고 혈액의 칼슘 농도 조절에 관여한다. 칼슘은 인체에서 가장 풍부한 무기염류이다. 그것은 인간의 뼈와 이를 구성하는 단단하고 밀도가 높은 물질인 칼슘포스페이트을 형성하기 위하여 인과 작용한다. 사실, 인체의 골격은 몸 전체 칼슘의 99%를 포함하고 있다. 나머지 칼슘은 혈장의 칼슘 이온($Ca^{2+}$)이다. 혈장 칼슘은 신경과 근육의 정상적인 기능에 필수적이며 혈액응고와 많은 효소 활성에 기능을 수행한다. 이 절에서, 우리는 혈장 칼슘과 칼슘 조절의 중요성을 논의한다; 다음 절에는 노화성 뼈 손실을 검증한다.

### 부갑상선과 갑상선 호르몬들은 혈액 칼슘의 균형을 조절한다

혈장 칼슘 농도는 대개 9~10 mg/dl 정도의 아주 좁은 범위에서 유지될 필요가 있다. 이런 $Ca^{2+}$ 농도의 유지는 매우 중요하여 진화는 혈장 $Ca^{2+}$ 조절 기능을 위한 샘인 부갑상샘(parathyroid gland)을 만들었다**(그림 9.35)**. $Ca^{2+}$

농도가 9 mg/dl 아래로 떨어지면, 부갑상샘은 부갑상선 호르몬(parathyroid hormone; PTH)을 분비한다. 이 호르몬은 뼈에서의 칼슘 분비 증가, 장에서의 $Ca^{2+}$ 흡수 증가, 그리고 신장 세뇨관에서의 $Ca^{2+}$ 재흡수 증가 등에 의해 혈장 $Ca^{2+}$를 증가시킨다. $Ca^{2+}$ 농도가 11~12 mg/dl 이상으로 높아지면, 갑상샘은 호르몬인 칼시토닌(calcitonin)을 분비한다. 칼시토닌은 PTH와 반대 효과를 가진다: 그것은 뼈에서 칼슘 분비를 억제한다. 칼시토닌은 소장에서의 $Ca^{2+}$ 흡수와 신장 세뇨관에서의 $Ca^{2+}$ 재흡수에는 거의 영향을 미치지 않는다. 혈장 $Ca^{2+}$ 농도가 10~11 mg/dl이면 칼시토닌 분비를 자극하지 않는다. 그 대신, 이 범위의 혈장 $Ca^{2+}$ 농도는 뇨관 배출을 증가시켜 정상 농도로 낮춘다.

## 호르몬들은 뼈의 무기염류 침착과 재흡수 사이의 균형을 조절한다

호르몬들은 성인 뼈 조직의 지속적인 분해와 재생 과정인 뼈 리모델링 과정을 조절하는 것에도 도움을 준다**(그림 9.36)**. 두 가지 종류의 뼈가 있다: 해면질 뼈(trabecular 혹은 스폰지형)과 치밀질 뼈. 해면질 뼈는 많은 혈관이 들어와 있고, 뼈와 혈관의 접촉 표면적을 넓히기 위한 구조를 하고 있다. 즉, $Ca^{2+}$는 해면질 뼈에서는 치밀질 뼈에서 보다 더 쉽게 출입할 수 있다. 뼈의 리모델링에 관여하는 골 세포들은 **조골세포(osteoblast)**, **파골세포(osteoclast)**, 그리고 좀 더 작은 수의 **뼈 세포(osteocytes)** 등이 포함된다. PTH의 반응으로, 파골세포는 $Ca^{2+}$ 염인 **히드록시아파타이트[hydroxyapatite**; $Ca_{10}(PO_4)_6(OH)_2$)]를 포함하는 콜라겐성 기질을 분해하는 단백질 분해 효소들을 분비한다. 히드록시아파타이트는 뼈의 딱딱함과 강도를 제공한다. 또한 파골세포는 산(acid)을 분비하는데, 이 산은 히드록시아파타이트를 다양한 $Ca^{2+}$를 포함하는 비결정질—주로 인산칼슘임($Ca_3(PO_4)_2$)—로 분해한다. 이런 비결정성 염의 생산은 두 가지 아주 중요한 기능을 가진다. 첫째, 염은 PTH에 반응하여 쉽게 분비될 수 있는 $Ca^{2+}$ 풀을 제공한다. 둘째, 염은 새로운 뼈 조직을 만드는 조골세포에 의해 사용된다.

파골 세포의 활동에 의해, 뼈 $Ca^{2+}$의 재흡수는 히드록시아파타이트 결정에 의해 채워져 있던 뼈에 구멍을 남긴다. 새로운 뼈 조직의 생성이 없으면, 뼈의 무기염류량은 줄어들 것이고 뼈의 전반적인 강도는 줄어들 것

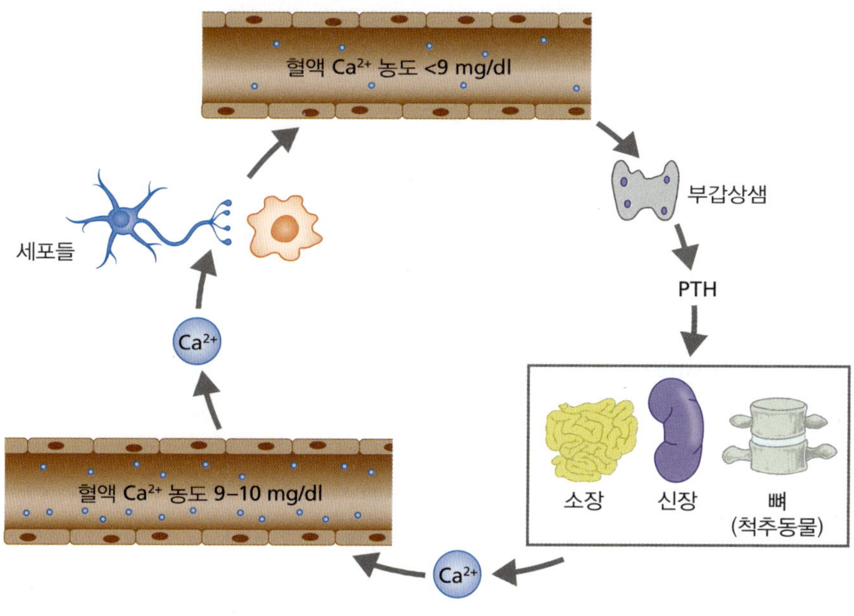


**그림 9.35 부갑상선 호르몬(parathyroid hormone; PTH)에 의한 혈장 칼슘($Ca^{2+}$)의 조절.** 목의 위 부분에 있는 갑상샘의 약간 윗 부분의 뒤에 위치하는 부갑상샘은 혈액 $Ca^{2+}$ 농도가 9 mg/dl 아래로 떨어지는 것에 반응하여 PTH를 분비한다. PTH는 신장의 세뇨관에서 $Ca^{2+}$ 재흡수 증가, 뼈에서 $Ca^{2+}$ 분비 증가, 그리고 소장에서 $Ca^{2+}$ 흡수 증가를 촉진한다. 혈장 $Ca^{2+}$는 세포에 의해 혈액에서 빠져 나가, 신경 전도의 유지, 근육 수축, 그리고 세포 신호전달 등을 포함하는 몇 가지 다른 생리학적 기능을 위하여 사용된다.

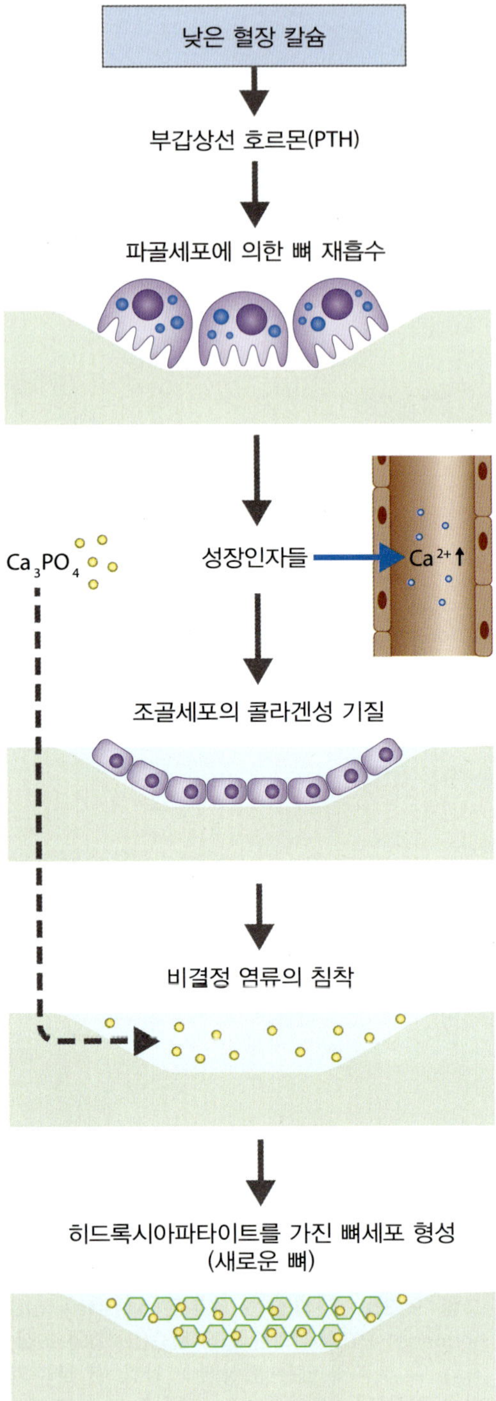


**그림 9.36 뼈 리모델링 과정.** 혈장의 $Ca^{2+}$의 농도가 9 mg/dl 아래로 떨어지면, 부갑상샘은 파골세포를 활성화하는 부갑상선 호르몬(PTH)을 분비한다. 파골세포는 뼈 기질을 분해하고, 비결정 염류, 성장인자들, 그리고 $Ca^{2+}$를 분비한다. 성장인자들은 전조골세포를 성숙 조골세포로의 전환을 촉진하고, 이것은 뼈의 재흡수가 일어난 부위에 콜라겐성 기질을 채운다. 또한 조골세포는 새롭게 형성된 콜라겐성 기질에 비결정 염류들을 침착시키는 것을 돕는 alkaline phosphatase를 분비한다. 긴 기간에 걸쳐, 비결정 염류들은 히드록시아파타이트를 형성하고, 이것이 뼈세포와 새로운 뼈 생성을 유도한다.

이다. 새로운 뼈의 형성은 대식세포가 파골세포 활동의 생성물들을 청소하는 동안에 성장인자를 분비함으로써 시작된다. Transforming growth factor-beta (TGF-β), platelet derived growth factor (PDGF), 그리고 insulin-like growth factor 1과 2(IGF-1과 IGF-2) 등이 포함된 성장인자들은 전조골세포(preosteoblast)를 성숙된 조골세포로의 분화를 촉진한다. 성숙된 조골세포는 주로 콜라겐인 기질물질을 뼈의 무기염류가 없는 부분으로 분비한다. 또한 조골세포는 새로 형성된 기질에 비결정 염류가 침착되는 것을 돕는 효소인 **알칼라인 포스파테아제(alkaline phosphatase)**를 분비한다. 2~3개월에 걸쳐, 일련의 과정에 의해 비결정 인산칼슘염($CaPO_4$)을 하이드록시아파타이트 결정으로 변환시켜, 뼈의 리모델링 과정이 끝난다.

뼈 리모델링은 일생 동안 계속적으로 일어나며 몇 가지 호르몬과 성장인자들에 의해 조절된다(**표 9.7**). 초기 성숙단계(사춘기 이전) 동안에 뼈의 성숙이 빠른 것은 성장호르몬, 인슐린, IGF-1, calcitriol (비타민 D) 등과 같은 성장 촉진 호르몬들과 성장인자들에 의한 조골세포 활성 효과 때문이다. 남성과 여성에서 테스토스테론과 에스트로겐은 사춘기 동안의 뼈 성장을 촉진한다. 테스토스테론은 전조골세포를 조골세포로 분화를 촉진하는 듯 하다. 테스토스테론의 농도가 높은 여성은 사춘기가 시작된 이후에 뼈 성장이 오랫동안 지속되어 뼈 질량이 매우 높다. 에스트로겐은 두 가지 방식으로 뼈 성상을 촉진한다: (1) 조골세포의 활성을 촉진하고 (2) 파골세포의 활성을 억제한다. 에스트로겐이 파골세포의 활성을 어떻게 억제하는 지에 대한 정확한 기전은 아직 밝혀져 있지 않았지만, 이 호르몬은 조골세포에서 파골세포의 단백질 분해효소 분비를 억제하는 단백질(osteoprotegerin)이 분비되도록 촉진한다고 여겨진다.

## 뼈의 노화성 질환들: 골다공증

여성과 남성의 평균 키는 50세 이후에 줄어든다. 키가 줄어드는 것은 뼈 질량 최대점에 도달한 이후에 뼈 염류의 양이 줄어들면서 발생하는 척추의 압착 때문이다(**그림 9.37**과 **9.38**). 폐경기 이후(50세 이상)의 여성에서 뼈 소실이 증가하는 것은 에스트로겐 양이 줄어들기 때문인데, 이는 여성들에게 **골다공증(osteoporosis)** 유발 위험도를 높인다. 골다공증은 뼈의 질량과 강도가 낮아지는 특징이 있어 골절의 위험도를 높인다. 실제적으로 골다공증의 80%는 여성에서 발생한다. 비록 남성도 노화성 뼈 손실을 경험하지만, 일반적으로 남성은 100세 혹은 110세 정도가 될 때까지는 심각한 골다공증을 앓지 않는다. 그러나 젊은 남성은 투약, 암, 신장병 등에 의해 발생되는 **2차성 골다공증(secondary osteoporosis)**을 유발할 수 있다.

표 9.7 뼈 형성에 선별된 호르몬들의 효과.

| 호르몬 | 영향을 받는 뼈 세포 | 뼈 염류의 주요 영향 | 분비의 노화성 증가/감소 |
|---|---|---|---|
| 부갑상선 호르몬(PTH) | 파골세포 | 재흡수 증가 | 변화 없음 |
| 에스트로겐 | 조골세포<br>파골세포 | 침착 증가<br>재흡수 증가 | 폐경기 후 감소 |
| 테스토스테론 | 조골세포 | 침착 증가 | 뼈 질량 최대 후 감소 |
| 인슐린/IGF-1 | 조골세포 | 침착 증가 | 사춘기 이후 감소 |
| 성장 호르몬 | 조골세포 | 침착 증가 | 사춘기 이후 감소 |
| 칼시토닌 | 조골세포 | 침착 증가 | 변화 없음 |
| 갑상선 호르몬 | 조골세포 | 침착 증가 | 50~60 세 이후 감소 |

폐경기 이후의 여성들에서 뼈 감소 속도의 증가는 인간의 노화성 감소와 생식 생애 주기와의 관계를 연구할 아주 드문 기회를 우리들에게 제공하여 준다. 이 절에서는, 기대 생식력의 노화에 따른 여성의 주요 골다공증 발생에 대해서 다루며, 정상적인 뼈 무기염류의 손실이 어떻게 폐경기 여성의 골다공증으로 전환하는지를 알아본다.

## 폐경기에 뼈 무기염류 손실 속도의 증가는 골다공증을 유발할 수 있다

폐경기 이후 여성에서 뼈 무기염류 손실의 속도 증가는 여성들의 골다공증 발병 위험도를 상당히 높인다. 세계보건기구는 엉덩이 혹은 척주의 뼈 무기염류 밀도[bone mineral density; BMD(무기염류 양(g)/$cm^2$으로 측정함)]가 젊은 사람들의 정상 평균의 표준분산 보다 2.5배 아래로 떨어졌을 때를 골다공증으로 진단하도록 제안하였다**(그림 9.39)**. 나이대 사이에 쉽게 비교하기 위하여, 세계보건기구는 젊은 정상인의 통계적 분포(평균 +/− 표준편차)를 *T*-값으로 제시하였다. *T*-값이 −1 이하이면 정상이고 골다공증 유발 위험도가 더 높지 않다는 의미이다. 그 값이 −1에서 −2.5 사이이면 임상학적으로 **골감소증(osteopenia)**으로 알려진 낮은 뼈 질량을 의미하며, 골다공증 유발 위험성이 높다. 흥미롭게도 60세 이상 여성의 정상 뼈 무기염류 밀도가 낮은 뼈 질량 범위로 줄어드는데, 이는 노화가 골다공증의 중요한 위험인자라는 것을 나타낸다. 비록 WHO의 분포도는 90세 이상의 여성들이 일반적으로 골다공증을 가지고 있음을 보여주지만, 이 범위의 사람들로부터의 한정된 자료는 이 값을 믿을 수 없게 만든다.

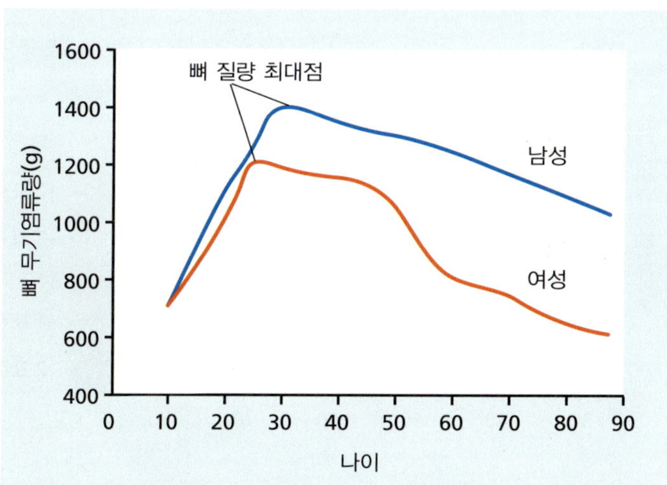


**그림 9.37 생애 동안 남성과 여성에서의 총 신체 뼈 무기염류량.** 여성은 남성에 비하여 더 젊은 나이에 최대 뼈 질량에 도달하는 경향이 있다. 뼈 질량 최대점 이후에 뼈 무기염류 손실의 낮은 속도는 남성과 여성에서 폐경기(50세 전후)까지 비슷하다. 50세 이후의 여성들에서 뼈 무기염류 손실 속도가 빨라짐을 주목하라. (World Health Organization, Prevention and Management of Osteoporosis, WHO Technical Reports Series 921, Geneva: World Health Organization, 2003에서 발췌)

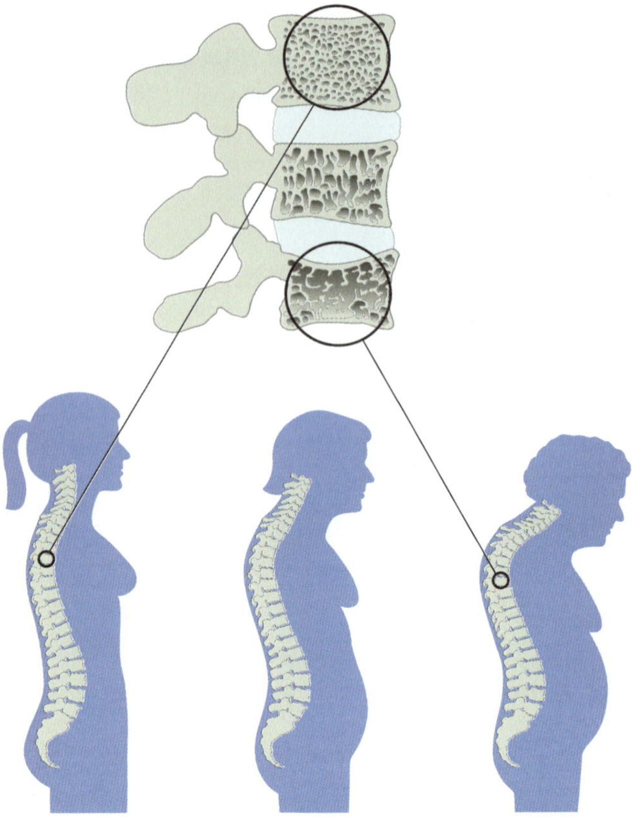


**그림 9.38 키를 줄이는 원인인 여성의 척추 뼈 손실의 진행.** 뼈 칼슘의 노화성 손실은 척추의 압착을 유발하며, 이는 전체 척추의 수축을 유도하여 키를 줄인다. 척추의 과도한 뼈 손실은 골다공증과 여성 척추곡만증으로 알려진 척추가 굽는 질병을 유발한다.

## 환경적 요인들이 골다공증 발병의 위험도에 영향을 준다

100여 년 이전에 독일의 외과의사인 Julius Wolff는 무거운 하중이 가해졌을 때 뼈들이 두꺼워진다—즉, 뼈 무기염류 밀도가 증가한다—는 것을 발견하였다. 그의 관찰은 Wolff의 법칙으로 개발되도록 하였다: 뼈는 그것에 가해지는 힘에 직접 비례하여 성장한다. 예를 들면, 프로 테니스 선수가 주로 사용하는 팔에 있는 요골(팔의 큰 뼈)의 뼈 무기염류 밀도는 그 반대 팔의 요골의 밀도보다 항상 높다. 지속적인 하중-부하 운동은 뼈 무기염류 밀도를 증가시키고, 뼈를 사용하지 않으면 뼈 밀도를 줄이게 된다. 이 효과는 오랫동안 침대 생활을 한 환자들과 지구 중력이 없는 곳에서 시간을 보낸 우주인들에서 일반적으로 관찰되었다. 따라서 신체적 활동 부족은 골다공증 유발 위험성을 높

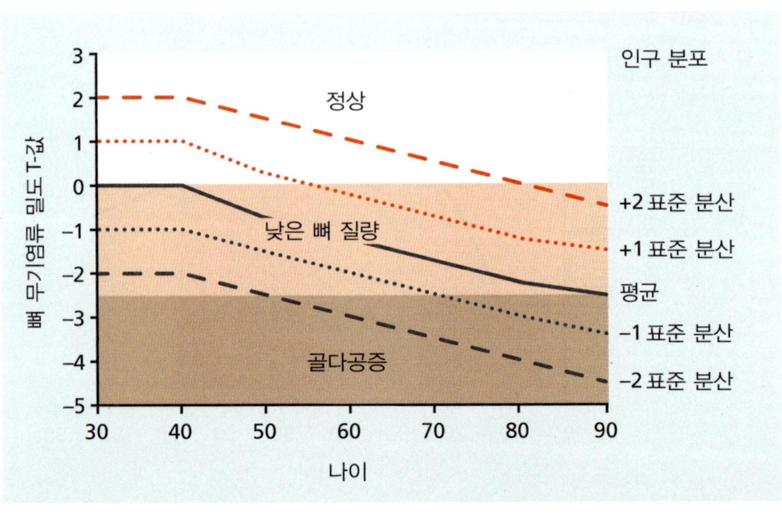


**그림 9.39 여성 골다공증을 위한 WHO의 진단 기준.** 골다공증은 엉덩이 혹은 척추의 뼈 무기염류 밀도(BMD, g/cm$^2$)가 젊은 사람들의 정상 평균값(폐경 전, 30~40세)의 표준분산보다 2.5배 아래로 떨어졌을 경우로 정의한다. 이 값은 *T*-값으로 나타내었다(왼쪽 y-축). 그 도표의 선은 다양한 나이대 여성들의 인구분포를 나타낸다(오른쪽 y-축). (World Health Organization, Prevention and Management of Osteoporosis, WHO Technical Reports Series 921, Geneva: World Health Organization, 2003에서 발췌)

일 수 있다. 그러나 골밀도를 높이기 위한 중간 정도의 운동 프로그램에서의 효과는 아직 확실하지 않는 상태로 남아 있다. 가벼운 운동에서 중간 정도의 하중 부하 운동 프로그램을 시작한 폐경기 여성들 중 가장 높은 뼈 무기염류 밀도의 증가를 보인 것은 이전에 비활동적이었던 여성들이었다. 정기적으로 운동을 했던 여성들에서는 단지 적은 뼈 무기염류 밀도 증가가 관찰되었다.

에스토로겐이 조골세포의 뼈 무기염류 침착을 촉진하고 파골세포의 뼈 재흡수를 억제함으로써 PTH에 의한 뼈 재흡수의 완전한 효과를 변화시킬 수 있음을 상기하라. 에스트로겐의 농도가 폐경기와 그 이후에 줄어들면, 뼈는 엄청난 양의 $Ca^{2+}$를 혈장으로 쏟아내고, 최종적으로 혈장 $Ca^{2+}$ 농도를 9~10 mg/dl 범위를 유지하기 위하여 오줌으로 칼슘의 배출량을 증가시킨다. 오줌 칼슘의 증가는 때때로 음식으로 공급받는 칼슘 양보다 많아질 수 있으며, 이것을 음의 $Ca^{2+}$ 균형이라고 한다. 음식으로 공급받는 칼슘의 양이 증가하면 젊은 폐경기 전의 여성들에서는 음의 $Ca^{2+}$ 균형을 상쇄할 수 있으며 뼈 질량을 유지하는 데 도움이 된다. 그러나 폐경기 여성을 비슷한 정도로 치료하는 것이 뼈 무기염류 밀도를 폐경기 이전의 수준으로 유지할 수 있을 만큼 효과적이지 않다. 국립과학아카데미는 폐경기 이후의 여성은 1200 mg/day 양을 매일 섭취해야 한다고 권고하고 있다. 이 정도의 양은 약물요법과 비활동적인 사람들이 신체적 활동 증가와 병행하였을 때 효과가 있다고 증명되었다.

음식 속 $Ca^{2+}$의 장 흡수는 비타민 D를 요구한다. 노인들에게서 줄어든 음식을 통한 흡수와 한정된 자외선 노출(자외선에 노출되었을 때 피부는 비타민 D를 합성한다)이 혈중 비타민 D의 농도를 $Ca^{2+}$ 흡수를 위한 비타민 D의 농도보다 낮게 할 수 있다. 음식을 통한 비타민 D의 섭취 증가가 폐경기 이후 여성의 $Ca^{2+}$ 흡수를 증가시키는 것이 확인되었다. 그러나 비타민 D에 의한 $Ca^{2+}$ 흡수 증가는 골다공증이 없는 폐경기 이후 여성들에서 뼈 무기염류 밀도를 증가시킨다는 것은 확인되지 않았다. 그럼에도, 자료들에서 모순이 있기 때문에, 의사들은 종종 예방하는 차원에서 $Ca^{2+}$와 비타민 D의 섭취를 증가시키라고 추천한다.

여성의 뼈 무기염류량은 25세 전후에 최댓값에 도달한다. 그 이후에는 뼈 무기염류량이 손실 속도가 급격하게 증가하는 폐경기까지 서서히 감소한다. 폐경기 이전과 이후 나이대의 양쪽 모두에서 무기염류 손실 속도는 최대 뼈 질량을 보일 때의 뼈 무기염류량과는 연관성이 없다. 이 현상은 그림 9.39에서 잘 보여 주고 있다. 최대 뼈 무기염류 밀도가 평균에 비해 +1 분산(SD) 이상을 가진 여성도 다른 그룹과 비슷한 뼈 손실 속도를 가진다. 그러나 이 여성들은 자신들의 생애 동안에 골다공증 역치값에는 도달하지 않는다. 사실, 상당히 높은 밀도의 뼈(평균의 +2 분산 이상)를 가진 여성들은 낮은 뼈 질량 역치값에도 도달하지 않을 것이다. 다시 말하면, 최대 뼈 질량 시기에 더 많은 뼈 무기염류를 가지면, 생애의 마지막에도 더 많은 뼈 무기염류를 가질 수 있다. 최대 뼈 질량을 나타내는 시기에 뼈 무기염류량을 유전적 최댓값에 도달하도록 하는 것이 골다공증 발병의 위험도를 낮추는 일차적 예방 전략이라고 폭넓게 받아들여지고 있다.

젊은 여성들이 자신의 최대 뼈 질량값에 도달할 수 있도록 도움을 주는 권고는 대부분 식품을 통한 $Ca^{2+}$와 비타민 D 섭취를 늘리고, 이와 더불어 하중-부하 운동을 증가시키는 것에 집중하라는 것이다. 젊은 여성들이 국립과학아카데미(the National Academy of Sciences)의 식품 영양 분과(Food and Nutrition Board)에서 제안하는 권고를 따른다면, 최대 뼈 질량에 가장 근접하게 도달할 기회가 상당히 높아질 것이다. 즉, 18세 이하의 소녀들은 하루에 적어도 1,300 mg의 $Ca^{2+}$와 5 mg의 비타민 D를 섭취해야 한다. 여기에 더하여, 매일 높은 특수한 비타민들과 무기염류들의 섭취가 하중-부하 신체적 활동의 증가와 더불어 필요하다.

### 약물치료는 폐경기 이후 여성들의 뼈 손실을 늦출 수 있다

젊은 여성들을 위한 예방적 방법에 집중하는 것이 노년기 여성들이 운동 혹은 식이 개선에 의한 혜택을 받을 수 없다는 것을 암시하는 것은 아니다. 그러나 하중-부하 운동과 식품을 통한 $Ca^{2+}$와 비타민 D 양 증가 등은 폐경기 전후의 여성들에서 뼈 소실을 단지 늦추어 줄 뿐이지 예방할 수 있는 것은 아니다. 최대 뼈 질량 이후 혹은 폐경기 이후에 뼈 손실을 멈추거나 뼈 무기염류량을 증가시키는 것은 약물치료에 의한 방법 밖에 없다. 그러나 약물요법과 병행하여 $Ca^{2+}$와 비타민 D 섭취 증가와 더불어 신체활동을 증가시키는 것은 약물요법에만 의존하는 것과 비교하여 뼈 질량을 상당히 증가시키고 골절률을 낮출 수 있다. 여기서 우리는 폐경기 이후 여성들의 뼈 질량을 증가시키기 위하여 사용하는 약물들 중에서 세 가지를 살펴보기로 한다: 에스트로겐, 에스트로겐 수용체 특이적 조절자(SERM), 그리고 비스포스포네이트 등.

에스트로겐이 조골세포(뼈 형성)의 활성을 촉진하고 파골세포(뼈 재흡수)의 활성을 억제하여 주기 때문에, 에스트로겐 대체요법[호르몬 대체요법(HRT)으로 알려짐]이 폐경기 이후의 뼈 손실을 막을 수 있는 치료제로 상당히 많이 승인되고 있음을 확인하는 것은 놀랍지 않다. 사실상 골다공증 치료법으로 호르몬 대체요법의 사용에 대한 모든 연구들은 뼈 질량이 증가되거나 골절률이 감소되는 것으로 확인하였다. 불행하게도, 최근의 증거들은 뼈 질량을 증가 시킬 수 있는 용량으로 호르몬 대체요법을 사용하면 유방암 위험도를 또한 높일 수 있다는 것을 발견하였다. 증가된 유방암 발생 위험도는 과도한 뼈 손실과 골다공증에 대응하여 막을 수 있는 최소량으로 에스트로겐을 사용함으로써 상당히 낮출 수 있다. 지금은 골다공증의 예방과 치료를 위한 에스트로겐 대체법은 다른 치료법이 실패하거나 골절에 의한 건강의 위험도가 암 발생 위험도보다 높을 때에 사용하도록 하고 있다.

에스트로겐 수용체 특이 조절자(SERM)들은 에스트로겐이 결합하는 에스트로겐 수용체 α 혹은 β에 의존해서 특이적으로 작용하는 종류의 화합물들이다. 예를 들면, 타목시펜(Nolvadex®)은 조골세포의 활성을 촉진함으로써 뼈 밀도를 증가시키지만, 내인성 에스트로겐이 에스트로겐 수용체에 결합하는 것을 방해하여 유방암 조직의 성장을 억제한다. 타목시펜의 심각한 부작용들과 뼈에 대한 상당히 미약한 효과로 인해 암 치료에 주로 사용하도록 유도되어 왔다. 비록 랄록시펜(Evista®)이 최근에 유방암 위험도가 높은 여성들을 치료하기 위하여 허가되었지만, 랄록시펜은 원래 골다공증 치료에 아주 적합하도록 개발된 것이다. 임상시험들은 랄록시펜이 엉덩이 뼈와 척추 뼈의 골절을 치료하는 데에 있어 타목시펜 보다는 훨씬 더 효과적이었지만, 에스트로겐 보다는 덜 효과적이라는 것을 확인하였다. 랄록시펜은 타목시펜에서 관찰된 심각한 부작용—말하자면, 자궁염과 자궁암의 위험도 증가—을 유발하지 않는다.

비스포스포네이트는 파골세포의 세포자살을 유도하여 뼈 재흡수를 억제하는 화합물 군이다. 비스포스포네이트들은 정상적으로 산소-인산 결합을 대체하는 탄소-인산 결합을 만들어 정상적인 ATP 합성을 파괴한다. ATPase는 단지 산소-인산 결합 만을 깰 수 있기 때문에, 탄소-인산 결합을 가진 ATP는 파골세포 내에 독성을 낼 수 있을 정도로 축적되고 세포자살을 유도한다. FDA에서 허가된 세 가지 비스포스포네이트는 알렌드로네이트(alendronate; Fosamax®), 이반드로네이트(inbandronate; Boniva®), 그리고 라이세드로네이트(risedronate; Actonel®) 등이 있다. 세 가지 모두 폐경기 후 여성들의 뼈 무기염류 손실 속도를 낮추고 엉덩이 뼈와 척추 뼈의 골절 위험도를 낮추는 데 동일한 효능을 가지고 있다. 비스포스포네이트가 뼈 질량을 높이는지 혹은 뼈 무기염류량의 손실을 단순하게 막는지에 대해서 몇 가지 논란거리가 남아 있다.

## 필수 개념

- 사람의 신경계는 뇌와 척추로 구성된 중추신경계와 중추신경계를 제외한 모든 다른 신경을 포함하는 말초신경계로 구성되어 있다.
- 신경세포들(뉴런)은 세 가지 기본 구조를 가지고 있다: 수상돌기, 세포체, 그리고 축색돌기.
- 신경전달은 신경 세포의 세포막 일부분에 간단한 탈분극으로 형성되는 활동전위를 생성함으로써 퍼져 나간다.
- 신경전달은 하나의 뉴런에서 다른 뉴런으로 시냅스를 통하여 전기적 메시지를 전달한다. 시냅스는 시냅스 전 뉴런의 축색돌기 끝, 시냅스 후 뉴런의 수상돌기, 그리고 시냅스 틈으로 구성된다.
- 사람 뇌의 노화성 변화는 적으며, 뇌 기능에 심각한 영향을 끼치는 것 같지 않다.
- 사람 뇌에 아밀로이드 반과 신경섬유 매듭과 같은 두 가지 단백질 침전이 침착되는 것은 정상적인 노화 현상인 것으로 보인다.
- 알츠하이머병의 발병 원인은 알려져 있지 않았지만, 알츠하이머병을 가진 사람들은 아밀로이드 반과 신경섬유 매듭을 높은 농도로 가지고 있다는 것이 발견되었다.
- 알츠하이머병에는 세 가지 일반적인 형태가 있다: 초기 발생, 후기발생, 그리고 가족성. 초기 발생과 가족성 알츠하이머병은 유전적 원인으로 시작되지만 후기발생형은 유전되지 않는 것으로 보인다.
- 파킨슨병은 기저핵의 흑질 부위에서 도파민-생성 뉴런의 손실 때문에 발생한다.
- 심장은 두 개의 분리된 펌프로 구성된다: 오른쪽은 산소 농도가 낮은 혈액을 호흡계(폐)로 보낸다; 왼쪽은 산소가 풍부한 혈액을 몸 전체로 보낸다.
- 심장과 동맥의 근육은 활동성 조직이다. 즉, 근육이 신경과 호르몬의 자극에 반응하여 활동전위를 만들 수 있다.

- 심장박출량은 심장으로 들어오는 혈액량에 의해 결정된다. 심장 근육의 확장은 정맥으로 돌아오는 혈액량에 반응하여 심실에서 혈액을 방출하는 데에 필요한 힘을 결정한다.
- 동맥에 콜레스테롤이 많이 포함된 지방의 축적인 동맥 반은 노인의 100%에서 존재한다. 동맥 반의 과도한 축적은 죽상동맥경화증을 유발한다.
- 노화, 흡연, 고혈압, 그리고 고지혈증 등은 관상동맥 질환의 중요한 위험인자이다.
- 65세 이상의 50% 이상 사람들은 지속적으로 수축기 혈압이 140 mmHg 이상이거나 이완기 혈압이 90 mmHg 이상으로 정의되는 고혈압을 가진다.
- 심부전은 신체의 산소요구량에 맞는 혈액량을 방출하는 데 필요한 수축압을 만들어 낼 수 없는 심근육 활성으로 정의될 수 있다. 즉, 심박출량의 비정상적인 저하로 정의된다.
- 혈당은 췌장의 내분비세포에서 생산하는 두 가지 호르몬(인슐린과 글루카곤)의 길항적인 작용에 의해 90~120 mg/dl의 좁은 범위에서 조절되어야 한다. 뇌는 필요한 에너지로 포도당 만을 이용할 수 있기 때문에, 이 수준의 혈당은 유지되어야 한다.
- 인슐린은 세포내 신호전달 과정을 활성화시킴으로써 세포로의 포도당 흡수를 촉진한다. 또한 인슐린은 지방과 단백질 대사를 조절할 수 있다.
- 인슐린저항성은 인슐린이 세포로의 포도당 흡수를 효과적으로 촉진할 수 없는 상태이다. 이것은 제2형 당뇨병의 중요한 위험요인이다.
- 제2형 당뇨병의 중요한 병증은 미세혈관의 혈액 흐름에 손상이 발생하는 것이다. 적절한 혈액 흐름이 없으면, 조직이 손상되고 괴사가 발생한다.
- 새로운 제2형 당뇨병 환자의 80% 이상은 비만 때문에 발생한다고 알려져 있다. 건강한 체중을 유지하는 것은 가장 좋은 예방법으로 생각된다.
- 뼈 무기염류량은 남성과 여성 모두에서 생식 후기 동안에 감소하지만, 그 감소는 여성에서 더욱 크게 나타난다.
- 에스트로겐은 조골세포 활성을 촉진하고 파골세포 활성을 억제함으로써 뼈 성장을 촉진한다. 따라서 25세에서 50세 사이에 정상적으로 발생하는 뼈 무기염류량의 소실은 폐경기에 가속화되기 시작된다.
- 과도한 뼈 손실은 골다공증과 뼈 골절률의 위험도를 상당히 높인다; 골다공증을 가진 사람의 80%는 여성이다.
- 운동과 식품 칼슘, 그리고 비타민 D는 뼈 무기염류량에 영향을 끼칠 수 있다. 비록 폐경기 이후에 운동량의 증가와 식이성 칼슘의 증가는 뼈 무기염류 손실 속도를 효과적으로 늦출 수 있다는 것이 증명되었지만, 그것들의 전체적인 효과는 크지 않고 골다공증 발생에는 단지 미미하다.
- 골다공증의 중요한 예방법은 14세에서 30세 사이의 여성들에게 운동량과 칼슘 섭취량을 증가시켜 최대 뼈 질량을 극대화하도록 장려하는 것이다.

## 토론 질문

**Q9.1** 당신이 앞 장들에서 배운 것과 같이, 손상된 단백질들의 축적이 노

화의 증상이라고 할 수 있다. 이 이론을 뇌의 노화와 알츠하이머병과 파킨슨병의 발병에 적용해 보아라. β-평판 단백질 구조가 왜 자체적으로 아밀로이드 반과 같은 단백질 침전물 형성을 하는지에 대한 설명을 포함시켜라.

**Q9.2** 알츠하이머병의 세 가지 유형을 적어라. 어떤 종류의 알츠하이머병이 유전적 요인과 강한 연관성이 있는가? 어떤 종류가 가장 일반적인가?

**Q9.3** 동맥 혈관의 해부학적 구조를 생각해 보아라. 동맥의 구조에서 어떤 노화성 변화들이 혈액의 흐름과 혈압의 변화를 유발하는지 서술하여라. 각 자의 설명에 유체역학을 포함시켜라.

**Q9.4** 아래의 Frank-Starling 기전 그래프(**그림 9.40**)를 분석하여라. 어떻게 이 기전으로 울혈성 심부전 유발을 설명할 수 있는가?

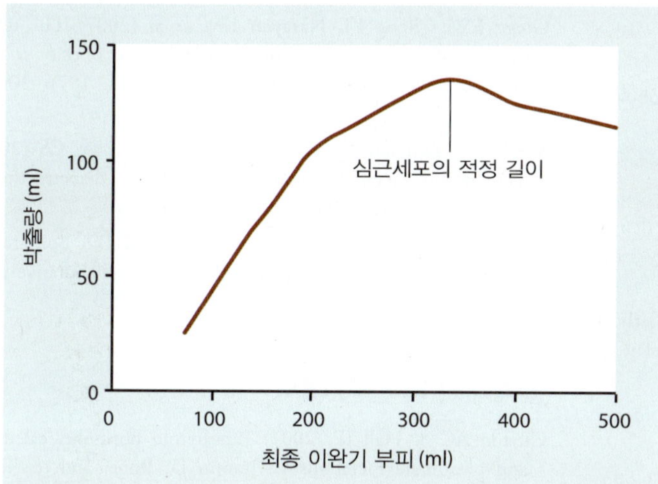


**그림 9.40**

**Q9.5** 관상동맥질환이 심실세동과 죽음을 어떻게 유발하는지 설명하라.

**Q9.6** 심혈관 질환을 측정할 때 유병률이 왜 사망률 보다 더 좋은지 간단하게 서술하라.

**Q9.7** 제2형 당뇨병의 진단은 경구포도당내성검사를 통하여 이루어진다. 포도당내성검사와 제2형 당뇨병을 확진하는 기준을 간단히 서술하여라. 제2형 당뇨병이 없는 포도당내성장애를 위한 기준은 무엇인가?

**Q9.8** 최종당산화물(AGE)의 증가와 제2형 당뇨병에 의한 손상의 관련성에 대하여 서술하라.

**Q9.9** 골다공증 예방 전략으로 왜 폐경기 이후의 여성 대신에 젊은 여성(14~30세)을 대상으로 해야 하는지 설명하라.

**Q9.10** 비록 뼈 무기염류량의 손실이 정상적인 노화성 변화라고 생각되지만, 손실 속도는 일반적으로 같은 나이의 남성들 보다 폐경기 이후의 여성들에서 더 크다. 그 이유를 설명하라.

# 추가 참고문헌


## 신경계와 신경 신호들

Widmaier EP, Raff H & Strang KT (2004) Neuronal signaling and the structure of the nervous system. In Human Physiology: Mechanisms of Body Functions, 9th ed. Boston: McGraw Hill, pp 153–204.

## 인간 뇌에서의 노화성 질병들: 알츠하이머병과 파킨스병

Dawbarn D & Allen SJ (eds) (2007) Neurobiology of Alzheimer's Disease, 3rd ed. London: Oxford University Press.

Devine MJ & Lewis PA (2008) Emerging pathways in genetic Parkinson's disease: tangles, Lewy bodies and LRRK2. *FEBS J* 275:5748–5757.

Mobbs C (2006) Aging of the brain. In Principles and Practice of Geriatric Medicine (Pathy MSJ, Sinclair AJ, Morley JE eds), 4th ed. Hoboken, NJ: Wiley, p 47–51.

National Institute on Aging (2008) Alzheimer's Disease: Unraveling the Mystery. www.nia.nih.gov/sites/default/fi les/alzheimers_disease_unraveling_the_mystery.pdf.

Nourhashemi F, Sinclair AJ & Vellas B (2006) Clinical Aspects of Alzheimer's Disease. In Principles and Practice of Geriatric

Medicine (Pathy MSJ, Sinclair AJ, Morley JE eds), 4th ed. Hoboken, NJ: Wiley, pp 1083–1093.

Parkinson J (2002) Classic articles: an essay on shaking palsy. *J Neuropsychiatry Clin Neurosci* 14:223 –236.

Plassman BL, Langa KM, Fisher GG et al (2007) Prevalence of dementia in the United States: the aging, demographics, and memory study. *Neuroepidemiology* 29:125–132.

Playfer JR (2006) Parkinson's disease and parkinsonism in the elderly. In Principles and Practice of Geriatric Medicine (Pathy MSJ, Sinclair AJ, Morley JE eds), 4th ed. Hoboken, NJ: Wiley, pp 765–776.

Shenk D (2001) The Forgetting: Alzheimer's, Portrait of an Epidemic. New York: Random House.

Verhey FRJ (2009) Alois Alzheimer (1864-1915). *J Neurol* 256:502–503.

Wong PC, Price L & Tanzi RE (2008) Alzheimer's disease: genetics, pathogenesis, models, and experimental therapeutic. In Molecular Biology of Aging (Guarente LP, Partridge L, Wallace DC eds). Cold Spring Harbor, NY: Cold Spring Harbor Laboratory Press, pp 371 –407.

Yoshikai S, Sasaki H, Doh-ura K et al (1990) Genomic organization of the human amyloid beta-protein precursor gene. Gene 87:257 –263.

## 심혈관계

Widmaier EP, Raff H & Strang KT (2004) Cardiovascular physiology. In Human Physiology: Mechanisms of Body Functions, 9th ed. Boston: McGraw Hill, pp 375–466.

## 심혈관계의 노화성 질병들: 심혈관 질환

Lakatta EG (2003) Arterial and cardiac aging: major shareholders in cardiovascular disease enterprises. Part III: cellular and molecular clues to heart and arterial aging. *Circulation* 107:490–497.

Lakatta EG & Levy D (2003) Arterial and cardiac aging: major shareholders in cardiovascular disease enterprises. Part I: aging arteries—a "set up" for vascular disease. *Circulation* 107:139–146.

Lakatta EG & Levy D (2003) Arterial and cardiac aging: major shareholders in cardiovascular disease enterprises. Part II: the aging heart in health—links to heart disease. Circulation 107:346–354.

National Center for Health Statistics (2011) Health, United States, 2010: With Special Feature on Death and Dying. Hyattsville, MD: Centers for Disease Control and Prevention, p 563.

Patterson C (2006 ) In Handbook of Models for Human Aging (Conn PM ed). Boston: Elsevier, pp 865–871.

Stott DJ (2006) In Principles and Practice of Geriatric Medicine (Pathy MSJ, Sinclair AJ, Morley JE eds), 4th ed. Hoboken, NJ: Wiley, p 96.

## 내분비계와 포도당 조절

Widmaier EP, Raff H & Strang KT (2004 ) Chapters 11 and 16. In Human Physiology: The Mechanisms of Body Function, 9th ed. Boston: McGraw Hill, pp 331–374; 605–642.

## 내분비계의 노화성 질병: 제2형 당뇨병

American Diabetes Association. www.diabetes.org. Diabetes Prevention Program Research Group (2002) Reduction in the incidence of type 2 diabetes with lifestyle intervention or metformin. *N Engl J Med* 326:393–403.

Gregg EW, Cheng YJ, Narayan KM et al (2007) The relative contributions of different levels of overweight and obesity to the increased prevalence of diabetes in the United States: 1976–2004. *Prev Med* 45:348–352.

Magkos F, Yannakoulia M, Chan JL & Mantzoros CS (2009) Management of the metabolic syndrome and type 2 diabetes through lifestyle modifi cation. *Annu Rev Nutr* 29:223–256.

Whitlock G, Lewington S, Sherliker P et al (2009) Body-mass index and cause-specifi c mortality in 900,000 adults: collaborative analyses of 57 prospective studies. Lancet 373:1083–1096.

## 골격계와 뼈 칼슘 대사

Guyton AC & Hall JE (2001) Parathyroid hormone, calcitonin, calcium and phosphate metabolism, vitamin D. Bone, and teeth. In Textbook of Medical Physiology, 10th ed. Philadelphia: W. B. Saunders Company, pp 899–915.

## 뼈의 노화성 질환들: 골다공증

Beck BR & Snow CM (2003) Bone health across the lifespan—exercising our options. *Exerc Sport Sci Rev* 31:117–122.

Frost HM (2001) From Wolff's law to the Utah paradigm: insights about bone physiology and its clinical applications. *Anat Rec* 262:398–419.

Seeman E (2003) Invited review: Pathogenesis of osteoporosis. *J Appl Physiol* 95:2142–2151.

Standing Committee on the Scientifi c Evaluation of Dietary Reference Intakes, Food and Nutrition Board, Institute of Medicine (1997) Institute of Medicine Dietary Reference Intakes for Calcium, Phosphorus, Magnesium, Vitamin D, and Fluoride. Washington, DC: National Academies Press.

Suzuki A, Sekiguchi S, Asano S & Itoh M (2008) Pharmacological topics of bone metabolism: recent advances in pharmacological management of osteoporosis. *J Pharmacol Sci* 106:530–535.

Troen BR (2003) Molecular mechanisms underlying osteoclast formation and activation. Exp Gerontol 38:605–614.

World Health Organization (2003) Prevention and Management of Osteoporosis. WHO Technical Report Series 921. Geneva: World Health Organization.

# 인간의 노화와 수명 조절

# 10

**"그 생각은 가능한 늦게 젊은 나이에 죽는 것이다"**
**-애슐리 몬타구[ASHLEY MONTAGU(1905~1999), 인류학자]**

인류는 역사가 시작된 이래로부터 젊음의 샘을 찾아 왔다. 오늘의 사회를 형성한 원시 문화와 종교에 대한 기록은 정상적인 수명의 범위를 벗어난 사람들에 대해 이야기한다. 무슬림, 유대인, 기독교인들의 대주교인 아브라함은 200세까지 살았다. 969년을 살았다고 전해지는 므두셀라(Methuselah)에 대한 성경의 기록과 비교했을 때 아브라함은 단지 10대였다. 또한 많은 종교는 예를 들면 천국이나 열반과 같은 지난 시대의 아픔과 고통을 완화시켜주는 장소를 포함하는 핵심 신념을 포함하고 있다. 장수와 고통의 종말 가능성에 대한 믿음은 우리의 가장 기본적인 본능인 생존을 반영한다.

과학자들은 수명을 연장하기 위한 우리의 바람을 일으키는 문화적 힘과 본능적인 행동에 대해 영향을 받지 않는다. 일부 생물노인학자들은 노화와 수명의 조절이 일반화되는 시간에 살고 있다고 믿고 있다. 예를 들어, 과학자들은 줄기세포 연구가 발전함에 따라 나이로 인해 조직이 마모된 사람들에서 자신의 DNA로 이를 대체할 새로운 장기를 성장시킬 수 있다고 제안한다. 언론과 과학서적에는 100년을 살 것이라는 예언과 이것이 예외적인 것이 아니라 규칙이 될 것이라는 많은 이유를 밝히고 있다.

현재의 연구에 대한 현실적인 해석을 기반으로 해서 긴 수명에 대한 이런 예측을 할 수 있는가? 아니면 단지 지구에서 그들의 시간을 연장하기 위해 노력하는 인간의 단순한 희망과 갈망인가? 이 장에서는 노화와 수명의 조절에 관한 과학의 현재 상태에 대해 논의하도록 한다. 우리는 생물학적 노화에 우선 초점을 맞추고, 노화 또는 수명의 속도를 조절하기 위해 과학적으로 확립된 두 가지 해결책을 살펴볼 것이다: (1) 열량 섭취 감소 (2) 일생 동안 신체 활동 유지. 마지막으로 수명을 연장할 수 있다는 몇 가지 가능한 시사점에 대해 알아볼 것이다.

**이 장에서...**



## 생물학적 노화 조절

이전 장에서 배웠듯이, 노화와 수명의 원인은 현재 알려져 있다. 노화는 세포

분자에 무작위적, 확률적 손상에 의해 발생되며, 세포 기능의 변형으로 이어진다. 노화와 무관한 수명의 길이를 의미하는 장수는 생식 성공을 위해 선택된 유전자의 부산물로 일어난다. 노화와 장수의 기초가 되는 생화학적 및 생리학적 메커니즘은 아직 완전히 이해되지 않고 있다. 그럼에도 불구하고, 많은 생물노인학자들은 한 가지 사실에 대해 동의를 한다: 노화의 속도와 수명의 변화는 손상된 단백질의 세포 내 축적을 반영한다는 것이다.

이 절에서는 노화가 조절될 수 없는 이유에 대해 논의한 다음 노화의 생물학적 기초를 더 잘 이해하기 위해서 어떠한 종류의 연구가 필요한지 설명한다.

## 노화는 조절될 수 없다

우리는 살아있다. 우리는 늙는다. 우리는 죽는다. 비록 대부분은 노화가 멈추거나 적어도 늦춰지길 바라지만 노화가 조절될 수 없다는 단순한 진실은 바뀌지 않는다. 이러한 이유를 이해하려면 이전 장에서 논의한 생물학적 시스템의 세 가지 중요한 원리를 알고 있어야 한다. (1) 노화는 진화하지 않는다; (2) 생물체학적 개체는 무생물과 동일한 열역학 법칙이 적용된다; 그리고 (3) 열역학의 제2법칙은 지속적으로 그리고 무작위로 작동한다. 노화가 진화하지 않기 때문에 그 과정을 조절할 수 있는 유전자는 없다. 따라서 노화는 무작위적인 사건이어야 한다. 노화의 무작위성은 열역학 제2법칙 때문에 발생한다. 수백만 개의 반응이 한 개체에서 일어나며, 각각은 열역학 제1법칙과 제2법칙을 반드시 따른다. 이 사실은 우주와도 협상할 수 없다. 우주의 힘은 엔트로피와 무질서를 증가시키기 위해 모든 화학반응을 심지어 분 단위로도 추진한다. 모든 개체는 어떤 시점이 되면, 이들 반응 중 하나에서 엔트로피가 자유에너지를 초과하는 시스템에서 일어날 것이다. 그러면 분자의 충실도를 잃어버리고 손상된 단백질이 축적되게 된다. 이것은 연쇄반응이 시작되고 세포 기능의 상실로 종료된다. 시간이 지남에 따라 사람의 몸에서 모든 세포는 분자의 충실도를 상실한다. 사람은 우주의 근본적인 사실을 변경하는 것을 할 수 없으며 가능할 수도 없을 것이다.

그러나 열역학 법칙은 환경으로부터 아무것도 들어오지 않는 폐쇄계에 적용된다. 유기체는 지속적으로 환경과 상호 작용하는 개방계이며, 아마도 우리는 제2법칙의 효과를 상쇄하기 위해 개입할 수 있다. 실제로 20세기에 들어서서 인간의 개입으로 인한 예상 수명의 전례 없는 증가는 생물학적 시스템이 성공적으로 두 번째 법칙을 막을 수 있음을 증명하였다. 그러나 지난 100년 동안 기대 수명의 긴밀한 조사는 우리가 질환에 대해 진전이 있었음을 보여준다. 노화는 남아 있다. **그림 10.1**에서 보듯이 실제로 20세기와 21세기의 첫 10년 동안 수명이 급격하게 증가했다. 그러나 1900년과 1950년 사이에 증가된 수명은 유아 사망률의 감소와 어린 시절 질환으로부터 사망률 감소 그리고 그들의 생식 연령이 종료되기 전에 대부분의 사람들을 죽인 감염을 줄일 수 있었기 때문에 가능했다. 1960년 이후의 더딘 증가는 고령에 이르기 전에 노년층과 주된 사망요인이었던 질환에 의한 사망을 감소시킬 의료기술 진보의 결과이다. 예를 들어, 50대 또는 60대에 심장마비로 사망하던 사람들이, 지금은 치명적인 상태가 되기 전에 문제를 진단하고 수정하는 기술 덕분에 70대와 80대까지 살 수 있게 되었다. 그러므로 20세기 동안 수명

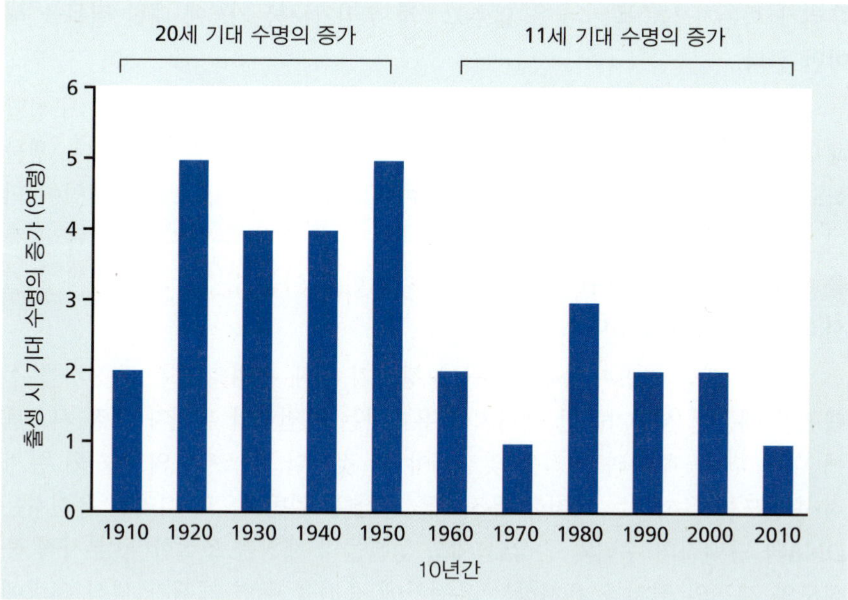


**그림 10.1 1910~2010년, 10년간 출생 시 기대 수명을 얻었다.** 20세기의 처음 50년 동안 나타난 기대 수명의 증가의 60%는 유아의 사망률 감소와 질환 관리의 개선을 반영하고 있다. (EC. Bell and ML. Miller, Life Tables for the United States Social Security Area 1900-2100, Washington, DC: Social Security Administration, 2005, p. 194에서.)

의 증가는 노령화가 아닌 노화 관련 질환의 조절의 결과이다.

일부 과학자들은 생명공학의 급속한 발전은 노화 방지 요법으로 이어질 것이라고 제안한다. 이러한 연구자들은 줄기세포 연구의 진보가 노화 관련 기능 상실을 복구시킬 수 있다는 큰 가능성을 보여주었다. 다른 사람들은 우리 자신의 세포로부터 체외에서 키운 장기를 노화 또는 질환에 의해 손상된 것과 대체하는 것이라고 말한다. 두 종류의 치료법은 의심의 여지 없이 미래의 현실이 되고 증가된 수명으로 이어질 것이다. 그러나 우리 앞의 문제는 이러한 개입이 노화를 조절할 수 있는가 하는 것이다. 대답은 명백히 "아니다"이다. 그것은 단지 피할 수 있는 것이 아니라 미뤄지는 것이다. 하나의 조직 또는 기관을 고치게 되면 다른 시스템이 곧 고장 나게 된다. 노령 인구에서 흔한 수술인 무릎 관절 치환술이 신장 세포에 축적되는 손상을 멈출 수 없었다. 인간의 끊임없는 운동은 열역학의 법칙을 발견한 19세기 물리학자들이 예측하는 것처럼 불가능하다.

## 분자 충실도의 손실을 이끄는 메커니즘은 미래에 조절될 수 있을 것이다

초기의 생물학적 연구는 거의 이미 일어난 손상을 보정함으로써 노화의 과정을 변경하려고 노력하는 데 초점이 맞춰져 있다. 노화 조절에 대한 이러한 접근 방식은 절대로 성공적이지 않았다: 엔트로피를 증가시키는 것은 우주의 기본 법칙이며, 모든 물질은 에너지 평형에 도달하려고 노력한다. 그러나 우리는 분자 충실도의 손실로 이어지는 메커니즘을 평가함으로써 노화 속도를 조절할 수 있다.

모든 노화 관련 질환은 언젠가 치료될 것이고, 우리의 죽음의 원인으로 엔트로피를 증가시키는 것 말고는 아무것도 남지 않을 것이다. 우리가 노화의 속도를 조절한다면, 노화생물학적 연구는 노화 관련 질환이 아닌 노화의 메커니즘에 초점을 맞춰야만 한다. 노화생물학은 열역학의 법칙을 부여하는 이유와 모든 개체가 생존하는 이유를 평가해야 한다. 즉, 노화생물학자는 "왜 우리가 죽는가?"를 묻는 것을 멈추고 "왜 우리가 사는가?"에 대한 질문을 해야만 한다.

노화생물학자들이 왜 우리가 사는가라는 상황에서 그들의 연구를 구성할 때 어떤 구체적인 연구가 수행되어야 하는지 예상하는 것은 쉽지 않다. 생물학의 발견의 빠른 속도와 함께 어떠한 예측도 요즘은 아마 오래된 내일이 되어 있을 것이다. 그러나 우리가 노화의 속도를 조절할 수 있다면 더 큰 초점을 맞춰야 할 몇몇 연구 분야가 있다. 이러한 분야는 유전학과 유전자 조절 시스템을 포함하고 있다.

진화는 생식 연령까지의 생존을 보장하기 위해 우리의 모든 유전자를 선택했기 때문에 사용가능한 에너지를 유지하는 유전자와 유전자 조절 시스템에 대해 더 큰 주목과 초점을 맞추어야 할 것이다. 즉, 세포의 질서와 분자적 충실도를 유지하는 그러한 유전자를 말한다. 일반적으로 이러한 유전자는 DNA와 단백질의 수리와 손상된 세포 성분들의 제거를 조절한다. 분자적 충실도와 세포의 질서를 유지하는 유전자에 중점을 두면 개체가 생식 연령에 도달한 후 언제, 어떤 시스템이 제2법칙에 가장 취약한지를 평가하는 연구로 자연스럽게 이어질 것이다. 진화론은 이러할 때 답변을 제공한다: 생식 연령에 도달한 이후에 수리 및 유지 관리를 포함하는 시스템이 제2법칙을 허용한다. 따라서 노화 연구에 일반적으로 사용된 모델에서 상당한 변화가 필요하다. 노화생물학자는 노령 인구(생식 후)와 비교하지 않고, 젊은 생식 전 활동과 생식 활동하는 인구를 대상으로 조사를 시작해야 한다. 노인 인구의 비교는 제2법칙에 가장 취약한 젊은 인구의 유전적인 경로 또는 조절 시스템을 명확하게 이해한 이후에 시작해야 한다. 그 이후에 연구는 노화의 속도에 이러한 시스템이 영향을 미치는지 여부를 시험할 수 있다.

생명공학의 현재 상태를 감안할 때 어떤 시스템 또는 시스템이 엔트로피의 증가에 민감한지에 대한 질문의 답변은 제2법칙의 무작위성으로 인해 더 어려워진다. 노화생물학자는 노화의 속도에 중요한 가능성이 있는 유전적 경로(무척추 동물에서 시작된 일부 연구)를 밝힐 수 있기 전에 게놈 연구(5장에서 논의된 주제)에서 상당한 발전이 필요하다. 이것은 의심의 여지 없이 젊은 사람에서 더 많이 사용될 유전자 발현의 결과로 나타나는 연령과 관련된 기능적 손실의 결과를 예상하는 데 도움이 되는 거의 생명공학에서 나타나지 않는 방법인 수학적 모델이다.

일반적인 게놈 연구는 노화생물학자에게 앤트로피가 노화 관련 기능 손실에 미치는 영향을 조사하는 데 필요한 도구를 제공할 때까지 일부 연구 분야가 단기적으로 도움이 될 수 있다. 일반적인 의료 과학과 노화생물학은 심혈관계가 다른 시스템보다 더 빠른 속도로 망가지는 경향이 있다는 것을 확인했다. 동맥에서 지방 줄무늬는 혈관의 축소로 이어지는 손상된 단백질의 축적에 대한 전구체로 6개월 정도된 아이에게서 발견될 수 있다. 심혈관계를 모델로 사용하여 연구자가 분자 충실도의 손실이 시작되는 방법을 이해할 수 있다. 특히 젊은 인구에서 발생할 가능성이 있는 특정 유형의 암의 발생은 또한 손상과 복구가 발생하는 유전적 경로의 이유에 대한 이해를 제공할 수도 있다.

## 수명 조절: 칼로리 제한

대중 매체는 특정 식품과 영양소가 수명을 연장시키거나 건강을 증가시키는 방법에 대한 이야기들로 가득 차있다. 130~140년의 수명이 살구, 요구르트, 그리고 "특별한" 빵과 같은 식이요법의 결과로서 가능하다는 개인의 주장에 의해 보고되어 있다.

개인적인 평생 동안의 이야기와 비타민 E, A, $B_{12}$ 및 C의 수명 연장 및 노화 방지 효과는 책과 유명 잡지에서 정기적으로 나오고 있다. 그러나 수명을 연장하는 것으로 보고된 각각의 음식과 영양소의 엄격한 과학적 평가는 수명 연장하거나 특정 결핍(BOX 10.1) 완화와 관련된 어떠한 특정 건강 효과도 입증할 수 없었다. 일반적으로 **칼로리 제한(CR, calorie restriction)** 또는 **식이제한(DR, dietary restriction)**이라고 말하는 칼로리 섭취의 제한만이 평균수명과 최대 수명을 연장시키는 것으로 나타났다.

칼로리 제한의 수명 연장 특성은 효모, 벌레, 파리, 설치류를 포함하여 시험된 거의 모든 비인간 종에 효과가 있다. 유전자 변형된 일부 종은 CR에 반응하지 않았다. 또한, 비인간 영장류에서 CR 조사가 최근 완료됨에 따라 연장된 수명과 노화 관련 질환의 지연 또는 예방을 밝혀냈다. 현재의 데이터, 특히 비인간 영장류에서의 데이터는 칼로리 섭취를 줄이면 노화 속도 조절 및/또는 인간의 수명을 연장하는 하나의 메커니즘이 될 수 있다고 강력하게 제안한다. 이 절에서는 인간의 건강을 향상시키고 수명을 증가시키는 데 있어서 이러한 식이 개입의 가능성 있는 효과 그리고 장수를 조절하는 방법으로써 CR의 사용에 대해 탐구한다.

### 칼로리 제한은 설치류에서 수명을 증가시키고 노화의 속도를 감소시켰다

1935년 맥케이(McCay), 크로웰(Crowell), 그리고 메이너드(Maynard)에 의해 저술된 출판물에서 처음으로 수명의 연장을 설명했다. 그림 10.2에서 볼 수 있듯이, 이들 연구자들은 쥐의 칼로리 섭취량을 줄이면 쥐가 원하는 만큼의 칼로리를 섭취하도록 먹이를 제공한 **자유식(*ad libitum* feeding으로 알려진)**

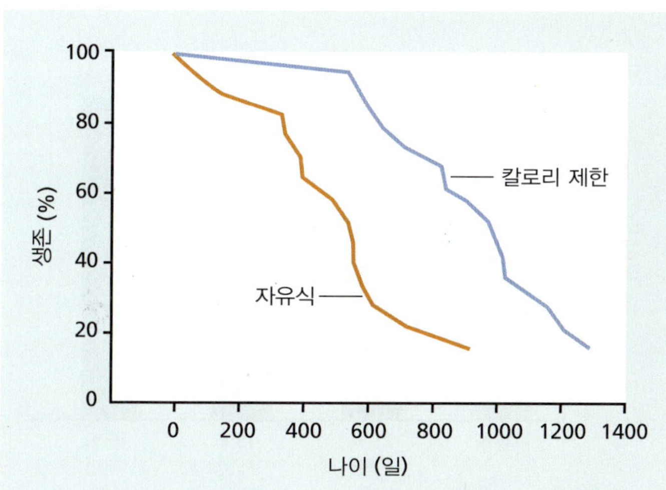


**그림 10.2 칼로리 제한되지 않은 수컷 생쥐(자유식 공급) 대 40% 칼로리 제한된 수컷 생쥐의 수명.** 1935년 맥케이와 동료에 의해 발표된 데이터는 설치류에서 영양실조 없이 칼로리만 제한하게 되면, 수명이 증가하는 것을 처음 보여주었다. (C.M. McCay, M.F. Crowell, and LA. Maynard. *J. Nutr*. 10:63-79, 1935의 자료. American Society for Nutrition의 허가를 득함)

쥐들과 비교했을 때 최대 수명이 증가되는 것을 발견했다. 이전 연구와 비교했을 때, 이 실험의 독창성은 영양 성분 결핍을 예방하는 데 필요한 비타민과 무기질은 변경하지 않고 연구자가 음식의 칼로리 함량만을 감소시켰다. 이전 연구는 칼로리 제한보다는 음식 제한에 의해 증가된 수명이 나타났다고 주장했다. 식이 제한에 의해 수명이 연장될 동안 많은 동물이 영양 결핍으로 인해 일찍 사망했다. 따라서 맥케이와 동료들은 칼로리 제한이 수명을 연장시킨 반면에 음식 제한은 영양 결핍을 견딜 수 있는 강건한 동물이 더 오래 살았다는 사실, 즉 선택적 사망률을 반영한다는 것을 보여줬다.

맥케이와 그의 동료들 그리고 수많은 다른 사람들의 실험에서도 CR은 이유식 근처에서 시작되었다(약 3주령의 쥐 또는 생쥐). 그 결과에 따라 칼로리 제한된 쥐와 생쥐는 자유식을 한 동물들에 비해 체중과 크기 모두 더 작았다. 이러한 관찰을 통해 대부분의 과학자들은, 성장과 발달을 늦추는 것이 CR을 통한 수명 연장에 기반이 되는 메커니즘이라고 결론 내렸다. 1980년대 초기까지의 실험들은 평균 18개월까지 자유식을 통해서 충분히 자란 쥐와 생쥐에서, 칼로리 제한이 최대 수명을 증가시켰다는 것을 의미하는 것이 아니라는 것을 보여주었다.

대부분의 실험에서 사용한 CR의 수준은 거의 자유식의 약 60~70%로 다소 가혹했다. 이러한 값은 실험적으로 굶주림에 의한 초기 사망률 없이 최대 수명 연장을 제공하는 수준으로 확립되었다. 인간에게 40%의 제한이 불가능하기 하기 때문에 이러한 CR의 수준의 사용이 비판을 받았다(이 절의 후반에 기술된 인간에게서 CR의 효과에 대한 논의 참고). 이러한 비판을 피하기 위해 연구자들은 칼로리 제한을 다른 수준으로 실험하는 수명 실험을 수행했다. 이러한 연구로부터 온 데이터는 칼로리 섭취 감소로 인한 수명 증가의 확장을 보여주었다(**그림 10.3**). 다른 데이터에 의하면 단지 5~10%의 칼로리 감소에서 수명이 적은 수준으로 증가했다. 이러한 실험의 결과는 수명을 증가시킬 수 있었던 것에 대한 적절한 수준의 칼로리 제한을 나타낸다.

오늘날 사용되는 CR 절차는 영양 결핍과 영양 실조를 막기 위한 충분한 수준의 비타민과 미네랄을 보장하는 식이요법을 포함하고 있다. 게다가 수많은 실험이 비타민과 미네랄의 농도를 필요 이상으로 증가하게 되면 더 이

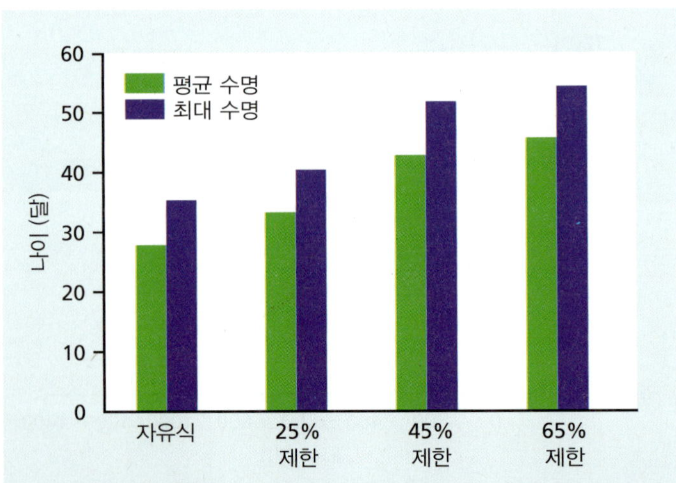


**그림 10.3 서로 다른 수준에서 칼로리가 제한된 수컷 생쥐의 평균 및 최대 수명.** 25%와 45% CR 사이의 평균 및 최대 수명의 차이가 45%와 65% CR 사이의 평균 및 최대 수명의 차이보다 크다. 사실, 연구진은 많은 생쥐들이 65% CR 그룹에서 기아로 인해 사망한 것을 발견했고, 그들은 제한의 정도는 50%가 되어야 한다고 제안했다. 그럼에도 불구하고, 이러한 데이터는 CR 증가의 정도에 따른 수명의 증가를 보여준다. (R. Weindruch et at, *J. Nutr.* 116:641-654, 1986의 자료. American Society for Nutrition의 허가를 득함)

상 수명을 증가시키지 않는다는 것을 보여줬다. 종합하면, 영향 결핍의 예방과 추가 보충제로 인한 효과 부족은 개별 영양소가 아닌 칼로리가 칼로리 제한 하에서 관찰된 수명 연장을 위한 기본 메커니즘이라는 것을 강력히 시사해 준다.

칼로리는 3가지 **거대 영양소(macromutrients)**에 의해 제공된다: 단백질, 지방(지질) 그리고 탄수화물(전분과 당). 식이요법의 칼로리 함량의 감소를 위해서는 이러한 3가지 거대 영양소의 농도를 변경해야만 한다. 이러한 거대 영양소는 영양을 공급할 뿐만 아니라 몸에 다른 기능을 갖고 있기 때문에 단백질, 지방, 탄수화물 또는 3가지 조합의 변화된 농도가 CR에서 수명 증가를 이끌 수 있는 요인으로 작용하게 될 것이다. 그러나 거대 영양소의 다양한 수준을 이용한 여러 CR 연구는, 일반적으로 설치류에서 수명 증가에 대한 책임이 거대 영양소가 아니라 칼로리의 변화에 있다는 것을 보여준다.

비록 설치류에서 CR의 수명 증가 효과에 대한 메커니즘이 아직 정의되지 않았지만 자유식을 한 동물의 결과와 비교하여, 생리학적 시스템 내 거의 모든 연령과 관련된 감소가 지연 또는 둔화된다. 이것은 대사 속도, 신경 내분비 변화, 혈당 조절, 체온 조절, 면역 반응 그리고 활동 일주기를 포함한다. CR에서 관찰된 노화 속도의 둔화는 손상된 단백질로 이어지는 세포의 산화 스트레스와 다른 과정에서의 감소와 관련될 수 있다. 설치류 CR 연구에서 더 재미있고 일관성 있는 결과 중 하나는 다양한 보호 단백질이 상향 조절된다는 것이다. 당신이 기억해야 할 보호 단백질은 잘못 접히거나 손상된 단백질을 분해하고 세포로부터 제거한다. 따라서 손상의 축적에서 감소는 CR 동안 노화의 속도를 늦추는 한 가지 메커니즘일 수 있다.

칼로리 제한은 또한 많은 노화 관련 질환의 발생을 지연시키거나 예방한다. 칼로리 제한 쥐에서 신부전을 일으키는 질환인 사구체 신염의 발병률과 자연사로 이어지는 가장 흔한 원인은 자유식을 한 쥐에서 관찰된 속도의 약 50%였다. 또한 칼로리가 제한된 쥐에서 사구체 신염은 수명의 후반부에 발병했다. 암의 발생과 종양의 수는 자유식을 한 쥐보다 칼로리 제한 쥐에서 더 적게 발생했다**(그림 10.4)**.

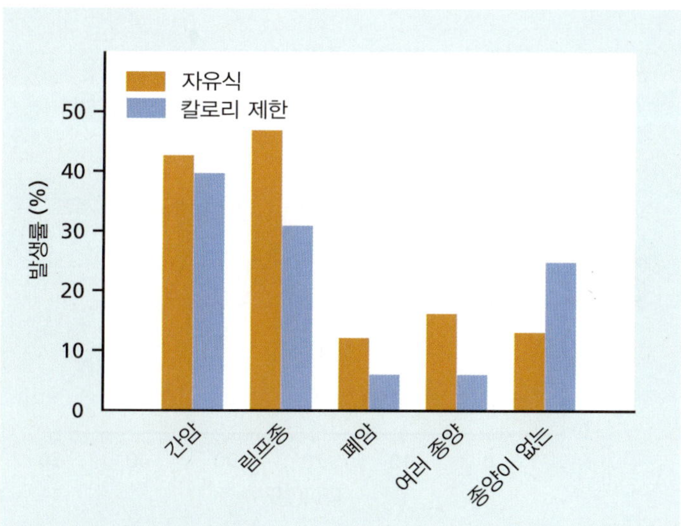


**그림 10.4 장기간 칼로리 제한 대 자유식 공급에 따른 사망 시기의 생쥐들에 암 발생률.** 칼로리제한은 12개월에 시작되었다. 따라서, CR은 중년이 시작될 때 노화 관련 질환에 상당한 영향을 미칠 수 있다. (R. Weindruch and R.L.Walford, Science 215:141 5-1418, 1982의 자료. With permission from AAAS의 허가를 득함)

## 단순한 개체에서 칼로리 제한은 유전적 그리고 분자적 메커니즘을 조사하기 위해 사용될 수 있다

CR을 이용한 대부분의 조사는 일반적으로 유전 및 분자적 메커니즘의 연구에 있어 좋지 않은 모델인 쥐와 생쥐를 이용했다. 이에 노화생물학자들은 효모, 벌레, 파리와 같이 덜 복잡하고 유전 및 분자적 메커니즘을 더 잘 이해할 수 있는 개체에서 CR을 통한 수명연장 실험들을 진행하였다**(그림 10.5)**. 대부분의 결과가 현재 우리가 알고 있는 수명의 진화 및 유전적 기초와 일치했다. 예쁜꼬마선충과 초파리에 의한 수명의 연장은 생식의 시작에서 지연되는 것과 관련이 있다. 게다가 칼로리가 제한된 벌레 및 파리에서의 번식력은 자유식을 한 동물들에 비해 현저히 감소했다. 이러한 발견은 제3장에서 이야기했던 생식 성공과 장수 사이의 상충관계에 대한 실험적 그리고 수학적 모델의 증거에 대한 기초가 될 수 있을 것이라고 예상할 수 있다.

CR의 수명 연장을 담당하는 유전적 그리고 분자적 사건은 대부분 알려져 있지 않은데, 왜냐하면 불과 몇 년 동안 단순한 개체를 이용하여 진행되어 왔기 때문이다. 지금까지 효모, 벌레 그리고 파리에서의 결과는 제5장에서 논의했던 수명에 영향을 미치는 유전적 메커니즘과 일치한다. CR을 견딘 효모에서 수명 연장은 호기성 대사에서 *SIR* 유전자를 포함하는 장수 유전자와 관

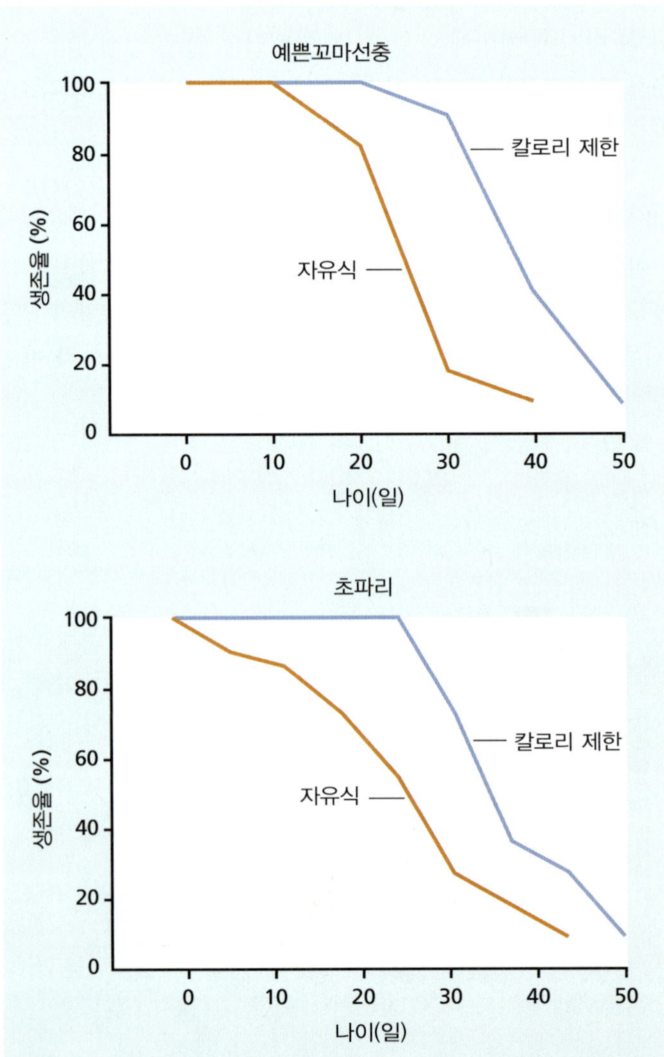


**그림 10.5 예쁜꼬마선충과 초파리에서 칼로리 제한의 효과.** 예쁜꼬마선충의 칼로리 제한은 회충들의 자유식에 50%만 주어질 경우, 배지에서 대장균의 농도가 감소됨으로써 달성된다. 성인 초파리의 칼로리 제한은 자유식에 주어진 농도의 50%에 자낭/효모 용액을 공급한다.

련되어 있는 것처럼 보인다. 실제로 *SIR2*를 과발현하도록 조작된 쥐에서 CR은 더 이상 수명 연장을 증가시키지 못했다. 단순한 개체에 대한 훨씬 더 많은 연구가 CR의 기본 메커니즘을 결정하는 데 필요하다.

## 비인간에서 칼로리 제한은 노화 관련 질환을 지연시킬 것이다

붉은털 원숭이에서 칼로리 제한 실험은 1980년대에 시작되었고 여전히 진행 중이다. 자유식을 한 붉은털 원숭이의 수명은 각각 평균 25년과 40년의 최대 수명을 가지기 때문에 장수에 대한 효과와 관련된 결과는 몇 년 후에 나왔다. 그리고 칼로리 제한 원숭이는 거의 45~50년 정도 길게 살 것이다. 예비 결과는 칼로리 제한을 70%로 수행한 붉은털 원숭이가 자유식을 한 원숭이보다 크긴 하지만 다른 종과 비교해서 그 차이는 적다. 비인간 영장류에서 연구를 진행하는 과학자들은 수명에 대한 CR의 효과에 대해 결론짓는 것을 꺼려왔다.

수명 문제에 대한 결론이 부족함에도 불구하고, 붉은털 원숭이에서 CR은 노화 관련 질환의 표지에 대해 긍정적인 효과가 있는 것으로 보인다. 예상되는 바와 같이 칼로리 제한 원숭이의 무게는 자유식 원숭이보다 더 적었다. 게다가 공복시 혈당 인슐린과 포도당 수치는 감소하고 인슐린 감수성은 CR에서 증가한다. 감소한 총체지방량을 종합해 볼 때 이러한 결과는 칼로리 제한 원숭이가 자유식 원숭이에 비해 제2형 당뇨병 발생 위험이 낮다는 것을 의미한다. 혈청 내 중성지방, LDL, 콜레스테롤, 혈압의 감소는 칼로리 제한 동물이 심혈관계 질환의 위험이 낮아진 것과 일치한다.

## 인간에 대한 칼로리 제한의 효과는 알려지지 않았으며 논란의 여지가 남아있다

저칼로리 식이요법이 과체중과 비만인 사람에게 미치는 긍정적인 효과는 잘 알려져 있다. 정상 체중에 대한 칼로리 제한 식이요법의 효과는 잘 알려져 있지 않다. 정상 체중인 사람에 대한 단기간의 CR 연구는 긍정적인 효과를 시사한다. 하지만 이러한 조사는 결과가 미치는 영향을 감소시키는 어려움이 따른다. CR의 적절한 수준을 달성하기 위해 요구되는 엄격한 식이요법을 준수하는 참가자의 높은 중도 포기율, 작은 표본 크기 및 문제로 인하여 많은 노화생물학자들은 사람에게 CR이 논리적으로 가능한지에 대한 의문을 가지기도 했다.

사람의 CR을 평가하는 가장 규모가 큰 현재 진행 중인 실험에서는 25%의 CR을 준수하여 2년 동안 유지하는 것이 가장 큰 과제임을 강조한다. 이러한 문제를 해결하기 위해 참가자들은 심리학자와 등록된 영양사로부터 전문적인 상담을 받을 수 있다. 식이 요구사항을 준수하기 위해 전문적인 상담을 활용한다는 것은 인간에서 CR 사용에 직면한 가장 중요한 질문 하나를 반영해준다: 일반적인 사람들이 매일 소비하는 칼로리에 세심한 주의를 필요로 하는 식이를 유지하고, 먹는 즐거움을 제공해주는 많은 음식(아이스크림, 케이크, 초콜릿 등)을 먹지 않거나 엄격하게 제한할 수 있을까? 우리는 “그럴 수 없다”라고 답할 것이다. 진화는 사람에게 맛과 즐거움을 관련시킴으로써 먹는 것에 원동력을 제공했다. 열량의 25% 감소를 평생 동안 유지하는 것은 매우 어려울 것이다.

## BOX 10.1 신화에서 과학으로: 치료와 음식의 건강한 힘

정밀한 과학적 연구는 결정적으로 저칼로리 식이요법이 노화의 속도를 늦추고 연령 관련 질환의 위험을 감소시킨다는 것을 확인해주었다. 그러나 우리는 건강과 노화를 위한 저칼로리 식이요법의 장점에 대한 증거가 있음에도 불구하고 미국 인구의 거의 70%가 과체중 또는 비만인 시대에 살고 있다. 분명히, 미국인의 대다수는 저칼로리 식이요법이 건강을 개선하고 연령과 관련된 질환을 지연시키며 노화의 속도를 늦추는 간단하면서 비용이 적게 드는 방법이라는 명백한 과학적 증거를 받아들이는데 어려움이 있다.

다른 한편으로 미국인은 개인적인 증거나 기초생물학적 메커니즘의 지나친 단순화 그리고 확실한 과학적 결과에 대한 오해를 근거로 개인의 식품이나 건강 이익을 도와주는 영양 보조제에 연간 수십억 달러를 지출한다. 식품 보충 회사의 현재 웹 기반 광고는 엽록소가 첫 번째 빛의 산물이므로 다른 어떤 요소보다 더 많은 빛 에너지를 가지고 있디는 밀싹의 40가지 좋은 점을 나열한다. 다른 말로 밀싹을 먹는 것은 여러분에게 빛의 에너지를 제공해 줄 것이다. 와! 현재 단일 식품이나 영양소 그 자체로 노화의 속도를 늦추는 것 또는 질환을 막거나 지연시켜 준다는 어떠한 완벽한 과학적 증거는 없다.

과학적 증거와 달리 우리는 그렇게 쉽게 음식의 건강 혜택에 대해 터무니 없는 주장에 의해 설득을 당하고 있는 것일까? 인간의 생존과 건강 심리학의 복잡성은 많은 답변을 제공한다. 더 중요한 요인 중 하나는 확실히 음식의 건강과 치유 능력이 우리의 문화와 종교적 전통에 깊이 뿌리를 두고 있다는 것이다. 그것은 19세기 후반까지 우리가 알고 있는 안전하고 효과적인 약이 아니었다는 것이다. 이것은 겨우 100년 조금 넘는 기간 동안 인류가 음식과 약을 분리하는 데 있어 문화적 변화를 받아들이기에 너무 짧은 시간을 가졌다는 것을 의미한다. 여기에 우리는 간단하고 자연스럽게 약으로서 음식을 먹는 방법과 과학이 어떻게 이 둘을 분리하기 시작했는가를 탐구할 것이다.

### 약으로써 음식

"약이 음식이 되고 음식이 약이 되도록 하자." 이 말은 널리 알려진 서양 의학의 아버지 히포크라테스에 의해 작성되었다. 히포크라테스의 치료 방법은 자연 세계와 인간 사이의 긴밀한 관계에 기반하고 있다. 그의 시대의 그리스인(Greeks)에 따르면 음식과 네 가지 사람의 체액 (가래, 혈액, 황담즙, 흑담즙)을 포함하는 모든 물질은 네 가지 원소(흙, 공기, 불, 물)로 구성되어 있고 이러한 요소들의 불균형이 신체상 기능(질병)을 포함한 물질의 비정상적인 기능을 야기한다고 했다. 히포크라테스의 방법은 어떤 요소가 균형의 밖에 나와 있는지 진단하고 그 후에 반대 성질(흙, 공기, 불, 물)을 가진 고농도의 음식을 처방함으로써 몸의 균형을 다시 돌려놓는 것이었다.

음식을 강조하는 히포크라테스의 방법은 18세기의 계몽운동까지 지속된 인도-유럽의 약학의 방향을 세웠다. 로마의 내과의사 갈렌은 음식의 힘이라는 다중 볼륨 세트의 의학서를 쓸때 히포크라테스에게 강하게 의존했다. 갈렌은 곡물, 과일, 야채, 일부 동물의 고기에 있는 성분으로 질환 치료의 특정 용도에 대한 방법을 설명했다. 그는 음식이 약물 치료에 따른 첫 번째 단계이며, 마지막 단계에는 수술해야 한다고 제안했다. 로마 황제에 의한 갈렌 의학의 도입과 함께, 황제를 통해 음식을 약으로 쓰는 것이 의학적 치료의 표준이 되었다.

로마시대의 몰락 이후에 아랍과 페르시아에서 이슬람 의학이 떠오르기 시작했고 이것 또한 음식을 약으로써 사용하는 데 의존했다. 가장 유명한 이슬람 내과의사인 이븐 시나(Ibn Sinā)는 히포크라테스와 갈렌의 기록을 아랍어로 번역했고 그 자신의 이슬람 약을 기초로 하는 기술도 추가했다. 이븐 시나는 음식의 치료하는 힘은 인류에 대한 알라의 선물이라고 했다. 이 예언문은 몇몇 이슬람 성직자를 자극했고 음식을 통해 건강을 유지하는 것은 신성한 것을 취하는 방법 중 하나라고 제안했다.

시 리아오(*shi liao*)로 알려진 중국의 전통 약은 1000년 B.C.E. 동안 황제의 내과 고전으로 알려진 황제 내경(Huangdi Neijing)에 기록되어 있다. 히포크라테스처럼 황제 내경도 몸의 균형을 유지하는 것을 중요하게 배치해 놓았다. 음식을 찬 것, 습한 것, 뜨거운 것, 마른 것으로 구분하였고, 우주의 완전한 두 가지 힘이라 믿는 음과 양의 개념을 통해 반대 질환에 사용하였다. 황제 내경은 "만약에 뜨거운 것이 있다면 차가운 것을; 차가운 것이 있다면 따뜻한 것을; 마른 것이 있다면 습한 것을; 습한 것이 있다면 마른 것을"이라고 기술했다. 과일, 해산물, 콩, 채소와 같은 음의 음식은 에너지를 감소시키고 몸의 물을 증가시키는 차고 습한 것으로 간주되었다. 양의 음식은 생강, 양파, 술 그리고 대부분의 고기들이며 뜨겁고 건조한 것들로 몸의 에너지를 증가시키고 물을 감소시킨다고 하였다. 뜨거운 음식의 에너지 행상 효과는 음의 음식보다 더 많은 지방 및 단백질을 포함하고 있고, 따라서 더 큰 에너지 함량을 가지고 있다는 생각에 기초한다. 중국의 전통의학은 중국과 세계 다른 곳에서 활성화되어 있다.

서양에서의 약으로서의 음식에 대한 개념은 계몽주의 동안 과학적인 방법의 발전에 따라 변화하기 시작했다. 예를 들어, 현미경의 발명은 아이러니하게도 그 당시 대부분의 사람들이 사망한 질환의 원인이 음식이 아닌 미생물이라는 증거를 제공했다. 부패한 음식과 오염된 물은 설사 질환을 일으키는 중요한 매개체인 것이 발견되었다. 이는 1920년대까지 어린이 사망의 주요 원인 중 하나였다. 18세기와 19세기 동안 생물학 및 의학 과학은 세포 혹은 침입 개체의 화학적 그리고 생화학적 기질에 초점을 맞출 경우 질환에 대한 내과적 치료가 가장 효과적 임을 발견했다. 음식을 기반으로 의학적 치료를 하는 히포크라테

# BOX 10.1 신화에서 과학으로: 치료와 음식의 건강한 힘

스, 갈렌 그리고 이븐 시나의 주장은 특별한 질환에 대해서만 일반적인 효과가 있었다.

**생물과학으로써 영양의 상승과 의학으로써 음식의 감소**

19세기 후반에 시작된 질환에 대한 선택적 치료도 서양 약물에 의존하게 되면서 과학자들의 식품 연구에 대한 접근 방법에 변화를 가져왔다. 20세기 초기부터 음식의 의학적 성질보다는 생리학적 생물학적 성질에 초점을 맞추게 되었고 영양학은 새로운 생물 과학의 성장 목록에 추가되었다. 새로운 생물학적 초점은 음식의 영양소가 성장, 재생 및 신체 기능의 유지 보수를 위한 신진대사를 어떻게 지원하는지에 대한 것이었다. 그것은 또한 개별 음식 또는 영양소가 여전히 사망률을 야기하는 감염성 질환의 야기 혹은 치료하지 않는다는 것 또한 명백해졌다.

대부분의 사람이 60세를 넘기지 못하고 살고 있던 1950년대까지도 영양소와 질환 사이의 연결고리는 흥미로운 분야가 아니었다. 이전 5000년과 달리 현재 과학자들은 개별 식품이나 영양소가 질환 발생 여부를 결정하는지에 대한 과학적인 연구를 적용하였다. 1950년과 1980년 사이의 몇몇 역학 연구는 식이 콜레스테롤, 포화 지방, 붉은 고기와 같은 각각의 음식과 영양소가 심장병과 암에 높은 관련성이 있음을 보고했다. 반대로 지방을 적게 먹고 항산화제를 많이 먹는 사람에서는 심장병 위험성이 감소했다. 그 역학적 증거는 실험 동물과 사람에게 단기간 실험한 결과에 의해 밝혀졌다. 그러나 사람에 대한 단기간의 연구는 암 또는 심장병과 같은 실제 건강 결과를 측정하지 않았다. 오히려 그들은 몇몇 질환과 관련이 있을 것 같은 생물학적 표지만 평가했다. 예를 들어 암과 비타민 E에 대한 단기 인간 연구들에서는 암의 실제 속도보다 보충제를 몇 달 섭취 후 혈중 항산화물질의 수준에 대해 보고한다. 종합하면, 역학, 실험실, 소규모 인간 연구의 결과는 정부, 독립 영양 단체 그리고 식품 회사에 의한 추천의 열풍을 주도하며, 사람들이 그들의 질환 위험을 낮추기 위해 특정한 음식 또는 개별 영양소의 섭취를 증가 또는 감소시켜야 하는지를 제안하게 된다.

**항산화제가 암을 막는다! 아니, 기다려. 그것들은 암을 증가시킨다!**

불행하게도, 개별 식품이나 영양소의 의료 및 건강 혜택에 대한 결론은 종종 시기상조이며, 과학자들 간의 실패와 원인과 효과를 결론짓는 데 필요한 모든 연구가 완료될 때까지 기다림을 반영한다. 예를 들어 1970년대와 1980년대 동안 많은 역학 조사에서 많은 양의 항산화제인 비타민 E(α-tocopherol)와 β-카로틴(비타민 A 전구체)을 섭취한 사람들은 이러한 비타민들의 섭취가 낮은 사람들에 비하여 암 발생 비율이 현저히 낮다는 보고가 있었다. 실험 동물 연구에서 이러한 비타민을 동물이 요구할 때마다 주었을때 종양의 성장을 억제하는 것처럼 보였다. 수백 개의 소규모 인간 집단 실험에서 암에 대한 생물학적 표지의 변화를 설명함으로써 역학 및 동물 연구를 뒷받침 했다. 이러한 결과를 바탕으로 식품회사는 제품 라벨 광고에 비타민 E와 β-카로틴의 장점을 광고하기 시작했고, 보충제의 판매는 급증했으며 비타민 E와 β-카로틴이 암을 예방한다는 정설이 미국 문화에 나타났다.

1990년대에 뉴스에서 비타민 E와 β-카로틴이 암에서 어떠한 효과도 나타나지 않는다는 것과 함께 정설은 땅으로 추락했다. 1994년에 핀란드의 흡연 남성에 대한 암 예방 연구는 β-카로틴이 실제로 흡연한 남성의 암의 위험을 증가시킬 수 있고 남성의 폐암을 예방하지 못할 뿐만 아니라 암 발생의 위험이 있음을 보여주었다**(그림 10.6)**. 그것은 흡

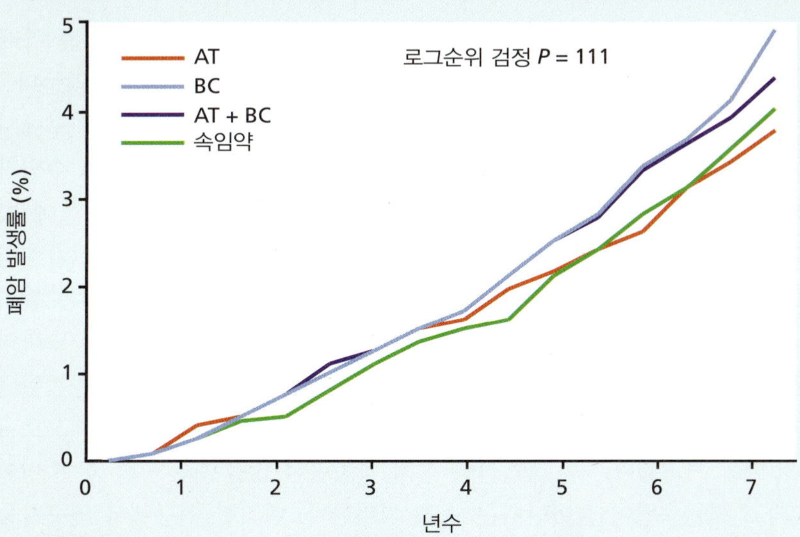


| 피실험자 수 | | | | |
|---|---|---|---|---|
| AT | 7288 | 7029 | 6752 | 3793 |
| BC | 7282 | 7045 | 6719 | 3755 |
| AT+BC | 7278 | 7036 | 6714 | 3749 |
| 속임약 | 7287 | 7072 | 6756 | 3808 |

**그림 10.6 폐암 발생률에서 비타민 E와 β-카로틴의 효과에 관한 연구.** 이 결과는 α-토코페롤 또는 비타민 E(AT), β-카로틴(BC), α-토코페롤과 β-카로틴(AT + BC), 속임약을 처방받은 실험 참가자들에게서 폐암의 발생률을 나타낸 것이다. (D. Albanes et al., *J. Netl Cancer Inst.* 88:1560-1570, 1996의 자료. Oxford University Press의 허가를 득함)

## BOX 10.1 신화에서 과학으로: 치료와 음식의 건강한 힘

연자보다는 흡연하지 않으면 위험이 없는 개인에 초점을 맞추고 있기 때문에 본 연구의 결과는 상당한 비판을 받았다. 비흡연자에서 수행한 후속 실험의 초기 결과들을 확인하고 비타민 E와 β-카로틴의 사망률에 대한 어떠한 효과를 주장하는 데 실패했다. 같은 시간대에 쥐에서 장수 연구가 비타민 E에 대해 수명을 늘려 주지도 암 발생률을 낮춰 주지도 않는다는 발견이 있었다. 이러한 조사들의 결과는 많은 정부 기관과 미국 암 사회에 β-카로틴에 대한 안전 문제에 있어서 명백한 문장으로 β-카로틴은 암의 발생위험을 감소시키지 않으며 수명 또한 증가시키지 않는다고 명시했다.

**기본 영양적 조언은 모두 바로 잡았다**

명백히 모든 음식과 영양소가 β-카로틴 수준에서 검증된 것이 아니고, 비타민 E 또는 다른 영양소도 질환 위험에 대해서 영향이 없다. 어떠한 개인적인 음식과 질환에 대해 특별한 효과를 가진다고 이야기할 수 없다.

그럼에도 불구하고 영양학자, 보건 전문가 그리고 다른 건강 전문가들은 질환에 대한 음식의 효과에 대해서 더 명백한 그림을 얻기 시작했다. 식품의 건강 효과에 대한 연구에 수백만 달러를 사용한 후에 그들의 결과에서 어떤 영양학자가 몇 년 동안 이야기한 것은 채소를 먹고 모든 것을 적당히 먹고 다양한 음식을 먹으라는 것이다.

## 노화의 속도를 조절: 신체적 활동

우리는 정기적인 신체 활동의 건강상 이점을 잘 알고 있다. 정기적인 유산소 활동에 참여하는 모든 성인의 낮은 심박수, 낮은 혈압, 중성지방, LDL 콜레스테롤("나쁜" 유형) 그리고 높은 HDL("좋은" 유형) 수준을 비슷한 나이의 비운동 개체와 비교했다(**표 10.1**). 유산소 활성 증가의 결과에 따른 체지방의 감소는 제2형 당뇨병 및 특성 유형의 암의 위험성을 낮춘다. 또한 최근의 연구는 평생 정기적인 신체 활동이 알츠하이머와 파킨슨 병의 낮은 발병률과 연관될 수 있음을 나타낸다.

정기적인 신체 활동은 노화 관련 질환의 위험을 낮추고, 이는 차례로 평균수명을 증가시킨다. 그러나 운동은 최대 수명을 증가시키지 않는다. 이 효과는 1980년대에 발간된 두 개의 고전 연구에서 보여졌다. 한 연구에서 다른 유형의 식이 제한을 가진 비운동 쥐의 수명을 쳇바퀴를 준 쥐의 수명과 비교했다. 우리에 쳇바퀴가 있는 쥐는 평균수명이 쳇바퀴가 없는 동물에 비해 조금 늘어났다**(그림 10.7)**. 흥미롭게도 운동을 하지 않았지만 칼로리 제한을 준 쥐가 평균수명이 가장 길었다(그러나 최대는 아님). 따라서 우리는 칼로리 제한이 노화와 수명의 속도를 모두 변경하는 반면에 신체 활동은 노화의 속도를 변화시킨다는 결론을 내릴 수 있었다. 이러한 연구 결과와 일관된 인간의 연구 결과는 생식 수명의 길이가 정기적인 신체 활동량과 직접적으로 관련이 있다고 보고했다. 즉, 정기적인 신체 활동량이 많을수록 생식 후 수명이 연장되고 평균수명이 늘어난다는 것을 의미한다. 이러한 연구에서 연구자들은 정기적인 신체 활동으로 인해 생식 후 수명의 연장이 암과 심장 질환에 대한 위험 감소와 가장 관계가 있음을 보여줬다.

이 절에서는 정기적인 신체 활동의 결과로 기능의 유지 또는 증가된 기능에 대한 생물학적 기초를 탐구한다. 우리는 운동 생물학의 기본 원리에 대한

**표 10.1 65세 이상의 사람들에 대한 정기적인 신체 활동의 장점을 설명한 예**

| 운동에 의한 변화 | 장점 |
|---|---|
| **심장 혈관** | |
| 증가된 박출량 | 증가된 조직으로의 혈류 |
| 감소된 동맥의 내성 | 감소된 혈압 |
| 감소된 LDL 콜레스테롤 | 감소된 관상 동맥 질환의 위험 |
| 증가된 혈량 | 증가된 정맥으로의 귀환; 울혈성 심부전증 위험 감소 |
| **근육** | |
| 증가된 미토콘드리아성 농도 | 증가된 ATP 합성을 위한 유산소적 능력 |
| 증간된 모세혈관의 밀도 | 증가된 산소 전달 용량 |
| 증가된 인슐린 감수성/포도당 흡수 | 감소된 제2형 당뇨병의 위험 |
| 증가된 근육 섬유 모집/ 화동 전위 역치 | 증가된 강도 |
| **신체 구성** | |
| 감소된 체지방 | 관상동맥 질환, 제2형 당뇨병 및 특정 암의 위험 감소 |
| 증가된 근육량 | 증가된 강도, 안정성, 휴식 신진 대사율 |
| **폐와 호흡** | |
| 증가된 폐의 모세혈관 | 증가된 환기-혈류 |
| 증가된 늑간근의 힘 | 더 쉬워진 호흡 |
| 폐 조직의 탄성 유지 | 더 쉬워진 호흡 |
| 폐포 크기의 유지 | 죽은 공간에서의 손실 없음; 확산에 필요한 표면적의 적절한 유지 |
| **골격계** | |
| 증가된 골밀도 | 증가된 골 강도 및 감소된 골다공증의 위험 |
| 적혈구 생성 및 백혈구 생성 속도 개선(골수) | 증가된 산소 운반 능력; 향상된 타고난 면역체계의 용량 |

간략한 소개로 시작한다; 노화의 속도를 느리게 하는 것을 이러한 기초 원리의 관점에서 설명한다. 우리는 신체 활동과 같은 개입이 노화 속도를 늦출 수 있는 이유를 설명하는 일반적인 이론으로 몇 가지 추측을 마치고자 한다.

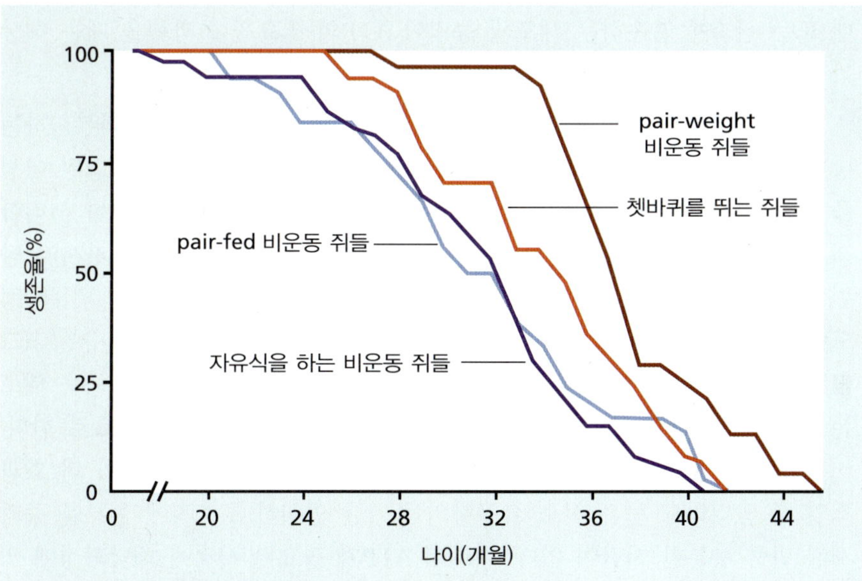


**그림 10.7 쳇바퀴 시설 이용 유무에 따른 수컷 쥐들의 생존곡선.** "Pair-fed" 비운동 쥐들은 쳇바퀴를 뛰는 쥐들과 같은 양의 먹이를 받았다(매일). "Pair-weight" 비운동 쥐들은 쳇바퀴를 뛰는 쥐들과 동일한 체중을 만드는 양의 먹이를 받는다; 이러한 음식의 양은 CR 식이의 ~30%에 이르는 양이다. 쳇바퀴를 뛰는 쥐들은 평균수명(34개월)이 비운동 쥐들(31개월)과 자유식이 비운동 쥐들(31개월)보다 길었지만 Pair-weight 비운동 쥐들의 수명(37개월)보다는 짧았다. 자발적 운동(쳇바퀴)이 비운동 동물에 비해 평균수명은 증가시키지만 최대수명은 아님을 보여준다. 다른 그룹과 비교했을 때 칼로리 제한은 평균 및 최대 수명을 모두 증가시킨다. (J.O. Holloszyet al., *J. Appl. Physiol*. 59:826-831, 1985의 자료. American Physiological Society의 허가를 득함)

## 운동은 근육의 산소 요구량을 증가시킨다

대부분의 경우 운동을 시작할 때 첫 번째 반응으로 호흡 속도가 증가하는데, 이를 폐 생리학자들은 **환기(ventilation)**라고 부른다. 환기의 증가는 폐의 **화학수용체(chemoreceptors**, 특별한 화학물질과 결합하는 신경 수용체)가 말단으로부터 혈중 이산화탄소의 수준을 감지하기 때문에 발생한다. 신경 자극이 뇌로 전달되면 다시 폐로 신호를 돌려 보내고 호흡률을 증가시킨다. 동시에 심장의 우심실은 사지에서 돌아오는 혈액의 양이 감소하는 것을 감지하는데, 이것은 근육에서 더 많은 모세 혈관이 열리기 때문이다. 그 결과 심장 박동은 더 많은 혈액을 전달하기 위해 빨라진다. 이러한 생리학적 반응은 하나의 이유 때문에 발생한다: 근육은 ATP를 생성하기 위해 더 많은 산소를 필요로 하고 그들은 더 많은 일(근육 수축의 비율)을 할 수 있게 된다.

제4장에서 근육 섬유의 수축을 위한 에너지는 ATP에서 하나의 인산 결합의 붕괴로부터 온다는 사실을 기억하라(ATP + $H_2O$ → ADP + $P_i$ + energy + heat). 근육은 5~10초 분량의 저장된 에너지만을 포함하기 때문에 ATP는 운동을 하는 동안 지속적으로 합성할 수 있어야 한다. 이 과정은 산소를 필요로 한다. 또한 ATP 합성, 이산화탄소 및 젖산 부산물 대사의 증가는 정상 세포의 화학반응을 방해하는 pH 저하를 방지하기 위해서 근육 세포로부터 제거되어야 한다.

ATP는 두 개의 분리된 연결 통로를 통해 근육에서 합성할 수 있다. 먼저, 해당과정은 산소를 필요로 하지 않고(혐기성), ATP의 합성을 위한 기질로 포도당만 사용할 수 있다. 포도당의 혐기성 대사는 합성할 수 있는 ATP의 양을 제한한다. 포도당의 모든 분자가 대사될 때 오직 2분자의 ATP가 합성된다. 다른 ATP 합성 경로는 산화적 인산화(제4장에서 설명했던)는 산소를 필요로 한다(호기성). 산화적 인산화는 해당과정과 비교하여 ATP를 16배 이상 생산할 수 있고 지방과 포도당 모두를 사용할 수 있다. 지방과 탄수화물을 모두 사용할 수 있는 능력과 결합된 산소를 사용하는 산화적 인산화가 해당과정보다 대사적으로 훨씬 더 효과적이다. 인간은 휴식과 운동 중에 ATP 합성을 위해서 모든 시스템을 동시에 사용한다. 휴식 중 또는 적당한 운동 중에는 산화적 인산화에서 유리 지방산의 사용이 우세하다. 에너지가 급하게 필요할 때 또는 산소를 흡수하는 세포의 능력이 ATP의 필요를 초과했을 때는 해당과정이 우세하다.

유산소 운동이 산화적 인산화 시스템에 스트레스를 가하거나 과부화하는 방법을 이해하는 것은 운동이 노화의 속도를 늦추고 표 10.1에 나열된 이점을 유도하는 방법을 이해하는 열쇠이다. 이를 위해 단일 운동에 대한 생리학적 그리고 세포 반응을 보는 것이 도움이 된다. 우리는 속도를 증가시켜 달린 후 오랜 기간 동안 앉아 있는 개인을 예로 사용할 것이다. 처음 몇 분 정도에 달린 후 5~10초 정도 세포 내 ATP가 근육 수축을 위해 저장된다**(그림 10.8)**. 왜냐하면 세포 내 ATP의 저장은 제한되어 있기 때문에 근육 세포는 더 많은 ATP를 공급하기 위해 근육 수축의 새로운 수준을 필요로 한다. 비록 근육이 ATP를 생성하기 위해 산화적 인산화를 이용하는 것이 더 효과적일 수 있더라도 몸은 산소 요구량의 증가를 인식하고 조직에 혈류를 증가시킬 만큼 충분한 시간이 없다. 따라서 ATP가 필요한 시점에 해당과정에 의해 생성된다. 왜냐하면 그 경로는 산소가 필요 없기 때문이다. 그러나 해당과

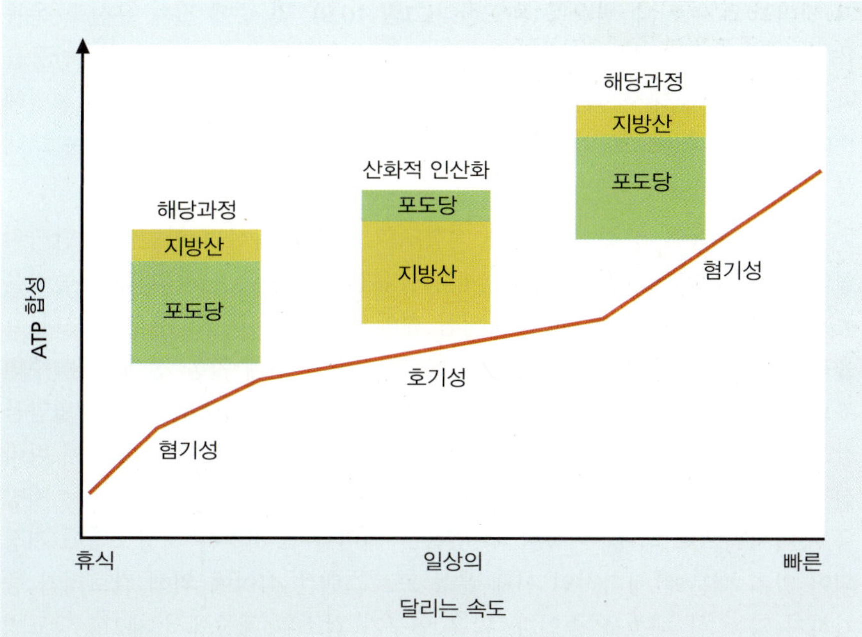


**그림 10.8** 속력이 다른 일련의 운동을 하는 동안에 대사 경로와 에너지 기질들은 ATP 합성에 사용된다.

정에서 ATP를 합성할 수 있는 속도는 비용이 든다. 하나의 포도당은 두 개의 ATP 분자만 공급하는 것 외에도, 당분해는 젖산 생성으로 끝난다. 인간은 젖산을 중화하는 것이 비효율적이며, 우리가 ATP 합성을 위해 해당과정만 사용한다면 세포 내와 혈중의 pH가 낮아짐에 따라 근육의 수축이 중단될 것이다.

약 1~2분간 지속된 적당한 운동(운동을 하는 동안 여전히 말을 할 수 있음을 의미) 후 신체는 산소 운반을 증가시키는 혈류를 증가시킴으로써 근육 활성을 증가시키는 반응을 한다. 산소 공급의 증가는 산화적 인산화 경로를 개시하고, 해당과정에 대한 의존도를 감소시키며, ATP 합성과 운동은 부정적인 대사에 대한 어떤 결과 없이도 계속하게 한다.

이제는 오랜 시간 앉아 있는 사람이 운동 속도를 높이기로 결정했다고 가정하자. 속도의 증가는 ATP 합성에 필요한 새로운 산소의 요구량을 충족하기 위해 심장과 호흡 속도를 증가시킨다. 그러나 시스템에 한계가 있기 때문에 무제한으로 그녀의 속도를 증가시킬 수 없다. 그녀가 오랜 시간 앉아 있었기 때문에 그녀의 근육 세포는 앉아 있는 데에 충분한 대사능력을 가지고 있다. 심장과 폐는 근육에 충분한 산소를 공급할 수 있지만, 근육 세포는 ATP 합성에 산소를 사용할 수있는 충분한 능력을 가지고 있지 않다. 이 사람은 결국 산화적 경로를 통해 ATP 생성으로 수요를 유지할 수 있는 지점에 도달한다. 이때 신체는 해당과정을 통해 대부분의 ATP를 공급하기 시작한다.

### 세포의 산화적 경로의 과부하는 ATP 생성을 위한 능력을 증가시킨다

오랜 시간 앉아 있는 개인은 오직 근육 수축률을 유지하기 위한 호기성 대사 능력을 가진다. 그러나 그녀가 장기간에 걸쳐 유산소 운동을 매일 반복한다면 근육의 ATP 합성 능력을 증가시킬 수 있다. 모든 개인에게 유산소 운동은 혈액량 증가, 적혈구 생성, 해당과정과 산화적 경로의 효소 생산 등 몇 가지 생리학적 세포 내 반응을 유도한다(**그림 10.9**). 몇 주에 걸쳐 유산소 운동을 매일 반복하는 것은 심지어 휴식하는 동안에도 영구적으로 이러한 반응을 만들 것이다. 이 대사 적응은 유산소 운동으로 인한 건강상의 이점을 설명해 준다. 유산소 운동으로 인한 ATP 합성 경로가 과부화가 걸리면 변화는 그대로 유지될 것이다.

유산소 운동을 통해 혈액량과 적혈구의 수가 증가하면 한번에 말단까지 혈액과 산소의 양을 증가시킨다. 게다가 유산소 운동은 근육의 대사 능력을 증가시켰기 때문에 근육 세포에 의한 혈액으로부터의 산소 추출이 보다 효율적으로 이루어진다. 그 결과로 심장은 정기적인 신체 활동 전에 피를 주변부로 퍼 올릴 필요가 없다. 심혈관계는 휴식과 심박수 감소로 심장의 혈압을 감소시킴으로써 근육 효율성이 증가한 새로운 수준에 적응한다. 그것에 따라 심장의 일도 감소한다. 게다가 산화적 대사 능력에 대한 능력의 증가는 지방을 에너지원으로 더 잘 이용할 수 있음을 의미한다. 지방은 지방조직에 저장되어 있기 때문에 정기적인 신체 운동 프로그램은 식이에 의해 칼로리가 증가하지 않는 한 체중을 줄인다. 많은 연구가 감소된 체중에서 제2형 당뇨병 및 관상동맥 질환의 위험을 낮춘다는 것을 보여준다.

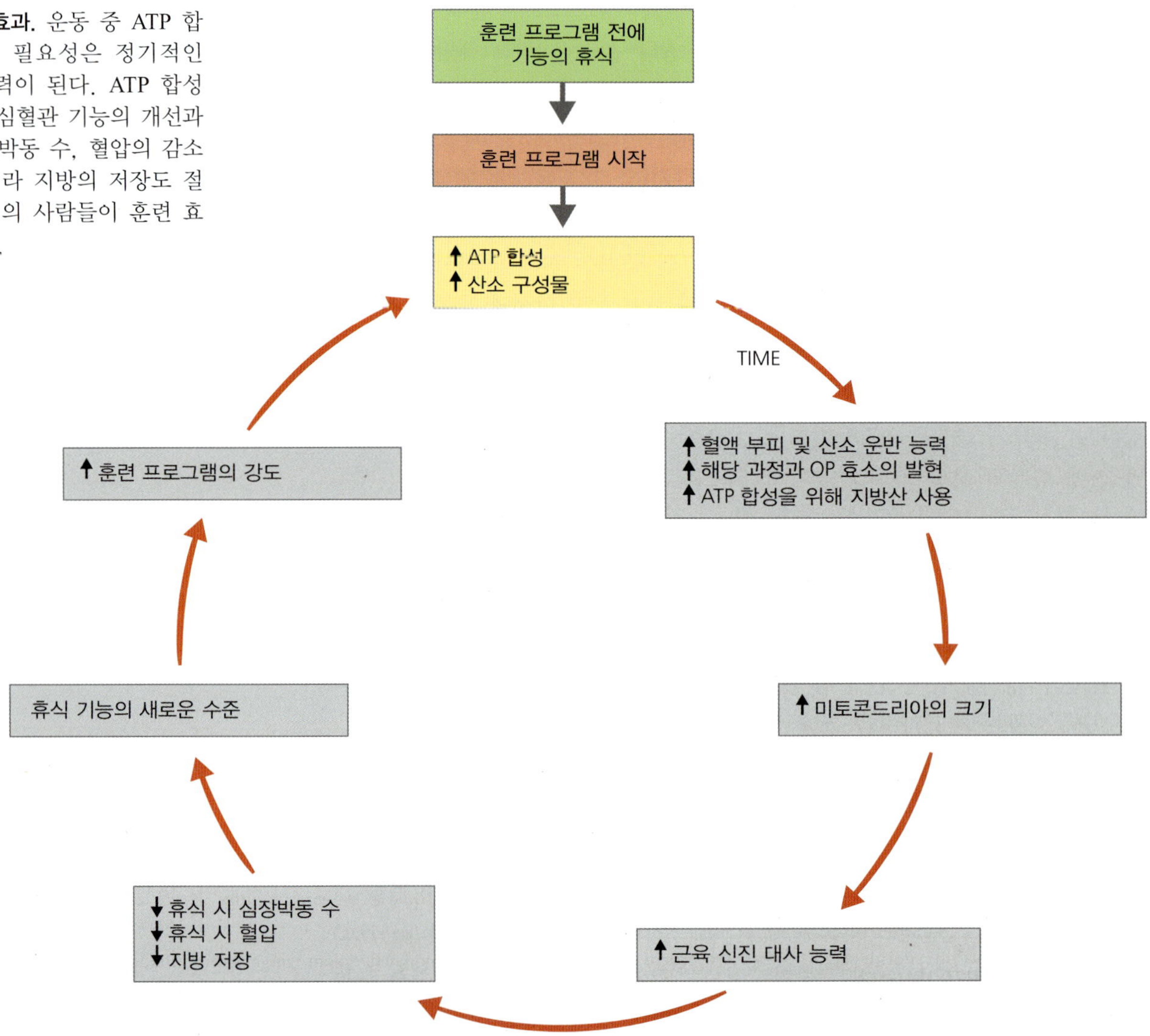


**그림 10.9 훈련 효과.** 운동 중 ATP 합성에 대한 증가된 필요성은 정기적인 신체 활동의 원동력이 된다. ATP 합성 용량이 증가하면, 심혈관 기능의 개선과 함께 휴식 시 심장박동 수, 혈압의 감소를 이끌 뿐만 아니라 지방의 저장도 절감된다. 모든 연령의 사람들이 훈련 효과를 누릴 수 있다.

### 정기적인 신체 활동은 세포의 예비 용량의 감소를 방지한다

우리는 노화를 느리게 할 수는 있지만 막을 수는 없는 생물학적 과정을 설명하는 정기적인 신체 활동에 대하여 살펴 보았다. 여러분이 본 것처럼, 과부화 시스템은 ATP를 합성할 수 있는 능력이 증가하고 심혈관 기능을 향상시키는 적응의 결과이며 체지방을 감소시킨다. 그리고 일부 질환에 대한 위험도를 감소시킨다. 다른 말로, 신체 활동의 정기적인 프로그램은 엔트로피가 증가함에 따라 시스템이 실패하는 속도를 느리게 한다. 즉, 그것은 노화의 속도를 감소시켰다. 이러한 이야기는 정기적인 신체 활동과 같은 중재가 어떻게 노화의 속도를 늦출 수 있는지에 대하여 간단한 설명을 해주는 것이다. 지금 우리의 주의를 왜 돌리는지: 신체 활동이 왜 노화 관련 기능 손실의 속도를 감소시키는지?

정기적인 신체 활동은 노화의 속도를 감소시킨다. 왜냐하면 신체 활동은 많은 생리학적 시스템에서 예약 용량을 보존하는 데 도움을 주기 때문이다. 예약 또는 여분의 능력은 사람이 질환, 사고 또는 환경적 개입과 같은 보통 수준의 기능을 초과하는 스트레스에 대한 보호 메커니즘을 제공함으로써 생식 연령까지 생존하는 것을 도와준다. 진화적 관점으로부터 가장 성공한 인류의 조상은 그들이 생식 연령에 도달할 수 있도록 대부분의 예비 용량을 가진 사람들이었다. 그러나 우리가 알고 있듯이 생식 연령에 도달한 후 예비 용량을 유지하는 것은 생식 이득이 없었을 것이다. 이 생식 연령에 도달하게 되면 예비 용량은 감소하기 시작한다.

생리학적 시스템의 예비 용량에서 감소의 속도는 많은 부분에서 개체가 생식 연령에 도달했을 때 나타나는 능력에 의해 결정되었다, 높은 예비 용량은 더 늦어진 노화 속도의 결과이다. 제9장에서 우리는 여성에 대한 폐경 전 골 미네랄의 예비 용량이 폐경 후 과잉 손실되는 것을 방지할 수 있는 방법에 대해 논의하였다. 그러나 많은 생물학적 시스템은 전 수명에 걸쳐 예비 용량을 증가시키는 능력을 유지한다. 증가된 예비 용량은 노화의 속도를 감소시킬 것이다.

신체 활동이 노화의 속도를 늦출 수 있는 방법을 설명하기 위해 인간의 체온 조절 시스템의 예비 용량에 대한 예를 살펴보자(사람에서 37°C). 일정한 내부 온도를 유지하는 능력은 생존 이점을 나타낸다. 내부 온도를 높이거나 낮추기 위한 환경 조건에 의존할 필요가 없다는 것은 인간이 지구상의 거의 모든 곳에서 살 수 있다는 것을 의미한다. 이는 충분한 식량을 확보한다는 측면에서 거대한 생식 이점이다. 인간은 생화학적 반응에서 생성된 열을 통해 일정한 내부 온도를 유지한다. 대사의 기본 수준에서 환경 온도 또는 주위 온도가 20°C와 25°C 사이에서 내부 온도를 유지하는 것은 충분하다. 내부 온도가 너무 낮거나 너무 높아지지 않도록 상온에서는 생리적 조절이 필요하다. 예를 들어, 만약 주변 온도가 35°C인 경우 신체의 열이 대기로 방출되도록 땀을 흘리거나 혈액의 물로 열을 전달하여 피부의 혈액 순환을 증가시켜 내부 온도를 유지한다. 땀은 증발 냉각 효과를 위해 피부에서 방출된다. 방열을 위한 이러한 메커니즘은 다수의 생리학적 시스템의 보존 용량에 의존하고 심박수가 증가하고 혈액량을 증가시킨다; 스트레스 호르몬은 내부 온도가 상승하는 것을 피부의 혈관계에 알리기 위해 분비된다; 더 많은 피부 모세혈관이 열리고 더 많은 혈관이 팽창한다. 추운 환경에서 내부 온도를 유지하는 것 또한 열을 보존하는 다양한 생물학적 시스템으로부터 반응이 요구된다. 체온 조절을 수행할 수 있는 능력은 예비 용량의 범위에 직접적으로 의존하고, 이 예비 용량은 생존을 위해 중요하다.

운동은 환경 문제를 방지하기 위해 내부 온도를 보호하는 예비 용량을 증가시킨다. 정기적인 신체 활동에 참여하는 사람은 근육 및 피부의 모세혈관 밀도, 사지의 혈류 속도, 심장박동 소리, 산화 대사 능력을 유지하거나 증가시킨다. 즉, 신체적으로 적합한 사람은 앉아 있는 사람보다 체온 조절에 대해 더 빠르고 효율적으로 반응할 수 있어야 한다. 많은 연구에서 정기적인 신체 활동에 참여하는 노인들이 좌식 환자보다 체온 조절에 대한 문제를 잘 방어하는 것으로 나타났다.

신체 활동의 정기적인 프로그램을 유지하는 것은 심혈관계의 예비 용량을 증가시키거나 유지하고 다양한 생리적 시스템에서 노화 속도를 늦추는 것으로 나타났다. 신체 활동 동안 발생하는 이러한 적응은 노화 속도를 늦추는 인간 능력의 기초가 되는 메커니즘을 조사하는 데 이용된다. 이러한 조사의 결과는 여전히 예비 단계이지만 노화 속도에 대한 분자적 충실도의 유지와 관련된 가설과 일치한다. 예를 들어, 근육 조직의 노화 관련 위축은 손상된 조직의 복구에 관여하는 유전자와 관련된 것으로 보인다. 이 유전자들은 젊은 근육에서와 같이 노화된 근육에서도 같은 정도로 밖에 발현되지 않는다. 노화된 근육 섬유는 손상된 단백질을 축적하는 것으로 보이며, 이는 다시 분자적 충실도를 감소시킨다. 그럼에도 불구하고 신체 활동은 분자적 충실도 유지와 노화 속도 사이의 관계를 조사하기에 적합한 모델을 제공할 수 있다.

## 미래를 위한 탐색: 노화와 수명 조절의 암시

노화생물학은 1990년대 후반 동안 중요한 전환을 시행하였다. 노화와 수명의 근본 원인이 밝혀지면서 노화를 정의하는 데 초점을 맞춘 관찰 연구에서 노화 속도가 느려지고 수명이 연장되는 방법에 대한 실험적 조사로 연구의 중심이 이동했다. 우리가 보았듯이, 저칼로리 식이와 신체 활동의 증가는 노화 속도를 느리게 하는 입증된 방법이지만 모든 사람이 그러한 전략을 채택하는 데 어려움이 있다. 이것은 노화를 지연시키는 데 적극적인 역할을 하도록 사람들을 설득하기보다는 수동적이며 의학적으로 중재된 알약, 유전자 치료법 등으로 중재하는 것이 필요하다는 것을 강하게 시사한다.

그러나 현재, 인간 노화를 느리게 하거나, 멈추게 하거나, 또는 반전시키는 의학적 개입을 지지하는 믿을 만한 과학적 증거는 없다. 반대로 어떠한 제안은 물건을 팔기 위해 오해할 만한 마케팅 기술 또는 현실의 비전을 상세히 설명하는 극단론자의 주장이다. 새로운 생명공학이 노화생물학 연구에 적용되는 노화 속도의 둔화 및 의료 개입을 통해 평균수명을 연장하는 것은 언젠가 먼 미래에 가능할 것이라는 큰 희망을 제공한다. 현재의 수명에 몇 년이나 추가될 것인지는 사람의 추측이지만 평균수명이 10년, 11년, 12년째에 걸쳐 노화생물학자 및 인구 통계에 의해 예측되곤 한다.

생명공학 혁명에서 예상되는 증가된 수명과 연장된 젊음은 인류를 미지의 영역으로 데리고 갈 것이고, 미지의 영역은 사회의 기본 구조를 근본적으로 변화시킬 것이다. 역사상 최초로 사회는 전통적으로 기반을 둔 사회에서의 젊은이들의 가망성을 뛰어넘는 집단의 욕구와 결핍, 필요를 잘 충족시켜야 한다. 이 새로운 사회의 질서에 결과는 예측할 수 없다. 그러나 우리 사회의 새로운 질서의 결과에 대한 대화가 적어도 시작되었다. 여기서 우리는 생명윤리학자, 사회학자, 생물학자 및 기타 전문가들이 새로운 사회에 대해 무엇을 말하고 있는지에 대한 대화를 간단히 살펴볼 것이다. 우리는 주로 사람의 더 긴 수명이 문화와 사회 구조에 어떤 의미를 갖는지에 대해 초점을 맞추고 있다.

여기에 있는 목적은 이 중요한 논의에 들어가기 위한 참고 자료를 제공하는 것이지 사회가 어떻게 될지에 대한 답변을 제공하는 것이 아니다. 이 책의 첫 번째 장에서 처음 읽은 내용을 상기해 보라: "건강 증진과 삶을 확장하는 노화생물학 연구는 특정 세대의 치료법이 얼마나 성공적이었던 간에 노화가 발생한다는 사실과 조화를 이루어야 한다." 노화생물학자들은 특정 분야의 전문가일 뿐만 아니라 고령 인구의 건강 증진과 복지 향상에 따른 심리적, 사회적 및 경제적 결과에 대한 적극적인 참여자가 되어야 한다.

## 연장된 젊음과 축소된 사망률은 미래에 노화를 특성화시킬 것이다

긴 수명과 그 결과에 대한 탐구는 문명만큼이나 오래되었다. 그리스 신화 쿠마에의 무녀가 그녀의 순결에 대한 대가로 하나의 소원을 허락한 신 아폴로에 대해 알려준다. 그녀는 영생을 바랬다. 그러나 무녀는 그녀의 소원에 영원한 젊음을 포함시켜야 한다는 것을 잊었고 그로 인해 영원히 늙음의 장애를 안고 살았다. 고대 그리스의 신화는 대부분의 사람들이 건강이 좋지 않으면 긴 수명을 받아들이는 것을 꺼려 한다는 사실을 상기시켜 준다. 확실히 연장된 삶은 연장된 젊음과 더불어서 비교적 좋은 건강이 노년까지 가야 한다.

몇몇은 수명 연장이 고무 밴드의 스트레칭과 유사할 것이라고 예측하였다. 즉, 생물학적 수명의 모든 기간은 연장되고 삶의 끝에 앞서 종종 증가된 사망률의 기간도 포함한 것이다. 노화의 미래에 초점을 맞춘 대부분의 노화생물학자들은 이 고무 밴드 비유에 동의하지 않는다. 오히려 그들은 삶의 끝 또는 증가된 질환 유병률은 최대로, 몇 달 동안 지속될 것이라고 예측한다.—현재와 같거나 가능성이 훨씬 더 짧은 시간이다.—따라서 노화와 관련된 질환 유병률을 경험한 수명의 비율은 감소하는데, 이는 **질환 유병률의 압박(compression of morbidity)**으로 알려진 현상이다.

연장된 젊음의 약속과 질환 유병률의 압박에 대한 우리의 논의는 건강과 사회보장시스템에 과부하가 걸린 경제적 재앙에 대한 우려를 상당 부분 제거함으로써 고령화 사회의 윤리적 및 문화적 문제에 더 초점을 맞출 수 있다. 건강 관리에 대한 총지출은 장시간에 걸쳐 증가할 것으로 예상된다(일부 병을 치료하면 비용이 많이 드는 진단 및 치료 절차에 대한 지출이 줄어들 것이라고 제안되기도 한다). 그러나 의료 비용의 상승은 가장 오래된 부분의 건강 상태가 아니라 노령 집단의 규모가 커짐에 따라서 전반적인 인구의 증가로 인한 것이다. 그 문제는 오늘날 건강 관리 비용을 다루는 최선의 방법에 대한 정치적 논쟁이 되고 있다. 이와 유사한 고려 사항은 참여 정책(BOX 7.1에 명시된 바와 같이)이 변경되지 않을 경우 발생할 수 있는 미국 사회보장제도의 파산이다. 다시 말하자면, 이것은 정치적인 문제이며, 사회, 특히 민

주주의 사회는 시간이 지남에 따라 이러한 문제가 모든 사람에게 만족스럽지 않거나 고통을 주지 않고 해결될 수 있음을 보여주었다.

### 긴 삶은 진취적인 사회와 개인의 성취에 대한 우리의 인식을 수정할 수 있다

많은 사람들은 장수의 전망과 낙천주의를 가진 젊음을 보고 그것을 새로운 기회의 가능성으로 본다. 더 긴 수명에 대한 기대, 개인이 보다 조심스러운 우선 순위의 목표를 요구하는 더 짧은 삶에 도달하지 못하는 프로젝트 또는 새로운 벤처에 참여할 가능성이 더 크다. 실수는 단순히 개인이 자신의 성격과 포부에 더 밀접하게 새로운 직업을 선택하도록 장려할 수 있다. 그러한 움직임은 만약 30~40년 더 살기를 원한다면 70~80세에 쉽게 수행될 수 있다. 120년의 건강한 삶을 기대하는 젊은이가 위험한 직업과 활동을 기꺼이 시도하는 것을 의미할 수 있으며, 같은 벤처 기업으로 다시 시도하거나 새로운 사업을 시작할 시간이 있음을 알 수 있다. 위험은 발견과 발전의 초석이 되기 때문에 사회는 여기에 수혜자가 될 것이다.

다른 생명윤리학자들은 건강한 장수가 개인적 업적을 의미할 수도 있다는 사실에 대해 더 비관적인 관점을 취한다. 연장된 젊음은 긴박감을 없애고 목표와 열망에 대한 헌신이 줄어들 수 있다고 이론화한다. "재실행" 기회가 있다는 것을 알고 있다면 특정 벤처 기업에 전적으로 헌신할 의향이 적다. 그리고 다시 하는 것은 삶의 방법이 될 수 있다. 우리가 오늘날 알고 있는 목표, 열망, 그리고 개인적 성취의 가치가 단순히 그들의 의미를 잃어버리게 할 수도 있다. 역사적으로도 사례가 있듯이 진보적인 사회보다는 현재의 사회를 유지하는 것을 이끌 수도 있다.

### 연장된 수명은 종의 재생에 대한 우리의 책임을 변화시킬 수 있다

연장된 수명으로 인해 종의 재생에 대한 개인의 책임 의식이 깨질 수 있다. 이 입장의 지지자들은 20세기의 수명 증가가 출생률의 감소와 늦게 생식을 시작하는 경향을 동반한다는 사실을 지적한다. 아이를 갖는 데 대한 절박감은 기다릴 수 있는 충분한 시간이 있어, 후에 보다 안정적인 가족 생활을 즐길 수 있다는 생각으로 바뀌고 있다; 젊음은 "좋은 삶"을 사는 데 소비되어야 한다. 그러나 많은 부부는 아이에 대한 책임이 없는 "좋은 삶"을 포기하기가 너무 어렵기 때문에 전혀 재현하지 못한다는 사실을 알게 되었다. 게다가 생식을 지연시키는 사람들은 나중에 그들의 생식기의 수명이 다가올 때 아이가 생길 것이라는 의지는 있지만 생식 기관의 생리학이 협력하지 않는다는 것을 알 수 있다. 또한 여성의 경우 35세 이후의 출산은 선천적 결함을 지닌 아이를 가질 위험이 너무 커질 수 있다. 출생률의 감소는 생물학을 반영한다.

다른 사람들은 출생률이 수명과 관련이 없다고 생각한다. 오히려 출산율은 농업 사회에서 산업 사회로의 전환과 함께 나타나는 경제적 번영과 관련이 있고, 연장된 수명은 단순히 산업 사회의 많은 긍정적인 결과 중 하나이다. 20세기 초반의 모든 사회와 마찬가지로 농촌 사회에서 아이들은 토양에서 노동을 위해 인력을 제공함으로써 가족의 부가 가치를 부여하기 때문에 자산으로 간주된다. 산업 사회의 아이들은 가족 자원을 필요로 하는 부양 가족이다. 역사적으로 농경 사회는 생식의 시기에 도달하기 전까지 자녀 4명

중 1명 꼴로 사망할 것으로 예상되었기에 부부는 종종 노동 손실을 막기 위해 자녀를 많이 가졌다. 오늘날 선진국에서는 질환이나 사고로 아이를 잃는 부모는 드물다. 종합해 보면 산업 사회에서의 삶은 아이들이 건강을 얻게 되었고 부모들은 더 적은 아이들을 갖게 됨을 의미한다.

21세기의 출산율 감소는 단순히 종을 재생하려는 욕구가 줄어들지 않고 환경적으로 안정된 환경에서 살고 있는 인구의 자연적 진화를 단순히 반영할 수 있다. 제3장에서 배운 바와 같이, 출생 횟수는 환경적으로 안정한 환경 조건에서 살고 있는 인구에서 현저하게 적었다. 대부분 경제적으로 발전한 국가들은 충분한 음식, 집, 옷, 건강 그리고 다른 기초적인 것들, 즉 안정된 환경에 의해 특징지어진다. 환경적 위험 때문에 가족 구성원의 미래에 대한 손실의 보장으로서 가족이 아이들을 더 추가할 필요가 없는 것이다. 사회가 안정해질수록 출생률은 사망률에 가까워진다**(그림 10.10)**. 인구의 안정성은 젊음과 장수가 안정됨에 따라 계속된다.

개인에게 연장된 젊음과 수명에서 생식 능력의 문제는 또한 논란이 많다. 이 책을 통해서 배워 왔듯이, 생식과 장수는 밀접하게 관련되어 있다. 장수에서 변화는 암묵적으로 생식 능력과 생식 수명의 변화이다. 성장 동안 삶의 초기에 일어나는 개입의 결과가 연장된 젊음과 긴 수명으로 주어질 가능성이 높다(제3장, 제5장 참고). 또한, 출산 결함 및 출생 결함에 대한 해결책은 수명 연장 방법보다는 훨씬 더 적극적으로 조사되고 있다. 하나는 건강의 다른 영역에서 적어도 평행 발전에 생식 의학의 발전을 기대할 수 있다.

## 낮은 출생률과 연장된 수명은 현재의 수명주기에 영향을 줄 수 있다

가족과 사회의 구조는 각 세대가 잘 정의된 역할을 수행할 것으로 기대되는 생활 주기를 중심으로 설정된다. 대부분의 역사와 현대 사회에서 가족의 생활주기에는 3세대가 포함되어 있다: 자녀, 부모, 조부모. 새로운 세대인 아이는 상대적으로 젊은 부모에 의해 성인으로 길러진다.

부모는 기본 보호자로 이 새로운 세대에게 독립적인 성인 생활에 필요한 기본적인 도구를 가르칠 것으로 예상된다. 조부모는 종종 아이의 보살핌에 덜 연관되어 있어, 손자의 요구, 보모 제공 등을 지원하는 역할을 한다. 조부

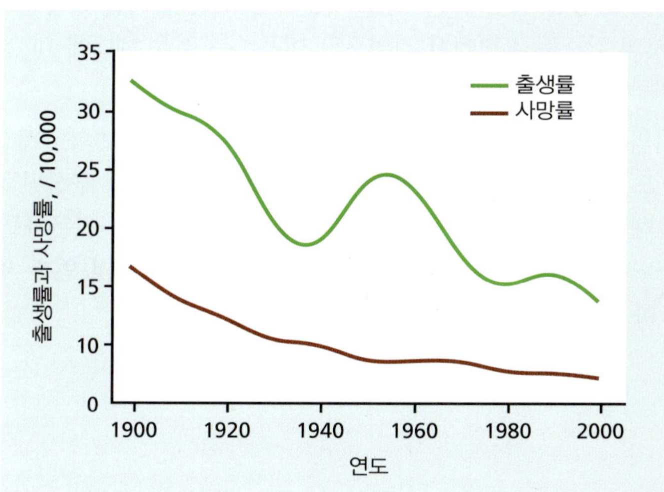


**그림 10.10 1900~2000년 사이에 미국에서의 출생률과 사망률.** (Department of Health and Human Services, National Center for Health Statistics, *Natl Vital Stat*. Rep. 54(20), Aug. 21, 2007의 자료. U.S. National Center for Health Statistics, U.S. Public Health Service, Vital Statistics of the United States, Vols, I and II, 1971-2000에서 작성)

모의 가족에서 중요한 역할은 그들의 아이이자 새로운 세대의 부모에게 일생의 경험의 지혜를 전달해 주는 것이다. 이 3세대의 생활주기의 지식과 지혜의 전달 경로는 조부모에서 부모로, 부모에서 아이들로 그 가족의 전통이 변경없이 전달되는 만큼 짧다. 가족 구성원은 그들의 정체성을 얻고 가족에서 소속감을 느낀다.

가족의 3세대 구조는 각 세대가 특별한 역할을 하는 일반적으로 사회를 위한 은유로 사용될 수 있다. 아이들의 새로운 세대는 사회의 생산적인 시민들의 역할(부모 자식과 비슷한)과 비슷하게 제공된 교육과 훈련 시스템에 참여할 것으로 예상된다. 훈련에서 일로 전환하고 성인 사회 구성원으로 포함시키기 위해 개인은 사다리의 바닥에서 자리를 잡고 "세상의 방식"을 배워야 한다. 가족 구조에서 조부모의 역할과 같이 사다리의 상단은 이전 세대에게 방식 자체를 경험한 사람들에게 방법을 배운다. 사회의 3세대 구조는 또한 개인에게 긍정적인 방향으로 사회를 발전시키고 앞으로 나아갈 인센티브를 제공한다. 우리는 초기에 학교에서 성공이 집단에서 힘과 권력 권위를 이끄는 좋은 직장으로 이끌어 준다고 배웠다.

가족 및 사회에서의 3세대 수명주기는 60~80년 수명을 기초로 만들어졌다. 이 모델에서 아이는 부모가 되고, 부모가 조부모가 되는 것을 예상할 수 있다. 예상된 질서 있는 진행은 조부모 또는 기성 세대가 "최고"에서 방을 떠나 사망이나 허약에 의해 제거되기 때문이다. 그러나 연장된 젊음과 연장된 삶이 죽음과 허약을 지연시키면서 가족과 사회의 최상층에 있는 "지혜"의 위치가 압도된다면 어떨까? 예를 들어, 평균수명이 120년인 세계에서 가족 구조를 상상해보라. 오늘날의 가족, 자녀, 부모 및 조부모는 건강하고 활동적인 증조부모, 고조부모, 그리고 위대한 고고조부모를 포함하는 가족에게 지혜를 내어줄 것이다. 따라서 가족에서 지혜의 위치는 4명의 조부모에서 32명의 고고조부모들로 커질 수 있다. 가족 전통과 정체성의 성공은 3세대 보다 약해질 수 있다. 가족의 정체성을 잃어버리는 것이 개인의 과거와 삶에서 그들 장소에 대한 개인의 관점을 변화시키는 연결이 약해지는 것을 초래할 수 있다고 제안한다.

출생과 사망의 속도가 평행(그림 10.10 참고)하다는 경향은 의심의 여지없이 사회에서 거대하고 건강한 고령 인구 규모가 침체되고 경제 성장이 부진해지고, 직업 창출이 늦어질 것이다. 게다가 고령 인구의 연장된 건강과 젊음은 몇몇 최상위 직업 또는 연금 수급자의 수가 줄어들게 할 것이며, 상위 직업에서의 감소는 훈련에서 직업으로 이동하는 젊은 세대에 대한 직업의 부족과 그들의 진보에 대한 방법이 느려짐을 의미한다.

우리의 성공을 이끄는 열심히 일하는 것의 개념이 변화하게 될 것이다. 이러한 모든 것을 종합해 볼 때 우리는 사회의 생산적인 구성원들이 어떻게 기여를 해야 하는지 다시 정의해 볼 필요가 있다. 많은 전문가들은 이러한 재정을 느리게 만들고 이 새로운 경제 구조와 타협하는 첫 번째 세대가 많은 희생을 하게 될 것이라고 주장한다.

## 노화생물학의 미래

우리는 건강한 삶의 평균수명이 세기의 상징으로 확장되는 사회에서 개인이 마주칠 수 있는 것에 관한 낙관적이고 비관적인 견해를 제시했다. 낙관론자들은 죽음의 더 먼 현실의 시급함과 시간 제약 없이 새로운 가능성을 탐색할 수 있는 훨씬 더 자유로운 기회를 제공하는 좋은 기회의 사회로 보는 경향이 있다. 예술, 과학, 의학 및 기타 분야에서의 보다 큰 탐사와 실험은 궁극적으로 인간 지식의 확장으로 이어져 인간 진보를 가속화하게 할 것이다. 모든 인류가 혜택을 누릴 것이다. 비관론자들은 그리 멀지 않은 삶의 끝에서 비롯되는 긴박감이 개인이 자신의 마음과 영혼을 자신의 일이나 야망에 넣어야 할 필요성을 느끼는 강력한 힘이라고 제안한다. 그것은 사회 발전의 역설을 의미한다. 긴 수명은 긴급성을 제거하고 더 많은 진보보다는 더 적은 진보를 이끌 것이다.

사회가 어떻게 될지 아무도 확실하게 말할 수 없다. 물론 우리의 관점은 여기에 없다. 오히려 우리의 희망은 당신이 예상하거나 경험하지 않은 관점에 대한 더 큰 감사를 얻을 것이다. 우리들 대부분은 인간 노화 속도를 느리게 하는 현재의 압박에 대한 수용 가능한 대안이 되지 않을 것이고, 어떻게 노화를 늦추는지에 대한 연구를 중단하거나 제거하는 아이디어를 주지 않을 것이다. 만약 우리가 비관적인 전망을 가지고 있다면 우리는 반드시 노화 지연에 대한 연구가 사회에 얼마나 가치가 있는지 고려해야 할 것이다. 우리는 이미 인류의 더 많은 가치를 갖는 수명에서 사망률을 압축하고 질환을 치료하는 연구를 도입하고 있다.

그러나 현실은 노화의 둔화에 대한 연구가 중요성의 감소보다는 증가할 것이다. 질환과 노년의 만성질환으로 인한 고통은 단 몇 개월 만에 치료법이 발견되더라도 대부분의 사람에게는 혐오스럽다. 인간의 평균수명은 계속해서 증가할 것이고, 노령 인구의 건강도 향상될 것이다. 수명의 연장과 건강의 증가는 우리 사회에 새롭고 어려운 도전을 가지고 올 것이다. 개인에 대한 모든 부작용은 최소로 유지하고 우리가 살아있고 이 논의를 유지하고 모든 의견을 위한 공간을 허용하는 경우 훨씬 극적일 수 있다. 노화생물학의 과학은 이 논의에서 중요한 역할을 하고 있다.

## 필수 개념

- 열역학의 법칙은 보편적이며 변경될 수 없기 때문에 노화는 변화할 수 없다.
- 노화가 변화될 수는 없지만, 노화의 속도는 변할 수 있다. 노화의 속도를 조절하기 위해 노화생물학자들은 “왜 우리가 죽는가?”보다는 “왜 우리가 살아야 하는가?”라고 묻기 시작해야 한다.
- 유전체학의 접근 방식은 열역학 제2법칙에 가장 취약한 유전자를 확인하는 데 필요하다.
- 영양 실조 없는 칼로리 제한은 검증된 모든 비유전자 변형종의 평균수명

과 최대 수명을 확장시킨다.

- 비타민과 미네랄 함량을 증가시키기 위해 다량 영양소 조성을 변경하는 것은 칼로리 제한 동물의 수명에 거의 영향을 미치지 않는다.
- 노화생물학자들은 칼로리 제한을 통한 수명 연장의 기본 메커니즘을 조사하기 위해 효모, 벌레, 파리와 같은 간단한 생물체를 사용하였다.
- 예비 결과에 따르면, 자유식의 30%로 칼로리 제한을 받은 원숭이는 자유식을 한 원숭이보다 평균수명이 약간 더 길다. 최대 수명은 다를 수 있다. 잠재적인 차이는 다른 종에서 관찰된 것과 비교하여 작다.
- 칼로리 제한 원숭이의 노화 관련 질환은 자유식을 한 동물보다 적은 비율을 갖고 있다.
- 사람에게 효과적인 칼로리 제한은 알려지지 않았고 논쟁거리이다.
- 신체 활동을 통해 달성한 노화 관련 질환의 위험 감소는 평균수명 증가의 가능성을 가진다; 운동은 최대 수명을 증가시키지 않는다.
- 노화 속도를 늦추는 신체 활동의 주된 효과는 예비 용량을 증가시키는 것이다.
- 미래의 고령화는 연장된 젊음과 사망률을 특징으로 한다.
- 연장된 젊음과 사망률의 압축은 개인의 업적, 종 갱신의 중요성, 가족과 사회의 세대 구조에 대한 우리의 개념의 문제이다.

## 토의 질문

**Q10.1** 열역학 제2법칙은 생물학적 시스템에 지속적으로 무작위로 작동한다. 제2법칙의 성질이 노화의 변화를 방지하는 이유를 설명하라.

**Q10.2** 일부 사람들은 지난 100년 동안 관찰된 평균수명이 노화에 대한 성공적인 개입을 반영한다는 것을 제시한다. 이것이 올바른가? 왜 그러한지 또는 왜 아닌지에 대해 토론하라.

**Q10.3** 칼로리 제한을 통한 수명 연장이 다른 영양소의 제한(또는 보충)보다는 칼로리 감소를 반영한다는 증거를 나열하라.

**Q10.4** 비인간 영장류와 인간의 예를 사용하여 칼로리 제한이 다른 종처럼 인간에게 효과적이지 않을 수 있는 이유를 설명하라.

**Q10.5** 편안하게 이야기할 수 있는 강도로 운동을 하면 왜 ATP 합성을 위해 지방산보다 많은 포도당을 사용하게 되는지 설명하라.

**Q10.6** 정기적인 신체 활동 프로그램은 심박수와 혈압을 낮추고 적혈구 수를 증가시킨다. 왜 그런가?

**Q10.7** 노화 속도와 예비 용량 사이의 관계에 대해 토론하라. 정기적인 신체 활동으로 예비 용량이 얼마나 증가하는지 설명하라.

**Q10.8** 농촌 사회에서 산업 사회로의 전환이 어떻게 출산율 저하를 유발하였는지 토론하라. 인구 생물학의 개념이 어떻게 출산율 저하를 설명하는 데 도움이 되는지를 포함하라.

**Q10.9** 가족 세대 구조에 증조부모를 추가하면 가족 내에서 사람의 정체성이 어떻게 달라질 수 있는가?

**Q10.10** 우리 사회가 미래에 어떤 모습으로 보일지에 대한 현재의 정보를 기초로 할 때, 당신은 상당히 긴 수명을 원하는가? 그 이유는 무엇인가?

# 추가 참고문헌

## 생물학적 노화 조절

Hayfl ick L (2007) Entropy explains aging, genetic determinism explains longevity, and undefi ned terminology explains misunderstanding both. *PLoS Genet* 3:e220.

Hayfl ick L (2007) Biological aging is no longer an unsolved problem. *Ann N Y Acad Sci* 1100:1–13.

Lambert FL (2007) A student's approach to the second law and entropy. http//entropysite.oxy.edu/students_approach.html.

Mitteldorf J (2010) Aging is not a process of wear and tear. *Rejuvenation Res* 13:322–326.

Toussaint O, Raes M & Remacle J (1991) Aging as a multi-step process characterized by a lowering of entropy production

leading the cell to a sequence of defi ned stages. *Mech Ageing Dev* 61:45–64.

## 수명 조절: 칼로리 제한

Colman RJ, Anderson RM, Johnson SC et al (2009) Caloric restriction delays disease onset and mortality in rhesus monkeys. *Science* 325:201–204.

Guarente L (2005) Calorie restriction and SIR2 genes—towards a mechanism. *Mech Ageing Dev* 126:923–928.

Klass MR (1977) Aging in the nematode Caenorhabditis elegans: major biological and environmental factors infl uencing lifespan. *Mech Ageing Dev* 6:413–429.

Masoro EJ (2005) Overview of caloric restriction and ageing. *Mech Ageing Dev* 126:913–922.

Mattison JA, Black A, Huck J et al (2005) Age-related decline in caloric intake and motivation for food in rhesus monkeys. *Neurobiol Aging* 26:1117–1127.

McCay CM, Crowell MF & Maynard LA (1935) The effect of retarded growth upon the length of lifespan and upon the ultimate body size. *J Nutr* 10:63–79.

Rochon J, Bales CW, Ravussin E et al (2011) Design and conduct of the CALERIE study: Comprehensive Assessment of the Long-term Effects of Reducing Intake of Energy. *J Gerontol A Biol Sci Med Sci* 66:97–108.

Rogina B, Helfand SL & Frankel S (2002) Longevity regulation by Drosophila Rpd3 deacetylase and caloric restriction. *Science* 298:1745.

Weindruch R & Walford RL (1982) Dietary restriction in mice beginning at 1 year of age: effect on lifespan and spontaneous cancer incidence. *Science* 215:1415–1418.

Weindruch R, Walford RL, Fligiel S & Guthrie D (1986) The retardation of aging in mice by dietary restriction: longevity, cancer, immunity and lifetime energy intake. *J Nutr* 116:641–654.

Yu BP, Masoro EJ, Murata I et al (1982) Lifespan study of SPF Fischer 344 male rats fed ad libitum or restricted diets: longevity, growth, lean body mass and disease. *J Gerontol* 37:130–141.

## 노화의 속도 조절: 신체적 활성

Brooks GA, Fahey TD & Baldwin KM (2005) Exercise Physiology: Human Bioenergetics and Its Applications, 4th ed. Boston: McGraw Hill.

Goldspink DF (2005) Ageing and activity: their effects on the functional reserve capacities of the heart and vascular smooth and skeletal muscles. *Ergonomics* 48:1334–1351.

Holloszy JO, Smith EK, Vining M & Adams S (1985) Effect of voluntary exercise on longevity of rats. *J Appl Physiol* 59:826–831.

Paffenbarger RS Jr, Hyde RT, Wing AL & Hsieh CC (1986) Physical activity, all-cause mortality, and longevity of college alumni. *N Engl J Med* 314:605–613.

## 미래를 내다 보며: 노화와 수명 조절의 의미

Benecke M (2002) The Dream of Eternal Life: Biomedicine, Aging and Immortality. New York: Columbia University Press. Chen NN (2009) Food, Medicine, and the Quest for Good Health: Nutrition, Medicine, and Culture. New York: Columbia University Press.

Lesnoff-Caravaglia G ed (1987) Realistic Expectations for Long Life. New York: Human Sciences Press.

President's Council on Bioethics (2003) Beyond Therapy: Biotechnology and the Pursuit of Happiness. Washington, DC: Government Printing Offi ce.

Solomon LD (2006) The Quest for Human Longevity: Science, Business, and Public Policy. New Brunswick, NJ: Transaction Publishers.

# National Vital Statistics Reports

Volume 58, Number 21 June 28, 2010


# United States Life Tables, 2006

The data in the second panel of Table II in the Technical Notes have been corrected.

by Elizabeth Arias, Ph.D., Division of Vital Statistics


## Abstract

*Objectives*—This report presents complete period life tables by age, race, and sex for the United States based on age-specific death rates in 2006.

*Methods*—Data used to prepare the 2006 life tables are 2006 final mortality statistics, July 1, 2006 population estimates based on the 2000 decennial census, and 2006 Medicare data for ages 66–100. The 2006 life tables were estimated using a recently revised methodology first applied to the final annual U.S. life tables series with the 2005 edition (1). For comparability, all life tables for the years 2000–2004 were reestimated using the revised methodology and were published in an appendix of the United States Life Tables, 2005 report (1). These revised tables replace all previously published life tables for years 2000–2004.

*Results*—In 2006, the overall expectation of life at birth was 77.7 years, representing an increase of 0.3 years from life expectancy in 2005. From 2005 to 2006, life expectancy at birth increased for all groups considered. It increased for males (from 74.9 to 75.1) and females (from 79.9 to 80.2), the white (from 77.9 to 78.2) and black populations (from 72.8 to 73.2), black males (from 69.3 to 69.7) and females (from 76.1 to 76.5), and white males (from 75.4 to 75.7) and females (from 80.4 to 80.6).


**Keywords:** life expectancy • survival • death rates • race

## Introduction

There are two types of life tables—the cohort (or generation) and the period (or current). The cohort life table presents the mortality experience of a particular birth cohort, all persons born in the year 1900, for example, from the moment of birth through consecutive ages in successive calendar years. Based on age-specific death rates observed through consecutive calendar years, the cohort life table reflects the mortality experience of an actual cohort from birth until no lives remain in the group. To prepare a single complete cohort life table requires data over many years. It is usually not feasible to construct cohort life tables entirely on the basis of observed data for real cohorts due to data unavailability or incompleteness (2). For example, a life table representation of the mortality experience of a cohort of persons born in 1970 would require the use of data projection techniques to estimate deaths into the future (3,4).

Unlike the cohort life table, the period life table does not represent the mortality experience of an actual birth cohort. Rather, the period life table presents what would happen to a hypothetical (or synthetic) cohort if it experienced throughout its entire life the mortality conditions of a particular time period. Thus, for example, a period life table for 2006 assumes a hypothetical cohort subject throughout its lifetime to the age-specific death rates prevailing for the actual population in 2006. The period life table may thus be characterized as rendering a "snapshot" of current mortality experience, and shows the long-range implications of a set of age-specific death rates that prevailed in a given year. In this report the term "life table" refers only to the period life table and not to the cohort life table.

## Data and Methods

The data used to prepare the U.S. life tables for 2006 are final numbers of deaths for the year 2006, postcensal population estimates for the year 2006, and age-specific death and population counts for Medicare beneficiaries aged 66–100 for the year 2006 from the Centers for Medicare & Medicaid Services.

The populations used to estimate the life tables shown in this report were produced under a collaborative agreement with the U.S. Census Bureau and are consistent with the postcensal estimates of the 2000 census. Reflecting the guidelines issued in 1997 by the Office of Management and Budget (OMB), the 2000 census included an option for individuals to report more than one race as appropriate for themselves and household members (5). The 1997 OMB guidelines also provided for the reporting of Asian persons separately from Native Hawaiian or other Pacific Islander persons. Under the prior OMB standards (issued in 1977), data for Asian or Pacific Islander persons were collected as a single group (6). Beginning with deaths occurring in 2003, some states implemented multiple-race categories on the death certificate. Approximately one-half of the states continue to collect only one race for the decedent in the same categories as

U.S. DEPARTMENT OF HEALTH AND HUMAN SERVICES
Centers for Disease Control and Prevention
National Center for Health Statistics
National Vital Statistics System

specified in the 1977 OMB guidelines (death certificate data do not report Asian persons separately from Native Hawaiian or other Pacific Islander persons). Death certificate data by race for these states (the numerators for death rates) are thus currently incompatible with the population data collected in the 2000 census (the denominators for the rates). To produce death rates for 2006 it was necessary to "bridge" the reported population data for multiple-race persons back to single-race categories. In addition, the 2000 census counts were modified to be consistent with the 1977 OMB race categories, that is, to report the data for Asian persons and Native Hawaiian or other Pacific Islander persons as a combined category, Asian or Pacific Islander, and to reflect age as of the census reference date (7). The procedures used to produce the "bridged" populations are described in a separate publication (8). Multiple-race data for those states that implemented the 1997 OMB guidelines are bridged back to single-race categories. Once all states are collecting data on race according to the 1997 OMB guidelines, it is expected that use of the bridged populations will be discontinued.

Readers should keep in mind that the population data used to compile death rates by race are based on special estimation procedures. They are not true counts. This is the case even for the 2000 populations that are based on the 2000 census. The estimation procedures used to develop these populations contain some errors (8). Over the next several years, additional information will be incorporated in the estimation procedures, possibly resulting in further revisions of the population estimates (see the "Technical Notes" section).

Data from the Medicare program are used to supplement vital statistics and census data for ages 66 years and over. Death rates based on Medicare data for the oldest ages are considered to be more accurate than death rates based solely on vital and census data because beneficiaries must prove their date of birth in order to qualify for benefits while there is no such requirement in the census form question about a respondent's age. The prevalence of age misreporting at the oldest ages in census data has been found to be significant enough to lead to underestimated death rates at the oldest ages (see the "Technical Notes" section).

Life tables can be classified in two ways according to the length of the age interval in which data are presented. A complete life table contains data for every year of age. An abridged life table typically contains data by 5- or 10-year age intervals. A complete life table, of course, can be easily aggregated into 5- or 10-year age groups (see the "Technical Notes" section for instructions on how to do this). Other than the decennial life tables, U.S. life tables based on data prior to 1997 are abridged life tables constructed by reference to a standard table (9). The 2006 U.S. life tables are complete life tables calculated using a revised method that blends vital statistics and Medicare data at ages 66–100 (1). See the "Technical Notes" section for more information on the method used to construct the life tables in this report.

*Expectation of life*—The most frequently used life table statistic is life expectancy ($e_x$), which is the average number of years of life remaining for persons who have attained a given age ($x$). Life expectancy and other life table values for each age in 2006 are shown for the total population and by race and sex in Tables 1–9. Life expectancy is summarized by age, race, and sex in Table A.

Life expectancy at birth ($e_0$) for 2006 for the total population was 77.7 years. This represents the average number of years that the members of the hypothetical life table cohort may expect to live at the time of birth (Table A).

*Survivors to specified ages*— Another way of assessing the longevity of the synthetic life table cohort is by determining the proportion who survive to specified ages. The $l_x$ column of the life table provides the data for computing the proportion. Table B summarizes the number of survivors by age, race, and sex. To illustrate, 54,201 persons out of the original 2006 synthetic life table cohort of 100,000 (or 54.2 percent) were alive at exact age 80. In other words, the probability that a person will survive from birth to age 80, given 2006 age-specific mortality, is

**Table A. Expectation of life, by age, race, and sex: United States, 2006**

| Age | All races | | | White | | | Black | | |
|---|---|---|---|---|---|---|---|---|---|
| | Total | Male | Female | Total | Male | Female | Total | Male | Female |
| 0 | 77.7 | 75.1 | 80.2 | 78.2 | 75.7 | 80.6 | 73.2 | 69.7 | 76.5 |
| 1 | 77.2 | 74.7 | 79.7 | 77.6 | 75.1 | 80.0 | 73.2 | 69.7 | 76.5 |
| 5 | 73.3 | 70.8 | 75.8 | 73.7 | 71.2 | 76.1 | 69.4 | 65.8 | 72.6 |
| 10 | 68.4 | 65.8 | 70.8 | 68.7 | 66.3 | 71.1 | 64.4 | 60.9 | 67.7 |
| 15 | 63.4 | 60.9 | 65.9 | 63.8 | 61.3 | 66.1 | 59.5 | 56.0 | 62.7 |
| 20 | 58.6 | 56.1 | 61.0 | 59.0 | 56.6 | 61.3 | 54.7 | 51.3 | 57.8 |
| 25 | 53.9 | 51.5 | 56.1 | 54.2 | 51.9 | 56.4 | 50.1 | 46.8 | 53.0 |
| 30 | 49.2 | 46.9 | 51.3 | 49.5 | 47.3 | 51.5 | 45.5 | 42.4 | 48.2 |
| 35 | 44.4 | 42.2 | 46.4 | 44.7 | 42.6 | 46.7 | 40.9 | 37.9 | 43.5 |
| 40 | 39.7 | 37.6 | 41.7 | 40.0 | 37.9 | 41.9 | 36.4 | 33.5 | 38.9 |
| 45 | 35.2 | 33.1 | 37.0 | 35.4 | 33.4 | 37.2 | 32.0 | 29.2 | 34.5 |
| 50 | 30.7 | 28.8 | 32.5 | 30.9 | 29.0 | 32.6 | 27.9 | 25.2 | 30.2 |
| 55 | 26.5 | 24.7 | 28.0 | 26.6 | 24.9 | 28.2 | 24.1 | 21.6 | 26.1 |
| 60 | 22.4 | 20.7 | 23.8 | 22.5 | 20.9 | 23.8 | 20.4 | 18.2 | 22.2 |
| 65 | 18.5 | 17.0 | 19.7 | 18.6 | 17.1 | 19.8 | 17.1 | 15.1 | 18.6 |
| 70 | 14.9 | 13.6 | 15.9 | 14.9 | 13.6 | 15.9 | 13.9 | 12.3 | 15.1 |
| 75 | 11.6 | 10.4 | 12.3 | 11.5 | 10.5 | 12.3 | 11.1 | 9.8 | 12.0 |
| 80 | 8.7 | 7.8 | 9.3 | 8.7 | 7.8 | 9.3 | 8.7 | 7.7 | 9.3 |
| 85 | 6.4 | 5.7 | 6.8 | 6.3 | 5.7 | 6.7 | 6.7 | 5.9 | 7.1 |
| 90 | 4.6 | 4.1 | 4.8 | 4.5 | 4.0 | 4.7 | 5.1 | 4.5 | 5.3 |
| 95 | 3.2 | 2.9 | 3.3 | 3.2 | 2.8 | 3.3 | 3.8 | 3.5 | 3.9 |
| 100 | 2.3 | 2.0 | 2.3 | 2.2 | 2.0 | 2.2 | 2.8 | 2.6 | 2.8 |

**Table B. Number of survivors by age, out of 100,000 born alive, by race and sex: United States, 2006**

| Age | All races | | | White | | | Black | | |
|---|---|---|---|---|---|---|---|---|---|
| | Total | Male | Female | Total | Male | Female | Total | Male | Female |
| 0 | 100,000 | 100,000 | 100,000 | 100,000 | 100,000 | 100,000 | 100,000 | 100,000 | 100,000 |
| 1 | 99,329 | 99,266 | 99,395 | 99,442 | 99,388 | 99,499 | 98,663 | 98,552 | 98,777 |
| 5 | 99,216 | 99,144 | 99,291 | 99,341 | 99,279 | 99,406 | 98,492 | 98,367 | 98,622 |
| 10 | 99,147 | 99,068 | 99,229 | 99,277 | 99,208 | 99,349 | 98,394 | 98,254 | 98,539 |
| 15 | 99,065 | 98,972 | 99,164 | 99,200 | 99,117 | 99,288 | 98,285 | 98,125 | 98,451 |
| 20 | 98,747 | 98,524 | 98,982 | 98,898 | 98,702 | 99,105 | 97,868 | 97,484 | 98,266 |
| 25 | 98,253 | 97,797 | 98,739 | 98,430 | 98,017 | 98,874 | 97,174 | 96,435 | 97,940 |
| 30 | 97,759 | 97,099 | 98,461 | 97,970 | 97,370 | 98,616 | 96,380 | 95,274 | 97,500 |
| 35 | 97,213 | 96,371 | 98,105 | 97,466 | 96,697 | 98,292 | 95,452 | 94,001 | 96,892 |
| 40 | 96,495 | 95,466 | 97,579 | 96,799 | 95,851 | 97,813 | 94,256 | 92,489 | 95,987 |
| 45 | 95,397 | 94,112 | 96,740 | 95,771 | 94,569 | 97,048 | 92,515 | 90,398 | 94,564 |
| 50 | 93,750 | 92,082 | 95,478 | 94,231 | 92,655 | 95,893 | 89,877 | 87,206 | 92,430 |
| 55 | 91,352 | 89,083 | 93,681 | 91,992 | 89,850 | 94,231 | 85,930 | 82,211 | 89,426 |
| 60 | 88,057 | 85,054 | 91,119 | 88,870 | 86,041 | 91,806 | 80,756 | 75,746 | 85,423 |
| 65 | 83,251 | 79,346 | 87,200 | 84,216 | 80,526 | 88,012 | 73,917 | 67,414 | 79,910 |
| 70 | 76,661 | 71,652 | 81,662 | 77,739 | 72,970 | 82,584 | 65,507 | 57,534 | 72,760 |
| 75 | 67,331 | 61,057 | 73,449 | 68,440 | 62,425 | 74,416 | 55,000 | 45,743 | 63,292 |
| 80 | 54,201 | 46,859 | 61,175 | 55,215 | 48,070 | 62,094 | 42,229 | 32,641 | 50,822 |
| 85 | 37,805 | 30,371 | 44,685 | 38,526 | 31,170 | 45,373 | 28,469 | 20,043 | 36,141 |
| 90 | 20,898 | 15,034 | 26,183 | 21,196 | 15,318 | 26,479 | 15,864 | 9,952 | 21,357 |
| 95 | 7,991 | 4,895 | 10,685 | 7,979 | 4,873 | 10,656 | 6,716 | 3,675 | 9,558 |
| 100 | 1,737 | 850 | 2,460 | 1,672 | 804 | 2,373 | 1,928 | 905 | 2,845 |

54 percent. Probabilities of survival can be calculated at any age by simply dividing the number of survivors at the terminal age by the number at the beginning age. For example, to calculate the probability of surviving from age 20 to age 85, one would divide the number of survivors at age 85 (37,805) by the number of survivors at age 20 (98,747), which results in a 38.3 percent probability of survival.

## Explanation of the columns of the life table

*Column 1—Age* ($x$ to $x+1$)—Shows the age interval between the two exact ages indicated. For instance, "20–21" means the 1-year interval between the 20th and 21st birthdays.

*Column 2—Probability of dying* ($q_x$)— Shows the probability of dying between ages $x$ to $x+1$. For example, for males in the age interval 20–21 years, the probability of dying is 0.001329 (Table 2). The "probability of dying" column forms the basis of the life table; all subsequent columns are derived from it.

*Column 3—Number surviving* ($l_x$)— Shows the number of persons from the original synthetic cohort of 100,000 live births, who survive to the beginning of each age interval. The $l_x$ values are computed from the $q_x$ values, which are successively applied to the remainder of the original 100,000 persons still alive at the beginning of each age interval. Thus, out of 100,000 female babies born alive, 99,395 will complete the first year of life and enter the second; 99,229 will reach age 10; 98,982 will reach age 20; and 44,685 will live to age 85 (Table 3).

*Column 4—Number dying* ($d_x$)— Shows the number dying in each successive age interval out of the original 100,000 live births. For example, out of 100,000 males born alive, 734 will die in the first year of life; 131 between ages 20 and 21; and 850 will die after reaching age 100 (Table 2). Each figure in column 4 is the difference between two successive figures in column 3.

*Column 5—Person-years lived* ($L_x$)—Shows the number of person-years lived by the synthetic life table cohort within an age interval $x$ to $x+1$. Each figure in column 5 represents the total time (in years) lived between two indicated birthdays by all those reaching the earlier birthday. Thus, the figure 98,459 for males in the age interval 20–21 is the total number of years lived between the 20th and 21st birthdays by the 98,524 (column 3) males who reached their 20th birthday out of 100,000 males born alive (Table 2).

*Column 6—Total number of person-years lived* ($T_x$)—Shows the total number of person-years that would be lived after the beginning of the age interval $x$ to $x+1$ by the synthetic life table cohort. For example, the figure 5,532,004 is the total number of years lived after attaining age 20 by the 98,524 males reaching that age (Table 2).

*Column 7—Expectation of life* ($e_x$)—Shows, at any given age, the average number of years remaining to be lived by those surviving to that age on the basis of a given set of age-specific rates of dying. It is derived by dividing the total person-years that would be lived above age $x$ by the number of persons who survived to that age interval ($T_x / l_x$). Thus, the average remaining lifetime for males who reach age 20 is 56.1 years (5,532,004 divided by 98,524) (Table 2).

# Results

## Life expectancy in the United States

Tables 1–9 show complete life tables by race (white and black) and sex for 2006. Tables A and B summarize life expectancy and survival by age, race, and sex. Life expectancy at birth for 2006 represents the average number of years that a group of infants would live if the infants were to experience throughout life the age-specific death rates prevailing in 2006. In 2006, life expectancy at birth was 77.7 years, increasing by 0.3 years from 77.4 years in 2005. This increase is typical of the average annual changes that have occurred during the last 30 years. Throughout the past century, the trend in U.S. life expectancy was one of gradual improvement and this trend has continued into the new century (10).

Changes in mortality levels by age and cause of death have an important effect on changes in life expectancy. Life expectancy at birth increased from 2005 to 2006, to 75.1 for males and 80.2 for females. Increases in life expectancy for both males and females were a function of decreases in mortality from heart disease, cancer, chronic lower respiratory diseases, and stroke. The increase in life expectancy for the entire population from 2005 to 2006 could have been greater if it was not for the increase in mortality from unintentional injuries, viral hepatitis, homicide, and kidney disease (11).

The difference in life expectancy between the sexes was 5.1 years in 2006, increasing from 5.0 in 2005. From 1900 to 1975, the difference in life expectancy between the sexes increased from 2.0 years to 7.8 years. The increasing gap during these years is attributed to increases in male mortality due to ischemic heart disease and lung cancer, both of which increased largely as the result of men's early and widespread adoption of cigarette smoking (12,13). Between 1979 and 2004, the difference in life expectancy between the sexes narrowed from 7.8 years to 5.0 years and then increased slightly to 5.1 from 2005 to 2006. The general decline in the difference between males and females since 1979 reflects proportionately greater increases in lung cancer mortality for women than for men and proportionately larger decreases in heart disease mortality among men (12,13).

From 2005 to 2006, life expectancy increased by 0.4 years to 73.2 years for the black population, and by 0.3 years to 78.2 years for the white population. The difference in life expectancy between the white and black populations was 5.0 years in 2006, a historical low. The difference in life expectancy between the black and white populations narrowed from 14.6 years in 1900 to 5.7 years in 1982, but increased to 7.1 years in 1993 before beginning to decline again in 1994 (7.0 years). The increase in the gap from 1983 to 1993 was largely the result of increases in mortality among the black male population due to HIV infection and homicide (12,13).

Among the four groups shown in Figure 1, white females continued to have the highest life expectancy at birth (80.6 years), followed by black females (76.5 years), white males (75.7 years), and black males (69.7 years). From 2005 to 2006, life expectancy increased 0.4 years for black females (from 76.1 to 76.5) as well as for black males (from 69.3 to 69.7). Black males experienced an unprecedented decline in life expectancy every year for the period 1984–1989 (14), but annual increases in the years 1990–1992, 1994–2004, and 2005–2006. From 2005 to 2006, life expectancy increased by 0.3 years for white males (from 75.4 to 75.7) and by 0.2 years for white females (from 80.4 to 80.6). Overall, gains in life expectancy between 1980 and 2006 were 5.9 years for black males, 5.0 years for white males, 4.0 years for black females, and 2.5 years for white females (Table 12).

The 2006 life table may be used to compare life expectancy at any age from birth onward. On the basis of mortality experienced in 2006, a person aged 65 could expect to live an average of 18.5 more years for a total of 83.5 years, and a person aged 100 could expect to live an additional 2.3 years on average (Table A). Life expectancy at age 100, particularly for the black population, should be interpreted with caution as these figures may be affected somewhat by age misreporting (15,16,17).

## Survivorship in the United States

Table B summarizes the number of survivors out of 100,000 persons born alive ($l_x$) by age, race, and sex. Table 10 shows trends in survivorship from 1900 through 2006. In 2006, 99.3 percent of all infants born in the United States survived the first year of life. In contrast, only 87.6 percent of infants born in 1900 survived the first year. Fifty-four percent of the 2006 synthetic life table cohort survived to age 80 and about 1.7 percent survived to age 100. In 1900, the median age at death was 58 and only 0.03 percent survived to age 100.

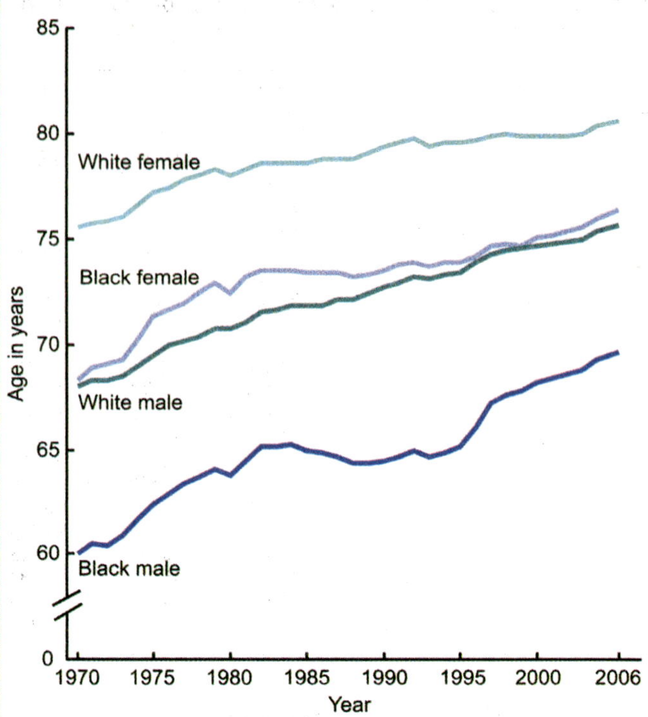

SOURCE: CDC/NCHS, National Vital Statistics System.

**Figure 1. Life expectancy at birth, by race and sex: United States, 1970–2006**

Among the four groups shown in Figure 2 and Table B, white females have the highest median age at death with about 49 percent surviving to age 84. Of the original hypothetical cohort of 100,000 infant white females, 99.1 percent survive to age 20, 88 percent to age 65, and 45.4 percent to age 85. For white males and black females, the pattern of survival by age is similar. White males have slightly higher survival rates than black females at the younger ages with 98.7 percent surviving to age 20 and 80.5 percent surviving to age 65 compared with 98.3 percent and 79.9 percent, respectively, for black females. At the older ages, in contrast, black female survival surpasses white male survival. At age 85, white male survival is 31.2 percent compared with 36.1 percent for black females. This crossover, which occurs at age 75, is clearly shown in Figure 2. The median age at death for black males is 73 years, which is 11 years less than that of white females. For black males, 97.5 percent survive to age 20, 67.4 percent to age 65, and 20 percent to age 85. By age 100, there is very little difference between the white and black populations in terms of survival. Less than 1 percent of white and black males and slightly over 2 percent of white and black females, respectively, survive to age 100.

Plotting the percentage surviving by age for the periods 1900–1902, 1949–1951, and 2006 shows an increasingly rectangular survival curve (Figure 3). That is, the survival curve has become increasingly flat in response to progressively lower mortality, particularly at the younger ages, and increasingly vertical at the older ages. The

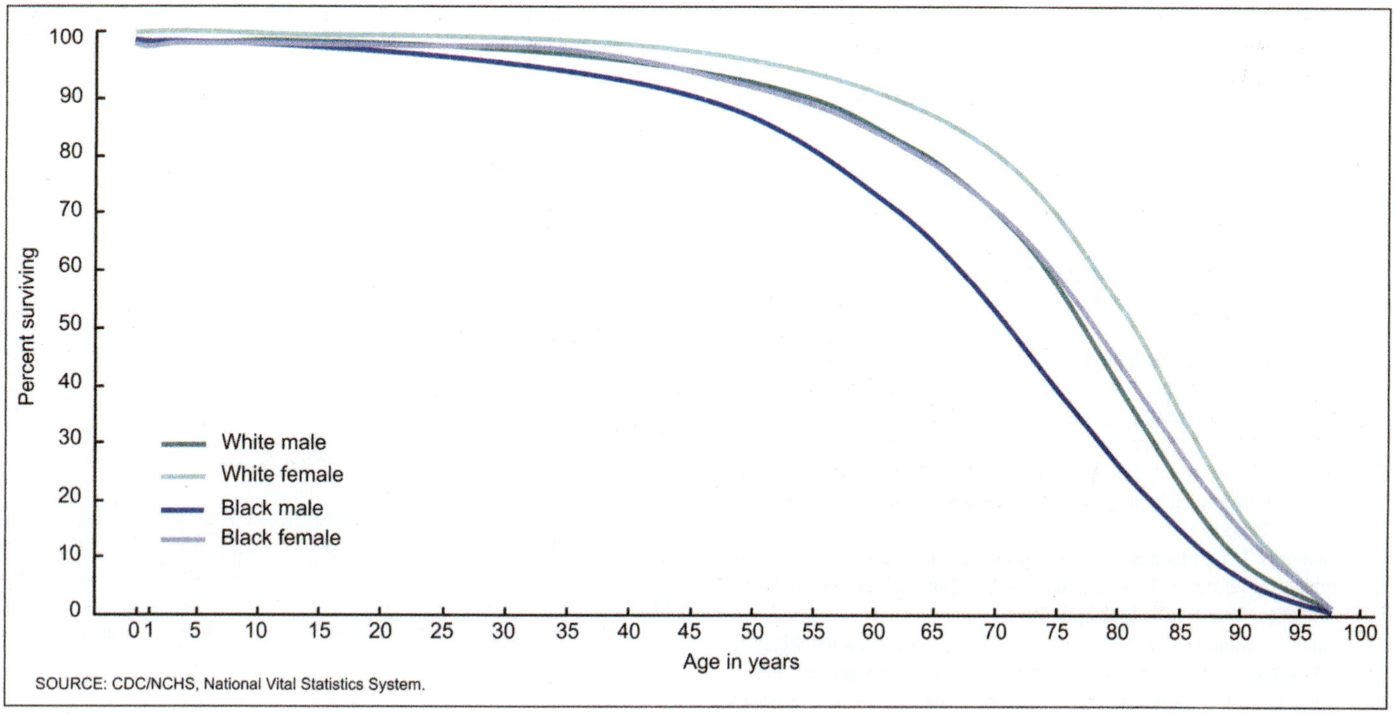


**Figure 2. Percentage surviving, by age, race, and sex: United States, 2006**

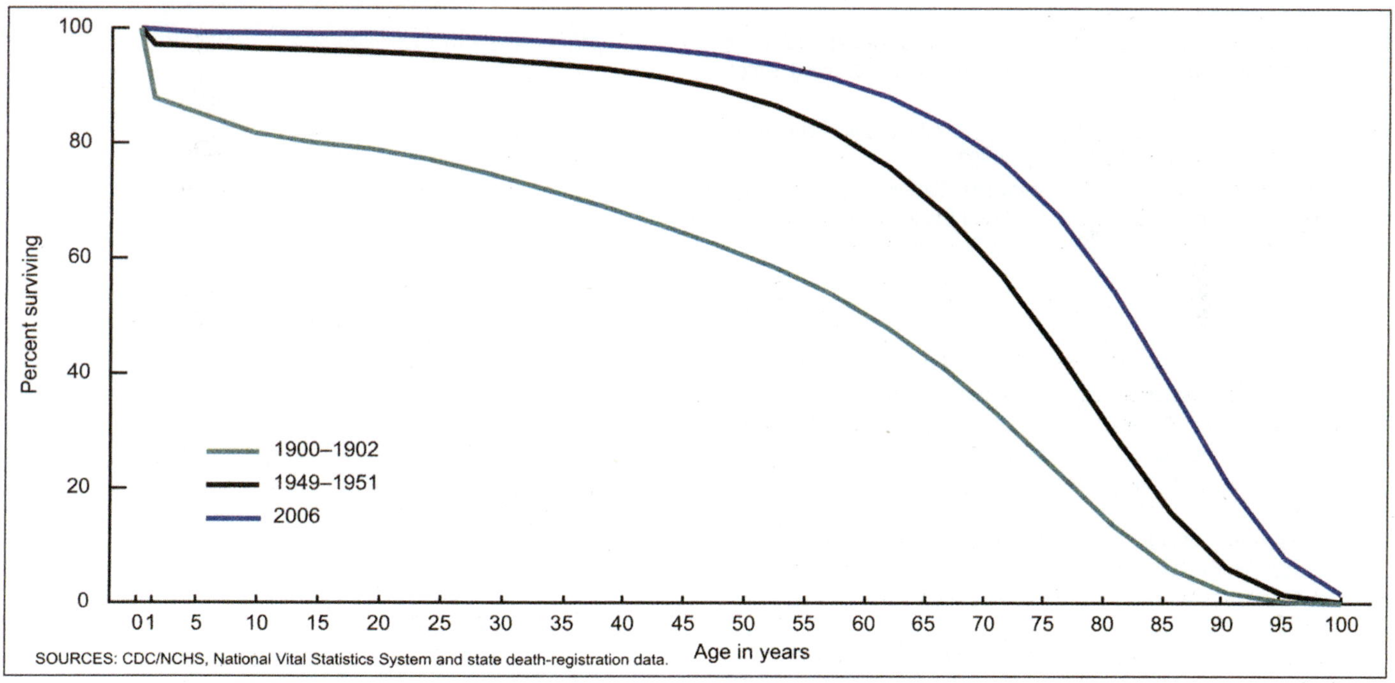


**Figure 3. Percentage surviving, by age: Death-registration states, 1900–1902, and United States, 1949–1951 and 2006**

survival curve for the period 1900–1902 shows a rapid decline in survival in the first few years of life and a relatively steady decline thereafter. In contrast, the survival curve for 2006 is nearly flat until about age 50 after which the decline in survival becomes more rapid. Improvements in survival between the periods 1900–1902 and 1949–1951 occurred at all ages, although the largest improvements were among the younger population. Between 1949–1951 and 2006, improvements occurred primarily for the older population.

## References


1. Arias E, Rostron B, Tejada-Vera B. United States life tables, 2005. National vital statistics reports; vol 58 no 10. Hyattsville, MD: National Center for Health Statistics. 2010.
2. Shryock HS, Siegel JS, et al. The methods and materials of demography, vol 2. U.S. Bureau of the Census. Washington, DC: U.S. Government Printing Office. 1971.

3. Moriyama IM, Gustavus SO. Cohort mortality and survivorship, United States death-registration States, 1900–68. National Center for Health Statistics. Vital Health Stat 3(16). 1972.
4. Preston SM, Heuveline P, Guillot M. Demography, Measuring and Modeling Population Processes. Oxford: Blackwell Publishers. 2001.
5. Office of Management and Budget. Revisions to the standards for the classification of federal data on race and ethnicity. Federal Register 62FR58782–58790. 1997. Available from: http://www.whitehouse.gov/omb/fedreg/ombdir15.html.
6. Office of Management and Budget. Race and ethnic standards for federal statistics and administrative reporting. Statistical policy directive 15. 1977.
7. U.S. Census Bureau. Age, sex, race, and Hispanic origin information from the 1990 census: A comparison of census results with results where age and race have been modified, 1990. CPH—L—74. Washington, DC: U.S. Department of Commerce. 1991.
8. Ingram DD, Weed JA, Parker JD, et al. U.S. Census 2000 with bridged race categories. National Center for Health Statistics. Vital Health Stat 2(135). 2003.
9. Sirken MG. Comparison of two methods of constructing abridged life tables by reference to a "standard" table. National Center for Health Statistics. Vital Health Stat 2(4). 1966.
10. Arias E, Curtin LR, Wei R, Anderson RN. U.S. decennial life tables for 1999–2001, United States life tables. National vital statistics reports; vol 57 no 1. Hyattsville, MD: National Center for Health Statistics. 2008.
11. Heron M, Hoyert DL, Murphy SL, et al. Deaths: Final data for 2006. National vital statistics reports; vol 57 no 14. Hyattsville, MD: National Center for Health Statistics. 2009.
12. National Center for Health Statistics. U.S. decennial life tables for 1989–91, vol 1 no 3, some trends and comparisons of United States life table data: 1900–91. Hyattsville, MD. 1999.
13. Waldron I. Recent trends in sex mortality ratios for adults in developed countries. Soc Sci Med 36(4):451–62. 1993.
14. Kochanek KD, Maurer JD, Rosenberg HM. Causes of death contributing to changes in life expectancy: United States, 1984–89. National Center for Health Statistics. Vital Health Stat 20(23). 1994.
15. Anderson RN. A method for constructing complete annual U.S. life tables. National Center for Health Statistics. Vital Health Stat 2(129). 1999.
16. Kestenbaum B. A description of the extreme aged population based on improved Medicare enrollment data. Demography 29(4):565–80. 1992.
17. Coale AJ, Kisker EE. Defects in data on old-age mortality in the United States: New procedures for calculating mortality schedules and life tables at the highest ages. Asian and Pacific Population Forum 4:1–31. 1990.
18. Anderson RN, Arias E. The effect of revised populations on mortality statistics for the United States, 2000. National vital statistics reports; vol 51 no 9. Hyattsville, MD: National Center for Health Statistics. 2003.
19. Greville TNE, Carlson GA. Estimated average length of life in the death-registration states. National Center for Health Statistics. Vital statistics—special reports; vol 33 no 9. Washington, DC: Public Health Service. 1951.
20. Bell FC, Miller ML. Life tables for the United States Social Security area 1900–2100. Baltimore, MD: Social Security Administration, Office of the Chief Actuary. SSA Pub. No. 11–11536. 2005.
21. Research Data Assistance Center. Introduction to the use of Medicare data for research. Minneapolis, MN: University of Minnesota School of Public Health. 2004.
22. Heligman P, Pollard JH. The age pattern of mortality. J Inst Actuar 107(1):49–80. 1980.
23. Hartman M. Past and recent attempts to model mortality at all ages. Journal Off Stat 3(1):19–36. 1987.

## List of Detailed Tables

**Table 1. Life table for the total population: United States, 2006**

| Age | Probability of dying between ages $x$ to $x + 1$ | Number surviving to age $x$ | Number dying between ages $x$ to $x + 1$ | Person-years lived between ages $x$ to $x + 1$ | Total number of person-years lived above age $x$ | Expectation of life at age $x$ |
|---|---|---|---|---|---|---|
| | $q_x$ | $l_x$ | $d_x$ | $L_x$ | $T_x$ | $e_x$ |
| 0–1 | 0.006713 | 100,000 | 671 | 99,409 | 7,770,850 | 77.7 |
| 1–2 | 0.000444 | 99,329 | 44 | 99,307 | 7,671,441 | 77.2 |
| 2–3 | 0.000300 | 99,285 | 30 | 99,270 | 7,572,134 | 76.3 |
| 3–4 | 0.000216 | 99,255 | 21 | 99,244 | 7,472,864 | 75.3 |
| 4–5 | 0.000179 | 99,233 | 18 | 99,225 | 7,373,620 | 74.3 |
| 5–6 | 0.000168 | 99,216 | 17 | 99,207 | 7,274,396 | 73.3 |
| 6–7 | 0.000156 | 99,199 | 15 | 99,191 | 7,175,188 | 72.3 |
| 7–8 | 0.000143 | 99,184 | 14 | 99,177 | 7,075,997 | 71.3 |
| 8–9 | 0.000125 | 99,169 | 12 | 99,163 | 6,976,820 | 70.4 |
| 9–10 | 0.000103 | 99,157 | 10 | 99,152 | 6,877,657 | 69.4 |
| 10–11 | 0.000086 | 99,147 | 9 | 99,143 | 6,778,505 | 68.4 |
| 11–12 | 0.000088 | 99,138 | 9 | 99,134 | 6,679,363 | 67.4 |
| 12–13 | 0.000125 | 99,130 | 12 | 99,123 | 6,580,229 | 66.4 |
| 13–14 | 0.000206 | 99,117 | 20 | 99,107 | 6,481,105 | 65.4 |
| 14–15 | 0.000317 | 99,097 | 31 | 99,081 | 6,381,999 | 64.4 |
| 15–16 | 0.000438 | 99,065 | 43 | 99,044 | 6,282,918 | 63.4 |
| 16–17 | 0.000552 | 99,022 | 55 | 98,995 | 6,183,874 | 62.4 |
| 17–18 | 0.000657 | 98,967 | 65 | 98,935 | 6,084,879 | 61.5 |
| 18–19 | 0.000747 | 98,902 | 74 | 98,865 | 5,985,945 | 60.5 |
| 19–20 | 0.000825 | 98,828 | 82 | 98,788 | 5,887,079 | 59.6 |
| 20–21 | 0.000905 | 98,747 | 89 | 98,702 | 5,788,291 | 58.6 |
| 21–22 | 0.000983 | 98,658 | 97 | 98,609 | 5,689,589 | 57.7 |
| 22–23 | 0.001033 | 98,561 | 102 | 98,510 | 5,590,980 | 56.7 |
| 23–24 | 0.001049 | 98,459 | 103 | 98,407 | 5,492,471 | 55.8 |
| 24–25 | 0.001038 | 98,355 | 102 | 98,304 | 5,394,063 | 54.8 |
| 25–26 | 0.001019 | 98,253 | 100 | 98,203 | 5,295,759 | 53.9 |
| 26–27 | 0.001006 | 98,153 | 99 | 98,104 | 5,197,556 | 53.0 |
| 27–28 | 0.000998 | 98,055 | 98 | 98,006 | 5,099,452 | 52.0 |
| 28–29 | 0.001002 | 97,957 | 98 | 97,908 | 5,001,446 | 51.1 |
| 29–30 | 0.001018 | 97,859 | 100 | 97,809 | 4,903,539 | 50.1 |
| 30–31 | 0.001042 | 97,759 | 102 | 97,708 | 4,805,730 | 49.2 |
| 31–32 | 0.001072 | 97,657 | 105 | 97,605 | 4,708,022 | 48.2 |
| 32–33 | 0.001113 | 97,552 | 109 | 97,498 | 4,610,417 | 47.3 |
| 33–34 | 0.001156 | 97,444 | 113 | 97,387 | 4,512,919 | 46.3 |
| 34–35 | 0.001212 | 97,331 | 118 | 97,272 | 4,415,532 | 45.4 |
| 35–36 | 0.001276 | 97,213 | 124 | 97,151 | 4,318,260 | 44.4 |
| 36–37 | 0.001355 | 97,089 | 132 | 97,023 | 4,221,109 | 43.5 |
| 37–38 | 0.001456 | 96,958 | 141 | 96,887 | 4,124,085 | 42.5 |
| 38–39 | 0.001585 | 96,816 | 153 | 96,740 | 4,027,198 | 41.6 |
| 39–40 | 0.001739 | 96,663 | 168 | 96,579 | 3,930,459 | 40.7 |
| 40–41 | 0.001903 | 96,495 | 184 | 96,403 | 3,833,880 | 39.7 |
| 41–42 | 0.002077 | 96,311 | 200 | 96,211 | 3,737,477 | 38.8 |
| 42–43 | 0.002268 | 96,111 | 218 | 96,002 | 3,641,266 | 37.9 |
| 43–44 | 0.002479 | 95,893 | 238 | 95,774 | 3,545,264 | 37.0 |
| 44–45 | 0.002706 | 95,655 | 259 | 95,526 | 3,449,490 | 36.1 |
| 45–46 | 0.002943 | 95,397 | 281 | 95,256 | 3,353,964 | 35.2 |
| 46–47 | 0.003190 | 95,116 | 303 | 94,964 | 3,258,707 | 34.3 |
| 47–48 | 0.003453 | 94,812 | 327 | 94,649 | 3,163,743 | 33.4 |
| 48–49 | 0.003741 | 94,485 | 353 | 94,308 | 3,069,095 | 32.5 |
| 49–50 | 0.004057 | 94,132 | 382 | 93,941 | 2,974,786 | 31.6 |
| 50–51 | 0.004405 | 93,750 | 413 | 93,543 | 2,880,846 | 30.7 |
| 51–52 | 0.004778 | 93,337 | 446 | 93,114 | 2,787,302 | 29.9 |
| 52–53 | 0.005166 | 92,891 | 480 | 92,651 | 2,694,189 | 29.0 |
| 53–54 | 0.005554 | 92,411 | 513 | 92,154 | 2,601,538 | 28.2 |
| 54–55 | 0.005939 | 91,898 | 546 | 91,625 | 2,509,383 | 27.3 |
| 55–56 | 0.006335 | 91,352 | 579 | 91,063 | 2,417,759 | 26.5 |
| 56–57 | 0.006760 | 90,773 | 614 | 90,466 | 2,326,696 | 25.6 |
| 57–58 | 0.007234 | 90,160 | 652 | 89,834 | 2,236,230 | 24.8 |
| 58–59 | 0.007796 | 89,507 | 698 | 89,158 | 2,146,396 | 24.0 |
| 59–60 | 0.008470 | 88,810 | 752 | 88,433 | 2,057,238 | 23.2 |
| 60–61 | 0.009282 | 88,057 | 817 | 87,649 | 1,968,804 | 22.4 |
| 61–62 | 0.010204 | 87,240 | 890 | 86,795 | 1,881,155 | 21.6 |
| 62–63 | 0.011178 | 86,350 | 965 | 85,867 | 1,794,360 | 20.8 |
| 63–64 | 0.012118 | 85,385 | 1,035 | 84,867 | 1,708,493 | 20.0 |
| 64–65 | 0.013024 | 84,350 | 1,099 | 83,801 | 1,623,626 | 19.2 |
| 65–66 | 0.013999 | 83,251 | 1,165 | 82,669 | 1,539,825 | 18.5 |
| 66–67 | 0.014995 | 82,086 | 1,231 | 81,471 | 1,457,156 | 17.8 |

**Table 1. Life table for the total population: United States, 2006—Con.**

| Age | Probability of dying between ages $x$ to $x+1$ | Number surviving to age $x$ | Number dying between ages $x$ to $x+1$ | Person-years lived between ages $x$ to $x+1$ | Total number of person-years lived above age $x$ | Expectation of life at age $x$ |
|---|---|---|---|---|---|---|
| | $q_x$ | $l_x$ | $d_x$ | $L_x$ | $T_x$ | $e_x$ |
| 67–68 | 0.016161 | 80,855 | 1,307 | 80,202 | 1,375,686 | 17.0 |
| 68–69 | 0.017527 | 79,548 | 1,394 | 78,851 | 1,295,484 | 16.3 |
| 69–70 | 0.019109 | 78,154 | 1,493 | 77,408 | 1,216,633 | 15.6 |
| 70–71 | 0.020890 | 76,661 | 1,601 | 75,860 | 1,139,225 | 14.9 |
| 71–72 | 0.022925 | 75,059 | 1,721 | 74,199 | 1,063,365 | 14.2 |
| 72–73 | 0.025280 | 73,339 | 1,854 | 72,412 | 989,166 | 13.5 |
| 73–74 | 0.027972 | 71,485 | 2,000 | 70,485 | 916,755 | 12.8 |
| 74–75 | 0.030997 | 69,485 | 2,154 | 68,408 | 846,270 | 12.2 |
| 75–76 | 0.034386 | 67,331 | 2,315 | 66,174 | 777,862 | 11.6 |
| 76–77 | 0.038027 | 65,016 | 2,472 | 63,780 | 711,688 | 10.9 |
| 77–78 | 0.042036 | 62,544 | 2,629 | 61,229 | 647,908 | 10.4 |
| 78–79 | 0.046447 | 59,915 | 2,783 | 58,523 | 586,679 | 9.8 |
| 79–80 | 0.051297 | 57,132 | 2,931 | 55,666 | 528,156 | 9.2 |
| 80–81 | 0.056623 | 54,201 | 3,069 | 52,667 | 472,489 | 8.7 |
| 81–82 | 0.062465 | 51,132 | 3,194 | 49,535 | 419,823 | 8.2 |
| 82–83 | 0.068867 | 47,938 | 3,301 | 46,287 | 370,288 | 7.7 |
| 83–84 | 0.075871 | 44,637 | 3,387 | 42,943 | 324,000 | 7.3 |
| 84–85 | 0.083524 | 41,250 | 3,445 | 39,527 | 281,057 | 6.8 |
| 85–86 | 0.091872 | 37,805 | 3,473 | 36,068 | 241,530 | 6.4 |
| 86–87 | 0.100962 | 34,332 | 3,466 | 32,598 | 205,461 | 6.0 |
| 87–88 | 0.110842 | 30,865 | 3,421 | 29,155 | 172,863 | 5.6 |
| 88–89 | 0.121558 | 27,444 | 3,336 | 25,776 | 143,708 | 5.2 |
| 89–90 | 0.133155 | 24,108 | 3,210 | 22,503 | 117,932 | 4.9 |
| 90–91 | 0.145675 | 20,898 | 3,044 | 19,376 | 95,429 | 4.6 |
| 91–92 | 0.159156 | 17,854 | 2,842 | 16,433 | 76,053 | 4.3 |
| 92–93 | 0.173631 | 15,012 | 2,607 | 13,709 | 59,620 | 4.0 |
| 93–94 | 0.189127 | 12,406 | 2,346 | 11,232 | 45,911 | 3.7 |
| 94–95 | 0.205661 | 10,059 | 2,069 | 9,025 | 34,679 | 3.4 |
| 95–96 | 0.223242 | 7,991 | 1,784 | 7,099 | 25,654 | 3.2 |
| 96–97 | 0.241869 | 6,207 | 1,501 | 5,456 | 18,555 | 3.0 |
| 97–98 | 0.261527 | 4,706 | 1,231 | 4,090 | 13,099 | 2.8 |
| 98–99 | 0.282188 | 3,475 | 981 | 2,985 | 9,009 | 2.6 |
| 99–100 | 0.303810 | 2,494 | 758 | 2,115 | 6,024 | 2.4 |
| 100 and over | 1.00000 | 1,737 | 1,737 | 3,909 | 3,909 | 2.3 |

# 용어설명

**Aβ protein (Aβ 단백질)**
아밀로이드판을 형성하는 아밀로이드 전구 단백질(막투과 단백질)의 소단위.

**abiotic (비생물체)**
무생물체; 환경에서 화학적 그리고 물리적 요소.

**abscisic acid (앱시스산)**
성장호르몬에 길항적 작용을 하여 성장을 늦추는 식물 호르몬. 다양한 효능 중에서 두 가지 효능은 종자휴면과 가뭄에 대한 내성을 촉진하는 것이다.

**abscission (탈리)**
잎, 과실, 꽃 등 식물의 한 부분이 예정에 따라 또는 자연적으로 떨어지는 현상. 잎 노화의 중요한 현상.

**accommodation (optical) [적응(시각에서)]**
물체에 초점을 맞추는 데 수정체가 각막을 보조하는 정도

**acetylcholine (Ach, 아세틸콜린)**
말초신경계와 중추신경계에 존재하는 신경전달물질; 중추신경계에서 흥분작용을 유발; 말초신경계에서 근육을 활성화시킨다.

**acetyl-CoA (아세틸-CoA)**
해당과정, 지방산 산화, 아미노산 분해 등을 포함하는 다양한 과정에서 생산되는 중요한 대사체; 세포호흡에서 시트르산 회로로 들어가는 화합물.

**acquired (adaptive) immunity [후천성(적응) 면역]**
특이 항원에 노출되거나 항체 형성 후에 나타나는 면역; 주로 B 세포, T 세포, 그리고 이런 세포에서 분비되는 물질로 구성된다.

**actin (액틴)**
근육 수축을 담당하는 근육의 두 가지 단백질 중 하나; 근원섬유의 얇은 필라멘트를 형성; 또한 세포 골격의 미세섬유에서 발견된다. — **myosin** 참고.

**action potential (활동전위)**
세포막을 따라 이동하는 전위파; 일반적으로 신경 전달 및 근육 수축과 관련되어 있다.

**activators (활성자)**
전사의 속도를 증가시키는 DNA-결합 단백질.

**active transport (능동 수송)**
큰 분자를 세포막 단백질을 이용하여 세포막을 투과하도록 하는 촉진확산의 한 종류로 2단계의 과정으로 구성된다; 첫 번째 단계, 분자가 세포막의 운송단백질에 결합하고 농도 구배를 따라 이동하는 이온들과 연계됨; 두 번째 단계로, 농도 구배를 거슬러서 이온을 세포 밖으로 이동시키는 데에 에너지를 사용한다.

**adenosine (아데노신)**
DNA와 RNA의 뉴클레오티드 염기 중 하나. 퓨린의 일종. — **nucleotide bases** 참고.

**adenosine 5′-diphosphate (ADP, 아데노신이인산)**
2개의 인산기가 결합된 아데닌으로 구성된 뉴클레오시드. ADP는 ATP의 고에너지 인산 결합의 파괴에 의해 생성된다. (ATP → ADP + $P_i$ + 에너지)

**adenosine 5′-triphosphatase (ATPase, 아데노신삼인산분해효소)**
ATP의 가수 분해를 촉매하여 ADP와 $P_i$(무기인산)을 생성하는 효소이며, 이를 통하여 반응을 진행하기 위한 에너지를 제공한다.

**adenosine 5′-triphosphate (ATP, 아데노신삼인산)**
아데닌과 3개의 인산기로 구성된 뉴클레오시드; 세포에서 이용되는 화학 에너지의 주요 원천이다.

**adipose tissue (지방조직)**
지방을 저장하는 해부학적 조직, 중성지방(트리글리세라이드)의 형태로 에너지를 저장함; 또한 기관에 대한 절연체 및 완충재를 제공함. 사람의 지방조직 대부분은 피부 아래에서 피하지방으로 발견된다.

***ad libitum* (자유식)**
생물학에서, 동물의 식이 방법 중 하나로 동물이 (원할 때) 항상 음식을 섭취할 수 있도록 하는 방법이다.

**adrenergic neurons (아드레날린성 신경)**
신경전달물질인 노르에피네프린과 에피네프린을 방출하는 뉴런.

**adrenergic receptors (아드레날린 수용체)**
노르에피네프린과 에피네프린이 결합하는 신경전달 수용체.

**advanced glycation end product (AGE, 최종당산화물)**
아마도리(Amadori) 산물에 의한 두 단백질의 비효소적 결합의 산물. AGE는 불용성이며 쉽게 분해되지 않음; 시간이 지나면서 일부 세포에 축적되고, 세포 노화를 유발하는 많은 화합물에 속하는 것으로 생각된다.

**aerobic metabolism (호기성 대사)**
산소가 있을 때 일어나는 대사 또는 산소를 필요로 하는 대사.

***age-1* gene**
*C. elegans*에서 수명 조절에 중요하다고 확인된 유전자. 굉장히 잘 보존된 포스파티딜이노시톨-3-키나아제(PIK-3) 단백질을 발현한다.

**age-dependent mortality (연령 의존성 사망)**
자연적인 원인에 의한 사망; 생물학적 노화의 결과.

**age-independent mortality (연령 비의존성 사망)**
생물학적 노화에 의하지 않은 사망.

**age-specific mortality rate (연령 특이적 사망률)**
특정 나이대에서 사망률.

**age-structure analysis (연령구조 분석)**
복잡한 진핵생물에서 대립 유전자가 고정되어 있는 정도를 측정한 수학적 분석. 종종 일생 동안 특정한 시간에 미래 세대에서 인구의 생식 기여를 설명하는 데 사용된다.

**alkaline phosphatase (알칼리성 인산분해효소)**
간과 뼈에서 발견되는 효소로, 알칼리성 환경에서 인산기를 제거한다.

**allele (대립유전자)**
상동염색체 상의 특정 자리에서 발견되는 유전자의 두 가지(또는 두 가지 이상) 형태 중 하나.

**allometric scaling (상대성장 척도)**
생물학적 특성, 성장, 온혈동물의 표면적과 신진대사 속도와 같은 생물학적 과정 사이의 수학적 관련성. 대비성장측정(allometry)은 생리학상의 크기와 해부학적 형태와 이것이 행동에 미치는 영향 사이의 관련성에 대한 연구이다.

**α-amylase (α-아밀라제)**
타액과 췌장액에 있는 효소로 전분과 글리코겐을 단순당으로 분해한다.

**α-synuclein (α-시누클레인)**
기능이 알려지지 않은 작은 단백질이며, 주로 도파민 생산 신경 세포의 시냅스 소포와 관련되어 있다; 루이소체에서 높은 농도로 발견된다. 이 유전자의 돌연변이는 조기 발병 파킨슨병과 관련되어 있다.

**alternative RNA splicing (대체 RNA 이어맞추기)**
하나의 유전자에서 다른 RNA를 합성하는 과정이다. RNA splicing 동안 RNA 전사체의 엑손은 다양한 방식으로 연결된다.

**Alzheimer's disease (알츠하이머병)**
노화와 관련된 치매의 한 유형으로 기억, 사고, 행동에 문제를 유발한다; Alois Alzheimer의 이름을 따서 명명되었다. 세 가지 주요 유형으로 조기발병형, 후기발병형, 가족형이 있다.

**Amadori product (아마도리 생성물)**
마이야르(Maillard) 반응의 두 번째 단계에서 형성되는 생성물. 쉬프 염기(Schiff base)는 아마도리 생성물을 형성하기 위해 비효소적 재배열이 일어나고, 이는 쉬프 염기보다 훨씬 더 안정적이며, 세포 내에 축적될 수 있다.

**aminoacyl-tRNA synthetases (아미노아실 tRNA 합성효소)**
특정 tRNA에 해당 아미노산을 부착하는 것을 촉매하는 효소.

**amplitude (진폭)**
음압 등의 진동량 크기. 높은 부분과 낮은 부분 사이의 거리.

**amyloid plaque (아밀로이드 반)**
아밀로이드-베타(Aβ) 단백질의 불용성 섬유 집합체. 알츠하이머의 병리학적 표지.

**amyloid precursor protein (APP, 아밀로이드 전구체 단백질)**
수상돌기 돌출, 시냅스 형성, 혈소판 활성화 억제를 도와주는 대형 막관통 단백질. 이 단백질의 소단위기 Aβ 딘백질이다.

**anaerobic metabolism (혐기성 대사, 무산소 대사)**
산소가 없는 조건에서 발생하는 대사.

**anaphase (후기)**
유사분열에서 복제된 염색체가 분리되는 단계.

**anaphase-promoting complex (APC, 분열후기 촉진 복합체)**
효소의 유비퀴틴 연결효소 군의 일부. 분해를 위한 M-,S-사이클린을 표시하고 유사분열에서 자매염색분체의 분리를 개시함.

**andropause (남성갱년기)**
중년 이후 남성들이 경험하는 생물학적 변화. 테스토스테론 수준이 점차 감소하는 것이 특징.

**angiotensin-converting enzyme inhibitors (ACEs, 안지오텐신 전환효소 억제제)**
고혈압 치료에 사용되는 약물의 종류. 안지오텐신 I이 혈관수축제인 안지오텐신 II로 전환되는 것을 방지한다.

**anorexia of aging (노화성 식욕부진)**
식욕부진이 과도한 체중감소로 이어지는 노인의 임상학적 상태. 노인성 쇠약(geriatric failure to thrive)과 관련된 네 가지 증상들 중 하나. 질병, 우울증, 사회적 고립을 포함하는 다양한 원인으로 발생한다.

**antagonistic pleiotropy (길항적 다면발현)**

G.C. Williams에 의해 처음 가정된 이론으로 젊은 시절에 유익한 영향을 주는 유전자가 노후에는 유해한 영향을 줘서 노화가 일어난다고 제안되고 있다.

**antidiuretic hormone (vasopressin) (항이뇨호르몬)**

뇌하수체로부터 방출되는 호르몬으로 신장 집합관의 투수성을 증가시켜 동맥혈압 증가를 유도한다.

**antigen (항원)**

외부의 입자, 분자 또는 생물체

**aortic valve (대동맥판막)**

좌심실의 혈류 방출을 조절하는 일방판막. 좌심실과 대동맥 사이에 위치한다.

**apolipoprotein E (ApoE, 아포지단백 E)**

지질 결합 단백질

**apoplast (아포플라스트)**

식물세포에서 조직 또는 기관을 가로질러 물과 수용성 영양분을 전송하기 위한 세포벽과 세포막 사이의 공간.

**apoplastic uploading**

수크로스(자당)는 아포플라스트에서 글루코스(포도당)와 프락토스(과당)로 분해되고 두 가지 당은 세포 내로 수송된다.

**apoptosis (세포자멸사)**

세포 내에서 유전적으로 결정된 세포 파괴; 자극의 활성화(또는 억제제의 제거)의 결과로 불필요한 세포를 규칙에 따라 제거함. 예정세포사(programmed cell death)라고도 한다.

**arterial plaques (동맥판)**

면역세포(대식세포), 지방산, 칼슘, 콜레스테롤로 이루어진 동맥벽 내부 지방의 침착; 죽상동맥경화증의 특징.

**arteries (동맥)**

심장에서 나오는 혈관; 일반적으로 산소가 풍부한 혈액을 운반한다(예외는 폐동맥).

**artificial selection (인위 도태)**

자연 선택을 모델링하기 위한 실험 방법으로 특정 특성을 가진 수명이 짧고 번식속도가 빠른 생물종에서 난자(혹은 자식)를 골라내는 방법. 이 과정은 특정한 특성이 전체에서 지배적이 될 때까지 몇 세대에 걸쳐 계속 수행한다.

**ascospores (자낭홀씨)**

효모와 같은 곰팡이의 유성 생식단계에서 주머니와 같은 세포에서 생성되는 포자.

**atherosclerosis (죽상동맥경화증)**

대형 및 중간 크기 동맥의 내벽에 지방 물질, 콜레스테롤, 칼슘 및/또는 피브린이 침착되어 플라크를 형성하는 병리학적 과정.

**atria (심방) (단수, atrium)**

상부 우심실과 좌심실에서 심실을 수축시키기 위한 도화선 역할을 하여 혈액의 흐름을 원활하게 하고 멈추지 않게 하는 2개의 작은 주머니 모양의 돌기.

**atrioventricular node (AV node, 방실결절)**

특수 심근섬유 중의 하나. 동방결절에서 신호를 받아 심실을 수축시키고 심장에서 혈액을 방출시킨다.

**atrophic gastritis (위축성 위염, 만성 위염)**

주세포와 벽세포의 손실을 일으키는 위 점막의 염증; 염산 및 각종 효소 분비 감소를 초래한다. 손실된 세포는 섬유조직으로 대체된다.

**autophagy (autophagic system) (자가포식현상)**

세포가 자신의 구성물을 분해하는 현상; 정상적인 세포 성장, 발달 및 항상성을 유지하는 데 도움을 주는 리소좀 기구를 이용한 조절된 과정이다. 식물에서 자가포식작용은 노화를 지원하는 중요한 과정이다.

**autosome (상염색체)**

개인의 성별과 관련되지 않은 염색체.

**autotrophy (독립영양)**

무기화합물에서 영양분을 생산하여 자립할 수 있는 능력. 식물과 일부 조류가 독립영양을 한다.

**auxins (옥신)**

세포 분열, 세포 성장, 정아우성(apical dominance), 뿌리 개시, 개화를 자극하는 식물호르몬의 한 종류

**axon (축삭)**

뉴런(신경원-신경세포)의 한 부분으로 신경의 전기적 신호를 다른 신경이나 기관에 전해주는 긴 구조를 이르는 말.

**B cell (B 세포)**

항체 매개 면역을 담당하는 림프구(백혈구). 골수에서 성숙된 후, 이 세포는 순환계와 림프계를 순환하면서 항원에 노출되면 항체를 생산하는 형질세포로 분화될 수 있다.

**beta-blockers (베타 차단제)**

고혈압 치료에 사용되는 약의 한 종류. 심장에서 아드레날린 수용체에 카테콜아민이 결합하는 것을 막는다.

**β-sheet (베타-평판)**

3개 이상의 수소결합에 의해 횡방향으로 연결된 5~10개 아미노산 서열(하나의 β-사슬당)로 이루어진 단백질의 이차 구

조의 한 유형; 알츠하이머병의 뇌에서 발견되는 아밀로이드 반과 같이 단백질의 침착이 일어나는 기본 구조로 사용된다.

**bile salts (담즙산염)**
지방의 유화와 소화에 필요한 담즙의 알칼리 염. 담즙산은 간에서 생산되어 담낭에 저장된다.

**biodemography (생물개체군학)**
생물학과 인구통계학의 통합을 다루는 과학.

**biogerontology (노인생물학)**
노화의 생물학적 기초를 다루는 노인학의 한 분야.

**biomarker (생물표지자)**
생체 상태를 나타내는 지표로 사용될 수 있는 관측, 물질 또는 분자. 이것은 객관적으로 측정될 수 있고, 미래의 결과를 예측하는 데 사용될 수 있다.

**biotic (생물에 관련된)**
살아있는; 지구상의 모든 생물 종에 관련된.

**bladder (urinary) (방광)**
배뇨 전에 소변을 저장하는 주머니로 평활근으로 구성됨.

**body mass index (BMI, 체질량지수)**
몸무게(kg)를 키(m)의 제곱으로 나눈 값. 키와 몸무게를 관련지은 신체 구성 지수; 종종 비만의 지표로 사용된다.

**bone mineral density (BMD, 골밀도)**
뼈의 제곱 센티미터당 물질의 양을 측정.

**bone remodeling (골 재형성)**
골흡수(파골세포의 활성)와 무기질의 침착(조골세포의 활성)을 포함하는 뼈 조직의 연속적인 재형성 과정.

**Bowman's capsule (보우만 주머니)**
신장에서 네프론의 시작 부분에 있는 구조로, 사구체 여과 과정 중에서 소변을 형성하기 위한 혈액 여과의 첫 번째 단계. 사구체 주머니라고도 불림.

**bradykinesia (운동완만증)**
기저핵의 기능 장애에 의한 운동의 둔화. 종종 파킨슨병에서 볼 수 있음.

**breeding season-specific reproduction rate (번식기 특이적 생산률)**
번식기 동물의 순재생산률을 나타내며, 어떤 집단이 성장과 건강에 가장 큰 영향력 있는지를 나타낸다.

**brush border (솔가장자리)**
소장 상피세포의 장 측면에 테두리를 형성하는 미세 융모.

**bud scar (싹튼흉터, 출아흔적)**
출아하는 효모의 출아세포 분리 후 모세포에 남아있는 원형의 키틴 흔적.

**calcitonin (칼시토닌)**
혈중 칼슘 농도가 높을 때 갑상샘에서 합성되고 분비되는 호르몬; 칼슘의 골 침착과 소변 내 칼슘 농도를 증가시킨다.

**calorie (cal, 칼로리)**
열량의 단위: 1 g의 물을 1°C 높이는 데 필요한 열의 양.

**calorie restriction, dietary restriction (칼로리 제한, 식이 제한)**
실험실 환경에서 유지되는 생물종의 수명을 연장하기 위해 생물노인학에 사용되는 실험방법. 미량 영양소의 구성을 변경하지 않고 칼로리만 제한한다.

**Calvin cycle (광합성의 암반응, 캘빈 회로)**
광반응에서 얻은 에너지를 사용하여, $CO_2$로부터 당분을 합성하는 엽록체에서 일어나는 화학 반응.

**carbidopa (카르비도파)**
말초 신경에서 L-DOPA(레보도파)가 도파민으로 전환되는 것을 방지하는 도파민 탈카르복실화효소(decarboxylase) 억제제. 레보도파와 함께 약학적으로 사용된다.

**carbohydrate (탄수화물)**
탄소, 수소 및 산소를 함유하는 화합물. 일반적으로 $(CH_2O)n$ 조성물. 식품 탄수화물은 단당류(단순당), 이당류(복합당), 다당류(녹말)를 포함한다.

**carboxylation (카르복실화)**
카르복실산기(–COOH)가 기질 분자로 전이되는 화학반응.

**cardiac output (심장박출량)**
일정 시간 동안 심장의 총혈액분출량(분당 부피). 1회 박출량(ml) × 심박수(회/분)과 동일.

**cardiovascular system (심장혈관계통)**
심장과 혈관; 혈액을 최종구조(세포)로 내보내고 다시 펌프(심장)으로 되돌아오게 하는 중앙 펌프(심장)와 도관(동맥과 정맥)으로 구성된 폐쇄 시스템.

**carotenoids (카로티노이드)**
과일과 꽃잎 같은 식물의 색소체에서 발견되는 유기색소; 푸른빛을 흡수하고 녹색과 붉은색 빛을 반사하기 때문에 노란색과 오렌지색을 띤다. 600여 가지 카르티노이드가 확인되었다.

**carrying capacity of a population (*K*, 집단의 수용력)**
평형상태에서 이론적인 집단의 크기; 자원의 공급이 일정하면 특별한 환경에 놓인 특정 집단의 크기는 안정화된다. 이것이 최대 수용가능 집단 크기이며, 이는 후손들을 위해 환경파괴 없이도 미래에 무한정 제공되어질 수 있는 최대 크기이다.

**catabolism (분해대사, 이화작용)**

에너지를 방출하면서 복잡한 물질을 간단한 화합물로 분해하는 대사. (예, 녹말을 포도당으로 소화)

**catabolites (분해대사산물)**

분해대사의 생성물

**catalase (과산화수소분해효소, 카탈라아제)**

과산화수소를 물과 산소로 환원시키는 효소; 종종 세포호흡에서 슈퍼옥사이드 이온을 물로 전환하는 슈퍼옥사이드 디스뮤타아제(dismutase)와 연계되어 있음; 항산화 효능이 있다.

**cataracts (백내장)**

변성된 단백질의 형성으로 인해 눈의 수정체가 혼탁(흐림)해지는 현상. 빛이 망막에 도달하는 것을 방해하고 뿌옇게 보이도록 한다.

**catecholamines (카테콜아민)**

방향족 아민으로 구성된 신경전달물질 그룹; 에피네프린, 노르에피네프린, 도파민을 포함한다.

**cell body (세포체)**

세포의 일반적인 기능을 수행하는 핵과 다른 세포소기관을 포함하는 뉴런(신경 세포)의 부분.

**cell cycle (세포주기)**

하나의 세포가 세포의 구성물을 복제하고 2개의 딸세포로 나누어지는 일련의 과정. 세포주기는 네 단계로 나누어짐: $G_1$기(제1휴지기)기: 세포의 크기가 증가하고 세포 소기관들이 복제됨; S기(합성기): DNA가 복제됨; $G_2$기(제2휴지기): 체크포인트 또는 조절 메커니즘; M기(분열기): 2개의 딸세포로 나누어짐. $G_0$기에서는 세포가 주기를 이탈함. $G_1$, S, $G_2$기는 간기(interphase)로 알려져 있다.

**cell lines (세포주)**

한정된 수명을 가지지 않고 배양을 통해 유지되는 세포. 최초의 세포주는 1956년에 Henrietta Lacks로부터 제거된 난소종양으로부터 확립되었다. 현재도 이 세포(HeLa cells)는 생명공학 회사에서 구할 수 있다.

**cellulose (셀룰로오스, 섬유소)**

식물의 세포벽에 존재하는 섬유상 탄수화물로써, β(1→4) 결합으로 연결된 10,000개 이상의 D-glucose로 이루어진 선형 사슬임. 사람은 소화시킬 수 없는 탄수화물.

**cell wall (세포벽)**

식물세포의 원형질막을 둘러싸고 있는 다당류 층. 두 가지 전형적인 종류: 1차벽과 2차벽이 있으며 2차벽은 1차벽의 성장이 멈춘 후에 생겨남. 1차 세포벽; 2차 세포벽 참고

**centenarian (백세인)**

나이가 100세 또는 그 이상인 사람

**central nervous system (CNS, 중추신경계)**

뇌와 척수.

**central vacuole (중앙 액포)**

식물세포에서 막으로 둘러싸인 소기관으로 유체와 다양한 화합물을 포함; 세포부피의 95%를 차지한다.

**centromere (동원체)**

자매 염색분체가 결합되어 있는 염색체의 일부분이며 유사분열 때에 방추사부착점이 되는 단백질을 포함하고 있다.

**centrosome (중심체)**

동물세포에서 세포분열 이전에 나누어지는 미세소관 구조의 중심; 전기 동안 동원체에서 성장하고 각 자매염색분체의 방추극이 된다.

**cerebrovascular incident, stroke (뇌졸중)**

뇌에 혈액 공급 교란으로 인한 뇌 기능의 손실.

**chaperone protein (샤페론 단백질)**

다른 단백질들의 적절한 접힘을 도와주거나 이를 유지하는 것을 돕는 단백질.

**charged tRNA (충전 tRNA)**

tRNA에 대응하는 아미노산이 결합된 tRNA. 또한 아미노아실-tRNA라고 불림.

**chemokines (케모카인)**

상처에 대한 신체 반응의 초기에 다양한 세포 종류에 의해 생성되고 방출되는 단백질; 백혈구 세포들을 상처 혹은 감염된 조직으로 유도하는 주화성 단백질이다.

**chemoreceptor (화학수용체)**

화학적 자극에 민감한 감각 수용체

**chemotaxis (화학주성)**

환경의 특정 화합물에 반응하여 미생물, 단세포 생물체 혹은 다세포 생물체가 움직이는 현상.

**chitin (키틴)**

질소-함유 다당류의 복합체; 효모에서 출아 흔적의 주요 구성물이며, 곤충 외골격의 유기체 구성성분이다.

**chloroplasts (엽록체)**

색소체의 여러 종류 중 하나. 막에 둘러싸인 식물 세포의 소기관; 광합성이 일어나고 녹색색소 클로로필을 저장하는 장소.

**chromatin (염색질)**

진핵생물의 염색체를 구성하는 물질. 단백질, DNA, RNA로

구성됨.

**chromoplasts (유색체)**
식물세포에 있는 색소체의 여러 종류 중 하나. 엽록소 이외의 색소를 저장하는 장소.

**chromosomes (염색체)**
핵산과 단백질로 이루어진 실 같은 구조로 대부분의 살아있는 세포의 핵에서 발견됨. 유전자의 형태로 유전 정보를 운반.

**chyme (미즙)**
위에서 장으로 넘어간 부분적으로 분해된 음식, 물, 위액으로 구성된 반고체 덩어리

**ciliary body (섬모체)**
눈의 원형 근육으로 진대에 의해 수정체에 부착됨. 수축 또는 이완이 수정체의 모양을 바꾼다.

**circadian rhythm (일주기)**
약 24시간을 간격으로 반복되는 생리학적 변화. 흔히 낮-밤 주기와 같은 외부의 환경에 동기화됨.

***clk-1*, *clk*-2, *clk*-3 genes-clock genes**
장수와 관련된 유전자 집단. 미토콘드리아 기능에 중요한 단백질을 발현시키는 것으로 생각됨.

**cloning (클로닝)**
한 유전자의 동일한 복사본을 여러 개 생성하는 것.

**cochlea (달팽이관)**
내이의 나선형 튜브를 형성하는 부분으로 음파 진동을 신경자극으로 변환시키는 구조를 포함한다.

**codon (코돈)**
특정 아미노산을 지정하는 RNA의 3개의 뉴클레오티드(또는 염기) 서열.

**cohesins (코헤신)**
자매염색체를 붙여 놓는 단백질.

**cohort (코호트)**
비슷한 인생 경험을 가진 개인의 그룹을 말하며 일반적으로 서로의 출생날짜가 5~10년 이내.

**cohort effect (코호트 효과)**
다른 코호트를 비교할 때 데이터상의 교란 효과.

**cohort life table (코호트 생명표)**
생명표의 두 가지 종류 중 하나. 하나의 출생 코호트에서 인구의 사망 특징. current life table 참조.

**collagen (콜라겐)**
동물의 결합 조직과 뼈의 구조 단백질. 피부에서는 진피에서 발견된다.

**comparative biogerontology (비교 생물노인학)**
긴 수명을 가지는 야생동물의 수명을 관찰하는 연구. 노화가 잘 안 되고 수명을 짧게 할 수 있는 환경에서 수명을 연장할 수 있는 야생생물 종을 발견할 수 있다.

**complete life table (완전생명표)**
연령 간격이 1년인 생명표

**compliance (순응도, 탄성)**
생리학상에서 압력에 의해 확장되는 중공 구조(심장 심실, 폐와 같은)의 용이성 측정.

**compression (압박)**
청각에 있어서 분자가 함께 압박되고 대기압보다 더 높은 영역을 형성하는 음파의 일부.

**compression of morbidity (질병의 압박)**
노화 관련 질병을 경험하면서 보내는 수명 감소 백분율.

**condensins (콘덴신)**
세포주기 $G_2$기 동안에 합성된 단백질. 자매염색분체를 응축시켜 유사분열이 효율적으로 일어나도록 한다.

**confluence (융합)**
세포배양에서 배양 접시의 범위 내에서 최대 용량.

**congestive heart failure (울혈성심장기능상실)**
조직에 산소를 공급해 주는 혈액을 내보내는 심장 능력의 상실. 사지와 폐에 액체가 축적되는 증상이 나타남.

**consensus sequences (공통서열)**
DNA, RNA, 단백질에서 가장 자주 발생하는 서열.

**contractility (수축성)**
저항에 반응하여 수축하고 장력을 일으키는 근섬유의 능력.

**control element (제어요소)**
전사인자 결합에 의해 유전자의 전사조절을 도와주는 비암호화 DNA의 영역.

**cornea (각막)**
눈의 투명한 앞부분. 눈의 전체 광출력의 약 66%를 차지함.

**corpus luteum (황체)**
척추동물의 난소에서 여포 속의 알이 배출된 후에 생기는 황색의 내분비 조직; 프로게스테론을 생성한다.

**cross-sectional studies (단면연구)**
시간의 한 시점에서 개별적인 2개의 그룹 이상을 비교하는 연구.

**crude mortality (자연 사망률)**
나이를 고려하지 않은 총인구에서의 사망률

**crystallin (크리스탈린)**
수정체와 각막의 수용성 구조 단백질. 이런 구조의 투명도의 원인이 됨.

**current life table (현재의 생명표)**
생명표의 두 가지 유형 중 한 가지; 현재 인구 연령별 사망률의 설정으로 가상의 인구의 사망률을 설명함; 이때의 연령별 사망자가 전체 세대의 사망률을 나타내는 것으로 가정함. 현재 생명표는 인간 집단에서와 같이 집단 생명표의 경우 사용할 수 없음. 또한 주기, 단면도, 시간 생명표라고 말함. 집단 생명표를 참고.

**cyclin-dependent kinase (Cdk, 사이클린-의존성 인산화효소)**
세포주기의 조절에 관여하는 단백질 키나아제.

**cyclins (사이클린)**
세포주기의 여러 단계를 제어하는 사이클린-의존성 키나아제와 복합체를 형성하는 핵단백질.

**cytogerontology(세포노인학)**
노화 세포와 그 메커니즘의 연구.

**cytokines (사이토카인)**
표면 수용체에 결합하여 세포의 행동을 조절하는 다양한 세포에 의해 분비되는 단백질 군. 결합은 사이토카인의 자연 표적 세포에 따라 다양한 반응(자가분비 또는 측분비)을 유발한다.

**cytokinesis (세포질 분열)**
단일 진핵세포의 세포질이 두 개의 딸세포를 형성하는 과정.

**cytokinins (사이토키닌)**
식물의 성장을 촉진 및 조절하는 식물 호르몬의 일종; 노화를 지연하는 것으로 알려져 있다.

**cytosine (시토신)**
DNA 및 RNA의 뉴클레오타이드 염기 중의 하나; 피리미딘.
— **nucleotide bases** 참고.

**cytoskeleton (세포골격)**
세포의 분자 골격을 생성하는 미세소관과 액틴과 같은 다른 구조체의 연결망. 이것은 모든 세포소기관의 위치를 유지하고, 손상으로부터 세포를 보호하며, 기본적인 세포 형태를 유지하도록 한다.

**cytotoxic T cells (세포독성 T 세포)**
바이러스에 감염된 세포 등과 같은 손상된 세포를 죽일 수 있는 T 세포(T 임파구)의 일종.

***adf-2* gene (*adf-2* 유전자)**
— **dauer formation gene** 참고.

**dauer (영속)**
성충을 만들 수 없는 환경조건에서 애벌레 3단계에 머무르는 성적으로 미숙한 *C. elegans*; 대사적으로는 활성이 있지만 생식학적으로는 비활성이며 한 달 동안 먹이가 없어도 생존이 가능하다.

**dauer formation gene (*daf-2*, 영속 형성 유전자)**
인슐린/인슐린-유사 성장인자 수용체와 강한 상동성을 가진 막통과 수용체 단백질을 암호화하는 유전자; 정상적인 성장, 번식 및 수명과 연관성이 높은 잘 보존된 유전자이다.

**decibel (데시벨)**
음량의 측정; 1 데시벨(dB)은 인간의 귀에 간신히 들리는 소리의 음량이며 대수적으로 증가한다.

**demography (인구학)**
특히 크기, 밀도, 분포 및 동태 통계를 참고하는 인구 통계학적 연구.

**denaturation (변성)**
풀림과 기능의 손실이 발생되는 단백질의 2차, 3차, 4차 구조가 파괴. DNA의 구조에서 유사한 변형.

**dendrites (수상돌기)**
표면적을 넓히기 위해 신경세포의 세포체에서 확장하는 가지형 구조.

**dendritic cells (수지상세포)**
T 세포에 항원을 제시하는 기능을 갖는 기본 백혈구(항원 제시세포); 선천성 면역 시스템의 일반적인 세포로 간주; 적응 면역 시스템에 전령자로서 활동한다.

**deoxyribonucleic acid (DNA, 데옥시리보핵산)**
2개의 폴리뉴클레오티드 가닥이 중심 축 주위에 감겨져 이중나선을 형성하는 핵산; 유전자 정보의 저장소.

**depolarization (neural, 탈분극)**
생물학적 막에서, 막의 극성이 낮아지는 전하의 변화.

**dermis (진피)**
표피 아래에 있는 피부 조직의 층, 모세혈관, 신경 말단, 땀샘, 모공 및 기타 구조를 포함하고 있다.

**development (biological, 발달)**
생명체의 성장이 일어나는 기간; 일반적으로 생식 능력이 발달하기 이전의 기간.

**diabetes mellitus (당뇨병)**
세포에 포도당 흡수 능력이 결여되어 야기되는 질환이며, 혈중 포도당 농도가 높음; 참고 제1형 당뇨병; 제2형 당뇨병.

**diapause (휴지기)**
특히 불리한 환경 조건에서, 곤충, 기타 무척추동물 또는 동물 배아의 발달이 중단되는 시기.

**diastole (확장기)**
심장 근육이 이완되고 심장에 피를 채우는 시간; 혈압이 최저가 되는 시기.

**diastolic pressure (확장기압)**
심장 휴식기의 동맥에서의 혈압(mmHg으로 표시); 혈압 측정 시 낮은 숫자 (예, 120/60에서 "60")

**dietary restriction (식이제한) — calorie restriction** 참고.

**diet-induced thermogenesis (DIT, 식이에 의한 열 발생)**
소화, 흡수, 영양소 저장에 요구되는 에너지의 양; 총에너지 소비량의 10~20%를 차지한다.

**differentiated cells (분화 세포)**
특수한 기능을 가지고 있는 다세포 생물체의 세포.

**diploid (이배수체)**
각 염색체의 2개의 동일한(상동) 복사본을 포함하고 있어서 각 유전자의 두 복사본(대립 유전자)를 포함하고 있다.

**disaccharide (이당류)**
2개의 단당류가 결합된 당. 일반적인 이당류는 수크로오즈(글루코오즈 + 프락토오스), 말토오즈(글루코오즈 + 글루코오즈), 락토오즈임(갈락토오즈 + 글루코오즈) 등이 있다.

**disposable soma theory (일회용 체세포 이론)**
T. B. Kirkwood의 노화의 진화 이론, 체세포의 죽음은 오류가 없고 죽음이 없는 세포 라인을 보장하기 위해 필요한 유지 보수 및 수리에 대한 자원의 우선적인 분배에 관여하는 "비용"으로 발생하는 것으로 예측함.

**diuretics (이뇨제)**
고혈압 치료에 사용되는 약물의 일종; 소변량이 증가하고 물의 저장은 낮아진다.

**DNA ligase (DNA 연결효소)**
DNA의 두 가닥을 결합하는 효소

**DNA microarray (DNA 마이크로어레이)**
세포에서 다수의 유전자 발현을 동시에 분석하기 위한 기술; 세포에서 분리된 RNA를 유리 슬라이드에 고정되어 배열된 짧은 DNA 탐침과 혼성화 한다.

**DNA polymerase (DNA 중합효소)**
주형으로 DNA의 단일 가닥을 이용하여 이중 가닥 DNA의 합성을 촉매하는 효소.

**dopamine (도파민)**
움직임과 감정을 조절하는 뇌 영역의 신경 전달 물질. 흑색질에서 도파민 생성 뉴런의 감소는 파킨슨병의 초기 증상을 유발한다.

**eclosion (우화)**
번데기에서 빠져나옴.

**edema (부종)**
조직에 액체의 축적.

**effector cells (주효 세포)**
중추신경계에서 나온 운동 신호를 받는 신경세포의 일종; 근육세포 또는 분비샘 세포

**effectors (반응기)**
효과(예, 다른 단백질)를 생성하는 물질(예, 단백질)

**electrolytes (전해질)**
수용액에서 이온으로 해리되는 물질; 신체에 전류를 전도하는 이온-칼슘, 소듐, 포타슘, 마그네슘.

**electron transfer system (ETS, 전자전달계)**
세포호흡의 최종 단계이며 시트르산 회로에서 생성된 전지들은 중긴체들 사이에서 전달됨. 산화-환원 전위의 차이에 의해 발생되는 에너지는 ATP 합성에 사용된다.

**embolus (색전)**
혈액을 돌아다니는 비정상적인 입자.

**end diastolic volume (확장 기말 용적)**
심장 확장기 말(이완기)의 각 심실에 있는 혈액량.

**endocrine system (내분비계)**
직접 혈액으로 호르몬을 분비하는 분비샘.

**energy balance (에너지 평형)**
에너지 섭취와 소비의 차이.

**enhancer (인핸서)**
단백질을 암호화하는 DNA에서 활성화 단백질이 결합하는 영역이며 특정 유전자의 발현을 강화함; 각 유전자의 암호화 영역에서 수천 뉴클레오타이드가 떨어져 있을 수 있다.

**enthalpy, *H* (엔탈피)**
시스템의 열 에너지의 양.

**entropy, *S* (엔트로피)**
불활성 균일의 최종 상태로 우주의 물질과 에너지가 소멸되

는 정도를 측정하는 것; 소멸 혹은 축소되는 과정 또는 무질서로의 경향.

**epidermis (표피)**
진피를 덮고 있는 피부의 외층.

**epigenetic trait (후성 유전학적 특성)**
DNA 서열의 변경 없이 염색체의 변화로 인한 표현형.

**epigenome (후성유전학)**
DNA와 히스톤 단백질의 화학적 변화의 결과로 발생하는 이차적인 특성. 이러한 특성은 미래 세대에 전달될 수 있다.

**epinephrine (에피네프린)**
부신에서 분비되는 호르몬이며 심장박동수를 증가시키고, 혈관을 수축시키고, 기도를 열리게 함; 투쟁-혹은-도피 반응과 연관되어 있음. 아드레날린으로 불리기도 한다.

**erectile dysfunction (발기장애) — impotence** 참고

**esophagus (식도)**
인후(목)와 위장을 연결하는 소화계의 일부.

**estrogen (에스트로겐)**
난소에서 분비되는 호르몬으로 여성적인 특성의 발달과 유지를 촉진한다.

**ethylene (에틸렌)**
과일의 숙성과 잎의 탈리를 자극하는 식물 호르몬.

**eukaryotic (진핵의)**
막으로 둘러싸인 핵에 자신의 유전 물질을 보관하는 생명체 혹은 세포를 의미한다.

**Euler-Lotka equation of population growth (인구증가 오일러-로카 방정식)**
18세기 스위스의 수학자 레온하이트 오일러의 결과를 토대로 통계학자인 알프레드 로카가 제안한 연속 번식 집단의 인구증가를 서술하는 방정식. 이 식은 순수한 번식속도를 적분한다.

**eusociality (진사회성)**
작업의 전문화 및 공동육아 등으로 특징되는 사회구조; 종종 개미, 말벌, 흰개미, 꿀벌 등과 같은 사회적 곤충에서 발견된다.

**eustachian tube (유스타키오관)**
중이와 인두를 연결하는 좁은 관; 외이와 내이 사이의 압력을 맞춘다.

**eutelic**
완전히 성숙하면 동일한 수의 체세포를 가지는 동물을 의미한다.

**eutherians (진성태반류)**
태반을 가진 포유동물

**exocrine hormones (외분비 호르몬)**
외분비 샘 또는 세포에 의해 합성되는 호르몬으로, 관을 통하여 표적 조직으로 직접 분비한다(내분비 샘의 혈액 내로 직접 분비되는 호르몬의 반대 개념); 일반적으로 한 기관 또는 한 개의 세포에만 영향을 준다.

**exons (엑손)**
유전자의 단백질 코딩 영역; mRNA에는 엑손 만을 포함. 인트론 참고.

**extracapsular cataract surgery (백내장 수술)**
수정체의 전면을 제거한 후에 시행하는 백내장 수술.

**extrachromosomal rDNA circles (ERCs, 염색체 외 rDNA 고리)**
rDNA의 상동 재조합을 통해 생성된 효모(*S. cerevisiae*)의 비염색체 DNA. 효모에서 ERCs의 축적은 복제성 노화와 연관되어 있다.

**extrinsic rate of aging (노화의 외적 속도)**
환경적 위험요소에 의한 집단의 노화 속도; 종종 표현형과 관련되어 있다.

**facilitated diffusion (촉진 확산)**
높은 농도에서 낮은 농도로 세포막을 통과하는 물질의 수송. 수송되는 물질은 세포로의 이동을 용이하게 하기 위하여 세포막의 특정 수송 단백질에 결합한다.

**facultative (조건적)**
다양한 환경 조건에서 작동; 다양한 경로 또는 다양한 조건에서 발생할 수 있음; 생물개체군학에서 상당한 가소성을 가진 사망률이나 사망률 궤적의 원인이 되는 환경적 요인에 영향을 받는다.

**fatty acids (지방산)**
탄화수소 사슬과 말단 카르복실기로 구성된 카르복실산; 에너지 및 조직 발달을 위하여 신체에 의해 사용되는 지방의 주요 구성 요소.

**fecundity (생식능력)**
자손을 생산하는 능력; 성장을 유발할 수 있는 능력; 자손의 수 또는 자손을 생산하는 속도나 능력; 여성에 의한 자손 생산속도.

**Fenton reaction (펜톤 반응)**
과산화수소 및 철 촉매의 반응으로 활성 산소 종을 생성한다.

**fibrillation (심실 세동)**
근섬유의 비정상적인 수축; 심장 근육에서 발생하는 경우에

혈액을 내보내는 기능이 상당히 저하된다.

**fibrointimal hyperplasia (섬유성 혈관내막 증식)**
동맥벽의 내막층이 비정상적으로 성장.

**first law of thermodynamics (열역학 제1법칙)**
일, 에너지 및 열 사이의 관계를 조절하는 원리 중 하나; 에너지는 생성되지도 파괴되지도 않고, 단지 형태만 변한다.

**fitness (적응도)**
경쟁상대에 비하여, 생존 및 자손에게 자신의 유전자를 전달하기 위한 생명체의 능력; 특정한 환경에서 생존, 번식, 그리고 자신의 유전자를 퍼뜨리는 개인(혹은 집단)의 상대적 능력.

**follicle-stimulating hormone (FSH, 난포자극호르몬)**
난소 여포의 크기를 증가시키고, 황체형성호르몬과 같이 작용하여 난소에서 에스트로젠의 생성과 배란을 유도하는 뇌하수체 호르몬; 정자 생산과 테스토스테론의 합성을 조절하는데 도움을 준다.

**forkhead box transcription factor family (FOXO, forkhead box 전사인자 족)**
세포 성장, 증식, 분화 및 수명에 관여하는 유전자의 발현을 조절하는 고도로 보존되어 있는 전사조절인자 그룹. DNA에 결합하는 "forked" 또는 "날개" 나선 모티브의 구조 때문에 이름이 붙여졌다.

**fovea centralis (중심와)**
선명한 중심 시력을 담당하는 망막의 구조; 자세한 시력이 가장 중요한 모든 활동에 필요하.

**free energy, G (자유 에너지)**
열역학에서, 시스템으로부터 추출할 수 있는 일의 양; 엔트로피(S)와 시스템의 총에너지(H)의 관계에서 나오는 에너지량; 시스템의 자유 에너지 변화는 $\triangle G = \triangle H - T\triangle S$에 의해 계산되며, 이때 T는 절대온도이다.

**free radicals (자유 라디칼) – oxygen-centered free radicals (산소-중심 자유 라디칼)** 참고.

**frequency (acoustic, 주파수)**
주기적인 신호의 변화 빠르기 측정값, 초당 회전수 또는 헤르츠(Hz)로 표현함; 압축 또는 이완의 최고점 사이의 거리.

**gametes (배우체)**
남성과 여성의 성숙한 반수체 생식세포. 이는 유성생식에서 접합체를 생성하기 위하여 반대의 성 생식세포와 결합한다.

**gastric pits (위 오목)**
위 내벽의 주름과 홈에 의해 형성되는 위벽의 구조.

**gel electrophoresis (겔 전기영동)**
전기장이 걸려 있는 겔에서 물질의 이동현상을 이용하여 물질을 분리 및 확인하는 기술.

**gene homologs (동족 유전자)**
같은 서열 순서를 가진 유전자.

**gene homology (유전자 상동성)**
한 유전자의 DNA 서열과 다른 유전자의 DNA 서열이 일치하는 정도; 동일 종 혹은 다른 종 사이의 유전자에 적용할 수 있다.

**gene knockout (유전자 제거)**
하나 이상의 유전자가 유전 공학기술에 의해 제거된 돌연변이 생명체; 특정 단백질의 발현을 제거하는 데 이용된다.

**gene orthologs (유전자 오솔로그)**
진화의 과정에서 다른 종 사이에 동일한 기능을 가진 유전자.

**general recombination (일반적 재조합) – homologous recombination (상동 재조합)** 참고.

**general transcription factor (일반 전사인자) – transcription factor (전사인자)** 참고.

**gene silencing (유전자 침묵)**
유전자 전사의 억제.

**genetic code (유전자 암호)**
번역 개시 및 종료에 대한 암호와 난백실 만드는 데 사용되는 20개의 아미노산을 결정하는 64개의 3중 암호 세트.

**genetic determinism (유전자 결정론)**
모든 유전자는 특정 목적을 위해 선택되었고 단지 그 목적을 위해 존재한다는 개념.

**genetic drift (유전자 부동)**
감수 분열 동안에 대립유전자의 임의 분리의 결과로 작은 집단에서 유전자 빈도가 고정될 수 있는 과정.

**genetic engineering (유전공학) – recombinant DNA technology (재조합 DNA 기술)** 참고.

**genetic screening (유전적 선별)**
특정 유전자형을 가지고 있는 집단에서 개인을 위한 체계적인 검사.

**genome (유전체)**
일반적으로 DNA의 형태로 되어 있는 특정 생물체의 모든 유전 정보.

**genotype (유전자형)**
개인 또는 그룹의 구성 유전자 전부 또는 일부.

**geriatric failure to thrive (노인성 성장장애)**
다인성이며 만성적인 질병과 기능장애가 동반 때문에 발생되는 노인성 쇠약 상태. 개인이 치료에 반응하지 않음을 관찰한 것에서 이름이 유래되었다.

**geriatrics (노인의학)**
노인과 노화된 사람들의 문제와 질병을 다루는 의학의 한 분야.

**germ cells (생식세포)**
자손에 유전 정보를 전달하는 다세포 생물체의 생식기관 또는 조직에서 생산되는 세포. 전달은 무성적 혹은 유성적(배우체 방식)으로 일어날 수 있다. **somatic cells (체세포)** 참고 .

**gerontological biodemography (노령 생물개체군학)**
인간의 수명과 생존에 대한 인구 통계학적 연구와 생물학적 지식을 통합하는 과학.

**gerontology (노인학)**
노화와 노인 문제의 포괄적 연구.

**gibberellins (지베렐린)**
잎과 줄기 성장, 휴면상태의 싹 틔움, 씨앗의 발아를 촉진하는 식물 호르몬.

**glial cells (glia, 아교 세포)**
신경세포의 보조와 유지를 위한 뇌의 비신경 세포; 신경 교세포와 미세 아교세포로 분류. 신경세포에 비해 10배 정도 수가 많다.

**glomerular filtrate (사구체 여과액)**
신장에서, 사구체에서 보우만 주머니로 여과된 액체.

**glomerular filtration (사구체 여과)**
혈액의 액체와 저분자 물질이 사구체 모세관을 가로질러 보우만 주머니로 여과되는 과정.

**glomerular filtration rate (GFR, 사구체 여과율)**
사구체 여과 속도, 단위시간당 부피로 표현된다.

**glomerulosclerosis (사구체 경화증)**
사구체가 섬유상 상처 조직으로 대체됨으로써 사구체 기능(혈액 여과)을 상실하는 신장질환; 고혈압, 감염 또는 죽상경화증과 연관될 수 있다.

**glomerulus (사구체)**
신장에서, 혈액의 여과과정이 시작되는 네프론의 시작 부분에 있는 모세관.

**glucagon (글루카곤)**
췌장의 랑게르한스섬의 알파 세포에 의해 분비되는 내분비 호르몬; 혈당 농도를 상승시킴

**gluconeogenesis (포도당 신생합성)**
비탄수화물 기질에서 포도당 합성: 피루브산, 락트산, 아미노산(주로 알라닌과 글루타민)과 지방산.

**glucose intolerance (포도당 불내성) – insulin resistance (인슐린 저항성)** 참고.

**glutatione peroxidase (글루타티온 과산화효소)**
산소중심 자유 라디칼의 강력한 제거 효능이 있는 세포질 효소; 세포의 항산화제

**glycogen (글리코겐)**
동물과 일부 균류에 탄수화물의 저장 형태(식물에는 없음); 근육과 간에서 저장. 글리코겐 분자는 3,000개의 포도당 단위체가 포함된 가지가 많은 구조이다.

**glycogenesis (글리코겐 합성)**
글루코스 분자를 글리코겐 사슬에 첨가하여 글리코겐을 합성.

**glycolysis (해당과정)**
대사 경로는 6탄당이 탄소 3개로 구성된 피루브산 2분자를 형성하는 대사과정; 포도당의 혐기성 분해에 대한 경로; 세포질에서 일어난다.

**glycosylation (당화)**
물질에 당이 부착되는 현상. 효소적 당화는 신호전달에 의한 조절된 과정이다. 비효소적 당화는 제어 및 조절되지 않는 과정이며 세포 내외의 손상을 증가시킴; 노화에 증가하는 경향이 있다.

**Gompertz mortality function (사망률 곡선 기능)**
집단의 사망률을 설명하는 기능.

**$G_0$ phase (gap 0) – cell cycle** 참고.

**$G_1$ phase (gap 1) – cell cycle** 참고.

**$G_2$ phase (gap 2) – cell cycle** 참고.

**G-protein coupled receptors (G-단백질 결합 수용체)**
세포외 신호를 세포 내로 전달하는 막관통 수용체 단백질의 일종; 이들 수용체는 막을 7번 통과하며 cAMP를 통한 신호전달과 연관되어 있다.

**grandmother hypothesis (할머니 이론)**
노인 여성은 자신의 손자에 대한 투자에서 포괄적인 신체적 건강의 이익을 얻을 수 있다는 가설. 실제적 의미에서는, 어미가 더 많은 자식들을 낳을 수 있도록 하고 건강을 증진시키도록, 할머니들이 자식들의 뒤에서 도움을 준다.

**group selection (집단선택)**
개인 간의 반대로 생기는 그룹이나 집단 사이의 경쟁의 결과로 선택하는 것. 이 개념은 V. C. Wynne-Edwards의 책 book *Animal Dispersion in Relation to Social Behaviour.*와 가장 연

관이 높다.

**guanine (구아닌)**

DAN 및 RNA의 뉴클레오타이드의 염기 중에 하나; 퓨린. **nucleotide bases (뉴클레오티드 염기)** 참고.

**Haber-Weiss reaction (하버-와이스 반응)**

과산화수소($H_2O_2$) 및 수퍼옥사이드 라디칼($\bullet O_2-$)로부터 히드록시 라디칼($\bullet OH$)의 생성; 촉매로 철 또는 간혹 구리를 사용한다.

**haploid (반수체)**

염색체의 한 세트만 보유하여 각 유전자의 하나의 복사본(대립유전자)만 포함한다.

**Hayflick limit (헤이플릭 한계)**

세포를 계대배양할 때 세포가 분열할 수 있는 최대 횟수. 정상 인간 섬유아세포는 헤이플릭 한계가 50(±10)번 집단분열할 수 있다.

**heart rate (심박수)**

일정 시간 동안에, 보통 1분, 심장 심실의 수축 수 (비트/분)

**helicase (헬리카제)**

이중 가닥 DNA를 2개의 단일 가닥 DNA로 분리하는 효소.

***Helicobacter pylori* (*H. pylori*, 헬리코박터 파일로리)**

위산의 정상 효능에 대한 내성이 있는 세균. *H. pylori* 감염은 위염의 원인으로 90%정도 파지한다.

**helper T cells (보조 T 세포)**

침입자에 대한 적절한 반응을 할 수 있도록 면역계에 "도움"을 주는 T 임파구(T cell); 직접 항원을 공격하지 않지만 항원을 공격하는 다른 세포의 증식 및 분화를 자극하는 림포카인(인터루킨과 인터페론)을 분비한다.

**hemoglobin (헤모글로빈)**

적혈구 세포에서 철 함유 단백질, 산소 운반을 담당한다.

**hemoglobin A1c (헤모글로빈 A1c)**

헤모글로빈의 당화 형태; 진단 항목으로 사용된다.

**hexokinase (헥소키나아제)**

6탄당인 포도당을 인산화시켜 포도당-6-인산을 생산하는 효소; 해당과정의 첫 번째 단계. 포도당의 인산화는 식물의 노화에 신호물질로 중요하다.

**high-density lipoproteins (HDLs, 고밀도지단백질)**

혈액에서 불용성 지방을 운반하는 단백질과 지질로 구성된 지단백질의 일종; 콜레스테롤을 분해하기 위하여 간으로 전달한다.

**histone acetylation (히스톤 아세틸화)**

중심 히스톤에 그룹을 부착하여 크로마틴 구조를 변형; DNA의 전사를 조절하는 하나의 방법.

**histone octamer (히스톤 팔량체)**

DNA에 결합하는 뉴클레오좀의 중심에 위치하는 히스톤 단백질 복합체; 4개의 핵심 단백질(H2A, H2B, H3, H4)의 두 개의 복사본으로 구성된다.

**histones (히스톤)**

염색체에서 DNA와 결합되어 있는 단백질; 염색체로 포장하는 것과 유전자 발현조절에 관여한다.

**homeostasis (항상성)**

환경변화에 상관없이, 생명체 혹은 세포들이 자신의 기능을 안정화하도록 내부 상태를 조절하는 경향.

**homologous recombination (상동 재조합)**

두 개의 염색체 또는 동일한 염색체에서 두 개의 상동성이 강한 DNA 반복 부분을 잘라서 다시 연결하는 과정으로, 처음의 쌍에서 일부분을 교환. 또한 일반 재조합이라고 한다.

**hormone-sensitive lipase (호르몬-감수성 리파아제)**

호르몬에 의해 촉진되는 리파아제; 지방 조직에서 발견된다.

**hydrophilic (친수성)**

물에 대한 친화성을 가짐; 물을 흡수하거나, 물에 용해되거나 혹은 물에 친화성이 있는 물질을 말함. — **hydrophobic** 참고.

**hydrophobic (소수성)**

물을 싫어함. 불용성 표면 혹은 기능기를 보유한 물질 혹은 물질의 일부분을 나타낸다. — **hydrophilic** 참고.

**hydroxyapatite (수산화인회석)**

인산 칼슘처럼 칼슘과 인의 결정화 구조, 이것은 뼈 강도를 유지하는 주요 물질이다; $Ca_{10}(PO_4)_6(OH)_2$.

**hyperlipidemia (고지혈증)**

높은 혈중 콜레스테롤 농도; 죽상동맥경화증 발병의 중요한 위험 인자.

**hyperpolarization (과다분극)**

세포막에서 활동 전위가 지나간 후 짧은 시간 동안 발생함; 세포막의 전위가 휴지기 보다 조금 높아진다.

**hypertension (고혈압)**

혈압이 높은 것.

**impotence (erectile dysfunction, 발기부전)**

만족스러운 성적 행위에 충분한 음경의 발기를 유지하거나 발기를 할 수 없는 것으로 특징되는 남성 성기능 장애.

**incus (모루뼈)**
고막에서 내이의 구조물로 음파의 진동을 증폭하여 전달하는 중이의 뼈 중에 하나.

**indirect calorimetry (간접열량계)**
호흡 가스 중의 산소와 이산화탄소의 양을 측정함으로써 에너지 소비량을 추정하는 방법.

**indoleacetic acid (인돌아세트산)**
식물의 성장과 뿌리 형성을 촉진하는 불용성 화합물; 옥신은 인돌아세트산의 변형. — **auxins** 참고.

**infant mortality rate (영아 사망률)**
인간의 집단에서, 출생부터 생후 1년 사이의 개인 사망률.

**innate immunity (선천성 면역)**
개체의 자연적 생물학적으로 형성된 질병에 대한 면역; 피부, 점액, 위산 및 여러 종류의 백혈구 등과 같은 방어기구가 포함된다.

***in situ* hybridization (제자리 혼성화)**
특정 핵산 표지 프로브를 사용하여 실제 염색체, 진핵세포 또는 박테리아 세포에서 특정 핵산 서열의 위치를 확인하는 방법.

**insudation (벽내 삼출액)**
혈액으로부터 유래된 물질이 혈관벽에 축적; 흔히 신장의 혈관에서 발견된다.

**insulin (인슐린)**
췌장 랑게르한스 섬의 베타 세포에서 분비되는 내분비 호르몬; 포도당과 아미노산의 세포 흡수와 간에서 글리코겐 합성을 촉진한다.

**Insulin/insulin-like growth factor (IGF-1) recptor (인슐린/인슐린-유사 성장인자 수용체)**
인슐린 또는 인슐린과 유사한 구조를 가지는 분자가 결합하는 수용체; 영양소 대사 및 성장에 관여한다.

**insulin resistance (인슐린 저항성)/glucose intolerance (포도당 불내성)**
인슐린 촉진에 의한 세포의 포도당 흡수 능력이 저하되는 생리학적 현상. 대개 제2형 당뇨병 전에 발생한다.

**interneurons (중간 뉴런; 연합 뉴런)**
신경세포의 세 가지 주요 유형 중 하나; 감각 입력 및 운동 출력을 조정한다.

**interphase (간기)**
세포주기의 $G_1$, S 그리고 $G_2$기의 총칭. **cell cycle** 참고.

**intrinsic rate of aging (노화의 고유속도)**
외적 요인(예, 사고)의 영향을 받지 않고 유전자형에 기인한 생물학적 노화의 속도이다. (예) 사고).

**intrinsic rate of natural increase, *r* (자연증가의 고유속도, *r*)**
성장이 환경적 제약에 의해 영향을 받지 않는 집단의 증가속도. 성장률은 집단에 속한 개체의 생물학적 특성에 의해 결정된다.

**introns (인트론)**
진핵 생명체 유전자의 암호화되지 않은 영역; 전령 RNA (mRNA)를 만들 때 스플라이싱에 의해 RNA 전사체로부터 제거된다. **exon** 참고.

**ischemia (허혈)**
혈액이 조직에 충분히 공급 안 되는 상태.

**ischemic heart disease (허혈성 심장질환)**
네 개의 관상 동맥 중 하나인 심장 대동맥이 죽상동맥경화성 병변에 의해 막혔을 때 발생하는 질병이며 심장 조직으로 혈액의 흐름이 감소한다.

**islet of Langerhans (랑게르한스섬)**
췌장 속 내분비 세포의 덩어리; 인슐린과 글루카곤을 분비한다.

**iteroparous (반복번식)**
여러 계절에 걸쳐 번식이 가능; 인간은 반복번식한다.

**jasmonic acid (재스몬 산)**
무생물 및 생물 스트레스에 대한 반응을 조절하는 역할을 가진 식물 호르몬; 감자, 고구마 그리고 양파와 같은 덩이뿌리 형성에 중요하다.

**joule (J) (주울)**
에너지의 단위: 1kg의 물체가 1뉴턴의 힘으로 1m의 거리를 이동할 때 소비되는 에너지.

**juvenile hormone (유충 호르몬)**
난소에 의한 발달 및 난자 생산에 중요한 곤충 호르몬; 또한 휴면기에서 회복를 촉진한다.

**keratinocytes (각질 형성 세포)**
인간 피부의 최외층 표피의 주된 세포 유형으로 표피 세포의 95%를 차지한다; 각질을 생성한다.

**kilocalorie (kcal) (킬로 칼로리)**
1000 칼로리. **calorie** 참고.

**kilojoule (kj) (킬로 주울)**
1000 주울. **joule** 참고.

**kinetochore (동원체)**
유사분열 방추사가 염색체에 연결되는 중심체의 단백질.

**lagging strand (지체가닥; 지연가닥)**
DNA 복제 시, 새로 합성된 두 DNA의 가닥 중 하나; 나중에 서로 결합되는 오카자키 절편이라는 불연속 단위로 구성된다.

**lagging strand template (지체가닥 주형)**
오카자키 절편 합성을 위한 주형으로 작용하는 DNA 가닥.

**Langerhans cells (랑게르한스 세포)**
표피의 식세포성 면역 세포.

**laws of thermodynamics (열역학 법칙)**
일, 에너지 및 열 사이의 관계를 제어하는 세 가지 원칙. 제1법칙: 에너지는 생성되지도 소멸되지도 않는다; 단지 형태를 변경할 뿐이다. 제2법칙: 한 형태에서 다른 형태로 에너지의 변환에서 일부 에너지는 사용할 수 없게 된다; 사용할 수 없는 에너지는 엔트로피로 알려져 있다. 제3법칙: 제1 및 제2법칙은 절대영도(−273°C) 이상에서 모든 반응에 적용된다. 절대영도에 도달할 수 없기 때문에, 제1 및 제2법칙은 항상 적용된다.

**leading strand (선도가닥)**
DNA 복제 시, 새로 합성된 DNA의 가닥 중 하나; 5′ → 3′ 방향으로 연속 합성된다.

**leading strand template (선도가닥 주형)**
선도가닥의 주형 역할을 하는 DNA 가닥.

**lens (of the eye) (눈의 수정체)**
눈의 빛 양을 조절하는 각막 바로 아래의 투명한 구조; 광학적 적응에 관여된다.

**leucoplast (백색체)**
식물 세포에 있는 여러 종류의 색소체 중 하나; 전분 및 지방을 주로 저장하는 데 사용되는 무색 색소체.

**levodopa (레보도파, L-dopa)**
파킨슨 병 치료에 사용되는 기본적인 약물; 체내에서 DOPA 탈카르복실화효소에 의해 도파민으로 전환된다.

**Lewy bodies (루이 소체)**
노화 동안 신경세포의 세포질에 축적되는 단백질 응집체; 주로 알파시누클레인 및 유비퀴틴으로 구성; 파킨슨 병의 조직학적 특징.

**Leydig cells (레이딕 세포)**
테스토스테론을 생산하는 고환의 세포.

**life expectancy (기대 수명)**
특정 나이 이후 남은 수명의 양; 생명표에 의해 생성된 값.

**life history (생활사)**
생물체의 임신부터 죽음에 이르기까지 겪는 번식과 생존의 일정에 중점을 둔 변화.

**life span (수명)**
개별 세포, 기관 또는 생물체의 삶의 길이.

**life table (생명표)**
특정 연령이나 나이 구간의 인구집단 사망률(사망)의 특성을 설명하는 표. 사망률 분석은 생명표의 작성으로 시작된다. **cohort life table** 참고; 현재의 생명표.

**ligand (리간드)**
다른 물질에 특이적 및 가역적으로 결합할 수 있는 물질; 생화학에서 수용체에 결합하는 분자를 나타낸다.

**light reactions (광반응)**
광합성에서, 엽록체에서 일어나는 화학적 및 물리적 반응, 이 반응에서 빛 에너지는 엽록소에 의해 화학에너지로 변환된다.

**limbic system (변연계)**
감정과 기억을 조절하는 상호연결된 뇌 구조 시스템; 시상하부, 시상, 해마 및 편도체를 포함한다.

**lipases (리파아제)**
트리글리세리드를 글리세롤과 유리지방산으로 가수분해를 촉매하는 효소.

**lipid bilayer (지질이중층)**
지질 분자의 2개 층으로 이루어진 생체막의 핵심 구조; 소수성 영역은 이중층의 중심부에 서로 마주하도록 배치되고, 친수성 영역은 세포 외부와 세포내 공간에 접촉(세포막의 경우)하도록 정열되어 있는 인지질로 구성되어 있다.

**lipids (지질, 지방)**
소량의 산소와 주로 탄소 및 수소를 함유하는 비극성 분자; 에테르, 벤젠 등의 유기용매에만 용해됨. 생물계에서는 지방은 지방산과 지방산에서 만들어진 화합물을 포함: 모노글리세라이드, 디글리세라이드, 트리글리세라이드, 인지질 및 스테롤(예, 콜레스트롤).

**lipoproteins (지단백질)** — **high-density lipoproteins**; **lowdensity lipoproteins** 참고.

**longevity (수명)**
생명체 종의 진화 기간이나 삶의 기간.

**longitudinal studies (종단적 연구)**
오랜 기간 동안 동일한 개인에서 동일한 특성을 반복적으로 관찰하는 것을 포함하는 연관성 연구.

**low-density lipoproteins (저밀도 지단백질, LDLs)**
단백질과 지방으로 구성된 지단백질의 한 종류; 간세포에서 체세포로 콜레스테롤을 수송한다.

**luteinizing hormone (황체 형성 호르몬, LH)**
남성의 정자와 여성의 난자 성장과 성숙을 자극하는 뇌의 뇌하수체에서 분비되는 호르몬.

**lymphocytes (림프구)**
면역 반응의 매개하는 백혈구. **B cells; T cells** 참고.

**lymphokines (림포카인)**
대식세포의 활성화 및 B 세포의 항체 생산을 자극하는 T 세포에서 방출되는 화합물.

**lysozyme (라이소자임)**
특정 박테리아의 세포벽 파괴를 촉매하는 효소; 침에서 발견.

**macronutrients (다량영양소)**
단백질, 지방(지질) 및 탄수화물; 미량영양소(비타민, 미네랄)보다 훨씬 더 많은 양을 필요로 하는 영양소.

**macrophages (대식세포)**
조직에서 발견되는 식세포성 면역세포, 침입한 박테리아와 다른 병원균을 파괴함; 선천 면역 및 적응 면역 양쪽에 모두 역할이 있다. 대식세포는 침입자의 작은 조각을 제시함으로써 다른 면역세포를 유인할 수 있다.

**Maillard reaction (메일라드 반응)**
열에 의해 발생하는 당과 단백질의 비효소적 반응이며, 식품의 갈변을 생성한다. 이 반응의 변형이 동물에서 발생하고 노화와 관련된 세포 손상을 발생시킬 수 있다.

**malleus (추골)**
고막의 소리 진동을 증폭하고 내이의 구조로 전달하는 중이의 뼈 중 하나.

**maltose (말토오스)**
포도당 두 분자로 구성된 이당류.

**marsupials (유대목 동물)**
비태반 포유동물.

**maturity (성숙)**
물질, 세포 또는 생명체의 기능이 최적의 수준에서 유지 또는 천천히 감소하는 동안의 수명 기간. 성숙의 끝은 분자, 세포 또는 생명체가 더 이상 엔트로피의 힘에 저항할 수 있는 능력이 없을 때 발생한다.

**maximum life span (최대 수명)**
종의 집단 또는 개인이 가장 오래 살아남은 삶의 길이.

**mean life span (평균수명)**
동일한 생년월일을 가진 집단 구성원(코호트)의 수명의 평균값.

**mediated transport (매개수송)**
수송 단백질과 일부의 경우는 에너지의 도움으로 세포막을 통과하는 분자 또는 이온의 이동. — **active transport; facilitated diffusion** 참고.

**mediator (매개자)**
DNA 전사에서, 일반 전사조절인자에 결합하는 단백질의 복합체이며, 전사조절인자들이 전사 개시 복합체의 활성/촉진 부위에 결합을 용이하게 한다.

**meiosis (감수분열)**
성 세포의 이배체 전구세포에서 두 번의 연속 세포분열 과정, 그 결과 반수체 염색체를 가진 네 개의 딸세포(체세포 분열에서 2개의 딸세포가 아님)가 생성된다.

**melanocytes (멜라닌 세포)**
멜라닌 색소 단백질을 만드는 피부 세포.

**melanoma (흑색종)**
멜라닌 형성 세포(멜라닌 세포)의 종양, 피부암과 관련된 통상적 악성 종양.

**membrane potential (막전위)**
세포막을 가로지르는 전하의 차이. — **depolarization; hyperpolarization; resting membrane potential** 참고.

**memory cells (기억세포)**
T-세포 및 B-세포의 생산을 자극하는 초기 노출 후, 오랜 시간이 경과한 뒤 재도입된 특정항원에 반응할 수 있는 T 세포 및 B 세포의 일부.

**menopause (폐경기)**
월경의 중단.

**menstrual cycle (월경주기)**
여성과 다른 암컷 영장류에서 배란과 월경의 과정; 인간의 경우 28일 주기로 발생.

**Merkel cells (메르켈 세포)**
감각 뉴런과 시냅스 연결을 가진 표피의 수용체 세포.

**messenger RNA (전령 RNA, mRNA)**
리보솜에서 단백질 합성을 위한 유전정보를 전달하는 분자. RNA 중합효소에 의해 DNA 주형에서 RNA 전사체를 합성한 다음, RNA 스플라이싱을 거쳐 인터론을 제거하면서 mRNA가 만들어진다.

**metaphase (중기)**
후기에서 분리하기 전 응축된 염색체가 정렬되는 체세포분열 단계.

**metazoa (후생동물)**
고유한 기능을 가지는 세포로 구성된 다세포 생물.

**Methuselah gene (므두셀라 유전자, mth)**
수명을 연장할 것으로 여겨지는 초파리의 유전자; 그 기능은 확인되지 않았다.

**microarray chips (유전자 미세배열 칩) — DNA microarray** 참고.

**microglia (미세아교세포)**
신경식세포; 대식세포로 분화할 수 있는 뇌의 면역세포.

**micronutrients (미량영양소)**
적절한 성장과 신진대사를 위해 필요한 매우 소량의 필수 비타민 및 미네랄.

**microtubules (미세소관)**
주로 세포를 지지하고 모양을 결정하는 기능을 가진 섬유상이며 속이 빈 막대; 세포 골격의 구성요소; 또한 세포소기관이 이동할 수 있는 경로의 기능; 일반적으로 모든 진핵 세포에서 발견된다.

**mitogen (미토겐)**
체세포 분열을 촉진하는 물질.

**mitosis (체세포분열, M phase)**
세포분열; 진핵세포에서 분열하는 세포의 핵에서 일어나는 과정, 일반적으로 일련의 단계—전기, 중기, 후기 그리고 말기—를 포함하고 부모 핵과 동일한 수를 가진 두 개의 딸핵이 만들어진다.

**mitotic clock theory (체세포분열 시계 이론)**
노화된 세포에서 짧은 텔로미어를 감지해서 세포주기의 정지를 예측할 수 있다는 세포 복제성 노화의 이론.

**mitotic spindle (체세포분열 방추사, 방추사)**
세포분열에서, 염색체가 세포의 반대 극으로 이동하기 위해 염색체에 결합하는 세포 골격구조.

**mitral valve (승모판)**
좌심방의 혈액 흐름을 조절하는 단방향 판막; 좌심방과 좌심실 사이에 위치한다.

**molecular brakes (분자 브레이크)**
$G_1$에서 S기로, 그리고 $G_2$에서 M기로의 전환 시 세포주기의 진행을 억제하는 단백질의 종류, 일반적으로 인산화에 의해 비활성화.

**molecular fidelity (분자 정확도)**
단백질의 아미노산이나 DNA의 뉴클레오티드가 적절한 순서 또는 서열 순서로 되어 있는지의 정도; 높은 정확도는 높은 기능을 의미한다; 낮은 정확도는 낮은 기능을 의미한다.

**monocarpic (한해살이풀)**
한 번만 열매 또는 씨앗을 맺고 죽는 식물.

**monophyletic group (단일 계통 집단)**
계통발생학에서 하나의 공통 조상의 모든 후손을 포함하는 집단.

**monosaccharide (단당류)**
분해되어 다른 당을 형성할 수 없는 당의 가장 간단한 형태; 일반적으로 무색, 수용성, 결정성 고체이다. 식품에서 자연적으로 발견되는 가장 일반적인 세 가지 단당류는 포도당, 과당 그리고 갈락토오스이다.

**morbidity (이환률)**
질환 혹은 병이 걸린 비율.

**morphology (형태학)**
생명체의 형태와 그들 구조 사이의 관계를 다루는 생물학 분야의 하나.

**mortality (사망)**
죽음을 특정함.

**mortality rate (사망률)**
특정 집단에서 특정 시간 및/또는 주어진 원인 때문에 발생하는 사망자 수, 일반적으로 100 또는 1,000 또는 10,000당 사망자 수로 표현된다.

**mortality-rate doubling time (사망률 배가 시간)**
집단의 사망률이 두 배로 되는 시간.

**motor end plate (운동종판)**
운동신경의 축삭이 평형으로 뻗은 근섬유와 시냅스 접촉으로 연결된 복잡한 구조. 신경-근육 교차점이라 한다.

**motor neurons (운동신경세포)**
뉴런의 세 가지 주요 유형 중 하나; 중추신경계에서 효과기 세포(근육 또는 분비샘 세포)로 운동 출력을 전달한다.

**M phase (M기, 체세포분열)**
진핵세포의 세포주기 중 핵과 세포질이 분열하는 기간. — **ell cycle; mitosis** 참고.

**multipotent stem cells (다능성 줄기세포)**
자신이 존재하는 조직을 형성하는 성체줄기세포: 간 줄기 세포는 간세포를 생산; 근육 줄기 세포는 근육세포를 생성; 등등.

**muscarinic receptor (무스카린 수용체)**
신호를 전달하기 위해 G-커플링 메커니즘을 이용하는 아세틸콜린 수용체의 일종; 주로 말초신경계에서 발견.

**muscle fiber (근섬유)**
근육 조직의 신장 수축성 세포; 일반적인 두 가지 유형: I형과 II형. — **type I muscle fibers; type II muscle fibers** 참고.

**mutation accumulation theory of senescence (노화의 돌연변이 축적 이론)**

1952년 Peter Medawar 경에 의해 처음으로 제안된 노화의 진화 이론, 노화에 따른 자연선택 힘의 감소가 유전체에 후기에 작용하며 해로운 유전자의 축적을 허용한다고 제안하였다. 다시 말하면, 자연선택의 힘이 너무 약해서 유해한 돌연변이를 제거하지 못한다는 것이다.

**myelin sheath (수초)**

보조 세포에서 만들어지는 축삭을 둘러싸는 절연층; 말초신경계에서는 슈반세포에서 만들어짐; 중추신경계에서는 희돌기교세포에 의해 생산됨.

**myocardial infarction (심근경색증)**

혈류의 중단에 의한 심근(심장근육) 조직의 사멸; 일반적으로 심장마비라고 한다.

**myosin (미오신)**

근육 수축에 관여하는 근육세포의 두 단백질 중 하나; 근원섬유의 두꺼운 필라멘트를 구성한다; 또한 세포 골격의 미세섬유에서 발견. - **actin** 참고.

**naive T cells (미감작 T 세포)**

침입자에 붙어서 죽이는 면역세포로 분화되는 작은 백혈구(림프구).

**natural killer (NK) cells (자연살해세포)**

주요 조직적 합성 복합체의 표면 단백질이 없는 세포에 부착하는 선천성 면역 시스템의 백혈구(림프구); 세포사멸을 유도한 프로테아제를 주입하여 미생물 및 암세포를 파괴한다. 큰 과립 림프구라고도 불린다.

**natural selection (자연선택)**

집단에서 생존과 번식을 개선하는 유전 특성이 선호된다는 것을 예측하는 진화 메커니즘에 대한 이론.

**necropsy (검시)**

동물의 죽음 이후의 검사. 부검이라고도 한다.

**nephron (네프론)**

혈액을 여과하여 오줌을 만드는 신장의 미세 구조; 사구체와 세뇨관으로 구성된다.

**net reproduction rate (순번식율)**

집단의 개인이 일생 동안 생산하는 자손의 평균 수.

**neurofibrillary tangles (신경섬유매듭)**

타우 단백질로 구성된 한 쌍의 나선형 섬유의 응집체; 알츠하이머병의 병리학적 표지.

**neuroglia (신경교세포)**

뉴런에 대한 보조 및 유지를 제공하는 중추신경계에 있는 세포의 한 종류. 성상세포(기질분비세포)와 희돌기교세포(미엘린분비세포)를 포함한다.

**neurons (뉴런)**

신경세포; 장거리 전기 신호를 송수신하는 신경계의 세포. 각 신경세포는 일반적으로 세 부분으로 구성된다: 세포 본체(세포체), 수상돌기(다른 뉴런으로부터 들어오는 자극을 받아들이는 가지 모양의 돌기), 그리고 축삭(세포체로부터 멀리 전기신호를 보내는 날씬한 돌기).

**neuroplasticity (신경가소성)**

경험 또는 학습 변화의 결과로 새로운 신경연결을 형성함으로써 그 자체를 재배열하는 뇌의 능력.

**neutrophils (호중구)**

침입 세균, 이물질 그리고 몇몇 암세포를 식세포작용으로 공격하거나 파괴하는 백혈구; 선천면역 시스템의 일부.

**newton (뉴턴)**

힘의 단위: 질량 1 kg의 물체에 작용하여 1 $m/s^2$의 가속도를 발생시키는 힘.

**nicotinamide adenine dinucleotide (니코틴아마이드 아데닌 디뉴클레오타이드, NAD)**

대사경로에서 전자를 운반하는 니아신 활성자리를 가진 조효소. 환원일 때, $NAD^+$가 NADH + $H^+$로 된다; 환원력으로 거론된다.

**nicotinamide adenine dinucleotide phosphate (니코틴아마이드 아데닌 디뉴클레오타이드 인산, NADP)**

대사경로에서 전자를 운반하는 니아신 활성자리를 가진 조효소. 환원일 때, $NADP^+$가 NADPH + $H^+$로 된다; 환원력으로 거론된다.

**nicotinic receptor (니코틴 수용체)**

아세틸콜린 수용체의 하나; 시냅스 이후 뉴런에 $Na^+$ 채널을 열어 신호를 전달한다. 뇌의 니코틴 수용체는 주의, 학습 및 기억 관련 기능에 중요하다.

**non-adaptive traits (non-adaptive aging) [비적응 특성(비적응 노화)]**

개인에게 쓸모가 없어지는 특성을 설명하는 노화의 이론; 자연선택이 더 이상 특성을 유지하거나 제거하는 역할을 하지 않는다. 노화의 신체적 문제의 대부분은 생식 이후 발생하고, 건강이 증가하거나 감소하지 않는 특성 때문에, 노화는 자연선택의 힘에 중립적이다.

**norepinephrine (노르에피네프린)**

주로 자율신경계의 활동을 관리하는 뇌 부위에서 발견되는 신경전달물질; 도파민과 세로토닌의 기능과 합성에 관여한다; 또한 "투쟁-도피" 반응으로 부신에서 분비되어 혈압을 높이고 근육 수축을 자극한다.

**nuclear pore complexes (핵공 복합체)**
물질이 핵과 세포질 사이를 이동할 수 있도록 하는 핵막에 존재하는 채널.

**nucleosome (뉴클레오솜)**
염색질의 기본 구조; 짧은 길이의 DNA가 구슬 모양의 히스톤 단백질을 감싸는 구조.

**nucleotide (뉴클레오티드)**
퓨린 또는 피리미딘 염기와 인산기가 결합된 디옥시리보오스 또는 리보오스(당)으로 구성된 여러 화합물; 핵산(DNA 또는 RNA)의 기본 구조단위.

**nucleotide bases (뉴클레오티드 염기)**
뉴클레오티드의 일부이고 유전자 암호를 구성하는 퓨린 또는 피리미딘 염기; DNA: 아데닌(A), 티민 (T), 구아닌 (G), 그리고 사이토신 (C); RNA: 아데닌, 우라실 (U), 구아닌, 그리고 사이토신.

**Okazaki fragments (오카자키 단편)**
DNA 복제 시 지체가닥 주형에서 생산되는 짧은 길이의 DNA.

**olfactory bulb (후각망울)**
비강 상부에 있는 후각신경의 말단; 후각신경의 신경 신호를 맛과 냄새의 감각으로 해석하기 위하여 변연계로 전송하는 신호로 전환한다.

**olfactory nerve (후각신경)**
방향족 화합물을 검출하는 비강 상부의 신경; 후각망울과 연결된다.

**oligodendrocytes (희돌기교세포)**
수초를 생산하는 중추신경계의 보조(지지)세포.

**oocyte (난모세포)**
난포에 있는 미발달된 난자.

**optimality theory (최적화 이론)**
John Maynard Smith에 의해 제안된 진화의 일반 이론, 개인이 행동을 최적화함으로써 지역 환경에 적응할 때 행동에 따른 비용이 최소화될 것이라고 예측하였다.

**oral glucose tolerance test (경구포도당내성검사, OGTT)**
포도당 내성(인슐린저항성)에 대한 시험; 공복상태에서의 혈당 농도를 측정하고, 경구투여로 포도당(75g)을 먹은 후, 2시간에 걸쳐 6~10회 추가적인 혈당을 측정한다.

**organ of Corti (코르티 기관)**
내이의 달팽이관의 구조; 청각에 대한 감각 수용체를 포함한다.

**origin recognition complex (원점 인식 복합체, ORC)**
모든 진핵세포에서 복제 원점에 결합하는 다중서브유닛 복합체; DNA 합성을 개시한다.

**osteoblasts (조골세포)**
골 형성을 담당하는 골세포; 주로 I형 콜라겐 단백질을 분비하여 뼈의 기질을 만들고, 여기에 칼슘염이 결정을 만들어 침전된다.

**osteoclasts (파골세포)**
골 조직을 재형성하는 과정에서 뼈 조직에서 칼슘을 제거하기 위해 단백질 분해효소와 산을 분비하는 골세포.

**osteocytes (골세포)**
기질 분비를 완료하고 새로이 석회화된 뼈에 갇히게 된 조골세포. 골세포는 소관이라는 관을 통해 연결되고, 이 관을 통해 뼈와 영양분 및 폐기물의 교환이 가능하다.

**osteopenia (골감소증)**
낮은 골밀도, 골다공증의 진단 기준에는 도달하지 않은 상태.

**osteoporosis (골다공증)**
골밀도의 감소를 특징으로 하는 상태, 뼈의 다공성과 약화를 발생하며 골절의 위험을 증가시킨다. 1차성 골다공증은 노화와 관련된 골밀도 손실로 인해 발생하며 주로 여성에서 발생된다. 2차성 골다공증은 약물 및/또는 암 또는 신장질환과 같은 주요 질병에 의해 야기되며, 남성과 여성 모두에서 발생된다.

**ovarian follicle (난포)**
하나의 난자가 있는 난소의 공간; 난자를 성숙시키는 구조.

**ovulation (배란)**
난소에서 나팔관 중 하나에 난자가 방출.

**ovum (난자)**
수정되지 않은 여성의 생식 세포; 인간의 난자.

**oxidation (산화)**
원자의 전자밀도 감소. 생화학 반응에서 산화는 일반적으로 탄소 함유 분자에서 수소 원자의 손실 또는 산소 원자를 첨가하는 반응이다.

**oxidative phosphorylation (산화적 인산화)**
막을 통해 생기는 양성자 기울기와 ATP의 합성을 통해 전자전달계와 ATP 합성을 연결함; 주로 산소가 존재할 때 미토콘드리아에서 일어난다.

**oxidative stress theory (산화스트레스 이론)**
활성산소종에 의해 발생하는 손상의 임의적 축적이 세포 복제에 중요한 생체분자의 광범위한 변화를 일으킬 것으로 예측하는 세포노화 이론.

**oxygen-centered free radicals (산소-중심 자유라디칼)**
산소의 환원에서 발생하는 자유라디칼. 여기에는 수퍼옥사이드 라디칼($\bullet O_2^-$), 과산화수소($H_2O_2$), 하이드록실 라디칼($\bullet OH$)이 포함된다. 활성산소종(ROS)이라고도 불린다.

**paired helical fibrils (PHFs: 쌍나선 섬유)**
과인산화된 타우 단백질로부터 형성된 단백질 응집체; 신경섬유 매듭의 전구체.

**parathyroid gland (부갑상선)**
목의 갑상샘 뒤에 있는 4개의 내분비선의 집단; 부갑상선호르몬을 분비한다.

**parathyroid hormone (부갑상선호르몬, PTH)**
낮은 혈청 칼슘농도에 대한 반응으로 부갑상선에서 합성되고 분비되는 호르몬. 소장에서의 칼슘 흡수, 골 조직의 재흡수를 증가시키고 신장 세뇨관에서 칼슘의 재흡수를 증가시킨다.

**passive diffusion (수동확산)**
다른 물질의 도움 없이 높은 농도에서 낮은 농도로 농도기울기에 의한 물질의 이동; 막을 통해 직접(비극성분자) 또는 이온채널을 통해 발생한다.

**peripheral nervous system (말초신경계, PNS)**
중추신경계(뇌와 척수) 이외의 모든 신경을 포함하는 신경계.

**peristaltic contractions (연동수축)**
음식물, 폐기물을 운반하는 식도와 소장 등 튜브 모양의 기관에서의 평활근 수축 운동.

**peritubular capillaries (세뇨관 주위 모세혈관)**
신장의 세뇨관 주위의 모세혈관.

**personal genomics (개인 유전체학)**
생물정보학 기술을 이용하여 개인의 유전자형과 후생 유전학적 메커니즘에 초점을 맞춘 유전체학의 한 분야.

**p53 pathway (p53 경로)**
p53 단백질 유전자의 전사 활성을 포함하는 경로. p53의 높은 수준은 세포주기 정지 및 세포사멸과 연관되어 있다.

**phacoemulsification (수정체 유화법)**
백내장 수술 중 한 가지 방법으로 눈으로부터 유화된 수정체를 흡입하는 방법이다.

**phagocytosis (포식 작용)**
세균 등, 외부의 이물질을 삼켜 소화하는 과정; 일반적으로 호중구와 대식세포 같은 백혈구 세포들에 의해 수행된다.

**pharynx (인두)**
코 뒤에서 시작하여 기도 및 식도 상부에서 끝나는 속이 빈 관이다; 후두를 포함한다.

**phenotype (표현형)**
유전자형과 환경 사이의 상호작용에 의해 생성되는 생명체의 특성.

**phloem (체관부)**
식물체의 모든 부분에 유기 영양소(주로 설탕)를 운반하는 살아있는 세포로 구성된 식물의 혈관 시스템; 나무껍질부의 가장 깊은 층. — **xylem** 참고.

**phospholipids (인지질)**
지방산과 인산으로 이루어진 화합물; 생체막의 중요한 구성 성분.

**phosphorylation (인산화)**
화합물에 인(인산기와 같은)을 추가하는 과정, 주로 인산화효소라고 불리는 효소에 의해 수행된다; 세포 신호에서 분자들의 활성화 또는 비활성화에 사용된다.

**photoaging (광노화)**
햇빛에 노출된 피부에서 나타나는 장기적인 변화; 임상적으로 일광탄력섬유증으로 알려져 있다.

**photosynthesis (광합성)**
엽록체에서 일어나는 $CO_2$, 물 그리고 빛이 관여하여 포도당을 합성하는 일련의 반응.

**phototropins (포토트로핀)**
고등식물에서 굴광성 반응을 매개하는 광수용체, 식물이 환경에서 빛에 반응하여 성장의 변화가 발생한다.

**phototropism (굴광성)**
주로 푸른 빛의 흡수에 의해 유도되어 식물이 빛 쪽으로 움직(구부러짐)이는 현상; 호르몬에 의한 활성(옥신에 의해)

**phylogenetics (계통학)**
유전적 유사성을 기준으로 생물들 사이의 연관성을 설명하는 연구 분야.

**phylogenetic tree (계통수)**
다양한 종 사이의 진화관계를 추론하여 보여주는 가지를 내뻗은 도표.

**phylogeny (계통발생)**
생물의 종 또는 집단의 발생에 관여하는 진화론적인 사건의 순서.

**pinna (귓바퀴)**
인간과 다른 포유동물의 귀의 외부 부분. auricle라고도 불린다.

**pitch(acoustic) [피치(음향)]**
인식된 음의 주파수에 대한 주관적인 용어. 빠른 주파수 =

높은 피치; 느린 주파수 = 낮은 피치.

**plasma(blood plasma) (혈장)**
혈액의 액체 부분(단백질, 지방, 또는 탄수화물은 포함하지 않는); 세포 외액 부분.

**plasma cells (형질세포)**
항체를 생산하는 B 세포. 작동 B 세포라고도 불린다.

**plasmodesma(*plural*, plasmodesmata) (원형질 연락사)**
식물에서 세포벽의 작은 구멍으로 확장되어 인접한 식물세포와 연결하기 위하여 연장된 세포질; 세포 간 통신의 장소.

**plastids (색소체)**
식물세포의 막에 둘러싸인 소기관; 중요한 화합물의 제조 및 저장 장소. — **chloroplasts**; **chromoplasts**; **leucoplasts** 참고.

**pleiotropy (다면발현)**
단일 유전자에 의해 하나 이상의 표현형을 나타냄.

**pluripotent stem cells (다능성 줄기세포)**
신체에서 특수화된 조직의 다양한 종류의 세포로 분화하는 줄기세포; 세 가지 기본 배엽을 생성할 수 있다: 내배엽, 외배엽, 중배엽; 배아 세포분열 동안 전능성 줄기세포에서 발생한다.

**poly-A-binding protein (폴리 A에 결합하는 단백질)**
다른 RNA 단편으로부터 mRNA를 구별할 수 있도록 mRNA의 폴리 A 꼬리에 결합하는 단백질.

**poly-A-tail (폴리 A 꼬리)**
mRNA의 3′-말단에 아데닌(A)를 함유하고 있는 뉴클레오타이드 사슬.

**polymerase chain reaction (PCR, 중합효소 연쇄반응)**
원하는 양이 얻어질 때까지 사이클을 연속하는 동안 DNA 또는 mRNA 분자의 상보적인 가닥을 복사함으로써 DNA 혼합물에 특정 핵산 영역을 선택적으로 증폭하는 방법.

**polymorphism (다형성)**
같은 종의 집단 혹은 같은 유전자의 2개 이상의 대립유전자들에서 두 개 또는 그 이상의 뚜렷하게 상이한 표현형이 존재함.

**population doubling (in cell culture) [집단배가(세포배양에서)]**
배양접시에 꽉 차게 배양한 세포의 일부를 덜어내어 새로운 배양접시에 옮기고 다시 꽉 찰 때까지 배양하는 과정.

**population genetics (집단유전학)**
주로 1920년대와 1930년대에 R. A. Fisher, J. B. S. Haldane, 그리고 S. Wright에 의해서 시작된, 모집단 안에 대립유전자의 분포와 빈도의 변화를 연구하는 유전학의 한 분과; 주로 수학 법칙이 통계 확률로 광범위하게 사용.

**porphyrins (포르피린)**
네 개의 피롤 고리와 하나의 금속 보조인자가 네 개의 질소와 결합되어 있는 유기 색소. 헤모글로빈과 엽록소는 포르피린 부분이 있다.

**postmaturation (성숙 후)**
성장이 멈춘 이후의 수명 단계. 포유류는 일반적으로 뼈의 성장판이 석회화될 때 발생한다. 약 27~29세에 완전히 석회화되는 인간의 마지막 뼈는 대퇴골이다.

**postsynaptic neuron (시냅스 후 신경세포)**
시냅스에서 신경전달 물질이 결합하는 신경세포, 즉 신경신호를 받아들인다. **synapse** 참고.

**presbycusis (노인성 난청)**
노화성 청력 손실; 일반적으로 높은 피치의 소리의 청력 손실과 연관되어 있다. 그리스어로 presbys는 "늙은 사람"을 의미한다.

**presbyopia (노안)**
나이가 들면서 발생하는 가까운 물체에 초점을 맞추는 눈의 능력 손실; 주로 수정체의 경직도가 증가함으로써 발생한다. 그리스어로 presbys는 "늙은 사람"을 의미한다.

**presynaptic neuron (시냅스 전 신경세포)**
시냅스에서 신경전달물질을 시냅스 틈으로 방출하는 신경세포, 신경신호를 전달한다. **synapse** 참고.

**prevalence (of disease) [유병율 (질병의)]**
집단에서 특정 시점에 특정 질환을 가진 개체의 총수.

**primary cell culture (초대배양)**
생물체에서 직접 채취한 세포로 시작된 조직배양; 생명노인학에서는, 더 이상 분열하지 않고 분화가 완료된 세포와 제한된 증식 능력을 가진 세포의 배양. — **population doubling (in cell culture)**; **replicative senescence** 참고.

**primary cell wall (1차 세포벽)**
식물에서, 세포막 외부의 얇고 유연한 확장을 할 수 있는 층, 이것은 셀룰로오스, 펙틴 그리고 헤미셀룰로오스로 구성되어 있다. **cell wall** 참고.

**primase (시발체효소; 프리마아제)**
DNA 복제개시 때, RNA 프라이머를 만드는 효소; 프라이모좀의 일부.

**primosome (시발소체; 프라이모좀)**
DNA를 단일 가닥으로 분리하여 RNA 프라이머를 단일 가닥 DNA에 붙이는 헬리케이즈와 프리마아제의 두 가지 효소들로 구성된 단백질 복합체.

**progeria (조로증)**
조기 노화를 암시하는 신체 증상을 특징으로 나타나는 드문 유전 질환.

**progesterone (황체호르몬)**
임신을 위해 자궁을 준비하고 유지하는 난소에서 생성되는 호르몬.

**programmed senescence (in plants) (예정된 노화)**
식물에서 합목적적이며, 고도로 조절되고, 고도로 지령화된 과정으로 더 이상 분열하지 않은 세포를 해체하여 영양소의 제활용/재동원되는 결과를 초래한다.

**prokaryotes (원핵세포)**
막에 둘러싸인 핵이 없는 단세포 생물; 박테리아와 고세균.

**prometaphase (전중기)**
진핵생물 체세포의 체세포분열에서 전기에 비해 늦고 중기에 비해 앞선 단계. 핵막이 조각나서 사라진다; 방추사의 끝에 있는 중심체에 미세소관이 등장한다.

**promoter region (촉발 부위, 프로모터 영역)**
RNA 중합효소가 결합하는 DNA의 염기서열; 전사를 개시하는 DNA의 영역.

**prophase (전기)**
체세포 분열의 첫 번째 단계, 이 기간 동안에 염색체 응축되어 보이고 체세포분열 방추사가 형성된다.

**proteases (단백질 분해 효소)**
펩티드 또는 아미노산으로 단백질(단백질 가수 분해)의 가수분해를 촉매하는 효소.

**proteasome (단백질 분해 효소 복합체)**
세포질에서 제거하기 위하여 유비퀴틴으로 표시된 단백질을 분해하는 단백질 복합체.

**protein kinase A (PKA, 단백질 인산화효소 A)**
영양신호에 반응하는 상당히 잘 보존된 단백질 인산화효소; 효모, 선충, 초파리의 수명조절에 관여한다.

**protein kinases (단백질 인산화효소)**
단백질에 인산기의 첨가를 촉매하는 효소.

**protein structure (단백질 구조)**
단백질 조직의 4단계의 분류체계: 1차 구조: 아미노산 서열; 2차 구조: 나선 또는 시트형태로 구성된 폴리펩타이드 사슬의 배열; 3차 구조: 기능성을 부여할 수 있도록 최종적으로 접힌 단일 폴리펩타이드 사슬의 입체 구조; 4차 구조: 단백질을 구성하는 데 최종적으로 접힌 두 개 또는 그 이상의 폴리펩타이드 사슬 집단의 기능적인 배열.

**proteolysis (proteolytic) (단백질 가수분해)**
단백질 분해효소라고 불리는 효소에 의해 유도된 단백질의 분해.

**protoporphyrins (프로토포르피린)**
α-탄소 원자에 상호 연결된 네 가지 형태의 소단위체로 구성되어 있으며, 포르피린의 전구체 화합물; heme과 같이, 포르피린이 되기 위해서 금속 보조인자를 필요로 한다.

**Protozoa (원생동물)**
단세포 진핵생물.

**pulmonary circulation (폐순환)**
심장과 폐에 국한된 순환 시스템; 우심실의 산소가 없는 혈액이 빠져나가고 산소를 함유한 혈액은 좌심방으로 돌아오게 하는 방법으로 폐에서의 기체 교환을 담당.

**pulmonary valve (폐동맥 판막)**
우심실의 혈류를 조절하는 단일방향의 판막; 우심실과 폐동맥 사이에 위치.

**pulmonary veins (폐정맥)**
산소가 풍부한 혈액을 폐로부터 심장으로 운반하는 혈관.

**rarefaction (acoustic) [희박화(소리)]**
물질이 성기게 퍼져 있는 곳의 음파 영역, 그곳에서는 정상 압력을 가진 곳 보다 낮은 음을 만든다. — **compression (acoustic)** 참고.

**reactive oxygen species (ROS, 활성산소종)** — **oxygen-centered free radicals** 참고.

**recombinant DNA technology (재조합 DNA 기술)**
다른 DNA로부터 새로운 DNA의 분절을 만들기 위해서 사용되는 기술. 또한 유전공학으로 불린다.

**reduction (환원)**
원자의 전자 밀도 증가; 생화학 반응에서, 탄소 함유 분자로 수소, 양성자, 전자가 더해지거나 산소원자가 빠져나오는 현상.

**refractive power (굴절력)**
수정체에 광선의 수렴 또는 발산을 일으키는 정도. 또한 광출력으로도 부른다.

**regeneration (in the Calvin cycle) [재생(Calvin 회로에서)]**
삼탄당(글리세르알데하이드-3-인산)이 디하이드록시아세톤 인산으로, 그 다음 Calvin 회로를 시작하는 화합물인 리불로스 이인산으로 전환하는 과정.

**renal tubules (콩팥세관)**
네프론의 미세한 소관으로 여과된 혈청에서 오줌을 만들고 몸에 필요한 필수 영양소와 다른 물질을 보존하는 관.

**replicating cell cultures (복제 세포배양)**
조직에서 분리한 후, 배양 접시에 세포가 꽉 찰 때까지 분열하도록 놓아둔 비분화된 체세포(섬유아세포와 같이).

**replication origin (복제 기점)**
염색체상의 DNA 복제가 시작되는 염색체상의 특정지점.

**replicative senescence (복제노화)**
체세포분열이 더 이상 일어날 수 없는 기간.

**repressor (억제인자)**
DNA 서열에 결합하는 단백질로 유전자의 전사를 억제하는 조절을 한다.

**reproduction potential (번식 가능성)**
최적 조건에서 번식하기 위한 종의 상대적 생산능력.

**reproductive value, Vx (번식 값)**
전체 인구의 출산율에 대한 개인의 미래 번식 기여도를 예측하는 데 사용될 수 있는 값이며, R.A. 피셔에 의해 제안되었다.

**resting energy expenditure (REE, 휴식기 에너지 소비량)**
생명 심박수, 체온, 뇌 기능, 등의 필수 기능을 유지하는 데 필요한 에너지의 양; 총에너지 소비(TEE)의 60~70%를 차지한다.

**resting membrane potential (휴지기 막전위)**
신경이나 근육세포가 활동전위를 생산하지 않을 때의 막 전위.

**retina (망막)**
눈의 내부 표면에 배열되어 있는 빛 감지 조직.

**reverse transcriptase (역전사효소)**
단일 가닥 RNA에서 단일 가닥 DNA 사본을 만드는 효소.

**ribonucleic acid (RNA, 리보핵산)**
염색체 DNA를 주형으로 합성된 핵산의 종류이며, 단백질 합성에 관여한다; 당 분자(리보스), 인산염 및 퓨린(아데닌, 구아닌)과 피리미딘(사이토신, 우라실)의 체인으로 구성.

**ribosomal DNA (rDNA, 라이보솜 DNA)**
핵인에서 라이보솜 RNA(rRNA)와 핵인 자체를 암호화하는 DNA.

**ribosomal RNA (rRNA, 라이보솜 RNA)**
라이보솜에서 mRNA를 번역하여 단백질을 합성하는 동안 전령 RNA(mRNA) 및 운반 RNA(tRNA)와 상호작용하는 라이보솜에서 발견되는 RNA의 일종.

**ribosomes (라이보솜)**
세포질에서 단백질 합성이 일어나는 부위; 효소, 조절 단백질, rRNA, 그리고 mRNA와 tRNA가 결합하는 장소를 포함하고 있다.

**risk factor (위험인자)**
특정 상해 혹은 질병과 연관될 수 있다고 통계적으로 입증되는 특성(비록 직접적인 원인이 아니더라도). 위험인자는 상해 또는 질병에 특히 잘 걸리는 집단에서 예방의 목표로 사용될 수 있다.

**RNA polymerases (RNA 중합효소)**
DNA 단일 가닥을 주형으로 사용하여, RNA의 중합을 촉매하는 효소.

**RNA splicing (RNA 이어맞추기)**
전령 RNA(mRNA)를 만들기 위해 RNA 전사체로부터 인트론서열을 제거하고 엑손서열만 이어 맞추는 과정.

**RNA transcript (RNA 전사체)**
DNA를 주형으로 합성된 RNA 분자, RNA 이어맞추기 이전의 상태; 여전히 인트론이 포함되어 있다.

**salicylic acid (살리실산)**
병원균에 대한 내성을 도와주는 식물 호르몬; 아스피린의 주 성분.

**saliva (침, 타액)**
침샘에서 분비되는 물질로 음식의 윤활 역할을 하고, 음식을 덩어리 형태로 씹고, 화학적 소화의 과정을 시작하는 성분이 포함되어 있다.

**salivary glands (침샘)**
침을 생산하는 구강의 외분비샘.

**sarcopenia (근육감소증)**
신체활동 증가와 같이 근육량을 증가시키는 요인들과는 상관없이 노화와 연관된 근육의 감소; 근육세포의 수와 크기의 감소를 반영한다; 여성보다 남성이 더 크게 나타난다.

**saturated fatty acid (포화지방산)**
탄화수소 사슬에 있는 모든 탄소가 단일결합에 의해 연결되어 있는 지방산, 따라서 탄소골격에 수소원자의 수가 최대한으로 결합되어 있다.

**Schiff base (쉬프 염기)**
아릴 또는 알킬 그룹에 연결된 질소 원자와 함께, 탄소-질소 이중 결합을 포함하는 작용기; 단백질의 글리코실화에서 중요한 중간체. 쉬프 염기의 비효소적 재배열은 아마도리 산물을 생성하고, 이는 최종당산화물의 전구체를 생성한다.

**Schwann cells (슈반세포)**
미엘린을 생산하고 말초 신경계 세포를 지원한다.

**S-cyclins (S-사이클린)** — **cylins** 참고.

**secondary cell wall (2차 세포벽)**
식물에서, 1차 세포벽의 성장이 멈춘 후 증착되는 세포벽; 버

팀, 강도 및 보호기능을 제공한다. 목재는 주로 2차 세포벽으로 구성된다. — **cell wall** 참고.

**secondary osteoporosis (2차성 공다공증)** — **osteoporosis** 참고.

**securin (세큐린)**
초기 체세포분열에서 자매 염색 분체를 함께 잡고 있는 단백질; 모든 DNA 검사지점을 통과하면 중기에서 후기로 전환될 때 파괴된다.

**selection pressure (선택압력)**
개인의 유전자 구성의 변화를 일으키는 사건.

**selective mortality (선택적 사망률)**
사망률의 분석에서, 특정 연령에서 생존한 사람들만 포함. 코호트가 오래되면 될수록, 원래 그룹에서 살아있을 백분율이 낮아진다.

**seminiferous tubules (세정관)**
고환 내의 작은 관들로 여기서 정자가 생성과 성숙이 되고, 부고환으로 배출된다.

**senescence (노화)**
한 생명체의 생의 끝에서 생명력과 기능에 영향을 미치고, 사망률을 증가시키는 노화와 관련된 변화, 이는 질병과는 직접 관련되어 있지 않다.

**sensory neurons (감각 뉴런)**
내부 및 외부 환경에 대한 감각정보를 중추신경계로 전달하는 뉴런.

**Sertoli cells (세르톨리 세포)**
고환에서 정자의 성장과 성숙을 보조하는 세정관 속의 세포.

**sex chromosome (성염색체)**
대부분 동물과 몇몇 식물의 생식세포에서 개체의 성과 성관련 특성을 결정하기 위해 결합하는 염색체 한 쌍의 어느 한 쪽, 보편적으로 X 또는 Y 염색체로 표시한다.

**silencer (전사억제자)**
전사를 억제하는 DNA 서열.

**sinus node (sinoatrial node) (동방결절)**
심장이 수축하는 원인이 되는 활동전위를 생성하는 심장의 우심방에 위치한 신경조직.

**sister chromatids (자매염색분체)**
동원체와 코헤신 단백질에 의해 연결된 염색분체의 두 복사본; 세포주기의 S기의 최종 생성물.

**small nuclear RNAs (snRNA, 작은핵 RNA)**
RNA 이어맞추기에 관여하는 약 200개의 뉴클레오타이드로 구성된 RNA 분자.

**sodium/potassium ATP pump (나트륨/포타슘 ATP 펌프)**
ATP가 가수분해되어 ADP가 될 때 생기는 에너지를 이용하여 포타슘 이온과 나트륨 이온을 교환함으로써 전해질의 균형을 유지하는 세포막 복합체.

**solar elastosis (일광탄력섬유증)** — **photoaging** 참고.

**somatic cells (체세포)**
유성생식에 관여하지 않는 신체의 세포. — **germ cells** 참고.

**S phase (synthesis phase) (S기, 합성단계)**
진핵세포의 세포주기 중 DNA 합성이 일어나는 단계. **cell cycle** 참고.

**spindle poles (방추극)**
중심체와 동일한 역할을 하는 미세소관 조직화 중심; 방추사는 여기에서 성장된다.

**stapes (등자뼈)**
중이의 뼈 중 하나로 고막으로부터 내의 쪽의 구조물로 음파와 진동을 증폭하여 전달한다.

**starch (녹말)**
식물에서 탄수화물의 저장 형태; 동물에서는 찾을 수 없다. 녹말은 두 가지 형태로 나타난다: 곧은 사슬 구조의 아밀로오스와 가지를 뻗은 사슬 구조의 α-아밀로펙틴.

**statins (스타틴)**
간에서 저밀도 지단백질(LDLs)의 합성을 방지하는 약물의 종류; 동맥경화의 위험을 낮추는 효과. 스타틴은 콜레스테롤의 합성에 관여하는 효소를 저해함으로써 작동한다. 가장 흔히 처방되는 스타틴은 Lipitor이다.

**stem cells (줄기세포)**
무한정 자신을 재생할 수 있는 능력을 갖는 미분화 세포; 수정 후 처음 몇 세포는, 분화된 세포와 줄기세포를 만드는 세포로 나뉜다. — **multipotent stem cells; pluripotent stem cells; totipotent stem cells** 참고.

**stereocilia (부동섬모)**
내이에서, 코르티 기관의 세포에 기계적 감각을 감지하는 털 같은 돌기. 그 움직임은 달팽이관 내의 유체의 진동에 비례한다; 기계적 운동(진동)을 신경 자극으로 변화시키는 작용의 일부.

**stochastic (biological) (확률적)**
변화 또는 확률 성분을 갖는 생물학적 또는 화학적 과정을 서술하는 것.

**stochastic senescence (in plant) (확률적 노화)**
결정된 노화에 따라 임의로 식물세포가 파괴되는 현상; 종종 세포, 핵 및 액포 등의 막 파괴와 연관되어 있다.

**stop codons (종결 코돈)**
tRNA에 인식되지 않는 mRNA의 세 코돈, UAA, UAG, UGA, 이는 리보솜에서 번역 종결 신호이다.

**stroke volume (박출량)**
심장의 수축기(심장의 수축주기) 동안 심실에서 배출되는 혈액의 양.

**subcutaneous fat tissue (피하지방)**
피부 아래 지방층.

**superior vena cava (상대 정맥)**
산소가 결핍된 혈액을 심장(우심방)으로 운반하는 주요 혈관.

**superoxide dismutase (SOD) (과산화물제거효소)**
세포질 및 미토콘드리아에서 슈퍼옥사이드 이온을 과산화수소로 환원시키는 효소; 항산화 효능이 있음. 세포질에 있는 효소는 구리/아연을 활성 부위에 포함하고 있고 미토콘드리아에 있는 효소는 망간을 활성 부위에 가지고 있다.

**superoxide radical (슈퍼옥사이드 라디칼)** — **oxygen centered free radicals** 참고.

**survival curve (생존곡선)**
주어진 인구 중 생존자의 비율을 표현. 생존하고 있는 특정 생활연령(X축), y축은 일반적으로 감소된 인구 비율(100% = 출생 시).

**synapse (시냅스)**
신경전달을 위해 만나는 두 신경의 접합; 두 개의 뉴런 사이의 시냅스 틈새 또는 공간으로 신호를 발신하는 시냅스 전 뉴런과 신호를 받는 시냅스 후 뉴런으로 구성.

**synaptic cleft (시냅스 간극)**
시냅스 전 뉴런과 시냅스 후 뉴런 사이에 신경전달물질이 방출되는 공간.

**synaptic terminals (시냅스 말단)**
축삭돌기 가지의 말단.

**systemic circulation (체 순환)**
폐순환을 제외한 모든 혈관을 포함하는 순환 시스템.

**systole (수축기)**
심장 근육의 수축에 의해 심실의 밖으로 혈액을 이동; 혈압이 가장 높은 지점.

**systolic pressure (수축기압)**
심장이 박동하고 심실로부터 동맥으로 배출된 혈액의 압력(mmHg); 혈압 측정 중 높은 숫자(예, 120/60 중 "120").

**target of rapamycin (TOR, 라파마이신의 표적)**
모든 진핵 세포의 성장과 신진대사를 조절하는 고도로 보존된 영향소를 감지하는 단백질 인산화효소; 수명 조절에 관여. (라파마이신은 조직이식 수술 후 거부 반응을 막기 위하여 사용하는 면역억제제이다; 그것은 세포 분열에 관여하는 단백질을 억제하고 특정 T 세포의 성장과 기능을 억제한다.)

**taste buds (미뢰)**
입맛의 감각을 제공하는 혀의 신경 종말 알갱이 무리; 미뢰의 일반적인 다섯 가지 범주에는 단맛, 짠맛, 쓴맛, 신맛 그리고 감칠맛이 있다.

**TATA box (TATA 상자)**
진핵생물 유전자의 프로모터 부위에 위치하는 TATAAAA로 이루어진 뉴클레오타이드 서열, 전사개시 부위로부터 약 25 뉴클레오타이트 위쪽에 위치하고 있다. TATA 상자에 공통 전사인자가 결합하면 전사 개시 복합체의 형성을 시작한다.

**tau protein (타우 단백질)**
축삭의 미세소관을 안정화하는 데 도움이 되는 미세소관-관련 단백질(MAP). 단백질의 활성은 인산화의 정도에 따라 달라짐; 과인산화는 타우 단백질이 침전되어 불용성 쌍나선 섬유를 만들게 되는데, 이는 신경섬유 엉킴의 전구체이다.

**taxonomy (분류학)**
공유된 기능에 따라 점점 더 넓은 범주로 식물, 동물, 미생물을 분류하는 과학.

**T cell (T 세포)**
골수에서 생성되어 흉선에 활성화 과정을 거치는 세포-매개 면역기능에 참여하는 림프구(백혈구). — **cytotoxic T cells; helper T cells; naive T cells; natural killer (NK) cells** 참고.

**telangiectasia (모세혈관 확장)**
피부표면에 팽창된 작은 혈관이 나타나는 현상; 대부분의 경우 광노화와 연관되어 있다.

**telomerase (말단소체효소)**
진핵세포 염색체의 끝에 말단소체 서열을 추가하는 효소. 두 개의 서브유닛을 보유: 촉매 센터와 RNA 주형.

**telomeres (말단소체)**
분해 과정으로부터 염색체를 보호하기 위하여 염색체 말단에 있는 고도로 반복되는 DNA 서열이며 유전자가 아님; DNA 복제가 일어날 때마다 짧아진다.

**telomere-shortening theory (말단소체 단축론)**
짧은 말단소체가 세포 복제 과정을 중단하는 원인이 된다는 세포노화 예측 이론. DNA 지체가닥의 끝부분에서 발생하는 복제문제 때문에 정상 세포주기 동안 말단소체는 짧아진다.

**telophase (말기)**
염색체가 극에 도착하고, 미세소관이 사라지며, 두 개의 딸핵 주위에 핵막이 형성되는 체세포분열 단계.

**terminally differentiated (최종 분화)**
체세포분열을 할 수 없고 세포가 죽고 나면 새로운 세포로 대체가 안 되는 세포 혹은 세포집단을 말함. 예로써 뉴런(신경세포), 심근세포(심장세포) 및 눈의 수정체세포 등이 있다.

**termination site (종결 부위)**
전사 또는 번역을 종료하도록 하는 DNA 또는 RNA의 부위.

**tertiary structure (3차 구조)**
기능성을 부여하기 위해 최종적으로 접힌 폴리펩타이드 사슬의 3차원 입체 구조. — **protein structure** 참고.

**testosterone (테스토스테론; 남성호르몬)**
고환에 의해 주로 생성되는 안드로겐 호르몬; 남성의 2차 성징의 발달을 담당.

**thrombosis (혈전증)**
혈관 또는 기관에 혈액의 흐름을 차단할 수 있는 고형물질(혈액과 세포 성분으로부터 생성).

**thymine (티민)**
DNA의 뉴클레오타이드 염기 중 하나; 피리미딘. — **nucleotide bases** 참고.

**thymus gland (흉선; 가슴샘)**
상부 가슴, 흉골(가슴 뼈) 뒤쪽에 위치한 분비선; T 세포가 골수를 떠난 후 증식 및 성숙되는 장소. 어린 시절부터 사춘기 때까지 성장하고 점차 크기가 줄어든다.

**tonoplast (액포막)**
식물세포의 중심에 있는 액포를 둘러싼 반투과성 막.

**total energy expenditure (TEE, 총 에너지 소비량)**
주어진 시간 동안 생물체에 의해 소비된 에너지의 총량, 인간의 경우 일반적으로 24시간으로 계산된다. TEE = 휴식기 에너지 소비량 (REE; 활동하지 않고, 음식을 먹지 않았을 때 정상적으로 신체적 기능을 유지하는 데 필요한 에너지) + 신체활동 + 음식물에 의한 열발생 (DIT; 소화, 흡수, 영양소 저장에 필요한 에너지).

**totipotent stem cells (전능성 줄기세포)**
태반을 포함하는 몸의 모든 유형의 세포 및 조직을 재생할 수 있는 세포. 배아의 처음 몇 분열에서 생성된 세포는 전능성 줄기세포이다. 전능성 줄기세포는 다능성 줄기세포을 생성한다.

**trachea (기관)**
입, 코, 폐를 연결하는 관

**trade-off hypothesis (of aging and longevity) [교환 가설 (노화 및 장수의)]**
성공적인 번식은 죽음과 교환되어야 한다는 가설: 성공적인 번식을 위한 자원이 많을수록 번식이 끝난 후 사용할 수 있는 자원이 적어진다.

**transcription (전사)**
DNA 분자를 주형으로 사용하여 RNA 분자를 만드는 과정, 그 결과 DNA에 있는 유전정보를 RNA로 전달한다.

**transcription factor (전사 인자)**
DNA의 전사를 시작하거나 조절하는 모든 단백질과 다른 물질들. 이러한 인자들은 유전자의 프로모터 부위에 결합하여 DNA의 모양을 변형함으로써 RNA 중합효소가 유전자의 시작 부위를 인식할 수 있도록 한다.

**transcription initiation complex (전사 개시 복합체)**
진핵 유전자의 프로모터 부위에 결합되는 여러 공통 전사인자와 RNA 중합효소 II로 구성된 복합체; 전사 개시에는 필요하지만 충분하지 않은 복합체임.

**transcriptome (전사체)**
특정 조건하에 세포, 조직, 또는 생물에 존재하는 모든 RNA 전사체.

**transfer RNA (tRNA) (전달 RNA, tRNA)**
mRNA의 정보를 단백질의 아미노산 서열로 전환하는 번역에 관여하여 작은 RNA 분자. mRNA의 코돈은 부합하는 특정 아미노산을 전달하는 tRNA가 연결되어 있다.

**transgenic organism (유전자삽입 생물)**
유전 공학에 의해 유전체 내로 외부의 유전자가 삽입된 돌연변이 생물; 단백질의 발현을 증가시키기 위해 사용된다.

**translation (번역)**
전령 RNA (mRNA) 정보를 사용하여 아미노산에서 단백질을 생산하는 과정; 리보솜에서 수행된다.

**translational initiation (번역 개시)**
유전자 발현의 전사 후 조절의 한 가지 유형

**tricarboxylic acid (TCA) cycle (트리카르복실산 회로, TCA cylce)**
탄소 함유 중간 대사체를 이산화탄소로 만드는 산화성 세포호흡 과정의 일부. 트리카르복실산 중간 대사체의 산화과정 동안에 전자가 생성되고 전자전달계로 전달된다. 또한 크랩스 회로 또는 구연산 회로라고 불린다.

**tricuspid valve (삼첨판)**
우심방에서 혈류를 조절하는 단방향 판막; 우심방과 우심실 사이에 위치한다.

**triglyceride (중성지방)**
지방 조직과 식품에서 지방질의 기본 형태이며, 글리세롤에 결합된 세 개의 지방산으로 구성된 분자.

**triose phosphate (삼탄당 인산염)**
글리세르알데히드-3-인산염을 일반적으로 부르는 이름이며,

모든 생물의 대사 경로의 중간 역할을 하는 화합물; 해당 작용과 광합성의 암반응에서 만들어진다.

**trypsin (트립신)**

췌장에서 분비되어 단백질을 분해하는 효소. 소의 트립신은 세포와 결합된 조직을 분해하기 위한 방법으로 세포 배양에서 사용한다.

**tubular reabsorption (요세관 재흡수)**

요세관 주위 모세혈관으로 신장의 요세관에서 물질의 이동.

**tubular secretion (요세관 분비)**

요세관 주위 모세혈관에서 신장의 요세관으로 물질의 이동.

**tubule (renal) [요세관 (신장)] — renal tubule** 참고.

**tympanic membrane (고막)**

고막; 음파에 반응하는 진동 막; 외이와 중이 사이에 위치.

**type 1 diabetes mellitus (제1형 당뇨병)**

췌장 베타 세포에서 인슐린을 분비하지 못함으로써 유발되는 질병; 고혈당, 지나친 갈증, 배뇨 횟수의 증가 등의 특징이 있음; 유아기에 발생; 매일 인슐린 주사가 필요함. 청소년기 혹은 추기 발생 당뇨병으로 불리기도 함.

**type 2 diabetes mellitus (제2형 당뇨병)**

보통의 성인에게서 발병하는 가벼운 당뇨병의 형태로 세포에 의한 포도당 흡수를 촉진하는 인슐린의 기능이 감소되는 특징이 있음; 일반적으로 인슐린 주사 없이, 식이 요법과 운동에 의해 제어될 수 있다. 또한 성인형 혹은 후발성 당뇨병이라고도 불린다.

**type I muscle fibers (제I형 근섬유)**

느린 근수축을 하는 미오신 동질효소가 고농축된 근세포; 때로 느린-수축 근섬유라고도 함. 이 근육세포는 많은 수의 산화 효소를 가지고 있어서 높은 피로 내성을 가진다.

**type II muscle fibers (제II형 근섬유)**

빠른 근수축을 하는 미오신 동질효소가 고농축된 근세포; 때로 빠른-수축 근섬유라고도 함. 이 근육세포들은 에너지 생산을 산화경로를 사용하는 것 보다 해당 경로에 의존하며, 빠르게 피로해진다.

**type IIX muscle fibers (제IIX형 근섬유)**

제I형과 제II형 근섬유 모두의 특성을 가진 근육세포; 일반적으로 늙고 활동성이 없는 사람들에게서만 발견된다.

**ubiquitin (유비퀴틴)**

손상된 단백질의 분해 표시로 리신 잔기에 부착되는 높은 수준으로 잘 보존된 작은 단백질 (79 아미노산).

**ubiquitin ligase (유비퀴틴 연결효소)**

손상된 단백질의 분해 표시로 리신 잔기에 유비퀴틴을 결합시키는 효소.

**umami (감칠맛)**

맛봉오리에 의해 감지되는 맛의 다섯 가지 범주 중 하나; 글루탐산과 등 다른 아미노산 염과 관련되어 있다. **— taste bud** 참고.

**unsaturated fatty acids (불포화 지방산)**

적어도 하나의 이중 결합을 갖는 탄화수소 사슬을 가진 지방산.

**uracil (우라실)**

RNA의 뉴클레오티드를 구성하는 염기 중의 하나; 피리미딘. **— nucleotide bases** 참고.

**urea (요소)**

단백질의 정상적인 분해로 생성되는 혈액에서 발견되는 노폐물; 일반적으로 신장에 의해 혈액으로부터 제거되고 소변의 형태로 배출된다.

**ureter (요관)**

신장과 방광을 연결하는 관.

**urethra (요도)**

방광과 체외를 연결하는 관.

**vasoconstriction (혈관수축)**

동맥의 내경을 작게 하여 혈류가 감소되게 하는 동맥을 둘러싸고 있는 평활근의 수축.

**vasodilation (혈관확장)**

동맥의 내경을 확장하여 혈류가 증가되게 하는 동맥을 둘러싸고 있는 평활근의 이완.

**vasopressin (바소프레신) — antidiuretic hormone** 참고.

**veins (정맥)**

심장으로 혈액이 되돌아오는 혈관

**venous return (정맥 반환)**

우심방으로 되돌아오는 혈액의 양

**Ventilation (호흡률)**

호흡 속도

**ventricles (심실)**

폐와 몸의 나머지 부분으로 혈액을 내 보내는 심장에 있는 두 개의 방; 우심실은 산소가 없는 혈액을 폐로, 좌심실은 산소가 풍부한 혈액을 온몸으로 보낸다.

**Verhulst-Pearl logistic equation (베르헐스트-펄 지수 함수)**

모든 집단의, 특히 이동성 부족에 의한 제약 혹은 고도로 통제된 환경 아래서 유지되는 집단, 인구 증가를 설명하는 함수. $\Delta N = rN[(K - N)/K]$, $N$ = 인구 규모, $r$ = 자연 증가의 고유 비율, 그리고 $K$ = 인구 적재량을 나타낸다.

**villi (융모)**

소장의 표면을 따라서 돌출된 손가락 모양의 돌기; 표면적을 증가시켜 흡수에 도움을 줄 수 있다.

**vital statistics (생명 통계)**

출생, 죽음, 결혼, 건강, 그리고 질병과 같은 중요한 생활 사건과 관련된 인구통계.

**voltage-gated ion channels (전압관문 이온채널)**

이온들이 세포 내외로의 이동을 할 수 있도록 하는 세포막 채널, 전기적 신호에 의해 개방과 폐쇄를 한다. 따라서 자극에 대한 반응으로 세포가 세포막 전위의 변화가 일어날 수 있도록 한다.

**weak mutations (약한 돌연변이)**

유전자 발현을 없애는 것 보다 감소시키는 유전자의 변화.

**wild type (야생형)**

자연적 조건의 개체에서 가장 많이 나타나는 변종, 유전자, 혹은 특성; 이는 비정형 또는 돌연변이와 구별됨.

**X-ray crystallography (X-선 결정학)**

X-선의 광속이 결정과 부딪히고 다양한 방향으로 회절하는 것을 이용하여, 결정 분자 속의 원자들의 배치를 결정하는 방법. 분자들의 3차원 구조를 결정하는 방법으로 이용한다.

**xylem (목질부, 물관부)**

물과 미네랄을 운반하는 식물의 목질 부분; 대부분 죽은 세포로 구성됨; 식물에서 구조적 지지를 제공한다.

**zonular fibers (소대섬유)**

사람의 눈에서 수정체를 모양체에 붙여 주는 섬유.

# 찾아보기

## 국문색인

### ㄱ



### ㄴ

### ㅂ



### ㅅ

### ㅊ



### ㅋ

# 영문색인

## A

## D



## E



## F



## G

## H



## I



## J



## K



## L

## M



## N

## R



## S



## T

## U



## V



## W



## X



## Z



## 기타